数字信号控制器原理与实践
——基于 MC56F8257

林志贵　王宜怀　编著

北京航空航天大学出版社

内 容 简 介

本书以飞思卡尔(Freescale)的DSP56800E内核的MC56F82x系列DSC为蓝本阐述数字信号控制器的软件与硬件设计。全书共14章,第1～4章囊括了学习一个DSC完整要素的入门环节。其中第1章简单介绍DSP56800E内核特点、寻址方式及指令。第2章介绍MC56F825X硬件最小系统。第3章介绍第一个样例程序及开发环境下的工程组织方法,完成第一个MC56F8257工程的入门任务。第4章阐述串行通信接口QSCI,并给出第一个带中断的实例。第5～13章分别介绍了定时器、eFlexPWM、ADC、DAC、HSCM比较器、SPI、I2C、Flash、CAN及MC56F8257其他模块等。第14章给出了MC56F8257在数字滤波器中的应用。

本书提供了配套资料,内含所有底层驱动构件源程序、测试实例、辅助阅读材料、教学课件、相关芯片资料及常用软件工具,下载地址:http://sumcu.suda.edu.cn。

本书可作为高等院校嵌入式系统等相关专业的教材或培训资料,也可作为DSP56800E应用工程师的技术研发参考书。

图书在版编目(CIP)数据

数字信号控制器原理与实践 : 基于MC56F8257 / 林志贵,王宜怀编著. -- 北京 : 北京航空航天大学出版社,2014.1

ISBN 978-7-5124-1340-5

Ⅰ. ①数… Ⅱ. ①林… ②王… Ⅲ. ①数字信号处理 Ⅳ. ①TN911.72

中国版本图书馆CIP数据核字(2013)第308197号

数字信号控制器原理与实践——基于MC56F8257

林志贵 王宜怀 编著

责任编辑 陈 旭

*

北京航空航天大学出版社出版发行

北京市海淀区学院路37号(邮编100191) http://www.buaapress.com.cn

发行部电话:(010)82317024 传真:(010)82328026

读者信箱:emsbook@gmail.com 邮购电话:(010)82316936

涿州市新华印刷有限公司印装 各地书店经销

*

开本:710×1 000 1/16 印张:28.75 字数:613千字

2014年1月第1版 2014年1月第1次印刷 印数:3 000册

ISBN 978-7-5124-1340-5 定价:59.00元

前　言

随着嵌入式技术的发展以及控制对象要求的越来越复杂，微控制器（MCU）与数字信号处理器（DSP）区分越来越模糊，二者逐步结合在一起，诞生了数字信号控制器（Digital Signal Controller，DSC）。DSC包含能同时完成微控制器和数字信号处理器功能的专门微处理器，具有适用于多种类型系统解决方案的内核处理能力。

飞思卡尔半导体有限公司（Freescale）是最早推出DSC芯片的公司之一，其推出的MC56F8xxx系列数字信号控制器芯片具有低成本、低功耗和高性能的处理能力和微控功能，适用于滤波器设计、电机控制、逆变电源等领域的应用要求。芯片内集成了多种功能强大的外设模块，是一种高速数字信号控制器；具有处理性能好、外设模块集成度高、程序存储器容量大、模数转换速度快、精度高等优点。

MC56F8xxx系列芯片类型众多，每一种类型芯片提供的存储量和外设模块不同，目的是满足各种应用与性价比的需要，并为应用产品提供了更加经济实用的可编程低成本解决方案。本书以MC56F8257为对象，介绍DSC的内部架构、内核特点、外设模块；以软硬件架构模式以及构件化封装方式，给出各个外设的测试实例。通过测试实例和模块工作方式的介绍，使读者能够全面掌握DSC，并能够达到触类旁通的效果，进而推广到该系列其他芯片的应用开发。

本书特点

（1）把握通用知识与芯片相关知识之间的平衡。书中对于嵌入式“通用知识”的基本原理，以应用为立足点，进行语言简洁、逻辑清晰的阐述，同时注意与芯片相关知识之间的衔接，使读者在更好地理解基本原理的基础上理解芯片应用的设计，同时反过来，加深对通用知识的理解。

（2）把握硬件与软件的关系。嵌入式系统设计是一个软件、硬件协同设计的工程，特别是对电子系统智能化嵌入式应用来说，没有对硬件的理解就不可能写好嵌入式软件，同样没有对软件的理解也不可能设计好嵌入式硬件。因此，本书注重把握硬件知识与软件知识之间的关系。

（3）对底层驱动进行构件化封装。书中对每个模块均给出了底层驱动程序以及详细、规范的注释及对外接口，方便移植与复用。开发节省大量的时间。

（4）设计合理的测试用例。书中所有源程序均经测试通过，并保留测试用例在本书的配套资料中，方便读者验证与理解。

（5）配套资料提供了所有模块完整的底层驱动构件化封装程序与测试用例。需要使用 PC 机的程序的测试用例,还提供了 PC 机的 C# 源程序。此外,配套资料还提供了阅读资料、CW10.3 简明使用方法、写入器驱动与使用方法、部分工具软件、有关硬件原理图等。

(6) 提供硬件核心板、写入调试器,方便读者进行实践与应用。同时提供了核心板与苏州大学嵌入式研发中心设计制作的扩展板的对接,以满足教学实验的需要。

本书内容安排

本书在内容安排上由浅入深,逐层递进,具体内容如下:

第 1 章,概况 MC56F8257 内核——DSP56800E 处理器的特点、指令以及寻址方式。

第 2 章,介绍 MC56F8257 硬件系统及其内部存储器架构。

第 3 章,基于 CodeWarrior 10.3 版本讲述第一个例程架构。以 GPIO 为基础,给出 CodeWarrior 10.3 环境下小灯控制例程。

第 4 章,简单介绍通用串行通信基本知识,详细阐述 MC56F8257 内部集成的 QSCI 模块的特点、工作方式及编程要素,并给出测试实例。

第 5 章,详细介绍 MC56F8257 内部集成的定时器的特点、工作方式及编程要素,并给出测试实例。

第 6 章,详细介绍 MC56F8257 内部集成的 eFlexPWM 的特点、工作方式,并给出测试实例。

第 7、8 章,分别从特点、工作方式等方面详细阐述了 MC56F8257 内部集成的 ADC/DAC 模块,以及高速转换模块,说明其编程要素,并给出测试实例。

第 9 章,详细论述了 Flash 在线编程方法,并给出 MC56F8257 内部 Flash 在线编程要素以及测试实例;另外,还阐述了 MC56F8257 内部 Flash 安全设计要点及测试实例。

第 10、11 章,分别从工作原理、工作方式及编程要素方面阐述了 MC56F8257 内部集成的串行通信接口 I2C/SPI;并分别给出其双机通信的测试实例。

第 12 章,详细论述了 CAN 总线的通用知识,以及 MC56F8257 内部集成的 MSCAN 模块的特点、工作方式及编程要素,并给出自测及双机通信的测试实例。

第 13 章,论述了 MC56F8257 内部片内时钟合成模块、SIM 模块、交叉开关、计算机运行监护模块 COP 以及冗余校验发生器 CRC 等。这些部分与前面章节息息相关,直接关系到 MC56F8257 运行的时钟、稳定性等方面。

第 14 章,从滤波器设计方面,介绍如何利用 MC56F8257 设计不同需求的数字滤波器,并给出测试实例。

作者分工与致谢

本书由天津工业大学的林志贵负责编制提纲和统稿工作,并撰写第 5~11 章。苏州大学的王宜怀撰写第 1~4 章,刘英平撰写第 12、13 章,李金桐撰写第 14 章。研

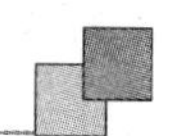

究生王欢、席冬冬、张彩霞、王玺、李敏、陈珍星、姚芳琴、沈忱、马旭波、蒋婷、朱锦明、赵效峰、胡玉鑫、谭碧云等协助书稿整理及程序调试工作，他们卓有成效的工作使本书更加实用。飞思卡尔半导体有限公司的马莉女士一直关心支持天津工业大学飞思卡尔嵌入式中心的建设，为本书的撰写提供了硬件及软件资料，并提出了许多宝贵建议。在此一并表示诚挚的谢意。

鉴于作者水平有限，书中难免存在不足和错误之处，恳望读者提出宝贵意见和建议。如果读者有什么疑问，请与作者联系：linzhigui@tjpu.edu.cn。

林志贵
2013年12月于天津工业大学

目 录

第1章 DSP56800E处理器概述

本章简要阐述DSP处理器，主要知识点有：①DSP概述，简要介绍目前DSP处理器的类型及特点；②DSP56800E处理器概述，包括其特点、内核结构、存储器映像及内部寄存器等；③DSP56800E处理器的指令系统，给出了指令简表、寻址方式及指令的分类介绍；④DSP56800E汇编语言的基本语法。

1.1 概 述

数字信号处理器是指用于数字信号处理的可编程微处理器，是微电子学、数字信号处理和计算机技术等学科综合研究的成果。目前，不同公司生产的DSP芯片采用的结构不尽相同，但是在处理器结构、指令系统等方面往往有许多共同点，如采用哈佛结构、流水线技术、硬件乘法器等。

Freescale半导体公司（前身是摩托罗拉公司的半导体部）DSP芯片内核为DSP56800系列，并逐步扩展到DSP56800E、DSP56800EX系列。DSP56800、DSP56800E系列是16位的，DSP56800EX系列是32位的。同时，Freescale半导体公司将DSP内核与MCU接口相结合，形成数字信号控制器（Digital Signal Controller, DSC）。DSC具有DSP内核，其外设具有MCU外设接口，因此DSC具有DSP数字信号处理功能，同时也具有MCU控制功能，常用于逆变电源、电机控制等领域。

1. DSP56800处理器

DSP56800处理器是16位处理器，采用哈佛结构；在80 MHz时钟频率下，可达到40 MIPS的指令执行速度；支持位操作；16位乘法运算；具有3条内部地址总线、1条外部地址总线、4条内部地址总线和1条外部数据总线；JTAG/OnCE程序调试接口等。采用DSP56800处理器作为内核的DSC芯片有DSP56F800系列，现在基本停产。

2. DSP56800E 处理器

DSP56800E 处理器也是 16 位处理器，具有 DSP56800 处理器所拥有的特点，是 DSP56800 处理器的增强型，主要体现在 AGU 算术单元从 16 位增加到 24 位；程序存储器、数据存储器容量大幅度增加；在数据处理类型上增加了字节型和长整型等类型；中断处理方面，DSP56800E 处理器增加了中断控制器，优化了中断优先级设定及处理。另外，DSP56800EX 处理器具有低功耗的特点，目前采用 DSP56800E 处理器作为内核的 DSC 芯片有 MC56F80x 系列～MC56F83x 系列。

3. DSP56800EX 处理器

DSP56800EX 处理器是 32 位处理器，具有 DSP56800E 处理器所拥有的特点，又具有以下新的特点：32 位乘法运算及 MAC；在 AGU 算术运算单元中所有寄存器都有影子寄存器，减少了相关数据存储的时间；具有逆位寻址方式，支持傅里叶变换（FFT）。另外 DSP56800EX 处理器也具有低功耗的特点，是 Freescale 半导体公司较新架构的 DSP 内核，目前以 DSP56800EX 处理器作为内核的 DSC 芯片有 MC56F84x 系列。

1.2 DSP56800E 处理器

1. DSP56800E 处理器结构及特点

DSP56800E 是一个通用中央处理单元，联合了 DSC 功能、并行和类似 MCU 的编程简单性，同时能够高效地进行数字信号处理和多种控制操作，提供了低成本、低功耗、中等性能计算的能力。

DSP56800E 内核包括数据算术逻辑单元（Data Arithmetic Logic Unit，ALU）、地址产生单元（Address Generation Unit，AGU）、程序控制器（Program Controller）、位操作单元（Bit - Manipulation Unit）、增强的片上模拟模块（EOnCE）和相关总线，如图 1-1 所示。其主要特点包括：①高性能；②兼容性：DSP56800E 源代码与飞思卡尔 DSP56800 家族兼容，DSP56800 软件通过简单地重新编译或者重新汇编就可以运行在 DSP56800E 内核上；③编程容易：DSP56800E 的指令助记类似于 MCU 的指令助记，简化了从传统微处理器编程到 DSC 编程的转换；④支持高级语言：C 编程语言适用于 DSP56800E 架构；⑤丰富的指令集：DSP56800E 提供了控制、位操作和整数小数处理指令来支持 DSP 算法，同时也提供强大的寻址模式和一系列数据类型；⑥高代码密度：DSP56800E 的基本指令字大小为 16 位，复杂操作的多字指令会产生更佳的代码密度；⑦支持多任务：DSP56800E 支持软件栈、快速 32 位上下文保存、恢复系统栈、基本测试-设置操作和 4 个优先的软件中断；⑧精度：DSP56800E 内核使能精确的 DSC 计算；⑨硬件循环；⑩并行化：每一个片上执行单元、存储设备和外围

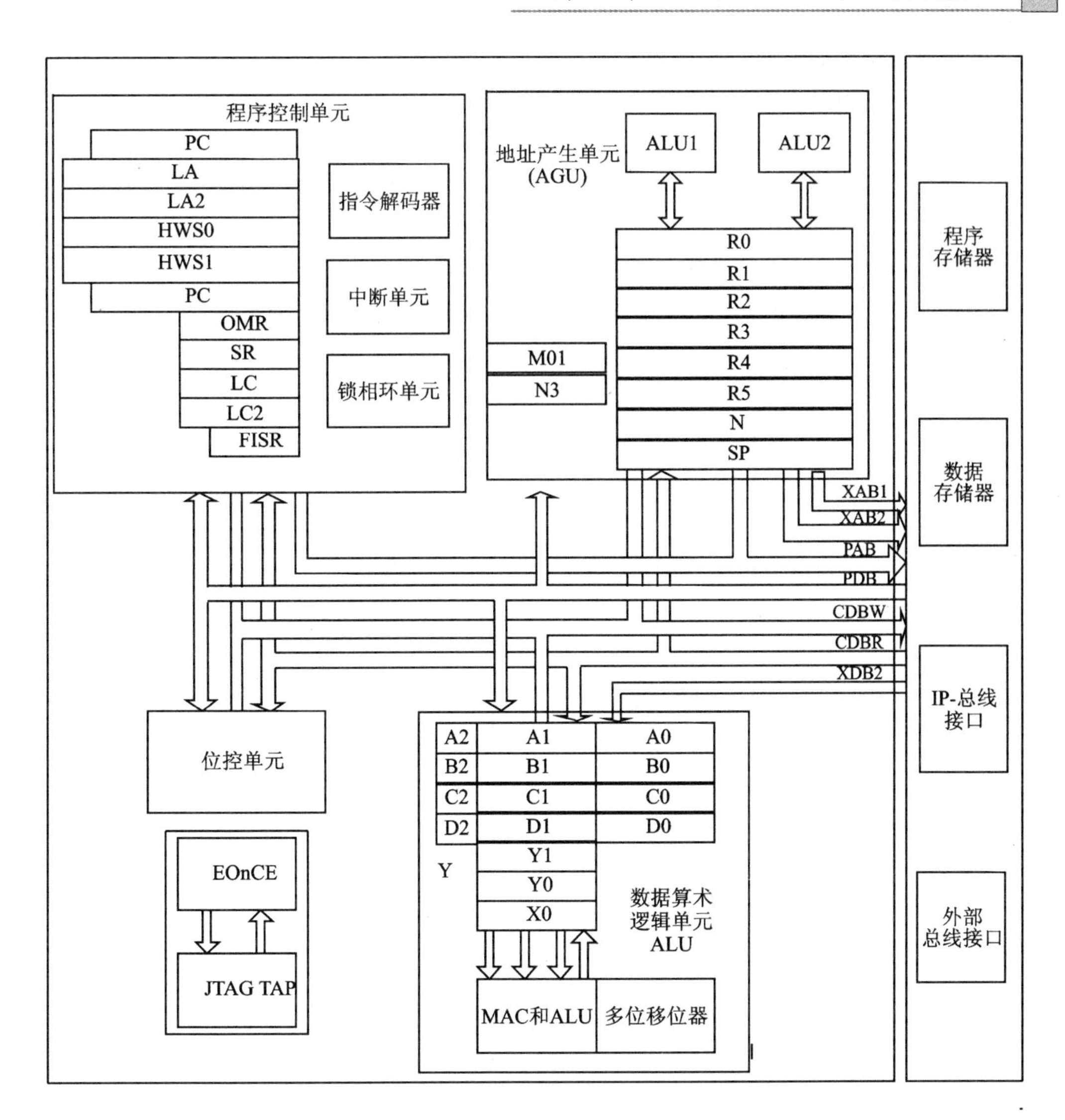

图1-1 DSP56800E内核

都是独立和并行操作的;⑪无形的指令管道:8级的指令管道提供增强的性能;⑫低功耗:电源管理单元可以关闭不使用的逻辑单元;⑬实时调试。

2. DSP56800E内核总线

DSP56800E内核总线包括地址总线和数据总线。

地址总线包括程序地址存储空间地址总线(PAB)、主数据地址总线(XAB1)和次数据地址总线(XAB2)。程序地址总线为21位,用来按字访问程序存储器。XAB1和XAB2为24位,用来访问数据存储器。XAB1可以按字节、字和长字访问,XAB2仅限于按字访问。3种地址总线可以寻址片上所有的存储器,同时也可以寻址包含外围总线接口单元的设备片外存储器。

数据总线包括 2 个单方向的 32 位总线、2 个单方向的 16 位总线和 IP - BUS 接口。2 个单方向的 32 位总线包括内核数据读总线(Core Data Bus for Reads,CDBR)和内核数据写总线(Core Data Bus for Writes,CDBW)。2 个单方向的 16 位总线包括次 X 数据总线(Secondary X Data Bus,XDB2)和程序数据总线(Program Data Bus,PDB)。数据 ALU 和数据存储器通过 CDBR 和 CDBW 实现读写,CDBR 和 XDB2 可以实现同时对存储器读操作。外围设备数据传输通过 IP -总线接口。指令字的预取通过 PDB 实现。

因为程序和数据是分开放置的,所以这种总线结构支持在 1 个时钟周期内最多 3 个 16 位数据的同时传输,包括 1 个指令预取和 2 个同时从数据存储器的读操作。

3. 数据算术逻辑单元 ALU

ALU 实现数据所有的算术、逻辑和移位操作。数据 ALU 中包括 3 个 16 位数据寄存器(X0、Y0 和 Y1)、4 个 36 位累加寄存器(A、B、C 及 D)、1 个乘-累加(MAC)单元、1 个单个位累加移位器、1 个算术逻辑多位移位器、1 个 MAC 输出限制器和 1 个数据限制器。

ALU 寄存器的具体描述如表 1 - 1 所列。

表 1 - 1　ALU 寄存器描述

名　称	大小/位	描　述
Y1	16	数据寄存器(32 位 Y 寄存器的高 16 位)
Y0	16	数据寄存器(32 位 Y 寄存器的低 16 位)
Y	32	32 位寄存器,由 Y1 : Y0 组成。处理快速中断时,此寄存器被入栈
X0	16	数据寄存器
A2	4	累加器的扩充位寄存器——累加器的 35 : 32 位
A1	16	累加器的高 16 位(MSP)寄存器——累加器的 31 : 16 位
A0	16	累加器的低 16 位(LSP)寄存器——累加器的 15 : 0 位
A10	32	32 位累加器——31 : 0 位,由 A1 : A0 组成
A	36	累加器,由 A2 : A1 : A0 组成
B2	4	累加器的扩充位寄存器——累加器的 35 : 32 位
B1	16	累加器的高 16 位(MSP)寄存器——累加器的 31 : 16 位
B0	16	累加器的低 16 位(LSP)寄存器——累加器的 15 : 0 位
B10	32	32 位累加器——31 : 0 位,由 B1 : B0 组成
B	36	累加器,由 B2 : B1 : B0 组成
C2	4	累加器的扩充位寄存器——累加器的 35 : 32 位

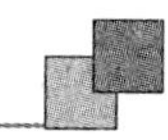

续表 1-1

名 称	大小/位	描 述
C1	16	累加器的高16位(MSP)寄存器——累加器的31：16位
C0	16	累加器的低16位(LSP)寄存器——累加器的15：0位
C10	32	32位累加器——31：0位，由C1：C0组成
C	36	累加器，由C2：C1：C0组成
D2	4	累加器的扩充位寄存器——累加器的35：32位
D1	16	累加器的高16位(MSP)寄存器——累加器的31：16位
D0	16	累加器的低16位(LSP)寄存器——累加器的15：0位
D10	32	32位累加器——31：0位，由D1：D0组成
D	36	累加器由D2：D1：D0组成

在单个指令周期内，ALU可以进行乘、乘-累加、加、减、移位和逻辑操作。除法和归一化操作由指令迭代实现。ALU支持有符号和无符号多精度算术运算。

ALU的源操作数可以是8、16、32、36位，可以是存储器中的值、指令立即数或者ALU寄存器中的值。算术操作和移位操作可以是16、32和36位，指令集中一些算术操作也支持8位结果。逻辑操作使用16位和32位的操作数。ALU操作结果可以存放在ALU寄存器中或者直接存入存储器。

4. 地址产生单元AGU

AGU计算存储器中数据的有效地址，包含2个地址ALU，每个指令周期最多允许2个24位地址产生，1个是主数据地址总线(XAB1)或者程序地址总线(PAB)，另1个是次数据地址总线(XAB2)。AGU可以直接寻址XAB1和XAB2总线上的2^{24}(16M)字，PAB上的2^{21}(2M)字。AGU包括7个24位地址寄存器(R0～R5、N)、4个影子寄存器(为R0、R1、N、M01而设)、1个24位专用的堆栈指针寄存器(SP)、2个偏移寄存器(N、N3)、1个16位变址寄存器(M01)、1个24位加法器和1个24位模运算单元。

AGU寄存器的具体描述如表1-2所列。

表 1-2 AGU寄存器描述

名称	大小/位	描 述
R0	24	地址寄存器——这个寄存器为快速中断处理有影子寄存器
R1	24	地址寄存器——这个寄存器为快速中断处理有影子寄存器
R2	24	地址寄存器
R3	24	地址寄存器

续表 1-2

名称	大小/位	描　述
R4	24	地址寄存器
R5	24	地址寄存器
N	24	偏移寄存器,可用作指针或者索引——这个寄存器为快速中断处理有影子寄存器
SP	24	堆栈指针寄存器
N3	16	第二个读偏移寄存器——有符号扩展到 24 位,在双读指令中用作 R3 指针的偏移
M01	16	变址寄存器——使能 R0 和 R1 地址寄存器的模算术运算。这个寄存器为快速中断处理有影子寄存器

5. 程序控制器

程序控制器主要负责指令预取、解码、中断处理、硬件自锁和循环。实际的指令执行发生在其他的核心部件,例如数据 ALU、AGU 或位操作单元。程序控制器包括 1 个锁指令单元和解码器、硬件循环控制单元、中断控制逻辑、程序计数器(PC)、2 个为快速中断而设的特殊寄存器、7 个用户可以访问的状态和控制寄存器(2 级硬件栈、循环地址寄存器(Loop Address Register,LA)、循环地址寄存器 2(Loop Address Register2,LA2)、循环计数寄存器(Loop Count Register,LC)、循环计数寄存器 2(Loop Count Register2,LC2)、状态寄存器(Status Register,SR)、操作模式寄存器(Operating Mode Register,OMR))。2 个为快速中断而设的特殊寄存器包括快速中断返回地址寄存器(Fast Interrupt Return Address Register,FIRA)和快速中断状态寄存器(Fast Interrupt Status Register,FISR)。

循环地址寄存器 LA 和循环计数寄存器 LC 联合硬件栈支持没有额外负担的硬件循环。操作模式寄存器 OMR 是控制包括存储器映射配置的 DSP56800E 内核操作的可编程寄存器。

程序控制器的寄存器的具体描述如表 1-3 所列。

表 1-3　程序控制器的寄存器描述

名　称	大小/位	描　述
PC	21	程序计数器——由专用的 16 位寄存器(程序计数器的位 15 : 0)和状态寄存器的高字节的 5 位组成
LA	24	循环地址寄存器——包含硬件 DO 循环的最后一个指令字的地址
LA2	24	循环地址寄存器 2 —保存外层循环的循环地址
HWS	24	硬件栈——提供具有两个存储空间的 LIFO 缓冲区的硬件栈的访问

续表 1-3

名　称	大小/位	描　述
FIRA	21	快速中断返回地址寄存器——进入2级快速中断服务例程时21位返回地址的备份
FISR	13	快速中断状态寄存器——进入2级快速中断服务例程时条件码寄存器、栈对齐状态和硬件循环状态的备份
OMR	16	操作模式寄存器——为内核设置模式
SR	16	状态寄存器——包含程序计数寄存器的状态、控制和5个最高位
LC	16	循环计数器——包含硬件循环时的循环计数
LC2	16	循环计数器2——为外层循环保存循环计数

6. 位操作单元

位操作单元执行数据存储器字、外设寄存器和DSP56800E内核寄存器的位域操作，可以操作16位的字内的测试、设置、清0或者翻转单个位或多位，也可以为按照位域进行分支的指令测试字节。

1.3　DSP56800E的寻址方式

寻址方式指明如何找到一条指令中的操作数(立即数、寄存器或者内存中)，并提供操作数的准确地址。DSP56800E指令集包含为高性能信号处理和有效控制代码而优化设计的一整套寻址方式。所有的地址计算由地址产生单元AGU计算，减小了执行时间。

寻址方式分为4类：①直接寄存器——直接引用片上寄存器中的值；②间接地址寄存器——引用地址寄存器所指向的地址单元中的值；③立即数——指令中包含操作数本身；④绝对地址——使用指令中的地址所指向的地址单元中的值。

(1) 直接寄存器寻址方式

直接寄存器寻址方式指明每个操作数(最高可达3个)是AGU、数据ALU或者是控制寄存器中的寄存器。

例如：MOVE. W R0,X0

源操作数R0在AGU中，目标操作数X0在数据ALU中。

(2) 间接地址寄存器寻址方式

在间接地址寄存器寻址方式中，操作数并不在地址寄存器中，而位于地址寄存器中指向的存储单元中。大多数的间接地址寄存器寻址方式允许更新指针寄存器中的值。

例如：

MOVE. BP X:(R5)+,A;

MOVE. W X:(R5)+,A;

MOVE. L X:(R5)+,A;

其中，第 1 条指令为将数据存储空间中 R5 指明地址处的字节值传送到累加器 A 中，然后 R5 寄存器中的值加 1。

注意算术运算根据数据类型的不同而有所区别。例如在上述例子中，如果是字节或者是字访问，R5 中的值加 1。如果是长字访问，R5 中的值加 2。

(3) 立即数寻址方式

立即数寻址方式不适用地址寄存器指明有效的地址，它在指令中直接指明操作数的值。例如使用 MOVE. L 指令来写累加器时，将相应的立即数有符号扩展到 36 位，或者将立即数扩展为相应寄存器的合适大小。例如：

MOVE. L #-4,B

指令执行之前，B 的值为任意数，执行之后 B 的值为 0xFFFFFFFC。

MOVE. W #-2,R0

指令执行之前，R0 的值为任意数，执行之后 R0 的值为 0xFFFFFE。

(4) 绝对寻址方式

绝对寻址方式不使用地址寄存器指明有效地址。包括直接寻址、扩展寻址和立即数。

例如：

MOVE. W R2,X:<$0003

此指令功能是将 $0003 前面补 0 扩展至 24 位，即变为 $000003，将寄存器 R2 中的值传送至数据存储空间地址为 $000003 处。

(5) 隐式的寻址方式

一些指令隐式地包含程序计数器(PC)、软件栈、硬件栈、循环地址寄存器(LA)、循环计数器(LC)或者状态寄存器(SR)等。例如，JSR、RTI、RTS 指令访问 PC、SR、SP 寄存器时不用明确地在指令中指出。

1.4 DSP56800E 指令系统

1.4.1 数据传送类指令

传送指令在内核寄存器和内存或外设之间传送数据，或两个内存或外设地址间传送数据。将累加器的值写入内存或者外设的传送指令可以自动填充或者限制写入的值，如表 1-4 所列。此外，还有能和算术指令同时使用的并行传送。

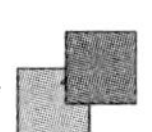

表1-4　传送指令

指　令	描　述
MOVE.B	使用字指针和字节地址传送(有符号)字节
MOVE.BP	使用字节指针和字节地址传送(有符号)字节
MOVEU.B	使用字指针和字节地址传送无符号字节
MOVEU.BP	使用字节指针和字节地址传送无符号字节
MOVE.L	使用字指针传送长字
MOVE.W	使用字指针和字地址(数据或者程序存储器)传送有符号字
MOVEU.W	使用字指针和字地址(数据或者程序存储器)传送无符号字

1.4.2　算术运算类指令

1. 乘法指令

这一类指令为数据ALU中所有乘法操作。部分乘法指令可以规定数据传送的方式。这类指令数据传输允许预取下一条指令使用的新数据或者存储先前指令计算的结果。乘法指令的执行需要1个指令周期,影响条件码寄存器一个或多个位。表1-5列出了所有的乘法指令。

表1-5　乘法指令

指　令	是否并行传送	描　述
IMAC.L	—	有符号整数的全精度累乘运算
IMACUS	—	无符号与有符号整数的全精度累乘运算
IMACUU	—	无符号与无符号整数的全精度累乘运算
IMPY.L	—	有符号整数的全精度乘法运算
IMPY.W	—	有符号整数乘法运算,其结果为整数
IMPYSU	—	有符号/无符号整数的全精度乘法运算
IMPYUU	—	无符号/无符号整数的全精度乘法运算
MAC	是	有符号小数的累乘运算
MACR	是	带四舍五入的有符号小数累乘运算
MACSU	—	有符号/无符号小数的累乘运算
MPY	是	有符号小数乘法运算
MPYR	是	有符号小数乘法运算及四舍五入
MPYSU	—	有符号/无符号小数的乘法运算

2. 算术指令

算术指令不包括乘法算术指令。虽然使用基于寄存器的操作数允许并行执行数据移动操作,但是这些指令仍可以对寄存器或存储器中的值进行操作。

指令使用复杂的寻址方式可能会耗时长,但是算术指令一般需要 1 个指令周期。算术指令影响条件码寄存器的一个或多个位。表 1-6 列出了算术指令。

表 1-6 算术指令

指令	是否并行传送	描述
ABS	是	求绝对值
ADC	—	带进位长字加法
ADD	是	两个寄存器的值相加
ADD. B	—	将存储器中的字节值加到寄存器(地址是以字指针方式)
ADD. BP	—	将存储器中的字节值加到寄存器(绝对地址是以字节方式)
ADD. L	—	将存储器(或立即数)中的长字加到寄存器
ADD. W	—	将存储器(或立即数)中的字加到存储器
CLR	是	清 36 位寄存器值
CLR. B	—	清存储器中的字节值(地址是以字指针方式)
CLR. BP	—	清存储器中的字节值(绝对地址是以字节方式)
CLR. L	—	清存储器中的长字值
CLR. W	—	清存储器或寄存器(字)
CMP	是	存储器中的数(字)(或立即数)与累加器比较;或者比较两个寄存器中的数,但第二寄存器必须是累加器;被比较数均为 36 位
CMP. B	—	两个寄存器中的数(字节)比较;或者立即数和寄存器中的数(字节)比较;完成 8 位数比较操作
CMP. BP	—	比较存储器和寄存器中的数(字节);完成 8 位数比较操作
CMP. L	—	存储器中的数(长字)/立即数和寄存器的值比较;或两个寄存器的值(长字)比较;完成 32 位数比较操作
CMP. W	—	存储器中的数(字)/立即数和寄存器中的数比较;或两个寄存器中的数(字)比较;完成 16 位数比较操作
DEC. BP	—	存储器的数(字节)自减
DEC. L	—	累加器或者存储器中的数(长字)自减
DEC. W	是	累加器的高位、寄存器或者存储器中的数(字)自减
DIV	—	除法迭代
INC. BP	—	存储器的值(字节)自加

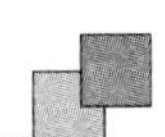

续表 1-6

指　令	是否并行传送	描　述
INC. L	—	累加器或者存储器的值(字)自加
INC. W	是	累加器的高位、寄存器或者存储器中的值(字)自加
NEG	是	累加器取反
NEG. BP	—	存储器中的数(字节)取反
NEG. L	—	存储器中的数(长字)取反
NEG. W	—	存储器中的数(字)取反
NORM	—	归一化
RND	是	四舍五入
SAT	是	将数放入累加器中并存入目的地址中
SBC	—	带进位长字减
SUB	是	两个寄存器中数相减
SUB. B	—	存储器与寄存器的数(字节)相减(数直接获取)
SUB. BP	—	存储器与寄存器的数(字节)相减(数以字指针方式获取)
SUB. L	—	存储器与寄存器的数(长字)相减
SUB. W	—	存储器(或立即数)与寄存器的值(字)相减
SUBL	是	D 累加器中的数左移 1 位并与 16 位累加器 A 相减
SXT. B	—	将寄存器中的字节数进行符号扩展并存入目标地址中
SXT. L	—	将累加器中的数进行符号扩展并存入目标地址中
SWAP	—	交换 R0、R1、N、M01 寄存器与相应影子寄存器中的数
Tcc	—	将一个或两个寄存器中的数有条件地转移到其他寄存器
TFR	是	将数据寄存器 ALU 中的数转移到累加器
TST	是	测试 36 位累加器
TST. B	—	测试存储器或寄存器中的数(字节)
TST. BP	—	测试存储器中的数(字节)
TST. L	—	测试累加器或者存储器中的数(长字)
TST. W	—	测试存储器或寄存器中的数(字)
ZXT. B	—	高位为 0 扩展目的寄存器中的数(字节)

1.4.3 逻辑运算类与位操作类指令

1. 移位指令

移位指令用来执行数据 ALU 中的移位和循环操作。除了多位移位指令(ASLL. L、ASRR. L 和 LSRR. L)执行需要 2 个指令周期,其他指令执行通常需要 1

个指令周期。这些指令影响条件码寄存器 1 个或多个位。

ASL 指令不能用于 16 位 X0、Y0、Y1 寄存器移位，因为条件代码的值可能有误，此时应用 ASL. W 指令。表 1－7 列出了移位指令。

2. 逻辑指令

逻辑指令执行布尔逻辑操作，逻辑指令不允许数据传输，除了 EOR. L 指令。逻辑指令执行需要 1 个指令周期。表 1－8 列出了逻辑指令。

表 1－7 移位指令

指 令	是否并行传送	描 述
ASL	是	寄存器算术左移 1 位
ASL16	—	寄存器或累加器算术左移 16 位
ASL. W	—	16 位寄存器算术左移 1 位
ASLL. L	—	多位算术左移(长字)
ASLL. W	—	多位算术左移(字)
ASR	是	寄存器算术右移 1 位
ASR16	—	寄存器或累加器算术右移 16 位
ASRAC	—	累加器算术右移多位
ASRR. L	—	多位算术右移(长字)
ASRR. W	—	多位算术右移(字)
LSL. W	—	寄存器(字)逻辑左移
LSR. W	—	逻辑右移；寄存器(字)逻辑右移 1 位
LSR16	—	寄存器或累加器逻辑右移 16 位
LSRAC	—	累加器逻辑右移多位
LSRR. L	—	多位逻辑右移(长字)
LSRR. W	—	多位逻辑右移(字)
ROL. L	—	寄存器循环左移(长字)
ROL. W	—	寄存器循环左移(字)
ROR. L	—	寄存器循环右移(长字)
ROR. W	—	寄存器循环右移(字)

表 1－8 逻辑指令

指 令	是否并行传送	描 述
AND. L	—	寄存器(长字)逻辑与
AND. W	—	寄存器(字)逻辑与
ANDC	—	存储器中的立即数(字)逻辑与
CLB	—	计数前导的 0 或 1 的个数
EOR. L	是	寄存器(长字)逻辑异或
EOR. W	—	寄存器(字)逻辑异或
EORC	—	存储器中的立即数(字)逻辑异或
NOT. W	—	寄存器中的数(字)逻辑补码
NOTC	—	存储器中的数(字)逻辑补码
OR. L	—	寄存器(长字)逻辑或
OR. W	—	寄存器(字)逻辑或
ORC	—	存储器中的立即数(字)逻辑或

注意：ANDC、EORC、ORC、NOTC 并不是真实的指令，而是为执行相同功能操作的别名。

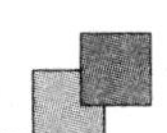

3. 位操作指令

位操作指令用来测试或修改一个字中的一位或多位,可以对存储器、外设或寄存器进行操作。状态寄存器的进位位是受这些指令影响的唯一条件码。位操作指令执行需要2、3或4个指令周期。表1-9列出了位操作指令。

4. 循环指令

循环指令用来执行程序循环,DSP56800E使用单指令(REP)或块指令(DO)支持有效的硬件循环。使用循环指令可以显著地增加迭代算法的性能。表1-10列出了循环指令。

表1-9 位操作指令

指 令	描 述
BFCHG	位域改变
BFCLR	位域清0
BFSET	位域置1
BFTSTH	有条件位域测试
BFTSTL	无条件位域测试

表1-10 循环指令

指 令	描 述
DO	加载无符号16位循环计数值到LC寄存器并开始硬件循环
DOSLC	开始硬件循环,循环次数为有符号16位数(在LC寄存器中)
ENDDO	终止当前的硬件DO循环
REP	立即重复相应的指令

1.4.4 程序控制类指令

程序控制类指令包括分支、转移、有条件分支、有条件转移和其他影响程序计数器和软件栈的指令。指令集中还有使DSC处于低功耗状态的STOP和WAIT指令。表1-11列出了程序控制类指令。表1-12列出了混杂的程序控制类指令。

表1-11 程序控制类指令

指 令	描 述	指 令	描 述
Bcc	有条件分支	JMPD	延迟跳转
BRA	分支	JSR	跳转到子程序
BRAD	延迟分支	RTI	从中断返回
BRCLR	如果选择位清0,则跳转到分支	RTID	从中断延迟返回
BRSET	如果选择位置1,则跳转到分支	RTS	从子程序返回
BSR	跳转到子程序	RTSD	从子程序延迟返回
FRTID	从快速中断中延迟返回	SWI	最高优先级的软件中断
ILLEGAL	产生非法指令异常	SWI #<0-2>	指定优先级的软件中断
Jcc	有条件跳转	SWILP	最低优先级软件中断
JMP	跳转		

表 1-12 混杂的程序控制类指令

指令	描述	指令	描述
DEBUGEV	产生调试事件	STOP	停止处理(低功耗,备用)
DEBUGHLT	进入调试模式	WAIT	等待中断(低功耗,备用)
NOP	无操作		

1.4.5 AGU 算术指令

AGU 算术指令执行地址产生单元的所有地址计算操作。尽管一些指令使用立即数,但是通常大部分指令使用 AGU 寄存器作为操作数。只有 CMPA、CMPA. W、DECTSTA、TSTA. B、TSTA. W、TSTA. L 和 TSTDECA. W 指令会修改条件码寄存器中的位。

AGU 算术指令没有可选的数据传送方式。指令执行通常需要 1 个指令周期,但有些操作会增加额外的周期,这取决于操作数的寻址方式。表 1-13 列出了 AGU 算术指令。

表 1-13 AGU 算术指令

指令	描述	指令	描述
ADDA	寄存器或立即数与 AGU 寄存器相加	NEGA	AGU 寄存器取反
ADDA. L	源操作数左移 1 位加到 AGU 寄存器	SUBA	从 AGU 寄存器减去寄存器或立即数
ALIGNSP	将堆栈指针存到堆栈,在这之前将 SP 与存储器(长字)对齐	SXTA. B	有符号扩展 AGU 寄存器(字节)
		SXTA. W	有符号扩展 AGU 寄存器(字)
ASLA	AGU 寄存器算术左移 1 位	TFRA	将一个 AGU 寄存器传送到另一个寄存器
ASRA	AGU 寄存器算术右移 1 位		
CMPA	比较两个 AGU 寄存器(24 位)	TSTA. B	测试 AGU 寄存器(字节)
CMPA. W	比较两个 AGU 寄存器(16 位)	TSTA. L	测试 AGU 寄存器(长字)
DECA	AGU 寄存器自减 1	TSTA. W	测试 AGU 寄存器(字)
DECA. L	AGU 寄存器自减 2	TSTDECA. W	测试并且自减 AGU 寄存器(字)
DECTSTA	自减并测试 AGU 寄存器	ZXTA. B	前面补 0 扩展 AGU 寄存器(字节)
LSRA	AGU 寄存器逻辑右移 1 位	ZXTA. W	前面补 0 扩展 AGU 寄存器(字)

1.5 DSP56800E 汇编语言基础

能够在 DSC 内直接执行的指令序列是机器语言,用助记符号来表示机器指令便

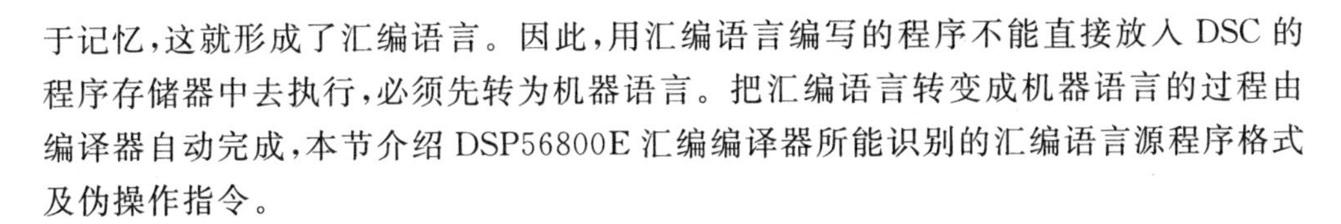

于记忆，这就形成了汇编语言。因此，用汇编语言编写的程序不能直接放入DSC的程序存储器中去执行，必须先转为机器语言。把汇编语言转变成机器语言的过程由编译器自动完成，本节介绍DSP56800E汇编编译器所能识别的汇编语言源程序格式及伪操作指令。

1.5.1 DSP56800E汇编源程序格式

把汇编语言编写的源程序“翻译”成机器语言的工具叫汇编程序或编译器（Assembler），以下统一称作编译器。汇编语言源程序可以采用通用的文本编辑软件书写编辑，以ASCII码形式存盘。具体的编译器对汇编语言源程序的格式有一定的要求，同时编译器除了识别DSC的指令系统外，为了能够正确地产生目标代码以及方便汇编语言的编写，编译器还提供了一些在汇编时使用的命令、操作符号，在编写汇编程序时，也必须正确使用它们。编译器提供的指令仅是为了更好地做好“翻译”工作，并不产生具体的机器指令，因此这些指令被称为伪指令（Pseudo Instruction）。例如，伪指令告诉编译器从哪里开始编译、到何处结束、汇编后的程序如何放置等相关信息。当然，这些相关信息必须包含在汇编源程序中，否则编译器就难以编译好源程序，难以生成正确的目标代码。

汇编语言源程序以行为单位进行编写，每一行最多可以包含以下4个部分：

标号	操作码	操作数	注释

1. 标号（Label）

对于标号有下列要求及说明：

① 如果一个语句有标号，则标号必须从第1列开始书写。

② 可以组成标号的字符有：字母A～Z、字母a～z、数字0～9、下划线“_”、美元符号“$”，但开头的第一个符号不能为数字和$。

③ DSP56800E编译器区分标号中字母的大小写，但指令和伪指令不区分大小。

④ 标号长度基本上不受限制，但实际使用时通常不要超过20个字符。若希望更多的编译器能够识别，建议标号（或变量名）的长度小于8个字符。

⑤ 标号后必须带冒号“:”或双冒号“::”，一个冒号表示局部符号，两个冒号表示全局符号。模块外调用的标号需要用全局标号，模块内跳转的标号用局部标号。

⑥ 一个标号在一个程序中只能定义一次，否则是重复定义，不能编译。

⑦ 一行语句可以只有标号，编译器将把当前程序计数器的值赋给该标号。

2. 操作码（Opcode）

操作码包括指令码以及后面即将介绍的DSP56800E编译器可以识别的伪指令码。对于有标号的行，必须用至少一个空格或制表符（TAB）将标号与操作码隔开；对于没有标号的行，不能从第一列开始写指令码，应以空格或制表符（TAB）开头。

DSP56800E 编译器不区分操作码中字母的大小写。

3. 操作数(Operand)

操作数可以是地址、标号或指令码定义的常数,也可以是由伪运算符构成的表达式。若一条指令或伪指令有操作数,则操作数与操作码之间必须用空格隔开书写。操作数多于一个的,操作数之间用逗号“,”分隔。

(1) 常数标识

DSP56800E 编译器识别的常数有十进制(默认,不需要前缀标识)、十六进制(用 $ 或 0x 前缀标识)、二进制(用%前缀标识)。

(2) “#”表示立即数

一个常数前添加“#”表示一个立即数,不加“#”时,表示一个地址。

特别说明:初学时常常会将立即数前面的“#”遗漏,如果该操作数只能是立即数时,编译器会提示错误。但有的指令操作数可以是立即数,也可以是地址单元,如把“MOVE. B #0x50,0x40”误写为“MOVE. B 0x50,0x40”,编译器当然不知道有错,但这两句本身含义不同,前者表示将立即数 50(相当于十进制数 80)赋给 0x40 单元,后者表示表示将 50 单元的内容赋给 0x40 单元。

(3) 伪运算符

DSP56800E 编译器识别如表 1-14 所列的伪运算符。

表 1-14 DSP56800E 编译器识别的伪运算符

运算符	功 能	类 型	实 例
*	乘法	二元	MOVE. B #5*4, $40 等价于 MOVE. B #$14, $40
/	除法	二元	MOVE. B #900/68, $40 等价于 MOVE. B #$0D, $40
%	取模	二元	MOVE. B #900%68, $40 等价于 MOVE. B #$02, $40
<<	左移	二元	MOVE. B #4<<2, $40 等价于 MOVE. B #$10, $40
>>	右移	二元	MOVE. B #4>>2, $40 等价于 MOVE. B #$01, $40
^	按位异或	二元	MOVE. B #%10000010^%11111110, $40 等价于 MOVE. B #%01111100, $40
&	按位与	二元	MOVE. B #%10000010&%11111110, $40 等价于 MOVE. B #%10000010, $40
|	按位或	二元	MOVE. B #%10000010|%11111110, $40 等价于 MOVE. B #%11111110, $40
—	负号	一元	MOVE. B #-5, $40 等价于 MOVE. B #$FB, $40
~	取反运算	一元	MOVE. B #~%10000001, $40 等价于 MOVE. B #%01111110, $40

续表 1-14

运算符	功能	类型	实例
<	取低字节	一元	MOVE.B #<0x5678,$40 等价于 MOVE.B #0x78,$40
>	取高字节	一元	MOVE.B #>0x5678,$40 等价于 MOVE.B #0x56,$40

4. 注释(Comment)

注释即是说明文字,用分号";"引导。

1.5.2 DSP56800E汇编语言伪指令

DSP56800E汇编语言伪指令可以在CodeWarrior 10.3开发环境的帮助文件中找到,这里给出常用伪指令的简要说明。

1. 字符串的替代定义DEFINE

DEFINE symbol string

该指令用于定义替换的字符串,应用于之后的所有源代码行,用标志symbol取代字符串string。

此外,标志symbol不能超过512个字符,其中的第一个字符必须是字母,剩下的都必须是字母、数字或下划线。如果尝试对一个已定义的标志进行新定义会出现一个警告,重新定义的符号被新替换的字串所取代(除非NODXL选择作用状态)。

当遇到DEFINE指令时,会被当作宏定义使用。DEFINE指令只适用于它所定义的范围,不允许与标签label一起使用。例如:

DEFINE ARRAYSIZ '10*5'

DS ARRAYSIZ

以上两行可以变形为:

DS 10*5

2. 文件包含指令INCLUDE

INCLUDE string

该指令是一个附加文件的链接指示命令,可以把另一个文件加入到当前的源文件一起汇编,成为一个完整的源程序。string指代文件名。注意:文件名必须被操作系统所兼容而且可以包含目标类型。默认扩展名为.asm。该指令不允许与标签label一起使用。

例如:INCLUDE 'storage\mem.asm'

3. 初始化存储空间和指令计数器指令ORG

ORG rms[rlc][rmp][,lms[llc][lmp]]

该指令用于指定地址并且指出存储空间和映射变化;还可以指定一个隐式的计

数模式，作为初始覆盖的机制使用；不允许与标签 label 一起使用。

ORG 指令组成介绍如下：

- rms：存储空间（Y 或 P），用来作为运行时的存储空间。
- rlc：运行时计数器，H、L 或默认的（如果不指定是 L 或 H），与之相关联的是 rms 和运行时位置计数器。
- rmp：指出了映射到 DSP 存储空间的运行时物理空间。I——内部，E——外部，R——ROM，A——A 口、B——B 口。如果没有 rmp 参数，则没有明确的映射机制。
- lms：存储空间（X 或 P），用来作为加载存储的空间。
- llc：加载计数器，H、L 或默认的（如果不指定是 L 或 H），与 lms 联合用作加载地址计数器。
- lmp：指出了映射到 DSP 存储空间的加载物理空间。I——内部，E——外部，R——ROM，A——A 口、B——B 口。如果没有 lmp 参数，则没有明确的映射机制。

如果在 ORG 指令中没有指明用于说明加载存储空间和计数器的部分，那么编译器会指定加载的存储空间和计数器与运行时的存储空间和计数器相同。在这种情况下，当程序运行时，目标代码被加载到本身所在的存储空间中，但这并不重叠。

4. 数值等价表示指令 EQU

label EQU [{X: | P:}]expression

EQU 指令将 expression 的值和存储空间属性赋给符号 label。如果表达式 expression 没有指明存储空间，那么它的前面可以选择性添加指定的存储空间修饰符来强制确定存储空间属性。

EQU 指令是指令集中的一个将 label 赋值指令，而不是将程序计数器赋值给 label 的指令。标签 label 不能在程序其他任何地方重定义。expression 可以是相对的或者是绝对的，但是不能包含一个还没有定义的符号（不允许向前参考）。

例如：A_D_PORT　EQU　X: $4000

5. 全局变量声明指令 GLOBAL

GLOBAL symbol[,symbol,...,symbol]

该指令指明当前段所定义的符号列表，这些定义可以被所有的段访问。这个指令在被 SECTION 和 ENDSEC 所限定的程序块中使用时才有效。该指令不允许与标签 label 一起使用。例如：

```
SECTION IO
GLOBAL LOOPA    ;LOOPA 为全局的，可以被其他段访问
……
ENDSEC
```

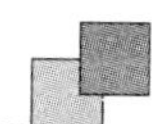

6. 局部变量声明指令 LOCAL

LOCAL symbol[,symbol,...,symbol]

该指令指明当前段所定义的符号列表,这些定义明确地局限于这个段。它可以当作包含一个名字相似符号的封闭段的嵌套段的向前参考。这个指令在被 SECTION 和 ENDSEC 所限定的程序块中使用时才有效。LOCAL 指令必须在符号 symbol 定义之前出现。该指令不允许与标签 label 一起使用。例如:

```
SECTION IO
LOCAL   LOOPA ;局限于此段
……
ENDSEC
```

7. 设置指令 SET

label SET expression

SET label expression

该指令用来将操作数域的 expression 的值赋给标签 label。SET 指令功能与 EQU 指令有些类似。但是,通过 SET 指令定义的标签 label 可以在程序的其他部分重新定义(但只能通过使用另一个 SET 指令)。SET 指令在建立临时或者重用计数器时很有用。SET 指令中操作数域的 expression 必须是绝对的,不能包含一个未定义的符号(不允许向前引用)。

例如:COUNT SET 0

8. 外部模块符号引用指令 XREF

XREF symbol[,symbol,...,symbol]

该指令用于指定当前段引用的符号列表,这些符号列表并不在本段中定义。这些符号已经在所有段外定义或在其他段中使用 XDEF 指令定义,可以全局访问。该指令不允许与标签 label 一起使用。例如:

```
SECTION FILTER
XREF AA, CC, DD
……
ENDSEC
```

9. 对齐指令 ALIGN

ALIGN expression

该指令将运行时地址计数器的值设置为 expression 的字值。该指令应用于 DSP56800 和 DSP56800E 处理器。例如:

```
ALIGN 8
BUFFER dc 8
```

10. 常量定义指令 DC

[label] DC arg[,arg,...,arg]

该指令用于为每一个 arg 参数分配和初始化一个字的内存空间。arg 可以是一个数字常量、单个或多个字符的字符串常量、符号或一个表达式。DC 指令可能有一个或多个参数(以逗号隔开)。多个参数都是连续存储的。当有多个参数时,一个或多个参数可以赋值为空(相邻的两个用逗号隔开),在这种情况下,对应的地址空间由0填充。

如果指令前有标签 label 时,arg 参数分配存储首地址为该指令处理时的地址计数器的值。

整型数按照本身格式存储。浮点型数被转换成二进制存储。单个字符或多个字符串处理如下:单个字符的字符串按字存储,低7位代表字符的 ASCII 码值;多个字符的字符串中的每个字节由字符串中每个字符的 ASCII 码连续组成。如果所有字符的数量不是 DSP 字中字节数的偶数倍,则最后一个字的字符左对齐,剩下的部分由0填充。如果给出了 NOPS 选项,字符串的每个字符将按字存储,字的低7位代表字符的 ASCII 码值。例如:

```
TABLE   DC   1426,253,$2662,'ABCD'
CHARS   DC   'A','B','C','D'
```

11. 数组定义指令 DS

label DS expression

DS 指令定义一块存储区域,字节长等于表达式 expression 值。这个指令会导致运行时地址计数器的值加上操作数域指定的绝对整数值。表达式 expression 可以有任何存储空间属性。定义的存储块没有被初始化任何值。表达式 expression 必须是大于0的整数值,不能包含任何向前参考值(符号还没有被定义)。例如:

```
S_BUF   DS   12    ;12 字节缓冲区
```

12. 重复序列指令 DUP

```
[label]   DUP   expression
……
ENDM
```

DUP 和 ENDM 之间的序列会重复 expression 所指定的整数次。Expression 可以有任何的存储空间属性。如果 expression 为小于等于0的数,在编译器输出中序列并不会被重复。Expression 必须是一个绝对整数值,不能包含任何向前参考值(符号还没有被定义)。DUP 可以被嵌套任意层。例如:

源代码序列输入语句:

```
COUNT   SET   3
```

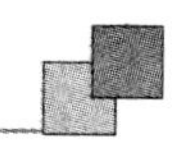

```
DUP COUNT ;重复 3 次
NOP
ENDM
```

上述语句编译后，在源代码列表中等效如下语句：

```
COUNT   SET   3
NOP
NOP
NOP
```

目前，嵌入式系统软件设计主要采用 C 语言及汇编语言混编形式，其中以 C 语言为主。这里介绍汇编语言的一些知识，便于读者初步了解 DSC 汇编语言基础，为阅读后面章节程序做准备。后面章节程序以 C 语言为主。

第2章

MC56F825X 硬件最小系统

MC56F8257 属于飞思卡尔的 MC56F825X 系列 DSC。本书以 MC56F8257 为蓝本阐述飞思卡尔 MC56F825X 系列 DSC 的学习方法。本章主要知识点有：①概述飞思卡尔的 16 位 DSC；②MC56F8257 功能概述、存储器映像、引脚功能与硬件最小系统；其中，存储器映像、引脚功能与硬件最小系统是重点掌握的内容。硬件最小系统是 DSC 芯片运行的基本条件，应该对此有清晰的理解。

2.1 DSC 概述

2.1.1 相关概念

数字信号控制器是包含能同时完成微控制器和数字信号处理器功能内核的专门微处理器，具有能适用于多种类型系统解决方案的处理能力。

传统的微控制器是为中、低成本控制领域而设计和开发，位控能力强，I/O 接口种类繁多，片内外设和控制功能丰富，价格低，使用方便，容易编程，但是与数字信号处理器相比，信号处理速度较慢。传统的 DSP 能够高速、实时地进行数字信号处理运算，专门为数字信号处理、矩阵运算而设计，具有强大的数据处理能力和高速运行速度，但是编程复杂，不适合于控制。DSC 融合了 MCU 和 DSP 的优点，带有灵活的外围设备，将指令优化为适用于控制、数字信号处理和矩阵操作，使用紧凑的汇编和 C 编译代码，容易编程，性能上可以运行控制需要的复杂算法，但是系统成本比 MCU 要低，如图 2－1 所示。

DSC 的主要特征如下：

① 为高级算法提供 MIPS(32～120 MIPS)的 MCU/DSP 性能。

② 为快速动态响应功能提供高速性能，如 600 ns/12 位 ADC。

③ 高速复杂的(60～96 MHz)定时器模块。

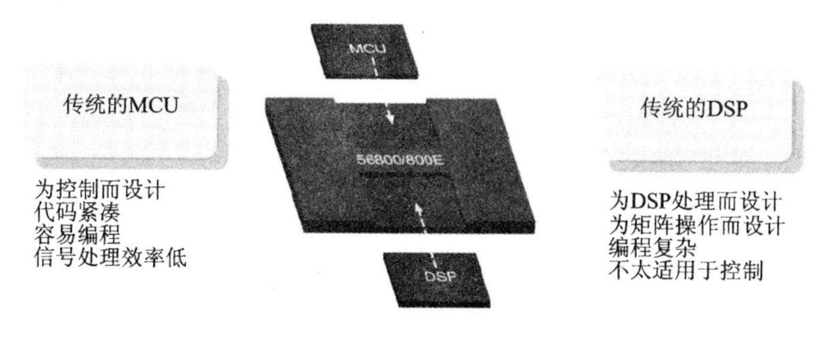

图 2-1 DSC 特点

④ 阻止灾难性错误(错误输入、时钟丢失)的安全特征。

DSC 的主要应用领域有工业控制、移动控制、家电设备、通用变换器、智能传感器、高级照明、防火和保安系统、开关电源、电源管理和医疗监控等。

2.1.2 MC56F82xx 系列 DSC

在 2000 年左右,飞思卡尔公司推出 DSP56F800 系列和 DSP56F820 系列 DSP。这两个系列是飞思卡尔专门为电机控制而设计的 16 位定点处理器(表示小数时,小数点位置固定),内核包括 MCU 和 DSP 两部分,可以同时实现控制和运算功能。

这两个系列 DSP 产品采用 DSP56800Harvard V1 内核,是飞思卡尔 DSP 产品中的低价位系列。内核主要由算术逻辑单元 ALU、地址产生单元 AGU、程序控制器 PC 和硬件循环单元、位操作单元、中断控制器、外部总线桥、3 个内部地址总线和 1 个外部地址总线、4 个内部数据总线和 1 个外部数据总线以及 JTAG/OnCE 调试接口组成。每个指令周期可实现 6 次操作。微处理器形式的编程模型与优化指令可以直接产生有效、紧凑的代码,适用于 DSP 和 MCU 应用。指令集针对 C 编译器也极为高效。

DSC 推出了多个子系列,包括 DSP56850 系列、MC56F8300 系列、MC56F8100 系列、MC56F8000 系列及 MC56F8200 系列。这些系列都基于 DSP56800E 内核,能够同时高效地进行数字信号处理和多种控制操作。

所有系列使用的内核均为 DSP56800E,都是软件兼容的。DSP56800E 源代码与飞思卡尔 DSP56800 家族兼容,DSP56800 软件通过简单重新编译或汇编就可以在 DSP56800E 内核上运行。

本书以 MC56F82x 系列中 MC56F825x 子系列的 MC56F8257 为基础阐述嵌入式应用。其内核采用 DSP56800E,性能达到 60 MHz/60 MIPS,主要的目标应用为开关模式电源支持和电源管理、汽车控制(ACIM、BLDC、PMSM、SR 和步进电机)、电池充电和管理、逆变电源、工业控制、家用器具、智能传感器、消防和安全系统、功率表、手持电源工具、弧检测、医疗设备/器械、镇流器等。

Freescale 的 DSC 每个系列都有许多型号,在 Freescale 的官方网站可以查找。

DSC 型号不同,资源和引脚数目也不同,目标应用也有所区别。这里只是简要介绍 MC56F82x 系列的资源配置情况,其他子系列的其他型号资源情况可以到飞思卡尔官方网站(http://www.freescale.com)上查找。表 2-1 给出了 MC56F82x 系列 DSC 的主要资源和封装。

表 2-1　MC56F8200 子系列 DSC 的主要资源和封装

特　征		56F8245	56F8246	56F8247	56F8255	56F8256	56F8257
操作频率/MHz		60					
高速外设时钟/MHz		120					
Flash 存储器大小(KB,一页 1K 字)		48	48	48	64	64	64
RAM 大小/KB		6	6	8	8	8	8
增强的 Flex PWM (eFlexPWM)	高精度 NanoEdge PWM(精度为 520 ps)	6	6	6	6	6	6
	带有输入捕捉的增强 Flex PWM	0	0	3	0	0	3
	PWM 错误输入(来自交叉开关输入)	4	4	4	4	4	4
具有 1×、2×、4×可编程增益的 12 位 ADC		2×4 通道	2×5 通道	2×8 通道	2×4 通道	2×5 通道	2×8 通道
与 5 位 DAC 协调的模拟量比较器(ACMP)		3					
12 位 DAC		1					
循环冗余校验(CRC)		有					
内部集成电路(I2C)/SMBus		2					
队列串行外围接口(QSPI)		1					
高速队列串行通信接口(QSCI)		2					
控制器局域网络(MSCAN)		0			1		
高速 16 位多功能定时器(TMR)		8					
看门狗定时器(COP)		有					
集成的带电复位和低电压检测		有					
锁相环(PLL)		有					
8 MHz(400 kHz 备用)片上 ROSC		有					
晶体振荡器		有					
交叉开关	输入引脚	6	6	6	6	6	6
	输出引脚	2	2	6	2	2	6

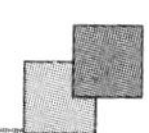

续表 2-1

特　征	56F8245	56F8246	56F8247	56F8255	56F8256	56F8257
通用 I/O(GPIO)	35	39	54	35	39	54
IEEE 1149.1 联合测试行动组接口	有					
增强型片上模拟(EOnCE)	有					
工作温度范围	−40～105℃					
封装	44LQFP	48LQFP	64LQFP	44LQFP	48LQFP	64LQFP

下面的章节将以 MC56F8200 系列中 64 引脚 LQFP 封装 MC56F8257 作为蓝本深入阐述嵌入式开发所必备的硬件知识、软件知识及相关技术。

2.2　MC56F8257 功能及存储器映像

学习一个新的 DSC 芯片，若用 C 语言进行编程，比较快速的学习过程是：

① 了解芯片的基本性能、内部主要功能模块及存储空间的地址分配。

② 了解基本的编程结构、编程模式及寻址方式。

③ 了解中断结构。

④ 了解芯片引脚的总体布局情况，掌握硬件最小系统电路。

⑤ 理解 DSC 第一个 C 语言工程的结构，理解工程中各个文件的基本功能。一般来说，第一个工程为一个简单的小程序，如利用通用 I/O 模块编程控制几个发光二极管，主要目的是给出程序框架和工作过程。

⑥ 进行实际环境的编译(Compile)、链接(Link)生成可以下载到芯片内部 Flash 存储器中的程序(可以运行的机器码)，基本理解列表文件、机器码文件等工程文件。

⑦ 一定要有硬件评估环境，这是学习一款 DSC 的必需品。这样就可将程序利用写入调试器下载到目标 DSC 中，在目标板上观察运行情况。随后，可进一步利用嵌入式软件的打桩调试技术，即在被测程序代码中插入一些函数或语句，利用这些函数或语句产生可在硬件板上显示的物理现象，供观察程序运行情况之用。

⑧ 从整个工程组成、各个文件、写入 Flash 存储器的机器码等角度，透彻理解第一个工程的执行过程。

⑨ 理解第一个带有中断过程的 C 语言工程结构，理解主循环与中断两条程序执行路线以及各自的作用。

以上过程已经覆盖学习一个新 DSC 硬件设计与软件编程的基本要素，完成了上述学习步骤，就完成了“基本入门”过程。随后，在此框架下，结合嵌入式构件方法，逐个模块学习就方便了。

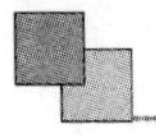

2.2.1 MC56F8257 的功能

MC56F8257 DSC 的功能结构框图如图 2-2 所示，主要特点如下：

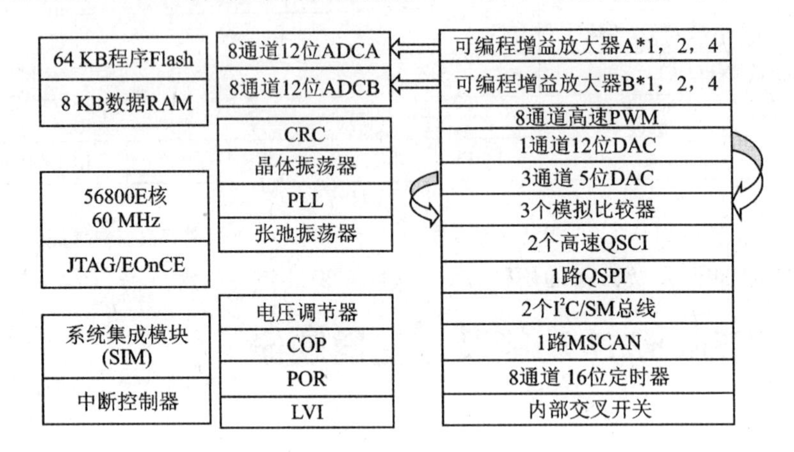

图 2-2 MC56F8257 DSC 功能结构框图

1. 内　核

- 双哈弗结构的 56800E 数字信号处理器(DSP)。
- 60 MIPS/60 MHz。
- 155 条基本指令，20 种寻址方式。
- 32 位内部主数据总线，支持 8 位、16 位和 32 位数据转移、加、减和逻辑操作。
- 单周期 16×16 位并行倍乘-累加器(MAC)。
- 4 个 36 位累加器(包括扩展位)。
- 32 位算术和逻辑多位移位操作。
- DSP 寻址模式的并行指令集。
- 硬件 DO 和 REP 循环。
- 支持 DSP 和控制器功能的指令集。
- 适用于紧凑代码的控制器类型寻址模式和指令。
- 高效的 C 编译器和本地变量支持。
- 深度仅受限于存储器的软件子程序和中断栈。
- 独立于处理器速度的实时调试的 JTAG/EOnCE。

2. 芯片工作条件

- 3.0～3.6 V(电源和 I/O 电压)。
- 复位上电：2.7～3.6 V。
- 工作温度范围：−40～105℃。

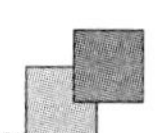

3. 存储器

- 双哈弗结构，允许多达 3 条程序和数据存储器同步操作。
- 48～64 KB 片上 Flash 存储器，页大小为 2 KB(1 024×16)。
- 6～8 KB 片上按字节寻址 RAM。
- 具有 Flash 仿真 EEPROM 的能力。
- 支持 60 MHz 程序执行频率，程序来自于内部 Flash 和 RAM 存储器。
- 阻止未授权用户访问内部 Flash 的 Flash 安全和保护机制。

4. 中断控制器

- 5 个中断优先级。
- 中断嵌套：高优先级中断请求可以中断低优先级中断子程序。
- 可以分配给任何中断源的 2 个可编程快速中断。
- 通知系统集成模块(SIM)重启时钟，脱离等待和停止状态。
- 中断向量表的重定位。
- 中断优先级的屏蔽，由 DSP56800E 内核管理。

5. 外设

- 1 个增强的 Flex 脉宽调制器(eFlexPWM)模块。
- 2 个独立的 12 位模数转换(ADC)模块。
- 内部模块交叉开关(XBAR)模块。
- 3 个模拟比较器(CMP)模块。
- 1 个 12 位数模转换(DAC)模块和 3 个 5 位数模转换(VREF_DAC)模块。
- 2 个 4 通道 16 位多用途定时器(TMR)模块。
- 带有 LIN 从机功能的 2 个队列串行通信接口(QSCI)。
- 1 个队列串行外围接口(QSPI)模块。
- 2 个内部集成电路(I2C)端口。
- 1 个 MSCAN(飞思卡尔可扩展的控制器局域网)模块。
- 可为看门狗 COP 定时器选择不同时钟源。
- 电源管理控制(PMC)。
- 为内核和外设提供高速时钟的锁相环(PLL)。
- 时钟源。
- 循环冗余校验(CRC)产生器。
- 多达 54 个通用 I/O 引脚。
- 实时调试的 JTAG/EOnCE 调试编程接口。

6. 低功耗模式

- 2 个低功耗模式：等待模式和停止模式。

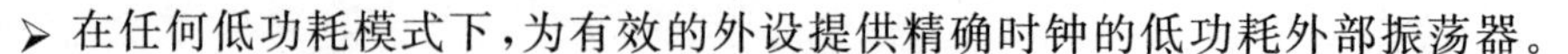

➢ 在任何低功耗模式下，为有效的外设提供精确时钟的低功耗外部振荡器。
➢ 运行、等待和停止模式下，内部和外部时钟源使用的低功耗实时计数器。
➢ 部分电源关闭模式下，32 μs 的典型唤醒时间。
➢ 每个外设可以单独关闭，达到低功耗效果。

2.2.2 MC56F8257 的存储器映像及特点

MC56F825X/MC56F824X 基于 DSP56800E 内核，使用双哈弗结构，数据和程序使用独立的存储空间。片内 RAM 由数据和程序空间共享，Flash 存储器仅被程序使用，具体配置如表 2-2 所列，其中中断向量表存放在程序地址空间，EOnCE 存储器和外设存储器映像存放在数据地址空间。

表 2-2 MC56F8257 片内存储器配置

片内存储器空间	大 小	使用限制
程序 Flash(PFlash)	64 KB(32K 字)	通过 Flash 接口单元和字写入命令 CDBW 进行擦除/编程
RAM	8 KB(4K 字)	程序和数据存储空间使用

1. 程序地址空间映射

(1) 地址空间映射

MC56F825x/MC56F824x 系列提供最多 64 KB 的片上 Flash 存储空间，主要通过程序存储器总线(PAB、PDB)访问。PAB 用来选择程序存储器地址，PDB 用来获取指令。数据可以通过主数据存储器总线读取和写入：CDBW 进行数据写和 CDBR 进行数据读，具体配置如表 2-3 所列。

(2) 中断向量表和复位向量

向量表的位置由向量基地址寄存器(VBA)决定。这个寄存器的值为中断向量 VAB[20：0]的高 14 位，低 7 位由最高优先级中断决定，被附加到 VBA 之后，作为完整的 VAB 送给内核。

MC56F8257 的起始地址在 0x00 0000 处，VBA 的复位值为 0x0000，代表相应的地址 0x00 0000。

默认情况下，芯片复位地址和 COP 复位地址对应中断向量表的向量 0 和向量 1。在向量表的起始 2 个地址处必须包含分支或者 JMP 指令。所有其他的入口必须包含 JSR 指令。

2. 数据地址空间映射

(1) 地址空间映射

MC56F825X/MC56F824X 系列包含双访问存储器，可以通过内核主数据总线(XAB1、CDBW、CDBR)和次数据总线(XAB2、XDB2)访问。XAB1 和 XAB2 总线选

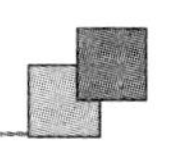

择数据存储地址。字节、字和长字数据通过32位CDBR和CDBW总线访问。第二次的16位读操作可以并行出现在XDB2总线上。

外设寄存器和片上JTAG/EOnCE控制寄存器被映射到数据存储空间中。一种特殊的直接地址访问模式被用来通过单字指令来访问数据存储器的起始的64字地址空间,具体配置如表2-4所列。

表2-3 复位时MC56F8257的程序存储器映像

开始/结束地址	存储器分配
P:0x1F FFFF P:0x00 8800	保留
P:0x00 8FFF P:0x00 8000	片上RAM:8KB(与X:0x00 0000开始的数据空间共享)
P:0x00 7FFF P:0x00 0000	内部程序Flash:64 KB 0x00 0000～0x00 0085为中断向量表 COP复位地址=0x00 0002 启动地址=0x00 0000

表2-4 MC56F8257数据存储空间映射

开始/结束地址	存储器分配
X:0xFF FFFF X:0xFF FF00	EOnCE 256字地址空间
X:0xFF FEFF X:0x01 0000	保留
X:0x00 FFFF X:0x00 F000	片上外设 4 096字地址空间
X:0x00 EFFF X:0x00 9000	保留
X:0x00 8FFF X:0x00 8000	片上数据RAM
X:0x00 7FFF X:0x00 1000	保留
X:0x00 0FFF X:0x00 0000	片上数据RAM 8 KB(和P:0x00 8000开始的程序空间共享)

片上RAM也映射到P:0x00 8000开始的程序空间,如图2-3所示。这种映射减轻了片上Flash的在线重新编程。

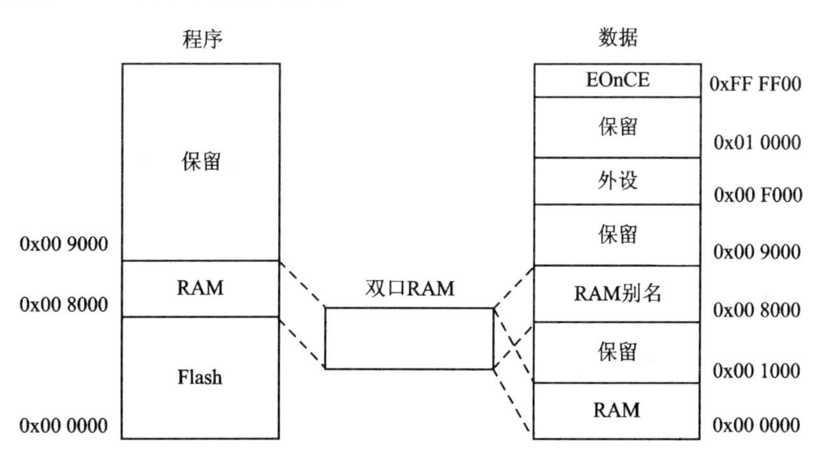

图2-3 MC56F8257双端口RAM映射

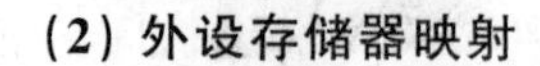

(2) 外设存储器映射

片上外设寄存器地址为 DSP56800E 系列数据存储器映射的部分内容，具体配置如表 2-5 所列。这个地址可以通过通常的数据存储器访问方式访问。所有的外设寄存器只能按字读/写。

表 2-5　数据存储器外设基址映射

外　设	前　缀	基　址
定时器 A	TMRA	X:0x00 F000
定时器 B	TMRB	X:0x00 F040
模数转换	ADC	X:0x00 F080
中断控制器	INTC	X:0x00 F0C0
系统集成模块	SIM	X:0x00 F0E0
开关交叉模块	XBAR	X:0x00 F100
COP 看门狗	COP	X:0x00 F110
片上时钟综合	OCCS	X:0x00 F120
电源管理控制器	PS	X:0x00 F130
通用输入输出端口 A	GPIOA	X:0x00 F140
通用输入输出端口 B	GPIOB	X:0x00 F150
通用输入输出端口 C	GPIOC	X:0x00 F160
通用输入输出端口 D	GPIOD	X:0x00 F170
通用输入输出端口 E	GPIOE	X:0x00 F180
通用输入输出端口 F	GPIOF	X:0x00 F190
12 位数模转换	DAC	X:0x00 F1A0
模拟比较器 A	CMPA	X:0x00 F1B0
模拟比较器 B	CMPB	X:0x00 F1C0
模拟比较器 C	CMPC	X:0x00 F1D0
队列串行通信接口 0	QSCI0	X:0x00 F1E0
队列串行通信接口 1	QSCI1	X:0x00 F1F0
队列串行外设接口	QSPI	X:0x00 F200
内部集成电路 0	I2C0	X:0x00 F210
内部集成电路 1	I2C1	X:0x00 F220
循环冗余校验产生器	CRC	X:0x00 F230
比较器电压参考 A	REFA	X:0x00 F240
比较器电压参考 B	REFB	X:0x00 F250
比较器电压参考 C	REFC	X:0x00 F260

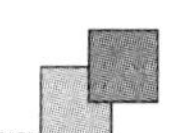

续表 2-5

外 设	前 缀	基 址
增强的 Flex PWM 模块	eFlexPWM	X:0x00 F300
Flash 存储器接口	FM	X:0x00 F400
飞思卡尔控制器局域网模块	MSCAN	X:0x00 F440

(3) EOnCE 存储器映像

EOnCE 控制寄存器位于数据存储空间的起始处，这是 DSP56800E 所固定的。如果没有设置 Flash 安全，则 EOnCE 存储器映像寄存器可以通过 JTAG 端口访问。

2.3 MC56F8257 的引脚功能及硬件最小系统

了解引脚功能并设计最小硬件系统是学习一个芯片的基本环节之一，本节给出 MC56F8257 芯片 64 引脚 LQFP 封装的引脚功能及硬件最小系统。

2.3.1 MC56F8257 的引脚功能

图 2-4 给出的是 64 引脚 LQFP 封装的 MC56F8257 的引脚图。每个引脚可能有多个复用功能，最多的有 5 个复用功能。系统设计时必须注意，一般情况下只能使用其中的一个功能。下面按为芯片服务与芯片提供服务的方式对引脚进行粗略分类。表 2-6 给出了需要服务的引脚，主要是芯片硬件最小系统引脚。

表 2-6 MC56F8257 工作支撑引脚表

分 类	引脚名	引脚号	典型值	功能描述	备 注
电源类	VDD	29、44、60	3.3 V	为 I/O 引脚提供电源	范围 3～3.6 V
	VSS	30、43、61	0 V	为 I/O 引脚提供参考地	
	VDDA	22	3.3 V	为 A/D 转换模块提供电源	范围 3～3.6 V
	VSSA	23	0 V	为 A/D 转换模块提供参考地	
	VREFHA	15		A/D 模块 A 参考高电平	
	VREFLA	16		A/D 模块 A 参考低电平	
	VREFHB	27		A/D 模块 B 参考高电平	
	VREFLB	28		ADD 模块 B 参考低电平	
	VCAP	26、57		在此脚与 VSS 间加旁路电容，用于稳定内核电压调节器	
复位	$\overline{\text{RESET}}$	2			低电平时芯片复位
晶振	EXTAL	4		外部晶振输入引脚	
	XTAL	3		外部晶振输出引脚	

续表 2-6

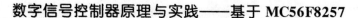

分　类	引脚名	引脚号	典型值	功能描述	备　注
写入器	TDI	64		数据串行输入引脚	TCK 线上升沿时，从线上取数
	TDO	62		数据串行输出引脚	TCK 线下降沿时，数据上线
	TCK	1		时钟线	
	TMS	63		模式选择线	用于设置 JTAG 控制器的状态

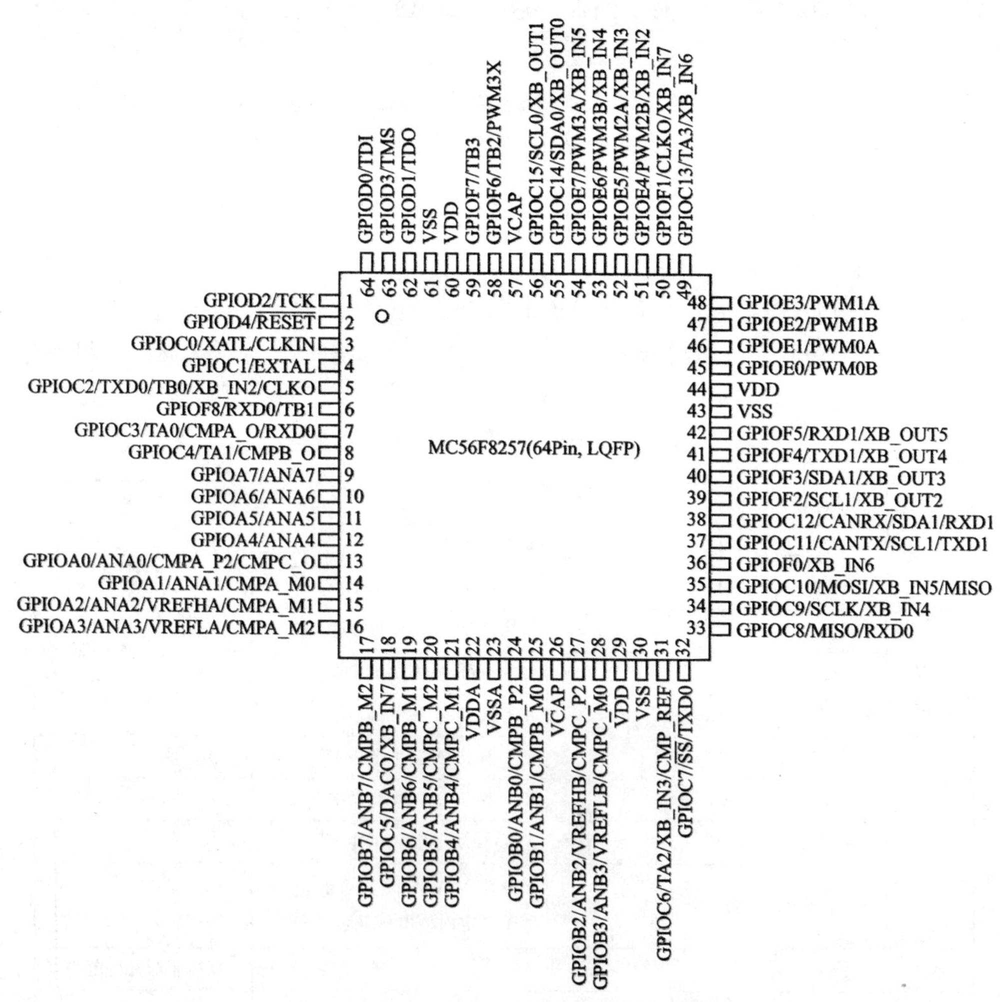

图 2-4　MC56F8257 64 引脚 LQFP 封装图

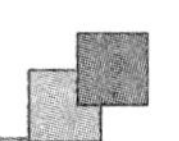

1. 硬件最小系统引脚

MC56F8257 芯片电源类引脚共有 10 个。该芯片使用多组电源引脚分别为内部电压调节器、I/O 引脚驱动、A/D 转换等电路供电，内部电压调节器为内核、振荡器及锁相环 PLL 电路等供电。为了电源稳定，DSC 内部包含多组电源电路，同时给出多处电源引出脚，便于外接滤波电容。为了电源平衡，MC56F8257 提供了内部相连的地的多处引出脚，供电路设计使用。

2. I/O 端口资源类引脚

除去需要服务的引脚外，其他引脚可以为实际系统提供 I/O 服务。MC56F8257 提供服务的引脚也可称为 I/O 端口资源类引脚。表 2－7 给出了 MC56F8257(64 引脚 LQFP 封装)54 个 I/O 引脚名、引脚号及功能描述。许多引脚具有复用功能。这些引脚在复位后，立即被配置为高阻状态，且为通用输入引脚，没有内部上拉电阻。需要注意的是，为了避免来自浮空输入引脚额外的漏电流，应用程序中的复位初始化例程需尽快使能上拉或下拉，也可改变不常用引脚的方向为输出，以使该引脚不再浮空。

表 2－7　MC56F8257 引脚描述

端口名	引脚数	引脚名	引脚号	功能描述				
				第 1	第 2	第 3	第 4	第 5
A	8	GPIOA0	13	GPIOA0	ANA0	CMPA_P2	CMPC_O	
		GPIOA1	14	GPIOA1	ANA1	CMPA_M0		
		GPIOA2	15	GPIOA2	ANA2	VREFHA	CMPA_M1	
		GPIOA3	16	GPIOA3	ANA3	VREFLA	CMPA_M2	
		GPIOA4	12	GPIOA4	ANA4			
		GPIOA5	11	GPIOA5	ANA5			
		GPIOA6	10	GPIOA6	ANA6			
		GPIOA7	9	GPIOA7	ANA7			
B	8	GPIOB0	24	GPIOB0	ANB0	CMPB_P2		
		GPIOB1	25	GPIOB1	ANB1	CMPB_M0		
		GPIOB2	27	GPIOB2	ANB2	VREFHB	CMPC_P2	
		GPIOB3	28	GPIOB3	ANB3	VREFLB	CMPC_M0	
		GPIOB4	21	GPIOB4	ANB4	CMPC_M1		
		GPIOB5	20	GPIOB5	ANB5	CMPC_M2		
		GPIOB6	19	GPIOB6	ANB6	CMPB_M1		
		GPIOB7	17	GPIOB7	ANB7	CMPB_M2		

续表 2-7

端口名	引脚数	引脚名	引脚号	功能描述				
				第 1	第 2	第 3	第 4	第 5
C	16	GPIOC0	3	GPIOC0	XTAL	CLKIN		
		GPIOC1	4	GPIOC1	EXTAL			
		GPIOC2	5	GPIOC2	TXD0	TB0	XB_IN2	CLKO
		GPIOC3	7	GPIOC3	TA0	CMPA_O	RXD0	
		GPIOC4	8	GPIOC4	TA1	CMPB_O		
		GPIOC5	18	GPIOC5	DACO	XB_IN7		
		GPIOC6	31	GPIOC6	TA2	XB_IN3	CMP_REF	
		GPIOC7	32	GPIOC7	$\overline{\text{SS}}$	TXD0		
		GPIOC8	33	GPIOC8	MISO	RXD0		
		GPIOC9	34	GPIOC9	SCLK	XB_IN4		
		GPIOC10	35	GPIOC10	MOSI	XB_IN5	MISO	
		GPIOC11	37	GPIOC11	CANTX	SCL1	TXD1	
		GPIOC12	38	GPIOC12	CANRX	SDA1	RXD1	
		GPIOC13	49	GPIOC13	TA3	XB_IN6		
		GPIOC14	55	GPIOC14	SDA0	XB_OUT0		
		GPIOC15	56	GPIOC15	SCL0	XB_OUT1		
D	5	GPIOD0	64	GPIOD0	TDI			
		GPIOD1	62	GPIOD1	TDO			
		GPIOD2	1	GPIOD2	TCK			
		GPIOD3	63	GPIOD3	TMS			
		GPIOD4	2	GPIOD4	$\overline{\text{RESET}}$			
E	8	GPIOE0	45	GPIOE0	PWM0B			
		GPIOE1	46	GPIOE1	PWM0A			
		GPIOE2	47	GPIOE2	PWM1B			
		GPIOE3	48	GPIOE3	PWM1A			
		GPIOE4	51	GPIOE4	PWM2B	XB_IN2		
		GPIOE5	52	GPIOE5	PWM2A	XB_IN3		
		GPIOE6	53	GPIOE6	PWM3B	XB_IN4		
		GPIOE7	54	GPIOE7	PWM3A	XB_IN5		

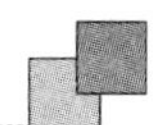

续表 2-7

端口名	引脚数	引脚名	引脚号	功能描述				
				第 1	第 2	第 3	第 4	第 5
F	9	GPIOF0	36	GPIOF0		XB_IN6		
		GPIOF1	50	GPIOF1	CLKO	XB_IN7		
		GPIOF2	39	GPIOF2	SCL1	XB_OUT2		
		GPIOF3	40	GPIOF3	SDA1	XB_OUT3		
		GPIOF4	41	GPIOF4	TXD1	XB_OUT4		
		GPIOF5	42	GPIOF5	RXD1	XB_OUT5		
		GPIOF6	58	GPIOF6	TB2	PWM3X		
		GPIOF7	59	GPIOF7	TB3			
		GPIOF8	6	GPIOF8	RXD0	TB1		
总数	54							

2.3.2　MC56F8257 硬件最小系统

硬件最小系统是指可以使内部程序运行所必须的外围电路，也可以包括写入器接口电路。使用一个芯片，必须完全理解其硬件最小系统。当 MC56F8257 工作不正常时，首先查找最小系统中可能出错的元件。一般情况下，硬件最小系统由电源、晶振及复位等电路组成。芯片要能工作，必须有电源与工作时钟，至于复位电路则提供不掉电情况下 MC56F8257 重新启动的手段。随着 Flash 存储器制造技术的发展，大部分芯片提供了在板或在系统（On-System）写入程序功能，即把空白芯片焊接到电路板上，通过写入器把程序下载到芯片中。这样硬件最小系统应该把写入器的接口电路也包含在其中。基于这个思路，MC56F8257 芯片的硬件最小系统包括电源及其滤波电路、复位电路、晶振电路、写入器接口电路。下面分别对这些电路进行简明分析。

在绘制硬件最小系统原理图时，可以使用引脚的第一功能名称命名引脚的网标。对 I/O 类功能引脚，若引脚具有 GPIO 功能，可以使用 GPIO 功能名命名网标。利用最小系统进行实际嵌入式系统功能原理图设计时，若实际使用的是其另一功能，可以用括号加以标注，这样设计的硬件最小系统就比较通用。图 2-5 给出了 MC56F8257（64 引脚 LQFP 封装）的硬件最小系统。凡是利用 MC56F8257（64 引脚 LQFP 封装）设计实际应用系统，该图一般不再变动。引出的网标，供绘制其他功能构件使用。

1. 电源及其滤波电路

电路中需要大量的电源类引脚用来提供足够的电流。所有电源引脚必须外接适

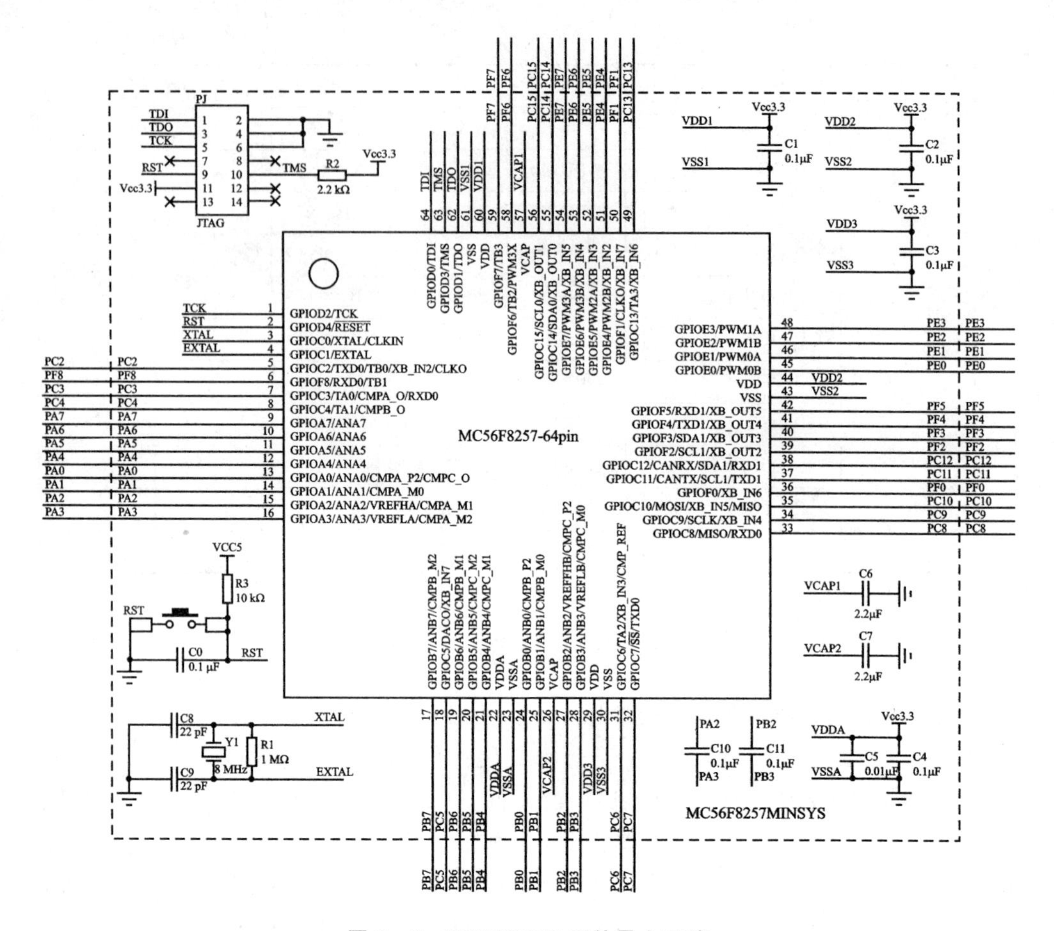

图 2-5　MC56F8257 硬件最小系统

当的滤波电容抑制高频噪声。

有一些电源与地引脚仅用于外接滤波电容，内部已经连接到电源与地，芯片参考手册指出不需要再外接电源。只有部分电源引脚是为了电源输入。其他的一些外接电容是由于集成电路制造技术所限，无法在 IC 内部通过光刻的方法制造这些电容。这些电容起到了滤波稳定电压的作用，一般用于改善系统的电磁兼容性、降低电源波动对系统的影响、增强电路工作稳定性。为标识系统通电与否，可以增加一个电源指示灯。

2. 复位电路

复位，意味着 MC56F8257 一切重新开始。若复位引脚 $\overline{\text{RESET}}$ 信号有效（低电平），$\overline{\text{RESET}}$ 会产生一个低电平脉冲，MC56F8257 复位。复位电路原理如下：正常工作时复位输入引脚 $\overline{\text{RESET}}$ 通过 10 kΩ 电阻接到电源正极，所以应为高电平。若按下复位按钮，则 $\overline{\text{RESET}}$ 引脚接地，为低电平，导致芯片复位。需要注意的是，如果

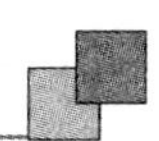

$\overline{\text{RESET}}$引脚被一直拉低，MC56F8257 将不能正常工作。

3. JTAG 接口电路

标准的 JTAG 接口是 4 线：TCK、TDI、TDO、TMS。其中 TCK 为测试时钟输入；TDI 为测试数据输入，数据通过 TDI 引脚输入 JTAG 接口；TDO 为测试数据输出，数据通过 TDO 引脚从 JTAG 接口输出；TMS 为测试模式选择，用来设置 JTAG 接口处于某种特定的测试模式。另外，RST 为测试复位，输入引脚，低电平有效。这里所用 JTAG 接口为 14 针的接口，线序如图 2-6 所示，JTAG 接口信号含义如表 2-8 所列。

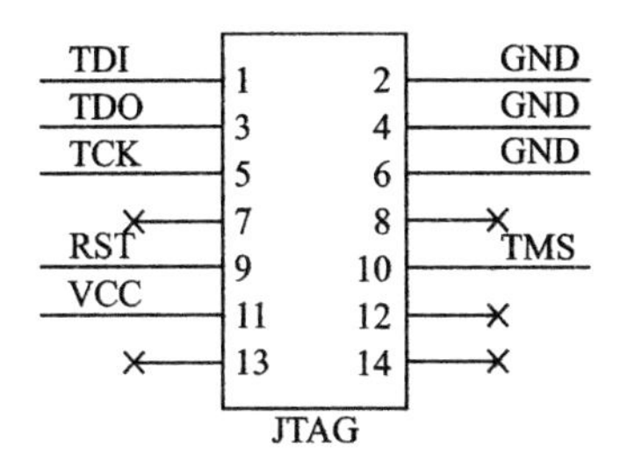

图 2-6　JTAG 调试头引脚定义

表 2-8　JTAG 接口信号含义

名　称	含　义
TDI	测试数据输入
TDO	测试数据输出
TCK	测试时钟输入
TMS	测试模式选择
RST	目标机复位引脚
VCC	电源
GND	地

4. 晶振电路

当选用外部晶振作为内部 PLL 的时钟源时，根据不同的模式，晶振电路有 3 种不同的接法。在低频模式下，只需外接一个晶振即可，如图 2-7(a)所示；在高频模式下，除了晶振之外，还需要接两个负载电容和一个反馈电阻，如图 2-7(b)所示；在高增益模式下，需要在 EXTAL 引脚处再增加一个串联电阻，所使用的接法如图 2-7(b)所示。

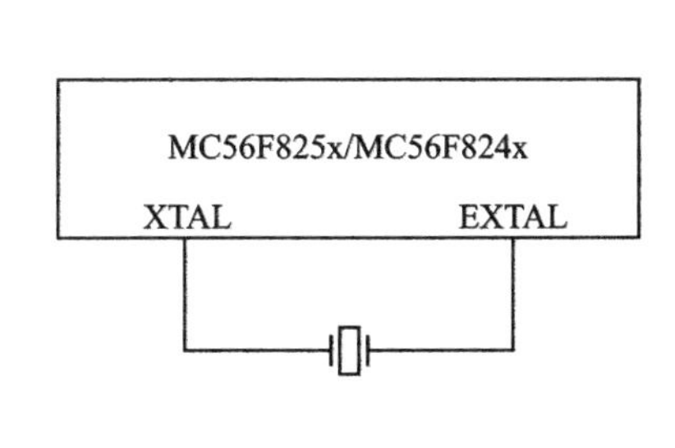

(a) 低频模式下的晶振接法

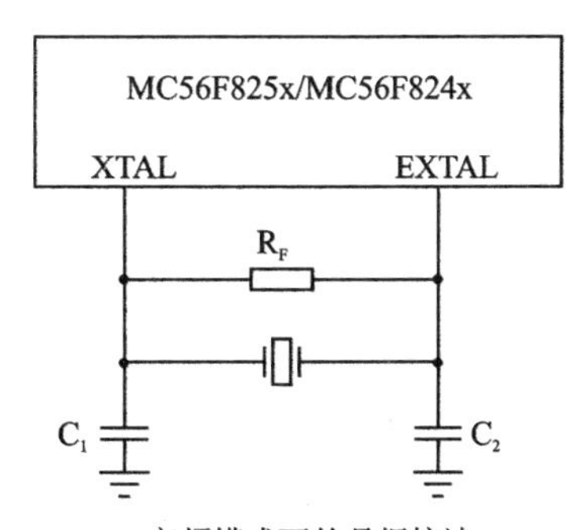

(b) 高频模式下的晶振接法

图 2-7　晶振接法

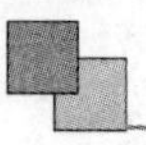

2.3.3 MC56F8257 硬件评估板与测试步骤

根据原理图进行印刷电路板 PCB 的绘制时，注意硬件最小系统的滤波电容尽量靠近芯片引脚，晶振 Y1 下方最好不要走线，这样系统的稳定性、抗干扰能力都会有所提高。铺地方式及各元器件参数可按照飞思卡尔官方参考手册中的推荐。

第一次绘制的电路板（硬件最小系统核心板）交付工厂制作完毕后，建议按照以下步骤进行硬件电路板的焊接和测试：

① 焊接电源及其滤波电路、复位电路、晶振电路、PLL 滤波电路以及写入器接口电路。注意：电源的滤波电容不可漏焊，否则芯片所受干扰较大，影响调试。焊接好后，其 MC56F8257 硬件评估板见附录 B。

② 在确保电源和地未短路的情况下接通电源，测量电压是否正常。

③ 将写入器与电路板连接，启动开发环境 CodeWarrior V10.3，对目标 MC56F8257 进行擦除，如果成功则说明最小系统工作正常。

④ 将第一个样例程序编译、链接生成 elf 文件，并下载到 Flash 中，观察小灯闪烁情况。

⑤ 硬件最小系统测试通过，可以进行其他模块焊接。正确的做法是，焊完一个模块后，应紧接着测试该模块工作是否正常，切忌焊接多个模块后再进行测试，因为一旦出现问题，就很难定位具体是哪个模块的问题。

第3章

第一个样例程序及工程组织

本章详细阐述第一个C语言程序的结构，完成第一个DSC工程的入门。利用GPIO模块编程控制发光二极管作为入门例子，给出DSC工程组织、框架，阐述各个文件的功能，主要目的是让读者通过GPIO的编程例子理解程序框架和工作过程。在此基础上进行实际环境的编译、链接生成机器码、将机器码下载到芯片内部的Flash中，进行调试运行。本章主要知识点有：①MC56F8257的GPIO寄存器与GPIO构件封装；②DSC的C语言工程组织与框架，相关文件及第一个工程的执行过程；③工程编译、下载与调试。重点是掌握编程框架、透彻理解工程结构、相关文件及第一个工程的执行过程。

3.1 MC56F8257的GPIO模块

3.1.1 GPIO寄存器

64引脚的MC56F8257有6个通用I/O口，分别是A口、B口、C口、D口、E口、F口。这些引脚中的大部分具有多重功能，本节仅讨论它们作为普通I/O功能时的编程方法。该芯片有54个引脚具有通用I/O功能，其中A、B、E口有8个引脚，C口有16个引脚，D口有5个引脚，F口有9个引脚。

作为普通I/O口，它们的每一个引脚均可通过相应口的"数据方向寄存器"独立地设置为输入或输出。对于被定义为输入的引脚，还可通过相应口的"上拉使能寄存器"独立地设置其有无内部上拉电阻。被定义为输出的引脚，一律无上拉电阻，但可以根据功耗要求，设置成正常输出或低功耗输出。

作为通用I/O口，所有的口都有12个寄存器，分别是上拉使能寄存器、数据寄存器、数据方向寄存器、外设使能寄存器、中断触发寄存器、中断使能寄存器、中断极性寄存器、中断挂起寄存器、中断边沿敏感寄存器、推挽模式寄存器、原始数据寄存器、驱动能力控制寄存器。

1. 上拉使能寄存器(GPIOx_PUR)

上拉使能寄存器(GPIOx_PUR，x=A～F)地址分别为 F140h、F150h、F160h、F170h、F180h、F190h,其定义如下：

数据位	15	14	13	12	11	10	9	8	7	6	5	4	3	2	1	0
读操作	PU															
写操作																
复位	1	1	1	1	1	1	1	1	1	1	1	1	1	1	1	1

D15～D0——PU 引脚的上拉使能位,可读写。PU=0,禁止引脚上拉;PU=1,使能引脚上拉。该寄存器的复位值为 0xFFFF。

引脚上拉的作用是给该引脚作为输入时一个初始电位。如果某引脚配置成输出引脚,则该寄存器无效。该寄存器可读可写,读取不使用位时值为 0。

2. 数据寄存器(GPIO Data Register,GPIOx_DR)

数据寄存器(GPIOx_DR x=A～F)地址分别为 F141h、F151h、F161h、F171h、F181h、F191h,其定义如下：

数据位	15	14	13	12	11	10	9	8	7	6	5	4	3	2	1	0
读操作	D															
写操作																
复位	0	0	0	0	0	0	0	0	0	0	0	0	0	0	0	0

D15～D0——D 引脚的数据位,可读写。该寄存器的复位值为 0x0000。

数据寄存器是引脚和数据总线之间的数据接口,用于存放来自于引脚或者是数据总线的数据。如果某引脚配置为输出引脚,通过写数据寄存器可以控制该引脚的状态;如果引脚配置为输入引脚,通过读数据寄存器可以知道该引脚的状态。

3. 数据方向寄存器(GPIO Data Direction Register,GPIOx_DDR)

数据方向寄存器(GPIOx_DDR x=A～F)地址分别为 F142h、F152h、F162h、F172h、F182h、F192h,其定义如下：

数据位	15	14	13	12	11	10	9	8	7	6	5	4	3	2	1	0
读操作	DD															
写操作																
复位	0	0	0	0	0	0	0	0	0	0	0	0	0	0	0	0

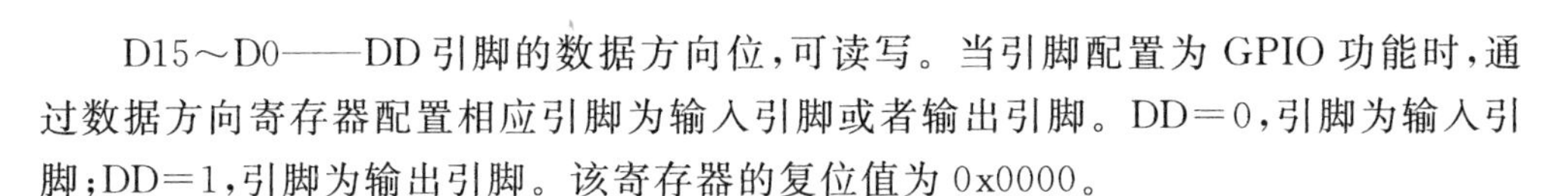

D15～D0——DD引脚的数据方向位，可读写。当引脚配置为GPIO功能时，通过数据方向寄存器配置相应引脚为输入引脚或者输出引脚。DD＝0，引脚为输入引脚；DD＝1，引脚为输出引脚。该寄存器的复位值为0x0000。

4. 外设使能寄存器(GPIO Peripheral Enable Register，GPIOx_PER)

外设使能寄存器(GPIOx_PER x＝A～F)地址分别为F143h、F153h、F163h、F173h、F183h、F193h，其定义如下：

数据位	15	14	13	12	11	10	9	8	7	6	5	4	3	2	1	0
读操作	PE															
写操作																
复位	0	0	0	0	0	0	0	0	0	0	0	0	0	0	0	0

D15～D0——PE引脚的配置位，可读写。PE＝1，设置引脚为外设模式；PE＝0，设置引脚为GPIO模式。该寄存器的复位值为0x0000。

在外设模式下，外设控制GPIO引脚，数据的传输方向取决于外设的功能。在GPIO模式下，数据的传输方向取决于GPIO数据方向寄存器。

注意：GPIOD_PER寄存器的复位值与其他GPIOx_PER的复位值不同，为0x001F。

5. 中断触发寄存器(GPIO Interrupt Assert Register，GPIOx_IAR)

中断触发寄存器(GPIOx_IAR x＝A～F)地址分别为F144h、F154h、F164h、F174h、F184h、F194h，其定义如下：

数据位	15	14	13	12	11	10	9	8	7	6	5	4	3	2	1	0
读操作	IA															
写操作																
复位	0	0	0	0	0	0	0	0	0	0	0	0	0	0	0	0

D15～D0——IA引脚的中断触发位，可读写。IA＝1，触发中断；IA＝0，清除中断。该寄存器的复位值为0x0000。中断触发寄存器仅用于软件测试，提供软件中断能力。

6. 中断使能寄存器(GPIO Interrupt Enable Register，GPIOx_IENR)

中断使能寄存器(GPIOx_IENR x＝A～F)地址分别为F145h、F155h、F165h、F175h、F185h、F195h，其定义如下：

数据位	15	14	13	12	11	10	9	8	7	6	5	4	3	2	1	0
读操作	IEN															
写操作																
复位	0	0	0	0	0	0	0	0	0	0	0	0	0	0	0	0

D15～D0——IEN 引脚的中断使能位，可读写。IEN=1，使能引脚中断。IEN=0，禁止引脚中断。该寄存器的复位值为 0x0000。通过 GPIO 中断挂起寄存器相应位判定具体中断。

7. 中断极性寄存器(GPIO Interrupt Polarity Register，GPIOx_IPOLR)

中断极性寄存器(GPIOx_IPOLR x=A～F)地址分别为 F146h、F156h、F166h、F176h、F186h、F196h，其定义如下：

数据位	15	14	13	12	11	10	9	8	7	6	5	4	3	2	1	0
读操作	IPOL															
写操作																
复位	0	0	0	0	0	0	0	0	0	0	0	0	0	0	0	0

D15～D0——IPOL 配置外部中断的极性位，可读写。IPOL=1，下降沿触发中断。IPOL=0，上升沿触发中断。该寄存器的复位值为 0x0000。

8. 中断挂起寄存器(GPIO Interrupt Pending Register，GPIOx_IPR)

中断挂起寄存器(GPIOx_IPR x=A～F)地址分别为 F147h、F157h、F167h、F177h、F187h、F197h，其定义如下：

数据位	15	14	13	12	11	10	9	8	7	6	5	4	3	2	1	0
读操作	IP															
写操作																
复位	0	0	0	0	0	0	0	0	0	0	0	0	0	0	0	0

D15～D0—IP 引脚的中断挂起位，只读。IP=1，有中断产生；IP=0，无中断产生。该寄存器的复位值为 0x0000。

中断挂起寄存器为只读寄存器，用来记录引脚中断情况。通过读这个寄存器，可以判定哪个引脚触发中断。对于硬件中断，可通过向 GPIO 中断边沿敏感寄存器相应位写 1 来清中断挂起寄存器相应位；对于软件中断，可通过向 GPIO 中断触发寄存器相应位写 0 来清中断挂起寄存器相应位。

9. 中断边沿敏感寄存器(GPIOx_IESR)

中断边沿敏感寄存器(GPIOx_IESR x=A～F)地址分别为F148h、F158h、F168h、F178h、F188h、F198h,其定义如下:

数据位	15	14	13	12	11	10	9	8	7	6	5	4	3	2	1	0
读操作	IES															
写操作																
复位	0	0	0	0	0	0	0	0	0	0	0	0	0	0	0	0

D15～D0——IES引脚是否产生跳变沿位,可读写。IES=1,有跳变沿产生;IES=0,无跳变沿产生。该寄存器的复位值为0x0000。

当边沿检测单元检测到跳变沿,同时GPIO中断使能寄存器的相应位置1,中断边沿敏感寄存器相应位记录中断情况。通过向该寄存器的相应位写1清中断挂起寄存器的相应位。

10. 推挽模式寄存器(GPIOx_PPMODE)

推挽模式寄存器(GPIOx_PPMODE x=A～F)地址分别为F149h、F159h、F169h、F179h、F189h、F199h,其定义如下:

数据位	15	14	13	12	11	10	9	8	7	6	5	4	3	2	1	0
读操作	PPMODE															
写操作																
复位	1	1	1	1	1	1	1	1	1	1	1	1	1	1	1	1

D15～D0——PPMODE设置输出模式位,可读写。PPMODE=1,引脚输出模式为推挽模式;PPMODE=0,引脚输出模式为开漏模式。该寄存器的复位值为0xFFFF。推挽模式寄存器设置输出为推挽模式或者开漏模式。

11. 驱动能力控制寄存器(GPIOx_DRIVE)

驱动能力控制寄存器(GPIOx_DRIVE x=A～F)地址分别为F14Bh、F15Bh、F16Bh、F17Bh、F18Bh、F19Bh,其定义如下:

数据位	15	14	13	12	11	10	9	8	7	6	5	4	3	2	1	0
读操作	DRIVE															
写操作																
复位	0	0	0	0	0	0	0	0	0	0	0	0	0	0	0	0

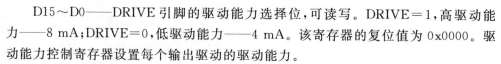

D15～D0——DRIVE 引脚的驱动能力选择位，可读写。DRIVE＝1，高驱动能力——8 mA；DRIVE＝0，低驱动能力——4 mA。该寄存器的复位值为 0x0000。驱动能力控制寄存器设置每个输出驱动的驱动能力。

注意：上述寄存器每一位控制对应 I/O 口一个引脚，如设置 GPIOA_DRIVE 的第 5 位 DRIVE[10]为 1，说明 A 口的第 5 引脚设置为高驱动能力。

3.1.2 GPIO 的工作方式

1. 输入

MC56F8257 的通用 I/O 口通过数据方向寄存器 GPIOx_DDR 配置为输入方式。当作为输入口时，需要通过上拉使能寄存器 GPIOx_PUR 使其输入引脚上拉一个电阻。这个电阻是内部集成的，不需要外接。

2. 输出

MC56F8257 的通用 I/O 口通过数据方向寄存器 GPIOx_DDR 配置为输出方式。当作为输出口时，需要通过推挽模式寄存器 GPIOx_PPMODE 设定其输出为推挽模式或者开漏模式。推挽功能类似于开关；开漏功能类似于晶体管功能，需要外部辅助电路，才能接负载。另外，可以通过驱动能力控制寄存器 GPIOx_DRIVE 配置引脚输出的驱动能力。

3. 外设

MC56F8257 的通用 I/O 口通过外设使能寄存器 GPIOx_PER 配置为外设方式，与 MC56F8257 内部外设部分结合使用。如将 MC56F8257 通用 I/O 口的一个引脚通过系统集成模块外设选择寄存器 SIM_GPSn 配置为模拟量输入引脚，则其输出及上拉电阻设置无效，具体如图 3－1 所示。

4. 中断

GPIO 模块有两种类型中断：软件中断和硬件中断。软件中断主要通过编程设置中断触发寄存器相应位，MC56F8257 内部产生相应中断。软件中断一般用于程序调试目的，如单步执行等。

硬件中断是通过中断使能寄存器 GPIOx_IENR 配置 I/O 中断功能，并通过中断极性寄存器 GPIOx_IPOLR 设置引脚触发中断的方式。当有外部中断请求时，相应的中断挂起寄存器 GPIOx_IPR 位置 1，标志该引脚有中断请求。每个 I/O 口，共用一个中断请求矢量，MC56F8257 内部 CPU 通过查询中断挂起寄存器 GPIOx_IPR 位确定是哪个引脚发出中断请求。中断处理方法及步骤见 4.4 节。

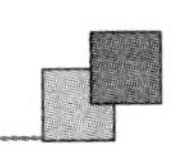

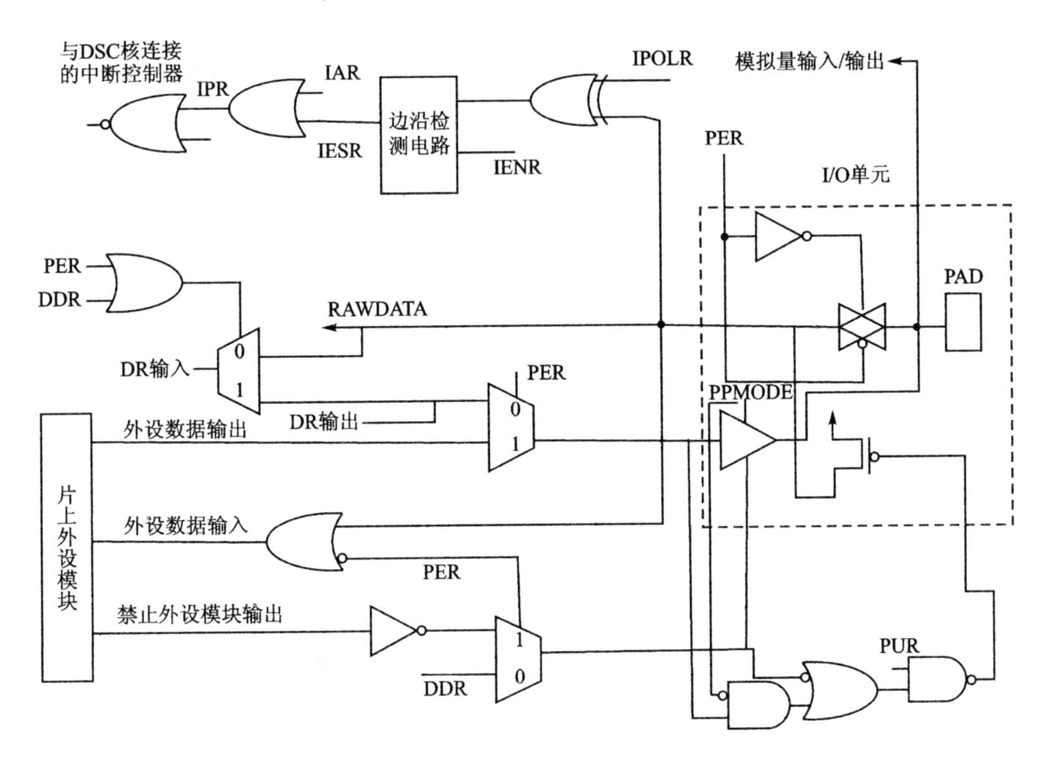

图3-1　一位GPIO引脚的模拟量输入逻辑图

3.1.3　GPIO的基本编程方法

1. 置位与清位的编程方法

下面是置位、清0及获取状态3个宏定义：

```
#define BSET(bit,Register) ((Register)| = (1<<(bit))) //设置寄存器中某一位为1
#define BCLR(bit,Register) ((Register) &= ～(1<<(bit))) //设置寄存器中某一位为0
#define BGET(bit,Register) (((Register) >> (bit)) & 1) //获取寄存器中某一位状态
```

其中"<<"、">>"、"|"、"&"、"～"等是位运算符。"1<<(bit)"中符号"<<"左边的1是被移动的数，符号"<<"右边的bit是确定移动的位。3个宏定义表达式的功能说明如下：

置1，例如GPIOx_DDR |=(1<<3)，其中"1<<3"的结果是"0b0000 0000 0000 1000"，GPIOx_DDR |=(1<<3)也就是GPIOx_DDR = GPIOx_DDR | 0b0000 0000 0000 1000，任何数与0相"或"值不变，任何数与1相"或"值为1，这样达到对GPIOx_DDR寄存器的第3位置1的目的。

清0，例如GPIOx_DDR &= ～(1<<2)，其中"～(1<<2)"的结果是"0b1111 1111 1111 1011"，GPIOx_DDR &= ～(1<<2)也就是GPIOx_DDR = GPIOx_

DDR &0b1111 1111 1111 1011,任何数与 1 相“与”值不变,任何数与 0 相“与”值为 0,这样达到对 GPIOx_DDR 寄存器的第 2 位清 0 的目的。

获取某一位的状态,例如(GPIOx_DDR >>4) & 1 是获得 GPIOx_DDR 寄存器第 4 位的状态,“GPIOx_DDR>>4”是将 GPIOx_DDR 右移 4 位,将 GPIOx_DDR 的第 4 位移至第 0 位,即最低 1 位,再与 1 相“与”,也就是与 0b0000 0000 0000 0001 相“与”,保留 GPIOx_DDR 最低 1 位的值,以此得到第 4 位的状态值。

2. 开关量输出的编程方法

首先初始化端口引脚的数据方向为输出,然后运用该引脚的数据寄存器进行数据输出。

例如:使 A 口的第 4 引脚输出高电平。

```
BSET(4,GPIO_DDR(PORT_A));      //A 口的第 4 引脚初始化为输出
BSET(4, GPIO_PORT(PORT_A));    //A 口的第 4 引脚输出高电平 1
```

3. 开关量输入的编程方法

首先初始化引脚的数据方向为输入,其次设置上拉使能寄存器,然后通过该引脚将外界数据输入到对应数据寄存器中。

例如:获取 A 口第 3 引脚的输入数据。

```
BCLR(3, GPIO_DDR(PORT_A));                //A 口的第 3 引脚初始化为输入
BSET(3,GPIO_ PUR (PORT_A));               //A 口的第 3 引脚上拉
Data = BGET(3, GPIO_PORT(PORT_A));        //获得 A 口第 3 引脚的输入数据并赋给变量 Data
```

3.2 CodeWarrior 开发环境

本书使用的嵌入式软件集成开发平台是飞思卡尔公司的 CodeWarrior Development Studio v10.3 集成开发环境(以下简称 CW10.3)。硬件平台是天津工业大学飞思卡尔嵌入式中心设计的 TJPU - MC56F8257 - EVB(见 2.4 节),本书提供的所有样例程序均在该平台下调试通过。

1. CW10.3 的简介与安装

CW10.3 提供了工程管理、源程序编辑、编译、链接、下载调试等功能。2013 年初,飞思卡尔官方推荐使用 CW10.3 进行 DSC MC56F82xx 系列 DSC 的应用开发。

飞思卡尔公司为其网上注册用户在官方网站(www.freescale.com/cwmcu10)提供了 CW 安装文件的下载链接,下载安装文件后执行,即可根据提示进行安装。需要注意的是,CW10.3 基于 Eclipse 开放集成开发环境,有适用于 Windows 版和 Linux 版两个平台的版本。本书中使用 Windows 平台下的 CW10.3。CW10.3 有两种默认的授权版本,试用版和特别版。安装试用版后,CW10.3 有 30 天的试用期限,

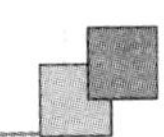

授权期过后，如要继续使用，需要申请 license，否则仅能作为特别版使用。特别版无时间限制，但是限制了 C 语言生成的机器代码大小，对于 MC56F82xx 系列 DSC，限制生成的机器码大小为 64 KB，对于 MC56F82xx 系列 DSC，限制生成的机器码大小为 128 KB。

安装后，可以看到发布笔记、常见问题问答及使用帮助。为了使本书读者快速进入 CW10.3，本书配套资料的“..\Document”文件夹中提供了含有“CW10.3 简明操作指南.pdf”，同时该文件夹中还提供了硬件评估板的“TJPU－MC56F8257－EVB 用户手册.pdf”，初次使用 CW10.3 进行 MC56F8257 实践的读者务必认真阅读后再进行实践操作，可以避免不少的困惑。CW 10.3 环境的运行界面如图 3－2 所示。

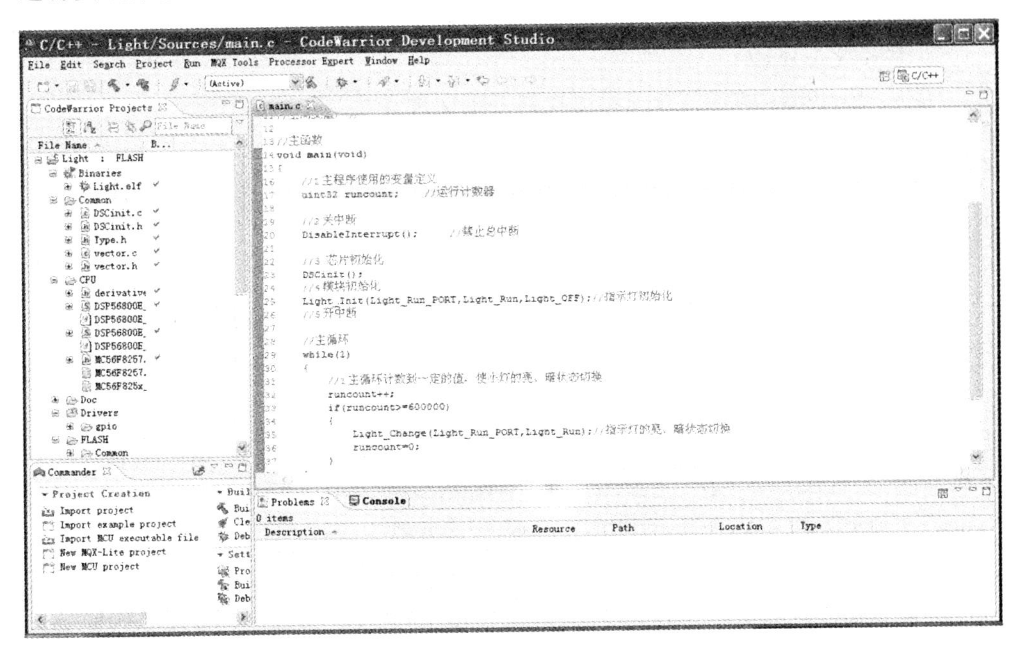

图 3－2　CW10.3 工程界面

2. 相关驱动的安装

使用 TJPU－MC56F8257－EVB，在安装好 CW10.3 后，还需安装配套资料的“..\Tools”内的相关驱动程序；

① TTL－USB 串口线的驱动：PL2303_Prolific_DriverInstaller_v110.exe，用于串口与 PC 机进行串行通信。

② TJPU－MC56F8257－EVB 评估板上含有 MC56F8257 编程器，其驱动程序是 USBDM_Drivers_1_0_1_Win_x32.msi(32 位操作系统下使用)或 USBDM_Drivers_1_0_1_Win_x64.msi(64 位操作系统下使用)。

③ MC56F8257 编程器补丁安装包：USBDM_4_10_5_Win.msi，主要是为不同

版本的 Codewarrior 安装编程器的支持,该补丁安装包必须在集成开发环境安装完成后再安装,若之前已经安装过,需先卸载。

3. 初次在 CW10.3 环境下快速导入工程、编译、下载程序

请复制一份要练习的工程,并确保工程文件夹位于全英文路径下。下面以配套资料中的"..\ch03-Light\ Light"为例,在 Windows XP 下,给出快速运行工程的步骤。

(1) 快速导入工程

① 打开 CW10.3;

② 确保有工程窗口"CodeWarrior Projects"(若没有,"Window"→"Show View"→"CodeWarrior Projects",会出现工程窗口);

③ 最小化 CW10.3;

④ 从 Windows 的资源管理器中找到工程文件夹;

⑤ 用鼠标左键将工程文件夹或工程文件夹内的".project"文件(不是".cproject"!)拖至最小化的 CW10.3 不放,待 CW10.3 出现工程窗口,放到工程窗口空白处,工程就打开了。

(2) 编译链接创建机器码文件

选择"Project"→"Clean..",弹出项目清理对话框,选中当前项目,并选中"Build only the selected projects",单击 OK 按钮,即清除最近一次工程创建的机器码文件,并生成新的机器码文件(.elf 文件,在工程文件夹下"FLASH"文件夹里),可以删除工程文件夹下"FLASH"文件夹里的全部内容再试一遍。工程文件夹下的".elf"文件就是工程的机器码,用于 CW10.3 环境下下载到目标芯片中运行。".hex"文件亦是机器码文件,可用于其他情况下下载。

(3) 下载程序到芯片

首先确保硬件系统已经接入 PC 机 USB 端口,且 MC56F8257 写入器的驱动已经安装好。USB 线的另一端确保接的是 TJPU - MC56F8257 - EVB 的写入器接口(板上标识:USBDM)。

然后,单击工具栏中的"⚡▾"图标的小三角,选中"Flash File To Target",在编程下载对话框中选择运行配置为 FLASH;选择 Flash 配置为"MC56F8257.xml",其他选项不做修改(若第一次配置不对,可以阅读"TJPU - MC56F8257 - EVB 用户手册"进行正确配置)。写入到 Flash 的文件,请选择工程文件夹中的".elf"文件。单击"| Erase and Program |"按钮,正常情况,程序机器码被下载到 MC56F8257 芯片中。

4. 运行程序

重新给评估板供电(可直接通过 USB 取电),电源指示灯亮,运行灯闪烁了,表示程序正常运行。若电源指示灯亮,运行灯未闪烁,可按一下复位按钮。

5. 遇到问题的解决办法

若硬件接触不良、PC机USB口不同、接口插错、软件操作错误等，会出现很多问题。大多数问题容易解决，一些基本问题在评估板的用户手册中给出。某些问题需要一些思考才能获得解决，需要多实践、多操作和多总结。

6. 几个常用操作

(1) 修改工程名

用户直接修改工程文件夹的名字，再将文件夹以“拖拽”的方式拖进CW10.3，打开工程会发现还是修改名字之前的工程名。正确的修改方式是，打开工程物理目录下的“.project”文件，以文本文件的方式打开。“.project”文件使用XML的形式编写的，在“.project”文件的第3行的name元素<name>project name</name>下修改name元素的内容，然后重新打开工程便可。

(2) 修改生成机器码文件的的文件名

右击工程的根文件夹，选择Properties，则弹出工程属性对话框，选择C\C++Build→Settings，选择Bulid Artifact标签，在Artifact name一栏中设定生成机器码文件的文件名。

(3) 添加新驱动构件

第一步，从构件库中将指定驱动构件程序文件夹复制到当前工程的Drivers文件夹下，然后在集成开发环境下添加对新构件的路径引用；对于抽象构件，应复制到swComponent文件夹下。CW10.3自动维护文件系统的文件夹结构与集成开发环境下工程文件夹结构保持一致。第二步，添加对驱动构件程序的引用。除在Source文件夹下的includes.h下添加构件头文件外，还需要在对构件有引用关系的文件或文件夹中手动添加对新加入文件的引用路径，方法是，选择Properties，则弹出工程属性对话框，选择C\C++Build→Settings，在Tool Settings→DSC Compiler的Access Paths中添加引用文件路径。

(4) 跟踪宏、函数定义

若要查看工程中对已定义宏和函数的调用，可将鼠标移至对象上，就会弹出对象的简要定义信息。若要查看完整的定义源码，可将编辑界面的光标移至跟踪对象上，使用键盘上的F3键跟踪对象的定义，或者右击，在弹出的菜单中选择Open Declaretion，即可将当前编辑区域显示内容切换到对象定义的源码部分。

关于CW10.3环境的详细说明，读者可自行查看CW10.3环境的帮助信息。CW10.3环境提供了非常丰富的帮助信息，若能够有效地利用这个资源，读者可以更好地理解嵌入式系统的开发过程。

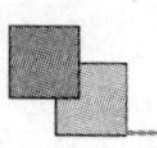

3.3 CW 环境下 C 语言工程文件的组织框架

一个嵌入式系统工程往往包含/很多文件，例如：程序文件、头文件、与编译调试相关的信息文件、工程说明文件以及工程目标代码文件等。工程文件的合理组织对一个嵌入式系统工程尤为重要，不仅会提高项目的开发效率，而且也能降低项目的维护难度。

嵌入式系统工程的文件组织方法以硬件构件为核心展开。一个硬件构件的低层驱动软件由头文件和程序文件组成，在不引起二义性的前提下，也可直接称之为硬件构件。以硬件构件的方式来组织文件，会使得工程结构清晰，调试定位方便，后期维护容易，这也是嵌入式系统软件工程的基本思想。

3.3.1 工程文件的组织结构

下面以控制小灯闪烁工程为例，介绍基于 CW 环境的嵌入式工程文件组织方法。图 3-3 给出了该工程相关源文件的树型结构，可分为 Common 文件夹、CPU 文件夹、Doc 文件夹、Drivers 文件夹、FLASH 文件夹、Project_Settings 文件夹、Sources 文件夹、SwComponents 文件夹，其具体含义如表 3-1 所列。

表 3-1 工程文件夹内的基本内容

编 号	文件夹	简明功能及特点
1	Common	公共要素文件夹
2	CPU	内核及芯片初始文件文件夹，DSP56800E 内核头文件、MC56F8257 芯片头文件、芯片初始化以及中断向量表
3	Doc	说明文档文件夹，工程改动时，及时记录
4	Drivers	底层驱动文件夹，逐步加入各模块驱动构件
5	FLASH	FLASH 文件夹，内含源程序经过编译链接产生的机器码文件(.elf 和 .S)，可下载到目标板内运行
6	Project_Settings	工程配置文件夹，包含与调试相关的配置及链接文件、启动代码文件，对于一般的开发过程不需要改动
7	Sources	源程序文件夹，含主程序文件、中断服务例程文件等。这些文件是工程开发人员进行编程的主要对象
8	SwComponents	抽象软件构件文件夹，与硬件不直接相关的软件构件，或调用底层构件完成的功能软件构件

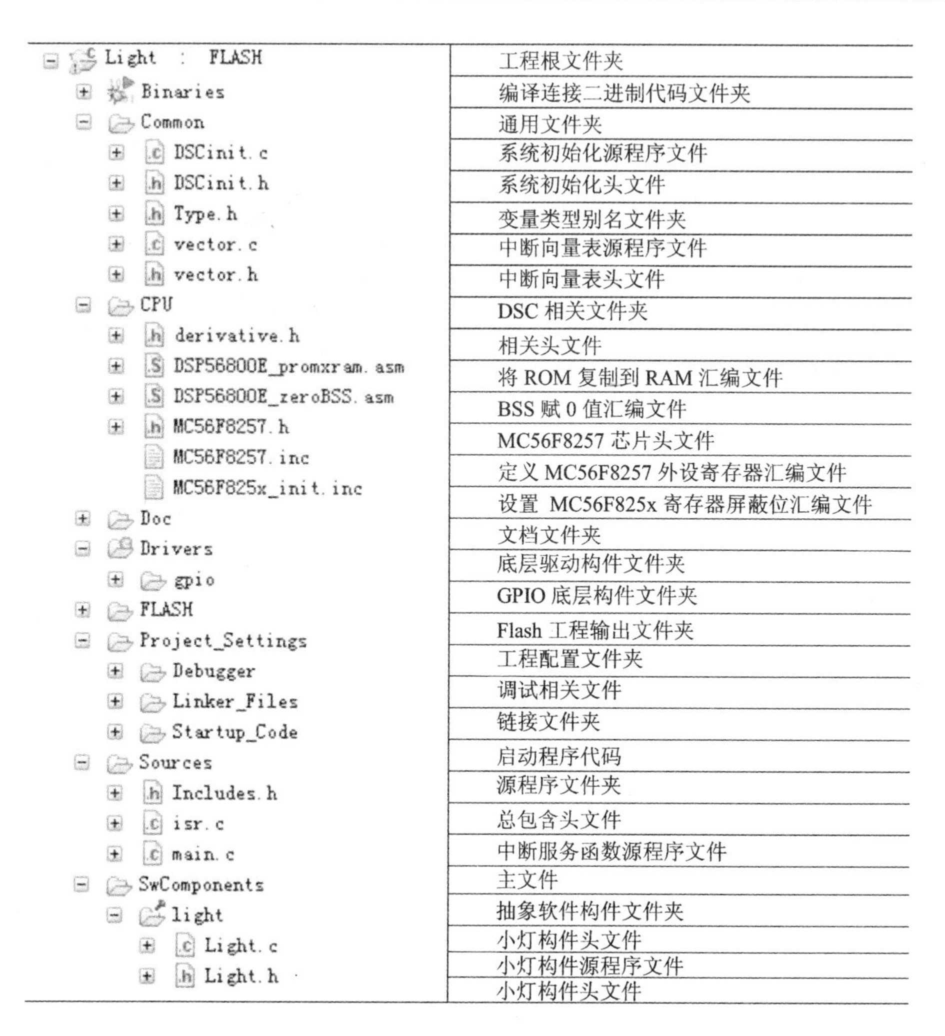

图 3-3　工程文件夹的树形结构

3.3.2　系统启动及初始化相关文件

系统启动及初始化相关文件主要指链接文件 MC56F8257_Internal_PFlash_SDM.cmd、启动文件 MC56F824x_5x_init.asm 及芯片映像寄存器头文件。这些文件在一个 DSC 芯片的工程中一般不再改动。

1. 链接文件 MC56F8257_Internal_PFlash_SDM.cmd

MC56F8257_Internal_PFlash_SDM.cmd 文件主要定义 DSC 芯片的 RAM 和 ROM、初始化 RAM 中的变量、堆栈的大小、定义复位向量，即应用程序的默认入口，还包含启动代码，即硬件复位后的函数入口。具体代码如下：

```
//-----------------------------------------------------------------------*
// 文件名：MC56F8257_Internal_PFlash_SDM.cmd                                *
// 说  明：MC56F8257 的链接文件                                             *
//-----------------------------------------------------------------------*
MEMORY
{
    .p_interrupts_ROM       (RX)  : ORIGIN = 0x0000,   LENGTH = 0x0086
    .p_flash_ROM            (RX)  : ORIGIN = 0x0086,   LENGTH = 0x7f71
    .p_flash_ROM_data       (RX)  : ORIGIN = 0x0000,   LENGTH = 0x1000
    .x_internal_RAM         (RW)  : ORIGIN = 0x0000,   LENGTH = 0x1000
    .reserved_1             (RW)  : ORIGIN = 0x1000,   LENGTH = 0x7000
    .x_internal_RAM_a       (RW)  : ORIGIN = 0x8000,   LENGTH = 0x1000
    .x_onchip_peripherals   (RW)  : ORIGIN = 0xF000,   LENGTH = 0x1000
    .reserved_2             (RW)  : ORIGIN = 0x010000, LENGTH = 0xFFFF00
    .x_EOnCE                (RW)  : ORIGIN = 0xFFFF00, LENGTH = 0x0100
}
KEEP_SECTION{ interrupt_vectors.text}
SECTIONS
{
    .interrupt_code :
    {
        * (interrupt_vectors.text)
      } > .p_interrupts_ROM
      .executing_code :
      {
        * (startup.text)
        * (utility.text)
        * (interrupt_routines.text)
        * (rtlib.text)
        * (fp_engine.text)
        * (.text)
        * (user.text)
        __pROM_data_start = .;
} > .p_flash_ROM
.data_in_p_flash_ROM : AT(__pROM_data_start)
{
        __xRAM_data_start = .;
        . = . + 2;
        * (.const.data.char)
        * (.data.char)
        * (.const.data)
        * (.data)
        * (fp_state.data)
        * (rtlib.data)
    .   = ALIGN(2);
        __xRAM_data_end = .;
        __data_size = __xRAM_data_end - __xRAM_data_start;
} > .p_flash_ROM_data
.data :
{
```

```
        . = __data_size + . ;
.          = ALIGN(2);
         * (rtlib.bss.lo)
         * (rtlib.bss)
         . = ALIGN(2);
         __bss_addr = .;
         * (.bss.char)
         * (.bss)
         . = ALIGN(2);
         __bss_end    = .;
         __bss_size = __bss_end - __bss_addr;
         . = ALIGN(4);
         __heap_addr = .;
         __heap_size = 0x010;
         __heap_end    = __heap_addr + __heap_size;
         . = __heap_end;
         _min_stack_size = 0x020;
         . = ALIGN(4);
         _stack_addr = . + 1;
         _stack_end    = _stack_addr + _min_stack_size;
         . = _stack_end;
         F_heap_addr     = __heap_addr;
         F_heap_end      = __heap_end;
         F_Lstack_addr      = _stack_addr;
         F_Ldata_size       = __data_size;
         F_Ldata_RAM_addr = __xRAM_data_start;
         F_Ldata_ROM_addr = __pROM_data_start;
         F_xROM_to_xRAM     = 0x0000;
         F_pROM_to_xRAM     = 0x0001;
         F_Lbss_addr     = __bss_addr;
         F_Lbss_size     = __bss_size;
} > .x_internal_RAM
}
```

MEMORY 命令定义和划分 DSC 芯片所有可用的内存资源，包括程序空间和数据空间：

.p_interrupts_ROM 为中断地址空间，中断向量表存放在该段空间中，该段的数据是可读的和可执行的。

.p_flash_ROM 为程序段，用于存放用户程序。该段的数据是可读的和可执行的。

.x_internal_RAM 段为随机存取空间，全局变量和静态变量存放在该段。该段的数据是可读写的。

.x_onchip_peripherals 段为片上外设寄存器地址。该段的数据是可读写的。

SECTIONS 命令是脚本文件中最基本的命令，其功能非常强大。SECTIONS 命令指明 MEMORY 命令定义的各种段存放的具体内容。

例如“.executing_code :{ * } > .p_flash_ROM”指定了“{}”中的内容是用来定

义源代码文件在 Flash 程序存储器(在 MEMORY{}中已经把. p_flash_ROM 放在了首地址为 0x0086、长度为 0x7f71、大小为 32 625 字的逻辑空间)中的安放顺序的。下面进行具体代码解读：

启动代码文件 startup. text 优先放在低地址，后面依次放置 utility. text、interrupt_routines. text、rtlib. text、fp_engine. text、. text、user. text 文件。

通配符“*”用来代替任意文件，所以 *(. text)的意思就是其他所有的文本文件放在紧随中断向量表文件之后的地址空间。类似的，*(. data)的意思则是所有. data 格式的文件安排在其后的位置。ALIGN(2)用于指定对齐方式，对齐单元大小为 2 字节，意思是在链接定址时，数据是按照字的方式对齐排列的。如果是连续两个 1 字节的数据，则这两个 1 字节数据放在同一个地址对应的 1 个字的地址单元中。

如果没有链接器命令文件或文件里没有顺序操作命令，链接器就按照输入文件的出现顺序来分配段地址，文件内的各段也按照段的属性排列(代码段、可固化数据、可写数据以及初始化数据)。

2. 启动文件 MC56F824x_5x_init. asm

MC56F824x_5x_init. asm 文件有一段代码如下：

```
//-------------------------------------------------------*
//函数名：Finit_MC56F824x_5x_ISR_HW_RESET                  *
//功  能： 1)初始化堆栈                                      *
//         2)调用 F__zeroBSS 和 F__romCopy 初始化 RAM,复制初始数据等 *
//         3)调用 main 函数                                  *
//参  数：无                                                 *
//返  回：无                                                 *
//-------------------------------------------------------*
include "MC56F824x_5x. inc"
include "MC56F824x_5x_init. inc"
DEFINE  useHardwareLoop        //define which copy routine to assemble
section startup                  //startup 段
//外部标号引用
XREF F_stack_addr
XREF F_pROM_to_xRAM
XREF F_Ldata_size
XREF F_Ldata_ROM_addr
XREF F_Ldata_RAM_addr
XREF F_Lbss_addr
XREF F_Lbss_size
org p:
//声明为外部标号
GLOBAL Finit_MC56F824x_5x_ISR_HW_RESET
SUBROUTINE "Finit_MC56F824x_5x_ISR_HW_RESET",Finit_MC56F824x_5x_ISR_HW_RESET,Finit
_MC56F824x_5x_ISR_HW_RESET_END - Finit_MC56F824x_5x_ISR_HW_RESET
Finit_MC56F824x_5x_ISR_HW_RESET:
    // 初始化向量基地址,SP(堆栈指针)和 OMR(操作模式寄存器)
    moveu. w #>F_Lstack_addr,r0          // 从 Link 文件中导入 SP 地址
```

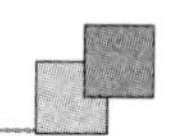

```
    // Move unsigned word.  Immediate data forced to 16 - bit. Write to Addr Gen Unit
    // (AGU) pointer register
    tfra     r0,sp                    // 设置 SP
    // transfer AGU register contents to Stack Pointer
    bfset    #OMR_SD,OMR              // 设置 OMR
    // Utilities
    jsr      F__zeroBSS               // 将未初始化的全局变量初始化为 0
    jsr      F__romCopy               // 将已初始化的数据从 ROM 移到 RAM
    // Call main()
    move.w   #0,y0                    // 无参数
    move.w   #0,R2
    move.w   #0,R3
    jsr      Fmain                    // 调用 main 函数
exit_loop:
    bra      exit_loop                // end of program
Finit_MC56F824x_5x_ISR_HW_RESET_END:
    endsec
```

这段程序包括设置堆栈、配置中断向量基址、分配RAM空间等，因此其代码与微处理器硬件体系架构关系密切，一般使用汇编语言实现。不建议修改该文件。CodeWarrior启动模块程序实现步骤主要如下：

① 设置堆栈指针，将其映射到RAM空间。

② 初始化RAM，复制初始数据。将初始化数据从ROM复制到RAM。

③ 跳转到主函数main()执行。

3. 映像寄存器头文件MC56F8257.h

MC56F8257.h中定义了编程时需要访问的外设寄存器，不需修改该文件。例如，在MC56F8257.h中定义C口的数据寄存器的形式如下：

```
/*** GPIO_C_DATA - GPIO C Data Register; 0x0000F161 ***/
union {
  uint16 Word;
} GPIO_C_DATA_STR;
#define GPIO_C_DATA_D0_MASK        0x01U
#define GPIO_C_DATA_D1_MASK        0x02U
#define GPIO_C_DATA_D2_MASK        0x04U
#define GPIO_C_DATA_D3_MASK        0x08U
#define GPIO_C_DATA_D4_MASK        0x10U
#define GPIO_C_DATA_D5_MASK        0x20U
#define GPIO_C_DATA_D6_MASK        0x40U
#define GPIO_C_DATA_D7_MASK        0x80U
#define GPIO_C_DATA_D8_MASK        0x0100U
#define GPIO_C_DATA_D9_MASK        0x0200U
#define GPIO_C_DATA_D10_MASK       0x0400U
#define GPIO_C_DATA_D11_MASK       0x0800U
#define GPIO_C_DATA_D12_MASK       0x1000U
#define GPIO_C_DATA_D13_MASK       0x2000U
```

```
#define GPIO_C_DATA_D14_MASK            0x4000U
#define GPIO_C_DATA_D15_MASK            0x8000U
#define GPIO_C_DATA                     (*((vuint16 *)0x0000F161))
```

这个定义说明如下：

① “#define GPIO_C_DATA (*((vuint16 *)0x0000F161))”宏定义，定义了寄存器空间的映射，对 GPIO_C_DATA 的操作就是对地址 0x0000F161 的内容的操作。

② 定义了一个联合体 GPIO_C_DATA_STR，其中包含 2 字节的字定义。

③ “#define GPIO_C_DATA_D0_MASK 0x01U”定义了掩码。

3.3.3 芯片初始化、主程序、中断程序及其他文件

1. 系统初始化构件(DSCInit.h 与 DSCInit.c)

系统初始化操作是由 DSCInit.c 来实现的，具体内容在后面章节给出。这部分内容对初学者来说较难理解，可先使用后理解。DSCInit.c 所包含的头文件给出了开关总中断的宏定义，以便中断程序、主程序或其他程序中使用。

2. 总头文件 Includes.h 和主程序文件 main.c

Includes.h 文件包含主函数(main)文件中用到的头文件、外部函数或变量引用、有关常量和全局变量定义以及内部函数声明。main.c 文件是工程任务的核心文件，里面包含了一个主循环，对具体事务过程的操作几乎都是添加在该主循环中。

3. 中断处理程序文件 isr.c

中断处理程序文件 isr.c 给出了中断程序框架，具体使用方法见 4.4 节的介绍。中断处理程序文件 isr.c 的格式如下：

```
//-------------------------------------------------------------------*
// 文件名：isr.c                                                      *
// 说  明：中断处理例程                                               *
//-------------------------------------------------------------------*
//头文件
#include "Includes.h"
//函数声明
//外部函数声明(启动代码标号)
extern void init_MC56F824x_5x_ISR_HW_RESET(void);
//中断例程声明
void isrDummy(void);
//此处为用户新定义中断处理函数的存放处
//未定义的中断处理函数，本函数不能删除
void isrDummy(void)
{
}
//中断矢量表，如果需要定义其他中断例程，请修改下表中的相应项目
```

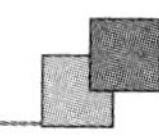

```
volatile asm void _vect(void);
#pragma define_section interrupt_vectors "interrupt_vectors.text"  RX
#pragma section interrupt_vectors begin
volatile asm void _vect(void)
{
（略）
JSR   isrDummy            /* Interrupt no. 28 (Unused) - ivINT_QSCI1_RxFull   */
}
#pragma section interrupt_vectors end
```

4. DSC芯片无关文件

(1) 类型定义文件 Type.h

在C工程中有一个Type.h文件，用于给C语言中的类型起别名，目的是使程序中的类型名更简洁清晰，同时，也便于程序移植到不同的DSC中。在多个程序文件中都有可能用到类型别名定义，为了防止在一个文件中多次包含Type.h，需在Type.h中加入条件编译语句。

```
//------------------------------------------------------------------*
// 文件名：Type.h（变量类型别名文件）                                    *
// 说  明：定义变量类型的别名，目的：                                     *
//         (1)缩短变量类型书写长度;(2)方便程序移植，可以根据需要自行添加.     *
//------------------------------------------------------------------*
#ifndef __TYPE_H
#define __TYPE_H
    typedef unsigned char        uint8;     //  8 位无符号数
    typedef unsigned short int   uint16;    // 16 位无符号数
    typedef unsigned long int    uint32;    // 32 位无符号数
    typedef char                 int8;      //  8 位有符号数
    typedef short int            int16;     // 16 位有符号数
    typedef long int             int32;     // 32 位有符号数
      //不优化变量类型
    typedef volatile uint8       vuint8;    //  8 位无符号数
    typedef volatile uint16      vuint16;   // 16 位无符号数
    typedef volatile uint32      vuint32;   // 32 位无符号数
    typedef volatile int8        vint8;     //  8 位有符号数
    typedef volatile int16       vint16;    // 16 位有符号数
    typedef volatile int32       vint32;    // 32 位有符号数
#endif
```

在定义不优化数据类型时，使用关键字volatile。volatile关键字用于通知编译器，对它后面所定义的变量不能随意进行优化，因此，编译器会安排该变量使用系统存储区的具体地址单元，编译后的程序每次需要存储或读取该变量时，都会直接访问该变量的地址。若没有volatile关键字，编译器可能会暂时使用CPU寄存器来存储，以优化存储和读取，这样，CPU寄存器和变量地址的内容很可能会出现不一致的现象。对DSC的映像寄存器的操作就不能优化，否则，对I/O口的写入可能被“优

化"写入到 DSC 内部寄存器中就会乱套。例如,在开发中,常须等待某个事件的触发,所以会写出如下程序:

```
unsigned char flag;
void test()
{
  do1();
  while(flag == 0);
  do2();
}
```

这段程序等待内存变量 flag 的值变为 1 之后才运行 do2()。变量 flag 的值由别的程序更改,这个程序可能是某个硬件中断服务程序。例如:如果某个按钮按下的话,就会产生中断,在按键中断程序中修改 flag 为 1,这样上面的程序就能够得以继续运行。但是,编译器并不知道 flag 的值会被别的程序修改,因此它在进行优化的时候,可能会把 flag 的值先读入某个寄存器,然后等待那个寄存器变为 1。如果不幸进行了这样的优化,那么 while 循环就变成了死循环,因为寄存器的内容不可能被中断服务程序修改。为了让程序每次都读取真正的 flag 变量值,就需要定义为如下形式:

```
volatile  unsigned char flag;
```

(2) 通用函数文件 GeneralFun. h 和 GeneralFun. c

在 C 工程中,GeneralFun. h 文件中可以定义经常使用的一些函数和宏,如延时函数。另外,如果需要频繁地操作寄存器某位,例如置位、清零等,也可设置对寄存器位操作的宏定义。用户可以修改该文件,添加一些经常使用的函数和宏。GeneralFun. c 则用于定义具体的通用函数。

5. 工程说明文件

该文件用于记录或给出工程实例的说明信息。对于一个大的工程项目而言,说明文件是相当重要的,读者可以逐渐形成自己的工程风格,为自己积累项目文档规范。

3.3.4 机器码文件

CW10.3 开发平台,针对 MC56F82xx 系列 DSC,运行 DSC Complier 编译器,在编译链接过程中生成针对 DSC CPU 的. elf 格式可执行代码,同时也可生成. S 格式的机器码。

. elf (Executable and Linking Format),即"可执行连接格式",最初由 UNIX 系统实验室(UNIX System Laboratories-USL)作为应用程序二进制接口(Application Binary Interface-ABI)的一部分而制定和发布。其最大特点在于它有比较广泛的适用性,通用的二进制接口定义使之可以平滑地移植到多种不同的操作环境上。UltraEdit 软件工具查看.elf 文件内容。

.S 文件采用 S-record 格式。S-record 格式文件是 Freescale CodeWarrior 编译器生成的后缀名为.S 的程序文件，是一段直接写进 DSC 的 ASCII 码，英文全称为 Motorola format for EEPROM programming。目标文件由若干行 S 记录构成，每行 S 记录用 CR/LF/NUL 结尾。一行 S 记录由表 3-2 所列的 5 部分组成，每行最大是 78 个字节。

表 3-2 S 记录格式

类 型	记录长度	地 址	代码/数据	校验和
1 字节(2 个字符)	1 字节(2 个字符)	2、3 或 4 字节	0～n 字节	1 字节

(1) 类型(1 个字节)

表示 S 记录的类型。有 8 种记录类型 S0、S1、S2、S3、S5、S7、S8、S9，从而满足不同的编码、解码及传送方式的需求。

S0——地址域没有被使用，用零填充(0x0000)。数据位中的信息被划分为以下 4 个子域：

➢ name(名称)：20 个字符，用来编码单元名称。

➢ ver(版本)：2 个字符，用来编码版本号。

➢ rev(修订版本)：2 个字符，用来编码修订版本号。

➢ description(描述)：0～36 个字符，用来编码文本注释。

此行(S0 开头的记录)表示程序的开始，不需写入 memory。

S1——该记录包含代码/数据以及 2 个字节存储其代码/数据的存储器首地址。

S2——该记录包含要写到 Flash 的扩展地址处的代码/数据以及 3 个字节存储其代码/数据的存储器首地址。

S3——该记录包含要写到 Flash 的扩展地址处的代码/数据以及 4 个字节存储其代码/数据的存储器首地址。

S5——该记录包含前面 S1、S2、S3 记录的计数。

S7——对应 S3 记录的结束记录，4 个字节地址，不需要写入 DSC 中。

S8——对应 S2 记录的结束记录，3 个字节地址，不需要写入 DSC 中。

S9——对应 S1 记录的结束记录，2 个字节地址，不需要写入 DSC 中。

每个 S 记录块都使用唯一的终止记录。

(2) 记录长度

记录长度表示该记录行中剩余字节的数目，不包括类型和记录长度。

(3) 地址

地址可以是 2 个字节、3 个字节或 4 个字节，取决于记录类型。S1 记录和 S9 记录均是 2 个字节，S2 记录和 S8 记录是 3 个字节，S3 记录和 S7 记录是 4 个字节。它表示其后的代码/数据部分将要装入存储器的起始地址。

(4) 代码/数据

代码/数据就是实际的目标代码或数据,这一部分将被下载到目标芯片的存储器并运行。其字节数由“记录长度”域的实际数值减去地址长度和校验码长度的值而得到。

(5) 校验和

校验和为 1 个字节,是“记录长度”、“地址”、“代码/数据”3 个部分所有字节之和的反码的低 8 位,用于校验。

下面是〈01_Light〉工程〈FLASH〉子目录下 QSCIIntRe. elf. S 文件的部分内容。

S011000000000050524F4752414D264441544196

S3510000000054E2860054E2610154E2610154E2610154E2610154E2610154E2610154
E2610154E2610154E2610154E2610154E2610154E2610154E2610154E2610154E2610154
E2610154E2610154E2610154E2610154E2610142

S3510000002654E2610154E2610154E2610154E2610154E2610154E2610154E2610154
E2610154E2610154E2610154E2610154E2610154E2610154E2610154E2610154E2610154
E2610154E2610154E2610154E2610154E2610140

……

S34B00000190001018E420F100004080040018E420F100004086810018E421
F1000040861D2018E422F1000014F05089200079A118E420F100004086820018E410
F10000408600007E9F08E793

S7050000008674

第一行为 S0 记录,表示文件名信息。S0 之后的 11 是十六进制数(十进制 17),表示后面有 17 个字节的数据;随后的“0000”是 2 字节地址,“0000”表示本行信息不是程序/数据,不需要装入存储空间;最后的 96 是本记录的校验和。

第二行中,前两个符号 S3 表示这一行是 S3 记录,其后的“51”是十六进制数(十进制数的 81),表示在此后有 81 个字节的数据,包括 4 个字节的地址“00000000”、76 个字节的代码/数据和 1 个字节校验和“42”。该行记录表示的实际代码/数据“54E2860054E2610154E2610…………54E2610154E2610154E26101”将被装入起始地址为 0x00000000 的 DSC 存储器中。

最后一行是 S7 记录,S7 之后的“05”是十六进制数 0x05,表示其后有 5 个字节的数据。“00000086”为 4 个字节的地址,“74”是校验和。S7 记录是 S3 记录的结束记录,这里的地址字段只是用“0000”填充,并没有实际意义。

3.3.5 .lst 文件与.map 文件

编译链接还产生.lst 文件与.map 文件,这里仅给出简要说明。

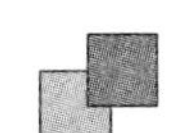

1. .lst 文件

打开工程后，双击某一个源程序文件，相应文件内容显示在窗口中。此时，在源程序窗口右击，从弹出菜单中选取 Disassemble 可查看.lst 文件(列表文件)，这是编译过程产生的文件。

列表文件给出了 C 语言编译后的机器码、偏移地址、对应的汇编语句信息，是分析程序的工具之一。下面给出第一个工程的列表文件。

```
0x00000000                      Fmain:
0x00000000   0x827B             adda       #0x000002,SP
0x00000001   0xE418F0D40000     move.l     #0xf0d4,R0
0x00000004   0x82400020         bfset      #0x20,X:(R0)
0x00000006   0xE2540000         jsr        0x000000      // FDSCinit
0x00000008   0xE585             move.w     #5,Y0
0x00000009   0xE786             move.w     #6,Y1
0x0000000A   0xE081             move.w     #1,A
0x0000000B   0xE2540000         jsr        0x000000      // FLight_Init
0x0000000D   0xF03F             move.l     X:(SP),A
0x0000000E   0x44430001         add.l      #1,A
0x00000010   0xD03F             move.l     A10,X:(SP)
0x00000011   0xF13F             move.l     X:(SP),B
0x00000012   0xE41027C00009     move.l     #0x927c0,A
0x00000015   0x7817             cmp.l      B,A
0x00000016   0xAC76             bhi        * -9
0x00000017   0xE700             nop
0x00000018   0xE585             move.w     #5,Y0
0x00000019   0xE786             move.w     #6,Y1
0x0000001A   0xE2540000         jsr        0x000000      // FLight_Change
0x0000001C   0xDF6B0000         clr.l      X:(SP+0)
0x0000001E   0xA96E             bra        * -17
```

2. .map 文件

在目录“…\01_Light\FLASH”下，可以看到 QSCIIntRe.elf.xMAP 文件，通常称为工程的“映像文件”。通过这个文件，知道源代码被编译链接后的机器码，到底被下载到 DSC 存储器中的什么地方。

3.3.6 实例：如何在 CW 环境下新建一个 DSC 工程

新建工程有两种方法，一种是使用工程模板，另一种是使用已存在的工程复制一份继续进行新的工程编程。

第一种方法的操作步骤如下：选择 File→New 菜单项，在弹出的新建对话框选择 Bareboard Project，在右侧 Project name 中输入工程名，在 Location 中选择工程所在目录，单击“确定”按钮，选择 MC56F824x_5x→MC56F8257，单击“下一步”按钮，选中 Simple C 的选项，如果程序中有汇编代码则应该选中 Simple Mixed Assembly and C,单击"下一步"按钮之后单击"完成"按钮即可。这种方法适用于刚开始建立程序的模板,以后可以直接采用第二种方法,简单、方便、快捷。

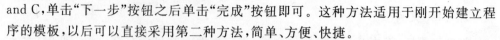

第二种方法是使用已存在的工程来建立另一个工程。在已有工程的基础上做另一个项目时,需要进行一些设置。例如在 Light 工程的基础上编写 tmrTimerOver 程序,需要设置如下:

① 更改工程文件夹名为 tmrTimerOver;

② 更改 tmrTimerOver 工程生成机器码文件的文件名;

③ 添加定时器驱动构架;

④ 跟踪宏、函数定义。

3.4 第一个 C 语言工程:控制小灯闪烁

DSC 控制多个发光二极管指示灯程序中使用了 GPIO 构件来编写指示灯程序。灯两端引脚上有足够高的正向压降时,它就会发光。在本书的工程实例中,灯的负端引脚接 DSC 的普通 I/O 口,正端引脚过电阻接地。在 I/O 引脚上输出低或高电平时,指示灯就会亮或暗。DSC 的普通 I/O 口控制指示灯闪烁的 C 语言工程实例文件在配套资料内。

为了复用代码,提高编程效率和增强代码的可移植性,以下控制小灯闪烁的实例编程中使用了构件化的思想。

3.4.1 GPIO 构件设计

GPIO 引脚可以定义成输入、输出两种情况。若是输入,程序需要获得引脚的状态(逻辑 1 或 0);若是输出,程序可以设置引脚状态(逻辑 1 或 0)。DSC 的 GPIO 引脚分为许多端口(Port),每个口有若干引脚。为了实现对所有 GPIO 引脚统一编程,设计了 GPIO 构件(由 GPIO. h、GPIO. c 两个文件组成)。这样,要使用 GPIO 构件,只需要将这两个文件加入到所建工程中,方便了对 GPIO 的编程操作。实际上,若只是使用构件,只需看头文件中的相关函数说明。

说明:下面代码中将出现 (*(vuint16 *))语法现象。这个看起来很复杂,其实可以分解开来,它的 C 语言定义为:(* (volatile unsigned char *)),其中 volatile 是指告诉编译器,这个值与外界环境有关,不要对它优化,即不缓存它的值。(volatile unsigned char *)是 C 语言中的强制类型转换,作用是把十六进制转换为一个地址指针,接下来在它外面的 *,就是取地址中的内容。

1. GPIO 构件的头文件(GPIO. h)

```
//--------------------------------------------------------------*
// 文件名：GPIO.h                                                *
```

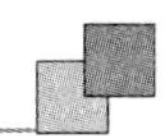

```
//-----------------------------------------------------------------*
#ifndef GPIO_H              //防止重复定义
#define GPIO_H
    //1 头文件
    #include "MC56F8257.h"     //MC56F8257 MCU映像寄存器名定义
    //2 宏定义
    //2.1 MC56F8257端口名与偏移地址的对应关系
    #define PORT_A     0
    #define PORT_B     1
    #define PORT_C     2
    #define PORT_D     3
    #define PORT_E     4
    #define PORT_F     5
    //2.2 寄存器相关宏定义
    //端口x对应的数据寄存器
    #define GPIO_PORT(x) (*((vuint16 *)(0x0000F141 + (x<<4))))
    //端口x对应的方向寄存器
    #define GPIO_DDR(x) (*((vuint16 *)(0x0000F142 + (x<<4))))
    //端口x的GPIO功能使能寄存器
    #define GPIO_PEREN(x) (*((vuint16 *)(0x0000F143 + (x<<4))))
    //2.3 位操作
    #define BSET(bit,Register) ((Register)|= (1<<(bit))) //设置寄存器中某位为1
    #define BCLR(bit,Register) ((Register) &= ~(1<<(bit))) //设置寄存器中某位为0
    #define BGET(bit,Register) (((Register) >> (bit)) & 1) //获取寄存器中某位状态
    //3 功能接口(函数声明)
    //-----------------------------------------------------------*
    //函数名: GPIO_Init                                          *
    //功  能: 初始化GPIO                                         *
    //参  数: port:端口名                                        *
    //        pin:指定端口引脚                                   *
    //        direction:引脚方向,0=输入,1=输出                  *
    //        state:初始状态,0=低电平,1=高电平                  *
    //返  回: 无                                                 *
    //说  明: 无                                                 *
    //-----------------------------------------------------------*
    void GPIO_Init(uint8 port,uint8 pin,uint8 direction,uint8 state);
    //-----------------------------------------------------------*
    //函数名: GPIO_Get                                           *
    //功  能: 获取引脚状态                                       *
    //参  数: port: 端口名                                       *
    //        pin:  指定端口引脚                                 *
    //返  回: 引脚状态                                           *
    //说  明: 无                                                 *
    //-----------------------------------------------------------*
    uint8 GPIO_Get(uint8 port,uint8 pin);
    //-----------------------------------------------------------*
    //函数名: GPIO_Set                                           *
    //功  能: 设置引脚状态                                       *
    //参  数: port:端口名                                        *
```

```
    //         pin:指定端口引脚                                              *
    //         state: 状态,0 = 低电平,1 = 高电平                              *
    //返  回: 无                                                             *
    //说  明: 无                                                             *
    //-----------------------------------------------------------------------*
    void GPIO_Set(uint8 port,uint8 pin,uint8 state);
    //-----------------------------------------------------------------------*
    //函数名: GPIO_Change                                                     *
    //功  能: 改变引脚状态                                                     *
    //参  数: port:端口名                                                      *
    //         pin:指定端口引脚                                                *
    //返  回: 无                                                             *
    //说  明: 无                                                             *
    //-----------------------------------------------------------------------*
    void GPIO_Change(uint8 port,uint8 pin);
#endif
```

2. GPIO 构件的程序文件(GPIO.c)

```
//-----------------------------------------------------------------------*
// 文件名: GPIO.c                                                         *
// 说  明: GPIO 驱动程序文件                                               *
//-----------------------------------------------------------------------*
#include "GPIO.h"      //包含 GPIO 头文件
//-----------------------------------------------------------------------*
//函数名: GPIO_Init                                                       *
//功  能: 初始化 GPIO                                                     *
//参  数: port:端口名                                                     *
//         pin:指定端口引脚                                               *
//         direction:引脚方向,0 = 输入,1 = 输出                            *
//         state:初始状态,0 = 低电平,1 = 高电平                            *
//返  回: 无                                                             *
//说  明: 无                                                             *
//-----------------------------------------------------------------------*
void GPIO_Init(uint8 port,uint8 pin,uint8 direction,uint8 state)
{
    SIM_PCE0| = 1<<(6 - port);
    BCLR(pin,GPIO_PEREN(port));
    //1.设置引脚方向
    if(direction == 1)
    {
        BSET(pin,GPIO_DDR(port));      //定义引脚为输出(相应位为 1)
    }
    else
    {
        BCLR(pin,GPIO_DDR(port));      //定义引脚为输入(相应位为 0)
    }
    //2.设置引脚状态
```

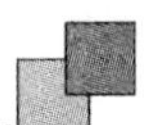

```
    if(state == 1)
    {
        BSET(pin,GPIO_PORT(port));    //输出高电平(1)
    }
    else
    {
        BCLR(pin,GPIO_PORT(port));    //输出低电平(0)
    }
}
//-------------------------------------------------------------*
//函数名：GPIO_Get                                              *
//功  能：获得引脚状态                                           *
//参  数：port：端口名                                           *
//        pin： 指定端口引脚                                     *
//返  回：引脚状态                                               *
//说  明：无                                                     *
//-------------------------------------------------------------*
uint8 GPIO_Get(uint8 port,uint8 pin)
{
    uint8 reval = 0;
    reval = BGET(pin,GPIO_PORT(port)); //得到引脚的状态
    return reval;
}
//-------------------------------------------------------------*
//函数名：GPIO_Set                                              *
//功  能：设置引脚状态                                           *
//参  数：port:端口名                                            *
//        pin:指定端口引脚                                       *
//        state：状态,0 = 低电平,1 = 高电平                      *
//返  回：无                                                     *
//说  明：无                                                     *
//-------------------------------------------------------------*
void GPIO_Set(uint8 port,uint8 pin,uint8 state)
{
    if(state == 1)
    {
        BSET(pin,GPIO_PORT(port));    //输出高电平(1)
    }
    else
    {
        BCLR(pin,GPIO_PORT(port));    //输出低电平(0)
    }
}
//-------------------------------------------------------------*
//函数名：GPIO_Change                                           *
//功  能：改变引脚状态                                           *
//参  数：port:端口名                                            *
//        pin:指定端口引脚                                       *
//返  回：无                                                     *
```

```
//说   明：无                                                          *
//-------------------------------------------------------------------*
void GPIO_Change(uint8 port,uint8 pin)
{
    uint16 tmp1,tmp2;
    tmp1 = GPIO_PORT(port);
    tmp2 = (1<<pin);
    GPIO_PORT(port) = tmp2^tmp1;
}
```

3.4.2 Light 构件设计

控制指示灯亮或暗可通过调用 GPIO 构件完成。设有 3 盏灯，功能分别为“运行指示灯”、“故障指示灯”和“通信指示灯”。这 3 盏灯分别起名为 Light_Run、Light_Error 和 Light_Link，它们与 DSC 连接的 GPIO 端口的名字分别为 Light_Run_PORT、Light_Error_PORT 和 Light_Link_PORT。这样它们具体接在 DSC 的哪个端口、哪个引脚，只需在 Light.h 中给出具体宏定义就可以了。

指示灯亮、暗的逻辑值与实际状态的对应取决于实际电路的接法，为了程序的可复用性，使用两条宏定义语句来描述这种对应关系。

1. Light 构件的头文件(Light.h)

```
//-------------------------------------------------------------------*
// 文件名：Light.h                                                     *
// 说   明：指示灯驱动程序头文件                                        *
//-------------------------------------------------------------------*
#ifndef Light_H                          //防止重复定义
#define Light_H
    //1 头文件
    #include "GPIO.h"                    //包含 GPIO 头文件
    //2 灯控制宏定义
    //2.1 灯控制引脚定义
    #define Light_Run_PORT PORT_E      //运行指示灯使用的端口
    #define Light_Run        7           //运行指示灯使用的引脚
    //2.2 灯状态宏定义
    #define Light_ON         0           //灯亮(对应低电平)
    #define Light_OFF        1           //灯暗(对应高电平)
    //3 灯控制相关函数声明
    //---------------------------------------------------------------*
    //函数名：Light_Init                                                *
    //功   能：初始化指示灯状态                                         *
    //参   数：port:端口名                                               *
    //         name:指定端口引脚号                                      *
    //         state:初始状态,1 = 高电平,0 = 低电平                      *
    //返   回：无                                                        *
    //说   明：调用 GPIO_Init 函数                                       *
    //---------------------------------------------------------------*
```

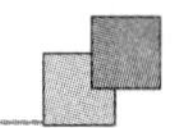

```
    void Light_Init(uint8 port,uint8 name,uint8 state);
    //--------------------------------------------------------------------*
    //函数名: Light_Control                                               *
    //功  能: 控制灯的亮和暗                                              *
    //参  数: port:端口名                                                 *
    //        name:指定端口引脚号                                         *
    //        state:状态,1 = 高电平,0 = 低电平                            *
    //返  回: 无                                                          *
    //说  明: 调用 GPIO_Set 函数                                          *
    //--------------------------------------------------------------------*
    void Light_Control(uint8 port,uint8 name,uint8 state);
    //--------------------------------------------------------------------*
    //函数名: Light_Change                                                *
    //功  能: 状态切换:原来"暗",则变"亮";原来"亮",则变"暗"                *
    //参  数: port:端口名                                                 *
    //        name:指定端口引脚号                                         *
    //返  回: 无                                                          *
    //说  明: 调用 GPIO_Changet 函数                                      *
    //--------------------------------------------------------------------*
    void Light_Change(uint8 port,uint8 name);
#endif
```

2. Light 构件的程序文件(Light.c)

```
//------------------------------------------------------------------------*
// 文件名: Light.c                                                         *
// 说  明: 小灯驱动函数文件                                                *
//------------------------------------------------------------------------*
#include "Light.h"                    //指示灯驱动程序头文件
//------------------------------------------------------------------------*
//函数名: Light_Init                                                      *
//功  能: 初始化指示灯状态                                                *
//参  数: port:端口名                                                     *
//        name:指定端口引脚号                                             *
//        state:初始状态,1 = 高电平,0 = 低电平                            *
//返  回: 无                                                              *
//说  明: 调用 GPIO_Init 函数                                             *
//------------------------------------------------------------------------*
void Light_Init(uint8 port,uint8 name,uint8 state)
{
    GPIO_Init(port,name,1,state);//初始化指示灯
}
//------------------------------------------------------------------------*
//函数名: Light_Control                                                   *
//功  能: 控制灯的亮和暗                                                  *
//参  数: port:端口名                                                     *
//        name:指定端口引脚号                                             *
//        state:状态,1 = 高电平,0 = 低电平                                *
//返  回: 无                                                              *
```

```
//说  明：调用 GPIO_Set 函数                                          *
//--------------------------------------------------------------------*
void Light_Control(uint8 port,uint8 name,uint8 state)
{
    GPIO_Set(port,name,state);    //控制引脚状态
}
//--------------------------------------------------------------------*
//函数名：Light_Change                                                *
//功  能：状态切换：原来"暗"，则变"亮"；原来"亮"，则变"暗"            *
//参  数：port：端口名                                                *
//        name：指定端口引脚号                                        *
//返  回：无                                                          *
//说  明：调用 GPIO_Changet 函数                                      *
//--------------------------------------------------------------------*
void Light_Change(uint8 port,uint8 name)
{
    GPIO_Change(port,name);
}
```

3.4.3 Light 测试工程主程序

Includes.h 文件中需要包含 Light.h，这样在该工程中就可以调用 Light 构件的接口函数。首先调用 Light_Init 函数，初始化所需的每一盏指示灯。注意，初始化时，要让每一盏灯初始状态为“暗”。随后，通过 Light_Change 函数控制指示灯亮或暗。在指示灯亮暗之间增加适当的延时，就能够在程序运行时，较明显地看到指示灯闪烁的现象。

```
//--------------------------------------------------------------------*
// 工 程 名：Light                                                    *
// 硬件连接：小灯接在 GPIOE 口的 7 脚，宏定义在 Light.h 文件中        *
// 程序描述：用 GPIO 编程控制小灯闪烁                                 *
// 目    的：第一个 Freescale MC56F825x 系列 DSC C 语言程序框架       *
// 说    明：提供 Freescale DSC 的编程框架，供教学入门使用            *
//--------------------------------------------------------------------*

//头文件
#include "Includes.h"
//全局变量声明
//主函数
void main(void)
{
    //1  主程序使用的变量定义
    uint32 runcount;//运行计数器
    //2  关中断
    DisableInterrupt(); //禁止总中断
    //3  芯片初始化
    DSCinit();
    //4  模块初始化
```

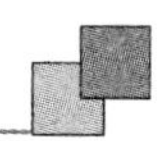

```
    Light_Init(Light_Run_PORT,Light_Run,Light_OFF); //指示灯初始化为暗
    //主循环
    while(1)
    {
       //1  主循环计数到一定的值,使小灯的亮、暗状态切换
runcount++;
if(runcount>=600000)
{
          Light_Change(Light_Run_PORT,Light_Run);//指示灯的亮、暗状态切换
       runcount=0;
      }
    }
}
```

3.4.4　理解第一个C工程的执行过程

DSC芯片上电复位(冷复位)或热复位后,程序的执行流程如下:从复位向量处取出程序执行的首地址,跳转并从该地址执行;执行MC56F824x_init.asm文件中的init_MC56F824x_5x_ISR_HW_RESET函数,进行系统的初始化,并最终跳转到main主函数入口继续执行;在系统带电的状态下,硬件中断机制始终开启,并实时地"监听"内外环境而恰当地激发特定的事务处理过程。下面具体来看各个过程是怎样工作的。

1. 系统上电

系统在加电后,DSC芯片内的硬件机制会产生加电复位中断,这时系统到向量表中查找复位向量地址,并转向这个地址继续执行。本书所有工程样例中,在isr.c文件中都可以找到如下复位中断向量:

JSR　init_MC56F824x_5x_ISR_HW_RESET

2. 执行init_MC56F824x_5x_ISR_HW_RESET函数

执行MC56F824x_init.asm文件中的init_MC56F824x_5x_ISR_HW_RESET函数,并转向main函数。MC56F824x_init.asm文件是系统启动文件,它的主体代码在3.3.3小节中已经给出。具体包括以下过程:初始化堆栈;初始化RAM,复制初始数据,初始化ROM;系统模块初始化并跳转到main主函数。

若代码执行顺利,程序会执行到如下指令:

jsr　　Fmain;

当执行到"main();"时,程序就会转向用户自定义的main主函数中执行。以上所述,都是正常的事务执行过程。当然,从根本上讲,这个过程也是由系统复位中断来触发。同样,DSC芯片内部的硬件中断机制也能为其他中断型事件提供事务处理的机会。

当开发者在系统初始化过程中加入了开启某些中断响应的命令时,硬件中断机

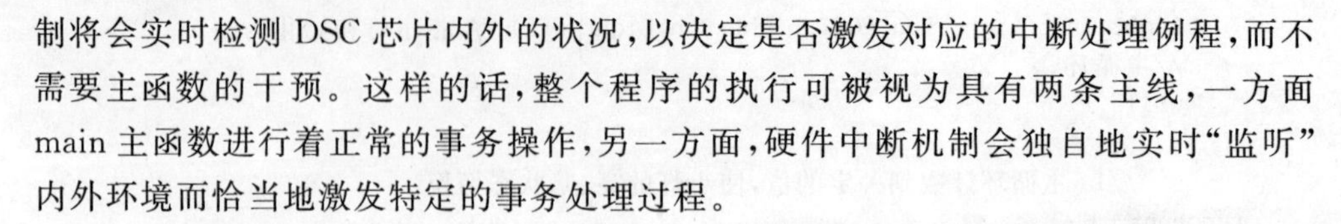

制将会实时检测 DSC 芯片内外的状况，以决定是否激发对应的中断处理例程，而不需要主函数的干预。这样的话，整个程序的执行可被视为具有两条主线，一方面 main 主函数进行着正常的事务操作，另一方面，硬件中断机制会独自地实时“监听”内外环境而恰当地激发特定的事务处理过程。

3. 中断程序的执行

当某个中断发生后，DSC 将转到中断向量表文件 isr.c 所指定的中断入口地址处开始执行中断服务程序(ISR，Interrupt Service Routine)。在这个过程中，系统必然会保存“上下文”(CPU 寄存器的内容)，在中断处理结束前，必须恢复该“上下文”，以便继续执行原来的程序。中断的执行实际上是在抢夺主程序的执行时间。

第 4 章

队列式串行通信接口 QSCI

实现异步串行通信功能的模块在一部分微控制器中被称为通用异步收发器(Universal Asynchronous Receiver/Transmitters,UART),在另一些微控制器中被称为串行通信接口(Serial Communication Interface,SCI)。串行通信接口可以将终端或个人计算机连接到微控制器,也可将几个分散的微控制器连接成通信网络。

本章主要知识点有:①异步串行通信的通用基础知识以及 MC56F8257 的 QSCI 模块的特点;②MC56F8257 的 QSCI 模块的编程结构与 QSCI 构件设计,并测试这个构件;③借助 MC56F8257 的串行接收中断来阐述中断概念与编程方法,并给出编程实例。基于构件的编程思想,再次在设计 QSCI 构件中加以阐述,读者在阅读时可以仔细体会,以求得对编程方法更深刻的理解。通过本章学习中断编程后,以一个 DSC 为蓝本学习嵌入式系统硬件软件基础知识的基本要素已经完成。本章重点是理解 QSCI 构件设计方法、理解第一个中断例程的执行过程。

4.1 异步串行通信的基础知识

本节简要介绍异步串行通信中常用的基本概念与硬件连接方法,为学习 DSC 的串行通信接口编程做准备。

4.1.1 串行通信的基本概念

“位”(bit)是单个二进制数字的简称,是可以拥有两种状态的最小二进制值,分别用“0”和“1”表示。在计算机中,通常一个信息单位用 8 位二进制数表示,称为一个“字节”。串行通信的特点是:数据以字节为单位,按位的顺序(例如最高位优先)从一条传输线上发送出去。这里至少涉及以下几个问题:①每个字节之间是如何区分开的?②发送一位的持续时间是多少?③怎样知道传输是否正确?④可以传输多远?这些问题属于串行通信的基本概念。串行通信分为异步串行通信和同步串行通信两种方式，本节主要给出异步串行通信的一些常用概念。正确理解这些概念，对串行通信编程是有益的。

1. 异步串行通信的格式

在 MC56F8257 芯片手册上，通常说的异步串行通信采用的是 NRZ 数据格式，英文全称是 standard non - return - zero mark/space data format，可以译为“标准不归零传号/空号数据格式”。这是一个通信术语，“不归零”的最初含义是：用负电平表示一种二进制值，正电平表示另一种二进制值，不使用零电平。mark/space 即“传号/空号”分别表示两种状态的物理名称，逻辑名称记为 1/0。对学习嵌入式应用的读者而言，只要理解这种格式只有“1”、“0”两种逻辑值就可以了。图 4-1 给出了 8 位数据、无校验情况的传送格式。

这种格式的空闲状态为“1”，发送器通过发送一个“0”表示一个字节传输的开始，随后是数据位（在 DSC 中一般是 8 位或 9 位，可以包含校验位）。最后，发送器发送 1 位的停止位，表示一个字节传送结束。若继续发送下一字节，则重新发送开始位，开始一个新的字节传送。若不发送新的字节，则维持“1”的状态，使发送数据线处于空闲。从开始位到停止位结束的时间间隔称为一帧。所以，也称这种格式为帧格式。

图 4-1　异步串行通信数据格式

每发送一个字节，都要发送“开始位”与“停止位”，这是影响异步串行通信传送速度的因素之一。同时因为每发送一个字节，必须首先发送“开始位”，所以称之为“异步”通信。

2. 串行通信的波特率

位长（Bit Length），也称为位的持续时间，其倒数就是单位时间内传送的位数。人们把每秒内传送的位数叫做波特率。波特率的单位是位/秒，记为 bps。

波特率通常有 600、900、1 200、1 800、2 400、4 800、9 600、19 200、38 400、57 600、115 200、128 000 等。在包含开始位与停止位的情况下，发送一个字节需 10 位，很容易计算出在各波特率下发送 1 KB 所需的时间。显然，这个速度相对于目前许多通信方式而言是慢的，那么，异步串行通信的速度能否提得很高呢？答案是不能。因为随着波特率的提高，位长变小，以至于很容易受到电磁源的干扰，通信就不可靠。当然，还有通信距离问题，距离小可以适当提高波特率，但这样毕竟提高的幅度非常有限，达不到大幅度提高的目的。

3. 奇偶校验

在异步串行通信中，如何知道传输是否正确？最常见的方法是增加一位（奇偶校验位)，供错误检测使用。字符奇偶校验(Character Parity Checking，CPC)称为垂直冗余检查(Vertical Redundancy Checking，VRC)，是为每个字符增加一个额外位使字符中“1”的个数为奇数或偶数。奇数或偶数依据使用的是“奇校验”还是“偶校验”而定。当使用“奇校验”时，如果字符数据位中“1”的数目是偶数，校验位应为“1”；如果“1”的数目是奇数，校验位应为“0”。当使用“偶校验”时，如果字符数据位中“1”的数目是偶数，则校验位应为“0”；如果是奇数，则校验位为“1”。

这里给出奇偶校验的一个实例，如 ASCII 字符“R”，其位构成是 1010010。由于字符“R”中有 3 个位为“1”，若使用奇校验，则校验位为 0；如果使用偶校验，则校验位为 1。

在传输过程中，若有 1 位(或奇数个数据位)发生错误，使用奇偶校验，可以知道发生传输错误。若有 2 位(或偶数个数据位)发生错误，使用奇偶校验，就不能知道已经发生了传输错误。但是奇偶校验方法简单，使用方便，发生 1 位错误的概率远大于 2 位的概率，所以“奇偶校验”这种方法还是最为常用的校验方法。

4. 串行通信的传输方式

在串行通信中，经常用到“单工”、“双工”、“半双工”等术语。它们是串行通信的不同传输方式。下面简要介绍这些术语的基本含义。

① 单工(Simplex)：数据传送是单向的，一端为发送端，另一端为接收端。这种传输方式中，除了地线之外，只要一根数据线就可以了。有线广播就是单工的。

② 全双工(Full - duplex)：数据传送是双向的，且可以同时接收与发送数据。这种传输方式中，除了地线之外，需要两根数据线，站在任何一端的角度看，一根为发送线，另一根为接收线。一般情况下，DSC 的异步串行通信接口均是全双工的。

③ 半双工(Half - duplex)：数据传送也是双向的，但是在这种传输方式中，除地线之外，一般只有一根数据线。任何时刻，只能由一方发送数据，另一方接收数据，不能同时收发。

4.1.2 RS - 232 总线标准

现在回答“可以传输多远”这个问题。DSC 引脚输入/输出一般使用 TTL(Transistor Transistor Logic)电平，即晶体管-晶体管逻辑电平。TTL 电平的 1 和 0 的特征电压分别为 2.4 V 和 0.4 V(目前使用 3.3 V 供电的 DSC 中，该特征值有所变动)，即大于 2.4 V 则识别为 1，小于 0.4 V 则识别为 0，适用于板内数据传输。若用 TTL 电平将数据传输到 5 m 之外，那么可靠性就很值得考究了。为使信号传输得更远，美国电子工业协会(Electronic Industry Association，EIA)制订了串行物理接口标准 RS - 232C，以下简称 RS - 232。RS - 232 采用负逻辑，－15～－3 V 为逻辑 1，3～15 V 为逻辑 0。RS - 232 最大的传输距离是 30 m，通信速率一般低于 20 kbps。

目前一般的 PC 机均带有 1～2 个串行通信接口，也称为 RS - 232 接口，简称串口，主要用于连接具有同样接口的室内设备。早期的标准串行通信接口是 25 芯插头，这是 RS-232 规定的标准连接器(其中：2 条地线，4 条数据线，11 条控制线，3 条定时信号，其余 5 条线备用或未定义)。后来，人们发现在计算机的串行通信中，25 芯线中的大部分并不使用，逐渐改为使用 9 芯串行接口。目前几乎所有计算机上的串行口都是 9 芯接口。图 4-2 给出了 9 芯串行接口的排列位置，相应引脚含义如表 4-1 所列。

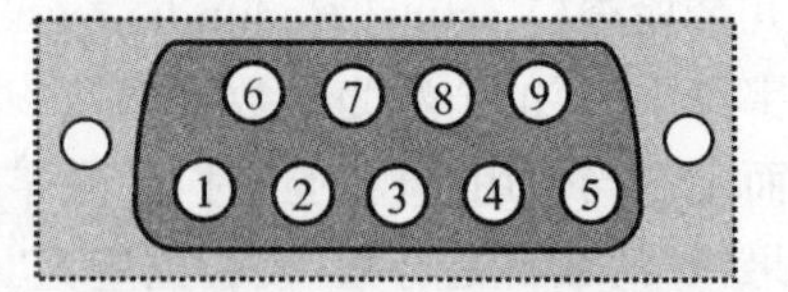

图 4-2　9 芯串行接口排列

在 RS-232 通信中，常常使用精简的 RS-232 通信，通信时仅使用 3 根线：RXD(接收线)、TXD(发送线)和 GND(地线)。其他为进行远程传输时接调制解调器之用，有的也可作为硬件握手信号(如请求发送 RTS 信号与允许发送 CTS 信号)，初学时可以忽略这些信号的含义。

表 4-1　9 芯串行接口引脚含义表

引脚号	功　能	引脚号	功　能
1	接收线信号检测(载波检测 DCD)	6	数据通信设备准备就绪(DSR)
2	接收数据线(RXD)	7	请求发送(RTS)
3	发送数据线(TXD)	8	允许发送(CTS)
4	数据终端准备就绪(DTR)	9	振铃指示
5	信号地(GND)		

4.1.3　TTL 电平到 RS-232 电平转换电路

在 DSC 中，若用 RS-232 总线进行串行通信，则须外接电路实现电平转换。在发送端，需要用驱动电路将 TTL 电平转换成 RS-232 电平；在接收端，需要用接收电路将 RS-232 电平转换为 TTL 电平。电平转换器不仅可以由晶体管分立元件构成，也可以直接使用集成电路。目前广泛采用 MAX232 芯片，该芯片使用单一＋5 V 电源供电实现电平转换。图 4-3 给出了 MAX232 的引脚说明。

引脚含义简要说明如下：

- Vcc(16 脚)：正电源端，一般接＋5 V。
- GND(15 脚)：地。
- VS_+(2 脚)：VS_+＝2Vcc－1.5 V＝8.5 V。
- VS_-(6 脚)：VS_-＝－2Vcc－1.5 V＝－11.5 V。
- C2＋、C2－(4、5 脚)：一般接 1 μF 的电解电容
- C1＋、C1－(1、3 脚)：一般接 1 μF 的电解电容。

输入输出引脚分两组，基本含义如表 4-2 所列。在实际使用时，若只需要一路

串行通信接口,可以使用其中的任何一组。

表4-2 MAX232芯片输入输出引脚分类与基本接法

组别	TTL电平引脚	方向	典型接口	RS232电平引脚	方向	典型接口
1	11(T1IN)	输入	接MCU的TXD	13	输入	接到9芯接口的2脚RXD
	12(R1OUT)	输出	接MCU的RXD	14	输出	接到9芯接口的3脚TXD
2	10(T2IN)	输入	接MCU的TXD	8	输入	接到9芯接口的2脚RXD
	9(R2OUT)	输出	接MCU的RXD	7	输出	接到9芯接口的3脚TXD

焊接到PCB板上的MAX232芯片检测方法:正常情况下,①T1IN=5 V,则T1OUT=-9 V;T1IN=0 V,则T1OUT=9 V。②将R1IN与T1OUT相连,令T1IN=5 V,则R1OUT=5 V;令T1IN=0 V,则R1OUT=0 V。

具有串行通信接口的DSC一般具有发送引脚(TXD)与接收引脚(RXD),不同公司或不同系列的DSC使用的引脚缩写名可能不一致,但含义相同。串行通信接口的外围硬件电路,主要目的是将DSC的发送引脚TXD与接收引脚RXD的TTL电平,通过RS-232电平转换芯片转换为RS-232电平。图4-4给出了基本串行通信接口的电平转换电路。

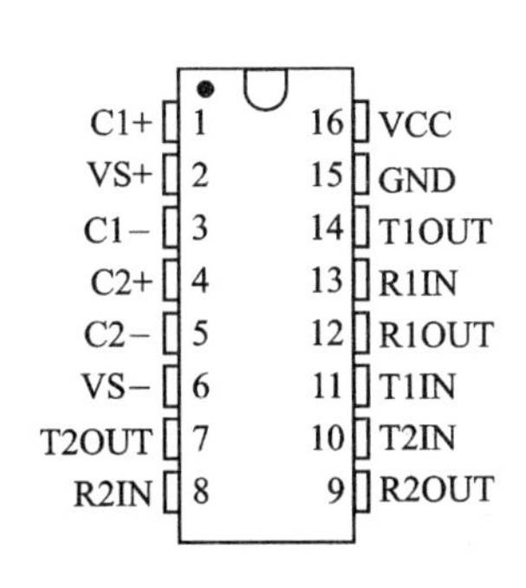

图4-3 MAX232引脚图

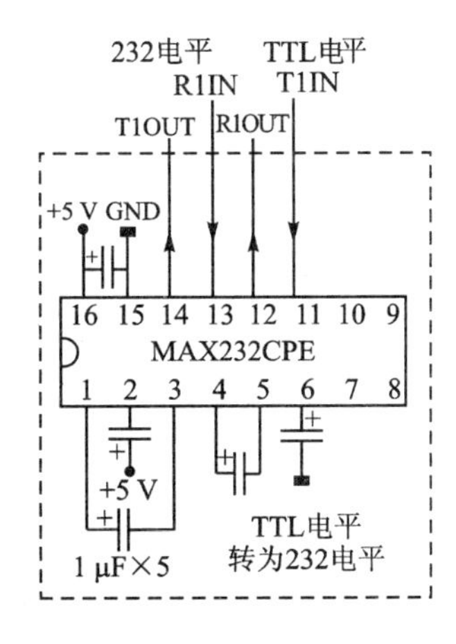

图4-4 串行通信接口电平转换电路

MAX232芯片进行电平转换的基本原理如下:

- 发送过程:DSC的TXD(TTL电平)经过MAX232的11脚(T1IN)送到MAX232内部,在内部TTL电平被"提升"为232电平,通过14脚(T1OUT)发送出去。
- 接收过程:外部232电平经过MAX232的13脚(R1IN)进入到MAX232的内部,在内部232电平被"降低"为TTL电平,经过12脚(R1OUT)送到DSC的RXD,进入DSC内部。

进行 DSC 的串行通信接口编程时，只针对 DSC 的发送与接收引脚，与 MAX232 无关，MAX232 只是起到电平转换作用。

4.1.4 串行通信编程模型

QSCI 相对于普通串行通信接口 SCI 来说，增加了发送/接收先进先出缓冲区 FIFO，其他部分一样。有了 FIFO 缓冲区，QSCI 能够更加有效地解决串行通信与 CPU 处理速度的匹配问题。从基本原理角度看，串行通信接口 QSCI 的主要功能是：接收时，把外部的单线输入的数据变成一个字节的并行数据送入 DSC 内部；发送时，把需要发送的一个字节的并行数据转换为单线输出。图 4-5 给出了一般 DSC 的 QSCI 模块的功能描述。为了设置波特率，QSCI 应具有波特率寄存器。为了能够设置通信格式、是否校验、是否允许中断等，QSCI 应具有控制寄存器。要知道串口是否有数据可收、数据是否发送出去等，需要有 QSCI 状态寄存器。当然，若一个寄存器不够用，控制与状态寄存器可能有多个。QSCI 数据寄存器存放要发送的数据，也存放接收的数据，这并不冲突，因为发送与接收的实际工作是通过发送移位寄存器和接收移位寄存器完成的。编程时，程序员不直接与发送移位寄存器和接收移位寄存器打交道，只与数据寄存器打交道，所以 DSC 中并没有设置发送移位寄存器和接收移位寄存器的映像地址。发送时，程序员通过判定状态寄存器的相应位，了解是否可以发送一个新的数据。若可以发送，则将待发送的数据放入 QSCI 数据寄存器中就可以了，剩下的工作由 DSC 自动完成：将数据从 QSCI 数据寄存器送到发送移位寄存器，硬件驱动将发送移位寄存器的数据一位一位地按照规定的波特率移到发送引脚 TXD，供对方接收。接收时，数据一位一位地从接收引脚 RXD 进入接收移位寄存器，当收到一个完整字节时，DSC 会自动将数据送入 QSCI 数据寄存器，并将状态寄存器的相应位改变，供程序员判定并取出数据。

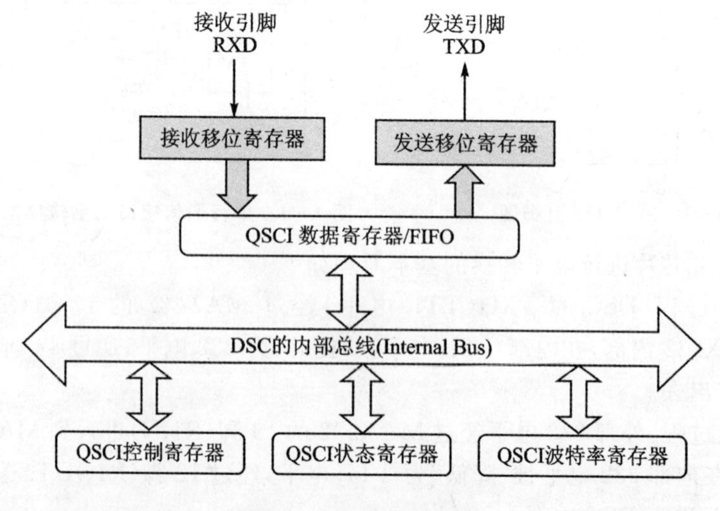

图 4-5 QSCI 编程模型

4.2 MC56F8257 的 QSCI 模块

4.2.1 QSCI 模块的特点

1. QSCI 的特征

队列式串行通信模块 QSCI 有全双工或单线工作模式、标准不归零(NRZ)数据格式、13 位波特率选择、可编程选择 8 位或 9 位数据格式、独立使能发送器和接收器、独立的接收和发送中断请求、可编程的发送数据和接收数据的有效电平极性选择和硬件奇偶校验检查等特征。

2. QSCI 的数据帧格式

QSCI 标准不归零传号/空号(NRZ)数据帧格式如图 4-6 所示。每个数据帧中包括一个起始位、8 个或 9 个数据位、一个停止位。QSCIx_CTRL1[M]位清零则数据位数为 8 位;QSCIx_CTRL1[M]位置位则数据位数为 9 位。

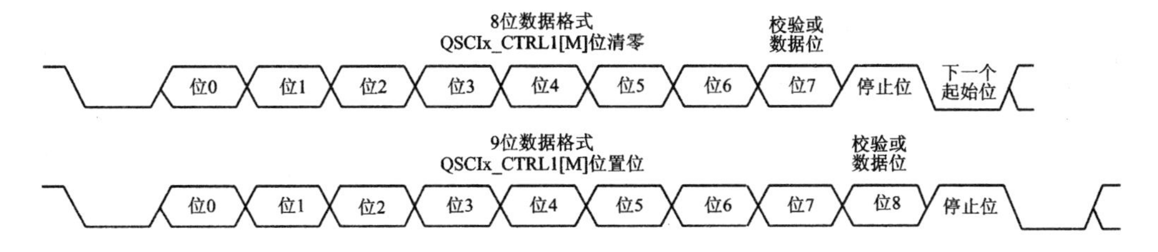

图 4-6 QSCI 数据帧格式

3. QSCI 的波特率

发送器和接收器的波特率由波特率发生器中的 13 位模数计数器产生。波特率寄存器 QSCIx_RATE[SBR]位和[FRAC_SBR]位决定了外围时钟模块的分频因子。接收器频率由波特率时钟决定,且波特率时钟与 IP 总线时钟同步。接收器在每 1 位时间内进行 16 次采样。发送器频率由波特率时钟 16 分频以后得到。表 4-3 列出了在 60 MHz 的外围总线时钟频率下如何得到目标波特率。

表 4-3 波特率(外围总线时钟为 60 MHz)

SBR 位	接收时钟/Hz	发送时钟/Hz	目标波特率	错误率/(%)
32.5	1 846 154	115 385	115 200	0.16
65.125	921 305	57 582	57 600	−0.03
97.625	614 597	38 412	38 400	0.03
195.25	307 298	19 206	19 200	0.03

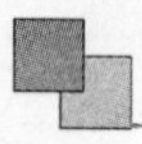

续表 4-3

SBR 位	接收时钟/Hz	发送时钟/Hz	目标波特率	错误率/(%)
390.625	153 600	9 600	9 600	0.00
781.25	76 800	4 800	4 800	0.00
1562.5	38 400	2 400	2 400	0.00
3125	19 200	1 200	1 200	0.00
6250	9 600	600	600	0.00

4. QSCI 中断

MC56F8257 集成两个 QSCI 模块，每个模块内部有发送数据寄存器空中断、发送空闲中断、接收数据寄存器满中断及接收错误中断 4 类。产生每一类中断所需要的条件及标志如表 4-4 所列。

表 4-4 SCI 中断源

中断源	标　志	内部使能	描　述
发送器	QSCIx_STAT[TDRE]	QSCIx_CTRL1[TEIE]	发送数据寄存器空中断
	QSCIx_STAT[TIDLE]	QSCIx_CTRL1[TIIE]	发送空闲中断
接收器	QSCIx_STAT[RDRF] QSCIx_STAT[OR]	QSCIx_CTRL1[RFIE]	接收数据寄存器满/溢出中断
接收器	QSCIx_STAT[FE] QSCIx_STAT[PE] QSCIx_STAT[NF] QSCIx_STAT[OR]	QSCIx_CTRL1[REIE]	接收错误(FE,NF,PF 或 OR)中断

4.2.2 QSCI 工作方式

1. QSCI 的全双工方式

(1) 发送

当 QSCI 数据寄存器 QSCIx_DATA 向发送移位寄存器传送一个字符时，发送数据寄存器空标志位(QSCIx_STAT[TDRE])被置位。该标志位说明 QSCIx_DATA 可以接收来自内部数据总线上的新数据。如果发送器空中断使能位(QSCIx_CTRL1[TEIE])也被置位，则 QSCIx_STAT[TDRE]标志位会产生一个发送器空中断请求。

当 QSCI 发送移位寄存器没有传送数据帧且 QSCIx_CTRL1[TE]=1 时，TXD 引脚进入空闲状态，即变为逻辑 1。如果在发送过程中的任何时间通过软件将 QSCI 控制寄存器 1 发送使能位(QSCIx_CTRL1[TE])清零，则当前数据发送完毕后，QS-

CI 发生器将放弃对 I/O 引脚的控制权，使 TXD 引脚进入高阻状态。

如果在发送过程中(QSCIx_STAT[TIDLE] = 0)，通过软件将 QSCIx_CTRL1[TE]位清零，发送移位寄存器中的帧将继续移出。这时即使 QSCI 数据寄存器还有需待处理的数据，数据发送也将停止。为了避免意外截断信息的最后一帧，需要等待最后一帧传送完毕且 QSCIx_STAT[TDRE]位变为高电平时，才清零 QSCIx_CTRL1[TE]位，具体如图 4-7 所示。

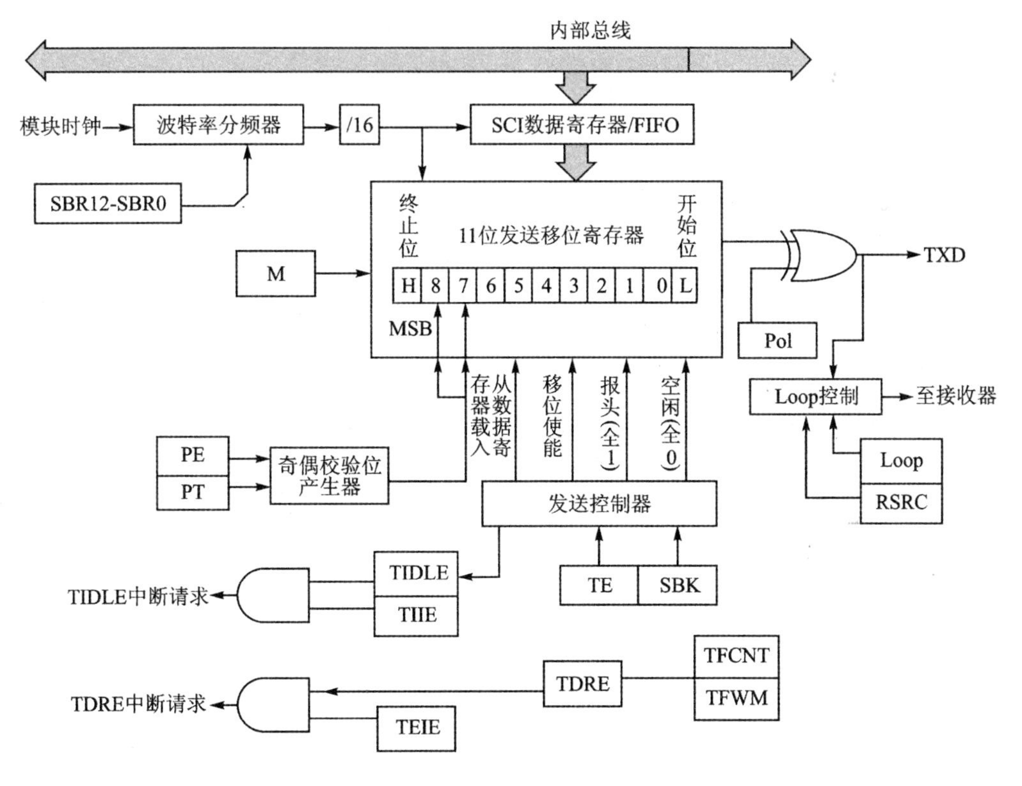

图 4-7 QSCI 发送框图

(2) 接收

在 QSCI 接收过程中，接收移位寄存器从将 RXD 引脚移入一帧，这时介于内部数据总线和接收移位寄存器之间的数据寄存器/FIFO 是只读缓冲区。

一帧数据移入接收移位寄存器后，则该帧数据移到 QSCI 数据寄存器，并带来 QSCI 状态寄存器(QSCIx_STAT)的 FE、NF、PF 及 LSE 位变化。当 RX FIFO 中的字数超过标准字数时，接收数据寄存器满标志位(QSCIx_STAT[RDRF])被置位，这表明接收到的数据可读。当 FIFO 使能时，如果 STAT 的 RDRF 位没有被置位，接收到的数据也可读。如果接收中断使能位(QSCIx_CTRL1[RFIE])被置位，则 QSCIx_STAT 的 RDRF 位将产生一个接收器满中断请求，具体如图 4-8 所示。

接收方需对发送方发来的数据位进行检测，以决定是“0”还是“1”。通常检测时钟是发送/接收时钟的 16 和 64 倍(常选 16)。以异步串行通信为例来说明串行信息位的检测过程,如图 4-9 所示。检测时钟(RT)的上升沿采样 RXD 线,在一个字符的结束或若干个空闲位之后,每当连续采样到 RXD 线上 8 个低电平(起始位之半)后,便确认对方发送的是起始位,认为下一位送来的应是数据位。此后,每隔 16 个检测时钟连续采样 RXD 线 3 次,按 3 中取 2 的原则确定采到的数据位是 0 还是 1,并把采样到的数据作为输入数据,由移位脉冲将数据移入接收移位寄存器。

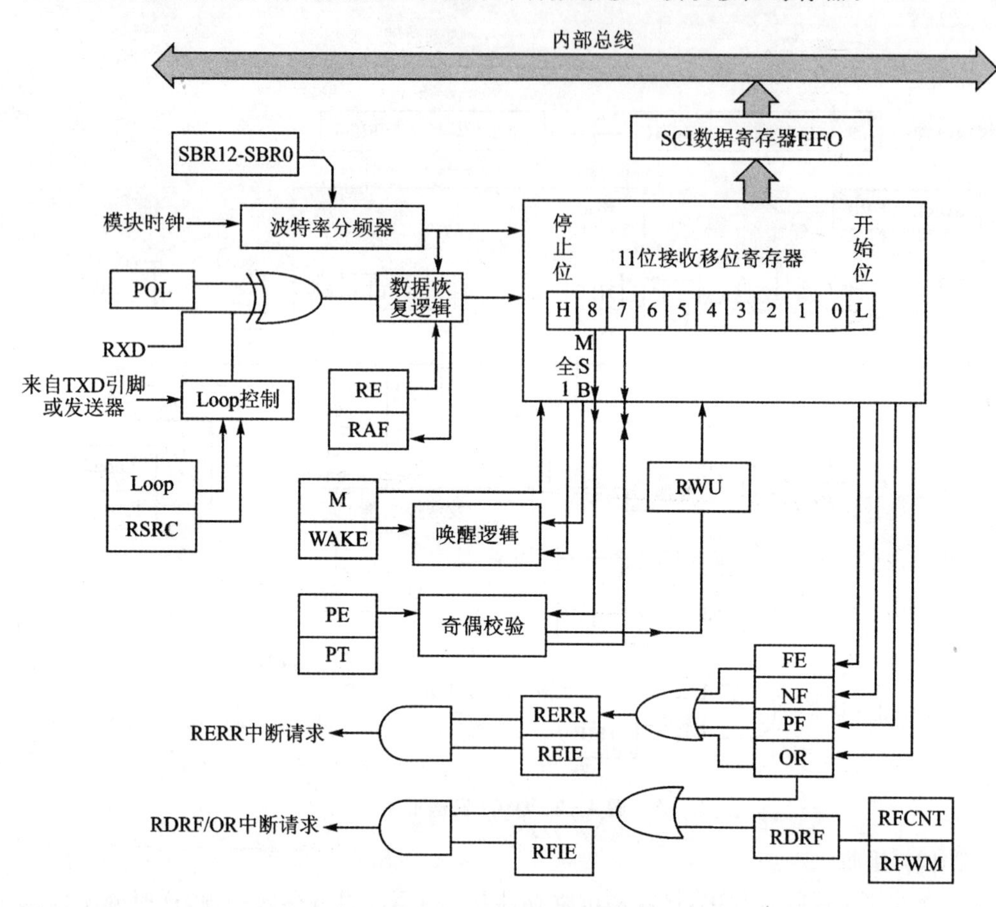

图 4-8　QSCI 接收框图

2. QSCI 的半双工方式

正常模式下,TXD 引脚和 RXD 引脚分别对应发送和接收。在半双工模式下,RXD 引脚与 QSCI 断开,作为通用 I/O 引脚(GPIO)。QSCI 使用 TXD 引脚进行接收和发送,如图 4-10 所示。置位 QSCIx_CTRL1[TE]位,配置 TXD 引脚为输出引脚用于发送数据。清除该位,配置 TXD 引脚为输入引脚用于接收数据。

通过置位 QSCIx_CTRL1[LOOP]和接收器源位 QSCIx_CTRL1[RSRC],使能半双工操作模式。置位 QSCIx_CTRL1[LOOP]将断开 RXD 引脚与接收器之间的

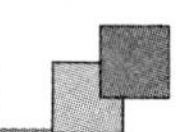

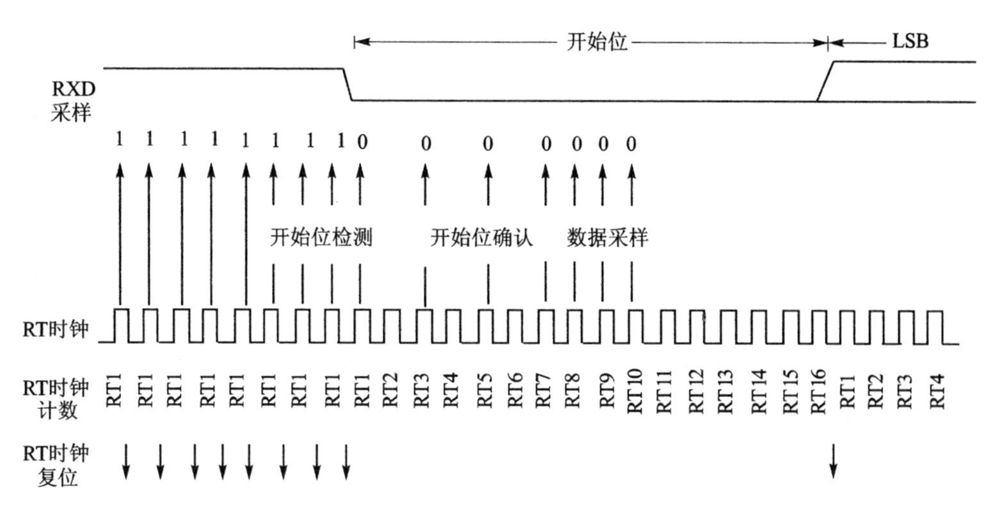

图 4-9 接收器数据采样

路径。置位 QSCIx_CTRL1[RSRC]位将接收器输入连接到与 TXD 引脚驱动输出部分。发送或接收过程与全双工一样,区别在于不能同时进行发送和接收。

3. QSCI 的自循环方式

在自循环模式下,发送器输出与接收器输入相连形成一个自循环系统。RXD 引脚与 QSCI 断开,作为通用 I/O 引脚(GPIO),如图 4-11 所示。置位 QSCIx_CTRL1[TE]位,将 TXD 引脚与发送器输出连接。清除该位,将 TXD 引脚与发送器输出断开。

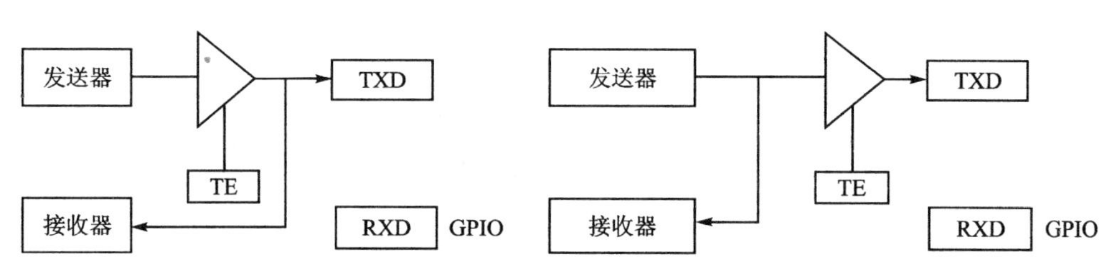

图 4-10 半双工模式　　　　图 4-11 自循环模式

置 QSCIx_CTRL1[LOOP]位,清 QSCIx_CTRL1[RSRC]位,使能 QSCI 自循环模式。置 QSCIx_CTRL1[LOOP]位将断开 RXD 引脚与接收器连接,清 QSCIx_CTRL1[RSRC]位将发送器输出与接收器输入相连。发送器和接收器必须都使能(QSCIx_CTRL1[TE]=1 且 QSCIx_CTRL1[RE] = 1)。发送或接收过程与全双工一样。

4. LIN 从机方式

LIN(Local Interconnect Network)是低成本网络中的汽车通信协议标准,能够降低在汽车电子领域中的开发生产服务和后勤成本,得到广泛的应用。MC56F8257 可以连接到 LIN 总线上作为从机,具体电路如图 4-12 所示。

通过置 SCI 控制寄存器 2 的 LIN 模式位(QSCIx_CTRL2[LINMODE]),使能 LIN 从机模式。接收器搜索暂停字符(包括一位起始位、8 位数据位 0 和一位停止位 0)。一旦检测到暂停位(连续采样 11 位 0),暂停位的下一域即为同步域。同步域为一个字,数据值为 0x55。接收器检测到起始位的下降沿时开始对系统时钟进行计数,直至检测到第 7 位数据位的下降沿,停止计数。该数除以 8(8 位数据),然后除以 16。计数结果更新 QSCIx_RATE[SBR]和 QSCIx_RATE[FRAC_SBR]值。如果同步域的数据是 0x55,则更新的 QSCIx_RATE[SBR]和 QSCIx_RATE[FRAC_SBR]值将写入波特率寄存器,同步从机与主机,之后接收到的数据是正确的。如果同步域的数据不是 0x55,则 LIN 同步错误位(QSCIx_STAT[LSE])被置位,之后接收到的数据将被忽略。

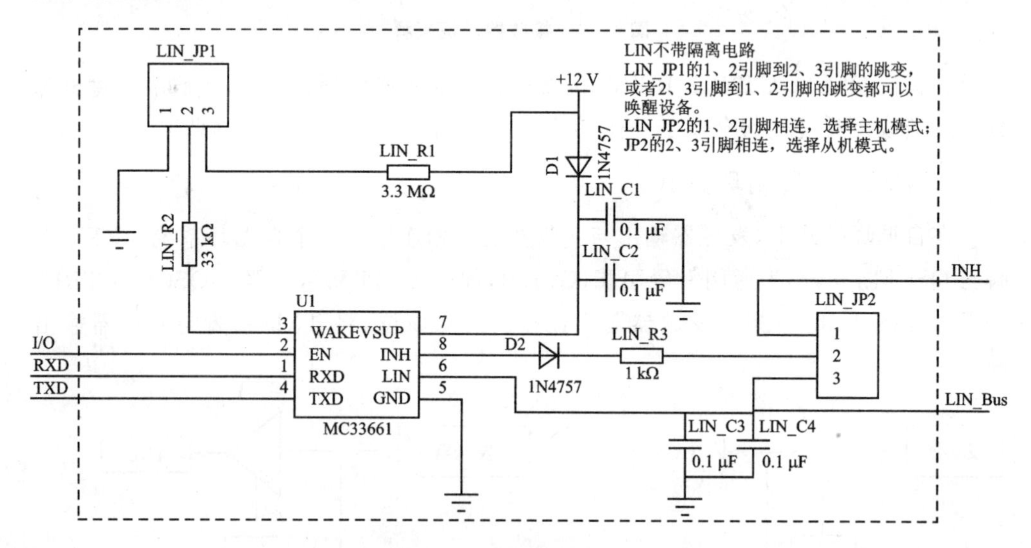

图 4-12 LIN 从机模式电路图

4.2.3 QSCI 模块的寄存器

MC56F8257 有两个串行口模块 QSCI0 和 QSCI1。从外部引脚来看,负责串行通信的是 GPIOF8/RXD0、GPIOC2/TXD0、GPIOF5/RXD1、GPIOF4/TXD1 共 4 个引脚。当允许 QSCI 时,这些引脚作为串行通信引脚;每个串口模块包含 2 个引脚,分别称为串行发送引脚 TXD 和串行接收引脚 RXD。本章以 QSCI0 为例来介绍 QSCI 模块,QSCI1 的使用方法与 QSCI0 完全相同,只是相关寄存器映像地址不同,以下统称 QSCI 模块,具体使用时在头文件中区分使用哪个串口。

从程序员角度看,QSCI 模块有 5 个 16 位寄存器,表 4-5 给出了主要寄存器的基本信息。只要理解和掌握这 5 个寄存器的用法,就可以进行 QSCI 编程。

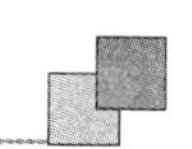

表 4－5　MC56F8257 的 QSCI 寄存器

地　址		寄存器名称与缩写	访问权限	基本功能
QSCI0	QSCI1			
$F1E0	$F1F0	波特率寄存器(QSCIx_RATE)	读/写	设置波特率
$F1E1	$F1F1	控制寄存器(QSCIx_CTRL1、QSCIx_CTRL2)	读/写	设置传输格式、中断使能
$F1E2	$F1F2			
$F1E3	$F1F3	状态寄存器(QSCIx_STAT)	只读	中断标志、发送与接收状态
$F1E4	$F1F4	数据寄存器(QSCIx_DATA)	读/写	收发的数据

说明：由于有两个串行口模块，使用 QSCIx 时，寄存器名称中 QSCIx 改为 QSCI0 或 QSCI1。

下面从编程角度介绍 QSCI 模块的波特率寄存器、控制寄存器、状态寄存器和数据寄存器。

1. QSCI 波特率寄存器(QSCI Baud Rate Register,QSCIx_RATE)

波特率寄存器(QSCIx_RATE)用来设置 QSCI 模块的通信波特率。

数据位	15	14	13	12	11	10	9	8	7	6	5	4	3	2	1	0
读操作	SBR													FRAC_SBR		
写操作																
复位	0	0	0	0	0	0	1	0	0	0	0	0	0	0	0	0

D15～D3——SBR，波特率分频位，取值范围为 1～8 191。

D2～D0——FRAC_SBR，波特率分频细分位，取值范围为 0～7。SBR 位与 FRAC_SBR 位共同决定波特率。SBR 位代表波特率分频因子的整数部分，FRAC_SBR 位代表波特率分频因子的小数部分。仅当 SBR 位大于 1 时，FRAC_SBR 位有效。因此，分频因子为 1.000 或在 2.000～8 191.875(如果设置分频细分值)之间。

波特率计算公式为：波特率＝外设总线频率 / (16×(SBR ＋ (FRAC_SBR / 8)))。

注意：复位后，在设置 QSCIx_CTRL1[TE]或 QSCIx_CTRL1[RE]之前，波特率发生器无效。当 QSCIx_RATE[SBR]和 QSCIx_RATE[FRAC_SBR]设置为 0 时，波特率发生器无效。如果设置 QSCIx_CTRL2[LINMODE]，此寄存器值自动变化以匹配 LIN 主设备的数据速率。

2. QSCI 控制寄存器

QSCI 控制寄存器有两个，分别是 QSCI 控制寄存器 1 和 QSCI 控制寄存器 2。

(1) QSCI 控制寄存器 1(QSCI Control Register1,QSCIx_CTRL1)

数据位	15	14	13	12	11	10	9	8	7	6	5	4	3	2	1	0
读操作	LOOP	SWAI	RSRC	M	WAKE	POL	PE	PT	TEIE	TIIE	RFIE	REIE	TE	RE	RWU	SBK
写操作																
复位	0	0	0	0	0	0	0	0	0	0	0	0	0	0	0	0

D15——LOOP,循环模式选择位(Loop Select Bit)。LOOP=1,循环模式;LOOP=0,正常模式。

当处于循环模式时,RXD 引脚禁止连接至 QSCI,发送器输出连接至接收器输入。使用内部循环功能时,发送器和接收器必须同时被使能,而使用单线模式时,仅需使能发送器或接收器中的一个。

接收器的输入由 QSCIx_CTRL1[RSRC]决定,发送器输出由 QSCIx_CTRL1[TE]决定。如果 QSCIx_CTRL1[TE]=1 且 QSCIx_CTRL1[LOOP]=1,TXD 引脚为发送器输出引脚;如果 QSCIx_CTRL1[TE]=0 且 QSCIx_CTRL1[LOOP]=1,TXD 引脚呈高阻状态。

D14——SWAI 等待模式停止位。SWAI=1,在等待模式下 QSCI 禁止;SWAI=0,在等待模式下 QSCI 正常工作。

D13——RSRC,接收器信号源位。该位仅在 LOOP=1 时有意义。RSRC=1,接收器输入连接至 TXD 引脚;RSRC=0,接收器的输入在内部连接至发送器输出用于自测试,此时 QSCI 不使用 RXD 引脚或 TXD 引脚。

D12——M 数据帧格式选择位。该位决定收发数据格式,M=1,9 位模式,包括 1 个起始位、9 个数据位和 1 个停止位;M=0,8 位模式,包括 1 个起始位、8 个数据位和 1 个停止位。

D11——WAKE 唤醒模式选择位。WAKE=1,地址位唤醒;WAKE=0,空闲线唤醒。

D10——POL 极性位。当数据从发送器发送至 TXD 引脚或者从 RXD 引脚接收到接收器时,该位决定传输数据是否转换极性。数据在离开发送移位寄存器或者进入接收移位寄存器之前,所有位(包括起始位,数据位和接收位)发生反转。POL=1,转换模式,发送和接收的数据转换极性;POL=0,正常模式,发送和接收的数据不转换极性。

D9——PE 奇偶校验允许位。该位使能校验功能。PE=1,奇偶校验使能;PE=0,奇偶校验禁止。

D8——PT 奇偶校验类型位,仅当 PE=1 时,该位有效。PT=1,奇校验;PT=0,偶校验。

D7——TEIE 发送中断使能位。该位使能发送数据寄存器空标志位(QSCIx_

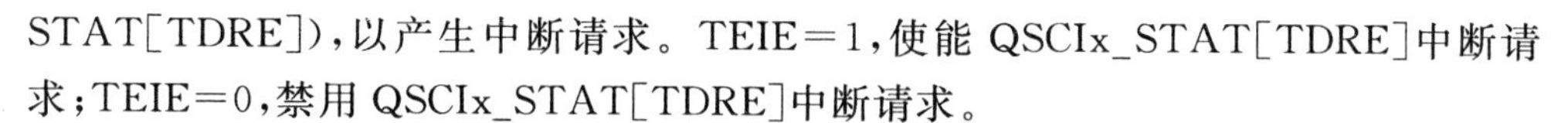

STAT[TDRE]),以产生中断请求。TEIE=1,使能 QSCIx_STAT[TDRE]中断请求;TEIE=0,禁用 QSCIx_STAT[TDRE]中断请求。

D6——TIIE 发送空闲中断允许位。该位使能发送空闲标志位 QSCIx_STAT[TIDILE],以产生中断请求。TIIE=1,使能 QSCIx_STAT[TIDLE]中断请求;TIIE=0,禁用 QSCIx_STAT[TIDLE]中断请求。

D5——RFIE 接收中断使能位。该位使能接收数据寄存器满标志位 QSCIx_STAT[RDRF],或过载标志位 QSCIx_STAT[OR],以产生中断请求。RFIE=1,QSCIx_STAT[RDRF]和 QSCIx_STAT[OR]中断请求使能;RFIE=0,QSCIx_STAT[RDRF]和 QSCIx_STAT[OR]中断请求禁止。

D4——REIE 接收错误中断使能位。该位使能接收错误标志位(QSCIx_STAT 的 NF、PF、FE 和 OR 位),以产生中断请求。REIE=1,接收错误中断请求使能;REIE=0,接收错误中断请求禁止。

D3——TE 发送器使能位。该位使能 QSCI 发送器,将 TXD 引脚配置为 QSCI 发送输出引脚。该位可能被用于设置空闲队列发送方式。TE=1,发送器使能;TE=0,发送器禁止。

D2——RE 为接收器使能位。该位使能 QSCI 接收器。RE=1,接收器使能;RE=0,接收器禁止。

D1——RWU 接收器唤醒位。该位使能唤醒功能,禁止任何接收中断请求。正常情况下,硬件自动清零该位而唤醒接收器。RWU=1,接收器处于等待状态,关闭接收中断;RWU=0,接收器处于正常操作状态。

D0——SBK 为终止字符发送使能位。该位使能发送终止位字符(10 或 11 个 0),一旦该位被置 1,发送器将发送若干个 0。SBK=1,发送终止字符;SBK=0,不发送终止字符。

(2) QSCI 控制寄存器 2(QSCI Control Register2,QSCIx_CTRL2)

数据位	15	14	13	12	11	10	9	8	7	6	5	4	3	2	1	0
读操作	TFCNT			TFWM		RFCNT			RFWM		FIFO_EN	0	LINMODE	0		
写操作	—					—						1		—		
复位	0	0	0	0	0	0	0	0	0	0	0	0	0	0	0	0

D15～D13——TFCNT 发送缓冲区大小位。这些只读位显示了 TX FIFO 队列中的数据字节数。数据写入数据寄存器时,该位自动增加;当发送数据时,该位自动减少。当该位显示 FIFO 队列满时(4 个字),向数据寄存器写新的数据无效。具体分配表如表 4-6 所列。

D12～D11——TFWM 发送缓冲区空标志下限设置位。该字段用于设置 QSCIx_STAT[TDRE]置位时发送缓冲区空标志置位的发送字节下限数。清除 QSCIx_

CTRL2[FIFO_EN](FIFO 失效)，则该字段将被强制设置为 00；当发送缓冲区中不存在数据时，QSCIx_STAT[TDRE]位被置 1。具体状态表如表 4－7 所列。

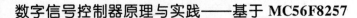

表 4－6　发送缓冲区分配表

TFCNT	发送缓冲区大小(字长)
000	0
001	1
010	2
011	3
100	4
101	保留
110	
111	

表 4－7　发送缓冲区数据状态表

TFWM	发送缓冲区数据数目(字长)
00	0
01	1
10	2
11	3

D10～D8——RFCNT 接收缓冲区大小位。这些只读位显示了在 RX FIFO 队列中的数据字节数。接收到数据时，QSCIx_CTRL2[RFCNT]自动增加；从数据寄存器中读取数据时，QSCIx_CTRL2[RFCNT]自动减少。在 QSCIx_STAT[RDRF]置 1 和溢出标志[OR]置 1 时，读取数据寄存器需要一个字的时间。具体分配表如表4－8 所列。

D7～D6——RFWM 接收缓冲区满标志上限设置位。当 QSCIx_STAT[RDRF]置 1 时，该字段用于设置接收缓冲区满标志置位的发送字节上限数。清除 QSCIx_CTRL2[FIFO_EN](FIFO 失效)，则该字段将被强制设置为 00；当接收缓冲区中存在一个字的数据时，QSCIx_STAT[RDRF]位被置位。具体状态表如表 4－9 所列。

表 4－8　接收缓冲区分配表

RFCNT	接收缓冲区大小(字长)
000	0
001	1
010	2
011	3
100	4
101	保留
110	
111	

表 4－9　接收缓冲区数据状态表

RFWM	接收缓冲区数据数目(字长)
00	1
01	2
10	3
11	4

D5——FIFO_EN 缓冲区使能位。该位使能 4 字长的发送缓冲区和接收缓冲区。仅当 SCI 空闲时，才可以改变该位。FIFO_EN＝1，数据缓冲区使能；FIFO_EN＝0，数

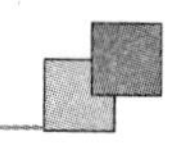

据缓冲区禁止。

D4——只读位,保留,其值为0。

D3——LINMODE LIN 从机使能位。该位仅应用在本地互连网络(LIN)中。LINMODE=1,使能 LIN 从机功能,这个过程包括:在来自主 LIN 设备的同步字符(0x55)之后检测终止字符,检测到终止字符(11个连续的0)之后的同步字符用来测量主传送设备的波特率,此时波特率寄存器自动设置为与主传送设备的波特率相匹配的值;LINMODE=0,禁止 LIN 从机功能。

D2～D0——只读位,保留,其值为0。

3. QSCI 状态寄存器(QSCI Status Register,QSCIx_STAT)

数据位	15	14	13	12	11	10	9	8	7	6	5	4	3	2	1	0
读操作	TDRE	TIDLE	RDRF	RIDLE	OR	NF	FE	PF	0				LSE	0		RAF
写操作	—															
复 位	1	1	0	0	0	0	0	0	0	0	0	0	0	0	0	0

D15——TDRE 发送寄存器空标志位。当 TX FIFO 队列中的数据字节数到达发送下限值(QSCIx_CTRL2[TFWM])时,该位置1。当 TDRE=1时,读取 QSCIx_STAT 寄存器的值,然后向 QSCI 数据寄存器送数据,直到 QSCIx_CTRL2[TFCNT]的值大于 QSCIx_CTRL2[TFWM]时,该位清零。当 QSCIx_CTRL2[FIFO_EN]置1时,不用先读取 STAT 寄存器的值,直接向 QSCI 数据寄存器送数据就可以将该位清零。TDRE=1,发送缓冲区的数据低于下限值;TDRE=0,发送缓冲区的数据高于下限值。

D14——TIDLE 发送空闲标志位。当 TX FIFO 队列为空、没有数据或停止字符要发送时,该位置位。当 TIDLE=1时,TXD 引脚处于空闲状态。通过读取该位随后向 QSCI 数据寄存器写入数据来清零该位。TIDLE=1,无发送任务进行;TIDLE=0,有发送任务进行。

D13——RDRF 接收数据寄存器满标志位。当 RX FIFO 队列中的数据字节数(QSCIx_CTRL2[RFCNT])超过接收上限值(QSCIx_CTRL2[RFWM])时,置位该位。读取该位,然后读取 QSCI 数据寄存器直到 QSCIx_CTRL2[RFCNT]的值不再大于 QSCIx_CTRL2[RFWM]时,RDRF 清零。当 QSCIx_CTRL2[FIFO_EN]置1时,不用先读取 QSCIx_STAT 寄存器的值,直接读 QSCI 数据寄存器就可以将 RDRF 清零。RDRF=1,接收缓冲区的数据高于上限值;RDRF=0,接收缓冲区的数据低于上限值。

D12——RIDLE 接收空闲标志位。当接收器输入端出现10个连续的1(如果 QSCIx_CTRL1[M]=0)或者11个连续的1(如果 QSCIx_CTRL1[M]=1)时,该位自动被置位。通过读取 QSCIx_STAT 寄存器的 RIDLE 位之后再读取 SQCI 数据寄存器,可以将该位清零。一旦 RIDLE 被清零,在空闲条件引起 RIDLE 置位前,必须接收到一个有效的数据帧。注意:当接收唤醒位(QSCIx_CTRL1[RWU])置 1 时,即使接收空闲,RIDLE 也不会置 1。RIDLE=1,接收空闲;RIDLE=0,正在进行接收。

D11——OR 溢出标志位。在接收移位寄存器接收到下一个数据帧前 RX FIFO 队列已满,导致无法正常读取 QSCI 数据寄存器时,该位被置位。此时移位寄存器中的数据丢失,但是已经在 QSCI 数据寄存器/FIFO 中的数据不受影响。读取状态寄存器的 OR 位,然后再向 QSCI 状态寄存器中写入任意数可以将该位清零。OR=1,发生溢出;OR=0,没有发生溢出。

D10——NF 噪声标志位。当 QSCI 检测到接收器输入端出现噪声时,该位置位。当 RDRF 在一次溢出中没有被置 1 时,该位被置位。通过读 QSCIx_STAT 状态寄存器,然后向 QSCI 状态寄存器写任意值,将 NF 清零。NF=1,有噪声;NF=0,无噪声。

D9——FE 帧错误标志位。当一位 0 作为停止位被接收时,该位被置位。当 RDRF 在一次溢出中没有被置 1 时,该位被置位。通过读 QSCIx_STAT 状态寄存器,然后向 QSCI 状态寄存器写任意值,将 FE 清零。FE=1,帧错误;FE=0,无帧错误。

D8——PF 极性错误标志位。当极性位(QSCIx_CTRL1[POL])置 1 并且接收数据的极性与极性位不一致时,该位被置位。PF=1,极性错误;PF=0,无极性错误。

D7~D4——只读位,保留,其值为 0。

D3——LSE LIN 同步错误标志位。当且仅当 QSCIx_CTRL2[LINMODE]置 1 时,该位有效。当 LSE=1 且 QSCIx_CTRL1[REIE]=1 时,将产生一个接收错误中断请求。LSE=1,有同步错误;LSE=0,无同步错误。

D2~D1——只读位,保留,其值为 0。

D0——RAF 接收器活动标志位。当 QSCI 接收器检测到有效起始位时,该位置 1。当接收器检测到错误起始位(通常是由于噪声或者波特率不匹配)或接收器检测到一个数据帧时,RAF 被清零。RAF=1,接收器活动;RAF=0,接收器闲置。

4. QSCI 数据寄存器(QSCI Data Register,QSCIx_DATA)

数据位	15	14	13	12	11	10	9	8	7	6	5	4	3	2	1	0
读操作	0							RECEIVE_TRANSMIT_DATA								
写操作																
复　位	0	0	0	0	0	0	0	0	0	0	0	0	0	0	0	0

D15~D9——只读位,保留,其值为 0。

D8~D0——数据位。通过读/写该寄存器,来接收或发送数据。

4.3 QSCI 模块编程方法

无论用查询方式还是中断方式进行串行通信编程，在程序初始化时都必须对 QSCI 进行初始化，主要包括波特率设置、通信格式的设置、发送接收数据方式的设置等。另外，在此之前必须使能 QSCI 模块时钟，配置相应引脚为 QSCI 功能。4.3.1 小节给出了最基本的方法，作为 MC56F8257 的串行通信编程入门知识。4.3.2 小节给出规范的串行通信编程子程序，可以直接将其应用于实际的嵌入式应用系统的开发中。

4.3.1 QSCI 初始化与收发编程的基本方法

1. QSCI 初始化基本方法

对 QSCI 进行初始化，至少由以下 3 步构成(以 QSCI0 为例)：

第 1 步：使能 QSCI 时钟，配置相应引脚为 QSCI 功能。

第 2 步：定义波特率，一般选择内部总线时钟为串行通信的时钟源。

第 3 步：写控制字到 QSCI 控制寄存器 1(QSCI0_CTRL1)。设置是否允许 QSCI、数据长度、输出格式、选择唤醒方法、是否校验、是否允许发送与接收、是中断接收还是查询接收等。

2. 发送与接收一个字节数据的编程方法

一般情况下，对 QSCI 的初始化仅在程序的初始化部分进行一次即可。串行通信的基本用途是发送和接收数据。发送数据是通过判断状态寄存器 QSCI0_STAT 的第 15 位(TDRE)进行的，而接收数据是通过判断状态寄存器 QSCI0_STAT 的第 13 位(RDRF)进行的。不论是发送还是接收，均会使用 QSCI 数据寄存器 QSCI0_DATA。发送时将要发送的数据送入 QSCI0_DATA 即可，接收时从 QSCI0_DATA 中取出的数即是收到的数据。

例如，下面的程序将字节型变量 ch 中的数从串行引脚 TXD 发送出去。通过判断状态寄存器 QSCI0_STAT 的第 15 位(TDRE)，判断是否可以向数据寄存器 QSCI0_DATA 送数，若 TDRE=1 可以发送数据，否则必须等待。

```
while(! (QSCI_S1(QSCINo) & (1<<15)))
{
}//判断发送缓冲区是否为空
QSCI_D(QSCINo) = ch;
```

若以查询方式接收一个数据，首先通过状态寄存器 QSCI0_STAT 的第 13 位(RDRF)判断有没有数据可接收。若 RDRF=1，则有数据可接收。下面程序持续等待串行口(实际上是 RXD 引脚)接收一个字节数据。

```
//查询方式接收一个字节的数据放入字节型变量 i 中：
```

```
while(1)
  if((QSCI_S1(QSCINo) & (1<<13)) != 0)
  {                                    //为 1,可以取出数据
    i = QSCI_D(QSCINo);
    break;
  }
```

在实际编写串行通信接收子函数时,不采用永久循环形式,而改用测试一段时间的方式。若无数据可接收,则函数带错误标志返回。

4.3.2 实例:QSCI 构件设计与测试

1. QSCI 构件设计

QSCI 具有初始化、接收和发送 3 种基本操作。按照构件的思想可将它们封装成几个独立的功能函数:初始化函数完成对 QSCI 模块的工作属性的设定,接收和发送功能函数则完成实际的通信任务。对 QSCI 模块进行编程,实际上已经涉及对硬件底层寄存器的直接操作,因此,可将初始化、接收和发送 3 种基本操作所对应的功能函数共同放置在名为 QSCI.c 的文件中,并按照相对严格的构件设计原则对其进行封装,同时配以名为 QSCI.h 的头文件,用来定义模块的基本信息和对外接口。

(1) QSCI 构件的头文件(QSCI.h)

头文件 QSCI.h 中的内容分为两个主要部分,分别是 6 个函数原型的声明和外设模块寄存器相关信息的定义;前者给出了本 QSCI 构件对上层构件或软件所提供的接口函数,后者指明了本"元构件"与具体硬件相关的信息。

串行通信头文件 QSCI.h 含有串行通信寄存器和标志位定义以及串行通信相关函数声明,主要内容如下:

```
//-----------------------------------------------------------*
// 文件名:QSCI.h                                              *
// 说  明:QSCI 构件头文件                                      *
//-----------------------------------------------------------*
#ifndef QSCI_H                    //防止重复定义
#define QSCI_H
//1 头文件
#include "MC56F8257.h"   //映像寄存器地址头文件
#include "Type.h"         //类型别名定义
//2 宏定义
//2.1 寄存器相关宏定义
//MC56F8257 的 QSCI 模块相关寄存器的定义,x = 0 表示 QSCI0 模块 x = 1 表示 QSCI1 模块
//QSCI 的各寄存器定义,其中 x = 0 表示 QSCI0 模块,依此类推
//波特率寄存器
#define QSCI_RATE(x)   (*((vuint16 *)(0x0000F1E0 + (x<<4))))
//控制寄存器 1
#define QSCI_C1(x)    (*((vuint16 *)(0x0000F1E1 + (x<<4))))
//控制寄存器 2
```

```
#define QSCI_C2(x)    (*((vuint16 *)(0x0000F1E2+(x<<4))))
//状态寄存器 1
#define QSCI_S1(x)    (*((vuint16 *)(0x0000F1E3+(x<<4))))
//数据寄存器
#define QSCI_D(x)     (*((vuint16 *)(0x0000F1E4+(x<<4))))
//2.2 中断宏定义
#define EnableQSCIReInt(x)  QSCI_C1(x) |= (QSCI1_CTRL1_RFIE_MASK)//开放 QSCI 接收中断
#define DisableQSCIReInt(x) QSCI_C1(x) &= ~(QSCI1_CTRL1_RFIE_MASK)//禁止 QSCI
                                                                //接收中断
//3 外用 QSCI 通信函数声明
//-----------------------------------------------------------------------*
//函数名：QSCIInit                                                        *
//功  能：初始化 QSCIx 模块,x 代表 0、1                                     *
//参  数：uint8 QSCINo：第 QSCINo 个 QSCI 模块,其中 QSCINo 取值为 0、1        *
//                     如果 QSCINo 大于 1,则认为是 1                        *
//        uint8 sysclk:系统总线时钟,以 MHz 为单位                           *
//        uint16 baud：波特率,如 4 800、9 600、19 200、38 400               *
//返  回：无                                                              *
//说  明：QSCINo=0 表示使用 QSCI0 模块,依此类推                             *
//-----------------------------------------------------------------------*
void QSCIInit(uint8 QSCINo, uint8 sysclk, uint32 baud);
//-----------------------------------------------------------------------*
//函数名：QSCISend1                                                       *
//功  能：串行发送 1 个字节                                                *
//参  数：uint8 QSCINo：第 QSCINo 个 QSCI 模块,其中 QSCINo 取值为 0、1        *
//        uint8 ch：    要发送的字节                                        *
//返  回：无                                                              *
//说  明：QSCINo=1 表示使用 QSCI1 模块,依此类推                             *
//-----------------------------------------------------------------------*
void QSCISend1(uint8 QSCINo, uint8 ch);
//-----------------------------------------------------------------------*
//函数名：QSCISendN                                                       *
//功  能：串行发送 N 个字节                                                *
//参  数：uint8 QSCINo：第 QSCINo 个 QSCI 模块,其中 QSCINo 取值为 0、1        *
//        uint16 n：      发送的字节数                                      *
//        uint8 ch[]：  待发送的数据                                        *
//返  回：无                                                              *
//说  明：QSCINo=0 表示使用 QSCI0 模块,依此类推                             *
//        调用了 QSCISend1 函数                                            *
//-----------------------------------------------------------------------*
void QSCISendN(uint8 QSCINo, uint16 n, uint8 ch[]);
//-----------------------------------------------------------------------*
//函数名：QSCIRe1                                                         *
//功  能：从串口接收 1 个字节的数据                                         *
//参  数：uint8 QSCINo：第 QSCINo 个 QSCI 模块,其中 QSCINo 取值为 0、1        *
//返  回：接收到的数(若接收失败,返回 0xff)                                   *
//        uint8 *p：      接收成功标志的指针(0 表示成功,1 表示不成功)          *
//说  明：参数*p 带回接收标志,*p = 0,收到数据;*p = 1,未收到数据              *
//        QSCINo=0 表示使用 QSCI0 模块,依此类推                             *
//-----------------------------------------------------------------------*
```

```
uint8 QSCIRe1(uint8 QSCINo, uint8 * p);
//-----------------------------------------------------------------*
//函数名：QSCIReN                                                  *
//功  能：从串口接收N个字节的数据                                  *
//参  数：uint8 QSCINo：第QSCINo个QSCI模块,其中QSCINo取值为0、1    *
//        uint16 n：     要接收的字节数                            *
//        uint8 ch[]：  存放接收数据的数组                         *
//返  回：接收标志 = 0,接收成功, = 1,接收失败                      *
//说  明：QSCINo = 0 表示使用QSCI0模块,依此类推                    *
//        调用了QSCIRe1函数                                        *
//-----------------------------------------------------------------*
uint8 QSCIReN(uint8 QSCINo, uint16 n, uint8 ch[]);
//-----------------------------------------------------------------*
//函数名：QSCISendString                                           *
//功  能：串口传输字符串                                           *
//参  数：uint8 QSCINo：第QSCINo个SCI模块,其中QSCINo取值为0、1     *
//        char * p：    要传输的字符串的指针                       *
//返  回：无                                                       *
//说  明：字符串以\0结束                                           *
//        调用了QSCISend1函数 v//------------------------------------
------------------------*
void QSCISendString(uint8 QSCINo,char * p);
#endif
```

以初始化函数QSCIInit为例,通道号、当前的系统时钟、希望实现的通信波特率都被设计为函数参数。这样的话,应用程序和上层构件在使用(调用)它时,将具有极大的灵活性。文件还给出了必要的硬件相关信息,当要把该构件移植到其他芯片时,必须检查并修改这些信息。

(2) QSCI构件的程序文件(QSCI.c)

```
//-----------------------------------------------------------------*
//文件名：QSCI.c                                                   *
//说  明：QSCI构件源文件,串口0使用GPIOC2和GPIOF8两引脚,            *
//        串口1使用GPIOF4和GPIOF5两引脚                            *
//-----------------------------------------------------------------*
//头文件
#include "QSCI.h"       //该头文件包含QSCI相关寄存器及标志位宏定义
//-----------------------------------------------------------------*
//函数名：QSCIInit                                                 *
//功  能：初始化QSCIx模块,x代表0、1                                *
//参  数：uint8 QSCINo：第QSCINo个QSCI模块,其中QSCINo取值为0、1    *
//                      如果QSCINo大于1,则认为是1                  *
//        uint8 sysclk：系统总线时钟,以MHz为单位                   *
//        uint16 baud：波特率,如4 800、9 600、19 200、38 400       *
//返  回：无                                                       *
//说  明：QSCINo = 0 表示使用QSCI0模块,依此类推                    *
//-----------------------------------------------------------------*
void QSCIInit(uint8 QSCINo, uint8 sysclk, uint32 baud)
{
```

```
    uint32 sbr,tmp,i;
    sbr = 0;
    if(QSCINo > 1)
    {
        QSCINo = 1;
    }
    //1.使能 QSCIx 时钟
    SIM_PCE1| = 1<<(10 - QSCINo);
    //2.使能引脚为 QSCI 功能,串口 0 使用 GPIOC2 和 GPIOF8 两引脚,
//                        串口 1 使用 GPIOF4 和 GPIOF5 两引脚
    if(0 = = QSCINo)                                                //串口 0
    {
    SIM_PCE0| = (SIM_PCE0_GPIOC_MASK|SIM_PCE0_GPIOF_MASK);   //使能发送接收引脚时钟
    GPIO_C_PEREN| = GPIO_C_PEREN_PE2_MASK;                  //设置 GPIOC2 为外设功能
    SIM_GPS0& = ~(SIM_GPS0_C21_MASK|SIM_GPS0_C20_MASK);        //设置引脚为 TXD 功能
    GPIO_F_PEREN| = GPIO_F_PEREN_PE8_MASK;                  //设置 GPIOF8 为外设功能
    SIM_GPS3& = ~(SIM_GPS3_F8_MASK);                           //设置引脚为 RXD 功能
    }
    Else                                                            //串口 1
    {
        SIM_PCE0| = SIM_PCE0_GPIOF_MASK;                    //使能发送接收引脚时钟
          //设置 GPIOF4 和 GPIOF5 为外设功能
        GPIO_F_PEREN| = (GPIO_F_PEREN_PE4_MASK|GPIO_F_PEREN_PE5_MASK);
          //设置 GPIOF4 为 TXD,GPIOF5 为 RXD 功能
        SIM_GPS2& = ~(SIM_GPS2_F4_MASK|SIM_GPS2_F5_MASK);
    }
    //3.计算波特率并设置
    //Baud rate = peripheral bus clock / (16 * (SBR + (FRAC_SBR / 8)))
    //其中,SBR 为波特率寄存器的高 13 位,FRAC_SBR 为低 3 位,此处 FRAC_SBR 取 0
    tmp = 0;
    for(i = 0;i<10000;i + + )  tmp + = sysclk;
    sbr = tmp/(baud/100)/16;
    QSCI_RATE(QSCINo) = (uint16)(((sbr - 1)<<3) + 8);
    //4.设置 QSCI 功能
    //4.1 QSCI 控制寄存器 1
    //无校验,正常模式(开始信号 + 8 位数据(先发最低位) + 停止信号)
    //允许发送,允许接收,禁止串口所有中断
    QSCI_C1(QSCINo) = 0x000C;
    //4.2 QSCI 控制寄存器 2
    //关闭 QSCI 缓冲队列
    QSCI_C2(QSCINo) = 0x0000;
    //5.设置接收中断级别,级别 2
    INTC_IPR2| = 3<<(14 - QSCINo * 8);
}
//-------------------------------------------------------------------*
//函数名:QSCISend1                                                    *
//功  能:串行发送 1 个字节                                            *
//参  数:uint8 QSCINo:第 QSCINo 个 QSCI 模块,其中 QSCINo 取值为 0、1   *
//          uint8 ch:     要发送的字节                                 *
//返  回:无                                                          *
```

```
//说  明：QSCINo = 1 表示使用 QSCI1 模块,依此类推                                    *
//------------------------------------------------------------------------------*
void QSCISend1(uint8 QSCINo, uint8 ch)
{
    if(QSCINo > 1)
    {
        QSCINo = 1;
    }
    while(! (QSCI_S1(QSCINo) & (1<<15)))
    {
    }//判断发送缓冲区是否为空
    QSCI_D(QSCINo) = ch;
}
//------------------------------------------------------------------------------*
//函数名：QSCISendN                                                              *
//功  能：串行发送 N 个字节                                                      *
//参  数：uint8 QSCINo：第 QSCINo 个 QSCI 模块,其中 QSCINo 取值为 0、1             *
//        uint16 n：      发送的字节数                                           *
//        uint8 ch[]：  待发送的数据                                             *
//返  回：无                                                                     *
//说  明：QSCINo = 0 表示使用 QSCI0 模块,依此类推                                  *
//        调用了 QSCISend1 函数                                                  *
//------------------------------------------------------------------------------*
void QSCISendN(uint8 QSCINo, uint16 n, uint8 ch[])
{
    uint16 i;
    if(QSCINo > 1)
    {
        QSCINo = 1;
    }
    for (i = 0; i < n; i++)
    QSCISend1(QSCINo,ch[i]);
}
//------------------------------------------------------------------------------*
//函数名：QSCIRe1                                                                *
//功  能：从串口接收 1 个字节的数据                                              *
//参  数：uint8 QSCINo：第 QSCINo 个 QSCI 模块,其中 QSCINo 取值为 0、1             *
//返  回：接收到的数(若接收失败,返回 0xff)                                       *
//        uint8 *p：      接收成功标志的指针(0 表示成功,1 表示不成功)             *
//说  明：参数 *p 带回接收标志，*p = 0,收到数据；*p = 1,未收到数据                 *
//        QSCINo = 0 表示使用 QSCI0 模块,依此类推                                *
//------------------------------------------------------------------------------*
uint8 QSCIRe1(uint8 QSCINo, uint8 *p)
{
    uint16 k;
    uint8  i;
    if(QSCINo > 1)
    {
        QSCINo = 1;
    }
```

```
    for (k = 0; k < 0xfbbb; k++)                        //有时间限制
        if((QSCI_S1(QSCINo) & (1<<13)) != 0)          //判断接收缓冲区是否满
        {
            i = QSCI_D(QSCINo);
            *p = 0x00;
            break;
        }
    if (k >= 0xfbbb)                                   //接收失败
    {
      i = 0xff;
      *p = 0x01;
    }
    return i;
}
//-------------------------------------------------------------*
//函数名：QSCIReN                                               *
//功  能：从串口接收 N 个字节的数据                              *
//参  数：uint8 QSCINo：第 QSCINo 个 QSCI 模块，其中 QSCINo 取值为 0、1   *
//        uint16 n:      要接收的字节数                          *
//        uint8 ch[]:   存放接收数据的数组                       *
//返  回：接收标志 = 0，接收;成功，= 1  接收失败                   *
//说  明：QSCINo = 0 表示使用 QSCI0 模块，依此类推                  *
//        调用了 QSCIRe1 函数                                    *
//-------------------------------------------------------------*
uint8 QSCIReN(uint8 QSCINo, uint16 n, uint8 ch[])
{
    uint16 m;
    uint8 fp;           //接收标志
    m = 0;
    if(QSCINo > 1)
    {
        QSCINo = 1;
    }
    while (m < n)
    {
      ch[m] = QSCIRe1(QSCINo, &fp);
      if (fp == 1)
      {
          return 1;  //接收失败
      }
      m++;
    }
    return 0;           //接收成功
}
//-------------------------------------------------------------*
//函数名：QSCISendString                                        *
//功  能：串口传输字符串                                         *
//参  数：uint8 QSCINo：第 QSCINo 个 QSCI 模块，其中 QSCINo 取值为 0、1   *
//        char *p:      要传输的字符串的指针                      *
//返  回：无                                                    *
```

```
//说  明：字符串以\0结束                                                          *
//        调用了 QSCISend1 函数                                                   *
//------------------------------------------------------------------------------*
void QSCISendString(uint8 QSCINo,char * p)
{
    uint32 k;
    if(QSCINo > 1)
    {
        QSCINo = 1;
    }
    if(p == 0) return;
    for(k = 0; p[k] ! = '\0'; ++k)
    {
        QSCISend1(QSCINo,p[k]);
    }
}
```

2. QSCI 构件测试实例

QSCI 构件测试的硬件连接，只需要用串口线将 PC 机与 DSC 评估板相连即可。

(1) 查询方式的串行通信测试工程实例

```
//------------------------------------------------------------------------------*
// 工 程 名：QSCISrchRe                                                          *
// 硬件连接：① GPIOE7 脚接指示灯                                                 *
//           ② 目标板上的串口 1 接 PC 机串口                                      *
// 程序描述：使用 QSCI0 和 PC 机通信,DSC 复位后发送"Hello! World! "到 PC 机,       *
//           然后等待接收 PC 机发送的数据,当接收到了来自 PC 机的数据后立           *
//           即回发                                                              *
// 目    的：初步掌握利用查询方式进行串行通信的基本知识                          *
// 说    明：波特率为 9 600,使用 QSCI0 口                                        *
//------------------------------------------------------------------------------*
//头文件
#include "Includes.h"

void main(void)
{
//1 主程序使用的变量定义
uint32 runcount;                                    //运行计数器
uint8 SerialBuff[] = "Hello! World!";               //初始化存放接收数据的数组
uint8 mQSCIReflag = 0;                              //串口接收标志
//2 关中断
DisableInterrupt();                                 //禁止总中断
//3 芯片初始化
DSCinit();
//4 模块初始化
Light_Init(Light_Run_PORT,Light_Run,Light_OFF);     //指示灯初始化
QSCIInit(0,SYSTEM_CLOCK,9600);                      //串行口初始化
//5 主程序向 PC 机发送欢迎词
QSCISendN(0,13,SerialBuff);                         //串口发送“Hello World!”
```

```
//主循环
while(1)
{
//1 主循环计数到一定的值,使小灯的亮、暗状态切换
runcount++;
if(runcount>=10)
{
Light_Change(Light_Run_PORT,Light_Run);       //指示灯的亮、暗状态切换
runcount=0;
}
//2 主循环执行的任务
mQSCIReflag = QSCIReN(0,1,SerialBuff);          //等待接收 1 个数据
if (mQSCIReflag == 0)
        {
        QSCISendN(0,1,SerialBuff);                  //发送接收到的数据
        }
    }
}
```

QSCI0 模块首先向 PC 机发送字符串“Hello! World!”,然后等待接收 PC 机从串口发送来的数据,若成功接收到 1 个字节数据(调用 QSCIReN 函数接收数据),则立即将该数据回发给 PC 机(调用 QSCISendN 函数发送数据),随后继续等待接收 1 个字节数据并回发,如此循环。

注:使用的波特率为 9 600,并使用 QSCI0 和 PC 机通信。

(2) 中断方式的串行通信测试工程实例

具体实现:PC 机向 MC56F8257 发送数据,MC56F8257 收到后返回。该实例的详细说明参见 4.4 节的介绍。

4.4 实例:MC56F8257 中断源与第一个带中断的编程

4.4.1 中断与异常的基本知识

中断是 DSC 实时地处理内部或外部事件的一种内部机制。当某种内部或外部事件发生时,中断系统将迫使 DSC 内部的 CPU 暂停正在执行的程序,转而去处理中断事件,中断事件处理完毕后,又返回被中断的程序处,继续执行下去。实际上,中断提供了一种方法来保存当前 CPU 状态和内部寄存器,转而执行中断服务子程序,然后恢复 CPU 状态,以便返回执行中断之前的状态。这与程序指令引起的软件中断不同,中断由硬件事件触发。

中断的处理过程一般为:关中断(在此中断处理完成前,不处理其他中断)、保护现场、执行中断服务程序、恢复现场、开中断等。

异常是 CPU 强行从正常的程序执行切换到由某些内部或外部条件所要求的处

理任务上去，这些任务优先于处理器正在执行的任务。引起异常的外部条件是外围设备、硬件断点请求、访问错误和复位等；引起异常的内部条件是指令、地址不对界错误、违反特权级和跟踪等。许多处理器把硬件复位和硬件中断都归类为异常，把硬件复位看作是一种具有最高优先级的异常；把来自外围设备的强行任务切换请求称为中断。处理器对复位、中断、异常具有同样的处理过程，在谈及这些处理过程时统称为异常。

处理器在指令流水线的译码或者执行阶段识别异常，若检测到一个异常，则强行中止后面尚未达到该阶段的指令。对于在指令译码阶段检测到的异常，以及对于与执行阶段有关的指令异常来说，引起的异常与该指令本身无关，指令并没有得到正确执行，所以为该类异常保存的程序计数器的值指向引起该异常的指令，以便异常返回后重新执行。对于中断和跟踪异常，异常与指令本身有关，处理器在执行完当前指令后才识别和检测这类异常，故为该类异常保存的 PC 值是指向要执行的下一条指令。

4.4.2 MC56F8257 的中断机制

1. MC56F8257 的中断优先结构

DSP56800E 结构支持 5 级中断，分别为 LP、0、1、2 和 3。最低优先级 LP 只能由 SWILP 指令产生；0～2 优先级(优先级依次降低)用于可编程中断源，例如外设和外部中断请求；级别 3 是最高级且不可屏蔽。

当有异常事件或中断同时发生时，高优先级的优先响应，也有可能由于一个更高级别的中断出现而中止当前低优先级的中断处理。复位中断具有最高优先级，如果发生复位，则芯片立即进入复位处理状态。

当前内核中断优先级(CCPL)定义了 MC56F8257 芯片 CPU 允许哪些中断优先级，以及屏蔽哪些中断优先级。只有等于或大于 CCPL 优先级的中断源才能够被响应，优先级低于 CCPL 的中断源被拒绝，非屏蔽中断(3 级)总是被允许，CCPL 由控制寄存器 INTC_CTRL 中的 IPIC 位决定。

每个中断源都与一个中断优先级相关联。对于一些中断源，例如 SWI 指令和非屏蔽中断，其中断级别是预先指定的；对于其他中断源，如片内外设，其优先级支持可编程。可编程中断源均可设为可屏蔽优先级之一(0、1 或 2)，其中程序调试端口相关的中断源除外。增强型 OnCE 中断源可由程序设为 1、2、3 级或禁止。复位时，CCPL 被设为 3 级，即具有最高的优先级。

当一个异常或者中断被确认，且此时 CCPL 足够低允许该异常或中断处理，CCPL 自动更新为一个比该中断优先级高的优先级(SWILP 指令不能更新 CCPL，中断优先级为 3 时 CCPL 优先级保持为 3)，这种更新可以防止具有相同或较低优先级的中断打扰当前中断，中断服务程序结束时，CCPL 更新为原值。

2. MC56F8257 的中断控制模块 INTC（Interrupt Controller）

该模块主要用于配置中断优先级、解析中断请求并且将中断向量交给 CPU 执行，相关配置寄存器如下：

（1）中断优先级寄存器（Interrupt Priority Register，INTC_IPR0～INTC_IPR7）

中断优先级寄存器（INTC_IPR0～INTC_IPR7）地址分别为 F0C0h～F0C7h。它们用于设置中断优先级，每 2 位对应一个中断源，00 表示禁止中断，01 表示优先级别为 1，10 表示中断级别为 2，11 表示中断级别为 3，具体见 MC56F8257 手册。

（2）中断向量基址寄存器（Vector Base Address Register，INTC_VBA ）

中断向量基址寄存器（INTC_VBA）地址为 F0C8h，其定义如下：

数据位	15	14	13	12	11	10	9	8	7	6	5	4	3	2	1	0
读操作	0			VECTOR_BASE_ADDRESS												
写操作	—															
复位	0	0	0	0	0	0	0	0	0	0	0	0	0	0	0	0

D15～D13——只读位，保留，其值为 0。

D15～D13——VECTOR_BASE_ADDRESS，中断向量基址位，可读写。该位域为中断向量地址（21 位）的高 13 位，其低 8 位取决于优先级最高的中断，这两部分组成中断向量地址。

（3）控制寄存器（Control Register ，INTC_CTRL ）

控制寄存器（INTC_CTRL）地址为 F0D4h，其定义如下：

数据位	15	14	13	12	11	10	9	8	7	6	5	4	3	2	1	0
读操作	INT	IPIC		VAB							INT_DIS	1			0	
写操作	—	—		—								—			—	
复位	0	0	0	0	0	0	0	0	0	0	1	1	1	0	0	0

D15——INT 中断标志位，只读。INT=1，有中断产生；INT=0，无中断产生。

D14～D13——IPIC 中断优先级级别位，只读。具体优先级别如表 4-10 所列。

表 4-10 中断优先级别表

IPIC	优先级别	可嵌入的优先级
00	0	无
01	1	0
10	2	0,1
11	3	0,1,2

D12～D6——VAB，中断向量号位，只读。

D5——INT_DIS，中断使能位，可读写。INT_DIS=1，禁止所有中断；INT_DIS=0，使能所有中断。

D4～D2——只读位，保留，其值为 1。

D1～D0——只读位，保留，其值为 0。

3. MC56F8257 的中断和异常处理

当发生一个中断或异常时，MC56F8257 停止当前正在执行的程序，跳转到中断处理程序。一旦中断处理程序完成，MC56F8257 返回原来程序的中断处继续执行。中断向量表决定了要执行的中断处理程序的地址。

中断向量表放在程序存储器的一块特定存储区域中，除了快速中断，每个中断向量包括一条 2 个或 3 个字的 JSR 指令。当中断发生时，中断设备向 CPU 提供一个中断向量号，控制程序转移到中断向量所确定的地址。在这个地址处，获取 JSR 指令并执行，CPU 转到中断服务程序。

MC56F8257 支持两种类型的中断处理模式：标准和快速中断处理。所有类型的中断都支持标准中断处理模式，但占用一定数量的软件开销；快速中断处理尽可能少地占用软件资源，但它只能用于中断优先级为 2 级的中断。采用何种中断处理模式取决于向量表中给定中断的操作代码和中断源的优先级。如果是一条 JSR 指令，则采用标准中断处理；如果是任何其他指令且为 2 级中断，则采用快速中断处理。

(1) 标准中断处理

大多数情况下，采用标准中断处理模式来处理一个中断或异常。当中断发生时，将发生下列情况：

① 继续完成当前执行指令，流水线后面的指令将丢失。

② 程序计数器暂停。

③ CCPL 升到比当前中断优先级高一个级别。

④ 程序控制器取得位于中断向量中当前中断的 JSR 指令，然后解除程序计数器锁定。

⑤ 执行 JSR 指令，在软件堆栈中保存原来的程序计数器和状态寄存器。

⑥ 执行位于 JSR 的目标地址的中断程序，在中断服务程序中要注意保存所使用到的寄存器，否则寄存器内容将可能受到中断服务程序的影响。

当中断处理完成时，中断程序应由 RTI 或 RTID 指令结束。这些指令使程序计数器返回到被中断的程序并恢复状态寄存器的原值。标准中断模式可以进行嵌套。

(2) 快速中断处理

快速中断处理只能用于 2 级中断，且仅当位于向量表对应单元的指令不是 JSR 指令。快速中断处理比标准中断处理占用更少的资源，应用于所有需要快速反应或时间紧急的中断。快速中断处理执行步骤为：

①～③分别同“标准中断处理”的前 3 步。

④ 冻结程序计数器（返回地址）并将其复制到快速中断返回地址寄存器（FIRA）。

⑤ 状态寄存器（异常处理位 P4～P0 位）和操作模式寄存器中的 NL 位复制到快速中断状态寄存器（FISR）。

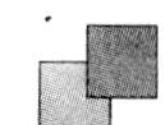

⑥ 堆栈指针(SP)按长字进行排列。

⑦ Y寄存器被压入堆栈,堆栈指针向上指向一个空32位地址。

⑧ R0、R1、N和M01寄存器与它们的映像寄存器交换。

⑨ 中断处理程序继续执行中断向量表中的指令。快速中断程序的代码可能全部包含在中断向量表中或者在向量表外的一个用户自定义位置。实际中,大多数情况下,更多把快速中断处理程序的中断向量指向中断向量表主要部分外的一个区域。

快速中断处理程序由一个快速中断的延时返回FRTID指令结束。执行如下:

① 通过与映像寄存器交换,将R0、R1、N和M01寄存器恢复为原来的值。

② SP减2。

③ Y寄存器弹出堆栈,恢复堆栈指针原值。

④ 从FISR寄存器中恢复OMR的SR位和NL位。

⑤ 把程序计数器设为FIRA寄存器中的值,返回到被中断的程序。

4. MC56F8257的中断源与中断向量表

基于DSP56800E的芯片可由3类中断源产生中断:片外硬件源(外设、中断请求信号)、片内硬件源(非法指令、硬件堆栈溢出、非法数据存取、调试端口异常)和软件中断指令。MC56F8257的中断源与中断向量表见MC56F8257相关手册。

4.4.3 MC56F8257的中断编程方法

本小节以QSCI模块中断为例介绍MC56F8257的中断编程方法,其他模块中断的应用方法与此相似。

当QSCI采用中断方式收发数据时,需要编写中断处理程序。

MC56F8257开始运行后,要关闭总中断,它就相当于一个总闸门。如果总闸不开,所有中断都不可能发生。关总中断和开总中断需要通过INTC_CTRL寄存器设置:

```
//开放总中断
#define EnableInterrupt()   INTC_CTRL &= ~INTC_CTRL_INT_DIS_MASKCLI
//关闭中断
#define DisableInterrupt()  INTC_CTRL |= INTC_CTRL_INT_DIS_MASK
```

MC56F8257的中断编程可概括为以下4个步骤:

① 新建(或者复制)一个vector.h和vector.c文件并加入工程中。

② 定义中断向量表(若复制vector.h和vector.c文件,则应修改中断向量表)。

在MC56F8257的Flash地址空间中,有一段是用来存储所有的中断向量,通常放在Flash最开始的页面中。该区域每两个字节存储的是一个中断处理函数的地址,各个中断处理函数的地址共同组成一个逻辑上十分规则的区域——中断向量表。

MC56F8257的中断向量表如下所示:

```
//未定义的中断处理函数,本函数不能删除
void isrDummy(void)
{
}
//中断矢量表,如果需要定义其他中断例程,请修改下表中的相应项目
volatile asm void _vect(void);
#pragma define_section interrupt_vectors "interrupt_vectors.text"  RX
#pragma section interrupt_vectors begin
volatile asm void _vect(void)
{
JSR  init_MC56F824x_5x_ISR_HW_RESET   /* Interrupt no. 0 (Used) - ivINT_Reset */
JSR  isrDummy    /* Interrupt no. 1 (Used)     - ivINT_COPReset     */
JSR  isrDummy    /* Interrupt no. 2 (Unused) - ivINT_Illegal_Instruction   */
JSR  isrDummy    /* Interrupt no. 3 (Unused) - ivINT_SW3    */
JSR  isrDummy    /* Interrupt no. 4 (Unused) - ivINT_HWStackOverflow    */
JSR  isrDummy    /* Interrupt no. 5 (Unused) - ivINT_MisalignedLongWordAccess   */
JSR  isrDummy    /* Interrupt no. 6 (Unused) - ivINT_OnCE_StepCounter    */
JSR  isrDummy    /* Interrupt no. 7 (Unused) - ivINT_OnCE_BreakpointUnit    */
JSR  isrDummy    /* Interrupt no. 8 (Unused) - ivINT_OnCE_TraceBuffer    */
JSR  isrDummy    /* Interrupt no. 9 (Unused) - ivINT_OnCE_TxREmpty    */
JSR  isrDummy    /* Interrupt no. 10 (Unused) - ivINT_OnCE_RxRFull    */
//(此处略去若干中断向量)
}
#pragma section interrupt_vectors end
```

中断向量表是一个指针数组,内容是相应中断函数的地址。

首先要定义该中断向量表的地址,MC56F8257 的中断向量从 0x000000 开始(不同的 DSC 中断向量起始地址是不相同的,使用时需要查阅相关的技术手册),要使用预编译指令将中断向量表的首地址定义在 0x000000。

中断向量表内容,是从中断向量表起始地址开始顺序增加,均与 Flash 的中断向量地址相对应,如果某个中断不需要使用,要将其在数组的对应项中填入 isrDummy。isrDummy()是中断向量表中不需要使用的中断的处理函数,它是一个空函数。

③ 定义中断服务程序 ISR,并在中断向量表中填入相应 ISR 的名称,如中断处理函数文件(isr.c)中的函数 void QSCI0_Recv(void)的定义:

```
//-----------------------------------------------------------*
//函数名:QSCI0_Recv                                          *
//功  能:串口 0 数据接收中断例程                               *
//说  明:无                                                   *
//-----------------------------------------------------------*
void QSCI0_Recv(void)
{
    //1  变量声明
    uint8 i;
    uint8 SerialBuff[1];                      //存放接收数据的数组
    //2  禁止总中断
    DisableInterrupt();
```

```
    //3  功能代码
    i = QSCIReN(0,1,SerialBuff);                     //等待接收1个数据
    if (i == 0) QSCISendN(0,1,SerialBuff);           //发送接到的数据
    //4  开中断
    EnInt(0);
    //开优先级中断
    EnableInterrupt();                          //开放总中断
}
```

通过上述3个步骤,就可以定义好所需要的中断。在实际编程中,可以直接从给定的C工程框架中得到isr.c文件,该文件中只定义了一个空中断处理函数isrDummy和由这个空函数名组成的中断向量表。用户只须定义所需的中断处理函数,并用该函数名代替向量表中相应位置上的isrDummy即可。

④ 在主函数中打开模块中断,再打开总中断。

4.4.4 实例:MC56F8257的中断优先级编程

对于需要设定优先级的工程,相比普通中断例程就是多了一个中断优先级的设定过程。设定优先级的具体方法在4.4.2小节中已经详细介绍,这里给出QSCI中断处理主程序代码加以说明。

```
//-----------------------------------------------------------*
// 工 程 名: QSCISrchRe                                       *
// 硬件连接: ① GPIOE口的7脚接指示灯                           *
//           ② 目标板上的串口0接PC机串口                      *
// 程序描述: 使用QSCI0和PC机通信,MCU复位后发送"Hello! World! "到PC机,  *
//           然后等待接收PC机发送的数据,当接收到了来自PC机的数据后立即回发  *
// 目    的: 初步掌握利用中断方式进行串行通信的基本知识          *
// 说    明: 波特率为9 600,使用QSCI0口                        *
//-----------------------------------------------------------*
//头文件
#include "Includes.h"
//全局变量声明
//主函数
void main(void)
{
    //1  主程序使用的变量定义
    uint32 runcount = 0;                           //运行计数器
    uint8 SerialBuff[] = "Hello! World!";          //初始化存放接收数据的数组
    //2  关中断
    DisableInterrupt();                            //禁止总中断
    //3  芯片初始化
    DSCinit();
    //4  模块初始化
    Light_Init(Light_Run_PORT,Light_Run,Light_OFF); //指示灯初始化
    QSCIInit(0,SYSTEM_CLOCK,9600);                 //串行口初始化
    //5  开中断
     EnableQSCIReInt(0);                           //开串口0接收中断
```

```
    EnInt(0);                                           //开优先级中断
    EnableInterrupt();                                  //开总中断
    //6 主程序向 PC 机发送欢迎词
    QSCISendN(0,13,SerialBuff);                         //串口发送"Hello! World!"
    //主循环
    while(1)
    {
    //1 主循环计数到一定的值,使小灯的亮、暗状态切换
      runcount++;
      if(runcount>=600000)
      {
         Light_Change(Light_Run_PORT,Light_Run);  //指示灯的亮、暗状态切换
         runcount = 0;
      }
    }
}
```

第5章 定时器模块

定时器模块是DSC中一个非常重要的部分，不仅有计数/定时功能，还有输入捕捉、模拟PWM等功能。掌握DSC内部定时器的基本工作原理与编程方法是学习DSC的重要内容，正确利用定时器溢出中断处理系统时钟、执行一些周期性工作是最基本也是最重要的功能之一。对于输入捕捉功能、输出比较功能主要了解基本原理。对脉宽调制输出功能，要求理解基本原理与用途，重点掌握脉宽调制输出的编程方法。脉宽调制输出功能也可以作为D/A转换功能使用。

本章主要内容有：①从一般角度讨论计数器/定时器的工作原理；②讨论MC56F8257的定时器模块的基本功能与编程结构，给出利用定时中断计时的例子；③讨论定时器模块的输入捕捉功能、输出比较功能和脉宽调制输出功能，给出编程实例。本章重点是定时中断计时与脉宽调制功能编程。

5.1 计数器/定时器的基本工作原理

嵌入式系统中，有时需要对外部脉冲信号或开关信号进行计数，这可通过计数器来完成。有些设备要求每间隔一定时间开启并在一段时间后关闭，有些指示灯要求不断地闪烁，可利用定时信号来完成。在计算机系统中，计数与定时问题的内容是一致的，只不过是同一个问题的两种表现形式。

5.1.1 硬件方式

在过去的许多仪器仪表或设备中，经常使用数字逻辑电路实现延时、定时或计数，即完全用硬件电路实现计数/定时功能。若要改变计数/定时的要求，必须改变电路参数，通用性和灵活性差。微型电子计算机出现以后，特别是随着单片微型计算机的发展与普及，这种完全硬件方式实现定时或计数的方法已较少使用。

5.1.2 软件方式

在计算机中,通过编程,利用计算机执行指令的时间实现定时,称为完全软件方式,简称软件方式。在这种方式中,一般是根据所需要的时间常数设计一个延时子程序,延时子程序中包含一定的指令,设计者要对这些指令的执行时间进行精确的计算和测试,以便确定延时时间是否符合要求。当时间常数比较大时,常常将延时子程序设计为一个循环程序,通过循环次数和循环体内的指令来确定延时时间。这样,每当延时子程序结束以后,可以直接转入下面的操作,也可以用输出指令产生一个信号作为定时输出。这种方法的优点是节省硬件,缺点主要是执行延时程序期间,CPU 一直被占用,降低了 CPU 的使用效率,也不容易提供多作业环境;另外,设计延时子程序时,要用指令执行时间来拼凑延时时间,相对比较繁琐。不过,这种方法在实际应用中还是经常使用的,尤其是在已有系统上作软件开发时,以及延时时间较小而重复次数又较少的情况。在计算机控制软件开发过程中,作为粗略的延时,经常使用软件方法来实现定时。

5.1.3 可编程计数器/定时器

利用专门的可编程计数器/定时器实现计数与定时,克服了完全硬件方式与完全软件方式的缺点,综合利用了它们各自的优点,其计数/定时功能可由程序灵活地设置,设定之后可与 CPU 并行地工作,不占用 CPU 的工作时间。应用可编程计数器/定时器,在简单的软件控制下,可以产生准确的时间延时。这种方法的主要思想是根据需要的定时时间,用指令对计数器/定时器设置定时常数,通过指令启动计数器/定时器开始计数,当计数到指定值时,便自动产生一个定时输出通知 CPU。在计数器/定时器开始工作以后,CPU 不必去管它,可以去做其他工作。这种方法最突出的优点是计数时不占用 CPU 的时间,如果利用计数器/定时器产生中断信号还可以建立多作业的环境,所以可大大提高 CPU 的利用率。计数器/定时器本身的系统资源开销并不很大,促使该方法在微机应用系统中得到广泛使用。

5.2 MC56F8257 定时器模块

5.2.1 定时器模块特点及结构

1. 特点

MC56F8257 定时器包括两个功能完全相同的定时器模块,每个定时器模块由 4 个 16 位功能相同的通道计数器/定时器组成,主要特点如下:

➢ 可递增/递减计数;

- 计数器可以级联；
- 当计数外部事件时，最大的计数速度为外设时钟周期的 1/2；
- 当用内部时钟时，最大的计数速度为外设的时钟周期；
- 计数模可编程设置，可单次或重复计数，且计数器可预装载；
- 各个计数器可以共用输入引脚；
- 每个寄存器有独立的预分频器；
- 每个计数器有捕捉和比较功能。

2. 模块结构

每个定时器模块内部功能结构如图 5－1 所示。从图 5－1 可以看出定时器内部寄存器之间的关系，寄存器具体功能见后面章节；这些寄存器之间的关系与定时器的工作方式有关，详细情况见后面章节。

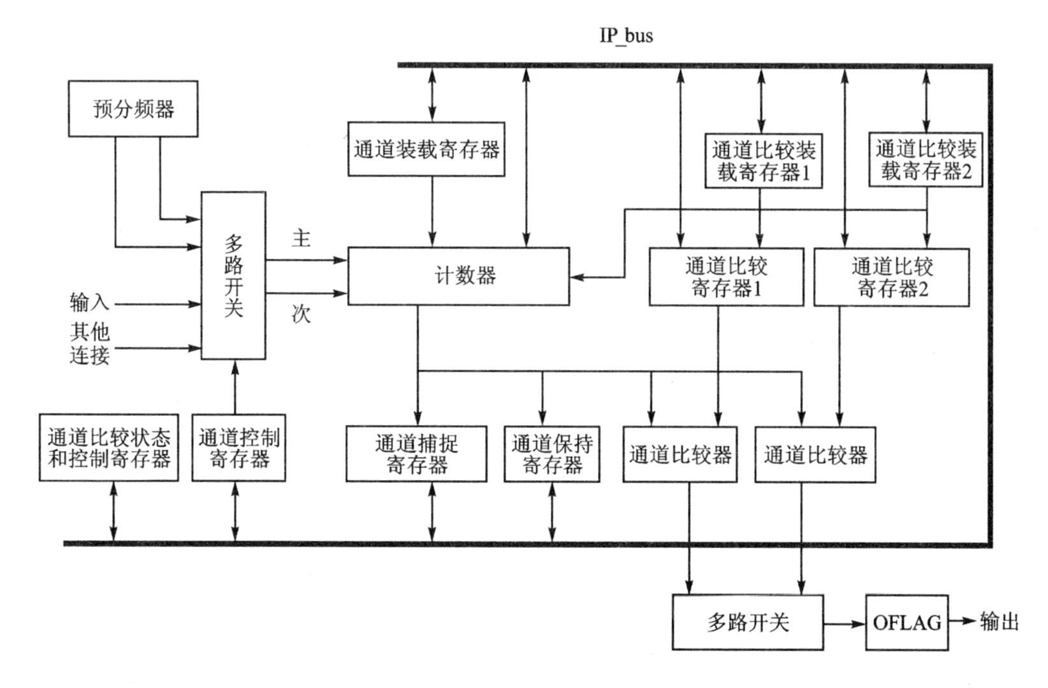

图 5－1　定时器结构框图

5.2.2　定时器模块的工作方式

MC56F8257 定时器有两种基本工作模式：对内部或者外部事件计数，及在外部信号有效或外部事件发生时，对内部时钟源进行计数，因而可以记录外部输入信号的宽度，或者两个外部事件之间的时间。具体的工作方式有：上升沿计数、边沿计数（上升沿和下降沿均可计数）、门控计数、正交计数、触发计数、级联计数、输入捕捉（见 5.4 节）、输出比较（见 5.5 节）和 PWM 方式。

1. 边沿计数方式

通过设定定时器通道控制寄存器 TMRx_CTRL[CM]域，定时器可以在主时钟源的上升沿、下降沿及边沿(上升和下降沿)计数。当 TMRx_CTRL[CM]＝001 时，定时器在主时钟源的上升沿计数，如图 5－2 所示；此时，若置位定时器通道状态与控制寄存器 TMRx_SCTRL[IPS]位，则定时器在主时钟源的上升沿计数。这种方式适合产生定时的周期性中断，或者用来对外部事件进行计数，如在生产流水线的传送带上，当零件通过传感器时，记录通过零件的个数。当 TMRx_CTRL[CM]＝010 时，定时器在选定的外部时钟源的边沿计数，如图 5－3 所示。边沿计数适用于计数外部环境变化大，例如一个简单的码盘。

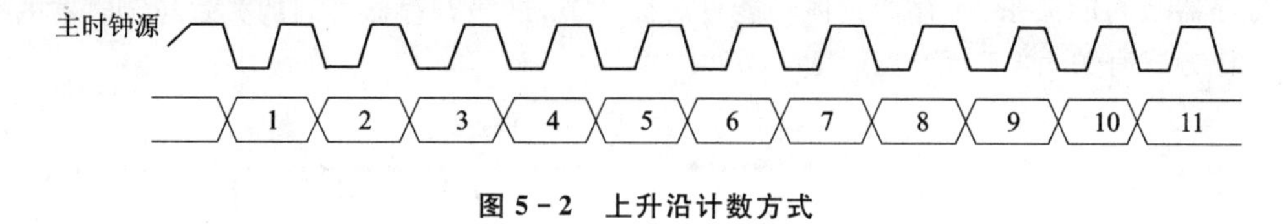

图 5－2　上升沿计数方式

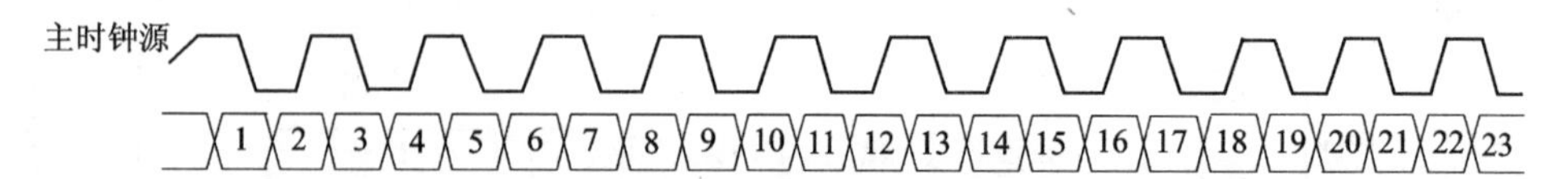

图 5－3　边沿计数方式

2. 门控计数方式

当设定 TMRx_CTRL[CM]域为 011，且选中的次级输入引脚信号为高电平时，定时器开始计数，如图 5－4 所示。如果置位 TMRx_SCTRL[IPS]位，则定时器在选中的次级输入引脚信号为低电平时计数。这种方式主要用于检测外部事件的持续时间。

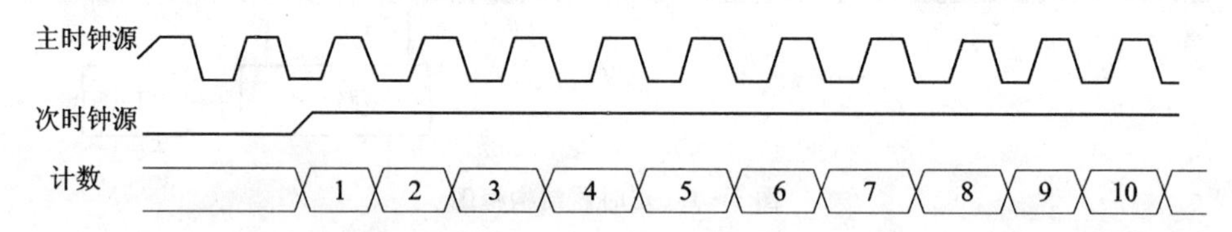

图 5－4　门控计数方式

3. 正交编码计数方式

当设定 TMRx_CTRL[CM]域为 100 时，定时器将对主、次两个外部输入的正交编码信号进行解码，分别计数，如图 5－5 所示；正交编码信号通常由电机轴或者机械装置上的旋转或直线传感器产生。两路正交信号为方波信号，相位相差 90°。通过对正交信号的解码，可以同时获得计数、旋转位置和相位信息。另外，在该方式下，如

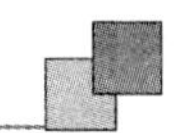

有第 3 个输入，将其作为 HOME 或 INDEX 指示器，用来重置定时器的计数器。

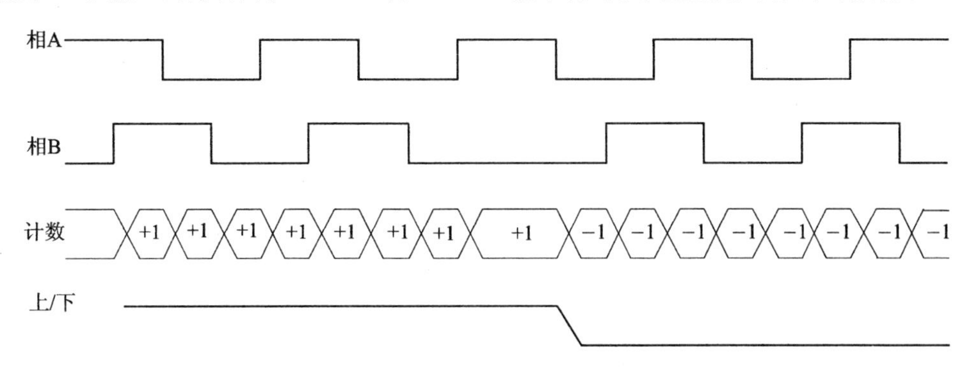

图 5－5　正交编码计数方式

4. 触发计数方式

当 TMRx_CSCTRL[TCI]清零且 TMRx_CTRL[CM]域为 110 时，定时器在次时钟源上升沿开始计数。如果 TMRx_SCTRL[IPS]置位，则在次时钟源下降沿开始计数。计数一直到比较事件出现或另一个次时钟源上升/下降沿出现为止。如果在计数终止前发生次时钟源信号跳变，则计数终止，且 TMRx_SCTRL[TCF]位被置位。随后，次时钟源信号跳变将重启计数，直至比较事件发生才停止计数，如图 5－6 所示。当 TMRx_CSCTRL[TCI]置位时，如果在计数终止前发生次时钟源信号跳变，则定时器重载并继续计数，如图 5－7 所示。

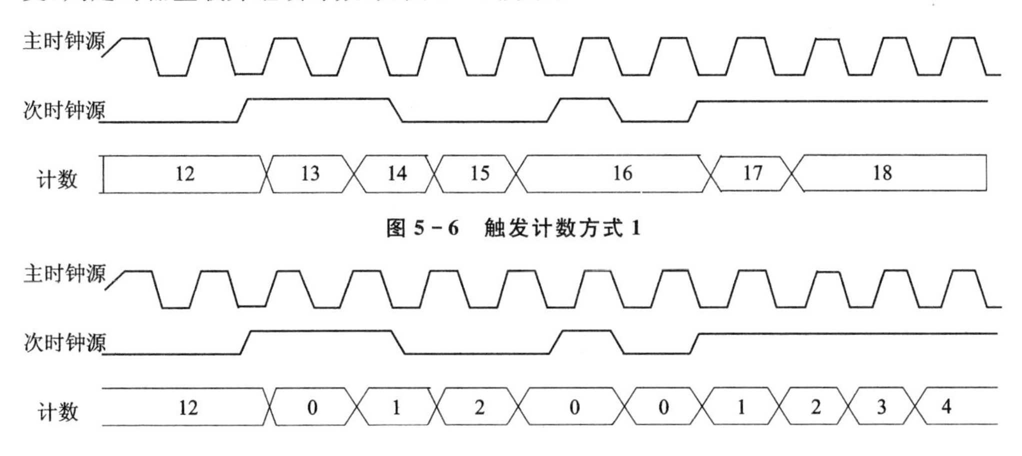

图 5－6　触发计数方式 1

图 5－7　触发计数方式 2

5. PWM 方式

当设定 TMRx_CTRL[CM]域为 001 及 TMRx_CTRL[OUTMODE]为 110，且连续翻转计数(TMRx_CTRL[LENGTH]＝0 且 TMRx_CTRL[ONCE]＝0)时，定时器将输出频率固定的脉宽调制信号(PWM)，其频率为计数时钟频率的 65 536 分

频，其脉宽周期为比较值/65 536。当设定 TMRx_CTRL[CM]域为 001 及 TMRx_CTRL[OUTMODE]为 100，且连续比较计数(TMRx_CTRL[LENGTH]=1 且 TMRx_CTRL[ONCE]=0)时，定时器将输出频率可调的脉宽调制信号(PWM)；其输出的 PWM 的频率及脉宽由通道比较寄存器 1～2(TMRx_COMP1、TMRx_COMP2)和输入时的时钟频率决定。PWM 方式主要用于驱动电机的 PWM 放大器和逆变器。

6. 级联计数方式

当设定 TMRx_CTRL[CM]域为 111 时，定时器进入级联计数方式。级联计数方式需要主、源两个定时器。源定时器的输出作为主定时器的输入。主定时器对源定时器发生的比较事件进行递增或递减计数。4 个定时器的级联可以产生 64 位的同步定时器，这样可以得到更长的计数长度。只要读取定时模块中的任意定时器值，该模块中的其他定时器的当前值都被保存到各自的保持寄存器中，这便于对级联定时器链的读取。

5.3 定时器模块的基本编程方法与实例

5.3.1 定时器模块计时功能的基本寄存器

在 MC56F8257 定时器的内部有状态和控制寄存器，通过对它某些位的设置，可以确定多长时间计数器加 1，即定时间隔。通过对状态和控制寄存器的某位进行设置，可以确定在计数器溢出时，是否允许中断。利用这些中断，可以编写中断例程，实现预设的功能。

在定时器内部有个定时器溢出标志位，当计数器计数到最大值 $FFFF 或最小值 $0000(由计数方向决定)时，该位被置位，称为计数器溢出。当计数器溢出时，计数器的值用给定的初值赋值，通过给计数器计数寄存器写入适当的初值可以得到精确的溢出时间。

下面以定时器 A 通道 0 为例，介绍定时器模块的基本寄存器，其他模块的通道寄存器基本类似。

1. 定时器通道装载寄存器(TMRx_LOAD)

定时器 A 通道 0 装载寄存器(TMRA0_LOAD)地址为 F003h，其定义如下：

数据位	15	14	13	12	11	10	9	8	7	6	5	4	3	2	1	0
写操作	LOAD															
读操作																
复位	0	0	0	0	0	0	0	0	0	0	0	0	0	0	0	0

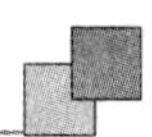

D15～D0——LOAD 定时器通道装载寄存器的值，可读写，存储初始化计数器的值。

2. 定时通道计数寄存器(TMRx_CNTR)

定时器 A 通道 0 计数器寄存器(TMRA0_CNTR)地址为 F005h，其定义如下：

数据位	15	14	13	12	11	10	9	8	7	6	5	4	3	2	1	0
写操作	COUNTER															
读操作																
复位	0	0	0	0	0	0	0	0	0	0	0	0	0	0	0	0

D15～D0——COUNTER，定时器通道计数寄存器的值，可读写。该寄存器为相应通道的计数器。

3. 定时器通道控制寄存器(TMRx_CTRL)

定时器 A 通道 0 通道控制寄存器(TMRA0_CTRL)地址为 F006h，其定义如下：

数据位	15	14	13	12	11	10	9	8	7	6	5	4	3	2	1	0
写操作	CM			PCS				SCS		ONCE	LENGTH	DIR	COINIT	OUTMODE		
读操作																
复位	0	0	0	0	0	0	0	0	0	0	0	0	0	0	0	0

D15～D13——CM，计数方式选择位。这些位控制计数器的计数行为，其取值与计数方式对应关系如下：

- 000：无操作。
- 001：主时钟源上升沿计数。当 TMRx _SCTRL[IPS] = 0 时，上升沿计数；当 TMRx _SCTRL[IPS] = 1 时，下降沿计数。若主时钟源等于 IP 总线时钟，则 TMRx _SCTRL[IPS]位无效且只在上升沿计数。
- 010：主时钟源上升沿、下降沿计数，但在边沿计数模式下主计数源无法使用 IP 总线时钟。
- 011：次级输入信号为高电平时，主时钟源上升沿计数。
- 100：正交计数方式，使用主、次时钟源。
- 101：主时钟源上升沿计数，次时钟源指定方向(高电平减 1 计数、低电平增 1 计数)。当 TMRx _SCTRL[IPS] = 0 时，上升沿计数；当 TMRx _SCTRL[IPS] = 1 时，下降沿计数。
- 110：次时钟源边沿触发主时钟源计数至发生比较事件为止。
- 111：级联计数方式(递增或递减)。该模式下，主时钟源必须被设为计数器输出中的一个。

D12～D9—PCS 主信号(计数)源选择位。这些位用于选择计数器的主信号(计数)源,对应关系如下:

- 0000:计数器 0 输入引脚;
- 0001:计数器 1 输入引脚;
- 0010:计数器 2 输入引脚;
- 0011:计数器 3 输入引脚;
- 0100:计数器 0 输出引脚;
- 0101:计数器 1 输出引脚;
- 0110:计数器 2 输出引脚;
- 0111:计数器 3 输出引脚;
- 1000:IP 总线时钟除以 1 预分频器;
- 1001:IP 总线时钟除以 2 预分频器;
- 1010:IP 总线时钟除以 4 预分频器;
- 1011:IP 总线时钟除以 8 预分频器;
- 1100:IP 总线时钟除以 16 预分频器;
- 1101:IP 总线时钟除以 32 预分频器;
- 1110:IP 总线时钟除以 64 预分频器;
- 1111:IP 总线时钟除以 128 预分频器。

注意:定时器选择自身的输出信号作为输入视为非法,且无效。

D8～D7——SCS,次信号(计数)源选择位。这些位定义了用于计数/定时的外部输入引脚。选中引脚能够触发定时器捕捉当前 TMRx _CNTR 寄存器值,也可用于指定计数方向。当置位 TMRx _CSCTRL[FAULT]时,被选中信号作为故障输入信号,该信号的极性可由 TMRx _SCTRL[IPS]翻转。

- 00:计数器 0 引脚;
- 01:计数器 1 引脚;
- 10:计数器 2 引脚;
- 11:计数器 3 引脚。

D6——ONCE,计数方式位。该位决定计数方式 1 次有效还是反复有效。ONCE=0,重复计数;ONCE=1,直到发生比较事件才停止计数,1 次有效。若向上计数,当计数值等于 TMRx _COMP1 时发生比较事件;若向下计数,当计数值等于 TMRx _COMP2 时发生比较事件。当 OUTMODE=100 时,计数值达到 TMRx _COMP1 值,计数器重新初始化计数,直到等于 TMRx _COMP2 值才停止计数。

D5——LENGTH,计数长度位。该位决定计数器:①计数达到比较值后装载 TMRx _LOAD 寄存器(或 TMRx _CMPLD2)中的值重新初始化计数寄存器;②超出比较值后继续计数直到计数归零。LENGTH=0,计数器归零;LENGTH=1,计数达到比较值后重新初始化计数寄存器。若向上计数,当计数值等 TMRx _于

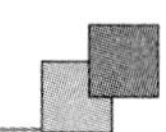

COMP1 时发生比较事件；若向下计数，当计数值等于 TMRx _COMP2 时发生比较事件；当 OUTMODE＝100 时，TMRx _COMP1、TMRx _COMP2 值被用于交替产生比较事件。例如，计数值达到 TMRx _COMP1 值，初始化计数器重新计数直到 TMRx_COMP2 值，再初始化计数器计数至 TMRx _COMP1 值，以此循环。

D4——DIR，计数方向位。该位选择计数方向为递增或递减计数。DIR＝0，递增计数；DIR＝1，递减计数。

D3——COINIT，伴同通道计数器初始化位。在定时器产生比较事件时，该位用于设置位于同一模块内的另一个定时器是否强制重新初始化该定时器。COINIT ＝ 0，无法强制初始化该定时器；COINIT ＝ 1，可强制初始化该定时器。

D2～D0——OUTMODE，输出模式位。该位决定 OFLAG 输出信号的操作模式。

- 000：计数器计数时输出 OFLAG 信号；
- 001：发生比较事件时清 OFLAG 输出；
- 010：发生比较事件时置位 OFLAG 输出；
- 011：发生比较事件时触发 OFLAG 输出；
- 100：利用交替比较寄存器触发 OFLAG 输出；
- 101：发生比较时置位 OFLAG 输出，在次时钟源的输入沿清 OFLAG 输出；
- 110：发生比较时置位 OFLAG 输出，计数器翻转时清 OFLAG 输出；
- 111：在计数器有效期间使能门控时钟输出。

4. 定时器通道状态与控制寄存器(TMRx_SCTRL)

定时器 A 通道 0 通道状态与控制寄存器(TMRA0_SCTRL)地址 F007h，其定义如下：

<table>
<tr><td>数据位</td><td>15</td><td>14</td><td>13</td><td>12</td><td>11</td><td>10</td><td>9</td><td>8</td><td>7</td><td>6</td><td>5</td><td>4</td><td>3</td><td>2</td><td>1</td><td>0</td></tr>
<tr><td>读操作</td><td rowspan="2">TCF</td><td rowspan="2">TCFIE</td><td rowspan="2">TOF</td><td rowspan="2">TOFIE</td><td rowspan="2">IEF</td><td rowspan="2">IEFIE</td><td rowspan="2">IPS</td><td>INPUT</td><td colspan="2" rowspan="2">CAPTURE_MODE</td><td rowspan="2">MSTR</td><td rowspan="2">EEOF</td><td rowspan="2">VAL</td><td>0</td><td rowspan="2">OPS</td><td rowspan="2">OEN</td></tr>
<tr><td>写操作</td><td></td><td>FORCE</td></tr>
<tr><td>复位</td><td>0</td><td>0</td><td>0</td><td>0</td><td>0</td><td>0</td><td>0</td><td>1</td><td>0</td><td>0</td><td>0</td><td>0</td><td>0</td><td>0</td><td>0</td><td>0</td></tr>
</table>

D15——TCF，定时器比较标志位。当成功发生一次比较事件时，该位置 1；写零清除该位。

D14——TCFIE，定时器比较标志中断使能位。当该位置位时，允许定时器比较中断。

D13——TOF，定时器溢出标志位。当计数器从最大值 $FFFF 或最小值 $0000(由计数方向决定)翻转时，该位被置位；写零清该位。

D12——TOFIE，定时器溢出标志中断使能位。当 TOF 位被置位且该位也被置位时，允许定时器溢出中断。

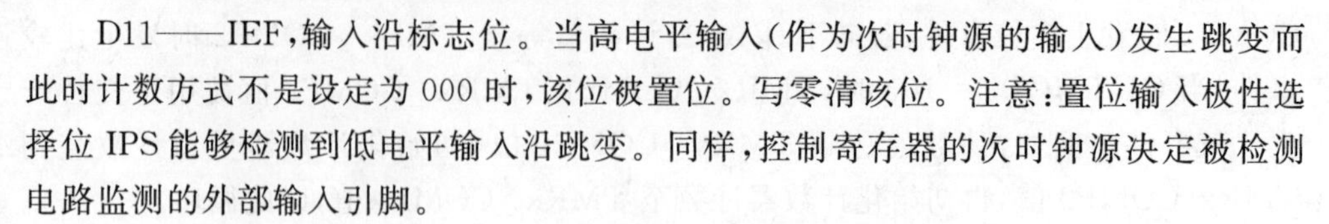

D11——IEF,输入沿标志位。当高电平输入(作为次时钟源的输入)发生跳变而此时计数方式不是设定为 000 时,该位被置位。写零清该位。注意:置位输入极性选择位 IPS 能够检测到低电平输入沿跳变。同样,控制寄存器的次时钟源决定被检测电路监测的外部输入引脚。

D10——IEFIE,输入沿标志中断使能位。当 IEF 被置位且该位也被置位时,允许输入沿中断。

D9——IPS,输入信号极性选择位。该位置位,反转输入信号极性。

D8——INPUT,外部输入信号位。该位只读,反映外部输入引脚的当前状态。在配置 IPS 位和滤波后,外部输入引脚状态由次级计数源决定。

D7～D6——CAPTURE_MODE,输入捕捉模式选择位。这些位设定输入捕捉寄存器的运行模式以及输入沿标志,其中输入源为次级信号(计数)源,对应关系如下:

- 00:禁止输入捕捉;
- 01:当 IPS=0 时,在上升沿装载输入捕捉寄存器,或者当 IPS=1 时,在下降沿装载输入捕捉寄存器;
- 10:当 IPS=0 时,在下降沿装载输入捕捉寄存器,或者当 IPS=1 时,在上升沿装载输入捕捉寄存器;
- 11:在上升沿和下降沿均装载输入捕捉寄存器。

D5——MSTR,主机模式位。该位被置位时,允许带比较功能的输出信号传送到模块内其他定时器/计数器。该信号可以重新初始化其他计数器或强制 OFLAG 信号输出。

D4——EEOF,使能外部 OFLAG 强制位。当该位置位时,允许此模块内其他计数器/定时器的比较值改变该定时器 OFLAG 信号状态。

D3——VAL,强制 OFLAG 值位。当通过软件触发 FORCE 命令时,该位决定 OFLAG 输出信号的值。

D2——FORCE,强制 OFLAG 输出位,只写。该位强制将 VAL 的当前值写入 OFLAG 输出。读该位总为 0。VAL 和 FORCE 位可同时被写。仅当计数器禁止时才能写 FORCE 位。当计数器使能时置位 FORCE,可能产生不可预料的结果。

D1——OPS,输出极性选择位。该位决定 OFLAG 输出信号的极性。OPS=0,输出原极性;OPS=1,输出反转极性。

D0——OEN,输出使能位。该位决定外部引脚方向。OEN=0,引脚设置为输入;OEN=1,由外部引脚驱动 OFLAG 输出信号。其余定时器组利用此外部引脚作为其输入驱动值。信号极性由 OPS 决定。

5. 定时器通道比较器状态与控制寄存器(TMRx_CSCTRL)

定时器 A 通道 0 的通道比较器状态与控制寄存器(TMRA0_CSCTRL)地址为

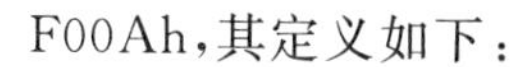
F00Ah，其定义如下：

数据位	15	14	13	12	11	10	9	8	7	6	5	4	3	2	1	0
读操作	DBG_EN		FAULT	ALT_LOAD	ROC	TCI	UP	0	TCF2EN	TCF1EN	TCF2	TCF1	CL2		CL1	
写操作	DBG_EN		FAULT	ALT_LOAD	ROC	TCI			TCF2EN	TCF1EN	TCF2	TCF1	CL2		CL1	
复位	0	0	0	0	0	0	0	0	0	0	0	0	0	0	0	0

D15～D14——DBG_EN，调试操作使能位。当 MC56F8257 进入调试模式时，这些位允许定时器模块执行某些操作，具体如下：

- 00：默认状态，表示在调试模式期间继续正常运行。
- 01：调试模式期间挂起定时器/计数器；
- 10：在操作 TMRx_SCTRL[OPS]位之前，强制定时器输出逻辑 0；
- 11：在调试期间挂起计数器并强制输出逻辑 0。

D13——FAULT，故障使能位。选定的次级输入信号作为故障信号，以便在次级输入置位时对 OFLAG 清零。FAULT ＝ 0 表示禁止故障功能。FAULT ＝ 1 表示使能故障功能。

D12——ALT_LOAD，交替装载使能位。在按模计数时，该位允许交替装载计数器。通常，计数器只能由 TMRx_LOAD 寄存器装载。当该位置位时，若计数器递增计数至 TMRx_COMP1 值，计数器值从 TMRx_LOAD 寄存器装载；若计数器递减计数至 TMRx_COMP2 值时，计数器值从 TMRx_CMPLD2 寄存器装载。ALT_LOAD ＝ 0 表示计数器值只能由 TMRx_LOAD 寄存器装载；ALT_LOAD ＝ 1 表示计数器值根据计数方向，可由 TMRx_LOAD 寄存器装载，或由 TMRx_CMPLD2 寄存器装载。

D11——ROC，捕捉重载位。该位允许捕捉功能致 LOAD 寄存器重载计数器值。ROC＝0 表示捕捉事件发生时，禁止计数器被重载；ROC＝1 表示捕捉事件发生时，允许计数器被重载。

D10——TCI，触发计数初始化控制位。该位用于触发计数方式（TMRx_CTRL 寄存器 CM 位为 110）期间，在发生二次触发且计数器仍在计数时重新初始化计数器。通常，二次触发会使得计数器在第 3 个触发前停止/暂停计数。置位该位，二次触发事件会使得定时器重新初始化计数。TCI＝0 表示第一次触发事件时定时器仍计数，一旦接收到第二次触发事件就停止计数；TCI＝1 表示第一次触发事件时定时器仍计数，一旦接收到第二次触发事件就重载计数器。

D9——UP，计数方向指示器位，只读。该位用于正交计数方式（TMRx_CTRL 寄存器的 CM 位为 100）期间，读取最后的计数方向。TMRx_CTRL 寄存器 DIR 位翻转此位方向。UP ＝ 0 表示最后计数方向为 DOWN；UP ＝ 1 表示最后计数方向为 UP。

D8——只读位。预留,值为 0。

D7——TCF2EN,比较寄存器 2 中断使能位。当该位与 TCF2 位同时被置位时,使能比较中断。

D6——TCF1EN,比较寄存器 1 中断使能位。当该位与 TCF1 位同时被置位时,使能比较中断。

D5——TCF2,比较寄存器 2 中断标志位。该位被置位时,表示计数器与 TMRx_COMP2 值相等引发了比较事件。在该位清零(通过向该位写 0)前,该位将保持置位。

D4——TCF1,比较寄存器 1 中断标志位。该位被置位时,表示定时器与 TMRx_COMP1 值相等引发了比较事件。在该位清零(通过向该位写 0)前,该位将保持置位。

D3~D2——CL2,比较装载寄存器 2 控制位。这些位控制 TMRx_COMP2 预装载 TMRx_CMPLD2 的值,具体如下:

- CL2:00 表示从不预装载;
- CL2:01 表示计数器与 TMRx_COMP1 发生比较事件时装载;
- CL2:10 表示计数器与 TMRx_COMP2 发生比较事件时装载;
- CL2:11 预留。

D1~D0——CL1 比较装载寄存器 1 控制位。这些位控制 TMRx_COMP1 预装载 TMRx_CMPLD1 的值,具体如下:

- CL1:00 表示从不预装载;
- CL1:01 表示计数器与 TMRx_COMP1 发生比较事件时装载;
- CL1:10 表示计数器与 TMRx_COMP2 发生比较事件时装载;
- CL1:11 预留。

6. 定时器通道使能寄存器(TMRx_ENBL)

定时器 A 通道 0 使能寄存器(TMRA0_ENBL)地址为 F00Fh,其定义如下:

数据位	15	14	13	12	11	10	9	8	7	6	5	4	3	2	1	0
读操作	0												ENBL			
写操作																
复位	0	0	0	0	0	0	0	0	0	0	0	0	1	1	1	1

D15~D4——只读位。预留,值为 0。

D3~D0——ENBL,定时器通道允许位。这些位使能每个通道预分频器(使用时)和计数器。可同时设置多个 ENBL 位,同步多个独立计数器的开始信号。若该位置位,在 TMRx_CTRL[CM]位不为 0 时,对应通道计数器开始计数。清除该位,对应通道计数器维持当前计数值。ENBL=0,禁止定时器通道;ENBL=1,使能定时

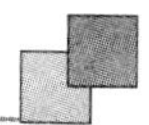

器通道(默认)。

5.3.2　实例:定时器构件设计与测试

定时器编程主要涉及定时器通道控制寄存器(TMRx_CTRL)、定时器通道状态和控制寄存器(TMRx_SCTRL)、定时器通道计数寄存器(TMRx_CNTR)、定时器通道比较寄存器 1(TMRx_COMP1)、定时器通道比较寄存器 2(TMRx_COMP2)、定时器通道比较器状态和控制寄存器(TMRx_CSCTRL)和定时器通道使能寄存器(TMRx_ENBL)。

1. 定时器构件设计

为了理解定时器的基本功能,这里给出利用定时器溢出中断完成定时的程序实例,即每隔一定时间,通过中断来改变小灯的亮暗状态。通过这个例子,理解定时器溢出中断的编程方法。

(1) 定时器构件头文件(Timer.h)

```
//-----------------------------------------------------------------*
//文件名:Timer.h                                                   *
//说　明:定时器函数头文件                                          *
//-----------------------------------------------------------------*
#ifndef _TMIER_H              //防止重复定义
#define _TMIER_H
//1　头文件
#include "mc56F8257.h"      //MC56F8257 MCU 映像寄存器名定义
#include "type.h"           //类型别名定义
//2　宏定义
#define TMR_LOAD(x)   (*((vuint16 *)(0x0000F003 + (x<<4))))
#define TMR_CTRL(x)    (*((vuint16 *)(0x0000F006 + (x<<4))))
#define TMR_CNTR(x)    (*((vuint16 *)(0x0000F005 + (x<<4))))
#define TMR_SCTRL(x)   (*((vuint16 *)(0x0000F007 + (x<<4))))
#define TMR_COMP1(x)   (*((vuint16 *)(0x0000F000 + (x<<4))))
#define TMR_CMPLD1(x)   (*((vuint16 *)(0x0000F008 + (x<<4))))
#define TMR_CSCTRL(x)   (*((vuint16 *)(0x0000F00A + (x<<4))))
//开放定时器溢出中断
#define EnableOverTimerInt() TMRA0_SCTRL |= TMRA0_SCTRL_TOFIE_MASK
//禁止定时器溢出中断
#define DisableOverTimerInt() TMRA0_SCTRL &= ~TMRA0_SCTRL_TOFIE_MASK
//3　函数声明
//-----------------------------------------------------------------*
//函数名:Timer_Init                                                *
//功　能:初始化 TMR(定时器)                                        *
//参　数:port:初始化设定的定时器端口                                *
//        channel:定时器的通道号                                   *
//返　回:无                                                        *
//说　明:一共有两个可选择的定时器端口(端口 0 和端口 1)              *
//          每个定时器有 4 个通道(0~3)                             *
//-----------------------------------------------------------------*
```

```
void Timer_Init(uint8 port,uint8 channel);
#endif
```

(2) 定时器构件程序文件(Timer.c)

```
//-----------------------------------------------------------------------*
//文件名：Timer.C                                                          *
//说  明：Timer 构件源文件                                                  *
//-----------------------------------------------------------------------*
//定时器头文件
#include "Timer.h"
//-----------------------------------------------------------------------*
//函数名：Timer_Init                                                        *
//功  能：初始化 TMR(定时器)                                                 *
//参  数：port:初始化设定的定时器端口                                          *
//        channel:定时器的通道号                                             *
//返  回：无                                                                *
//说  明：一共有两个可选择的定时器端口(端口 0 和端口 1)                          *
//          每个定时器有 4 个通道(0～3)                                      *
//-----------------------------------------------------------------------*
void Timer_Init(uint8 port,uint8 channel)
{
      if (port > 1)
      {
        port = 1;
    }
    else if (port < 0)
    {
        port = 0;
    }
    //1.配置 SIM,使能定时器的时钟
    switch(port)
    {
      case 0:
        SIM_PCE0 |= (1 << (15 - channel));
        break;
      case 1:
        SIM_PCE0 |=(1 << (11 - channel));
        break;
      default:
        break;
    }
    //2.配置 TMR 模块,定时器的时间间隔为 0.1 s,总线频率 60 MHz
    TMR_LOAD((port << 2) + channel) = 0;      //模块 X 通道 X 初始值载入寄存器
    TMR_CNTR((port << 2) + channel) = 0x48E5;     //模块 X 通道 X 初值寄存器
    TMR_ TRL((port << 2) + channel) = 0b0001111000000000;
        //            |    | ||||   |---OUTMODE
        //            |    | ||||------COINIT
        //            |    | ||||--------DIR 计数方向
        //            |    | |||-----------LENGTH 计数长度位
```

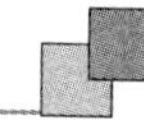

```
    //          |    | ||- - - - - - - - - - - - ONCE 单次计数
    //          |    | |- - - - - - - - - - - - - - SCS 次级计数源
    //          |    |- - - - - - - - - - - PCS 主计数源,设置 IP_bus_clk 除以 128
                                                  作为计数时钟脉冲源
    //          |- - - - - - - - - - - - - - - CM 计数模式,对主时钟源上升沿计数
  TMR_COMP1((port << 2) + channel) = 0;
  TMR_CMPLD1((port << 2) + channel) = 0;
  TMR_SCTRL((port << 2) + channel) = 0;
  TMR_CSCTRL((port << 2) + channel) = 0;
  //3.设置中断优先级,一共有 8 个通道的中断
  if(port == 0)      //定时器 A 的 4 个通道
  {
      switch(channel)
      {
          case 0:
          case 1:
              INTC_IPR4 |= 3 << ((1 - channel) * 2);
              break;
          case 2:
          case 3:
              INTC_IPR3 |= 3 << ((9 - channel) * 2);
              break;
          default:
              break;
          }
  }
  else                                                      //定时器 B 的 4 个通道
  {
      switch(channel)
      {
          case 0:
          case 1:
          case 2:
              INTC_IPR1 |= 3 << ((2 - channel) * 2);
              break;
          case 3:
              INTC_IPR0 |= 3 << 14;
              break;
          default:
              break;
      }
  }
//4.运行计数器
TMR_CTRL((port << 2) + channel) |= 1 << 13;              //开始运行计数器,开启计数
}
```

2. 定时器构件测试实例

在定时器产生溢出中断时,需要再次给定时器计数寄存器(TMRx_CNTR)赋初值,否则将会导致出现错误的溢出时间。

按照构件的程序设计思想，在主程序的实现过程中，需调用 Timer 构件和 Light 构件的相关功能函数。具体代码如下：

```
//-----------------------------------------------------------------*
// 工 程 名：tmrTimerOver-Count                                      *
// 硬件连接：小灯接在 PTE 口的 7 脚，宏定义在 Light.h 文件中          *
// 程序描述：每隔一秒小灯亮暗切换一次，通过定时器溢出中断实现         *
//           每隔 100 ms 溢出中断产生一次                            *
// 目    的：熟悉 DSC 定时器溢出中断功能                              *
// 说    明：提供 Freescale DSC 的编程框架，供教学入门使用            *
//-----------------------------------------------------------------*
//头文件
#include "Includes.h"

//主函数
void main(void)
{
        //1  关中断
          DisableInterrupt();                                  //禁止总中断
        //2  芯片初始化
          DSCinit();
        //3  定时器初始化
          Timer_Init(0,0);
        //4  模块初始化
          Light_Init(Light_Run_PORT,Light_Run,Light_OFF);     //指示灯初始化
        //5  开中断
          EnableOverTimerInt();                               //开定时器溢出中断
          EnInt(0);                                           //允许中断优先级
          EnableInterrupt();                                  //开总中断
        //6  主循环
          while(1)
          {
          }
}
```

3. 中断处理子程序与中断向量表 isr.c

```
//-----------------------------------------------------------------*
// 文件名：isr.c                                                    *
// 说  明：中断处理例程                                             *
//-----------------------------------------------------------------*
//头文件
#include "Includes.h"
//函数声明
//外部函数声明(启动代码标号)
extern void init_MC56F824x_5x_ISR_HW_RESET(void);
//中断例程声明
void TMRA0_TimeOver (void);
void isrTimerOver(void);
```

```
//-------------------------------------------------------------------*
//函数名：TMRA0_TimeOver                                              *
//功  能：定时器模块A通道0的溢出中断例程                              *
//参  数：无                                                          *
//返  回：无                                                          *
//说  明： 定时器每100 ms产生一次溢出中断，小灯改变一次状态           *
//-------------------------------------------------------------------*
void TMRA0_TimeOver(void)
{
    uint16 temp;
    DisableInterrupt();                                //禁止总中断
    //一定时间改变小灯状态
    Light_Change(Light_Run_PORT,Light_Run);
    //清定时器溢出标志位
    temp = TMRA0_SCTRL;                     //读取定时器状态和控制寄存器
    TMRA0_SCTRL &= ~(1<<13);                  //向定时器溢出标志位TOF写0
    //给计数寄存器重新赋值
    TMRA0_CNTR = 0x48E5;
    EnInt(0);                                 //开优先级中断
    EnableInterrupt();                         //开总中断
}
//未定义的中断处理函数，本函数不能删除
void isrDummy(void)
{
}
//中断矢量表，如果需要定义其他中断例程，请修改下表中的相应项目
volatile asm void _vect(void);
#pragma define_section interrupt_vectors "interrupt_vectors.text"  RX
extern  uint8  Num100ms;
#pragma section interrupt_vectors begin
volatile asm void _vect(void)
{
    JSR  init_MC56F824x_5x_ISR_HW_RESET  /* Interrupt no. 0 (Used)   - ivINT_Reset */
    JSR  isrDummy                 /* Interrupt no. 1 ( Unused )   - ivINT_COPReset  */
         ........
    JSR  TMRA0_TimeOver           /* Interrupt no. 42 (Used) - ivINT_TMRA0   */
         ........
    JSR  isrDummy                 /* Interrupt no. 66 (Unused) - ivINT_LP   */
}
#pragma section interrupt_vectors end
```

5.4 定时器模块输入捕捉功能的编程方法与实例

输入捕捉功能是DSC定时器模块的基本功能之一，在学习了定时器的基本编程方法之后，可以进一步学习定时器模块输入捕捉功能的编程方法。本节讨论MC56F8257定时器模块输入捕捉功能的编程方法。

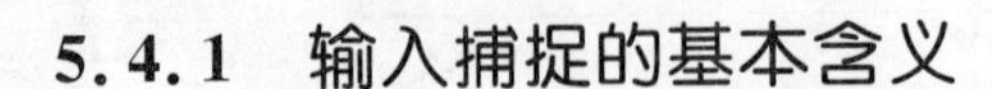

5.4.1 输入捕捉的基本含义

输入捕捉功能是用来监测外部的事件和输入信号。当外部事件发生或信号发生变化时，在指定的输入捕捉引脚上发生一个指定的沿跳变（可以指定该跳变是上升沿还是下降沿）。定时器捕捉到特定的沿跳变后，把计数寄存器当前的值锁存到通道寄存器。如果在输入捕捉控制寄存器中设定允许输入捕捉中断，系统会产生一次输入捕捉中断，利用中断处理软件可以得到事件发生的时刻或信号发生变化的时刻。

通过记录输入信号的连续的沿跳变，就可以用软件计算出输入信号的周期和脉宽，例如，为了测量周期，只要捕捉到两个相邻的上升沿或下降沿的时间，两者相减就可以得到周期；为了测量脉宽需要记录相邻的两个不同极性沿变化的时间。当测量的脉宽值小于定时器的溢出周期时，只要将两次的值直接相减（看成无符号数）。如果测量值大于定时器的溢出周期，那么在两次输入捕捉中断之间就会发生定时器计数的溢出翻转，这时直接将两个数相减就没有意义，需要考虑到定时器的溢出次数。

图 5-8 表示输入捕捉引脚的电平变化。假设触发方式是跳变沿触发，这由通道控制寄存器中的 CM 位及通道状态与控制寄存器中的 IPS 和 CAPTURE_MODE 位决定。在图 5-8 中的时刻 1 将计数器的值锁存在通道计数寄存器中，在输入捕捉中断中，把它另存到一个内存单元以防下次将内容覆盖；在图 5-8 中的时刻 2 会再次进入中断，这次将通道计数寄存器的值和内存单元的值相减就得到了为低电平的时间。

1 2

图 5-8 输入捕捉过程

5.4.2 输入捕捉的寄存器

定时器输入捕捉主要涉及定时器通道控制寄存器（TMRx_CTRL）、定时器通道状态和控制寄存器（TMRx_SCTRL）、定时器通道计数寄存器（TMRx_CNTR）、定时器通道捕捉寄存器（TMRx_CAPT）和定时器通道输入滤波寄存器（TMRx_FILT）。

下面以定时器 A 通道 0 为例，介绍定时器模块的基本寄存器，其他模块的通道寄存器基本类似。

1. 定时器通道捕捉寄存器（TMRx_CAPT）

定时器 A 通道 0 捕捉寄存器（TMRA0_CAPT）地址 F002h，其定义如下：

数据位	15	14	13	12	11	10	9	8	7	6	5	4	3	2	1	0
写操作	CAPTURE															
读操作																
复位	0	0	0	0	0	0	0	0	0	0	0	0	0	0	0	0

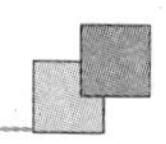

D15～D0——CAPTURE 输入捕捉值。这些可读写位存储来自计数器的捕捉值。

2. 定时器通道输入滤波寄存器(TMRx_FILT)

定时器 A 通道 0 输入滤波寄存器(TMRA0_FILT)地址 F00Bh,其定义如下:

数据位	15	14	13	12	11	10	9	8	7	6	5	4	3	2	1	0
读操作	0					FILT_CNT			FILT_PER							
写操作																
复位	0	0	0	0	0	0	0	0	0	0	0	0	0	0	0	0

D15～D11——只读位。预留,值为 0。

D10～D8——FILT_CNT 输入滤波采样计数位。这些位表示连续样本数。样本数必须先于输入滤波器接收输入跳变前设定。FILT_CNT＝0x0 表示 3 个样本数,FILT_CNT＝0x7 表示 10 个样本数。该位值会影响输入延迟时间。

D7～D0——FILT_PER 输入滤波采样周期位。这些位代表定时器输入信号的采样周期(以 IP 总线时钟周期计算),决定输入信号的采样速率。默认下,FILT_PER = 0 旁路输入滤波功能;该位会影响输入延迟。当该位值从非 0 改为其他非 0 值时,首先要对这些位写 0,清除滤波器。

5.4.3 实例:输入捕捉构件设计与测试

1. 输入捕捉构件设计

下面程序验证定时器 A 通道 1(引脚 GPIOC4)的输入捕捉中断,当中断发生时取反指示灯 GPIOE7。定时器 A 通道 0 的输入捕捉中断向量的地址在 ROM 中的基地址为 0x0000,偏移量为 0x42。

(1) 输入捕捉构件头文件(InCapture.h)

```
//-------------------------------------------------------------------*
//文件名: InCapture.h                                                *
//说  明:InCapture 定时器输入捕捉构件头文件                            *
//-------------------------------------------------------------------*
#ifndef _CAPTURE_H              //防止重复定义
#define _CAPTURE_H
//1 头文件
#include "mc56F8257.h"      //MC56F8257 MCU 映像寄存器名定义
#include "type.h"            //类型别名定义
//2 宏定义
#define TMR_LOAD(x)   (*((vuint16 *)(0x0000F003 + (x<<4))))
#define TMR_CTRL(x)    (*((vuint16 *)(0x0000F006 + (x<<4))))
#define TMR_CNTR(x)    (*((vuint16 *)(0x0000F005 + (x<<4))))
#define TMR_SCTRL(x)  (*((vuint16 *)(0x0000F007 + (x<<4))))
```

```
#define TMR_COMP1(x)   (*((vuint16 *)(0x0000F000 + (x<<4))))
#define TMR_CMPLD1(x)   (*((vuint16 *)(0x0000F008 + (x<<4))))
#define TMR_CSCTRL(x)   (*((vuint16 *)(0x0000F00A + (x<<4))))
//开放定时器输入捕捉中断
#define EnableTmrIncapInt()    TMRA1_SCTRL |= TMRA1_SCTRL_IEFIE_MASK
//禁止定时器输入捕捉中断
#define DisableEnableTmrIncapIntInt()    TMRA1_SCTRL &= ~TMRA1_SCTRL_IEFIE_MASK
//3  函数声明
//-----------------------------------------------------------------*
//函数名: Timer_Init                                                *
//功  能: 初始化 TMR(定时器)                                         *
//参  数: port:初始化设定的定时器端口                                  *
//         channel:定时器的通道号                                     *
//返  回: 无                                                         *
//说  明: 一共有两个可选择的定时器端口(端口 0 和端口 1)                   *
//         每个定时器有 4 个通道(0-3)                                  *
//-----------------------------------------------------------------*
void Timer_Init(uint8 port,uint8 channel);
#endif
```

(2) 输入捕捉构件程序文件(InCapture.c)

```
//-----------------------------------------------------------------*
//文件名: InCapture.c                                               *
//说  明: InCapture 输入捕捉构件源文件                                *
//-----------------------------------------------------------------*
//定时器头文件
#include "InCapture.h"
//-----------------------------------------------------------------*
//函数名:Timer_Init                                                 *
//功  能: 初始化 TMR(定时器)                                         *
//参  数: port:初始化设定的定时器端口                                  *
//         channel:定时器的通道号                                     *
//返  回: 无                                                         *
//说  明: 一共有两个可选择的定时器端口(端口 0 和端口 1)                   *
//         每个定时器有 4 个通道(0-3)                                  *
//-----------------------------------------------------------------*
void Timer_Init(uint8 port,uint8 channel)
{
    if (port > 1)
    {
      port = 1;
    }
    else if (port < 0)
    {
      port = 0;
    }
    //1.配置 SIM,使能定时器的时钟
    switch(port)
    {
```

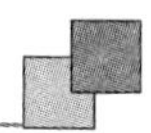

```
        case 0：
            SIM_PCE0 |= (1 << (15 - channel));
            break;
        case 1：
            SIM_PCE0 |=(1 << (11 - channel));
            break;
        default：
            break;
    }
    //2.配置引脚时钟
    SIM_PCE0 | = SIM_PCE0_GPIOC_MASK;
    //3.设置 PTC4 引脚为外设功能
    GPIO_C_PEREN| = GPIO_C_PEREN_PE4_MASK;
     //4.使能引脚为定时器功能
    SIM_GPS0 &= ~(SIM_GPS0_C4_MASK );
    //5.配置 TMR 模块,定时器时间间隔为 100 ms,总线频率 60 MHz
     TMR_CTRL((port << 2) + channel) = 0b0000000000000000; //禁止所有定时器功能
                //      |    | |||||   |
                //      |    | |||||   |---OUTMODE
                //      |    | |||||------COINIT
                //      |    | ||||--------DIR 计数方向
                //      |    | |||---------LENGTH 计数长度位
                //      |    | ||----------ONCE 单次计数
                //      |    | |-----------SCS 次级计数源
                //      |    |-------------PCS 主级计数源
                //      |-----------------CM 计数模式,对主时钟源上升沿计数
//设置定时器通道状态和控制寄存器 TMR0_SCTRL
//禁止定时器溢出中断
TMR_SCTRL((port << 2) + channel)  = 0b0000000000000000;
            //      |||||||| |||||||
            //      |||||||| |||||||-----OEN  输出使能位
            //      |||||||| ||||||------OPS  输出极性选择位
            //      |||||||| |||||-------FORCE  强制 OFLAG 输出位
            //      |||||||| ||||--------VAL Forced OFLAG 值
            //      |||||||| |||---------EEOF 外部 OFLAG 输出允许位
            //      |||||||| ||----------MSTR  主机模式
            //      |||||||| |-----------CAPTURE_MODE  捕捉模式
            //      ||||||||-------------INPUT  外部信号输入
            //      |||||||--------------IPS  输入极性选择
            //      ||||||---------------IEFIE  输入沿标志中断使能
            //      |||||----------------IEF  输入沿标志
            //      ||||---------------TOFIIE 定时器溢出标志中断使能位
            //      |||------------------TOF  定时器溢出标志
            //      ||-------------------TCFIE  比较标志中断使能位
            //      |-------------------- TCF  比较标志位
    TMR_LOAD((port << 2) + channel) = 0x0000;    //模块 X 通道 X 初始值载入寄存器
    TMRA1_CAPT = 0x0000;                         //复位捕捉寄存器
    TMR_CNTR((port << 2) + channel) = 0x0001;    //计数器寄存器的初始值
    TMRA1_FILT = 0x0000;                         //复位定时器通道输入滤波寄存器
    TMRA1_CTRL | = 15<<9;                        //128 分频
```

```
    TMRA1_CTRL |= 1<<7;                    //选择次计数源,计数器1输入引脚
    TMRA1_SCTRL |= 1<<6;                   //输入捕捉允许
    //6.设置中断优先级,一共有8个通道的中断
    if(port == 0)                          //定时器A的4个通道
    {
        switch(channel)
        {
            case 0:
            case 1:
                INTC_IPR4 |= 3 << ((1 - channel) * 2);
                break;
            case 2:
            case 3:
                INTC_IPR3 |= 3 << ((9 - channel) * 2);
                break;
            default:
                break;
        }
    }
  else              //定时器B的4个通道
  {
    switch(channel)
    {
      case 0:
      case 1:
      case 2:
          INTC_IPR1 |= 3 << ((2 - channel) * 2);
          break;
      case 3:
          INTC_IPR0 |= 3 << 14;
          break;
      default:
          break;
    }
  }
  //7.运行计数器
   TMR_CTRL((port << 2) + channel) |= 3<<13;     //运行计数器
}
```

2. 输入捕捉构件测试实例

按照构件的程序设计思想,在主程序的实现过程中,需调用 InCapture 构件和 Light 构件的相关功能函数。具体代码如下:

```
//-----------------------------------------------------------------*
// 工 程 名:tmrInCapture                                            *
// 硬件连接:GPIOC3 接拨动开关,GPIOE7 接指示灯                        *
// 程序描述:输入捕捉中断方式,是开关拨动时取反指示灯                  *
// 目    的:初步掌握 DSC 定时器输入捕捉功能                          *
// 说    明:提供 Freescale DSC 的编程框架,供教学入门使用              *
```

```
//------------------------------------------------------------*
//头文件
#include "Includes.h"
//主函数
void main(void)
{
        //1  主程序使用的变量声明
        uint32 runcount;                                    //运行计数器
        //2  关中断
        DisableInterrupt();                                 //禁止总中断
        //3  芯片初始化
        DSCinit();
        //4  主程序使用的变量初始化
        runcount = 0;                                       //主循环运行计数器
        //5  模块初始化
        Light_Init(Light_Run_PORT,Light_Run,Light_OFF);     //指示灯初始化
        Light_Init(Light_Incap_PORT,Light_Incap,Light_OFF); //输入捕捉指示灯
                                                            //初始化
        Timer_Init(0,1);
        //6  开中断
        Enable QTCaptureInt();      //允许定时器捕捉中断
        EnInt(0);                    //开中断优先级
        EnableInterrupt();          //开总中断
        //7  主循环
         while(1)
          {
            //1  主循环计数到一定的值,使小灯的亮、暗状态切换
              runcount++;
              if(runcount>=600000)
                {
                  runcount = 0;
                  Light_Change(Light_Run_PORT,Light_Run);//指示灯的亮、暗状态切换
                }
          }
}
```

3. 中断处理子程序与中断向量表 isr.c

```
//------------------------------------------------------------*
// 文件名: isr.c                                              *
// 说  明: 中断处理例程                                       *
//------------------------------------------------------------*
//头文件
#include "Includes.h"
//函数声明
//外部函数声明(启动代码标号)
extern void init_MC56F824x_5x_ISR_HW_RESET(void);
//中断例程声明
void isrDummy(void);
void TMRA1_InCapture(void);
```

```
//------------------------------------------------------------*
//函数名: TMRA1_InCapture                                      *
//功  能: 定时器模块 A 通道 1 的比较中断例程                     *
//参  数: 无                                                   *
//返  回: 无                                                   *
//说  明:  Light_Change 改变小灯状态                            *
//------------------------------------------------------------*
void TMRA1_InCapture(void)
{
    uint16 temp;                                //变量声明
    DisableInterrupt();                         //禁止总中断
Light_Change(Light_Run_PORT,Light_Run)          //输入捕捉指示灯的亮、暗状态切换
                                                //清定时器溢出标志位
temp = TMRA1_SCTRL;                             //读取定时器状态和控制寄存器
TMRA1_SCTRL &= ~(TMRA1_SCTRL_IEF_MASK);         //清定时器输入沿标志位
TMRA1_CNTR = 0x0001;                            //计数器寄存器的初始值
EnInt(0);                                       //开优先级中断
EnableInterrupt();                              //开总中断
}
//未定义的中断处理函数,本函数不能删除
void isrDummy(void)
{
}
//中断矢量表,如果需要定义其他中断例程,请修改下表中的相应项目
volatile asm void _vect(void);
#pragma define_section interrupt_vectors "interrupt_vectors.text"  RX
extern  uint8  Num100ms;
#pragma section interrupt_vectors begin
volatile asm void _vect(void)
{
    JSR  init_MC56F824x_5x_ISR_HW_RESET  /* Interrupt no. 0 (Used) - ivINT_Reset */
    JSR  isrDummy          /* Interrupt no. 1 ( Unused ) - ivINT_COPReset  */
         ......
    JSR  TMRA1_InCapture       /* Interrupt no. 42 (used) - ivINT_TMRA0  */
         ......
    JSR  isrDummy              /* Interrupt no. 66 (Unused) - ivINT_LP  */
}
#pragma section interrupt_vectors end
```

5.5 定时器模块输出比较功能的编程方法与实例

输出比较功能是 DSC 定时器模块的基本功能之一,在学习了定时器的输入捕捉功能之后,可以进一步学习定时器模块输出比较功能的编程方法。本节讨论 MC56F8257 定时器模块输出比较功能的编程方法。

5.5.1 输出比较的基本含义

输出比较功能是用程序的方法在规定的时刻输出需要的电平,实现对外部电路

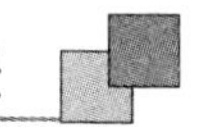

的控制。当定时器的某一通道用作输出比较功能时,通道寄存器的值和计数寄存器的值每隔 4 个总线周期比较一次。当两个值相等时,输出比较模块置定时器通道状态和控制寄存器的 TCF 位为 1,并且在该通道的引脚上输出预先规定的电平。如果输出比较中断允许,还会产生一个中断。

对比使用延时来得到所需输出电平的方法,使用输出比较的优势在于可以得到非常精确的输出时间间隔。硬件的比较功能不受其他中断的影响,而且对用户程序没有额外的负担。

输出比较最简单、最常用的功能就是产生一定间隔的脉冲。典型的应用实例是实现软件的串行通信。如用输入捕捉作为数据输入,用输出比较作为数据输出;具体思想是:首先根据通信的波特率向通道寄存器写入延时的值。然后,根据待传的数据位确定有效输出电平的高低。在输出比较中断处理程序中,重新更改通道寄存器的值,并根据下一位数据改写有效输出电平控制位。

5.5.2　输出比较的相关寄存器

定时器输出比较主要涉及定时器通道控制寄存器(TMRx_CTRL)、定时器通道状态和控制寄存器(TMRx_SCTRL)、定时器通道计数寄存器(TMRx_CNTR)、定时器通道比较寄存器 1(TMRx_COMP1)、定时器通道比较寄存器 2(TMRx_COMP2)、定时器通道比较装载寄存器 1(TMRx_CMPLD1)和定时器通道比较装载寄存器 2(TMRx_CMPLD2)。

1. 定时器通道比较装载寄存器 1(TMRx_CMPLD1)

定时器 A 通道 0 比较装载寄存器(TMRA0_CMPLD1)地址为 F008h,其定义如下:

数据位	15	14	13	12	11	10	9	8	7	6	5	4	3	2	1	0
读操作	COMPARATOR_LOAD1															
写操作																
复位	0	0	0	0	0	0	0	0	0	0	0	0	0	0	0	0

D15～D0——COMPARATOR_LOAD1,比较装载寄存器数值位,可读写。这些位是定时器模块相应通道的 TMRx_COMP1 寄存器的预装载值。

2. 定时器通道比较装载寄存器 2(TMRx_CMPLD2)

定时器 A 通道 0 比较装载寄存器 2(TMRA0_CMPLD2)地址为 F009h,其定义如下:

数据位	15	14	13	12	11	10	9	8	7	6	5	4	3	2	1	0
读操作	COMPARATOR_LOAD2															
写操作																
复位	0	0	0	0	0	0	0	0	0	0	0	0	0	0	0	0

D15～D0——COMPARATOR_LOAD2，比较装载寄存器数值位，可读写。这些位是定时器模块相应通道的 TMRx_COMP2 寄存器的预装载值。

3. 定时器通道比较寄存器 1(TMRx_COMP1)

定时器 A 通道 0 比较寄存器 1(TMRA0_COMP1)地址为 F000h，其定义如下：

数据位	15	14	13	12	11	10	9	8	7	6	5	4	3	2	1	0
读操作	COMPARISION_1															
写操作																
复位	0	0	0	0	0	0	0	0	0	0	0	0	0	0	0	0

D15～D0——COMPARISION_1，比较寄存器 1 数值位，可读写。这些位用于存储与计数寄存器比较的值。

4. 定时器通道比较寄存器 2(TMRx_COMP2)

定时器 A 通道 0 比较寄存器 2(TMRA0_COMP2)地址为 F001h，其定义如下：

数据位	15	14	13	12	11	10	9	8	7	6	5	4	3	2	1	0
读操作	COMPARISION_2															
写操作																
复位	0	0	0	0	0	0	0	0	0	0	0	0	0	0	0	0

D15～D0——COMPARISION_2，比较寄存器 2 数值位，可读写。这些位用于存储与计数寄存器比较的值。

5.5.3 实例：输出比较构件设计与测试

1. 输出比较构件设计

定时器通过内部时钟计数使用输出比较产生周期性中断。该工程通过输出比较产生周期为 1 s 的周期性中断。

(1) 输出比较构件头文件(OutCompare.h)

```
//-----------------------------------------------------------------*
//文件名：OutCompare.h                                              *
//说  明：OutCompare 定时器构件头文件                                *
```

```
//-----------------------------------------------------------------*
#ifndef _OUTCOMPARE_H                  //防止重复定义
#define _OUTCOMPARE_H
//1. 头文件
#include  "mc56F8257.h"                      //MC56F8257 DSC 映像寄存器名定义
#include "Type.h"                            //类型别名定义
//2. 宏定义
//2.1 寄存器相关宏定义
//MC56F8257 的 TMP 模块相关寄存器的定义
#define TMR_LOAD(x)   (*((vuint16 *)(0x0000F003 + (x<<4))))
#define TMR_CTRL(x)    (*((vuint16 *)(0x0000F006 + (x<<4))))
#define TMR_CNTR(x)    (*((vuint16 *)(0x0000F005 + (x<<4))))
#define TMR_SCTRL(x)   (*((vuint16 *)(0x0000F007 + (x<<4))))
#define TMR_COMP1(x)   (*((vuint16 *)(0x0000F000 + (x<<4))))
#define TMR_CMPLD1(x)   (*((vuint16 *)(0x0000F008 + (x<<4))))
#define TMR_CSCTRL(x)   (*((vuint16 *)(0x0000F00A + (x<<4))))
//开放定时器比较中断
#define EnableQTOutCompareInt()    TMRA0_CSCTRL| = TMRA0_CSCTRL_TCF1EN_MASK
//禁止定时器比较中断
#define DisableQTOutCompareInt()    TMRA0_CSCTRL& = TMRA0_CSCTRL_TCF1EN_MASK
//3. 外部函数声明
//-----------------------------------------------------------------*
//函数名：Timer_Init                                               *
//功  能：初始化 TMR(定时器)                                       *
//参  数：port:初始化设定的定时器端口                              *
//        channel:定时器的通道号                                   *
//返  回：无                                                       *
//说  明：一共有两个可选择的定时器端口(端口 0 和端口 1)           *
//        每个定时器有 4 个通道(0-3)                               *
//-----------------------------------------------------------------*
void Timer_Init(uint8 port,uint8 channel);
#endif
```

(2)输出比较构件程序文件(OutCompare.c)

```
//-----------------------------------------------------------------*
//文件名：OutCompare.h                                             *
//说  明：OutCompare 定时器构件头文件                              *
//-----------------------------------------------------------------*
//定时器头文件
include "OutCompare.h"
//-----------------------------------------------------------------*
//函数名：Timer_Init                                               *
//功  能：初始化 TMR(定时器)                                       *
//参  数：port:初始化设定的定时器端口                              *
//        channel:定时器的通道号                                   *
//返  回：无                                                       *
//说  明：一共有两个可选择的定时器端口(端口 0 和端口 1)           *
//        每个定时器有 4 个通道(0-3)                               *
```

```
//-----------------------------------------------------------------------*
void Timer_Init(uint8 port,uint8 channel)
{
      if (port > 1)
      {
        port = 1;
      }
      else if (port < 0)
      {
        port = 0;
      }
      //1.配置 SIM,使能定时器的时钟
      switch(port)
      {
        case 0:
            SIM_PCE0 |= (1 << (15 - channel));
            break;
        case 1:
            SIM_PCE0 |= (1 << (11 - channel));
              break;
        default:
             break;
    }
//2.配置 TMR 模块,定时器时间间隔为 100 ms,总线频率 60 MHz
TMR_CTRL((port << 2) + channel) = 0b0000000000100000; //禁止所有定时器功能
        //            |    | |||||   |
        //            |    | |||||   |----OUTMODE
        //            |    | |||||-------COINIT
        //            |    | ||||--------DIR 计数方向
        //            |    | |||---------LENGTH 计数长度位
        //            |    | ||----------ONCE 单次计数
        //            |    | |-----------SCS 次级计数源
        //            |    |-------------PCS 主级计数源
        //            |----------------CM 计数模式,对主时钟源上升沿计数
//设置定时器通道状态和控制寄存器 TMRA0_SCTRL
//禁止定时器溢出中断
TMR_SCTRL((port << 2) + channel)  = 0b0000000000000;
        //         |||||||| |||||||
        //         |||||||| |||||||-----OEN 输出使能位
        //         |||||||| ||||||------OPS 输出极性选择位
        //         |||||||| |||||-------FORCE 强制 OFLAG 输出位
        //         |||||||| ||||--------VAL Forced OFLAG 值
        //         |||||||| |||---------EEOF 外部 OFLAG 输出允许位
        //         |||||||| ||----------MSTR 主机模式
        //         |||||||| |-----------CAPTURE_MODE 捕捉模式
        //         ||||||||--------------INPUT 外部信号输入
        //         |||||||--------------IPS 输入极性选择
        //         ||||||---------------IEFIE 输入沿标志中断使能
        //         |||||----------------IEF 输入沿标志
```

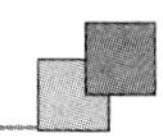

```
    //          ||||------------------TOFIIE 定时器溢出标志中断使能位
    //          |||-------------------TOF 定时器溢出标志
    //          ||--------------------TCFIE 比较标志中断使能位
    //          |---------------------TCF 比较标志位
TMR_LOAD((port << 2) + channel) = 0;          //模块 X 通道 X 初始值载入寄存器
TMR_COMP1((port << 2) + channel) = 0xB71A;    //设置比较 1 寄存器值
TMR_CMPLD1((port << 2) + channel) = 0xB71A;   //设置比较预置寄存器值
TMR_CSCTRL((port << 2) + channel) = 0x01;     //使能比较 1 的中断、预载入比较 1
                                              //寄存器值
TMR_CTRL((port << 2) + channel) |= 15<<9;     //主计数时钟源为 IP_bus_clk/128
TMR_CNTR((port << 2) + channel) = 0;          //计数器寄存器的初始值
//3.设置中断优先级,一共有 8 个通道的中断
    if(port == 0)                             //定时器 A 的 4 个通道
    {
        switch(channel)
        {
            case 0:
            case 1:
                INTC_IPR4 |= 3 << ((1 - channel) * 2);
                break;
            case 2:
            case 3:
                INTC_IPR3 |= 3 << ((9 - channel) * 2);
                break;
            default:
                break;
        }
    }
    else                                      //定时器 B 的 4 个通道
    {
        switch(channel)
        {
            case 0:
            case 1:
            case 2:
                INTC_IPR1 |= 3 << ((2 - channel) * 2);
                break;
            case 3:
                INTC_IPR0 |= 3 << 14;
                break;
            default:
                break;
                }
            }
        //4.运行计数器
        TMR_CTRL((port << 2) + channel) |= 1<<13;     //运行计数器
}
```

2. 输出比较构件测试实例

按照构件的程序设计思想，在主程序的实现过程中，需调用 OutCompare 构件和 Light 构件的相关功能函数。具体代码如下：

```
//-------------------------------------------------------------------*
// 工 程 名：tmrOutCompare                                            *
// 硬件连接：运行指示灯接在 GPIOE 口的 7 脚，宏定义在 Light.h 文件中      *
// 程序描述：每隔一秒小灯亮暗切换一次，通过定时器比较中断实现              *
//          每隔 1 s 溢出中断产生一次                                  *
// 目    的：熟悉 DSC 定时器比较中断功能                                 *
// 说    明：波特率为 9 600，定时器使用模块 B 通道 0                      *
//-------------------------------------------------------------------*
//头文件
#include "Includes.h"
//主函数
void main(void)
{
        //1 主程序使用的变量声明
         uint32 runcount;                                    //运行计数器
         uint8 SerialBuff[] = "Soochow University!"; //初始化存放接收数据的数组
        //2 关中断
         DisableInterrupt();                                 //禁止总中断
        //3 芯片初始化
         DSCinit();
        //4 主程序使用的变量初始化
         runcount = 0;                                      //主循环运行计数器
        //5 模块初始化
         Light_Init(Light_Run_PORT,Light_Run,Light_OFF);        //指示灯初始化
         Light_Init(Light_Incap_PORT,Light_Incap,Light_OFF);     //输出比较指示灯
                                                                 //初始化
         Timer_Init(1,0);
        //6 开中断
         EnableQTOutCompareInt();                          //允许输出比较中断
         EnInt(0);                                         //开中断优先级
         EnableInterrupt();                                  //开总中断
        //7 主循环
         while(1)
         {
           //1 主循环计数到一定的值，使小灯的亮、暗状态切换
            runcount++;
            if(runcount>=600000)
            {
               runcount = 0;
               Light_Change(Light_Run_PORT,Light_Run);//指示灯的亮、暗状态切换
            }
           //2 定时器比较中断，每隔 1 s 输出比较小灯亮暗切换一次
           if((Num100ms >= 10))         //未知原因，判定条件必须使用两次
           {
               if((Num100ms >= 10))
```

```
            {
              Num100ms = 0;
              Light_Change(Light_Incap_PORT,Light_Incap);//输出比较指示灯的
                                                        //亮、暗状态切换
            }
        }
    }
```

3. 中断处理子程序与中断向量表 isr.c

```
//-------------------------------------------------------------*
// 文件名：isr.c                                                *
// 说  明：中断处理例程                                          *
//-------------------------------------------------------------*
//头文件
#include "Includes.h"
    //定义全局变量
    uint8 Num100ms = 0;
    //---------------------------------------------------------*
    //函数名：TMRB0_OutCompare                                  *
    //功  能：定时器模块B通道0的比较中断例程                     *
    //说  明：无                                                *
    //---------------------------------------------------------*
    void TMRB0_OutCompare(void)
    {
        //1  变量声明
         uint16 temp;
        //2  禁止总中断
         DisableInterrupt();
          Num100ms++;
          temp = TMRB0_CSCTRL;             //读取定时器通道比较状态控制寄存器
          TMRB0_CSCTRL &= ~(TMRB0_CSCTRL_TCF1_MASK); //清定时器比较标志位
          TMRB0_CNTR = 0;
        //3  开中断
          EnInt(0);                                  //开优先级中断
          EnableInterrupt();                               //开总中断
    }
//未定义的中断处理函数,本函数不能删除
void isrDummy(void)
{
}
//中断矢量表,如果需要定义其他中断例程,请修改下表中的相应项目
volatile asm void _vect(void);
#pragma define_section interrupt_vectors "interrupt_vectors.text"  RX
extern  uint8  Num100ms;
#pragma section interrupt_vectors begin
volatile asm void _vect(void)
{
        JSR   init_MC56F824x_5x_ISR_HW_RESET   /* Interrupt no. 0 (Used)   -
ivINT_Reset */
```

```
        JSR   isrDummy        /* Interrupt no. 1 ( Unused )    - ivINT_COPReset
*/
        ......
        JSR   TMRB0_OutCompare     /* Interrupt no. 42 (Used) - ivINT_TMRA0   */
        ......
        JSR   isrDummy          /* Interrupt no. 66 (Unused) - ivINT_LP   */
}
#pragma section interrupt_vectors end
```

第6章

脉宽调制模块 eFlexPWM

脉宽调制器(Pulse Width Modulator, PWM)产生一个在高电平和低电平之间重复交替的输出信号,这个信号被称为 PWM 信号,也叫脉宽调制波。PWM 以其控制简单,灵活和动态响应好的优点而成为电力电子技术最广泛应用的控制方式,也是嵌入式应用系统的常用功能之一。掌握 DSC 内部 PWM 的基本工作原理与编程方法是学习 DSC 的重要内容。对脉宽调制输出功能,要求理解基本原理与用途,重点掌握脉宽调制输出的编程方法。

本章主要内容有:①从一般角度讨论 PWM 的工作原理;②讨论 MC56F8257 的 eFlexPWM 模块的特点与内部结构;③讨论 eFlexPWM 模块的对齐 PWM、移相 PWM、双转换 PWM、ADC 触发、增强型输入捕捉及输出比较等工作方式,给出编程实例。本章重点是 eFlexPWM 的输出 PWM 及增强型输入捕捉功能编程。

6.1 PWM 的基本原理

PWM 通过指定所需的时钟周期和占空比来控制高电平和低电平的持续时间。通常定义占空比为信号处于高电平的时间(或时钟周期数)占整个信号周期的百分比,方波的占空比是 50%。脉冲宽度是指脉冲处于高电平的时间。图 6-1 给出了几个不同占空比的 PWM 信号($T_{PWM}=8T_{CLK}$)示意图。图 6-1(a)中,PWM 的高电平为 $2T_{CLK}$,所以占空比=2/8=25%,图 6-1(b)和图 6-1(c)可以类似计算。

PWM 的常见应用是为其他设备产生类似于时钟的信号。例如,PWM 可用来控制灯以一定频率闪烁。

PWM 的另一个常见用途是控制输入到某个设备的平均电流或电压。例如,一个直流电机在输入电压时会转动,而转速与平均输入电压的大小成正比。假设每分钟转速(rpm)=输入电压的 100 倍(数值),如果转速要达到 125 rpm,则需要 1.25 V 的平均输入电压;如果转速要达到 250 rpm,则需要 2.50 V 的平均输入电压。在图 6-1 中,

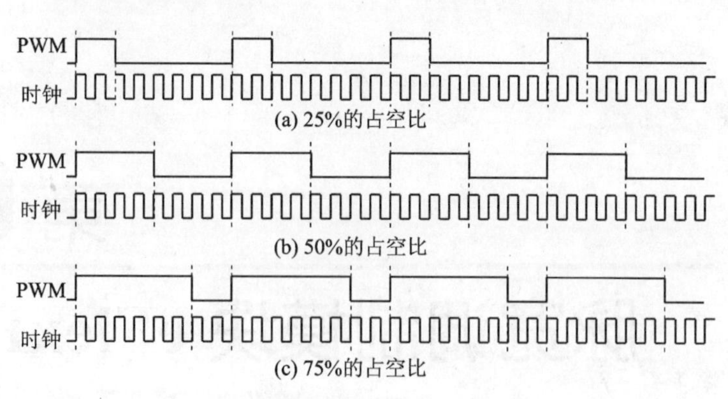

图 6-1　PWM 的占空比的计算方法

如果逻辑 1 是 5 V,逻辑 0 是 0 V,则图 6-1(a)的平均电压是 1.25 V,图 6-1(b)的平均电压是 2.5 V,图 6-1(c)的平均电压是 3.75 V。可见,利用 PWM,可以设置适当的占空比得到所需的平均电压,如果所设置的周期足够小,电机就可以平稳运转(即不会明显感觉到电机在加速或减速)。

PWM 还可以应用于控制命令字编码。例如,通过发送不同宽度的脉冲,代表不同含义。假如用此来控制无线遥控车,脉冲宽度为 1 ms 代表左转命令,4 ms 代表右转命令,8 ms 代表前进命令。接收端可以使用定时器来测量脉冲宽度,在脉冲开始时启动定时器,脉冲结束时停止定时器,由此来确定所经过的时间,从而判断收到的命令。

6.2　eFlexPWM 模块的内部结构及其特点

1. 内部结构

MC56F8257 的脉宽调制模块 eFlexPWM 由 SM0、SM1、SM2 和 SM3 共 4 个子模块组成。其中 SM0、SM1 和 SM2 模块都具有分数延时功能,但没有输入捕捉功能;SM3 则相反,具有输入捕捉功能,没有分数延时功能。其他方面 4 个子模块相同,具体内部结构如图 6-2 所示。eFlexPWM 模块可以产生多种转换模式,包括高复杂度的波形。它可以用来控制电机,也可以用来控制不同的开关模式电源(SMPS)拓扑结构。

2. 特　点

- 16 位分辨率的中心对齐 PWM、边沿对齐 PWM 和非对称 PWM;
- 互补或独立的通道上输出 PWM;
- 采用有符号数设置产生 PWM;
- 上升或下降沿独立控制输出 PWM;
- 双缓存的 PWM 寄存器;

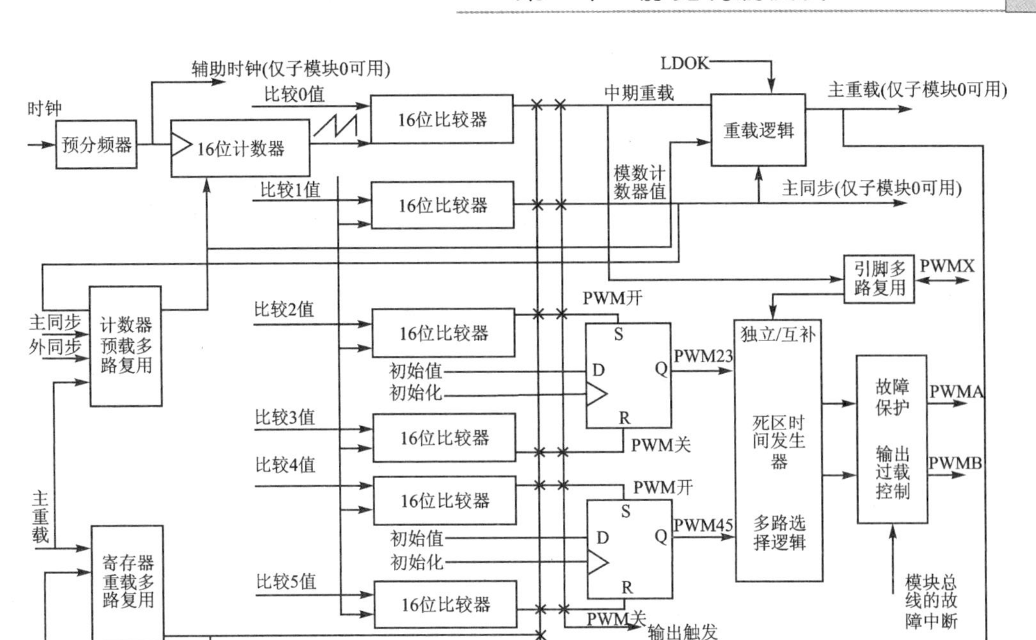

图 6-2　eFlexPWM 模块的内部结构图

- 每个 PWM 周期内可以输出多个触发事件；
- 双转换 PWM 输出；
- 故障输入可以控制多重 PWM 输出；
- 独立设定极性 PWM 输出及上桥臂/下桥臂死区时间；
- 每个互补对信号可以有自己独立的 PWM 频率和死区时间；
- 独立的软件控制 PWM 输出；
- 对于 FORCE_OUT 事件，可以通过编程同时改变所有输出；
- 通道可以用于带缓冲的输出比较及输入捕捉功能；
- 增强的双边沿捕捉功能。

3. 引　脚

eFlexPWM 模块引脚包括 PWM[n]A、PWM[n]B、PWM[n]X、FAULT[n]、PWM[n]_EXT_SYNC、EXT_FORCE、PWM[n]_EXTA 和 PWM[n]_EXTB；以及片内输入信号引脚 EXT_CLK 和输出信号引脚 PWM[n]_OUT_TRIGx。

PWM[n]A 和 PWM[n]B 引脚为 PWM 通道的输出引脚，可以独立使用分别输出 PWM 信号，或组合使用输出互补 PWM 信号对。另外这两个引脚也作为输入捕捉信号输入。PWM[n]X 引脚是 PWM 通道的辅助输出引脚；它的功能有独立输出 PWM 信号，或作为输入捕捉的输入引脚，或在死区时间校正时用作检测互补电路电流的极性。这些引脚在 MC56F8257 芯片上有具体的引脚号对应。

FAULT[n]输入引脚用来禁止选定的 PWM 输出;PWM[n]_EXT_SYNC 输入引脚允许外部 PWM 信号初始化 PWM 计数器,可实现 PWM 与外电路同步;EXT_FORCE 输入引脚允许外部 PWM 信号强制更新 PWM 输出,可实现 PWM 与外电路同步;PWM[n]_EXTA 和 PWM[n]_EXTB 输入引脚允许交替控制 PWMA 和 PWMB 输出,可独立使用也可以一起使用组成互补对,通常它们与 ADC 高/低限制转换、TMR 输出、GPIO 输入和比较器输出相连。这些引脚在 MC56F8257 芯片上没有具体引脚号对应,只是在芯片内部通过交叉开关模块与其他外设相连。

6.3 eFlexPWM 模块

6.3.1 时　钟

eFlexPWM 的每个子模块能够从 IPBus、EXT_CLK 和 AUX_CLK 三种时钟信号中选择其一作为时钟产生源,如图 6-3 所示,其中 EXT_CLK 可由 MC56F8257 片上的资源(如定时器)提供。寄存器 PWM_SMnCTRL2 的 CLK_SEL 位,用以选择时钟产生源。一般情况下,使用 IPBus(60 MHz)作为 PWM 的时钟产生源。为了得到较低的 PWM 频率,使用寄存器 PWM_SMnCTRL 的预分频率位 PRSC,对时钟源进行 1～128 分频。预分频率经过缓冲后输出,直到寄存器 PWM_MCTRL 的 LDOK 位被置 1 且重新开始下一个 PWM 重载周期或寄存器 PWM_SMnCTRL 的 LDMOD 位被置 1 时候,PWM 发生器才能使用新的时钟频率。此外,子模块 0 作为主模块,可以为其他子模块提供时钟和异步信号。

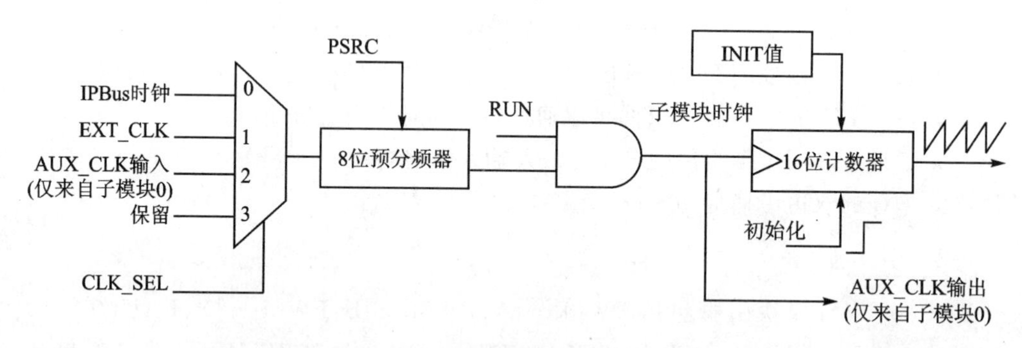

图 6-3　eFlexPWM 子模块的时钟框图

6.3.2 发生器

1. 功能结构

eFlexPWM 发生器中每个子模块之间的功能结构如图 6-4 所示。在每个子模块中,两个比较器和相应的 16 位 VALx 寄存器用来产生 PWM 输出信号;其中,一个比较器和相应的 VALx 寄存器用来控制上升沿，而另一个比较器和相应的 VALx 寄存器控制下降沿。

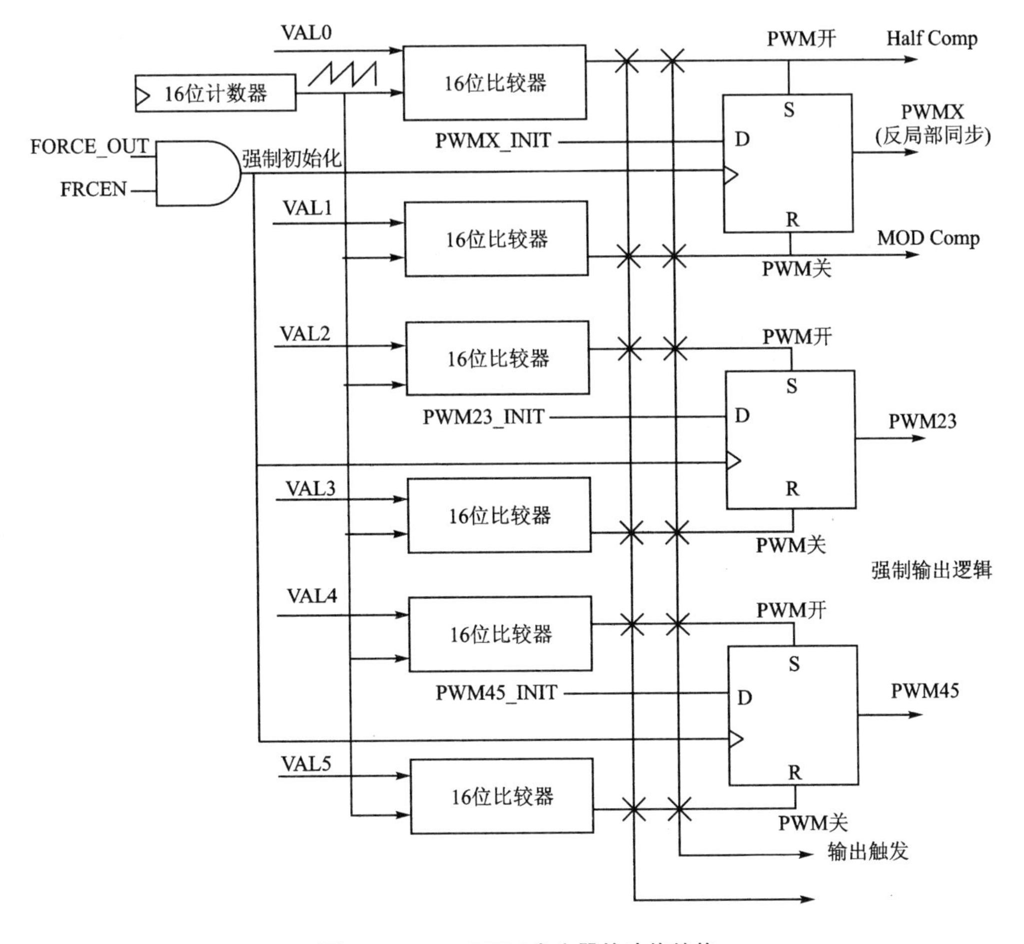

图 6-4　eFlexPWM 发生器的功能结构

局部同步信号的产生方式与同子模块中其他 PWM 信号。当比较器 0 引起局部同步信号的上升沿时，则比较器 1 产生其下降沿。如果 PWM_SMnVAL1 寄存器作为模计时器，并且 PWM_SMnVAL0 值是 PWM_SMnVAL1 值减去 PWM_SMnINIT 值的一半，那么半周期重载脉冲正好出现在定时器计数周期的中间，这时局部同步信号的占空比为 50%。另一方面，如果不要求寄存器重载和初始化，PWM_SMnVAL1 和 PWM_SMnVAL0 寄存器可以分别作为局部同步信号的模寄存器和半模寄存器。如果 PWMx 引脚没有用于其他功能（如，输入捕捉或死区时间失真校正），局部同步转换成辅助 PWM 信号（PWMX）。因此，每个子模块能够产生 3 种 PWM 信号，包括局部同步信号。

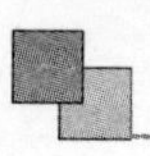

2. 重 载

eFlexPWM 发生器的重载包括重载使能、重载频率、重载标志、重载错误及初始化等方面。

eFlexPWM 发生器的重载使能位(PWM_MCTRL[LDOK])决定了 eFlexPWM 发生器的预分频因子(PWM_SMnCTRL[PRSC])和 PWM 脉宽(PWM_SMnINIT 和 PWM_SMnVALx)参数。当 PWM_SMnCTRL[LDMOD]置位时,置位 PWM_MCTRL[LDOK],装载 PWM_SMnCTRL[PRSC]、PWM_SMnINIT 和 PWM_SMnVALx 寄存器,并在下一个 PWM 装载周期这些寄存器装载值生效。当 PWM_MCTRL[LDOK]位为 0 时,读取该位,然后向该位写 1 将置位该位。PWM_MCTRL[LDOK]位被系统自动清零。

PWM_SMnCTRL[LDFQ]位决定了 PWM 参数装载频率,一般是 1～16 倍的 PWM 周期。无论 PWM_MCTRL[LDOK]位状态如何,设置 PWM_SMnCTRL[LDFQ]位将在当前 PWM 装载周期内生效。PWM_SMnCTRL[HALF]位和 PWM_SMnCTRL[FULL]位决定重载时刻。如果 PWM_SMnCTRL[FULL]置位,当计数器的值等于 PWM_SMnVAL1 寄存器值时将重载,即 PWM 周期结束时重载;如果 PWM_SMnCTRL[HALF]置位,当计数器的值等于 PWM_SMnVAL0 寄存器值时将重载,即 PWM 半周期处重载;如果 PWM_SMnCTRL[FULL]和 PWM_SMnCTRL[HALF]均置位,当计数器的值分别与 PWM_SMnVAL1 寄存器值和 PWM_SMnVAL0 寄存器值相等时都将重载,即每个 PWM 周期重载两次。

重载时,PWM 重载标志位(PWM_SMnSTS[RF])置位。如果 PWM 重载中断允许位(PWM_SMnINTEN[RIE])置位,置位该位将向 CPU 发出重载中断请求,并允许通过软件实时更新 PWM 参数。如果 PWM_SMnINTEN[RIE]位被清零时,eFlexPWM 模块将以设定的频率重载 PWM 参数,但不产生重载中断请求。

在重载时,PWM_SMnVALx、PWM_SMnFRACVALx、PWM_SMnCTRL[PRSC]寄存器其中之一被更新,则置位重载更新标志位 PWM_SMnSTS[RUF],表示数据重载。当置位 PWM_MCTRL[LDOK],且装载成功,则清除 PWM_SMnSTS[RUF]位。如果 PWM_SMnSTS[RUF]置位且 PWM_MCTRL[LDOK]清零,此时出现重载,将出现重载错误且置位重载错误标志位 PWM_SMnSTS[REF]。

需要注意的是在使能 eFlexPWM 发生器(置位 PWM_MCTRL[RUN])之前,初始化所有寄存器且置位 PWM_MCTRL[LDOK],以实现重载的目的。

6.3.3 计数同步

eFlexPWM 模块中的计算器初始化时钟来源于普通信号和强制信号两大类。普通信号又分为局部同步信号、主重载信号、主同步信号和 EXT_SYNC 信号 4 种,具体如图 6-5 所示。

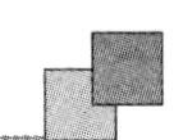

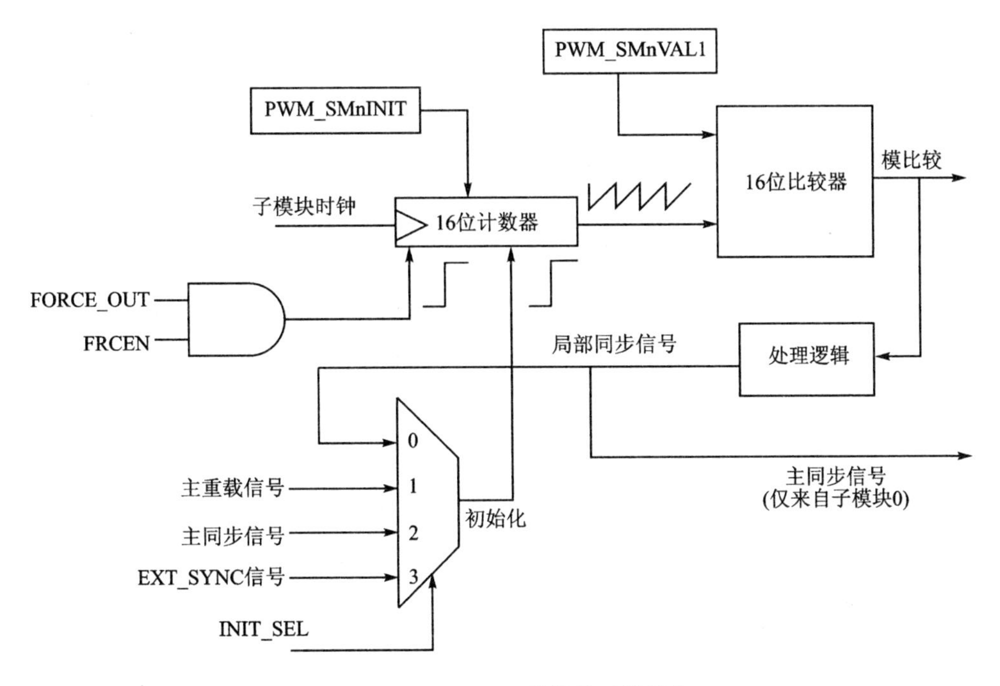

图 6-5　eFlexPWM 模块的时钟同步

从图 6-5 看出，当增加计数的 16 位计数器的值等于 PWM_SMnVAL1 时，产生局部同步信号的上升沿。如果这个局部同步信号用于 16 位计数器的初始化时钟，则 eFlexPWM 子模块中的 PWM_SMnVAL1 寄存器值将控制定时器周期及相关操作。

类似于局部同步信号，主同步信号来源于子模块 0。如果主同步信号用于 16 位计数器的初始化时钟，则任意子模块的定时器周期等同于子模块 0 定时器的周期。PWM_SMnVAL1 寄存器以及子模块其他相关的比较器可以用于其他功能，如 PWM 发生器、输入捕捉、输出比较或输出触发。

EXT_SYNC 信号来源于片内或片外，这由系统结构决定。该信号用于 16 位计数器的初始化时钟，便于外部信号源控制 eFlexPWM 所有子模块的周期。

如果选择主重载信号作为计数器初始化时钟，那么计数器周期将由子模块 0 的寄存器重载频率决定。重载频率通常与采样频率(由软件设置)相同，因此子模块计数器周期等于采样周期。这样，在整个采样周期(通常由几个 PWM 周期组成)中，其他子模块定时器可用于输出比较或输出触发等功能。需要注意的是主重载信号只能来源于子模块 0。

除了上述 4 种普通信号外，强制信号 FORCE_OUT 也可用于计数器初始化时钟(置位 PWM_SMn CTRL2[FRCEN])。从图 6-5 看出，无论是否选择上述 4 种信号中的哪一种信号，若强制信号 FORCE_OUT 有效，将直接导致计数器的初始化。这种功能主要用于整流变换领域，如 PWM 信号控制无刷直流电机启停同步等。

6.3.4 通道独立与互补

eFlexPWM 模块中的通道可独立输出 PWM 信号也可以组成互补对输出 PWM。当置位 PWM_SMnCTRL2[INDEP]时,则配置 PWM 通道独立输出 PWM 信号,即每个通道输出的 PWM 由本身的 PWM_SMnVALx 寄存器对控制;当清零 PWM_SMnCTRL2[INDEP]位时,则配置 PWM 通道以互补对形式输出 PWM 信号,如图 6-6 所示。输出引脚(PWM23 或 PWM45)输出的 PWM 由 PWM_MCTRL[IPOL]位决定。互补对输出 PWM 信号,主要用于电机驱动电路中,互补的 PWM 用来驱动顶端和底端的晶体管,如图 6-7 所示。

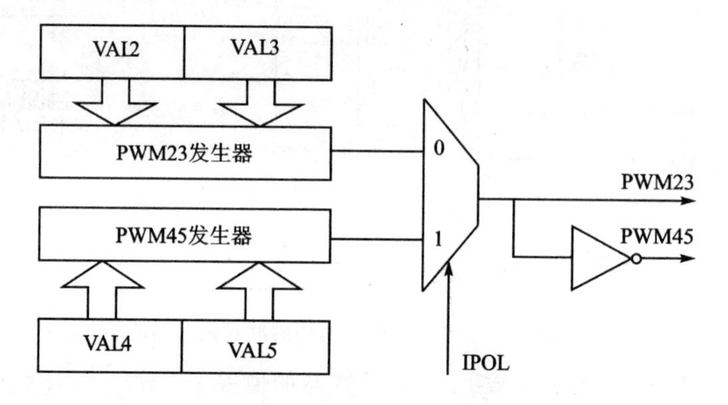

图 6-6 互补通道 PWM 输出

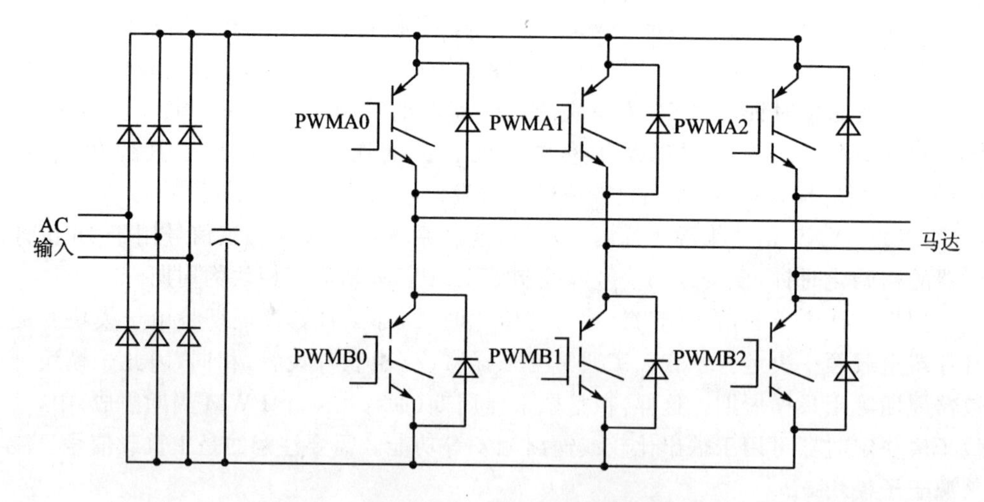

图 6-7 典型的三相 AC 电机驱动原理框图

6.3.5 死区时间插入逻辑

在互补通道模式下,每一互补对的 PWM 信号可用来控制上桥臂/下桥臂功率开关器件,如图 6-8 所示。一般控制方式是:一对互补通道的两路信号应该是完全相

反的。当上桥臂 PWM 通道为有效电平时，下桥臂 PWM 通道应该是无效电平，反之亦然。

为了防止电机驱动电路的 DC 电源瞬间短路而击穿功率开关器件，必须保证上桥臂功率开关器件和下桥臂功率开关器件的导通在时间上没有重叠。然而由于功率开关器件的特性，它的关断时间比导通时间要长。为了防止功率开关器件上下桥臂功率开关器件直通烧毁，需要在向功率开关器件发送信号前插入死区来保护不被击穿。

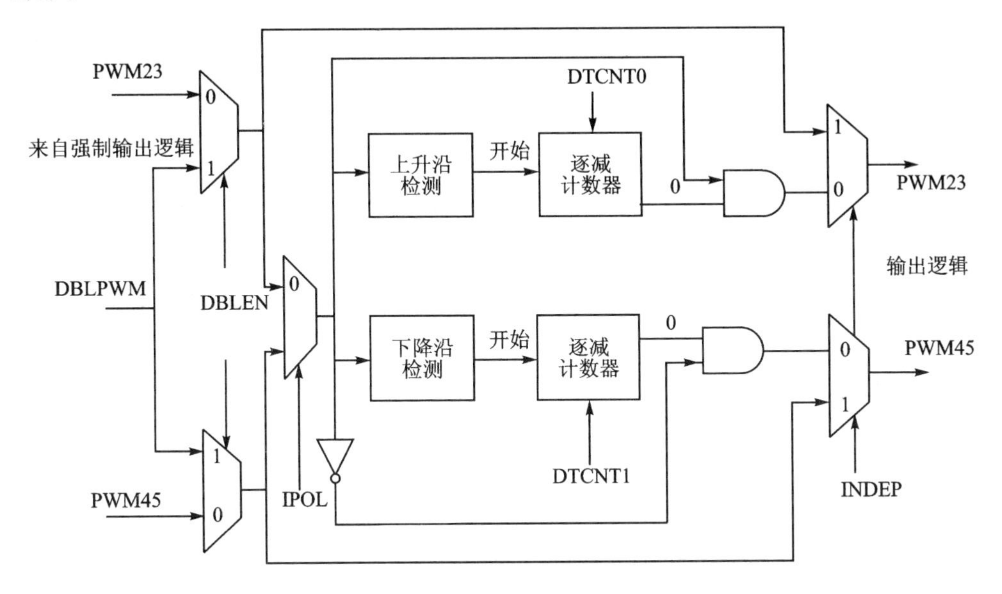

图 6－8　死区时间插入逻辑

死区生成器自动向每一对互补 PWM 信号中插入可由软件控制的有效电平起始沿的时间延迟。PWM 死区寄存器(PWM_SMnDTCNT0 和 PWM_SMnDTCNT1)指定作为死区的 PWM 时钟周期数，如图 6－9 所示。每次当 PWM 生成器输出改变状态时，就会插入死区。死区会使两个成对的 PWM 输出转为无效电平状态。

1. 上桥臂/下桥臂死区校正

在互补通道模式下，上桥臂/下桥臂的功率开关器件可控制输出电压。但必须插入死区来避免上桥臂与下桥臂功率开关器件之间导通时间的重叠。在死区补偿插入死区的过程中，两个功率开关器件都是关断的，此时输出电压的状态由负载电流方向和失真的导通电压来决定，如图 6－10 所示。

在死区内，负载电感的电压由于与功率开关器件并联的二极管有续流作用而存在失真。死区电流使输出电压随电流方向变化而变化。当电流正方向流动时，死区中的输出电压等于下桥臂功率开关器件提供的电压，此时上桥臂的功率开关器件是可控的。当电流负向流动的时候，死区内的输出电压等于上桥臂功率开关器件提供

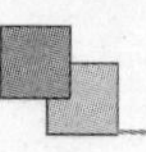

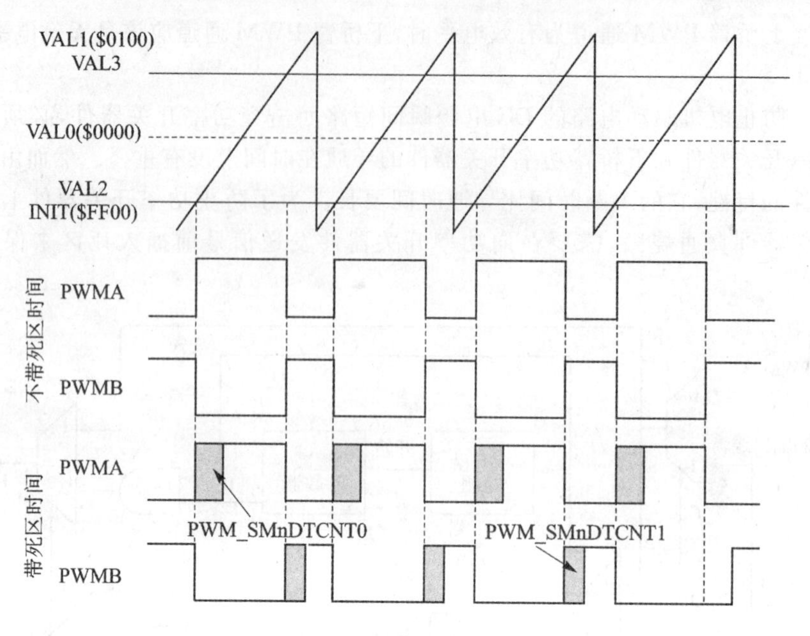

图 6-9　死区时间插入

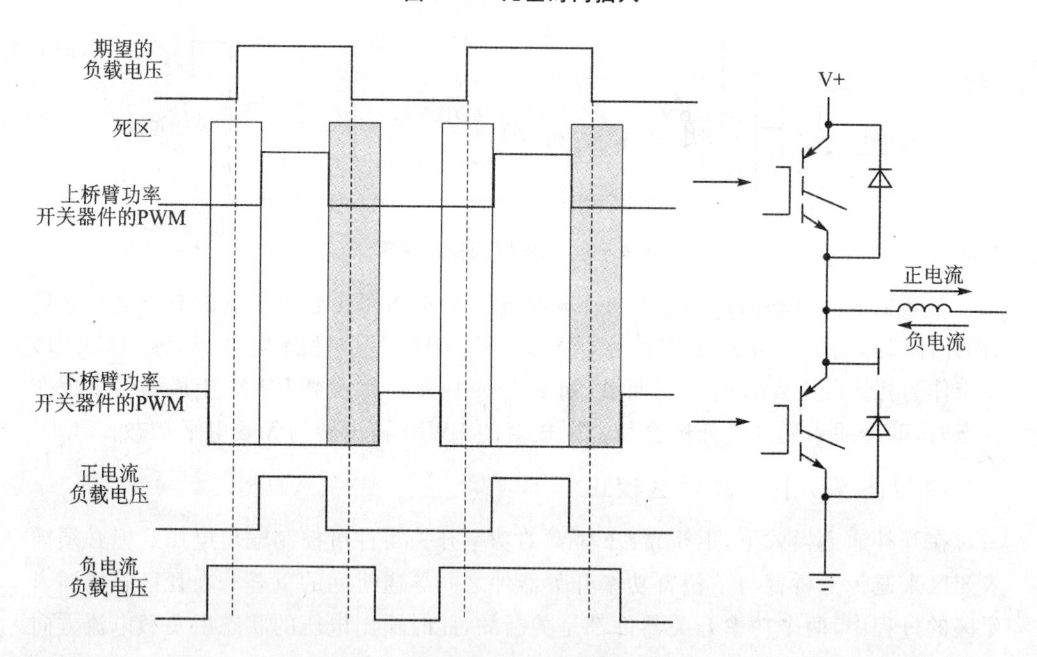

图 6-10　死区失真

的电压，此时下桥臂的功率开关器件是可控的。通过插入死区导致最初的脉冲宽度变短，输出值比理想值要小。然而，当插入死区以后，负载电流的波形出现了失真。由于每个功率开关器件不同的开通和关断延时而加重失真。在给定时间内对相关功率开关器件通过控制 PWM 模块的信息，可以校正失真情况。

对一个互补通道模式的典型电路来说，任何时候都只能有一个功率开关器件能有效地控制输出电压。这取决于哪一对功率开关器件所接的负载电流方向（如图 6－10 所示）。要对该失真进行校正，两个通道中的一个必须加上死区补偿值到其对应的 PWM 值之中，这取决于是上桥臂还是下桥臂的功率开关器件在控制其输出电压。因此，在把死区补偿值放入 PWM 值寄存器（PWM_SMnVALx）之前，首先通过软件计算 PWM 死区补偿值。任何时候由 PWM 值寄存器 PWM_SMnVAL2/PWM_SMnVAL3 或 PWM_SMnVAL4/ PWM_SMnVAL5 控制脉冲宽度。对于给定的 PWM 通道对，由下列条件之一决定 PWM_SMnVAL2/PWM_SMnVAL3 或 PWM_SMnVAL4/PWM_SMnVAL5 寄存器使能与否。

- 驱动器电流状态引脚（PWMX）的状态；
- 驱动器电流极性位（PWM_MCTRL[IPOL]）的状态。

要校正死区失真，可通过软件适当地减少或增加 PWM_SMnVALx 寄存器中的值。

- 在边沿对齐方式时，用死区作为校正值来增减 PWM 值以补偿死区失真；
- 在中心对齐方式时，用死区的一半作为校正值来增减 PWM 值以补偿死区失真。

2. 手动死区校正

为了检测电流的状态，必须在每个死区结束时，对每个电流状态引脚（PWMX）的电压进行采样。该采样值存储在默认的控制寄存器中的死区位（PWM_SMnCTRL[DT]）。PWM_SMnCTRL[DT]位是一个时间生成器，根据该位的值通过软件设定电流极性位（PWM_MCTRL[IPOL]）以锁定寄存器对 PWM_SMnVAL2/PWM_SMnVAL3 或 PWM_SMnVAL4/PWM_SMnVAL5，如图 6－11 所示。

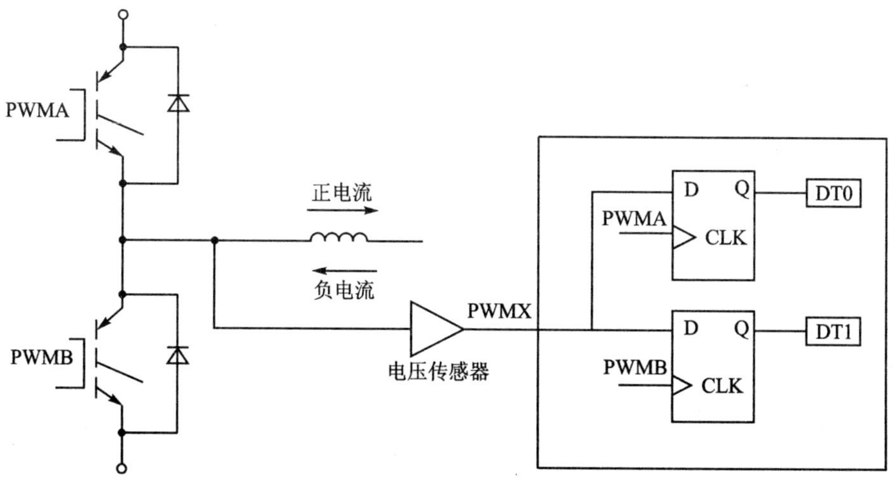

图 6－11　死区校正的电流状态输出方案

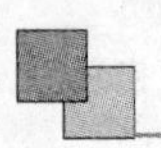

在死区周期中，如果电流很大，而且是流出功率开关器件互补电路，要将两个 D 型双稳态多谐振荡器锁定为低电平(PWM_CTRL[DT]＝00)；如果电流很大，而且是流入功率开关器件互补电路，要将两个 D 型双稳态多谐振荡器锁定为高电平(PWM_CTRL[DT]＝11)，如图 6－11 所示。

在小电流时，互补电路的输出电压在死区内是介于高电平和低电平之间，在死区内电流不会全部都通过互补功率开关器件的反并联二极管续流，当电流为零时不论极性如何都会产生额外失真。采样结果将是 PWM_CTRL[DT]＝01。因此，两个 PWM 值寄存器互相切换的最佳时机是在电流刚过零以前，如图 6－12 所示。

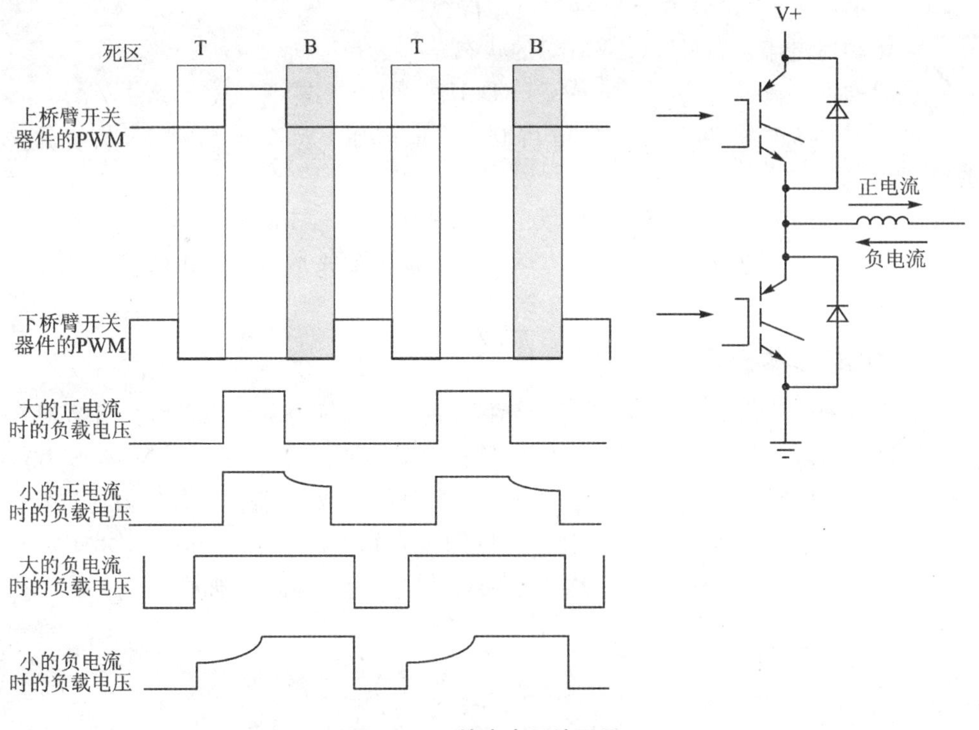

图 6－12　输出电压波形图

6.3.6　输出逻辑

eFlexPWM 模块的输出方式有一般性输出和强制性输出。一般性输出受故障静止位、极性控制位和输出使能位控制；强制性输出是受强制信号(FORCE_OUT)控制。

一般性输出功能框图如图 6－13 所示。当带死区时间逻辑的输出信号 PWM23/PWM45 为高电平时，将启动 PWM 变换器中的相应晶体管。eFlexPWM 模块的输出引脚 PWMA/PWMB 电平(启动/关闭晶体管)是引脚和晶体管之间逻辑函数。因此，用户在使能输出引脚须设置 PWM_SMnOCTRL[POLA] 和 PWM_

SMnOCTRL[POLB]位。另外，故障会导致 PWM 输出引脚处于三态，强行置 1 或 0，这由 PWM_SMnOCTRL[PWMxFS]位决定。

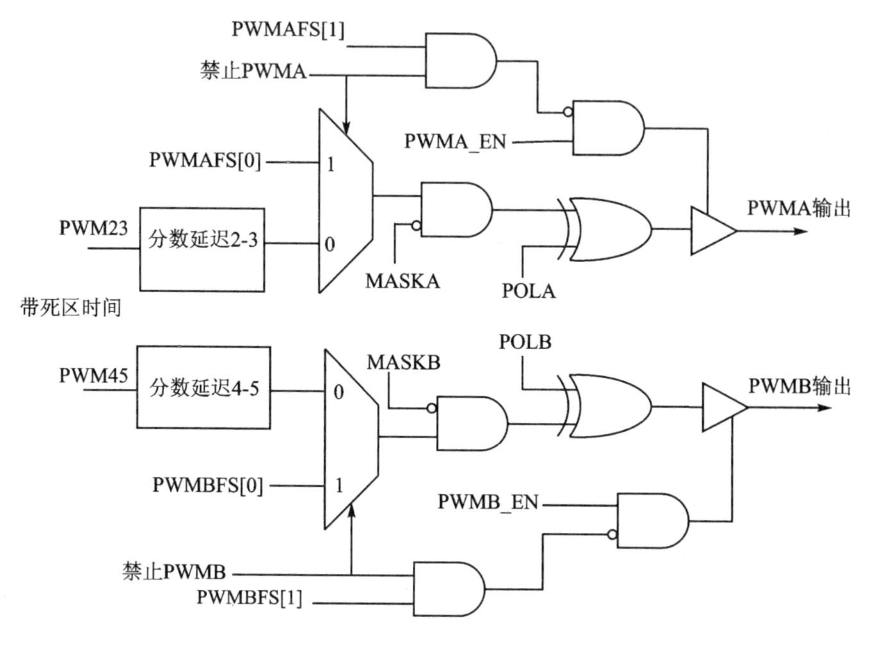

图 6－13　一般输出逻辑图

对于强制性输出来说，强制信号 FORCE_OUT 有：局部 PWM_SMnCTRL2[FORCE]、子模 0 的主强制信号、局部重载信号、子模 0 的主重载信号、局部同步信号、子模 0 的主同步信号或是片内或片外（由芯片结构决定）的 EXT_FORCE 信号等 7 种。局部信号仅用于改变模块输出引脚上的信号，但不需要该信号与其他子模输出信号同步。如果需要同时改变所有子模块输出信号，应该选择主信号或 EXT_FORCE 信号。

强制性输出逻辑如图 6－14 所示。PWM_DTSRCSEL[SMnSEL23]和 PWM_DTSRCSEL [SMnSEL45]位决定选择的 4 种信号之一用于子模块输出信号。这 4 种信号是正向 PWM 信号、反向 PWM 信号、数字信号（用软件通过 PWM_SWCOUT[SMnOUT23]和 PWM_SWCOUT[SMnOUT45]位设定），或 EXTA/EXTB 之一的外控信号。信号的选择应在 FORCE_OUT 事件发生前完成。

子模块 0 的局部信号 PWM_SMnCTRL2[FORCE]可以作为主强制信号传递给其他子模块。这种特点允许子模块 0 的 PWM_SMnCTRL2[FORCE]同步更新所有子模块输出。EXT_FORCE 信号来源于 eFlexPWM 模块外部，如定时器或 A/D 转换中的数字比较器等。

6.3.7 中 断

eFlexPWM 模块中的每个子模块都可以产生中断，具体如表 6－1 所列。另外，故障也可以产生中断。eFlexPWM 模块中断矢量号范围为 43～53，中断优先级为 0～2，具体通过中断控制器中的中断优先级寄存器 INTC_IPR3/INTC_IPR4 相应位设置。对于输入捕捉中断，其相应的中断服务程序（ISR）必须检测相关的中断允许位和中断标志位，来确定中断的实际起因。

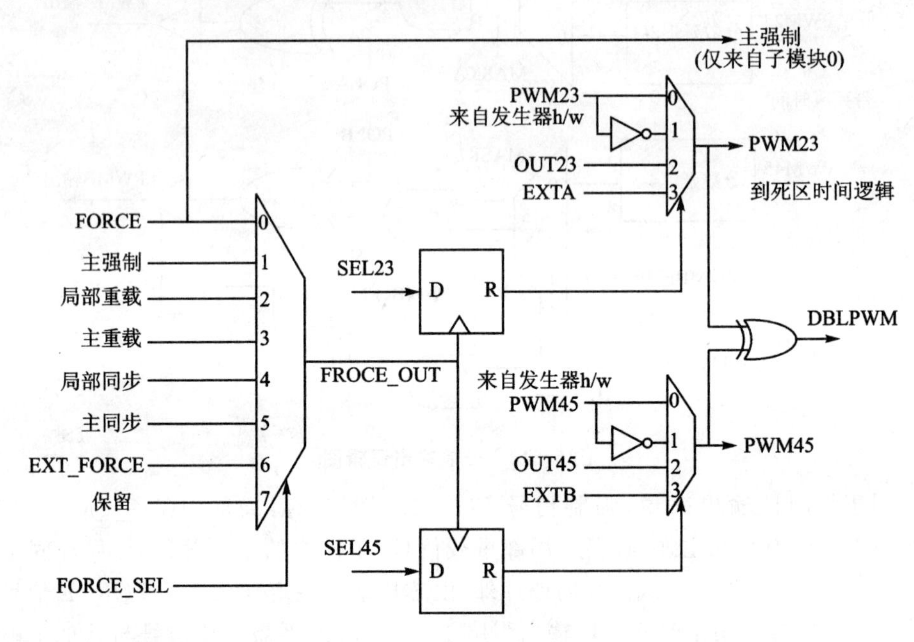

图 6－14 强制性输出逻辑图

表 6－1 eFlexPWM 模块中断

核心中断	中断标志	中断使能位	名称名称	已发生事件
PWM_CMP0	SM0STS[CMPF]	SM0INTEN[CMPIE]	子模块 0 比较中断	比较
PWM_RELOAD0	SM0STS[RF]	SM0INTEN[RIE]	子模块 0 重载中断	重载
PWM_CMP1	SM1STS[CMPF]	SM1INTEN[CMPIE]	子模块 1 比较中断	比较
PWM_RELOAD1	SM1STS[RF]	SM1INTEN[RIE]	子模块 1 重载中断	重载
PWM_CMP2	SM2STS[CMPF]	SM2INTEN[CMPIE]	子模块 2 比较中断	比较
PWM_RELOAD2	SM2STS[RF]	SM2INTEN[RIE]	子模块 2 重载中断	重载
PWM_CMP3	SM3STS[CMPF]	SM3INTEN[CMPIE]	子模块 3 比较中断	比较

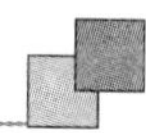

续表 6-1

核心中断	中断标志	中断使能位	名称名称	已发生事件
PWM_CAP3	SM3STS[CFA1], SM3STS[CFA0], SM3STS[CFB1], SM3STS[CFB0], SM3STS[CFX1], SM3STS[CFX0]	SM3INTEN[CFA1IE], SM3INTEN[CFA0IE], SM3INTEN[CFB1IE], SM3INTEN[CFB0IE], SM3INTEN[CFX1IE], SM3INTEN[CFX0IE]	子模块 3 输入捕捉中断	输入 捕捉
PWM_RELOAD3	SM3STS[RF]	SM3INTEN[RIE]	子模块 3 重载中断	重载
PWM_RERR	SM0STS[REF]	SM0INTEN[REIE]	子模块 0 重载故障中断	错误重载
	SM1STS[REF]	SM1INTEN[REIE]	子模块 1 重载故障中断	
	SM2STS[REF]	SM2INTEN[REIE]	子模块 2 重载故障中断	
	SM3STS[REF]	SM3INTEN[REIE]	子模块 3 重载故障中断	
PWM_FAULT	FSTS[FFLAG]	FCTRL[FIE]	故障输入中断	已检测到故障状态

6.4 eFlexPWM 的工作方式

6.4.1 对齐 PWM

上升沿和下降沿的值不仅能够控制脉冲宽度，而且也能决定 PWM 输出信号的对齐方式。对齐方式主要有中心沿对齐和边沿对齐两种。eFlexPWM 模块不需要支持独立的 PWM 对齐模式，因为 PWM 对齐模式是由上升沿和下降沿值决定的。

1. 中心对齐

图 6-15 显示中心对齐方式下的 PWM 输出。初始计数器 PWM_SMnINIT 和 PWM 值寄存器 PWM_SMnVAL1 决定 PWM 输出信号周期；PWM_SMnVAL2 和 PWM_SMnVAL3 值决定 PWMA 输出信号的脉冲宽度；PWM_SMnVAL4 和 PWM_SMnVAL5 值决定 PWMB 输出信号的脉冲宽度。

当计数器复位时，用户可以对其加载，加载值可以是 0 或者非 0。如果该值选用二进制数模的补码表示，那么 PWM 发生器以有符号方式工作。这意味着 PWM 的上升沿和下降沿的绝对值是相同的，仅仅在符号上面有差别，输出信号将以零值为中心。因此，通过软件计算 PWM 值和它的负数，将其分别传给子模块的下降沿和上升沿。这种方法将会导致出现奇数值的脉宽。如果所有的 PWM 信号边沿计数都使用相同的约定，那么信号将会是各自中心沿对齐。当然，在信号之间的中心对齐不能严格限制为在零值之间的对称性，可以是任何数。然而，中心沿采用有符号零值对称方式，这将简化计算及扩大数的范围。

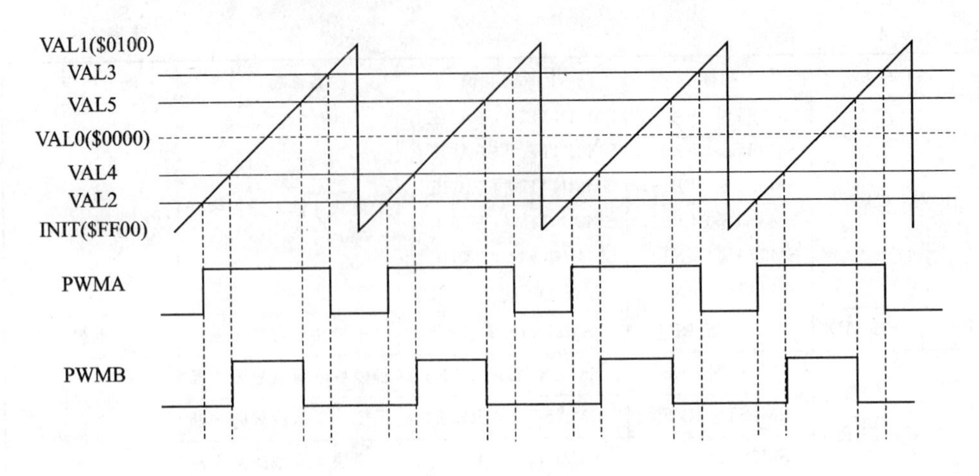

图 6-15　中心对齐方式的 PWM 输出

2. 边沿对齐方式

图 6-16 显示边沿对齐方式下 PWM 输出。初始计数器 PWM_SMnINIT 和 PWM 值寄存器 PWM_SMnVAL1 决定 PWM 输出信号周期；PWM_SMnINIT 和 PWM_SMnVAL3 值决定 PWMA 输出信号的脉冲宽度；PWM_SMnINIT 和 PWM_SMnVAL5 值决定 PWMB 输出信号的脉冲宽度。

通常使用双极性占空比为 50%(0 V 电压加载)的 PWM 信号驱动一个 H 桥。如果 PWM 信号占空比小于 50%时，导致负加载电压；相应地，占空比大于 50%时导致正加载电压。如果 eFlexPWM 设置为带符号方式运行时(PWM_SMnINIT 和 PWM_SMnVAL1 的值是相等但符号相反)，那么在 PWM 下降沿值和电机电压之间(包括符号)存在一个比值关系。这种带符号模式方式简化了 PWM 接口，无需计算偏置并将其转换为输出电压变化，这对于 H 桥电压加载非常有用。

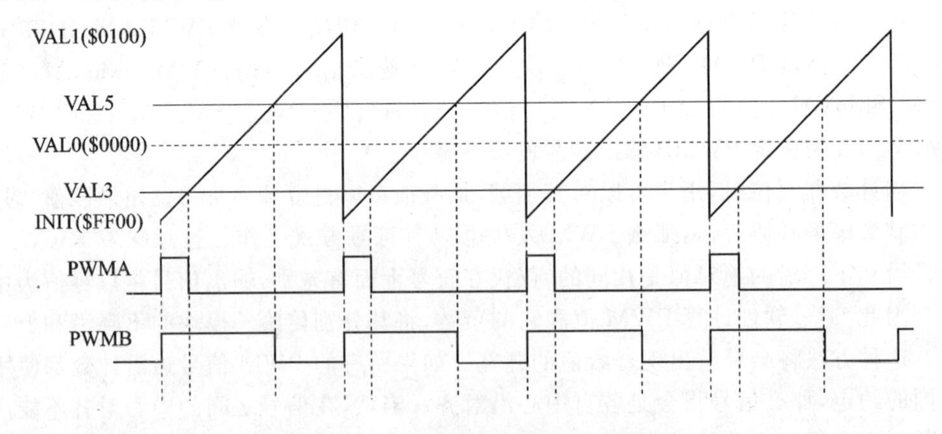

图 6-16　边沿对齐方式的 PWM 输出

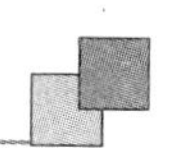

6.4.2 移相 PWM

图6-17显示移相方式下的PWM输出。初始计数器PWM_SMnINIT和PWM值寄存器PWM_SMnVAL1决定PWM输出信号周期;PWM_SMnVAL2和PWM_SMnVAL3值决定PWMA输出信号的脉冲宽度;PWM_SMnVAL4和PWM_SMnVAL5值决定PWMB输出信号的脉冲宽度。本来PWM_SMnVAL3值不小于PWM_SMnVAL5值,由于数字偏差,使得PWM_SMnVAL3值小于PWM_SMnVAL5值。这种特点主要应用于多相逆变器及H桥电路控制方面。

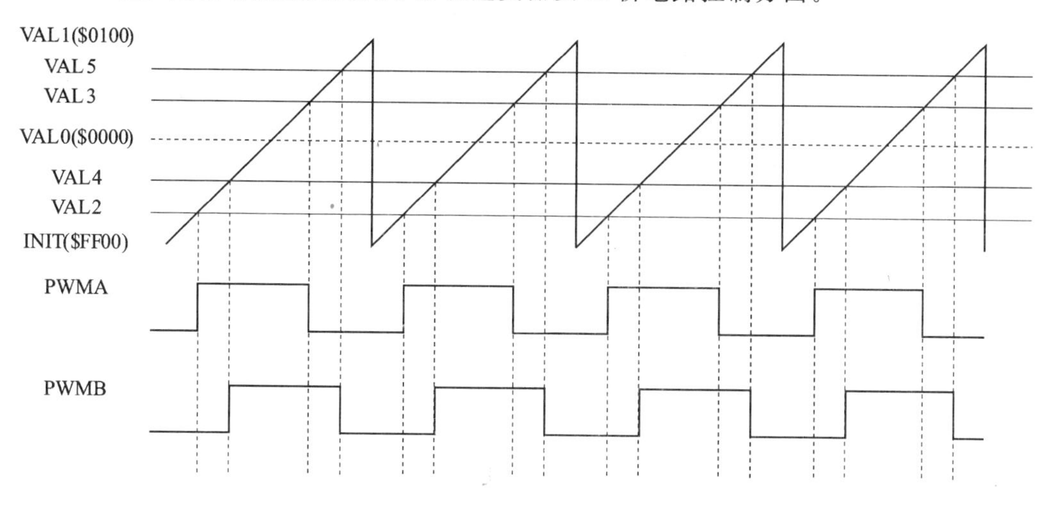

图6-17 PWM移相输出

6.4.3 双转换 PWM

双转换PWM输出如图6-18所示。初始计数器PWM_SMnINIT和PWM值

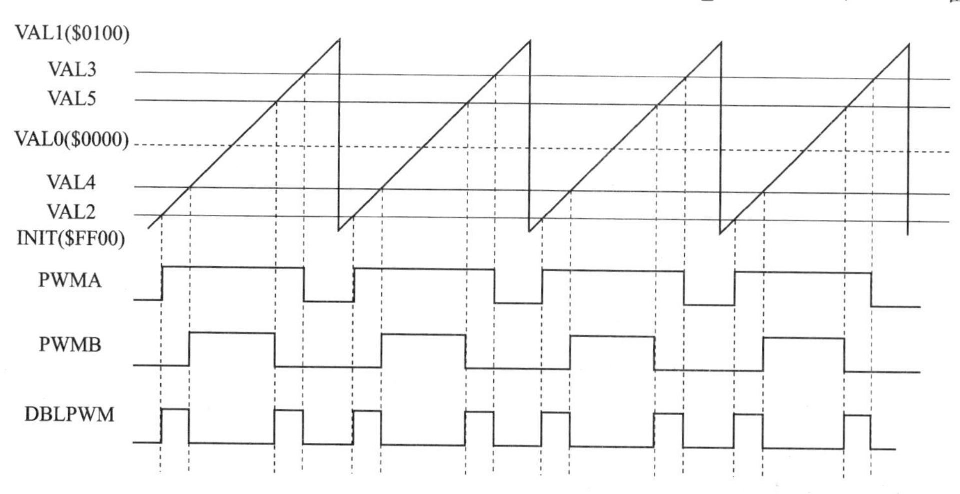

图6-18 双转换PWM输出

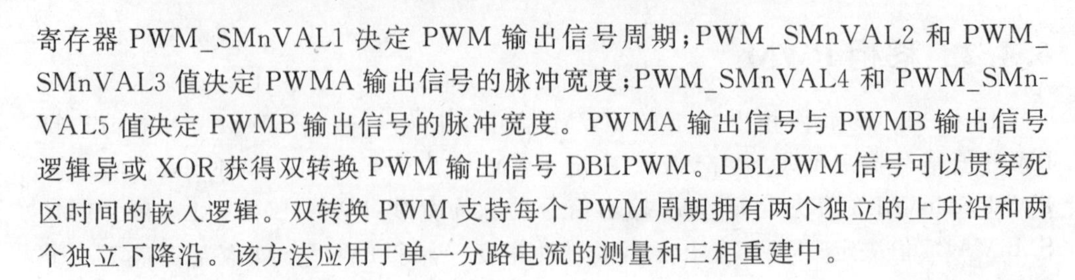
寄存器 PWM_SMnVAL1 决定 PWM 输出信号周期；PWM_SMnVAL2 和 PWM_SMnVAL3 值决定 PWMA 输出信号的脉冲宽度；PWM_SMnVAL4 和 PWM_SMnVAL5 值决定 PWMB 输出信号的脉冲宽度。PWMA 输出信号与 PWMB 输出信号逻辑异或 XOR 获得双转换 PWM 输出信号 DBLPWM。DBLPWM 信号可以贯穿死区时间的嵌入逻辑。双转换 PWM 支持每个 PWM 周期拥有两个独立的上升沿和两个独立下降沿。该方法应用于单一分路电流的测量和三相重建中。

6.4.4 ADC 触发

如果 ADC 触发时序是关键，通常采用硬件触发代替软件触发。在 eFlexPWM 模块中，每个 PWM 周期内可产生多重 ADC 触发，不需其他定时模块参与，如图 6-19 所示。在图 6-19 中，在第一次转换之后，软件不需要立即配置在同一个 PWM 周期的其他转换。当配置为互补操作模式时，子模块中的两个边沿比较器用于产生输出 PWM 信号，其他比较器可以执行其他功能。

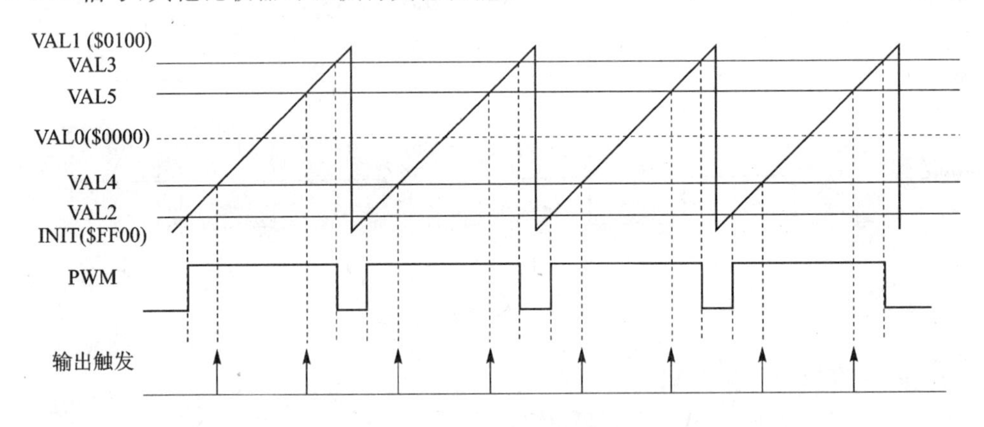

图 6-19　硬件产生多路输出触发

6.4.5 增强型输入捕捉

与同控制输出信号两个边沿，增强型捕捉（E-Capture）的目的是测量输入信号的两个边沿。只有子模块 SM3 有该功能。当子模块 3 引脚配置为输入捕捉时，与该引脚相关联的 PWM_SM3CVALx 寄存器用于记录边沿值。图 6-20 是 E-Capture 捕捉的方框图。捕捉信号进入输入引脚被分为两部分：一部分直接进入多路输入，通过软件选择，直接进入捕捉逻辑处理电路；另一部分将信号送入一个 8 位计数器，该计数器在信号的上升沿和下降沿计数。该计数器的输出与用户定义的值（PWM_SM3CAPTCOMPA[EDGCMPx]）相比，当其相等时，比较器产生一个复位计数器脉冲。该脉冲也提供给多路输入，通过软件选择，进入捕捉逻辑处理电路。这种结构允许 E-Capture 捕捉电路在开始捕捉事件之前边沿计数 256 次。利用这个特点，可实现对捕捉处理的高频信号进行分频以达到适配 CPU 频率。

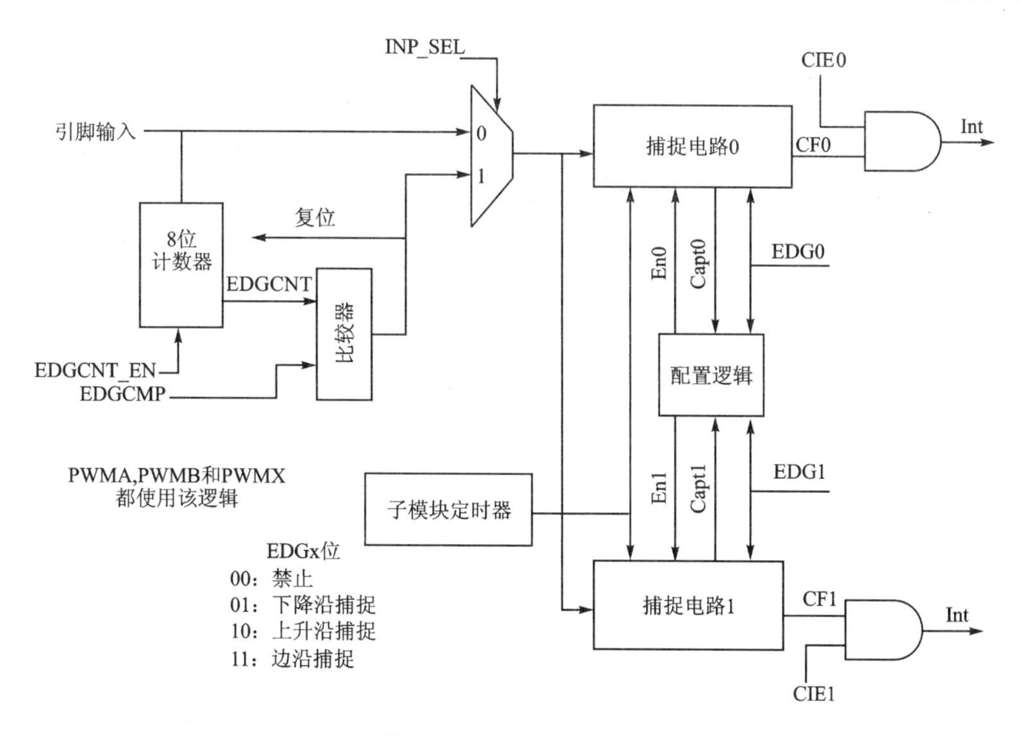

图 6-20　E-Capture 逻辑

基于选择的模式，通过捕捉逻辑多路开关选择计数/比较电路的引脚是输入捕捉还是输出比较。选定的信号发送到两个独立的捕捉电路，进行串联连续边沿捕捉工作方式。在每个捕捉电路中，捕捉的信号边沿类型由 PWM_SM3CAPTCTRLx[EDGx1]和 PWM_SM3CAPTCTRLx[EDGx0]位决定，如图 6-20 所示。捕捉电路的工作方式有连续触发和单次触发两种形式。在连续触发工作方式中，捕捉是连续进行的，如果两个捕捉电路都使能，它们将以往复交替方式进行捕捉。在单次触发工作方式中，仅进行一次捕捉，如果两个捕捉电路都使能，首先捕捉电路 0 工作，当发生捕捉事件时，捕捉电路 1 工作；当再次发生捕捉事件时，捕捉电路 0 并不马上进行捕捉，而是等其捕捉顺序初始化后进行捕捉。另外，如果开中断，这两个捕捉电路再捕捉到信号时向 CPU 发出中断请求。

当 PWM 引脚用作输入捕捉时，比较寄存器针对同一个引脚信号进行多重边沿捕捉，工作方式可以是单次触发或连续触发。通过编程对每个捕捉电路的信号边沿进行设置，可以方便获得输入信号的周期和脉宽，不需要重置电路。另外，输入信号的每个边沿可以对 8 位计数器计时。其中计数器输出与用户指定值(PWM_SM3CAPTCOPMx[EDGCMPx])相比，当二者相等时，捕捉子模块定时器的值且系统自动复位计数器。这种特征允许 eFlexPWM 模块计数指定事件的边沿数，进行捕捉并发出中断请求，如图 6-21 所示。

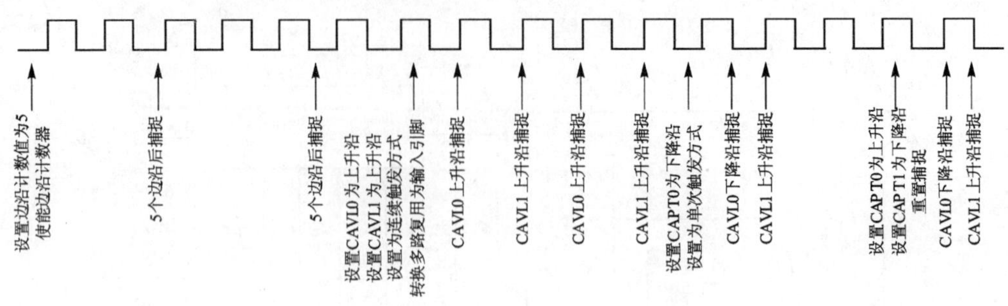

图 6-21　E-Capture 捕捉逻辑

6.4.6　输出比较

结合与子模块定时器相关联的 PWM_SMnVALx 寄存器和 16 位比较器，激活带缓冲的输出比较功能，不需要额外的硬件开销，并且可以配置：输出为高电平、输出为低电平、输出比较发生时产生中断、输出比较发生时输出触发等功能。

在 eFlexPWM 发生器中，通过比较定时器相关联的 PWM_SMnVALx 寄存器初始化输出比较；反过来，输出比较引起 D 触发器置位或复位。例如，若在输出比较发生时，使 PWMA 引脚输出高电平，需要根据输出比较设置 PWM_SMnVAL2 寄存器值。当输出比较发生时，为了防止再次复位 D 触发器，需设置 PWM_SMnVAL3 寄存器，使其值超过计数器计数模值。反之亦然，如果在输出比较发生时使 PWMA 引脚输出低电平，需要根据输出比较设置 PWM_SMnVAL3 寄存器值。当输出比较发生时，为了防止再次复位 D 触发器，需设置 PWM_SMnVAL2 寄存器，使其值超过计数器计数模值。无论比较输出高电平或是低电平，当比较事件发生时可产生中断请求或输出触发。

6.4.7　同步转换输出

在通过输出引脚输出 PWM 信号之前，先经过硬件处理，使所有子模块同步输出转换。这个特点在整流电机应用中非常有用，其中下一个整流状态可以提前设置，当达到适当的条件或时间时，立即转换输出。这不需要所有子模块同时出现变化才输出，而且在出现触发事件后同步转换才出现，这样可消除中断延迟。

同步转换输出是通过 FORCE_OUT 信号完成的。FORCE_OUT 信号来源于模块内部的 FORCE 位设置、子模 0 或 eFlexPWM 模块的外部，大部分情况下，由配置为输出比较的外部时钟通道提供。在典型应用中，通过软件设置下一个 FORCE_OUT 事件发生时输出引脚的状态，这种设置只有等到 FORCE_OUT 事件发生时，才进行同时转换输出。这种转换信号是从死区时间发生器逆向进行，目的是在互补模式时，任何可能发生的突变不会违反功率级上的死区时间，在无刷交流电动机上有广泛应用。

6.5　eFlexPWM 模块的相关寄存器

MC56F8257 中，与 eFlexPWM 模块编程有关的寄存器共有 199 个寄存器。本节详细描述 eFlexPWM 模块中的部分寄存器和寄存器位。每个描述都包括带有相关图形编号的标准寄存器示意图。寄存器位和字段功能的详细说明在寄存器图后面，按位顺序。

1. PWM SMx 计数寄存器(PWM_SMnCNT)

PWM_SMnCNT(n = 0、1、2、3)的地址分别为 F300h、F330h、F360h 和 F390h，其定义如下：

数据位	15	14	13	12	11	10	9	8	7	6	5	4	3	2	1	0
读操作	CNT															
写操作																
复位	0	0	0	0	0	0	0	0	0	0	0	0	0	0	0	0

D15～D0——CNT，计数寄存器位，只读。该寄存器显示带符号 16 位子模块计数器的状态，不能以字节访问。

2. PWM SMx 初始化计数寄存器(PWM_SMnINIT)

PWM_SMnINIT(n = 0、1、2、3)的地址分别为 F301h、F331h、F361h 和 F391h，其定义如下：

数据位	15	14	13	12	11	10	9	8	7	6	5	4	3	2	1	0
读操作	INIT															
写操作																
复位	0	0	0	0	0	0	0	0	0	0	0	0	0	0	0	0

D15～D0——INIT，初始计数寄存器位，可读写。在 PWM 时钟周期中，该位域定义了 PWM 初始计数值，带符号 16 位数。当设置局部同步、主机同步、主机重载(取决于 PWM__SMnCTRL2[INIT_SEL])或 PWM__SMnCTRL2[FORCE]置位使能强制初始化时，该初始计数值载入子模块计数寄存器中。在 PWM 模式下，该位域内容在每个 PWM 周期的一开始被载入计数器中。该寄存器按字访问。

注意：该寄存器是带缓冲的。写入值在 PWM__MCTRL[LDOK]置位后的下一个 PWM 装载周期开始时刻生效，也可置位 PWM__SMnCTRL[LDMOD]立刻生效。当 PWM__MCTRL[LDOK]置位时，该寄存器不能写入。读 INIT 寄存器得到的是缓冲区的值，不一定是 PWM 发生器当前正在使用的值。

3. PWM SMx 控制寄存器 2（PWM_SMnCTRL2）

PWM_SMnCTRL2（n = 0、1、2、3）的地址分别为 F302h、F332h、F362h 和 F392h，其定义如下：

数据位	15	14	13	12	11	10	9	8	7	6	5	4	3	2	1	0
读操作	DBGEN	WAITEN	INDEP	PWM23_INIT	PWM45_INIT	PWMX_INIT	INIT_SEL		FRCEN	0	FORCE_SEL			RELOAD_SEL	CLK_SEL	
写操作	DBGEN	WAITEN	INDEP	PWM23_INIT	PWM45_INIT	PWMX_INIT	INIT_SEL		FRCEN	FORCE	FORCE_SEL			RELOAD_SEL	CLK_SEL	
复位	0	0	0	0	0	0	0	0	0	0	0	0	0	0	0	0

D15——DBGEN，调试使能位，可读写。DBGEN＝1，在芯片处于调试模式时，PWM 将会继续运行，用于交流电机控制等。DBGEN＝0，在芯片处于调试模式时，将禁止 PWM 输出直到退出调试模式，此时 PWM 引脚将重新输出 PWM 寄存器中配置的波形，用于直流电机控制等。

D14——WAITEN，等待使能位，可读写。WAITEN＝1，芯片在等待模式下 PWM 将继续运行。该模式下，外设时钟继续运行而 CPU 时钟停止，主要用于直流电机控制等。WAITEN＝0，芯片在等待模式下将禁止 PWM 输出直到退出等待模式，主要用于三相交流电机控制。

D13——INDEP，独立或互补对输出选择位，可读写。该位决定 PWMA 和 PWMB 通道选择以独立方式输出还是以互补对方式输出。INDEP＝0，PWMA 和 PWMB 组成一个互补 PWM 输出对；INDEP＝1，PWMA 和 PWMB 各自独立输出。

D12——PWM23_INIT，PWM23 初始值位，可读写。该位决定在 FORCE_INIT 模式下 PWM23 强制输出状态。

D11——PWM45_INIT，PWM45 初始值位，可读写。该位决定在 FORCE_INIT 模式下 PWM45 强制输出状态。

D10——PWMX_INIT，PWMX 初始值位，可读写。该位决定在 FORCE_INIT 模式下 PWMX 强制输出状态。

D9～D8——INIT_SEL，初始化控制选择位，可读写。这些位选择计数器 INIT 信号的来源：

- 00：局部同步（PWMX）引起的初始化；
- 01：子模块 0 的主重载初始化。此设置不用于子模块 0 中，因为它将强制 INIT 信号变成逻辑 0；
- 10：子模块 0 的主同步初始化。此设置不用于子模块 0 中，因为它将强制 INIT 信号变成逻辑 0；
- 11：EXT_SYNC 初始化。

D7——FRCEN,强制初始化使能位,可读写。该位允许 PWM__SMnCTRL2[FORCE]初始化计数器,且 PWM__SMnCTRL2[INIT_SEL]位无效。这是软件控制初始化。FRCEN=0 禁止 FORCE_OUT 事件初始化计数器;FRCEN=1,允许 FORCE_OUT 事件初始化计数器。

D6——FORCE,强制初始化位,只读。若 PWM__SMnCTRL2[FORCE_SEL]设置为 000,给该位写 1 会引起 FORCE_OUT 事件。会导致以下结果:PWMA 和 PWMB 引脚输出由 PWM__DTSRCSEL[SMxSEL23]和 PWM__DTSRCSEL[SMxSEL45]决定;若置位 PWM__SMnCTRL2[FRCEN],计数器值将被强制初始化为 INIT 寄存器的值。

D5~D3——FORCE_SEL 位,可读写。该位域选择子模块 FORCE OUTPUT 的信号源。

- 000:该子模块 PWM__SMnCTRL2[FORCE]局部强制信号,用于强制更新 FORCE OUTPUT;
- 001:来自子模块 0 的主强制信号,强制更新 FORCE OUTPUT。此设置不用于子模块 0 中,因为它将使得 FORCE OUTPUT 信号为逻辑 0;
- 010:此子模块的局部重载信号,用于强制更新 FORCE OUTPUT;
- 011:来自子模块 0 的主重载信号,用于强制更新 FORCE OUTPUT。此设置不用于子模块 0 中,因为它将使得 FORCE OUTPUT 信号为逻辑 0;
- 100:此子模块局部同步信号,用于强制更新 FORCE OUTPUT;
- 101:来自子模块 0 的主同步信号,用于强制更新 FORCE OUTPUT。此设置不用于子模块 0 中,因为它将使得 FORCE OUTPUT 信号为逻辑 0;
- 110:PWM 模块外部的强制信号 EXT_FORCE,用于更新 FORCE OUTPUT;
- 111:保留。

D2——RELOAD_SEL,重载源选择位,可读写。该位决定子模块重载信号的来源。RELOAD_SEL=1,局部 PWM__MCTRL[LDOK]无效,子模块 0 的主重载信号用于重载寄存器。此设置不用于子模块 0 中,因为它将使得重载信号为逻辑 0。RELOAD_SEL=0,局部重载信号用于重载寄存器。

D1~D0——CLK_SEL,时钟源选择位,可读写。该位域决定子模块的时钟信号源:

- 00: IPBus 时钟作为局部预分频器和计数器的时钟;
- 01: EXT_CLK 作为局部预分频器和计数器的时钟;
- 10:子模块 0 的时钟 AUX_CLK 作为局部预分频器和计数器的时钟。该设置不能用于子模块 0,因为它将强制时钟为逻辑 0;
- 11:保留。

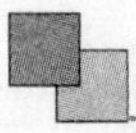

4. PWM SMx 控制寄存器(PWM_SMnCTRL)

PWM_SMnCTRL(n = 0、1、2、3)的地址分别为 F303h、F333h、F363h 和 F393h,其定义如下:

数据位	15	14	13	12	11	10	9	8	7	6	5	4	3	2	1	0
读操作	LDFQ				HALF	FULL	DT		0	PRSC			0	LDMOD	0	DBLEN
写操作																
复位	0	0	0	0	0	1	0	0	0	0	0	0	0	0	0	0

D15～D12——LDFQ,选择 PWM 重载时刻位,具体分配如表 6-2 所列。

表 6-2 PWM 重载时刻表

LDFQ	PWM 周期重载数(D)	LDFQ	PWM 周期重载数(D)
0000	1	1000	9
0001	2	1001	10
0010	3	1010	11
0011	4	1011	12
0100	5	1100	13
0101	6	1101	14
0110	7	1110	15
0111	8	1111	16

D11——HALF,半周期重载位,可读写。该位使能半周期重载。半周期被定义为子模块计数器值与 VAL0 寄存器值匹配所需时间而不是 PWM 周期的一半。HALF=0,禁止半周期重载;HALF=1,使能半周期重载。

D10——FULL,全周期重载位,可读写。该位使能全周期重载。全周期被定义为子模块计数器值与 VAL1 寄存器值匹配所需时间。FULL=0,禁止全周期重载;FULL=1,使能全周期重载。

D9～D8——DT,死区时间位,只读。该位域反映了每个死区时间结束时,PWMX 输入引脚的采样值。DT[0]采样发生在死区时间 0 结束时;DT[1]采样发生在死区时间 1 结束时。复位清除这些位。

D7——保留,只读位,其值总为 0。

D6～D4——PRSC,预分频因子位,可读写。该位域用来选择 PWM 时钟频率的分频因子。PWM 时钟频率由 PWM__SMnCTRL2[CLK_SEL]位决定。该位在 PWM__MCTRL[LDOK]置位时不能写入。在位域设置中,f_{clk}是时钟输入到 PWM 外设时钟输入端,该时钟又称 IPBus 时钟或外设时钟,具体设置如表 6-3 所列。

表6-3 预分频因子设置表

PRSC	PWM时钟频率	PRSC	PWM时钟频率
000	f_{clk}	100	$f_{clk}/16$
001	$f_{clk}/2$	101	$f_{clk}/32$
010	$f_{clk}/4$	110	$f_{clk}/64$
011	$f_{clk}/8$	111	$f_{clk}/128$

D3——保留，只读位，其值总为0。

D2——LDMOD，加载模式选择位，可读写。该位为子模块选择缓冲寄存器装载时刻。LDMOD=0，如置位PWM__MCTRL[LDOK]，加载子模块的缓冲寄存器，将在下个PWM重载时生效；LDMOD=1，加载子模块的缓冲寄存器，一旦PWM__MCTRL[LDOK]置位，加载立刻生效。

D1——保留，只读位，其值总为0。

D0——DBLEN，双转换允许位，可读写。该位允许双转换PWM操作。DBLEN=0，禁止双转换；DBLEN=1，允许双转换。

5. PWM SMx计数值寄存器0(PWM_SMnVAL0)

PWM_SMnVAL0(n = 0、1、2、3)的地址分别为F305h、F335h、F365h和F395h，其定义如下：

数据位	15	14	13	12	11	10	9	8	7	6	5	4	3	2	1	0
读操作	VAL0															
写操作																
复位	0	0	0	0	0	0	0	0	0	0	0	0	0	0	0	0

D15～D0——VAL0，计数值寄存器0，可读写。该带符号16位缓冲寄存器定义了在PWM时钟周期中的半周期PWM的重载点。该值也可定义成PWMX信号的置位和局部同步信号的复位。

6. PWM SMx计数值寄存器1(PWM_SMnVAL1)

PWM_SMnVAL1(n = 0、1、2、3)的地址分别为F307h、F337h、F367h和F397h，其定义如下：

数据位	15	14	13	12	11	10	9	8	7	6	5	4	3	2	1	0
读操作	VAL1															
写操作																
复位	0	0	0	0	0	0	0	0	0	0	0	0	0	0	0	0

D15～D0——VAL1，计数值寄存器 1，可读写。该带符号 16 位缓冲寄存器定义了子模块的模值（最大计数值）。一旦达到该计数值，计数器用 PWM__SMnINIT 寄存器的内容重载它，并且在重置 PWMX 时输出局部同步信号。

7. PWM SMx 计数值寄存器 2(PWM_SMnVAL2)

PWM_SMnVAL2（n = 0、1、2、3）的地址分别为 F309h、F339h、F369h 和 F399h，其定义如下：

数据位	15	14	13	12	11	10	9	8	7	6	5	4	3	2	1	0
读操作	VAL2															
写操作																
复位	0	0	0	0	0	0	0	0	0	0	0	0	0	0	0	0

D15～D0——VAL2，计数值寄存器 2，可读写。该带符号 16 位缓冲寄存器定义了 PWM23 为高电平的计数值。

8. PWM SMx 计数值寄存器 3(PWM_SMnVAL3)

PWM_SMnVAL3（n = 0、1、2、3）的地址分别为 F30Bh、F33Bh、F36Bh 和 F39Bh，其定义如下：

数据位	15	14	13	12	11	10	9	8	7	6	5	4	3	2	1	0
读操作	VAL3															
写操作																
复位	0	0	0	0	0	0	0	0	0	0	0	0	0	0	0	0

D15～D0——VAL3，计数值寄存器 3，可读写。该带符号 16 位缓冲寄存器定义了 PWM23 为低电平的计数值。

9. PWM SMx 计数值寄存器 4(PWM_SMnVAL4)

PWM_SMnVAL4（n = 0、1、2、3）的地址分别为 F30Dh、F33Dh、F36Dh 和 F39Dh，其定义如下：

数据位	15	14	13	12	11	10	9	8	7	6	5	4	3	2	1	0
读操作	VAL4															
写操作																
复位	0	0	0	0	0	0	0	0	0	0	0	0	0	0	0	0

D15～D0——VAL4，计数值寄存器 4，可读写。该带符号 16 位缓冲寄存器定义了 PWM45 为高电平的计数值。

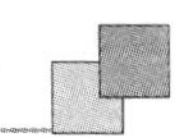

10. PWM SMx 计数值寄存器 5(PWM_SMnVAL5)

PWM_SMnVAL5(n = 0、1、2、3)的地址分别为 F30Fh、F33Fh、F36Fh 和 F39Fh,其定义如下:

数据位	15	14	13	12	11	10	9	8	7	6	5	4	3	2	1	0
读操作	VAL5															
写操作																
复位	0	0	0	0	0	0	0	0	0	0	0	0	0	0	0	0

D15~D0——VAL5,计数值寄存器 5,可读写。该带符号 16 位缓冲寄存器定义了 PWM45 为低电平的计数值。

注意:PWM_SMnVAL0~5 寄存器是带缓冲的,只能按字读取。写入值在 PWM__MCTRL[LDOK]置位后的下一个 PWM 加载周期开始生效,或置位 PWM__SMnCTRL[LDMOD]立刻生效。当 PWM__MCTRL[LDOK]置位时,PWM_SMn-VAL0~5 禁止写入。读取 PWM_SMnVAL0~5 缓冲区值不一定是 PWM 发生器当前值。

11. PWM SMx 输出控制寄存器(PWM_SMnOCTRL)

PWM_SMnOCTRL(n = 0、1、2、3)的地址分别为 F311h、F341h、F371h 和 F3A1h,其定义如下:

数据位	15	14	13	12	11	10	9	8	7	6	5	4	3	2	1	0
读操作	PWMA_IN	PWMB_IN	PWMX_IN	0		POLA	POLB	POLX	0		PWMAFS		PWMBFS		PWMXFS	
写操作																
复位	0	0	0	0	0	0	0	0	0	0	0	0	0	0	0	0

D15——PWMA_IN,PWMA 输入位,只读。该位显示了当前 PWMA 输入引脚的逻辑值。

D14——PWMB_IN,PWMB 输入位,只读。该位显示了当前 PWMB 输入引脚的逻辑值。

D13——PWMX_IN,PWMX 输入位,只读。该位显示了当前 PWMX 输入引脚的逻辑值。

D12~D11——保留,只读位,其值总为 0。

D10——POLA,PWMA 输出极性位,可读写。该位翻转 PWMA 输出极性。PLOA=0,PWMA 输出极性不翻转。PWMA 引脚上高电平代表接通或激活状态;

PLOA=1,PWMA 输出极性翻转。PWMA 引脚上低电平代表接通或激活状态。

D9——POLB,PWMB 输出极性位,可读写。该位翻转 PWMB 输出极性。PLOB=0,PWMB 输出极性不翻转。PWMB 引脚上高电平代表接通或激活状态;PLOB=1,PWMB 输出极性翻转。PWMB 引脚上低电平代表接通或激活状态。

D8——POLX,PWMX 输出极性位,可读写。该位翻转 PWMX 输出极性。PLOX=0,PWMX 输出极性不翻转。PWMX 引脚上高电平代表接通或激活状态;PLOX=1,PWMX 输出极性翻转。PWMX 引脚上低电平代表接通或激活状态。

D7~D6——保留,只读位,其值总为 0。

D5~D4——PWMAFS,PWMA 故障状态位,可读写。该位域决定故障状态和 STOP 模式下,PWMA 输出的故障状态。它也可定义 WAIT 模式(PWM_SMnCTRL2[WAITEN]=1)或 DEBUG 模式(PWM_SMnCTRL2[DBGEN]=1)下的 PWMA 输出状态,具体如表 6-4 所列。

表 6-4 PWMA/PWMB/PWMX 状态表

PWMAFS/ PWMBFS/ PWMXFS	PWMA/PWMB/PWMX 输出状态
00	优先极性控制输出,强制输出逻辑 0
01	优先极性控制输出,强制输出逻辑 1
10	三态
11	三态

D3~D2——PWMBFS,PWMB 故障状态位,可读写。该位域决定故障状态和 STOP 模式下,PWMB 输出的故障状态。它也可定义 WAIT 模式(PWM_SMnCTRL2[WAITEN]=1)或 DEBUG 模式(PWM_SMnCTRL2[DBGEN]=1)下的 PWMB 输出状态,具体如表 6-4 所列。

D1~D0——PWMXFS,PWMX 故障状态位,可读写。该位域决定故障状态和 STOP 模式下,PWMX 输出的故障状态。它也可定义 WAIT 模式(PWM_SMnCTRL2[WAITEN]=1)或 DEBUG 模式(PWM_SMnCTRL2[DBGEN]=1)下的 PWMX 输出状态,具体如表 6-4 所列。

12. PWM SMx 状态寄存器(PWM_SMnSTS)

PWM_SMnSTS(n = 0、1、2)的地址分别为 F312h、F342h 和 F372h,其定义如下:

数据位	15	14	13	12	11	10	9	8	7	6	5	4	3	2	1	0
读操作	0	RUF	REF	RF	0				0		CMPF					
写操作																
复位	0	0	0	0	0	0	0	0	0	0	0	0	0	0	0	0

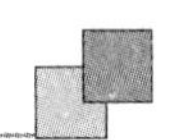

D15——保留,只读位,其值总为0。

D14——RUF寄存器更新标志位,只读。RUF=0,重载结束后无寄存器更新;RUF=1,重载结束以后,双缓存寄存器至少一个被更新。

D13——REF重载标志错误位,可读写。该位写1清零。复位,该位清零。REF=0,无重载错误;REF=1,重载信号出现非相关数据且PWM__MCTRL[LDOK]=0。

D12——RF重载标志位,可读写。该位写1清零。复位,该位清零。RF=0,该位清零结束以后无新的重载周期;RF=1,该位清零结束以后出现新的重载周期。

D11~D6——保留,只读位,其值总为0。

D5~D0——CMPF,比较标志位,可读写。当子模块计数器值与PWM__SMnVALx寄存器值其中之一匹配时,该位置位。这些位写1清零。CMPF = 0表示与指定PWM__SMnVALx寄存器的值没有发生比较事件;CMPF =1表示与指定PWM__SMnVALx寄存器的值发生比较事件。

13. PWM SMx中断允许寄存器(PWM_SMnINTEN)

PWM_SMnINTEN(n = 0、1、2)的地址分别为F313h、F343h和F373h,其定义如下:

数据位	15	14	13	12	11	10	9	8	7	6	5	4	3	2	1	0
读操作	0		REIE	RIE	0				0		CMPIE					
写操作																
复位	0	0	0	0	0	0	0	0	0	0	0	0	0	0	0	0

D15~D14——保留,只读位,其值总为0。

D13——REIE重载错误中断使能位,可读写。该位允许重载错误标志(PWM__SMnSTS[REF])产生CPU中断请求。复位,该位清零。REIE=0,禁止PWM__SMnSTS[REF]向CPU请求中断;REIE=1,允许PWM__SMnSTS[REF]向CPU请求中断。

D12——RIE重载中断使能位,可读写。该位允许重载标志(PWM__SMnSTS[RF])产生CPU中断请求。复位,该位清零。RIE=0,禁止PWM__SMnSTS[RF]向CPU请求中断;RIE=1,允许PWM__SMnSTS[RF]向CPU请求中断。

D11~D6——保留,只读位,其值总为0。

D5~D0——CMPIE,比较中断使能位,可读写。这些位允许PWM__SMnSTS[CMPF]标志位向CPU发出比较中断请求。CMPIE = 0,表示相应PWM__SMnSTS[CMPF]位不会发起中断请求;CMPIE = 1,表示相应的PWM__SMnSTS[CMPF]位将发起中断请求。

14. PWM SMx输出触发控制寄存器(PWM_SMnTCTRL)

PWM_SMnTCTRL(n = 0、1、2、3)的地址分别为F315h、F345h、F375h和

F3A5h,其定义如下:

数据位	15	14	13	12	11	10	9	8	7	6	5	4	3	2	1	0
读操作	0										OUT_TRIG_EN					
写操作																
复位	0	0	0	0	0	0	0	0	0	0	0	0	0	0	0	0

D15~D6——保留,只读位,其值总为 0。

D5~D0——OUT_TRIG_EN 输出触发使能位,可读写。当计数器的值与寄存器 PWM_SMnVAL0~5 值相匹配时,这些位允许产生 OUT_TRIG0 和 OUT_TRIG1 输出。PWM_SMnVAL0, 2, 4 用于产生 OUT_TRIG0;PWM_SMnVAL1, 3, 5 用于产生 OUT_TRIG1。OUT_TRIG_EN=0,当计数器的值与 PWM_SMnVALx 的值匹配时,OUT_TRIGx 不会置位;OUT_TRIG_EN=1,当计数器的值与 PWM_SMnVALx 的值匹配时,OUT_TRIGx 置位。

15. PWM SMx 死区时间计数寄存器 0(PWM_SMnDTCNT0)

PWM_SMnDTCNT0(n = 0、1、2、3)的地址分别为 F317h、F347h、F377h 和 F3A7h。系统复位时,该寄存器默认值为 0x07FF,说明默认的死区时间为 2047IPBus 时钟周期。此寄存器只能按字读取操作。

数据位	15	14	13	12	11	10	9	8	7	6	5	4	3	2	1	0
读操作	0					DTCNT0										
写操作																
复位	0	0	0	0	0	1	1	1	1	1	1	1	1	1	1	1

D15~D11——保留,只读位,其值总为 0。

D10~D0——DTCNT0 死区时间计数寄存器 0 位,可读写。PWMA 引脚输出由 0 转变为 1 时,该位域用于控制死区时间(假设为标准极性)。

16. PWM SMx 死区时间计数寄存器 1(PWM_SMnDTCNT1)

PWM_SMnDTCNT1(n = 0、1、2、3)的地址分别为 F318h、F348h、F378h 和 F3A8h。系统复位时,该寄存器默认值为 0x07FF,说明默认的死区时间为 2047IPBus 时钟周期。此寄存器只能按字读取操作。

数据位	15	14	13	12	11	10	9	8	7	6	5	4	3	2	1	0
读操作	0					DTCNT1										
写操作																
复位	0	0	0	0	0	1	1	1	1	1	1	1	1	1	1	1

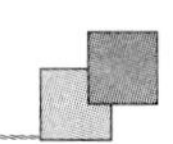

D15～D11——保留，只读位，其值总为 0。

D10～D0——DTCNT1，死区时间计数寄存器 1 位，可读写。PWMB 引脚输出由 0 转变为 1 时，该位域用于控制死区时间（假设为标准极性）。

17. PWM SM3 状态寄存器(PWM_SM3STS)

PWM_SM3STS 的地址为 F3A2h，其定义如下：

数据位	15	14	13	12	11	10	9	8	7	6	5	4	3	2	1	0
读操作	0	RUF	REF	RF	CFA1	CFA0	CFB1	CFB0	CFX1	CFX0	CMPF					
写操作																
复位	0	0	0	0	0	0	0	0	0	0	0	0	0	0	0	0

D15——保留，只读位，其值总为 0。

D14——RUF 寄存器更新标志位，只读。当向 PWM_SMnINIT、PWM_SMnVALx、PWM_SMnFRACVALx 或 PWM_SMnCTRL[PRSC]寄存器之一写入时，将导致双缓存寄存器组值不一致，该标志位置位。复位，该位清零。RUF＝0，重载结束，没有寄存器更新；RUF＝1，重载结束，至少更新双缓存寄存器的其中之一。

D13——REF 重载错误标志位，可读写。当 PWM_MCTRL[LDOK]＝0 且双缓存寄存器组值不一致(PWM_SM3STS[RUF] ＝ 1)时，重载周期到来，该位置位。向该位写 1，清零该位。复位，该位清零。REF＝0，无重载错误发生；REF＝1，重载发生但双缓存寄存器组值不一致且 PWM_MCTRL[LDOK]＝0。

D12——RF 重载标志位，可读写。在每个重载周期开始时，不考虑 PWM_MCTRL[LDOK]的状态，该位都置位。向该位写 1，清零该位。复位，该位清零。RF＝0，该位清零后，无新的重载周期；RF＝1，该位清零后，出现新的重载周期。

D11——CFA1 捕捉标志 A1 位，可读写。当捕捉 A1 电路发生捕捉事件时，该位置位。向该位写 1，清零该位。复位，该位清零。

D10——CFA0，捕捉标志 A0 位，可读写。当捕捉 A0 电路发生捕捉事件时，该位置位。向该位写 1，清零该位。复位，该位清零。

D9——CFB1，捕捉标志 B1 位，可读写。当捕捉 B1 电路发生捕捉事件时，该位置位。向该位写 1，清零该位。复位，该位清零。

D8——CFB0，捕捉标志 B0 位，可读写。当捕捉 B0 电路发生捕捉事件时，该位置位。向该位写 1，清零该位。复位，该位清零。

D7——CFX1，捕捉标志 X1 位，可读写。当捕捉 X1 电路发生捕捉事件时，该位置位。向该位写 1，清零该位。复位，该位清零。

D6——CFX0，捕捉标志 X0 位，可读写。当捕捉 X0 电路发生捕捉事件时，该位置位。向该位写 1，清零该位。复位，该位清零。

D5～D0——CMPF，比较标志位，可读写。当子模块计数器的值与 PWM_SMn-

VALx 寄存器其中之一的值匹配时，该位置位。向该位写 1，清零该位。CMPF=0，对于指定的 PWM_SMnVALx 寄存器值，无比较事件发生；CMPF=1，对于指定的 PWM_SMnVALx 寄存器值，有比较事件发生。

18. PWM SM3 中断使能寄存器(PWM_SM3INTEN)

PWM_SM3INTEN 的地址为 F3A3h，其定义如下：

数据位	15	14	13	12	11	10	9	8	7	6	5	4	3	2	1	0
读操作	0		REIE	RIE	CA1IE	CA0IE	CB1IE	CB0IE	CX1IE	CX1IE	CMPIE					
写操作																
复位	0	0	0	0	0	0	0	0	0	0	0	0	0	0	0	0

D15～D14——保留，只读位，其值总为 0。

D13——REIE，重载错误中断使能位，可读写。当重载错误标志 PWM_SM3STS[REF]=1 时，该位允许向 CPU 发出中断请求。复位，该位清零。REIE=0，PWM_SM3STS[REF]=1 时，禁止向 CPU 发出中断请求；REIE=1，PWM_SM3STS[REF]=1 时，允许向 CPU 发出中断请求。

D12——RIE，重载中断使能位，可读写。当重载标志 PWM_SM3STS[RF]=1 时，该位允许向 CPU 发出中断请求。复位，该位清零。REIE=0，PWM_SM3STS[RF]=1 时，禁止向 CPU 发出中断请求；REIE=1，PWM_SM3STS[RF]=1 时，允许向 CPU 发出中断请求。

D11——CA1IE，捕捉 A1 中断使能位，可读写。当 PWM_SM3STS[CFA1]=1 时，该位允许向 CPU 发出中断请求。CA1IE=0，PWM_SM3STS[CFA1]=1 时，禁止向 CPU 发出中断请求；CA1IE=1，PWM_SM3STS[CFA1]=1 时，允许向 CPU 发出中断请求。

D10——CA0IE，捕捉 A0 中断使能位，可读写。当 PWM_SM3STS[CFA0]=1 时，该位允许向 CPU 发出中断请求。CA0IE=0，PWM_SM3STS[CFA0]=1 时，禁止向 CPU 发出中断请求；CA0IE=1，PWM_SM3STS[CFA0]=1 时，允许向 CPU 发出中断请求。

D9——CB1IE，捕捉 B1 中断使能位，可读写。当 PWM_SM3STS[CFB1]=1 时，该位允许向 CPU 发出中断请求。CB1IE=0，PWM_SM3STS[CFB1]=1 时，禁止向 CPU 发出中断请求；CB1IE=1，PWM_SM3STS[CFB1]=1 时，允许向 CPU 发出中断请求。

D8——CB0IE，捕捉 B0 中断使能位，可读写。当 PWM_SM3STS[CFB0]=1 时，该位允许向 CPU 发出中断请求。CB0IE=0，PWM_SM3STS[CFB0]=1 时，禁止向 CPU 发出中断请求；CB0IE=1，PWM_SM3STS[CFB0]=1 时，允许向 CPU 发出中断请求。

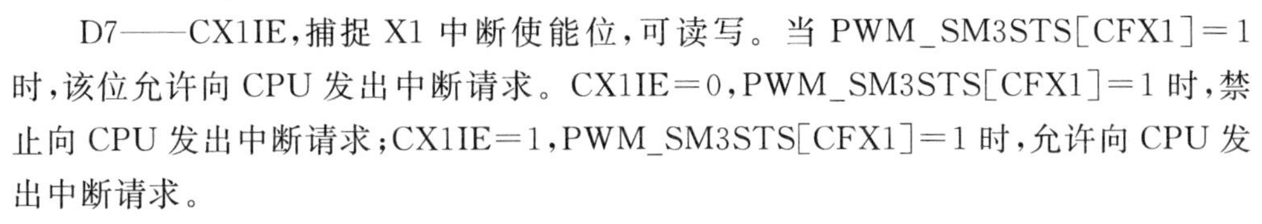

D7——CX1IE,捕捉 X1 中断使能位,可读写。当 PWM_SM3STS[CFX1]=1 时,该位允许向 CPU 发出中断请求。CX1IE=0,PWM_SM3STS[CFX1]=1 时,禁止向 CPU 发出中断请求;CX1IE=1,PWM_SM3STS[CFX1]=1 时,允许向 CPU 发出中断请求。

D6——CX0IE,捕捉 X0 中断使能位,可读写。当 PWM_SM3STS[CFX0]=1 时,该位允许向 CPU 发出中断请求。CX0IE=0,PWM_SM3STS[CFX0]=1 时,禁止向 CPU 发出中断请求;CX0IE=1,PWM_SM3STS[CFX0]=1 时,允许向 CPU 发出中断请求。

D5~D0——CMPIE 比较中断使能位,可读写。当 PWM_SM3STS[CMPF]=1 时,该位允许向 CPU 发出中断请求。CMPIE=0,PWM_SM3STS[CMPF]=1 时,禁止向 CPU 发出中断请求;CMPIE=1,PWM_SM3STS[CMPF]=1 时,允许向 CPU 发出中断请求。

19. PWM SM3 捕捉控制寄存器 A(PWM_SM3CAPTCTRLA)

PWM_SM3CAPTCTRLA 的地址为 F3AAh,其定义如下:

数据位	15	14	13	12	11	10	9	8	7	6	5	4	3	2	1	0
读操作	CA1CNT			CA0CNT			CFAWM		EDGCNTA_EN	INP_SELA	EDGA1		EDGA0		ONESHOTA	ARMA
写操作																
复位	0	0	0	0	0	0	0	0	0	0	0	0	0	0	0	0

D15~D13——CA1CNT,捕捉 A1 FIFO 字计数位,只读。该位域表示捕捉 A1 FIFO 中字的数量(FIFO 深度为 1)。

D12~D10——CA0CNT,捕捉 A0 FIFO 字计数位,只读。该位域表示捕捉 A0 FIFO 中字的数量(FIFO 深度为 1)。

D9~D8——CFAWM,捕捉 A FIFO 深度标准位,可读写。该位域代表捕捉 A FIFO 的深度标准。当相应的 FIFO 字数大于该深度标准,捕捉标志位 PWM_SM3STS[CFA1]和 PWM_SM3STS[CFA0]才置位。(FIFO 深度为 1)。

D7——EDGCNTA_EN,边沿计数器 A 使能位,可读写。该位允许边沿计数,即 PWMA 输入信号的上升沿或下降沿计数。EDGCNTA_EN=0,禁止边沿计数;EDGCNTA_EN=1,允许边沿计数。

D6——INP_SELA,输入选择 A 位,可读写。该位决定原始 PWM 输入信号或计数/比较电路输出信号作为输入捕捉信号源。INP_SELA=0,原始 PWMA 输入信号为输入捕捉信号源;INP_SELA=1,边沿计数/比较输出信号为输入捕捉信号源。

D5～D4——EDGA1,边沿 A1 位,可读写。该位域控制输入捕捉 1 电路中哪类输入边沿引起的捕捉事件,具体如表 6－5 所列。

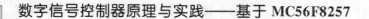

表 6－5 捕捉沿状态表

EDGA1/ EDGA0	捕捉沿
00	禁止
01	下降沿
10	上升沿
11	上下沿

D3～D2——EDGA0,边沿 A0 位,可读写。该位域控制输入捕捉 0 电路中哪类输入边沿引起的捕捉事件,具体如表 6－5 所列。

D1——ONESHOTA,单次触发方式 A 位,可读写。该位决定输入捕捉电路采用连续触发方式还是单次触发方式。ONESHOTA＝0,连续触发方式。ONESHOTA＝1,单次触发模式。

D0——ARMA,配置 A 位,可读写。输入捕捉过程的开始置该位为高电平。该位可以随时清零,以禁止输入捕捉操作。当在单次触发方式和一个捕捉事件下允许另一个或多个捕捉电路时,该位是自清零的。ARMA＝0,禁止输入捕捉操作;ARMA＝1,按照指定的 PWM_SM3CAPTCTRLA[EDGAx]允许输入捕捉操作。

20. PWM SM3 捕捉比较寄存器 A(PWM_SM3CAPTCOMPA)

PWM_SM3CAPTCOMPA 的地址为 F3ABh,其定义如下:

数据位	15	14	13	12	11	10	9	8	7	6	5	4	3	2	1	0
读操作	EDGCNTA								EDGCOMPA							
写操作																
复位	0	0	0	0	0	0	0	0	0	0	0	0	0	0	0	0

D15～D8——EDGCNTA,边沿计数 A 位,只读。该位包含 PWMA 输入捕捉电路的边沿计数值。

D7～D0——EDGCOMPA,边沿比较 A 位,可读写。该位是与 PWMA 输入捕捉电路相关的比较值。

21. PWM SM3 捕捉控制寄存器 B(PWM_SM3CAPTCTRLB)

PWM_SM3CAPTCTRLB 的地址为 F3ACh,其定义如下:

数据位	15	14	13	12	11	10	9	8	7	6	5	4	3	2	1	0
读操作	CB1CNT			CB0CNT			CFBWM		EDGCNTB_EN	INP_SELB	EDGB1		EDGB0		ONESHOTB	ARMB
写操作																
复位	0	0	0	0	0	0	0	0	0	0	0	0	0	0	0	0

D15～D13——CB1CNT，捕捉 B1 FIFO 字计数位，只读。该位域表示捕捉 B1 FIFO 中字的数量(FIFO 深度为 1)。

D12～D10——CB0CNT，捕捉 B0 FIFO 字计数位，只读。该位域表示捕捉 B0 FIFO 中字的数量(FIFO 深度为 1)。

D9～D8——CFBWM，捕捉 B FIFO 深度标准位，可读写。该位域代表捕捉 B FIFO 的深度标准。当相应的 FIFO 的字数大于该深度标准，捕捉标志位 PWM_SM3STS[CFB1]和 PWM_SM3STS[CFB0]才置位。(FIFO 深度为 1)。

D7——EDGCNTB_EN，边沿计数器 B 使能位，可读写。该位允许边沿计数，即 PWMB 输入信号的上升沿或下降沿计数。EDGCNTB_EN＝0，禁止边沿计数；EDGCNTB_EN＝1，允许边沿计数。

D6——INP_SELB，输入选择 B 位，可读写。该位决定原始 PWM 输入信号或计数/比较电路输出信号作为输入捕捉信号源。INP_SELB＝0，原始 PWMB 输入信号为输入捕捉信号源；INP_SELB＝1，边沿计数/比较输出信号为输入捕捉信号源。

D5～D4——EDGB1，边沿 B1 位，可读写。该位域控制输入捕捉 1 电路中哪类输入边沿引起的捕捉事件，具体如表 6-6 所列。

表 6-6 捕捉沿状态表

EDGB1/ EDGB0	捕捉沿
00	禁止
01	下降沿
10	上升沿
11	边沿

D3～D2——EDGB0，边沿 B0 位，可读写。该位域控制输入捕捉 0 电路中哪类输入边沿引起的捕捉事件，具体如表 6-6 所列。

D1——ONESHOTB，单次触发方式 B 位，可读写。该位决定输入捕捉电路采用连续触发方式还是单次触发方式。ONESHOTB＝0，连续触发方式。ONESHOTB＝1，单次触发模式。

D0——ARMB，配置 B 位，可读写。输入捕捉过程的开始置该位为高电平。该位可以随时清零，以禁止输入捕捉操作。当在单次触发方式和一个捕捉事件下允许另一个或多个捕捉电路时，该位是自清零的。ARMB＝0，禁止输入捕捉操作；ARMB＝1，按照指定的 PWM_SM3CAPTCTRLB[EDGBx]允许输入捕捉操作。

22. PWM SM3 捕捉比较寄存器 B(PWM_SM3CAPTCOMPB)

PWM_SM3CAPTCOMPB 的地址为 F3ADh，其定义如下：

数据位	15	14	13	12	11	10	9	8	7	6	5	4	3	2	1	0
读操作	EDGCNTB								EDGCMPB							
写操作																
复位	0	0	0	0	0	0	0	0	0	0	0	0	0	0	0	0

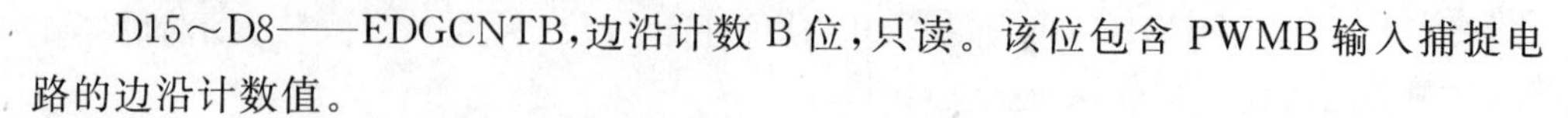

D15～D8——EDGCNTB,边沿计数 B 位,只读。该位包含 PWMB 输入捕捉电路的边沿计数值。

D7～D0——EDGCOMPB,边沿比较 B 位,可读写。该位是与 PWMB 输入捕捉电路相关的比较值。

23. PWM SM3 捕捉控制寄存器 X(PWM_SM3CAPTCTRLX)

PWM_SM3CAPTCTRLX 的地址为 F3AEh,其定义如下:

<table>
<tr><td>数据位</td><td>15</td><td>14</td><td>13</td><td>12</td><td>11</td><td>10</td><td>9</td><td>8</td><td>7</td><td>6</td><td>5</td><td>4</td><td>3</td><td>2</td><td>1</td><td>0</td></tr>
<tr><td>读操作</td><td colspan="3">CX1CNT</td><td colspan="3">CX0CNT</td><td colspan="2" rowspan="2">CFXWM</td><td rowspan="2">EDGCNTX_EN</td><td rowspan="2">INP_SELX</td><td colspan="2" rowspan="2">EDGX1</td><td colspan="2" rowspan="2">EDGX0</td><td rowspan="2">ONESHOTX</td><td rowspan="2">ARMX</td></tr>
<tr><td>写操作</td><td colspan="3"></td><td colspan="3"></td></tr>
<tr><td>复位</td><td>0</td><td>0</td><td>0</td><td>0</td><td>0</td><td>0</td><td>0</td><td>0</td><td>0</td><td>0</td><td>0</td><td>0</td><td>0</td><td>0</td><td>0</td><td>0</td></tr>
</table>

D15～D13——CX1CNT,捕捉 X1 FIFO 字计数位,只读。该位域表示捕捉 X1 FIFO 中字的数量(FIFO 深度为 1)。

D12～D10——CX0CNT,捕捉 X0 FIFO 字计数位,只读。该位域表示捕捉 X0 FIFO 中字的数量(FIFO 深度为 1)。

D9～D8——CFXWM,捕捉 X FIFO 深度标准位,可读写。该位域代表捕捉 X FIFO 的深度标准。当相应的 FIFO 字数大于该深度标准,捕捉标志位 PWM_SM3STS[CFX1]和 PWM_SM3STS[CFX0]才置位(FIFO 深度为 1)。

D7——EDGCNTX_EN,边沿计数器 X 使能位,可读写。该位允许边沿计数,即 PWMX 输入信号的上升沿或下降沿计数。EDGCNTX_EN＝0,禁止边沿计数;EDGCNTX_EN＝1,允许边沿计数。

D6——INP_SELX,输入选择 X 位,可读写。该位决定原始 PWM 输入信号或计数/比较电路输出信号作为输入捕捉信号源。INP_SELX＝0,原始 PWMX 输入信号为输入捕捉信号源;INP_SELX＝1,边沿计数/比较输出信号为输入捕捉信号源。

D5～D4——EDGX1,边沿 X1 位,可读写。该位域控制输入捕捉 1 电路中哪类输入边沿引起的捕捉事件,具体如表 6－7 所列。

表 6－7 捕捉沿状态表

EDGX1/ EDGX0	捕捉沿
00	禁止
01	下降沿
10	上升沿
11	上下沿

D3～D2——EDGX0,边沿 X0 位,可读写。该位域控制输入捕捉 0 电路中哪类输入边沿引起的捕捉事件,具体如表 6－5 所列。

D1——ONESHOTX,单次触发方式 X 位,可读写。该位决定输入捕捉电路采用连续触发方式还是单次触发方式。ONESHOTX＝0,连续触发方式。ONESHOTX＝1,单次触发模式。

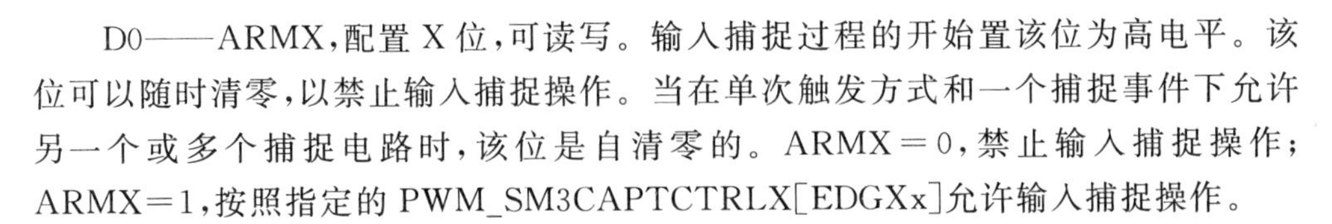

D0——ARMX，配置 X 位，可读写。输入捕捉过程的开始置该位为高电平。该位可以随时清零，以禁止输入捕捉操作。当在单次触发方式和一个捕捉事件下允许另一个或多个捕捉电路时，该位是自清零的。ARMX＝0，禁止输入捕捉操作；ARMX＝1，按照指定的 PWM_SM3CAPTCTRLX[EDGXx]允许输入捕捉操作。

24. PWM SM3 捕捉比较寄存器 X(PWM_SM3CAPTCOMPX)

PWM_SM3CAPTCOMPX 的地址为 F3AFh，其定义如下：

数据位	15	14	13	12	11	10	9	8	7	6	5	4	3	2	1	0
读操作	EDGCNTX								EDGCOMPX							
写操作																
复位	0	0	0	0	0	0	0	0	0	0	0	0	0	0	0	0

D15～D8——EDGCNTX，边沿计数 X，只读位。该位包含 PWMX 输入捕捉电路的边沿计数值。

D7～D0——EDGCOMPX，边沿比较 X，读写位。该位是与 PWMX 输入捕捉电路相关的比较值。

25. PWM SM3 捕捉值 0 寄存器(PWM_SM3CVAL0)

PWM_SM3CVAL0 的地址为 F3B0h。该寄存器只能按字读取，其定义如下：

数据位	15	14	13	12	11	10	9	8	7	6	5	4	3	2	1	0
读操作	CAPTVAL0															
写操作																
复位	0	0	0	0	0	0	0	0	0	0	0	0	0	0	0	0

D15～D0——CAPTVAL0，只读位。当由 PWM_SM3CAPTCTRLX[EDGX0]定义的捕捉事件发生时，该寄存器存储来自子模块计数器捕捉的值。

26. PWM SM3 捕捉值 1 寄存器(PWM_SM3CVAL1)

PWM_SM3CVAL1 的地址为 F3B2h。该寄存器只能按字读取，其定义如下：

数据位	15	14	13	12	11	10	9	8	7	6	5	4	3	2	1	0
读操作	CAPTVAL1															
写操作																
复位	0	0	0	0	0	0	0	0	0	0	0	0	0	0	0	0

D15～D0——CAPTVAL1，只读位。当由 PWM_SM3CAPTCTRLX[EDGX1]定义的捕捉事件发生时，该寄存器存储来自子模块计数器捕捉的值。

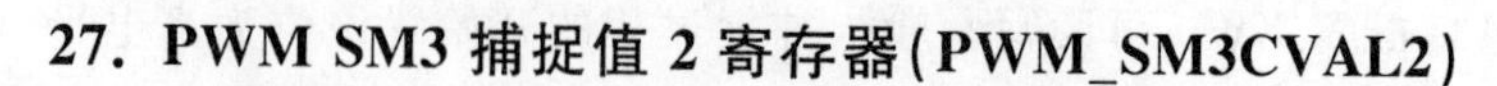

27. PWM SM3 捕捉值 2 寄存器(PWM_SM3CVAL2)

PWM_SM3CVAL2 的地址为 F3B4h。该寄存器只能按字读取,其定义如下:

数据位	15	14	13	12	11	10	9	8	7	6	5	4	3	2	1	0
读操作	CAPTVAL2															
写操作																
复位	0	0	0	0	0	0	0	0	0	0	0	0	0	0	0	0

D15~D0——CAPTVAL2,只读位。当由 PWM_SM3CAPTCTRLX[EDGX2]定义的捕捉事件发生时,该寄存器存储来自子模块计数器捕捉的值。

28. PWM SM3 捕捉值 3 寄存器(PWM_SM3CVAL3)

PWM_SM3CVAL3 的地址为 F3B6h。该寄存器只能按字读取,其定义如下:

数据位	15	14	13	12	11	10	9	8	7	6	5	4	3	2	1	0
读操作	CAPTVAL3															
写操作																
复位	0	0	0	0	0	0	0	0	0	0	0	0	0	0	0	0

D15~D0——CAPTVAL3,只读位。当由 PWM_SM3CAPTCTRLX[EDGX3]定义的捕捉事件发生时,该寄存器存储来自子模块计数器捕捉的值。

29. PWM SM3 捕捉值 4 寄存器(PWM_SM3CVAL4)

PWM_SM3CVAL4 的地址为 F3B8h。该寄存器只能按字读取,其定义如下:

数据位	15	14	13	12	11	10	9	8	7	6	5	4	3	2	1	0
读操作	CAPTVAL4															
写操作																
复位	0	0	0	0	0	0	0	0	0	0	0	0	0	0	0	0

D15~D0——CAPTVAL4,只读位。当由 PWM_SM3CAPTCTRLX[EDGX4]定义的捕捉事件发生时,该寄存器存储来自子模块计数器捕捉的值。

30. PWM SM3 捕捉值 5 寄存器(PWM_SM3CVAL5)

PWM_SM3CVAL5 的地址为 F3BAh。该寄存器只能按字读取,其定义如下:

数据位	15	14	13	12	11	10	9	8	7	6	5	4	3	2	1	0
读操作	CAPTVAL5															
写操作																
复位	0	0	0	0	0	0	0	0	0	0	0	0	0	0	0	0

D15～D0——CAPTVAL5，只读位。当由 PWM_SM3CAPTCTRLX[EDGX5]定义的捕捉事件发生时，该寄存器存储来自子模块计数器捕捉的值。

31. PWM 输出允许寄存器(PWM_OUTEN)

PWM_OUTEN 的地址为 F3C0h，其定义如下：

数据位	15	14	13	12	11	10	9	8	7	6	5	4	3	2	1	0
读操作	0				PWMA_EN				PWMB_EN				PWMX_EN			
写操作																
复位	0	0	0	0	0	0	0	0	0	0	0	0	0	0	0	0

D15～D12——保留，只读位，其值总为0。

D11～D8——PWMA_EN，PWMA 输出使能位，可读写。该位域使能每个子模块的 PWMA 输出。当 PWMA 引脚用于输入捕捉时，该位域设置为0(禁止输出)。PWMA_EN=0，禁止 PWMA 输出；PWMA_EN=1，允许 PWMA 输出。

D7～D4——PWMB_EN，PWMB 输出使能位，可读写。该位域使能每个子模块的 PWMB 输出。当 PWMB 引脚用于输入捕捉时，该位域设置为0(禁止输出)。PWMB_EN=0，禁止 PWMB 输出；PWMB_EN=1，允许 PWMB 输出。

D3～D0——PWMX_EN，PWMX 输出使能位，可读写。该位域使能每个子模块的 PWMX 输出。当 PWMX 引脚用于输入捕捉时，该位域设置为0(禁止输出)。PWMX_EN=0，禁止 PWMX 输出；PWMX_EN=1，允许 PWMX 输出。

32. PWM 屏蔽寄存器(PWM_MASK)

PWM_MASK 的地址为 F3C1h。该寄存器是双缓冲，其值到 FORCE_OUT 事件发生时才有效。读该寄存器是读其缓冲区的值，对当前值无影响。

数据位	15	14	13	12	11	10	9	8	7	6	5	4	3	2	1	0
读操作	0				MASKA				MASKB				MASKX			
写操作																
复位	0	0	0	0	0	0	0	0	0	0	0	0	0	0	0	0

D15～D12——保留，只读位，其值总为0。

D11～D8——MASKA，PWMA 屏蔽位，可读写。优于输出极性，该位域屏蔽每个子模 PWMA 的输出，使其强制为逻辑0。MASKA=0，PWMA 正常输出；MASKA=1，PWMA 被屏蔽。

D7～D4——MASKB，PWMB 屏蔽位，可读写。优于输出极性，该位域屏蔽每个子模 PWMB 的输出，使其强制为逻辑0。MASKB=0，PWMB 正常输出；MASKB=1，PWMB 被屏蔽。

D3～D0——MASKX,PWMX 屏蔽位,可读写。优于输出极性,该位域屏蔽每个子模 PWMX 的输出,使其强制为逻辑 0。MASKX＝0,PWMX 正常输出;MASKX＝1,PWMX 被屏蔽。

33. PWM 死区源选择寄存器(PWM_DTSRCSEL)

PWM_DTSRCSEL 的地址为 F3C3h。该寄存器是双缓冲,并且其值到 FORCE_OUT 事件发生时才有效。读该寄存器是读其缓冲区的值,对当前值无影响,其定义如下:

数据位	15	14	13	12	11	10	9	8	7	6	5	4	3	2	1	0
读操作 写操作	SM3SEL23		SM3SEL45		SM2SEL23		SM2SEL45		SM1SEL23		SM1SEL45		SM0SEL23		SM0SEL45	
复位	0	0	0	0	0	0	0	0	0	0	0	0	0	0	0	0

D15～D14——子模块 3 PWM23 控制选择位,可读写。该位域可越权选择输出 SM3PWM23 信号,在子模块中一旦产生 FORCE_OUT 事件,该信号将传给死区时间逻辑。

- 00:输出的 SM3PWM23 信号被死区时间逻辑使用。
- 01:反向输出的 SM3PWM23 信号被死区时间逻辑使用。
- 10:PWM_SWCOUT[SM3OUT23]被死区时间逻辑使用。
- 11:PWM3_EXTA 信号被死区时间逻辑使用。

D13～D12——子模块 3 PWM45 控制选择位,可读写。该位域可越权选择输出 SM3PWM45 信号,在子模块中一旦产生 FORCE_OUT 事件,该信号将传给死区时间逻辑。

- 00:输出的 SM3PWM45 信号被死区时间逻辑使用。
- 01:反向输出的 SM3PWM45 信号被死区时间逻辑使用。
- 10:PWM_SWCOUT[SM3OUT45]被死区时间逻辑使用。
- 11:PWM3_EXTA 信号被死区时间逻辑使用。

D11～D10——子模块 2 PWM23 控制选择位,可读写。该位域可越权选择输出 SM2PWM23 信号,在子模块中一旦产生 FORCE_OUT 事件,该信号将传给死区时间逻辑。

- 00:输出的 SM2PWM23 信号被死区时间逻辑使用。
- 01:反向输出的 SM2PWM23 信号被死区时间逻辑使用。
- 10:PWM_SWCOUT[SM2OUT23]被死区时间逻辑使用。
- 11:PWM2_EXTA 信号被死区时间逻辑使用。

D9～D8——子模块 2 PWM45 控制选择位,可读写。该位域可越权选择输出 SM2PWM45 信号,在子模块中一旦产生 FORCE_OUT 事件,该信号将传给死区时

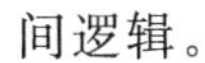

间逻辑。

- 00:输出的 SM2PWM45 信号被死区时间逻辑使用。
- 01:反向输出的 SM2PWM45 信号被死区时间逻辑使用。
- 10:PWM_SWCOUT[SM2OUT45]被死区时间逻辑使用。
- 11:PWM2_EXTA 信号被死区时间逻辑使用。

D7～D6——子模块 1 PWM23 控制选择位,可读写。该位域可越权选择输出 SM1PWM23 信号,在子模块中一旦产生 FORCE_OUT 事件,该信号将传给死区时间逻辑。

- 00:输出的 SM1PWM23 信号被死区时间逻辑使用。
- 01:反向输出的 SM1PWM23 信号被死区时间逻辑使用。
- 10:PWM_SWCOUT[SM1OUT23]被死区时间逻辑使用。
- 11:PWM1_EXTA 信号被死区时间逻辑使用。

D5～D4——子模块 1 PWM45 控制选择位,可读写。该位域可越权选择输出 SM1PWM45 信号,在子模块中一旦产生 FORCE_OUT 事件,该信号将传给死区时间逻辑。

- 00:输出的 SM1PWM45 信号被死区时间逻辑使用。
- 01:反向输出的 SM1PWM45 信号被死区时间逻辑使用。
- 10:PWM_SWCOUT[SM1OUT45]被死区时间逻辑使用。
- 11:PWM1_EXTA 信号被死区时间逻辑使用。

D3～D2——子模块 0 PWM23 控制选择位,可读写。该位域可越权选择输出 SM0PWM23 信号,在子模块中一旦产生 FORCE_OUT 事件,该信号将传给死区时间逻辑。

- 00:输出的 SM0PWM23 信号被死区时间逻辑使用。
- 01:反向输出的 SM0PWM23 信号被死区时间逻辑使用。
- 10:PWM_SWCOUT[SM0OUT23]被死区时间逻辑使用。
- 11:PWM0_EXTA 信号被死区时间逻辑使用。

D1～D0——子模块 0 PWM45 控制选择位,可读写。该位域可越权选择输出 SM0PWM45 信号,在子模块中一旦产生 FORCE_OUT 事件,该信号将传给死区时间逻辑。

- 00:输出的 SM0PWM45 信号被死区时间逻辑使用。
- 01:反向输出的 SM0PWM45 信号被死区时间逻辑使用。
- 10:PWM_SWCOUT[SM0OUT45]被死区时间逻辑使用。
- 11:PWM0_EXTA 信号被死区时间逻辑使用。

34. 主寄存器(PWM_MCTRL)

PWM_MCRL 的地址为 F3C4h,其定义如下:

数据位	15	14	13	12	11	10	9	8	7	6	5	4	3	2	1	0
读操作	IPOL				RUN								LDOK			
写操作	IPOL				RUN				CLDOK				LDOK			
复位	0	0	0	0	0	0	0	0	0	0	0	0	0	0	0	1

D15～D12——IPOL,电流极性位,可读写。该带缓冲位用于选择 PWM23 或 PWM45 作为 PWM 互补输出对源。独立模式下该位无效。在相应子模块中,当产生一个 FORCE_OUT 事件时该位才生效。IPOL＝0,PWM23 用于产生互补 PWM 对;IPOL＝1,PWM45 用于产生互补 PWM 对。

D11～D8——RUN,PWM 发生器有效位,可读写。该位域使能 PWM 发生器时钟。当该位域为 0 时,子模块计数器复位。复位,该位清除。RUN＝0,禁止 PWM 产生器;RUN＝1,允许 PWM 产生器。

D7～D4——CLDOK,清除加载允许位,只写。该位域用于清除 PWM__MCTRL[LDOK]位。向某位写 1,清除相应的 PWM__MCTRL[LDOK]位。这些位是自清零且读取时总为 0。

D3～D0——LDOK,加载允许位,可读写。这些位将 PWM__SMnCTRL[PRSC]和相应子模块的 PWM__SMnINIT,PWM__SMnFRACVALx,PWM__SMnVALx 寄存器加载到一组缓冲区中。如果 PWM__SMnCTRL[LDMOD]清零,该缓冲区的预分频因子、子模块计数器模数值和 PWM 脉冲宽度在下个 PWM 周期开始时刻生效,或置位 PWM__SMnCTRL[LDMOD],立即生效。当该位域为逻辑 1 时,相应子模块的 PWM__SMnVALx,PWM__SMnFRACVALx,PWM__SMnINIT 和 PWM__SMnCTRL[PRSC]寄存器禁止被写入。在新值载入后这些位自动清零,或在重载前给这些位写 1 手动清零。该位域无法写 0。复位,清除该位域。LDOK＝0,禁止加载新值;LDOK＝1,加载预分频,模值和 PWM 值。

6.6 实例:eFlexPWM 构件设计及测试

6.6.1 实例:边沿对齐 PWM 构件设计及测试

通过 eFlexPWM 模块的相关寄存器的配置,产生边沿对齐的 PWM 输出。

1. PWM 构件头文件(PWM.h)

```
//--------------------------------------------------------------------*
// 文件名: PWM.h                                                        *
// 说  明: PWM 构件头文件                                               *
//--------------------------------------------------------------------*
#ifndef PWM_H                    //防止重复定义
```

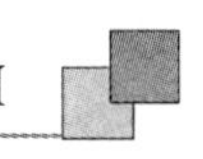

```
#define PWM_H
//1 头文件
#include "MC56F8257.h"    //MC56F8257 MCU 映像寄存器名定义
#include "Type.h"         //类型别名定义
//2 宏定义
//2.1 寄存器相关宏定义
//MC56F8257 的 eFlexPWM 模块相关寄存器的定义，X = 0,1,2 分别代表子模块 0,1,2
//eFlexPWM 模块中子模块的计数寄存器
#define PWM_SM_CNT(x)                     (*((vuint16 *)(0x0000F300 + x*48)))
//eFlexPWM 模块中子模块的初始化计数寄存器
#define PWM_SM_INIT(x)                    (*((vuint16 *)(0x0000F301 + x*48)))
//eFlexPWM 模块中子模块的控制 2 寄存器
#define PWM_SM_CTRL2(x)                   (*((vuint16 *)(0x0000F302 + x*48)))
//eFlexPWM 模块中子模块的控制寄存器
#define PWM_SM_CTRL(x)                    (*((vuint16 *)(0x0000F303 + x*48)))
//eFlexPWM 模块中子模块的值寄存器 0
#define PWM_SM_VAL0(x)                    (*((vuint16 *)(0x0000F305 + x*48)))
//eFlexPWM 模块中子模块的部分计数值寄存器 1
#define PWM_SM_FRACVAL1(x)                (*((vuint16 *)(0x0000F306 + x*48)))
//eFlexPWM 模块中子模块的值寄存器 1
#define PWM_SM_VAL1(x)                    (*((vuint16 *)(0x0000F307 + x*48)))
//eFlexPWM 模块中子模块的部分计数值寄存器 2
#define PWM_SM_FRACVAL2(x)                (*((vuint16 *)(0x0000F308 + x*48)))
//eFlexPWM 模块中子模块的值寄存器 2
#define PWM_SM_VAL2(x)                    (*((vuint16 *)(0x0000F309 + x*48)))
//eFlexPWM 模块中子模块的部分计数值寄存器 3
#define PWM_SM_FRACVAL3(x)                (*((vuint16 *)(0x0000F30A + x*48)))
//eFlexPWM 模块中子模块的值寄存器 3
#define PWM_SM_VAL3(x)                    (*((vuint16 *)(0x0000F30B + x*48)))
//eFlexPWM 模块中子模块的部分计数值寄存器 4
#define PWM_SM_FRACVAL4(x)                (*((vuint16 *)(0x0000F30C + x*48)))
//eFlexPWM 模块中子模块的值寄存器 4
#define PWM_SM_VAL4(x)                    (*((vuint16 *)(0x0000F30D + x*48)))
//eFlexPWM 模块中子模块的部分计数值寄存器 5
#define PWM_SM_FRACVAL5(x)                (*((vuint16 *)(0x0000F30E + x*48)))
//eFlexPWM 模块中子模块的值寄存器 5
#define PWM_SM_VAL5(x)                    (*((vuint16 *)(0x0000F30F + x*48)))
//eFlexPWM 模块中子模块的分数控制寄存器
#define PWM_SM_FRCTRL(x)                  (*((vuint16 *)(0x0000F310 + x*48)))
//eFlexPWM 模块中子模块的输出控制寄存器
#define PWM_SM_OCTRL(x)                   (*((vuint16 *)(0x0000F311 + x*48)))
//eFlexPWM 模块中子模块的状态寄存器
#define PWM_SM_STS(x)                     (*((vuint16 *)(0x0000F312 + x*48)))
//eFlexPWM 模块中子模块的中断使能寄存器
#define PWM_SM_INTEN(x)                   (*((vuint16 *)(0x0000F313 + x*48)))
//eFlexPWM 模块中子模块的输出触发控制寄存器
#define PWM_SM_TCTRL(x)                   (*((vuint16 *)(0x0000F315 + x*48)))
//eFlexPWM 模块中子模块的禁止故障映射寄存器
#define PWM_SM_DISMAP(x)                  (*((vuint16 *)(0x0000F316 + x*48)))
//eFlexPWM 模块中子模块的死区时间计数寄存器 0
```

```
#define PWM_SM_DTCNT0(x)                    (*((vuint16 *)(0x0000F317 + x*48)))
//eFlexPWM模块中子模块的死区时间计数寄存器1
#define PWM_SM_DTCNT1(x)                    (*((vuint16 *)(0x0000F318 + x*48)))
//eFlexPWM模块中的输出使能寄存器
#define PWM_OUTEN                                      (*((vuint16 *)0x0000F3C0))
//eFlexPWM模块中的屏蔽寄存器
#define PWM_MASK                                       (*((vuint16 *)0x0000F3C1))
//eFlexPWM模块中的软件控制输出寄存器
#define PWM_SWCOUT                                     (*((vuint16 *)0x0000F3C2))
//eFlexPWM模块中的死区时间源选择寄存器
#define PWM_DTSRCSEL                                   (*((vuint16 *)0x0000F3C3))
//eFlexPWM模块中的主控制寄存器
#define PWM_MCTRL                                      (*((vuint16 *)0x0000F3C4))
//eFlexPWM模块中的主控制2寄存器
#define PWM_MCTRL2                                     (*((vuint16 *)0x0000F3C5))
//eFlexPWM模块中的故障控制寄存器
#define PWM_FCTRL                                      (*((vuint16 *)0x0000F3C6))
//eFlexPWM模块中的故障状态寄存器
#define PWM_FSTS                                       (*((vuint16 *)0x0000F3C7))
//eFlexPWM模块中的故障过滤寄存器
#define PWM_FFILT                                      (*((vuint16 *)0x0000F3C8))
//3 外部函数声明
//-----------------------------------------------------------------------*
//函数名：PWM_SM0_Init                                                    *
//功  能：初始化PWM子模块0                                                 *
//参  数：sm:sm = 0,表示初始化子模块0;如果为其他值,强制转换为0               *
//返  回：无                                                              *
//说  明：无                                                              *
//-----------------------------------------------------------------------*
void PWM_SM0_Init(vuint8 sm);
//-----------------------------------------------------------------------*
//函数名：PWM_SM_Start                                                    *
//功  能：启动PWM子模块                                                    *
//参  数：sm:sm = 0,1,2,3  分别代表子模块0,1,2,3                           *
//返  回：无                                                              *
//说  明：启动PWM子模块,允许子模块重载中断                                   *
//-----------------------------------------------------------------------*
void PWM_SM_Start(vuint8 sm);
#endif
```

2. PWM 构件程序文件(PWM.c)

```
//-----------------------------------------------------------------------*
//文件名：PWM.c                                                           *
//说  明：使用定时器模块产生固定频率的PWM                                    *
//-----------------------------------------------------------------------*
//定时器头文件
#include "PWM.h"
//-----------------------------------------------------------------------*
//函数名：PWM_SM0_Init                                                    *
```

```
//功  能：初始化 PWM 子模块 0                                          *
//参  数：sm:sm = 0,表示初始化子模块 0;如果为其他值,强制转换为 0          *
//返  回：无                                                          *
//说  明：无                                                          *
//-------------------------------------------------------------------*
void PWM_SM0_Init(vuint8 sm)
{
    if(sm != 0)
    {
        sm = 0;
    }
    //1.配置 SIM,使能 PWM 子模块的时钟
    SIM_PCE2 |= (1 << (3 - sm));
    SIM_PCE0 |= SIM_PCE0_GPIOE_MASK;                    //使能引脚时钟
//2.设置引脚为外设功能
switch(sm)
{
  case 0:
         GPIO_E_PEREN| = GPIO_E_PEREN_PE0_MASK ;   //设置 PTE0 为外设功能
         GPIO_E_PEREN| = GPIO_E_PEREN_PE1_MASK ;   //设置 PTE1 为外设功能
         break;
  case 1:
         GPIO_E_PEREN| = GPIO_E_PEREN_PE2_MASK ;//设置 PTE2 为外设功能
         GPIO_E_PEREN| = GPIO_E_PEREN_PE3_MASK ;//设置 PTE3 为外设功能
         break;
  case 2:
         GPIO_E_PEREN| = GPIO_E_PEREN_PE4_MASK ;//设置 PTE4 为外设功能
         GPIO_E_PEREN| = GPIO_E_PEREN_PE5_MASK ;//设置 PTE5 为外设功能
         SIM_GPS3 &= 0xF505;                     //设置 PTE4、PTE5 为 PWM 功能引脚
         break;
  default:
         break;
}
//3.配置 PWM 子模块
 //PWM 输出控制寄存器
 PWM_SM_OCTRL(sm) = 0x0000;
 //PWM 初始化计数寄存器
 PWM_SM_INIT(sm) = 0x0000;
 //PWM 控制寄存器,设置重载方式和 PWM 时钟的预分频
 PWM_SM_CTRL(sm) = 0x0400;
 //PWM 故障禁止映射寄存器
 PWM_SM_DISMAP(sm) = 0x0F00;
 //死区时间计数寄存器 1
 PWM_SM_DTCNT1(sm) = 0x0000;
 //PWM 控制寄存器 2
 PWM_SM_CTRL2(sm) = 0x2000;
 //PWM 输出触发控制寄存器
 PWM_SM_TCTRL(sm) = 0x0000;
 //定义 PWM 循环重载点
 PWM_SM_VAL0(sm) = 0x0000;
```

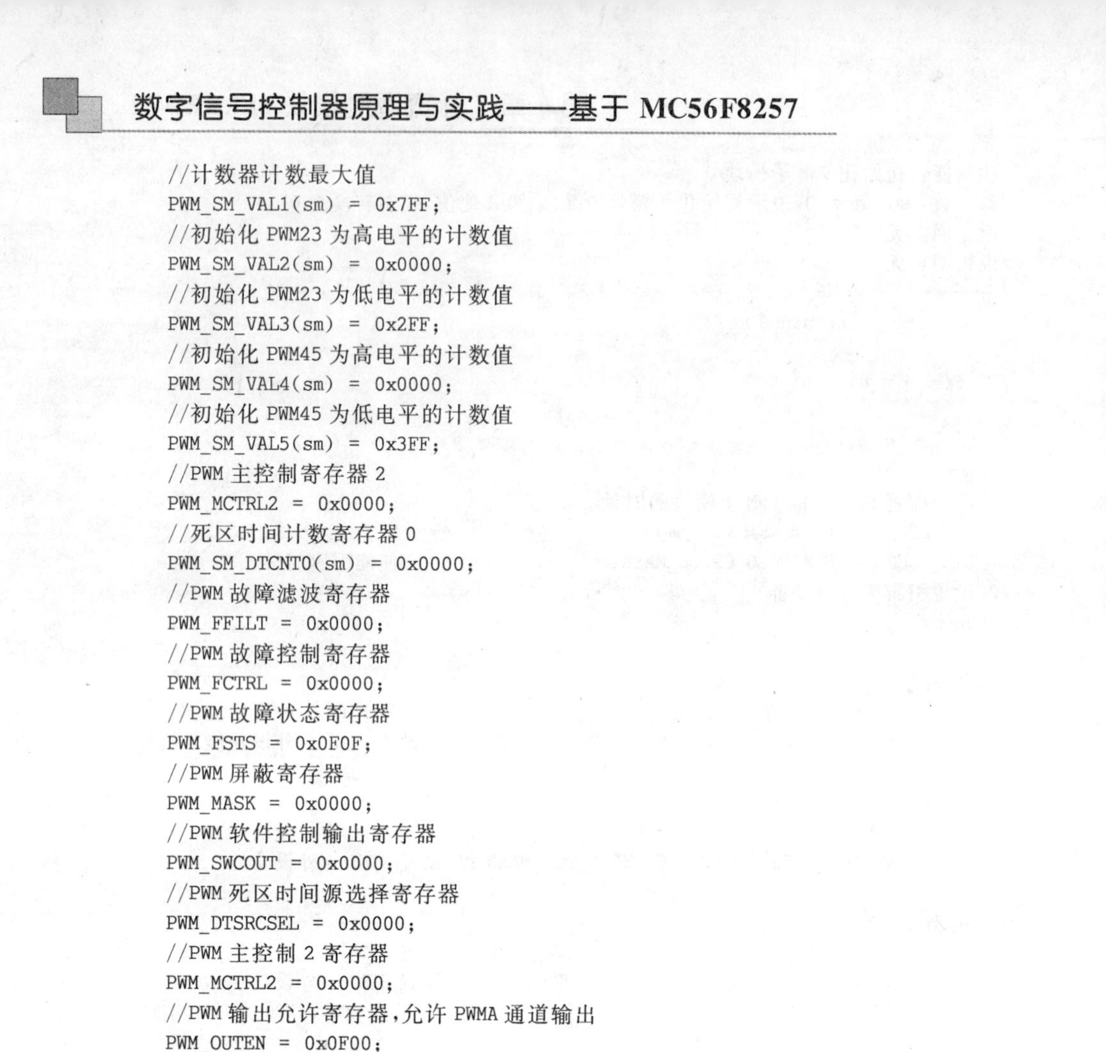

```
    //计数器计数最大值
    PWM_SM_VAL1(sm) = 0x7FF;
    //初始化 PWM23 为高电平的计数值
    PWM_SM_VAL2(sm) = 0x0000;
    //初始化 PWM23 为低电平的计数值
    PWM_SM_VAL3(sm) = 0x2FF;
    //初始化 PWM45 为高电平的计数值
    PWM_SM_VAL4(sm) = 0x0000;
    //初始化 PWM45 为低电平的计数值
    PWM_SM_VAL5(sm) = 0x3FF;
    //PWM 主控制寄存器 2
    PWM_MCTRL2 = 0x0000;
    //死区时间计数寄存器 0
    PWM_SM_DTCNT0(sm) = 0x0000;
    //PWM 故障滤波寄存器
    PWM_FFILT = 0x0000;
    //PWM 故障控制寄存器
    PWM_FCTRL = 0x0000;
    //PWM 故障状态寄存器
    PWM_FSTS = 0x0F0F;
    //PWM 屏蔽寄存器
    PWM_MASK = 0x0000;
    //PWM 软件控制输出寄存器
    PWM_SWCOUT = 0x0000;
    //PWM 死区时间源选择寄存器
    PWM_DTSRCSEL = 0x0000;
    //PWM 主控制 2 寄存器
    PWM_MCTRL2 = 0x0000;
    //PWM 输出允许寄存器,允许 PWMA 通道输出
    PWM_OUTEN = 0x0F00;
    //PWM 主控制寄存器,禁止 PWM 产生器
    PWM_MCTRL &= ~(0x0FF0);
    //PWM 状态寄存器
    PWM_SM_STS(sm) = 0x3FFF;
    //PWM 中断允许寄存器
    PWM_SM_INTEN(sm) = 0x0000;
    //重载中断优先级
    INTC_IPR5 = 3<<6;
}
//-------------------------------------------------------------------------*
//函数名:PWM_SM_Start                                                       *
//功  能:启动 PWM 子模块                                                     *
//参  数:sm:sm = 0,1,2,3  分别代表子模块 0,1,2,3                            *
//返  回:无                                                                 *
//说  明:启动 PWM 子模块,允许子模块重载中断                                  *
//-------------------------------------------------------------------------*
void PWM_SM_Start(vuint8 sm)
{
    //设置 LDOK 位,加载 PWM 的子模块 sub0,1,2 的预分频因子,模块参数和 PWM 值
    PWM_MCTRL |= (1 << sm);
```

```
    //加载完 PWM 模块的 sub0,1,2,3 的各个参数后,设置 PWM_MCTRL 的 RUN 位,
    //将启动时钟给 PWM 产生器
    PWM_MCTRL |= (256 << sm);
    //使能 PWM 的 Sub0 重载中断
    PWM_SM_INTEN(sm) |= 0x1000;
    //使能 PWM 模块的输出 PWMA 和 PWMB
    PWM_OUTEN |= (256 << sm);                       //使能 PWMA 输出
    PWM_OUTEN |= (16 << sm);                        //使能 PWMB 输出
}
```

3. PWM 中断服务程序(isr.c)

```
//-------------------------------------------------------------------*
// 文件名: isr.c                                                     *
// 说  明: 中断服务例程                                              *
//-------------------------------------------------------------------*
//头文件
#include "Includes.h"
//此处为用户新定义中断处理函数的存放处
//-------------------------------------------------------------------*
//函数名:isrPWM_Reload                                               *
//功  能:重载计数器初始值、VAL2、VAL3 寄存器的值                      *
//参  数:无                                                          *
//-------------------------------------------------------------------*
void  isrPWM_Reload()
{
    uint8  temp;
    uint8  temp1;
    DisableInterrupt();
    //置位装载允许位
    temp1 = PWM_MCTRL;
    PWM_MCTRL |= PWM_MCTRL_LDOK_MASK;
    //清除重载标志位
    temp = PWM_SM0_STS;
    PWM_SM0_STS |= PWM_SM0_STS_RF_MASK;
    EnInt(0);
    EnableInterrupt();
}
```

4. PWM 主程序文件(main.c)

```
//-------------------------------------------------------------------*
// 工 程 名: Edge-aligned PWM                                        *
// 硬件连接: GPIOE1、GPIOE2 接示波器                                 *
// 程序描述: 通过 eFlexPWM 模块产生边沿对齐的 PWM                     *
// 目    的: 熟悉 DSC 的 eFlexPWM 功能                               *
// 说    明: 提供 Freescale DSC 的编程框架,供教学入门使用。子模块 0PWMA 占空比 *
//           为 37.3%,子模块 0PWMB 占空比为 50%。                    *
//-------------------------------------------------------------------*
```

```
//1. 头文件
#include "Includes.h"
//全局变量声明
//2. 主函数
void main(void)
{
            //1 关中断
            DisableInterrupt();                      //禁止总中断
            //2 芯片初始化
            DSCinit();
            //3 PWM 子模块 1 初始化
            PWM_SM0_Init(0);
            //4 启动 PWM 子模块 1
            PWM_SM_Start(0);
            //5 开中断优先级
            EnInt(0);                               //开中断优先级
            EnableInterrupt();                       //允许总中断
            //6 主循环
            while(1)
            {
      }
}
```

6.6.2 实例:死区时间插入逻辑构件设计及测试

通过 eFlexPWM 模块的相关寄存器的配置,产生死区时间插入逻辑的 PWM 输出。

死区时间插入逻辑的 PWM 输出的头文件 PWM.h、中断服务程序 isr.c 和主程序 main.c 分别同边沿对齐 PWM 构件设计的头文件、中断服务程序 isr.c 和主程序 main.c。

1. PWM 构件程序文件(PWM.c)

```
//-----------------------------------------------------------------*
//文件名:PWM.c                                                      *
//说  明:使用定时器模块产生固定频率的 PWM                              *
//-----------------------------------------------------------------*
//定时器头文件
#include "PWM.h"
//-----------------------------------------------------------------*
//函数名:PWM_SM0_Init                                               *
//功  能:初始化 PWM 子模块 0                                          *
//参  数:sm:sm = 0,表示初始化子模块 0;如果为其他值,强制转换为 0          *
//返  回:无                                                         *
//说  明:PWMA 和 PWMB 互补输出,占空比 50%。插入死区时间 3 μs,PWMA 补偿   *
//        死区时间补偿后 PWMA 占空比 50%,PWMB 占空比 32.4%              *
//-----------------------------------------------------------------*
void PWM_SM0_Init(vuint8 sm)
{
```

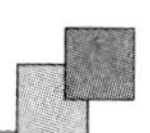

```
if(sm != 0)
{
sm = 0;
}
   //1.配置 SIM,使能 PWM 子模块的时钟
   SIM_PCE2 |= (1 << (3 - sm));
   SIM_PCE0 |= SIM_PCE0_GPIOE_MASK;                          //使能引脚时钟
   //2.设置引脚为外设功能
switch(sm)
{
  case 0:
          GPIO_E_PEREN| = GPIO_E_PEREN_PE0_MASK ;     //设置 PTE0 为外设功能
          GPIO_E_PEREN| = GPIO_E_PEREN_PE1_MASK ;     //设置 PTE1 为外设功能
          break;
  case 1:
          GPIO_E_PEREN| = GPIO_E_PEREN_PE2_MASK ;     //设置 PTE2 为外设功能
          GPIO_E_PEREN| = GPIO_E_PEREN_PE3_MASK ;     //设置 PTE3 为外设功能
          break;
  case 2:
          GPIO_E_PEREN| = GPIO_E_PEREN_PE4_MASK ;     //设置 PTE4 为外设功能
          GPIO_E_PEREN| = GPIO_E_PEREN_PE5_MASK ;     //设置 PTE5 为外设功能
          SIM_GPS3 &= 0xF505;                        //设置 PTE4、PTE5 为 PWM 功能引脚
          break;
default:
          break;
}
//3.配置 PWM 子模块
   //PWM 输出控制寄存器
   PWM_SM_OCTRL(sm) = 0x0000;
   //PWM 初始化计数寄存器
   PWM_SM_INIT(sm) = 0x0000;
   //PWM 控制寄存器,设置重载方式和 PWM 时钟的预分频
   PWM_SM_CTRL(sm) = 0x0400;
   //PWM 故障禁止映射寄存器
   PWM_SM_DISMAP(sm) = 0x0F00;
   //死区时间计数寄存器 0
   PWM_SM_DTCNT0(sm) = DEADTIME;
   //死区时间计数寄存器 1
   PWM_SM_DTCNT1(sm) = DEADTIME;
   //PWM 控制寄存器 2
   PWM_SM_CTRL2(sm) = 0x0000;
   //PWM 输出触发控制寄存器
   PWM_SM_TCTRL(sm) = 0x0000;
   //定义 PWM 循环重载点
   PWM_SM_VAL0(sm) = 0x0000;
   //计数器计数最大值
   PWM_SM_VAL1(sm) = 0x7FF;
   //初始化 PWM23 为高电平的计数值
   PWM_SM_VAL2(sm) = 0x0000;
   //初始化 PWM23 为低电平的计数值
   PWM_SM_VAL3(sm) = 0x3FF + DEADTIME;
```

```
    //初始化 PWM45 为高电平的计数值
    PWM_SM_VAL4(sm) = 0x0000;
    //初始化 PWM45 为低电平的计数值
    PWM_SM_VAL5(sm) = 0x3FF;
    //PWM 主控制寄存器 2
    PWM_MCTRL2 = 0x0000;
    //PWM 故障滤波寄存器
    PWM_FFILT = 0x0000;
    //PWM 故障控制寄存器
    PWM_FCTRL = 0x0000;
    //PWM 故障状态寄存器
    PWM_FSTS = 0x0F0F;
    //PWM 屏蔽寄存器
    PWM_MASK = 0x0000;
    //PWM 软件控制输出寄存器
    PWM_SWCOUT = 0x0000;
    //PWM 死区时间源选择寄存器
    PWM_DTSRCSEL = 0x0000;
    //PWM 主控制 2 寄存器
    PWM_MCTRL2 = 0x0000;
    //PWM 输出允许寄存器,允许 PWMA 通道输出
    PWM_OUTEN = 0x0F00;
    //PWM 主控制寄存器,禁止 PWM 产生器
    PWM_MCTRL &= ~(0x0FF0);
    //PWM 状态寄存器
    PWM_SM_STS(sm) = 0x3FFF;
    //PWM 中断允许寄存器
    PWM_SM_INTEN(sm) = 0x0000;
    //重载中断优先级
    INTC_IPR5 = 3<<6;
}
//------------------------------------------------------------------*
//函数名：PWM_SM_Start                                              *
//功  能：启动 PWM 子模块                                           *
//参  数：sm:sm = 0,1,2,3  分别代表子模块 0,1,2,3                   *
//返  回：无                                                        *
//说  明：启动 PWM 子模块,允许子模块重载中断                        *
//------------------------------------------------------------------*
void PWM_SM_Start(vuint8 sm)
{
    //设置 LDOK 位,加载 PWM 的子模块 sub0,1,2 的预分频因子,模块参数和 PWM 值
    PWM_MCTRL |= (1 << sm);
    //加载完 PWM 模块的 sub0,1,2,3 的各个参数后,设置 PWM_MCTRL 的 RUN 位,
    //将启动时钟给 PWM 产生器
    PWM_MCTRL |= (256 << sm);
    //使能 PWM 的 Sub0 重载中断
    PWM_SM_INTEN(sm) |= 0x1000;
    //使能 PWM 模块的输出 PWMA 和 PWMB
    PWM_OUTEN |= (256 << sm);                          //使能 PWMA 输出
    PWM_OUTEN |= (16 << sm);                           //使能 PWMB 输出
}
```

第7章

ADC 模块

在数据采集和仪器仪表中，多数情况下是由嵌入式计算机进行实时控制及实时数据处理的。计算机所加工的信息是数字量，而被测控对象往往是一些连续变化的模拟量(如温度、压力、速度或流量等)。ADC 是计算机与外界连接的纽带，是大部分嵌入式应用中必不可少的重要组成部分，该部分的性能直接影响到嵌入式设备的总体性能。

本章主要内容有：①简要阐述 ADC 转换的基础知识；②给出 MC56F8257 DSC 内部 ADC 转换模块的基本编程方法，并封装成 ADC 转换构件；③给出应用实例。

7.1 ADC 的基本知识

7.1.1 ADC 的基本问题

ADC 模块(Analog To Digital Convert Module)即模/数转换模块，其功能是将电压类的模拟信号转换为相应的数字信号。实际应用中，电压信号可能由温度、湿度、压力等物理量经过传感器和相应的变换电路转化而来。经过 A/D 转换后，DSC 就可以处理这些物理量。进行 A/D 转换，应该了解以下一些基本问题：①采样精度是多少；②采样速率有多快；③滤波问题；④物理量回归等。

1. 采样精度

采样精度是指数字量变化一个最小量时模拟信号的变化量，即通常所说的采样位数。通常，DSC 的采样位数为 8 位、10 位，某些增强型的可达到 12 位，而专用的 ADC 采样芯片则可达到 12 位、14 位、甚至 16 位。设采样位数为 N，则检测到的模拟量变化最小值为 $1/2^N$。例如：MC56F8257 的采样精度最高为 12 位，参考电压为 3.3 V，则能检测到的模拟量变化为 $3.3\ \text{V}/2^{12}=0.81\ \text{mV}$。

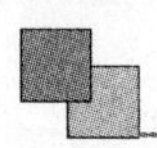

2. 采样速率

采样速率是指完成一次 ADC 采样所花费的时间。采样速率和所选器件的工作频率有很大关系，在多数的 DSC 中需花费大于 10～15 个指令周期。

3. 滤波

为了使采样的数据更准确，必须对采样的数据进行筛选，剔除误差较大的毛刺。通常采用中值滤波和均值滤波来提高采样精度。所谓中值滤波，就是将 M 次连续采样值按大小进行排序，取中间值作为滤波输出。均值滤波，是把 N 次采样结果值相加，然后再除以采样次数 N，得到的平均值就是滤波结果。若要得到更高的精度，可以通过建立其他误差分析模型来实现。

4. 物理量回归

在实际应用中，得到稳定的 ADC 采样值以后，还需要把 ADC 采样值与实际物理量对应起来，这一步称为物理量回归。A/D 转换的目的是把模拟信号转化为数字信号，供计算机进行处理，但必须知道 A/D 转换后的数值所表示的实际物理量的值，这样才有实际意义。例如，利用 DSC 采集室内温度，AD 转换后的数值是 126，实际它代表多少温度呢？如果当前室内温度是 25.1 ℃，则 ADC 值 126 就表示实际温度 25.1 ℃。

7.1.2 A/D 转换器

A/D 转换器实现转换可以使用几种不同的方法。下面简单介绍两种常用的方法及其特性。

1. 双积分型 A/D 转换器

双积分型 A/D 转换器由积分器、检零比较器、计数器、控制逻辑和时钟信号等组成。双积分型的 A/D 转换器有两个输入电压：一个是被测模拟量输入电压，一个是标准电压。

A/D 转换器首先对未知的输入电压 V_i 进行固定时间 T_0 的积分，然后转换为标准电压进行反向积分，直至积分输出返回到初始值。对标准电压进行反向积分的时间 T_i 正比于输入模拟电压，输入电压越大，则反向积分时间越长，如图 7-1 所示。用高频率标准时钟脉冲来测量这个时间，反向积分过程中对脉冲的计数值就是对应输入模拟电压的数字量。

双积分型的 A/D 转换器具有电路简单、抗干扰能力强、精度高等优点，但其转换速度比较慢，常用的 A/D 转换芯片的转换时间为毫秒级。因此该方法适用于模拟信号变化缓慢，采样速率要求较低，而对精度要求较高，或现场干扰较严重的场合，如数字电压表。

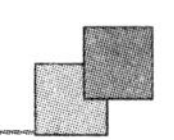

2. 逐次逼近型 A/D 转换器

逐次逼近型(也称逐位比较式)的 A/D 转换器,其原理框图如图 7-2 所示,主要由逐次逼近寄存器 SAR、D/A 转换器、比较器以及时序和控制逻辑等部分组成。它的实质是逐次把设定的 SAR 寄存器中的数字量经 D/A 转换器后得到电压 V_c,与待转换模拟电压 V_x进行比较。比较时,先从 SAR 的最高位开始,逐次确定各位是"1"或"0",其工作过程如下:

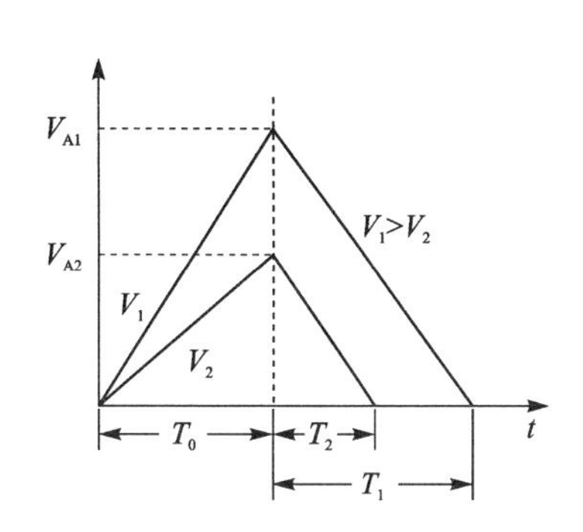

图 7-1　双积分型 A/D 的工作示意图

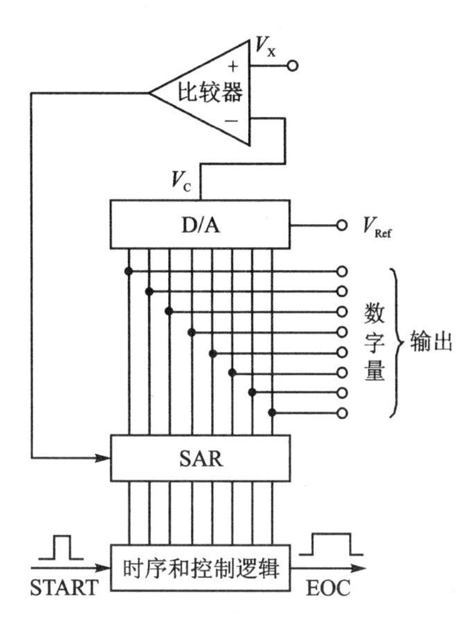

图 7-2　逐次逼近型 A/D 转换的工作示意图

转换前,先将 SAR 寄存器各位清零。转换开始时,控制逻辑电路先设定 SAR 寄存器的最高位为"1",其余位为"0",该值经 D/A 转换成电压 V_c,然后将 V_c与模拟输入电压 V_x比较。如果 $V_x \geqslant V_c$,说明 SAR 最高位的"1"应予保留;如果 $V_x < V_c$,说明 SAR 最高位应予清零。然后再对 SAR 寄存器的次高位置"1",依上述方法进行 D/A 转换和比较。如此重复上述过程,直至确定 SAR 寄存器的最低位为止。过程结束后,状态线改变状态,表明已完成一次转换。最后,逐次逼近寄存器 SAR 中的内容就是与输入模拟量 V_x相对应的二进制数字量。显然,A/D 转换器的位数 N 决定于 SAR 寄存器的位数和 D/A 转换器的位数。位数越多,越能准确逼近模拟量,但转换所需的时间也越长。

逐次逼近型 A/D 转换器的主要特点是:

① 转换速度快,在 1～100 μs 以内,分辨率可以达 18 位,特别适用于工业控制系统。

② 转换时间固定,不随输入信号的变化而变化。

③ 抗干扰能力相对积分型的差。

7.1.3 A/D 转换常用传感器

传感器是把物理量或化学量转变成电信号的器件，它是实现测试与自动控制系统的首要环节。如电子计价秤中安装的称重传感器，是电子计价秤的重要部件，它担负着将重量转换成电信号的任务，该电信号被放大器放大并经 A/D 转换后，由显示器件给出称重信息。如果没有传感器对原始参数进行精确可靠的测量，无论是信号转换或信息处理都将无法实现。传感器的种类可分为力、热、湿、气、磁、光、电等。各种传感器都是根据相关材料在不同环境下会表现出不同的物理特性研制而成。常见的传感器如下：

1. 温度传感器

温度传感器是利用一些金属、半导体等材料与温度有关的特性制成的，这些特性包括热膨胀、电阻、电容、磁性、热电势、热噪声、弹性及光学特征。根据制造材料的不同，温度传感器可分为热敏电阻传感器、半导体热电偶传感器、PN 结温度传感器和集成温度传感器等类型。热敏电阻传感器是一种比较简单的温度传感器，其最基本的电气特性是随着温度的变化自身阻值也随之变化。图 7－3(a)是 NTC 热敏电阻。

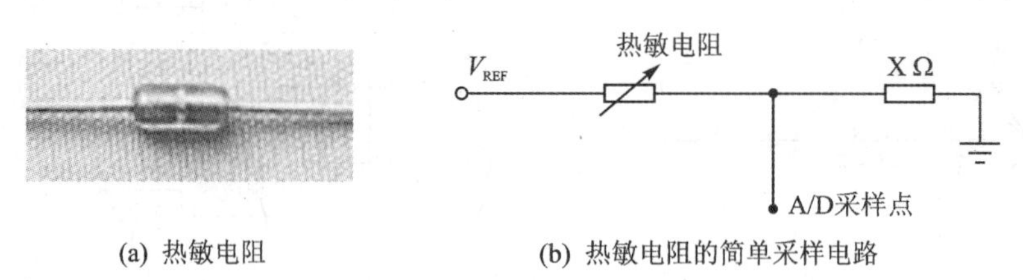

(a) 热敏电阻　　(b) 热敏电阻的简单采样电路

图 7－3　热敏电阻及其采样电路

在实际应用中，将热敏电阻接入图 7－3(b)所示的采样电路中，热敏电阻和一个特定阻值的电阻串联，由于热敏电阻会随着环境温度的变化而变化，因此 A/D 采样点的电压也会随之变化，A/D 采样点的电压如下式所示：

$$V_{A/D}=\frac{x}{R_{热敏}+x}\times V_{REF} \tag{7-1}$$

其中，x 是一特定阻值，根据实际热敏电阻的不同而加以选定。

假如热敏电阻阻值增大，采样点的电压就会减小，ADC 值也会相应减小；反之，热敏电阻阻值减小，采样点的电压就会增大，ADC 值也会相应增大。所以采用这种方法，DSC 就会获知外界温度的变化。如果想知道外界的具体温度值，就需要进行物理量回归操作，也就是通过 ADC 采样值，根据采样电路及热敏电阻温度变化曲线，推算当前的温度值。

2. 光敏电阻器

光敏电阻器是利用半导体的光电效应原理制成的一种电阻值随入射光的强弱而

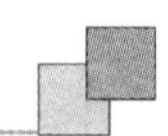

改变的电阻器。入射光强，电阻减小；入射光弱，电阻增大。光敏电阻器一般用于光的测量、光的控制和光电转换（将光的变化转换为电的变化）。

通常，光敏电阻器都制成薄片结构，以便吸收更多的光能。当它受到光的照射时，半导体片（光敏层）内就激发出电子-空穴对，参与导电，使电路中电流增强。一般光敏电阻器结构如图 7－4(a)所示。

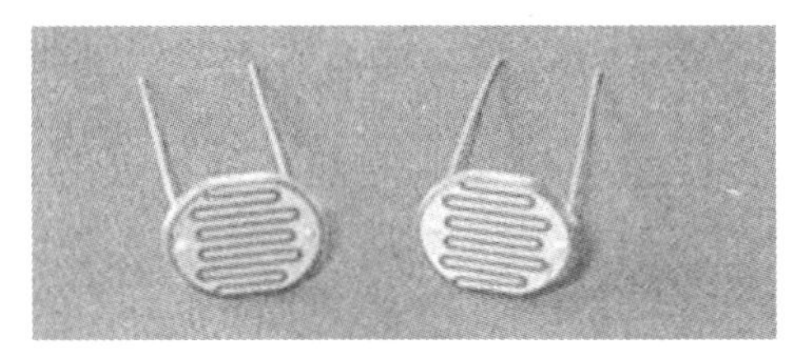

(a) 光敏电阻

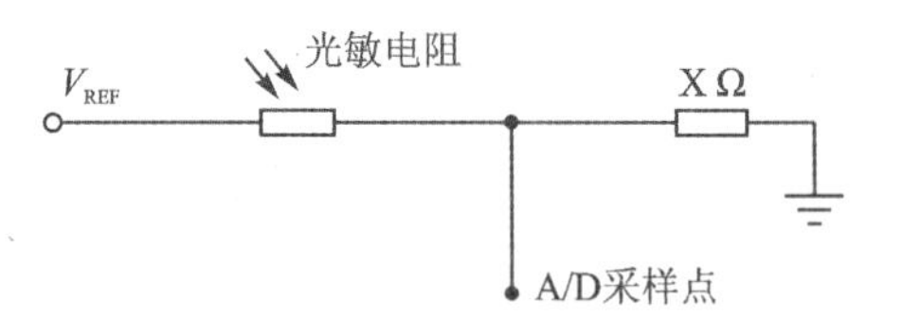

(b) 光敏电阻的简单采样电路

图 7－4　光敏电阻及其采样电路

图 7－4(b)给出了简单的光敏电阻采样电路，其 A/D 采样点的电压的计算方法类似于上述热敏电阻 A/D 采样点电压的计算。

3. 灰度传感器

所谓灰度也可认为是亮度，简单的说就是色彩的深浅程度。灰度传感器由两只二极管构成，一只为发白光的高亮度发光二极管，另一只为光敏探头。

通过发光管发出超强白光照射在物体上，光线通过物体反射回来落在光敏二极管上，由于照射在它上面的光线强弱的影响，光敏二极管的阻值在反射光线很弱（也就是物体为深色）时为几百 kΩ，一般光照度下为几 kΩ，在反射光线很强（也就是物体颜色很浅，几乎全反射）时为几十欧。这样就能检测到物体颜色的灰度了。

7.1.4　电阻型传感器采样电路设计

如前所述，电阻型传感器即自身等效为一个电阻，电阻的阻值随外部信号的变化而变化，可用来采集温度等。

对于电阻型传感器的采样电路，基本思想是将电阻变化转化为电压变化，然后利用 A/D 转换芯片得到 ADC 值，最后利用 ADC 值和外部信号的对照表得出当前外部信号的值。7.1.3 小节中给出了简单的采样电路，实际应用中，为了获取更精确的采样值，常用的采样设计有恒流激励电路和恒压激励电路。

在恒流激励电路中，用恒定电流激励传感器，然后采集传感器两端电压值。由于传感器两端电压变化微弱，在用 A/D 转换测电压之前，需先对电压值进行运算放大。最后，建立 ADC 值同外部温度的对照表，在获得电压的 ADC 值后，可使用对照表查出当前的温度。通常，对照表是通过最后试验测试建立的，一般做法是首先测得特征点的 ADC 值，而特征点之间的 ADC 值通过线性插值得出。

通常，电阻型传感器采样电路由传感器接口、恒流源电路和放大电路 3 部分组成。

图 7-5 为电阻型传感器通用采样电路，其中，Sensor1 和 Sensor2 为传感器接口，使用两个可调稳压器 LM317 提供 1.25 V 的内部参考电压，一路供传感器使用，另一路供零参考电压电路使用，电阻 RG_R1 和 RG_R2 的阻值相等。恒流源的输出电流计算公式为 I_{out}＝1.25/RG_R1(A)。在传感器的可接受范围内，应采用尽可能大的输出电流，即 RG_R1 和 RG_R2 的阻值应尽可能的小，这样将在传感器两端产生尽可能大的电压差。电路对电源要求较高，在电源输入端加入电容 RG_C1 (100 μF)，目的是过滤低频信号。

零参考电压电路中的 RG_R3 为精确电位器，用来调整零点。该电路中还使用了 AMP04 对传感器两端的电压进行放大。AMP04 放大电路的放大倍数由 RG_R4 的阻值决定，放大倍数 Gain＝100 kΩ/RG_R4，输出电压 U_{out}＝((＋IN)－(－IN))×Gain。

由上面的分析得知，可通过调节 RG_R1 和 RG_R2 的阻值来获得需要的电流，调节 RG_R4 的阻值来获得需要的放大倍数。

假设有一个传感器，其允许的输入电流为 5～10 mA，电阻变化范围 10～20 Ω，需要的放大倍数为 50，那么，如何配置 RG_R1 和 RG_R4 的阻值呢？

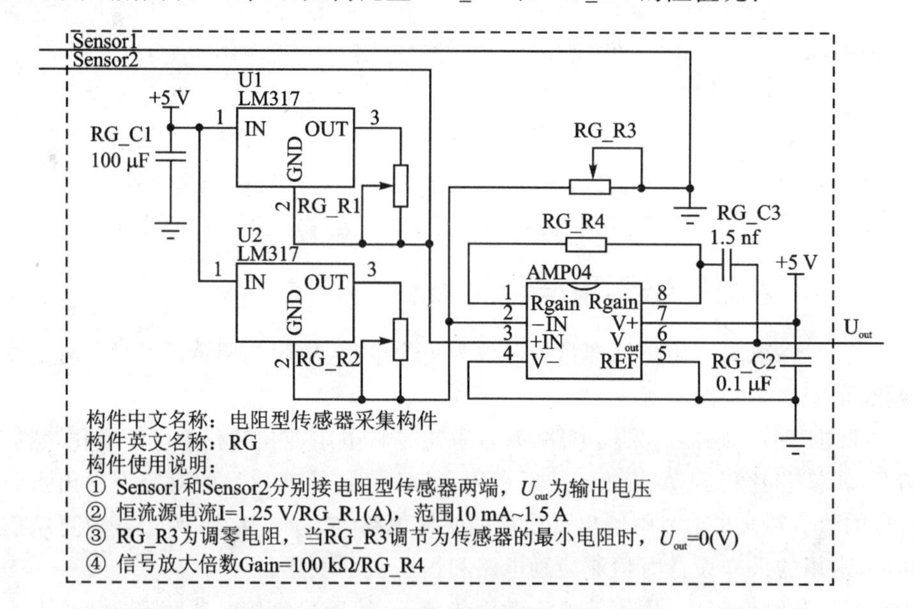

图 7-5 电阻型传感器通用采集电路

根据式 I_{out}＝1.25/RG_R1，I_{out} 设为传感器允许的最大电流 10 mA，因此 RG_R1＝1.25 V/10 mA＝125 Ω。根据式 Gain＝100 kΩ/RG_R4，放大倍数为 50，则 RG_R4＝100 kΩ/50＝2 kΩ。

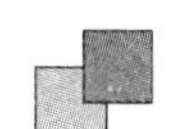

7.2 带有可编程增益放大器的ADC模块

MC56F8257内部集成的模数转换器(ADC)包含两个12位的ADC模块,每个ADC模块拥有独立的参考电压和控制模块。每个ADC模块拥有8个模拟量输入通道及其采样/保持电路。

ADC的功能由数字控制模块配置和控制。A/D转换器的特点如下:

① 分辨率为12位。

② ADC时钟频率的最大值为15 MHz,其通常时钟周期为100 ns。

③ 单次转换时间为8.5个ADC时钟周期(8.5×100 ns=850 ns)。

④ 当定时器与ADC某通道连接时,若允许PWM驱动定时器时,可通过输入信号SYNC0/1使PWM与ADC同步。

⑤ 可连续扫描并存储多达16个转换值。

⑥ 并行模式下,两个ADC模块可同步/异步扫描并存储多达8个转换值。

⑦ 输入信号可以增益1、2或4倍。

⑧ 在扫描结束时,采样数据如果超出预先设定的限制范围(过高或者过低)或发生过零时,产生相应中断。

⑨ 采样值可通过减去预先设置的偏移值进行修正(可选)。

⑩ 转换结果值可能是有符号数或无符号数。

⑪ 单端或差分输入。

7.2.1 时 钟

MC56F8257内部集成的ADC模块有两个外部时钟源IP_CLK和ADC_8_CLK,如图7-6所示。当SIM_PCE[ADC]位置位时,IP_CLK使能。IP_CLK(最高达60 MHz)通过分频作为ADC时钟源。通过配置时钟合成模块OCCS(PRECS, ROPD, ROSB)、ADC_CTRL2[DIV0]和ADC_PWR2[DIV1]等时钟源控制位,使转换时钟频率在100 kHz~15 MHz之间。在正常模式下,ADC时钟处于活跃状态。在所有ADC上电或由ADC_PWR[PUDELAY]位决定的时间段内,ADC时钟也处于活跃状态。当转换是在电源节约模式下启动时,ADC时钟将继续运行直至转换序列完成。当IP_CLK时钟从片内弛缓振荡器ROSC(PRECS=0)输出且ROSC处于待机模式时,待机电流模式启动,这保证了转换需要的100 kHz ADC转换时钟。待机电源模式下,外部时钟无效。

ADC_8_CLK通过分频器产生一个自动待机时钟。只有在自动待机电源模式下或当两个转换器都处于空闲状态时,选择此时钟为ADC时钟。自动待机电源模式需要ADC_8_CLK达到8 MHz,这个8 MHz时钟可能来源于正常模式下的ROSC或外部时钟。

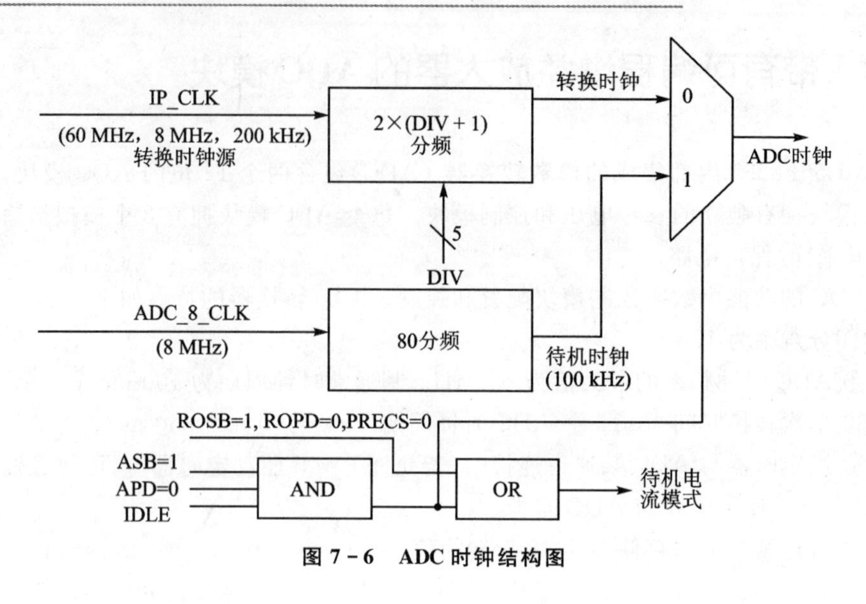

图 7-6 ADC 时钟结构图

7.2.2 工作模式

MC56F8257 内部集成的 ADC 有独立的转换器 A 和转换器 B。每个转换器有 8 输入通道和独立的 12 位 ADC 的采样保持(S/H)电路。这两个转换器把其转换结果保存在一个缓冲区中,以待进一步的处理。A/D 转换模式有顺序扫描和并行扫描。在顺序扫描模式下,ADC 扫描顺序是由设定 ADC_CLISTx 中的 SAMPLE[0：15]位确定 16 通道顺序,如图 7-7 所示。

并行扫描模式下,16 个样本被平分成两组,分别输入到转换器 A 和 B,转换器 A 对 SAMPLE[0：3]和 SAMPLE[8：11]顺序处理,转换器 B 对 SAMPLE[4：7]和 SAMPLE[12：15]顺序处理。两个转换器并行工作,且每个最多可处理 8 个样本。转换器 A 只能对 ANA[0：7]输入的模拟量进行采样,转换器 B 只能对 ANB[0：7]输入的模拟量进行采样,如图 7-8 所示。并行扫描可以是同步或异步进行。同步扫描模式下,两个转换器可同步扫描并同步转换。两个转换器共享开始、停止、同步、扫描结束中断允许控制、中断等信号。不论转换器 A(或 B)在遇到禁止采样时,其扫描结束。异步扫描模式下,两个转换器独立进行扫描。每个转换器有其独自的开始、停止、同步、扫描中断允许控制、中断等信号。在每个转换器扫描过程,该转换器只有遇到禁止采样时才结束。

ADC 具体扫描方式又可配置为“单次扫描”、“触发式扫描”和“循环扫描”。单次扫描就是当进行顺序或并行扫描时,只扫描一次。每次扫描时,需要重新置位 ADC_CTRLx[SYNCx];触发式扫描与单次扫描基本相同,但不需要置位 ADC_CTRLx[SYNCx];对于循环扫描方式,无论是并行模式还是顺序模式,每次扫描结束自动地开始新一次扫描。在并行循环扫描下,转换器 A 在完成扫描后立即开始新的扫描,转换器 B 类似。

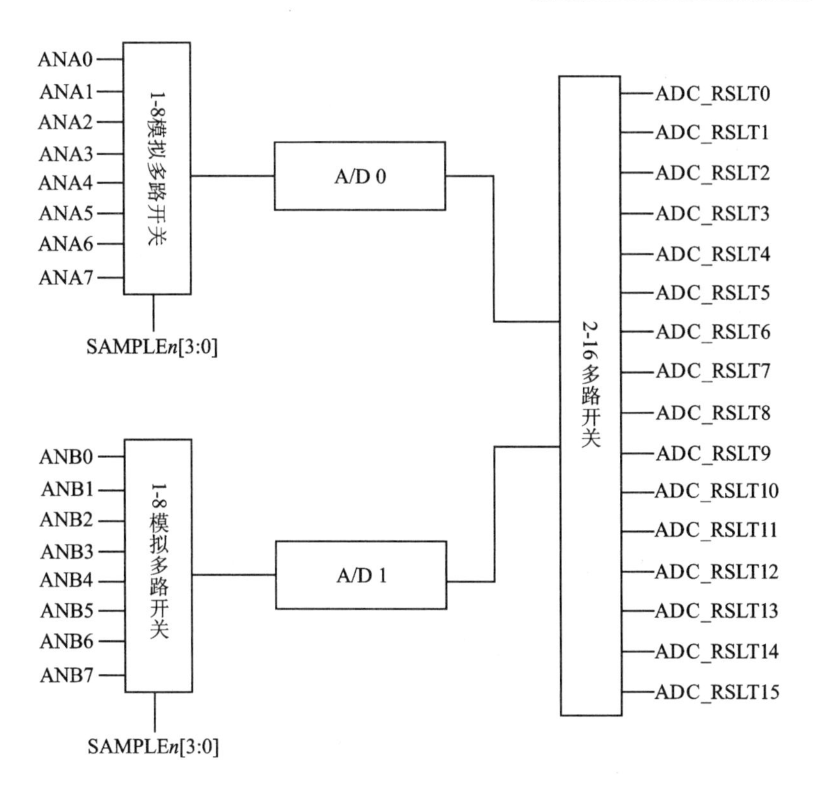

图7-7　ADC顺序扫描模式

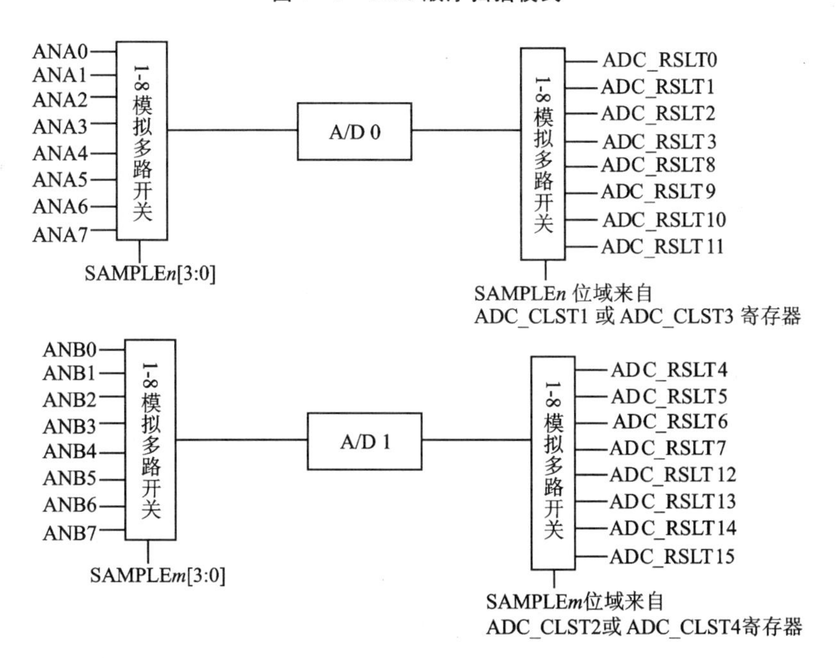

图7-8　ADC并行扫描模式

7.2.3 数据采样模式及处理

1. 数据采样模式

ADC 有单端模式和差分模式两种采样模式，由 ADC_CTRLx[CHNCFG]位域决定。

当 ADC_CTRLx[CHNCFG]位清零时，单端采样模式。ADC 的多路输入选择从 8 个模拟输入中选择一个，使其与 A/D 正端引脚相连；A/D 负端与 VREFL 相连。ADC 线性比较单一模拟输入电压与参考电压范围($V_{REFH}-V_{REFL}$)，将其转换，具体如下式所示：

$$单端转换值 = 四舍五入(((V_{IN}-V_{REFLO})/(V_{REFH}-V_{REFLO}))\times 4096)\times 8 \tag{7-2}$$

其中，V_{IN}是加在输入引脚的外来电压；V_{REFH}和 V_{REFL}为模块引脚的外部参考电压（通常 $V_{REFH}=V_{DDA}$，$V_{REFL}=V_{SSA}$）。

当 ADC_CTRLx[CHNCFG]位置位时，差分采样模式。A/D 的正端与模拟输入的偶数引脚相连，A/D 的负端与模拟输入的奇数引脚相连。输入是成对的，如 ANA0/1，ANA2/3，ANA4/5，ANA6/7，ANB0/1，ANB2/3，ANB4/5 或 ANB6/7。ADC 线性比较两个模拟输入电压差与参考电压范围($V_{REFH}-V_{REFL}$)，并将其转换，具体如下式所示：

$$差分转换值 = (((V_{IN1}-V_{IN2})/(V_{REFH}-V_{REFL})\times 2048)+2048)\times 8 \tag{7-3}$$

其中，V_{IN}是加在输入引脚的外来电压；V_{REFH}和 V_{REFL}为模块引脚的外部参考电压（通常 $V_{REFH}=V_{DDA}$，$V_{REFL}=V_{SSA}$）。

注意：MC56F8257 内部集成的 ADC 模块是 12 位的，拥有 4 096 种可能的状态。12 位的数据由 16 位数据总线左移 3 位得到，因此从数据线上读取的最大值为 32 760。

另外，单端与差分对的混合搭配也可以，如 ANA[0：1]差分对，ANA[2：3]单端等。

2. 数据处理

A/D 转换过程的结果通常被送入加法器进行偏移修正，如图 7-9 所示。加法器把 ADC_OFFST 寄存器的值从每个样本中减去，并把最后结果保存在转换结果寄存器中的 RSLT 位域。在显示时，原始的 ADC 值和 RSLT 值会被进行阈值和过零限制检查。如果超限，相应中断置位。

转换结果的符号由 ADC 的无符号结果减去相应的偏移寄存器值决定。如果偏移寄存器的值被设置为 0，那么转换结果寄存器的值就是无符号数且等于循环转换器的无符号结果。假设偏移寄存器(ADC_OFFST)的值被清零，那么转换结果寄存器(RSLT)的范围为 0000H～7FF8H。

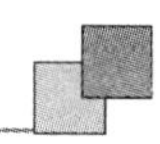

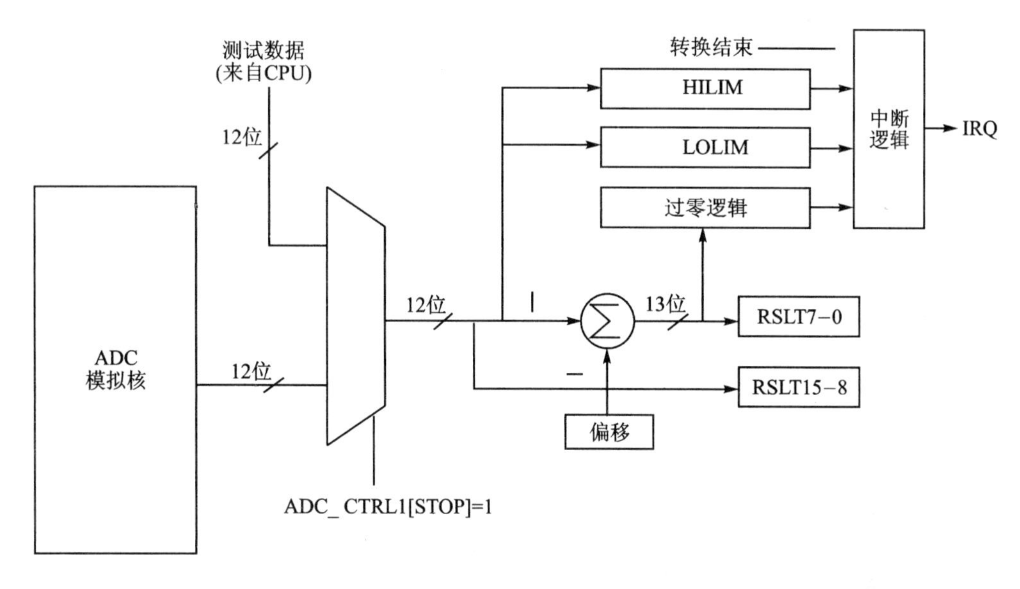

图7-9 转换结果寄存器的数据处理

7.2.4 启动方式

正常模式和待机电源模式下,按下列步骤进行启动:

① 设置ADC_PWR[PUDELAY],使其上电延时时间为最大值。

② ADC_PWR[ASB和APD]清零。

③ ADC_PWR[PD0和/或PD1]清零,从而对需要的转换器上电。

④ 查询状态位,直到所有需要的转换器都上电。

⑤ 启动扫描。这样在扫描开始前,提供一个全上电延迟。

在正常模式下启动扫描时,禁止ADC_PWR[PUDELAY],因此没有强加的额外延迟。

在自动等待电源模式下启动时,首先按照正常模式下启动的步骤进行。在启动扫描之前,将ADC_PWR[PUDELAY]设置为合适的等待恢复电源值,并设置ADC_PWR[ASB]。自动等待电源模式自动地降低电流直到ADC处于活跃状态时,再利用ADC_PWR[PUDELAY]的延迟,将电流从备用状态提高到全电压状态。具体步骤如下:

① 设置ADC_PWR[PUDELAY],使其上电延时时间为最大值。

② ADC_PWR[ASB]清零,ADC_PWR[APD]置位。

③ 对所使用转换器的ADC_PWR[PD0和/或PD1]位清零。

7.3 ADC 模块的编程寄存器

MC56F8257 的 ADC 模块有 2 个控制寄存器(ADC_CTRL1～ADC_CTRL2)、4 个通道列表寄存器(ADC_CLIST1～ADC_CLIST4)、16 个转换结果寄存器(ADC_RSLT1～ADC_RSLT 16)、1 个状态寄存器(ADC_STAT)、1 个转换状态寄存器(ADC_RDY)和 2 个电源控制寄存器(ADC_PWR, ADC_PWR2)等 58 个寄存器。通过对这些寄存器的编程,获取 A/D 转换数据。

1. ADC 控制寄存器 1(ADC_CTRL1)

ADC 控制寄存器 1(ADC_CTRL1)的地址为 F080h,其定义如下:

数据位	15	14	13	12	11	10	9	8	7	6	5	4	3	2	1	0
读操作	0	STOP0		SYNC0	EOSIE0	ZCIE	LLMTIE	HLMTIE	CHNCFG_L				0	SMODE		
写操作			START0													
复位	0	1	0	1	0	0	0	0	0	0	0	0	0	1	0	1

D15——只读位,保留,其值为 0。

D14——STOP0,停止位。当置位该位时,当前扫描终止且禁止后续扫描。此时,SYNC0 的输入脉冲和对 ADC_CTRL1[START0]位写入都是无效的,直到该位被清零为止。STOP0=0,正常模式;STOP0=1,停止模式。

D13——START0,开始转换位,只写位。置位该位将启动 A/D 转换。START0=0,无操作;START0=1,启动 A/D 转换。

D12——SYNC0,同步 0 使能位。当 SYNC0 输入出现上升沿时,将启动转换。在单次(SMODE=000/001)扫描模式下,当检测到第一个 SYNC0 时,ADC_CTRL1[SYNC0]位被清零。SYNC0=0,只能通过置位 ADC_CTRL1[START0]位启动扫描;SYNC0=1,使用 SYNC0 输入脉冲或者置位 ADC_CTRL1[START0]位启动扫描。

D11——EOSIE0,扫描结束中断使能位。扫描完成后,立即产生一个 EOSI0 中断。循环扫描模式下,每一次循环结束后都会触发此中断。EOSIE0=0,禁止扫描结束中断;EOSIE0=1,允许扫描结束中断。

D10——ZCIE,过零中断使能位。如果当前结果与前一结果(由 ADC_ZXCTRL 寄存器配置)相比符号发生了变化,则产生一个过零中断。ZCIE=0,禁止过零中断;ZCIE=1,允许过零中断。

D9——LLMTIE,低阈值中断使能位。当前结果低于低阈值寄存器的值时,产生一个低阈值中断。LLMTIE=0,禁止低阈值中断;LLMTIE=1,允许低阈值中断。

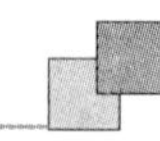

D8——HLMTIE,高阈值中断使能位。当前结果高于高阈值寄存器的值时,产生一个高阈值中断。HLMTIE=0,禁止高阈值中断;HLMTIE=1,允许高阈值中断。

D7~D4——CHNCFG_L,通道配置低位。该位域决定了模拟输入对是配置为单端输入模式还是差分输入模式。具体配置如表7-1所列。

表7-1 CHNCFG_L位通道配置

CHNCFG_L位	模拟输入通道	输入模式
xxx1	ANA0~ANA1	差分对输入(ANA0为+且ANA1为-)
xxx0	ANA0~ANA1	单端输入
xx1x	ANA2~ANA3	差分对输入(ANA2为+且ANA3为-)
xx0x	ANA2~ANA3	单端输入
x1xx	ANB0~ANB1	差分对输入(ANB0为+且ANB1为-)
x0xx	ANB0~ANB1	单端输入
1xxx	ANB2~ANB3	差分对输入(ANB2为+且ANB3为-)
0xxx	ANB2~ANB3	单端输入

D3——只读位,保留,其值为0。

D2~D0——SMODE ADC扫描模式控制位。该位域决定ADC模块的扫描模式。具体如下:

- 000:单次顺序扫描。由开始(START)或同步(SYNC)信号触发,每进行一次采样,扫描从ADC_CLIST1[SAMPLE0]位定义的通道开始,直至遇到第一个禁止采样通道,否则一直进行到ADC_CLIST4[SAMPLE15]位定义的通道为止。如果扫描由同步信号SYNC启动,那么扫描只能进行一次,因为在检测到同步信号后,ADC_CTRLx[SYNCx]位自动清零。
- 001:单次并行扫描。由开始(START)或同步(SYNC)信号触发。在并行模式下,转换器A转换采样ADC_CLISTx[SAMPLE0~3,8~11]位确定的通道,转换器B转换采样ADC_CLISTx[SAMPLE4~7, 12~15]位确定的通道。当ADC_CTRL2[SIMULT]位为1(默认值)时,扫描过程中任何一个转换器遇到禁止采样通道或两个转换器都完成8个采样通道的转换时,结束扫描。当ADC_CTRL2[SIMULT]位为0时,当其中任何一个转换器遇到禁止采样通道或完成8个采样通道的转换时,结束扫描。如果扫描由同步信号触发,那么扫描只能进行一次循环,因为在检测到同步信号后,ADC_CTRLx[SYNCx]位自动清零。
- 010:循环顺序扫描。由开始(START)或同步(SYNC)信号触发,顺序对ADC_CLISTx[SAMPLE0~15]位确定的16个通道做一次性循环顺序扫描,直至遇到禁止采样通道。扫描过程连续不断地进行直至 ADC_CTRL1[STOP0]位被置位。循环顺序扫描过程中,后续的任何开始或同步脉冲无效,除非通过对 ADC_SCTRL[SCx]位的置位使其结束。

- 011:循环并行模式。由开始(START)或同步(SYNC)信号触发,转换器 A 转换采样 ADC_CLISTx[SAMPLE0～3,8～11]位确定的通道,转化器 B 转换采样 ADC_CLISTx[SAMPLE4～7, 12～15]位确定的通道。每当一个转换器完成了当前转换后,将立即重启扫描序列。此过程直至 ADC_CTRLx[STOPx]位被置位。循环并行扫描过程中,后续的任何开始或同步脉冲无效,除非通过对 ADC_SCTRL[SCx]位的置位使其结束。当 ADC_CTRL2[SIMULT]位为 1(默认值)时,扫描过程中任何一个转换器在遇到禁止采样通道时,扫描重新开始。当 ADC_CTRL2[SIMULT]位为 0 时,当其中任何一个转换器遇到禁止采样通道时,其扫描重新开始。
- 100:触发顺序模式。由开始(START)或同步(SYNC)信号触发,扫描从 ADC_CLIST1[SAMPLE0]位确定的通道开始,直至遇到禁止采样通道结束;否则,转换器扫描 ADC_CLIST4[SAMPLE15]位确定通道后,转换结束。
- 101:触发并行模式(默认)。由开始(START)或同步(SYNC)信号触发。在并行模式下,转换器 A 转换采样 ADC_CLISTx[SAMPLE0～3,8～11]位确定的通道,转化器 B 转换采样 ADC_CLISTx[SAMPLE4～7, 12～15]位确定的通道。当 ADC_CTRL2[SIMULT]位为 1(默认值)时,扫描过程中任何一个转换器在遇到禁止采样通道时,结束扫描。当 ADC_CTRL2[SIMULT]位为 0 时,当其中任何一个转换器遇到禁止采样通道时,其结束扫描。
- 11x:保留。

2. ADC 控制寄存器 2(ADC_CTRL2)

ADC 控制寄存器 2(ADC_CTRL2)的地址为 F081h,其定义如下:

数据位	15	14	13	12	11	10	9	8	7	6	5	4	3	2	1	0
读操作	0	STOP1	0	SYNC1	EOSIE1	0	CHNCFG_H				SIMULT	DIV				
写操作		STOP1	START1	SYNC1	EOSIE1		CHNCFG_H				SIMULT	DIV				
复位	0	1	0	1	0	0	0	0	0	0	1	0	0	0	1	0

D15——只读位,保留,值为 0。

D14——STOP1,停止位。在并行扫描模式下,当 SIMULT = 0 时,该位控制并行扫描是否停止。该位置位后,停止转换器 B 当前扫描并禁止后续扫描。STOP1=0,正常运行;STOP1=1,停止模式。

D13——START1,开始转换位,只写。在并行扫描模式下,当 SIMULT = 0 时,该位控制转换器 B 并行扫描是否开始。对该位写入 1 启动扫描。在扫描过程

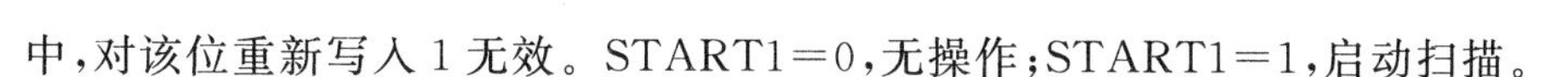

中，对该位重新写入 1 无效。START1=0，无操作；START1=1，启动扫描。

D12——SYNC1，同步 1 使能位。SYNC1=0，转换器 B 并行扫描只有在 ADC_CTRL2[START1]位置位后才被启动；SYNC1=1，通过 SYNC1 输入脉冲或 ADC_CTRL2[START1]位启动转换器 B 并行扫描。

D11——EOSIE1，扫描结束中断使能位。在并行扫描模式中，当 SIMULT = 0 时，使能转换器 B 并行扫描结束中断。扫描完成后，此位将产生 EOSI1 中断。在循环扫描模式下，每一次循环扫描结束将触发此中断。EOSIE1=0，禁止 EOSI1 中断；EOSIE1=1，允许 EOSI1 中断。

D10——只读位，保留，值为 0。

D9～D6——CHNCFG_H，通道配置高位。该位域决定了模拟输入是配置成单端输入模式还是差分输入模式。具体配置如表 7-2 所列。

表 7-2 CHNCFG_H 位通道配置

CHNCFG_H 位	模拟输入通道	输入模式
xxx1	ANA4～ANA5	差分对输入（ANA4 为＋且 ANA5 为－）
xxx0	ANA4～ANA5	单端输入
xx1x	ANA6～ANA7	差分对输入（ANA6 为＋且 ANA7 为－）
xx0x	ANA6～ANA7	单端输入
x1xx	ANB4～ANB5	差分对输入（ANB4 为＋且 ANB5 为－）
x0xx	ANB4～ANB5	单端输入
1xxx	ANB6～ANB7	差分对输入（ANB6 为＋且 ANB7 为－）
0xxx	ANB6～ANB7	单端输入

D5——SIMULT，同步模式位。该位只在并行扫描模式下起作用。SIMULT=0，并行独立扫描；SIMULT=1，并行同步扫描（默认）。

D4～D0——DIV，时钟分频选择位。该位域用来设定 A/D 转换的时钟频率。设 A/D 转换的时钟频率为 f_{ADCLK}，系统时钟频率为 f_{sysclk}，则计算公式为 $f_{ADCLK} = f_{sysclk}/(2\times(DIV[4:0]+1))$。为了保证 ADC 时钟不超过最大频率 15 MHz，必须合理选择该位域。表 7-3 给出了在各种 OCCS 时钟源配置下，基于该位域值进行分频的 ADC 时钟频率。

表 7-3 各种时钟转换源下的 ADC 时钟频率

DIV	分频因子	ROSC 待机 400 kHz	ROSC 正常 8 MHz	PLL 60 MHz	外部 CLK
0_0000	2	100 kHz	2.00 MHz	30.0 MHz	CLK/4
0_0001	4	100 kHz	1.00 MHz	15.00 MHz	CLK/8

续表 7-3

DIV	分频因子	ROSC 待机 400 kHz	ROSC 正常 8 MHz	PLL 60 MHz	外部 CLK
0_0010	6	100 kHz	667 kHz	10.00 MHz	CLK/12
0_0011	8	100 kHz	500 kHz	7.50 MHz	CLK/16
0_0100	10	100 kHz	400 kHz	6.00 MHz	CLK/20
0_0101	12	100 kHz	333 kHz	5.00 MHz	CLK/24
⋮	⋮		⋮	⋮	
1_1111	64	100 kHz	62.5 kHz	937 kHz	CLK/128

3. ADC 通道列表寄存器(ADC_CLIST1～ADC_CLIST4)

ADC 通道列表寄存器 1 的(ADC_CLIST1)地址为 F083h,其定义如下：

数据位	15	14	13	12	11	10	9	8	7	6	5	4	3	2	1	0
读操作 写操作	SAMPLE3				SAMPLE2				SAMPLE1				SAMPLE0			
复位	0	0	1	1	0	0	1	0	0	0	0	1	0	0	0	0

D15～D12——SAMPLE3,通道选择段 3。

D11～D8——SAMPLE2,通道选择段 2。

D7～D4——SAMPLE1,通道选择段 1。

D3～D0——SAMPLE0,通道选择段 0。

ADC 通道列表寄存器 2 的(ADC_CLIST2)地址为 F084h,其定义如下：

数据位	15	14	13	12	11	10	9	8	7	6	5	4	3	2	1	0
读操作 写操作	SAMPLE7				SAMPLE6				SAMPLE5				SAMPLE4			
复位	0	1	1	1	0	1	1	0	0	1	0	1	0	1	0	0

D15～D12——SAMPLE7,通道选择段 7。

D11～D8——SAMPLE6,通道选择段 6。

D7～D4——SAMPLE5,通道选择段 5。

D3～D0——SAMPLE4,通道选择段 4。

ADC 通道列表寄存器 3 的(ADC_CLIST3)地址为 F085h,其定义如下：

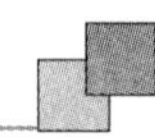

数据位	15	14	13	12	11	10	9	8	7	6	5	4	3	2	1	0
读操作 写操作	SAMPLE11				SAMPLE10				SAMPLE9				SAMPLE8			
复位	1	0	1	1	1	0	1	0	1	0	0	1	1	0	0	0

D15～D12——SAMPLE11，通道选择段11。

D11～D8——SAMPLE10，通道选择段10。

D7～D4——SAMPLE9，通道选择段9。

D3～D0——SAMPLE8，通道选择段8。

ADC通道列表寄存器4(ADC_CLIST4)地址F086h，其定义如下：

数据位	15	14	13	12	11	10	9	8	7	6	5	4	3	2	1	0
读操作 写操作	SAMPLE15				SAMPLE14				SAMPLE13				SAMPLE12			
复位	1	1	1	1	1	1	1	0	1	1	0	1	1	1	0	0

D15～D12——SAMPLE15，通道选择段15。

D11～D8——SAMPLE14，通道选择段14。

D7～D4——SAMPLE13，通道选择段13。

D3～D0——SAMPLE12，通道选择段12。

通道选择段15～0对应值如表7-4所列。

表7-4 通道选择段15～0对应值

通道选择段	样本字数值	输入模式	
		单端	差分
0	0000	ANA0	ANA0＋，ANA1－
1	0001	ANA1	ANA0＋，ANA1－
2	0010	ANA2	ANA2＋，ANA3－
3	0011	ANA3	ANA2＋，ANA3－
4	0100	ANB0	ANB0＋，ANB1－
5	0101	ANB1	ANB0＋，ANB1－
6	0110	ANB2	ANB2＋，ANB3－
7	0111	ANB3	ANB2＋，ANB3－
8	1000	ANA4	ANA4＋，ANA5－
9	1001	ANA5	ANA4＋，ANA5－
10	1010	ANA6	ANA6＋，ANA7－

续表 7-4

通道选择段	样本字数值	输入模式	
		单端	差分
11	1011	ANA7	ANA6＋，ANA7－
12	1100	ANB4	ANB4＋，ANB5－
13	1101	ANB5	ANB4＋，ANB5－
14	1110	ANB6	ANB6＋，ANB7－
15	1111	ANB7	ANB6＋，ANB7－

4. ADC 转换结果寄存器(ADC_RSLT0～15)

A/D 转换的结果存放在 16 个结果寄存器中，其中 ADC_RSLT0～7 存放的转换结果以有符号数形式表示，ADC_RSLT8～15 存放的转换结果以无符号数形式表示。

ADC 结果寄存器 ADC_RSLT0～7 的地址分别为 F08Ch～F093h，其定义如下：

数据位	15	14	13	12	11	10	9	8	7	6	5	4	3	2	1	0
读操作	SEXT	RSLT												0		
写操作		RSLT														
复位	0	0	0	0	0	0	0	0	0	0	0	0	0	0	0	0

D15——SEXT，符号扩展位。A/D 转换结果的符号扩展位。SEXT＝1，表明转换结果可能出现负值；SEXT＝0，表明转换结果恒为正。

D14～D3——RSLT，转换结果的数值部分。该域可以被解释为带符号的整数或带符号的小数。作为小数时，该位域可直接使用。作为带符号的整数时，有两种解释，一种是带符号数右移(ASR)3 位，另一种是作为一种数据而被接收，但有代码丢失，最低 3 位总为 0。

D2～D0——只读位，保留，值为 0。

A/D 转换结果寄存器 ADC_RSLT8～15 的地址分别为 F094h～F09Bh，其定义如下：

数据位	15	14	13	12	11	10	9	8	7	6	5	4	3	2	1	0
读操作	0	RSLT												0		
写操作		RSLT														
复位	0	0	0	0	0	0	0	0	0	0	0	0	0	0	0	0

D15——只读位，保留，值为 0。

D14～D3——RSLT，转换结果的数值部分。该位域表示最初的转换结果，没有考虑偏移量。

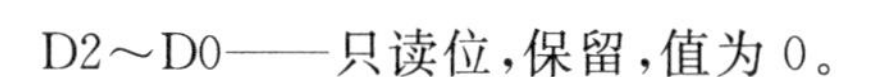

D2～D0——只读位，保留，值为 0。

5. ADC 状态寄存器(ADC_STAT)

ADC 状态寄存器的(ADC_STAT)地址为 F088h，其定义如下：

数据位	15	14	13	12	11	10	9	8	7	6	5	4	3	2	1	0
读操作	CIP0	CIP1	0	EOSI1	EOSI0	ZCI	LLMTI	HLMTI	未定义							
写操作																
复位	0	0	0	0	0	0	0	0	0	0	0	0	0	0	0	0

D15——CIP0，转换进行标志位。该位标志扫描是否正在进行，适用于非同步并行扫描模式下的任何扫描，但转换器 B 扫描除外。CIP0＝0，闲置状态；CIP0＝1，扫描正在进行。

D14——CIP1，转换进行标志位。该位标志扫描是否正在进行。适用于非同步并行扫描模式下的转换器 B 扫描。CIP1＝0，闲置状态；CIP1＝1，扫描正在进行。

D13——只读位，保留，值为 0。

D12——EOSI1，扫描结束中断标志位。向该位写 1 清除该位。该位不能由软件进行设置。在循环扫描模式下，每一次循环结束都会触发此中断。在非同步并行扫描模式下，只有在转换器 B 扫描完成后，才触发此中断。EOSI1＝0，一次扫描周期未结束，不产生扫描结束中断；EOSI1＝1，一次扫描周期结束，产生扫描结束中断。

D11——EOSI0，扫描结束中断标志位。向该位写 1 清除该位。该位不能由软件进行设置。在循环扫描模式下，每一次循环结束都会触发此中断。除转换器 B 扫描外，适用于非同步并行扫描模式下的任何扫描。EOSI0＝0，一次扫描周期未结束，不产生扫描结束中断；EOSI0＝1，一次扫描周期结束，产生扫描结束中断。

D10——ZCI，过零中断标志位。向 ADC_ZXSTAT[ZCSx]位写 1 清除该位。ZCI＝0，无过零中断请求；ZCI＝1，过零发生，此时若 ADC_CTRL1[ZCIE]置位，将产生过零中断。

D9——LLMTI，低阈值中断标志位。如果低阈值寄存器的值不是 0000h，将使能低阈值检查。向 ADC_LIMSTAT[LLSx]位写 1 清除该位。LLMTI＝0，无低阈值中断请求；LLMTI＝1，低于低阈值，如果 ADC_CTRL1[LLMTIE]置位，将产生低阈值中断。

D8——HLMTI，高阈值中断标志位。如果高阈值寄存器的值不是 7FF8h，将使能高阈值检查。向 ADC_LIMSTAT[HLSx]位写 1 清除该位。HLMTI＝0，无高阈值中断请求；HLMTI＝1，高于高阈值，如果 ADC_CTRL1[HLMTIE]置位，将产生高阈值中断。

D7～D0——未定义。

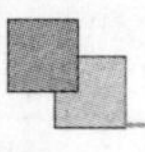

6. ADC 转换状态寄存器(ADC_RDY)

ADC 转换状态寄存器的(ADC_RDY)地址为 F089h,其定义如下:

<table>
<tr><td>数据位</td><td>15</td><td>14</td><td>13</td><td>12</td><td>11</td><td>10</td><td>9</td><td>8</td><td>7</td><td>6</td><td>5</td><td>4</td><td>3</td><td>2</td><td>1</td><td>0</td></tr>
<tr><td>读操作</td><td colspan="16">RDY[15:0]</td></tr>
<tr><td>写操作</td><td colspan="16"></td></tr>
<tr><td>复位</td><td>0</td><td>0</td><td>0</td><td>0</td><td>0</td><td>0</td><td>0</td><td>0</td><td>0</td><td>0</td><td>0</td><td>0</td><td>0</td><td>0</td><td>0</td><td>0</td></tr>
</table>

D15~D0——RDY[15:0]准备采样标志位。该位域表明样本(15~0)是否可读。当读取相应结果寄存器 ADC_RSLTx 时,对应位被清零。0:采样不可读或已经被读出;1:采样可读。

7. ADC 电源控制寄存器(ADC_PWR)

ADC 电源控制寄存器的(ADC_PWR)地址为 F0B4h,其定义如下:

<table>
<tr><td>数据位</td><td>15</td><td>14</td><td>13</td><td>12</td><td>11</td><td>10</td><td>9</td><td>8</td><td>7</td><td>6</td><td>5</td><td>4</td><td>3</td><td>2</td><td>1</td><td>0</td></tr>
<tr><td>读操作</td><td rowspan="2">ASB</td><td colspan="2">0</td><td>1</td><td>PSTS1</td><td>PSTS0</td><td rowspan="2" colspan="6">PUDELAY</td><td rowspan="2">APD</td><td>1</td><td rowspan="2">PD1</td><td rowspan="2">PD0</td></tr>
<tr><td>写操作</td><td colspan="2"></td><td></td><td></td><td></td><td></td></tr>
<tr><td>复位</td><td>0</td><td>0</td><td>0</td><td>1</td><td>1</td><td>1</td><td>0</td><td>0</td><td>1</td><td>1</td><td>0</td><td>1</td><td>0</td><td>1</td><td>1</td><td>1</td></tr>
</table>

D15——ASB 自动待机模式选择位。如果 ADC_PWR[APD]置 1,则该位无效。ASB=0,自动待机模式禁止;ASB=1,自动待机模式允许。

D14~D13——只读位,保留,值为 0。

D12——只读位,保留,值为 1。

D11——PSTS1,A/D 转换器 B 电源状态位。置位 ADC_PWR[PD1]位后,该位也被置位。如果 ADC_PWR[APD]=0,清 ADC_PWR[PD1]位后,经过几个 ADC 时钟周期(由 ADC_PWR[PUDELAY]位决定),该位清零。PSTS1=0,A/D 转换器 B 已经上电;PSTS1=1,A/D 转换器 B 已经断电。

D10——PSTS0,ADC 转换器 A 电源状态位。置位 ADC_PWR[PD0]位后,该位也被置位。如果 ADC_PWR[APD]=0,清 ADC_PWR[PD0]位后,经过几个 ADC 时钟周期(由 ADC_PWR[PUDELAY]位决定),该位清零。PSTS0=0,ADC 转换器 A 已经上电;PSTS0=1,ADC 转换器 A 已经断电。

D9~D4——PUDELAY,上电延迟位。这 6 位决定了从设置 ADC_PWR[PDx]为 0 之后,允许一次扫描开始之前,ADC 上电需要几个 ADC 时钟周期。系统默认为 13 个 ADC 时钟周期。如果该位设置值过小,则扫描中初始化转换的精度将会降低。

D3——APD,自动电源关闭位。在自动电源关闭模式下,如果没有扫描,则转换器掉电。PWR[APD]优先于 PWR[ASB]。APD=0,禁止自动电源关闭模式;APD

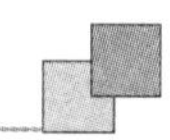

=1,允许自动电源关闭模式。

D2——只读位,保留,值为1。

D1——PD1,转换器B的电源手动关闭位。该位强制关闭转换器B的电源。该位置位将立即关闭A/D转换器B的电源。该位置位后,转换器B的扫描结果是无效的。PD1=0,A/D转换器B上电;PD1=1,A/D转换器B断电。

D0——PD0,转换器A的电源手动关闭位。该位强制关闭转换器A的电源。该位置位将立即关闭A/D转换器A的电源。该位置位后,转换器A的扫描结果是无效的。PD0=0,A/D转换器A上电;PD0=1,A/D转换器A断电。

8. ADC校正寄存器(ADC_CAL)

ADC校正寄存器ADC_CAL的地址为F0B5h,其定义如下:

数据位	15	14	13	12	11	10	9	8	7	6	5	4	3	2	1	0
读操作	SEL_VREFH_B	SEL_VREFLO_B	SEL_VREFH_A	SEL_VREFLO_A	0										SEL_DAC_B	SEL_DAC_A
写操作																
复位	0	0	0	0	0	0	1	0	0	0	0	0	0	0	0	0

D15——SEL_VREFH_B,VREFH选择位。在转换器1中,通过该位选择作为转换的参考电压VREFH源。SEL_VREFH_B =0,内部VDDA作为参考电压VREFH源;SEL_VREFH_B =1,ANB2作为参考电压VREFH源。

D14——SEL_VREFLO_B,VREFLO选择位。在转换器1中,通过该位选择作为转换的参考电压VREFLO源。SEL_VREFH_B=0,内部VSSA作为参考电压VREFLO源;SEL_VREFH_B=1,ANB3作为参考电压VREFLO源。

D13——SEL_VREFH_A,VREFH选择位。在转换器0中,通过该位选择作为转换的参考电压VREFH源。SEL_VREFH_A =0,内部VDDA作为参考电压VREFH源;SEL_VREFH_A =1,ANA2作为参考电压VREFH源。

D12——SEL_VREFLO_A,VREFLO选择位。在转换器0中,通过该位选择作为转换的参考电压VREFLO源。SEL_VREFH_A =0,内部VSSA作为参考电压VREFLO源;SEL_VREFH_A =1,ANA3作为参考电压VREFLO源。

D11~D2——只读位,保留,值为0。

D1——SEL_DAC_B,DAC备用输出选择位。此位决定ADCB7输入引脚是作为输入引脚还是作为DAC输出引脚。SEL_DAC_B =0,ADCB7作为输入引脚(正常模式);SEL_DAC_B =1,ADCB7作为DAC输出。

D0——SEL_DAC_A,DAC备用输出选择位。此位决定ADCA7输入引脚是作

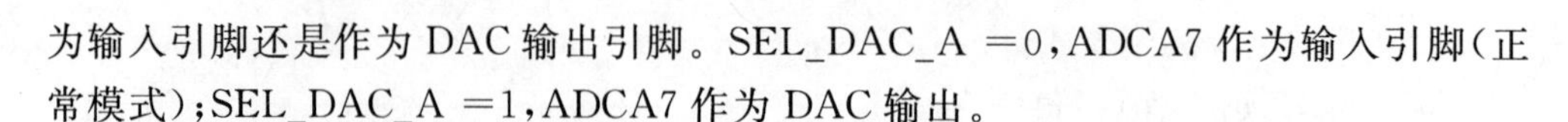

为输入引脚还是作为 DAC 输出引脚。SEL_DAC_A =0,ADCA7 作为输入引脚(正常模式);SEL_DAC_A =1,ADCA7 作为 DAC 输出。

9. 增益控制寄存器 (ADC_GCx)

增益控制寄存器 1 ADC_GC1 的地址为 F0B6h,其定义如下:

数据位	15	14	13	12	11	10	9	8	7	6	5	4	3	2	1	0
读操作	GAIN7		GAIN6		GAIN5		GAIN4		GAIN3		GAIN7		GAIN1		GAIN0	
写操作																
复位	0	0	0	0	0	0	0	0	0	0	0	0	0	0	0	0

增益控制寄存器 2 ADC_GC2 的地址为 F0B7h,其定义如下:

数据位	15	14	13	12	11	10	9	8	7	6	5	4	3	2	1	0
读操作	GAIN15		GAIN14		GAIN13		GAIN12		GAIN11		GAIN10		GAIN9		GAIN8	
写操作																
复位	0	0	0	0	0	0	1	0	0	0	0	0	0	0	0	0

增益控制寄存器 ADC_GCx 控制 16 个输入通道的放大。GAIN0～GAIN7 分别控制 ANA0～ANA7 的输入,GAIN8～GAIN15 分别控制 ANB0～ANB7 的输入,具体分配如表 7-5 所列。

10. ADC 电源控制寄存器 2(ADC_PWR2)

ADC 电源控制寄存器 2ADC_PWR2 的地址为 F0B9h,其定义如下:

数据位	15	14	13	12	11	10	9	8	7	6	5	4	3	2	1	0
读操作	0			DIV1[4:0]					0				SPEEDB		SPEEDA	
写操作																
复位	0	0	0	0	0	0	1	0	0	0	0	0	0	0	0	0

D15～D13——只读位,保留,值为 0。

D12～D8——DIV1[4:0],时钟分频选择位。这些位域与 ADC_CTRL2[DIV0]位域的工作方式一样,在异步并行扫描模式下,为 ADC 转换器 B 提供需要的时钟。

D7～D4——只读位,保留,值为 0。

D3～D2——SPEEDB 转换器 B 的速度控制位域。该位域为 A/D 转换器 B 的运行配置时钟速率。较快转换速率需要较大的电流消耗。

D1～D0——SPEEDA 转换器 A 的速度控制位域。该位域为 A/D 转换器 A 的运行配置时钟速率。较快转换速率需要较大的电流消耗。

SPEEDA/SPEEDB 位域的配置如表 7-6 所列。

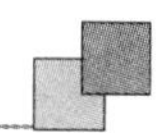

表 7－5　放大增益系数表

GAIN x(0～15)位	增益系数
00	1
01	2
10	4
11	保留

表 7－6　SPEEDA /SPEEDB 位域的配置

SPEEDA	时钟转换频率
00	≤5 MHz
01	≤12 MHz
10	≤15 MHz
11	保留

注意：将 SPEEDA/SPEEDB 位域设置为 11 将会产生意想不到的电流消耗，应避免。

7.4　ADC 模块编程方法与实例

7.4.1　ADC 模块基本编程方法

1. ADC 初始化

程序初始化时，应对 A/D 转换的控制寄存器（ADC_CTRLx）、通道列表寄存器（ADC_CLISTx）、电源控制寄存器（ADC_PWR，ADC_PWR2）写入控制字，设置分频系数、扫描方式、通道选择等。但在这之前要使能 ADC 时钟及 A/D 采集引脚时钟，如下所示：

```
SIM_PCE0 | = 0x80;                              //使能 ADC 时钟
SIM_PCE0 | = SIM_PCE0_GPIOA_MASK;               //使能 ADC 输入引脚时钟
GPIO_A_PEREN | = 1<InPort_No;                   //设置输入引脚为外设功能
ADC_PWR2      = 0x0205;                         //设置 ADC 转换器时钟频率
ADC_CTRL2     = 0x0002;                         //设置 ADC 时钟分频位
ADC_CTRL1     = 0x0000|MODE_No;                 //禁止所有 ADC 中断，循环顺序扫描模式
ADC_CLIST1  = 0x1111;                           //通道 0～3 接 ANA1(GPIOA1)
ADC_CLIST2  = 0x1111;                           //通道 4～7 接 ANA1(GPIOA1)
ADC_PWR   &= 0x0D04;                            //A/B 转换器上电
while (ADC_PWR&(ADC_PWR_PSTS0_MASK)){}          //等待转换器上电
```

2. 启动 ADC

ADC 上电后，通过向 START0 位写 1，启动转换，例如：

```
ADC_CTRL1 |= 0x2000;                            //START0 位置 1，启动转换
```

3. 获得 ADC 结果

若采用中断方式，在 ADC 中断程序中取得转换结果；若采用查询方式，判断 ADC 状态寄存器 ADC_RDY 对应位是否为 1，如果其值为 1 可从对应的转换结果寄存器（ADC_RSLTx）中取数。查询方式对应程序如下：

```
while((ADC_RDY&1! = 1)&(time <= 100))    //等待 ADC_RDY 为 1 且未超过规定的时间
 {
     time++;
 }
 //取转换结果
 raw    =   ADC_RSLT1;
 result =   raw>>3;
 return result;
```

7.4.2 实例:ADC 构件设计与测试

1. 构件设计

ADC 模块具有初始化、采样、中值滤波、均值滤波等操作。按照构件的思想,可将它们封装成独立的功能函数。ADC 构件包括头文件 ADC.h 和程序文件 ADC.c。ADC 构件头文件主要包括相关宏定义、ADC 的功能函数原型说明等内容。ADC 构件程序文件给出 ADC 各功能函数的实现过程。

本小节给出了 MC56F8257 内部 ADC 模块的程序,采用中值滤波与平均值滤波的复合滤波方式,因为不含软件滤波的 A/D 转换程序很少能够实际应用。本程序中的中值滤波,是对 3 次采样值比较大小,取中间的一个。平均值滤波,是对 N 个采样值求平均。中值滤波与平均值滤波的复合滤波方式,就是先进行中值滤波,再进行平均值滤波。

(1) ADC 构件头文件(ADC.h)

```
//-----------------------------------------------------------*
// 文件名: ADC.h                                              *
// 说  明: ADC 构件头文件                                     *
//-----------------------------------------------------------*
#ifndef ADC_H                                  //防止重复定义
#define ADC_H
//1.头文件
#include "MC56F8257.h"
#include "Type.h"                              //类型别名定义
//2.函数声明
  //----------------------------------------------------------*
  //函数名: ADCInit                                           *
  //功  能: A/D 转换初始化,设置 A/D 转换时钟频率为 1MHz        *
  //参  数: IN_No:输入引脚号(0~15);分别为:PPA0~PA7,PB0~PB7;   *
  //         ADC_No:通道号(0~15);MODE_No:采样模式(0~5) 6 种采样模式  *
  //返  回: 无                                                *
  //说  明: 无                                                *
  //----------------------------------------------------------*
  void ADCInit(uint8 IN_No,uint8 ADC_No,uint8 MODE_No);
  //----------------------------------------------------------*
  //函 数 名:ADCValue                                         *
  //功    能:获取通道 ADC_No 的 A/D 转换结果                   *
```

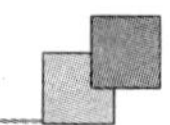

```
  //参      数:ADC_No = 通道号                                              *
  //返      回:该通道的 12 位 A/D 转换结果                                   *
  //说      明:无                                                           *
  //-------------------------------------------------------------------*
  uint16 ADCValue(uint8 ADC_No);
  //-------------------------------------------------------------------*
  //函 数 名:ADCMid                                                         *
  //功      能:获取通道 ADC_No 中值滤波后的 A/D 转换结果                       *
  //参      数:ADC_No = 通道号                                              *
  //返      回:该通道中值滤波后的 A/D 转换结果                               *
  //说      明:内部调用 ADCValue                                            *
  //-------------------------------------------------------------------*
  uint16 ADCMid(uint8 ADC_No);
  //-------------------------------------------------------------------*
  //函 数 名:ADCAve                                                         *
  //功      能:通道 ADC_No 进行 n 次中值滤波,求和再作均值,得出均值滤波结果     *
  //参      数:ADC_No = 通道号,n = 中值滤波次数                              *
  //返      回:该通道均值滤波后的 A/D 转换结果                               *
  //说      明:内部调用 ADCMid                                              *
  //-------------------------------------------------------------------*
  uint16 ADCAve(uint8 ADC_No, uint8 n);
#endif
```

(2) ADC 构件程序文件(ADC.c)

```
//--------------------------------------------------------------------*
// 文件名: ADC.c                                                        *
// 说  明: A/D 转换构件函数源文件                                         *
//--------------------------------------------------------------------*
//头文件
#include "ADC.h"
//--------------------------------------------------------------------*
//函数名: ADCInit                                                        *
//功  能: A/D 转换初始化,设置 A/D 转换时钟频率为 1 MHz                     *
//参  数: InPort_No:输入引脚号(0～15)分别为:PPA0～PA7,PB0～PB7;            *
//         ADC_Ch_No:通道号(0～15);MODE_No:采样模式(0～5),6 种采样模式     *
//返  回: 无                                                             *
//说  明: 无                                                             *
//--------------------------------------------------------------------*
void ADCInit(uint8 InPort_No,uint8 ADC_Ch_No,uint8 MODE_No)
{
    SIM_PCE0 |= 0x80;                          //使能 ADC 时钟
    //使能输入引脚的外设功能
    if(InPort_No < 8)                          //此时输入为 A 口
      {
        SIM_PCE0 |= SIM_PCE0_GPIOA_MASK;       //使能 ADC 输入引脚时钟
        GPIO_A_PEREN |= (1 << InPort_No);      //设置输入引脚为外设功能

      }
    else                                       //此时输入为 B 口
```

```
    {
      SIM_PCE0 |= SIM_PCE0_GPIOB_MASK;      //使能 ADC 输入引脚时钟
      GPIO_B_PEREN|=1<<(InPort_No-8); //设置输入引脚为外设功能
    }
  //设置时钟频率
  ADC_PWR2     = 0x0205;                  //设置 ADC 转换器时钟频率<=12 MHz
  //设置 ADC 控制寄存器
  ADC_CTRL2    = 0x0002;                 //设置 ADC 时钟分频位,并行扫描独立完成
  ADC_CTRL1    = 0x0000|MODE_No;          //禁止所有 ADC 中断,单次顺序扫描模式
  //设置相应的通道列表寄存器
  ADC_CLIST1 = 0x1111;                    //通道 0~3 接 ANA1(GPIOA1)
  ADC_CLIST2 = 0x1111;                    //通道 4~7 接 ANA1(GPIOA1)
  //A/B 转换器上电
  ADC_PWR  &= 0x0D04;
  while (ADC_PWR&(ADC_PWR_PSTS0_MASK)){}  //等待转换器上电
  //START0 置 1,启动转换
  ADC_CTRL1 |= 0x2000;
}
//-----------------------------------------------------------*
//函数名:ADCValue                                              *
//功  能:A/D 通道转换函数,获取通道 channel 的 A/D 转换结果      *
//参  数:ADC_No:通道号                                         *
//返  回:该通道的 12 位 A/D 转换结果                             *
//说  明:无                                                    *
//-----------------------------------------------------------*
uint16 ADCValue(uint8 ADC_No)
{   uint16 time=0;                            //定义等待时间
    uint16 raw;                              //存放原始转换结果
    uint16 result=0;                          //存放最终结果
    //启动转换
  while((ADC_RDY&1!=1)&(time<=100))     //等待 ADC_RDY 为 1,且未超过规定的时间
      {
         time++;
      }
    //取转换结果
    raw    =   ADC_RSLT1 ;
    result =   raw>>3;
    return result;
}
//-----------------------------------------------------------*
//函数名:ADCMid                                                *
//功  能:1 路 A/D 转换函数(中值滤波),获取通道中值滤波后的 A/D 转换结果 *
//参  数:ADC_No:通道号                                         *
//返  回:该通道中值滤波后的 A/D 转换结果                         *
//说  明:内部调用 ADCValue                                      *
//-----------------------------------------------------------*
uint16 ADCMid(uint8 ADC_No)
{
    uint16 i,j,k,tmp;
    //1  取 3 次 A/D 转换结果
```

```
    i = ADCValue(ADC_No);
    j = ADCValue(ADC_No);
    k = ADCValue(ADC_No);
    //2 从3次A/D转换结果中取中值
    tmp = (i > j) ? j : i;
    tmp = (tmp > k) ? tmp : k;
    return tmp;
}
//------------------------------------------------------------*
//函数名:ADCAve                                                *
//功  能:1路A/D转换函数(均值滤波),通道进行n次中值滤波,求和再作        *
//        均值,得出均值滤波结果                                   *
//参  数:ADC_No:通道号,n:中值滤波次数                             *
//返  回:该通道均值滤波后的A/D转换结果                             *
//说  明:内部调用ADCMid                                           *
//------------------------------------------------------------*
uint16 ADCAve(uint8 ADC_No, uint8 n)
{
    uint16 i;
    uint32 j;
    j = 0;
    //求和
    for (i = 0; i < n; i++ )
    j + = ADCMid(ADC_No);
    //求均值
    j = j/n;
    return (uint16)j;
}
```

2. ADC构件测试实例

在模拟量数据采集过程中,不可避免地会受到随机噪声的干扰,造成采集的数字量不准确,有时甚至很难满足实际的应用。为了防止脉冲干扰,可采用一些滤波方法,以使最终传送给高端的结果更准确稳定。常用的滤波方法有中值滤波和均值滤波。本例采用了中值加均值滤波的方法,滤波次数取值为200。

按照构件的程序设计思想,在主程序的实现过程中,需调用ADC构件、QSCI构件以及Light构件的相关功能函数。具体代码如下:

```
//------------------------------------------------------------*
//工 程 名:ADC_Once_Sin_Seq                                    *
//硬件连接:(1)GPIOE口的7脚接小灯                                 *
//          (2)DSC目标板上的串口1接PC机串口,PA1引脚输入模拟信号      *
//程序描述:(1)通过串口发送A/D转换结果;                             *
//          (2)单次顺序采样模式,                                  *
//          (3)转换器A的8个通道都接PA1引脚                         *
//目    的:初步掌握ADC转换的基本知识                               *
//说    明:串口波特率为9 600,使用SCI0                             *
//------------------------------------------------------------*
```

```
#include "Includes.h"

void main(void)
{
    //1  主程序使用的变量定义
    uint16 Res,ResL,ResH;
    uint32 RunCount = 0;
    //2  关总中断/;
    DisableInterrupt();                                   //禁止总中断
    //3  芯片初始化
    DSCinit();
    //4  模块初始化
    Light_Init(Light_Run_PORT,Light_Run,Light_OFF);    //指示灯初始化
    QSCIInit(0,SYSTEM_CLOCK,9600);                       //串行口初始化
    ADCInit(1,1,0);    //A/D 转换初始化,选择 GPIOA1 口,通道 1,单次顺序采样模式
    //5  开放中断
    EnableQSCIReInt(0);                                   //开放 QSCI 接收中断
    EnableInterrupt();                                    //开放总中断
    //6  主循环
    while (1)
    {
        //1  主循环计数到一定的值,使小灯的亮、暗状态切换
        RunCount++;
        if (RunCount>=1000000)
        {
          // 程序指示灯亮暗状态切换
          Light_Change(Light_Run_PORT,Light_Run);
          RunCount = 0;                                   //循环变量清 0
        //2  主循环执行的任务
        // 通道 1 做 A/D 转换,200 次均值滤波,串口发送均值滤波结果
        Res = ADCAve(1,200);                             //取转换结果
        ResH = Res>>8;                                    //取转换结果的高 8 位
        QSCISend1(0,(uint8)Res);                        //发送转换结果高 8 位
        ResL = Res;                                      //取转换结果的低 8 位
        QSCISend1(0,(uint8)Res);                        //发送转换结果低 8 位
        }
    }
}
```

第8章

DAC模块与高速比较器HSCMP模块

计算机要干预外部对象，需输出模拟量对其控制，一般通过D/A转换实现。MC56F8257 DSC内部有3路5位Ref_DAC模块和1路12位DAC模块。本章主要内容有：①D/A转换的基础知识；②阐述MC56F8257内部5位Ref_DAC模块和12位DAC模块特点及工作方式；③阐述高速比较器HSCMP的特征及工作模式；④给出应用实例，并封装成DAC构件。

8.1 DAC的基本知识

8.1.1 D/A转换器的工作原理

D/A转换器功能是将二进制的数字量转换为相应的模拟量。D/A转换器的主要部件是电阻开关网络，其主要网络形式为权电阻网络和R-2R T型电阻网络，下面分别介绍其工作原理。

1. 权电阻网络和运算放大器构成的D/A转换器

运算放大器的输入电路可以是权电阻网络，如图8-1所示。权电阻网络即是每一位的电阻值为2^iR（i为该电阻所在的位数）。若每一位电阻都由一个开关S_i控制，当S_i合上时，该位的$D_i=1$；S_i断开时，$D_i=0$，则模拟输出电压V_o与输入电压的关系为：

$$V_o=-R_f\sum_{i=0}^{7}\frac{1}{2^{i+1}R}D_iV_{Ref} \qquad (8-1)$$

其中，V_{Ref}为基准电压，$R_f=R$。从式(8-1)可以看出：

① 所有开关S_i断开时，$V_o=0$。

② 所有开关 S_i 合上时，输出 V_o 为最大，即 $V_o=-255/256\cdot V_{Ref}$。

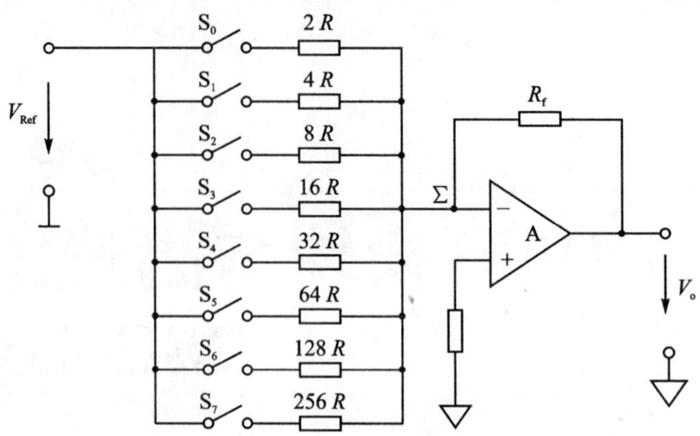

图 8-1　权电阻输入网络

如果用一个 8 位二进制代码，分别控制图 8-1 中 8 个开关 S_i，当 i 位的二进制码为 1 时，使 i 位的开关 S_i 合上；相反，当 i 位的二进制码为 0 时，该位的 S_i 开关断开，即该位对 V_o 无影响，这就组成了简单的 8 位 D/A 转换器。

由此可见，DAC 转换器的转换精度与基准电压 V_{Ref} 的精度、权电阻和电子开关 S_i 的精度及位数有关。显然，位数越多，转换精度越高，但同时所需的权电阻的种类也越多。由于在集成电路中制造高阻值、高精密的电阻十分困难，因此，权电阻 DAC 转换器的实际应用不多。

2. R-2R T 型电阻网络和运算放大器构成的 D/A 转换器

图 8-2 是简化的 4 位 R-2R T 型电阻网络原理图。从图 8-2 中每个节点 G_i 向右看的对地等效电阻均为 R，从而可得每个节点对地电压应为 $V_i=V_{i+1}/2$，则流入该支路的电流为 $I_i=\dfrac{V_i}{2R}$。从图 8-2 看出，$I_3=\dfrac{V_{Ref}}{2^1R}=2^3\ \dfrac{V_{Ref}}{2^4R}$，$I_2=\dfrac{V_{Ref}}{2^2R}=2^2\ \dfrac{V_{Ref}}{2^4R}$，$I_1=\dfrac{V_{Ref}}{2^3\mathrm{R}}=2^1\ \dfrac{V_{Ref}}{2^4R}$，$I_0=\dfrac{V_{Ref}}{2^4\mathrm{R}}=2^0\ \dfrac{V_{Ref}}{2^4R}$。

各支路电流是由开关（$S_3\sim S_0$）的状态控制的，当开关拨到“1”侧（即数据输入为 1），该支路有电流；当开关拨到“0”侧（即数据输入为 0），该支路无电流，则：

$$I_{01}=\mathrm{D}_3I_3+\mathrm{D}_2I_2+\mathrm{D}_1I_1+\mathrm{D}_0I_0=(\mathrm{D}_32^3+\mathrm{D}_22^2+\mathrm{D}_12^1+\mathrm{D}_02^0)\frac{V_{Ref}}{2^4R}\quad(8-2)$$

若选取 $R_f=R$，并考虑 A 点为虚地，即 $I_{Rf}=-I_{01}$，且设 $\mathrm{D}=(\mathrm{D}_32^3+\mathrm{D}_22^2+\mathrm{D}_12^1+\mathrm{D}_02^0)$，则：

$$V_0=I_{Rf}.R_f=-I_{o1}.R_f=-\mathrm{D}\frac{V_{Ref}}{2^4R}R_f=-\mathrm{D}\frac{V_{Ref}}{2^4}\quad(8-3)$$

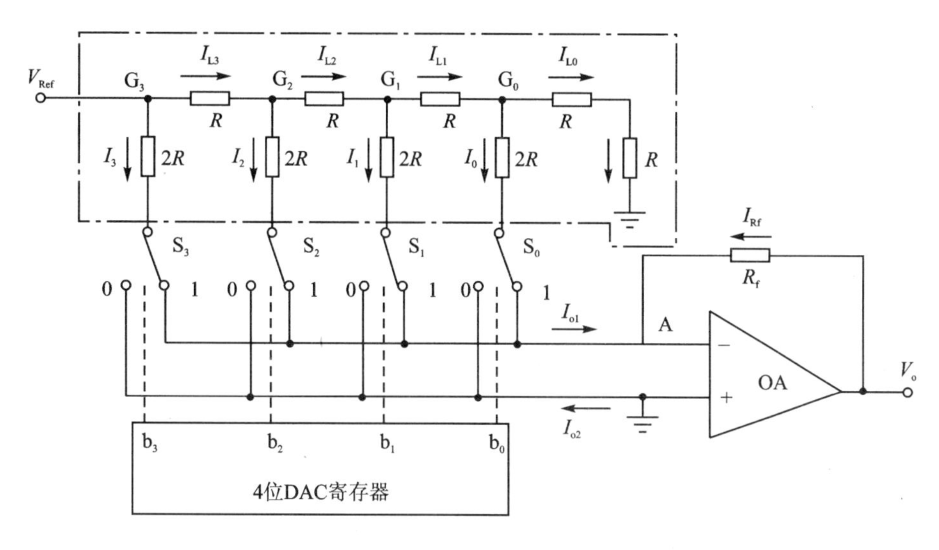

图8-2　*R*-2*R* T型电阻网络

式(8-3)中，$\frac{V_{Ref}}{2^4}$为一常数。若D/A转换器为n位，则得T型电阻网络构成的n位数字量转换为模拟量的关系式为：

$$V_o = -D\frac{V_{Ref}}{2^n} \tag{8-4}$$

从式(8-4)可以看出，输出电压V_o只与数字量的输入有关，并且是线性的。这种电阻网络只用两种阻值组成，用集成工艺生产比较容易，精度也容易保证，因此应用比较广泛。

有些场合需要输出电流信号，以便与标准仪表相配接或满足长距离传送的要求。因而，DAC的输出形式有电压、电流两大类型，如图8-3(a)和(b)所示。

电压输出型的D/A转换器相当于一个电压源，内阻较小，选用这种芯片时，与它匹配的负载电阻应较大，输出一般为0～5 V和0～10 V。电流输出型的D/A转换器，相当于电流源，内阻较大，选用这种芯片时，负载电阻不可太大。在实际应用中，常选用电流输出型的芯片来实现电压输出，此时，在电压输出端应加上V/I转换电路。

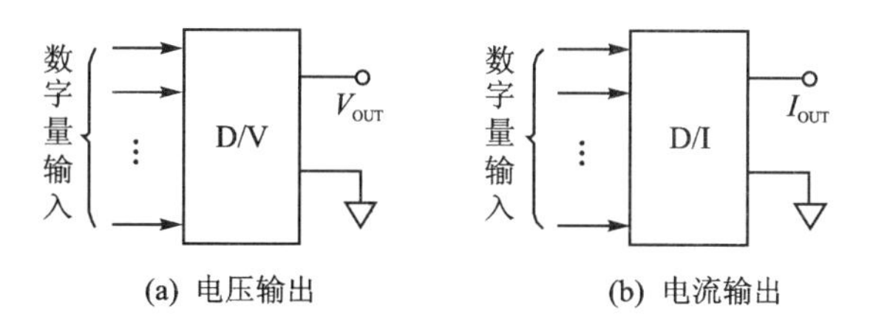

图8-3　D/A转换器输出的两种形式

8.1.2 D/A 转换器的主要技术指标

1. 分辨率

分辨率(用 LSB 表示)是指最低一位数字量变化引起的变化量,它描述 DAC 转换器对微小输入量变化的敏感程度,通常用数字量的位数来表示,如 8 位、10 位等。对一个分辨率为 n 位的转换器,能够分辨的输入信号为满刻度的 2^{-n}。例如:满量程为 10 V 的 8 位 D/A 转换器分辨率为 10 V×2^{-8}=39 mV。

2. 稳定时间

稳定时间指 D/A 转换器加到满量程(如全“0”变为全“1”)时,其输出达到稳定(一般稳定到与±LSB/2(最低有效位)值相当的模拟量范围内)所需的时间,一般为几十毫微秒到几微秒。

3. 输出电平

不同型号的 DAC 转换器的输出电平相差较大。一般电压型的 D/A 转换器输出为 0~+5 V 或 0~+10 V。电流型的 DAC 转换器,输出电流为几毫安至几安。

4. 转换精度

对应于给定的满刻度数字量,DAC 实际输出与理论值之间的误差,称为转换精度,也称为绝对精度。该误差是由于 DAC 的增益误差、零点误差和噪声等引起的。例如:满量程时理论输出值为 10 V,实际输出值是在 9.99~10.01 V 之间,其转换精度为±10 mV。通常,DAC 转换器的转换精度为分辨率之半,即为 LSB/2。

5. 相对精度

在满刻度已校准的情况下,在整个刻度范围内对应于任一数字量的模拟量输出与理论值之差,称为相对精度。对于线性的 D/A 转换器,一般有两种方法表示:一种是将偏差用数字量最低位的位数 LSB 表示;一种是用该偏差相对满刻度的百分比表示。

6. 线性误差

相邻两个数字输入量之间的差应是 1 LSB,即理想的转换特性应是线性的。在满刻度范围内,偏离理想的转换特性的最大值称为线性误差,如图 8-4 所示。

7. 温度系数

在规定的温度范围内,温度每变化 1℃,相应的增益、线性度、零点及偏移(对双极性 DAC)等参数的变化量,称为温度系数。温度系数直接影响转换精度。

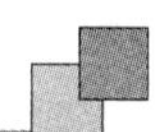

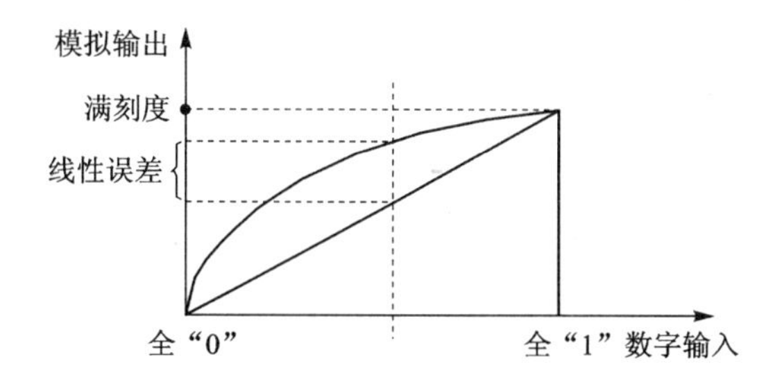

图8-4 线性误差

8.2 DAC模块

8.2.1 12位DAC模块

1. 特点

MC56F8257 DSC内部集成了1路12位数模转换器(DAC)。该12位DAC为片内比较器提供一个参考电压或为引脚提供一个输出电压，也可用来做方波、三角波、锯齿波等波形发生器。12位DAC的输出电压范围为[VSSA，VDDA]，其内部功能模块如图8-5所示，具有12位的分辨率、异步或同步更新、自动模式下可输出方波、三角波和锯齿波等波形、支持两种数据格式等特点。

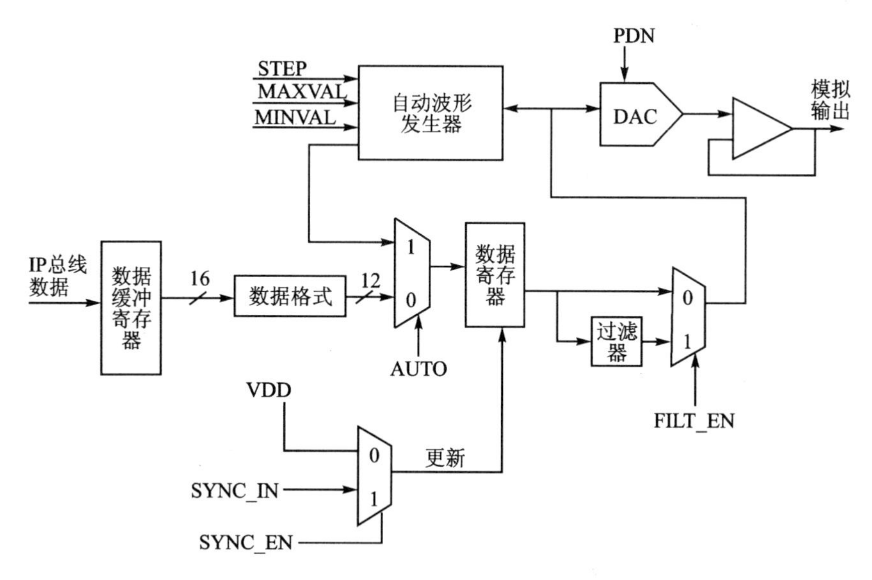

图8-5 12位DAC模块功能结构图

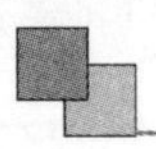

2. 转换模式

12 位 DAC 支持异步和同步转换模式。异步转换模式下，当数据写入 12 位 DAC 数据缓冲器后，立即送到 12 位 DAC 并转换成模拟量输出。同步转换模式下，12 位 D AC 数据缓冲器中的数据在同步信号 SYNC_IN 的上升沿时被送入 12 位 DAC 中。SYNC_IN 信号可以来自定时器、比较器、外部引脚或者其他信号源。MC56F8257 内部 CPU 要在下一个 SYNC_IN 信号上升沿到来之前更新数据，否则数据缓冲器的数据会被重复使用。特别强调的是：SYNC_IN 信号必须保持至少一个 IP 总线时钟周期的高电平和一个 IP 总线时钟周期的低电平。

3. 工作模式

12 位 DAC 可运行于正常模式或自动模式。正常模式下，12 位 DAC 将一个数字量转化为对应的模拟量。12 位 DAC 通过 IP 总线（数据线）上的内存影像寄存器接收数据（数字量）。DAC_CTRL[SYNC_EN]位状态决定这个数字量是否作为其输入。这个过程最长需要 240 ns。

自动模式下，12 位 DAC 在没有 CPU 干预下，自动产生锯齿波、三角波和方波，并且其更新率、步长都是可编程的，计数方向依赖于控制寄存器 DAC_ CTRL[UP]/DAC_ CTRL[DOWN]位的最新值。图 8－6 为正向计数的锯齿波波形（DAC_ CTRL[UP]＝1 且 DAC_ CTRL[DOWN]＝0）；图 8－7 为三角波波形（DAC_ CTRL[UP]＝1 且 DAC_ CTRL[DOWN]＝1）；这两种波形的光滑程度依赖于步长大小，步长越小波形越光滑。图 8－8 为方波波形（DAC_ CTRL[UP]＝1 且 DAC_ CTRL[DOWN]＝1）。这 3 种波形的幅度依赖于最大最小值，波形周期是 MAXVAL 和 MINVAL 的差值、步长及更新率的函数，即：

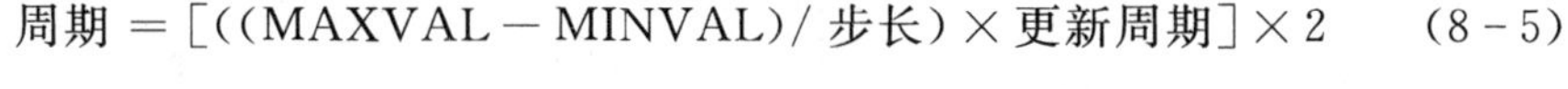

$$\text{周期} = [((\text{MAXVAL} - \text{MINVAL}) / \text{步长}) \times \text{更新周期}] \times 2 \qquad (8-5)$$

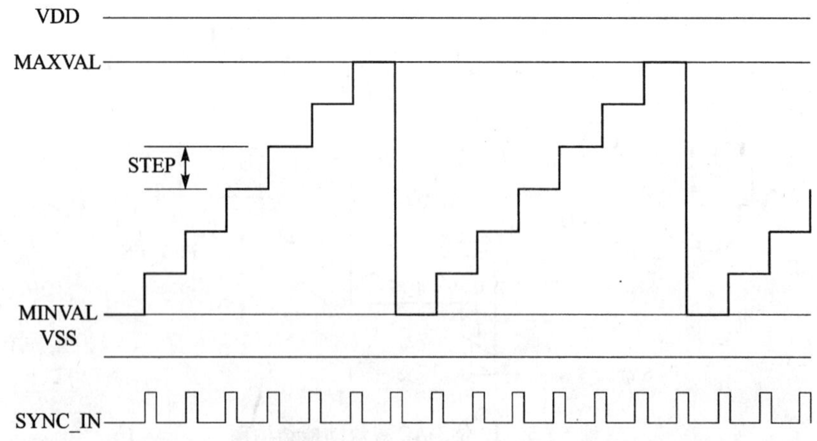

图 8－6　锯齿波波形（DAC_ CTRL[UP]＝1 且 DAC_ CTRL[DOWN]＝0）

从公式(8－5)可以看出，增加步长(STEP)可减少输出步骤，步长越大波形越粗糙；增加更新率可缩短波形周期；改变 MINVAL 和 MAXVAL 值，直接影响波形幅度。

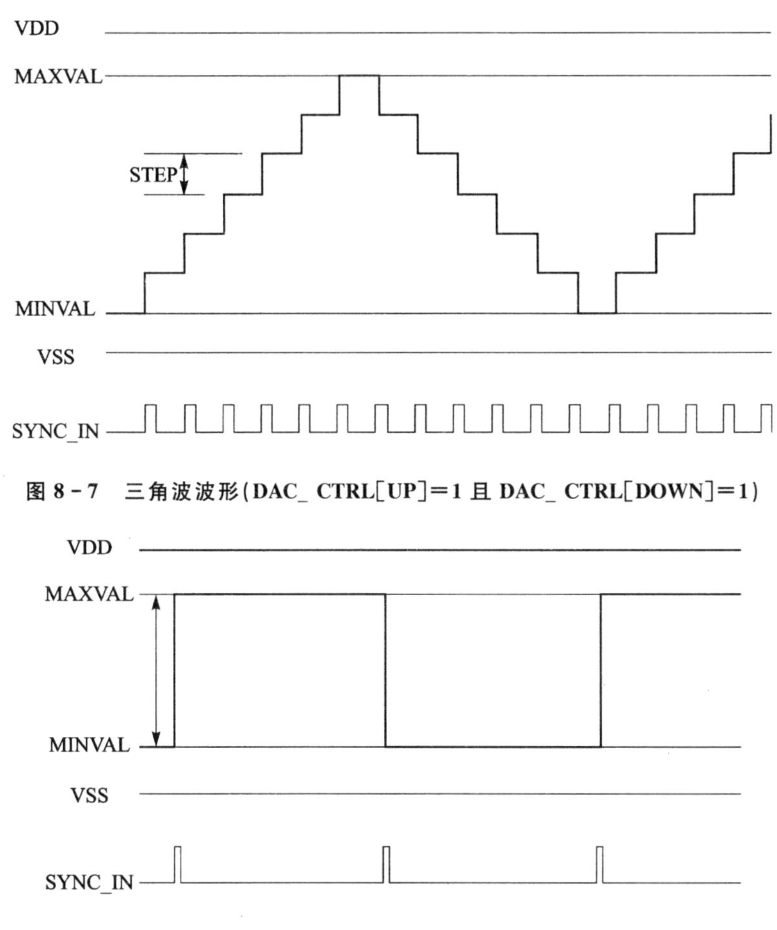

图 8－7　三角波波形(DAC_ CTRL[UP]＝1 且 DAC_ CTRL[DOWN]＝1)

图 8－8　方波波形(DAC_ CTRL[UP]＝1 且 DAC_ CTRL[DOWN]＝1)

8.2.2　5 位 VREF_DAC 模块

MC56F8257 DSC 内部集成了 3 路 5 位数模转换器(VREF_DAC)，用作参考电压输出。5 位 VREF_DAC 是一个“32 阶梯电阻网络”，提供一个可选择的参考电压，如图 8－9 所示。32 阶梯电阻网络将 VDDA 分成 32 个电压等级。输入的 5 位数字量，用于选择输出电压，其范围在 VDDA/32 到 VDDA 之间。

从图 8－9 可以看出，5 位 VREF_DAC 模块包含一个 32 阶梯电阻网络和一个 32－1 多路选择器。该多路选择器用于从 1～32 倍 VDDA/32 电压中选出一个从 DACnO 输出。VREF_DACn 模块禁止时，DACnO 与 VSSA 相连。

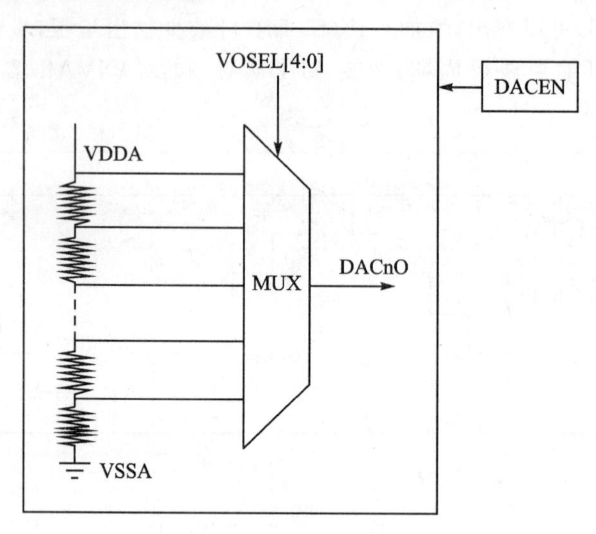

图 8-9　5 位 VREF_DAC 模块方框图

8.3　DAC 模块的编程寄存器

MC56F8257 芯片内部包含一个 12 位的 DAC 模块和 3 路 5 位 DAC 模块，属于两类模块，有着各自的编程寄存器。

8.3.1　12 位 DAC 模块的编程寄存器

MC56F8257 内部 12 位 DAC 模块有 5 个寄存器分别为 1 个控制寄存器（DAC_CTRL）、1 个数据寄存器（DAC_DATA）、1 个步长寄存器（DAC_STEP）、1 个最小值寄存器（DAC_MINVAL）、1 个最大值寄存器（DAC_MAXVAL）。通过对这些寄存器的编程，获取 D/A 转换结果。

1. DAC 控制寄存器（DAC_CTRL）

DAC 控制寄存器（DAC_CTRL）的地址为 F1A0h，其定义如下：

数据位	15	14	13	12	11	10	9	8	7	6	5	4	3	2	1	0
读操作	FILT_CNT			FILT_EN	0						UP	DOWN	SYNC_EN	AUTO	FORMAT	PDN
写操作																
复位	1	1	1	1	0	0	0	0	0	0	0	0	0	0	0	1

D15～D13——FILT_CNT，故障过滤计数位，可读写。当 DSC56F8257 的 IP 总线时钟频率最大为 32 MHz 时，新数据进入 DAC 输入端后，该位域表示 DAC 输出保持不变的 IP 总线时钟周期数。当 DSC56F8257 的 IP 总线时钟频率大于 32 MHz 时，IP 总线时钟周期的延迟数为 2×DAC_CTRL[FILT_CNT]+1。DAC 输出的最

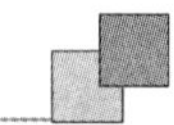

低设置约为240 ns,因此在32 MHz和60 MHz运行时该位域都为7(32 MHZ时为7个IP总线时钟周期的延迟,60 MHz时为15个IP总线时钟周期的延迟)。注意:在使用故障过滤之前,应保证过滤数小于更新数,否则DAC输出将不再更新。

D12——FILT_EN,故障过滤使能位,可读写。该位使能故障抑制过滤。该位是基于DAC_CTRL[FILT_CNT]的延迟,用于DAC更新。FILT_EN=0,禁止故障过滤;FILT_EN=1,使能故障过滤。

D11~D6——只读位,保留,值为0。

D5——UP,向上计数使能位,可读写。在自动模式下该位使能向上计数。UP=0,禁止向上计数;UP=1,使能向上计数。

D4——DOWN,向下计数使能位,可读写。在自动模式下该位使能向下计数。DOWN=0,禁止向下计数;DOWN=1,使能向下计数。

D3——SYNC_EN,同步使能位,可读写。使能SYNC_IN(输入)触发缓存数据进入DAC输入端。SYNC_EN=0,异步模式,在下一个时钟周期时,DATA寄存器内数据送入DAC输入端;SYNC_EN=1,同步模式,在SYNC_IN上升沿时,DATA寄存器内数据送入DAC输入端。

D2——AUTO,自动模式,可读写。自动波形产生使能位。自动模式下,当使用STEP、MINVAL和MAXVAL寄存器和DAC_CTRL[UP]、DAC_CTRL[DOWN]控制输出波形时,驱动SYNC_IN的外部源(通常为定时器模块)决定数据更新率;若DAC_CTRL[SYNC_EN]未置位,DAC的数据每个时钟周期更新一次,但此时DAC输出可能跟不上这种更新率。AUTO = 0,正常模式,禁止产生自动波形;AUTO = 1,使能产生自动波形。

D1——FORMAT,数据格式位,可读写。DAC中可以使用两种数据格式。该位清零时,12位数据在16位DATA寄存器中右对齐。该位置位时,12位数据在16位DATA寄存器中左对齐。其他未设置的4位将被忽略。FORMAT=0,数据右对齐(默认);FORMAT=1,数据左对齐。

D0——PDN,断电模式位,可读写。DAC模块部分不使用时,该位控制着模块的掉电状态。PDN=0,DAC正在运行;PDN=1,DAC掉电(默认)。

2. 数据寄存器(DAC_DATA)

DAC数据寄存器(DAC_DATA)的地址为F1A1h,其定义如下:

(1) 数据寄存器(右对齐)DAC_DATA[FORMAT=0]

<table>
<tr><td>数据位</td><td>15</td><td>14</td><td>13</td><td>12</td><td>11</td><td>10</td><td>9</td><td>8</td><td>7</td><td>6</td><td>5</td><td>4</td><td>3</td><td>2</td><td>1</td><td>0</td></tr>
<tr><td>读操作</td><td colspan="4">0</td><td colspan="12" rowspan="2">DATA</td></tr>
<tr><td>写操作</td><td colspan="4"></td></tr>
<tr><td>复位</td><td>0</td><td>0</td><td>0</td><td>0</td><td>0</td><td>0</td><td>0</td><td>0</td><td>0</td><td>0</td><td>0</td><td>0</td><td>0</td><td>0</td><td>0</td><td>0</td></tr>
</table>

D15～D12——只读位，保留，其值为 0。

D11～D0——DATA，DAC 数据（右对齐）。

（2）数据寄存器（左对齐）（DAC_DATA）[FORMAT=1]

数据位	15	14	13	12	11	10	9	8	7	6	5	4	3	2	1	0
读操作	DATA												0			
写操作																
复位	0	0	0	0	0	0	0	0	0	0	0	0	0	0	0	0

D15～D4——DATA，DAC 数据（左对齐）。

D3～D0——只读位，保留，其值为 0。

向该寄存器写入的数据被送入缓冲区中。缓冲区中的数据在 SYNC_IN 信号上升沿时（或当 DAC_CTRL[SYNC_EN]=0 时，在下一个时钟周期）送到 DAC 中，被转换成模拟量并通过 DAC 输出。读取该寄存器，返回的值为即将进入 DAC 的数据，此数据可能与写入到缓冲区的数据不同。

3. 步长寄存器（DAC_STEP）

DAC 步长寄存器（DAC_STEP）的地址为 F1A2h，其定义如下：

（1）步长寄存器（右对齐）（DAC_STEP）[FORMAT=0]

数据位	15	14	13	12	11	10	9	8	7	6	5	4	3	2	1	0
读操作	0				STEP											
写操作																
复位	0	0	0	0	0	0	0	0	0	0	0	0	0	0	0	0

D15～D12——只读位，保留，其值为 0。

D11～D0——步长位（右对齐）。

（2）步长寄存器（左对齐）（DAC_STEP）[FORMAT=1]

数据位	15	14	13	12	11	10	9	8	7	6	5	4	3	2	1	0
读操作	STEP												0			
写操作																
复位	0	0	0	0	0	0	0	0	0	0	0	0	0	0	0	0

D15～D4——STEP，步长位（左对齐）。

D3～D0——只读位，保留，其值为 0。

当 DAC 处在自动模式（DAC_CTRL[AUTO] = 1）时，当前值加上或减去该寄存器内保存的步长值，即为下一个进入 DAC 输入端的值。正常模式下，该寄存器被

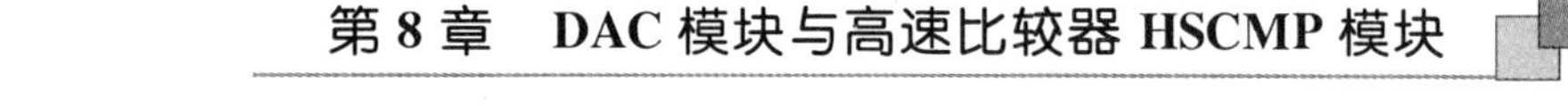

禁止,但可以对其读写。

4. 最小值寄存器(DAC_MINVAL)

DAC最小值寄存器(DAC_MINVAL)的地址为F1A3h,其定义如下:

(1) 最小值寄存器(右对齐)(DAC_MINVAL)[FORMAT=0]

数据位	15	14	13	12	11	10	9	8	7	6	5	4	3	2	1	0
读操作	0				MINVAL											
写操作																
复位	0	0	0	0	0	0	0	0	0	0	0	0	0	0	0	0

D15~D12——只读位,保留,其值为0。

D11~D0——MINVAL,最小值位(右对齐)。

(2) 最小值寄存器(左对齐)(DAC_MINVAL)[FORMAT=1]

数据位	15	14	13	12	11	10	9	8	7	6	5	4	3	2	1	0
读操作	MINVAL												0			
写操作																
复位	0	0	0	0	0	0	0	0	0	0	0	0	0	0	0	0

D15~D4——MINVAL,最小值位(左对齐)。

D3~D0——只读位,保留,其值为0。

当DAC处在自动模式(DAC_CTRL[AUTO] = 1)时,该寄存器保存的值将被作为自动波形幅值的下限。正常模式下,该寄存器被禁止,但可以对其读写。

注意:如果DAC输入数据小于MINVAL,在产生自动波形时,输出将被限制在MINVAL。

5. 最大值寄存器(DAC_MAXVAL)

DAC最大值寄存器(DAC_MINVAL)的地址为F1A4h,其定义如下:

(1) 最大值寄存器(右对齐)(DAC_MAXVAL)[FORMAT=0]

数据位	15	14	13	12	11	10	9	8	7	6	5	4	3	2	1	0
读操作	0				MAXVAL											
写操作																
复位	1	1	1	1	1	1	1	1	1	1	1	1	1	1	1	1

D15~D12——只读位,保留,其值为0。

D11~D0——MAXVAL,最大值位(右对齐)。

(2) 最大值寄存器(左对齐)(DAC_MAXVAL)[FORMAT=1]

数据位	15	14	13	12	11	10	9	8	7	6	5	4	3	2	1	0
读操作	MAXVAL												0			
写操作																
复位	0	0	0	0	0	0	0	0	0	0	0	0	0	0	0	0

D15～D4——MAXVAL,最大值位(左对齐)。

D3～D0——只读位,保留,其值为 0。

当 DAC 处在自动模式(DAC_CTRL[AUTO] = 1)时,该寄存器保存的值将被作为自动波形幅值的上限。正常模式下,该寄存器被禁止,但可以对其读写。

注意:如果 DAC 输入数据大于 MAXVAL,在产生自动波形时,输出将被限制在 MAXVAL。

8.3.2 5 位 VREF_DAC 模块的编程寄存器

MC56F8257 内部 5 位 VREF_DAC 模块只有 1 个控制寄存器(REFx_DAC-CTRL)。通过对该寄存器的编程,获取 VREFx_DAC 转换结果。

5 位 VREF_DAC 的参考电压为 VDDA,带参考电压的 DAC 控制寄存器(REFA_DACCTRL/REFB_DACCTRL/REFC_DACCTRL)地址分别为 F240h、F250h 和 F260h,其定义如下:

数据位	15	14	13	12	11	10	9	8	7	6	5	4	3	2	1	0
读操作	0								DACEN	0	0	VOSEL				
写操作																
复位	0	0	0	0	0	0	0	0	0	0	0	0	0	0	0	0

D15～D8——只读位,保留,其值为 0。

D7——DACEN,VREF_DAC 模块使能位,可读写。当禁止 VREF_DAC 模块时,该模块断电以节约用电。DACEN=0,VREF_DAC 模块禁止(断电),输出为 VSSA;DACEN=1,VREF_DAC 模块运行。

D6～D5——只读位,保留,其值为 0。

D4～D0——VOSEL,VREF_DAC 输出电压选择位。通过设定该位域,从 32 个电压中选出一个作为输出电压,对应关系为 DACO=(VDDA/32)×(VOSEL[4:0]+1),DACO 的范围在 VDDA/32 到 VDDA 之间。

8.4 DAC 模块编程方法与实例

8.4.1 DAC 模块基本编程方法

1. DAC 初始化

在程序初始化时，按照预先设计的模式对相应寄存器进行设置，并对 DAC 数据寄存器(DAC_DATA)赋初值。但在这之前要使能 DAC 时钟及 D/A 输出引脚时钟，DAC 初始化具体步骤如下：

① 设置外设时钟使能寄存器 1(SIM_PCE1)，使能 DAC 外设时钟；

② 设置外设时钟使能寄存器 0(SIM_PCE0)，使能 DAC 对应的 GPIO 口时钟；

③ 设置 GPIO 外设使能寄存器(GPIOx_PER)，使能相应的 GPIO 外设功能；

④ 设置 DAC 控制寄存器(DAC_CTRL)，配置 DAC 工作模式、数据对齐方式、计数方式等；

⑤ 通过 DAC 数据寄存器(DAC_DATA)，赋初值；

⑥ 设置 DAC 最大值/最小值寄存器(DAC_MAXVAL/ DAC_MINVAL)，分别配置 DAC 上限值和下限值；

⑦ 通过 DAC 步长寄存器(DAC_STEP)，设置 DAC 转化步长。

2. 启动 DAC

DAC 上电后，通过清 DAC_CTRL[PDN]位，启动转换，例如：

```
DAC_CTRL &= 0xFFFE;        // PDN 位清 0,启动转换
```

8.4.2 实例：DAC 构件设计与测试

1. 构件设计

DAC 构件包括头文件 DAC.h 和程序文件 DAC.c。ADC 构件头文件主要包括相关宏定义、ADC 的功能函数原型说明等内容。ADC 构件程序文件给出 ADC 各功能函数的实现过程。

(1) DAC 构件头文件(DAC.h)

```
//-------------------------------------------------------------*
// 文件名：DAC.h                                               *
// 说  明：DAC 转换头文件                                      *
//-------------------------------------------------------------*
#ifndef DAC_H
#define DAC_H
    //1  头文件
```

```
  #include "MC56F8257.h"    //映像寄存器地址头文件
  #include "Type.h"          //类型别名定义
  //2 功能接口(函数声明)
  //-----------------------------------------------------------*
  //函数名:DACInit                                              *
  //功  能:DAC 转换初始化,无过滤模式,向上计数,自动模式           *
  //        异步模式,数据格式右靠齐                              *
  //参  数:无                                                   *
  //返  回:无                                                   *
  //说  明:无                                                   *
  //-----------------------------------------------------------*
  void DACInit(void);
    #endif
```

(2) DAC 构件程序文件(DAC.c)

```
//-------------------------------------------------------------*
// 文件名:DAC.c                                                 *
// 说  明:DAC 转换构件函数源文件                                *
//-------------------------------------------------------------*
//头文件
#include "DAC.h"
//-------------------------------------------------------------*
//函数名:DACInit                                                *
//功  能:DAC 转换初始化,无过滤模式,向上计数,自动模式             *
//        异步模式,数据格式右对齐                                *
//参  数:无                                                     *
//返  回:无                                                     *
//说  明:无                                                     *
//-------------------------------------------------------------*
void DACInit(void)
{
  //1 使能时钟
  SIM_PCE1 |= 0x4000;     //使能 DAC 外设时钟
  SIM_PCE0 |= 0x10;       //使能 C 口时钟
  GPIO_C_PEREN |= 0x20;  //使能 PC5 的外设功能
    //2 DAC 控制寄存器的设置
  //REFA_DACCTRL = 0x0097; //输出 2.5 V 参考电压
  DAC_CTRL   = 0x39;  //无过滤,自动模式,异步模式,向上,向下计数,数据右靠齐,DAC 禁止
  DAC_DATA   = 0x0520;      //缓冲数据寄存器赋值 520
  DAC_MAXVAL = 0xE8A;    //自动模式下,最大上限值设置为 0xE8A
  DAC_MINVAL = 0x745;    //自动模式下,最大下限值设置为 0x745
  DAC_STEP = 0x004;          //设置步长值    0x004
  DAC_CTRL &= 0xFFFE;     //启动 DAC
}
```

2. DAC 构件测试实例

按照构件的程序设计思想,在主程序的实现过程中,需调用 DAC 构件和 Light 构件的相关功能函数。具体代码如下:

```
//------------------------------------------------------------------*
//工 程 名：DACAuto                                                 *
//硬件连接：(1)GPIOE 口的 7 脚接指示灯，                             *
//          (2)示波器接 PC5                                         *
//程序描述：(1) DAC 在自动模式下，自动产生一个三角波输出             *
//          (2)通过 PC5 口输出波形                                  *
//说    明：串口波特率为 9 600，DAC 使用的数据格式为右对齐           *
//目    的：初步掌握 12 位 D/A 转换的基本知识                        *
//------------------------------------------------------------------*
#include "Includes.h"
void main(void)
{
    //1  主程序使用的变量定义
    uint32 RunCount = 0;
    //2  关总中断
    DisableInterrupt();                                  //禁止总中断
    //3  芯片初始化
    DSCinit();
    //4  模块初始化
    Light_Init(Light_Run_PORT,Light_Run,Light_OFF);      //指示灯初始化
    DACInit();                                           //D/A 转换初始化
    //5  开放中断
    EnableInterrupt();                                   //开放总中断
    //6  主循环
    while (1)
    {
        //1  主循环计数到一定的值，使小灯的亮、暗状态切换
        RunCount++;
        if (RunCount>=10)
        {
          //1.1  程序指示灯亮暗状态切换
          Light_Change(Light_Run_PORT,Light_Run);
          RunCount = 0;                                  //循环变量清 0
        }
    }
}
```

8.5　高速比较器 HSCMP

高速比较器(HSCMP)模块是两个模拟输入电压的比较电路，其有 8 个模拟输入和一个外部输出引脚。每个输入引脚可以接一个 DMC56F8257 电压范围[0，VDDA]内变化的输入电压，如图 8-10 所示，Pn 引脚和比较器的正相输入相连，Mn 引脚和比较器反相输入相连。在使用外部 I/O 引脚时，可以选择过滤或非过滤窗口模式比较输出。

HSCMP 模块可以在比较输出的上升沿或下降沿(或跳变沿)产生一个中断。当

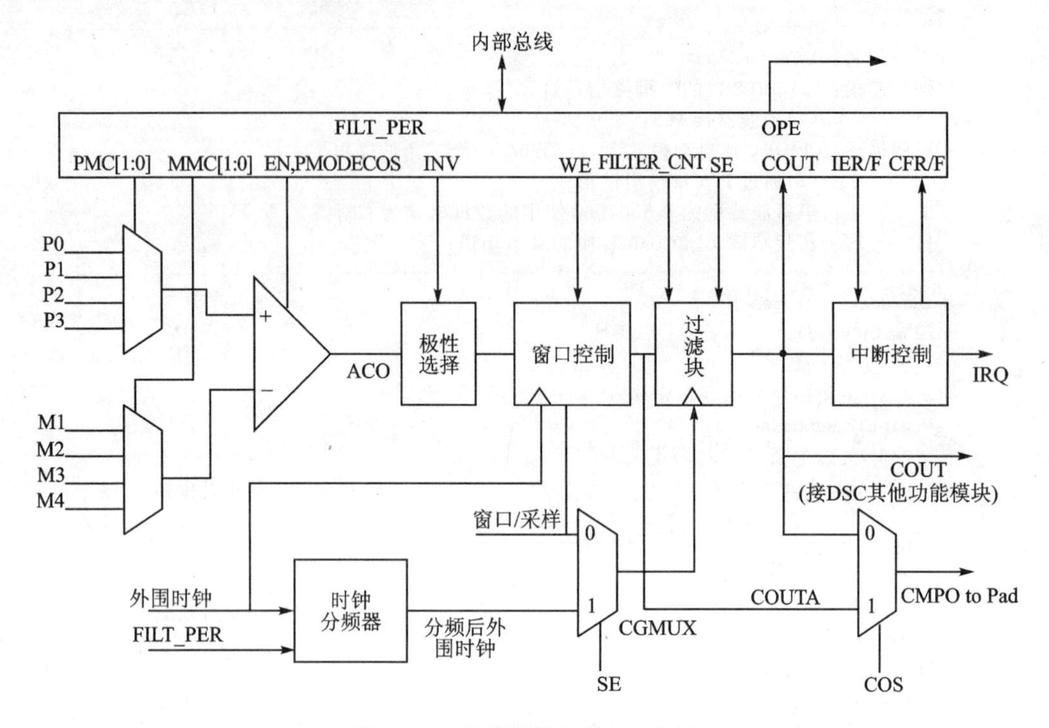

图 8-10 高速比较器模块方框图

CMP x _SCR[IER]和 CMP x _SCR[CFR]位都被置位后,中断请求使能。同样当 CMP x _SCR[IEF]和 CMP x _SCR[CFF]位都被置位后,中断请求使能。对于上升沿中断而言,如果对 CMP x _SCR[IER]或 CMP x _SCR[CFR]位清零,则中断禁止。对于下降沿中断而言,如果对 CMP x _SCR[IEF]和 CMP x _SCR[CFF]位清零,则中断禁止。

8.6 HSCMP 工作模式

HSCMP 模块的工作模式分为连续模式、采样模式和窗口模式。

8.6.1 连续模式

HSCMP 模块工作于连续模式,比较输出(ACO)可选择反相,但是不会执行外部采样和过滤,并且窗口控制和过滤器模块被忽略,如图 8-10 所示(忽略图中的窗口控制和过滤块两部分)。CMP x _SCR[COUT]位不断更新。COUT 和 COUTA 输出完全一样。

8.6.2 采样模式

采样模式中,模拟输入到 COUTA 整个过程是连续的,不需要时钟触发。窗口控制无效。无论何时只要检测到过滤模块输入上升沿就对 COUTA 进行采样。采样模式分为无过滤和带过滤方式。

无过滤采样模式又分为 3A 和 3B 方式，它们二者基本相同，唯一不同点在于：3A 模式过滤模块的时钟来自于外部，如图 8-10 所示（忽略图中的窗口控制和时钟分频器两部分）；3B 模式过滤模块的时钟来自于内部，如图 8-10 所示（忽略图中的窗口控制部分）。

过滤采样模式又分为 4A 和 4B 方式，它们二者基本相同，唯一不同点在于：4A 模式过滤模块的时钟来自于外部，如图 8-10 所示（忽略图中的窗口控制和时钟分频器两部分）；4B 模式过滤模块的时钟来自于内部，如图 8-10 所示（忽略图中的窗口控制部分）。

无过滤采样（3A）与过滤采样（4A）的唯一不同点在于：用于激活过滤功能的 CMP x _CR0[FILTER_CNT]位的值 3A 方式下是 1，而在 4A 方式下大于 1。无过滤采样（3B）与过滤采样（4B）的唯一不同点在于：CMP x _CR0[FILTER_CNT]位的值在 3B 方式下是 1，而在 4B 方式下大于 1。

8.6.3 窗口模式

HSCMP 模块的窗口模式可以分为普通、带重采样和带过滤方式。对于普通窗口方式，其功能方框图如图 8-10 所示（忽略图中的时钟分频器和过滤块两部分）。在此模式下，当 CMP x _CR1[WE] = 1 时，COUTA 由外部时钟触发；当 CMP x _CR1[WE] = 0 时，最后的值被锁存。图 8-11 是 HSCMP 工作于窗口模式的时序图，这里忽略比较器的延迟、极性选择和窗口控制，极性选择也被设置为非反相的。从图 8-11 看出只有在窗口信号为高电平时，HSCMP 输出时才会被送到 COUTA 端。在实际过程中，COUTA 可能滞后模拟输入一定时间。

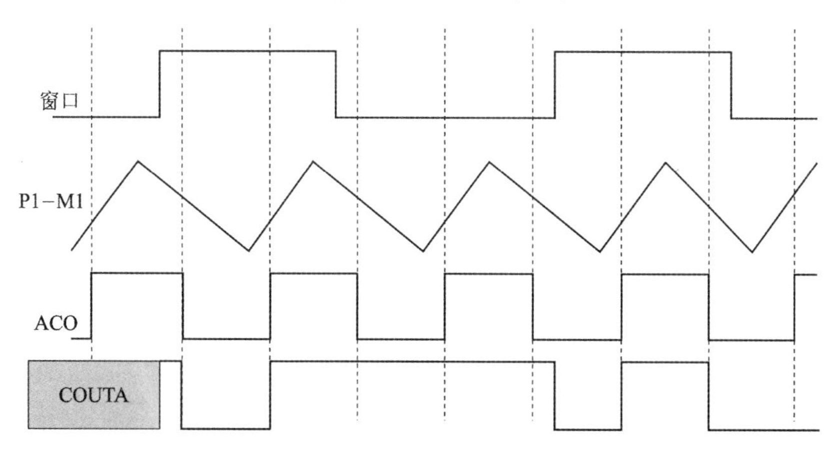

图 8-11 普通窗口模式下 HSCMP 时序图

带重采样窗口方式的结构同普通方式，只是增加了对 COUTA 的重采样以产生 COUT 功能，其时序如图 8-12 所示。在此模式下，将会产生一系列未过滤的比较样本。样本之间的间隔由 CMP x _FPR[FILT_PER]和外部时钟决定。这种模式的配置实际上与带过滤窗口模式配置几乎一样,唯一不同点在于前者 CMP x _CR1[FILTER_CNT]位的值必须唯一,而后者则不唯一。

带过滤窗口模式是 HSCMP 模块工作模式中最复杂的一种。它既有窗口模式的特点又有过滤模式的特点,同时也有最大的延迟时间,具体功能结构如图 8-10 所示,这里 CMPx_CRO[FILTER_CNT]位的值大于 1,WE 值取 1,SE 值取 1。

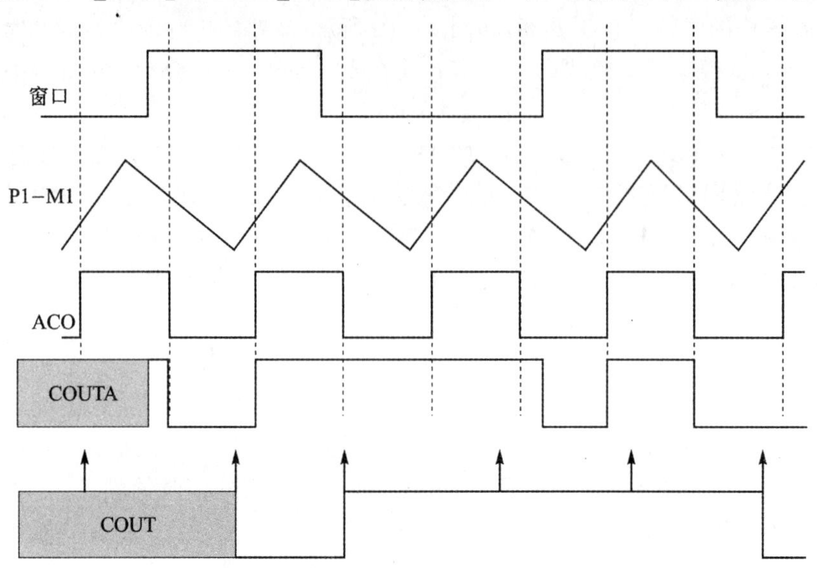

图 8-12 带重采样窗口模式下 HSCMP 时序图

8.7 HSCMP 模块的编程寄存器

HSCMP 模块的编程寄存器包含控制寄存器 0(CMP x _CR0)、控制寄存器 1(CMP x _CR1)、过滤周期寄存器(CMP x _FPR)和状态控制寄存器(CMP x _SCR)4 个寄存器(x 为 A、B、C 分别代表 3 个模块)。

1. 控制寄存器 0 (CMP x _CR0)

HSCMP 模块的控制寄存器 0(CMPA～C _CR0)的地址分别为 F1B0h、F1C0h 和 F1D0h,其定义如下:

数据位	15	14	13	12	11	10	9	8	7	6	5	4	3	2	1	0
读操作										FILTER_CNT			PMC		MMC	
写操作																
复位	0	0	0	0	0	0	0	0	0	0	0	0	0	0	0	0

D15～D7——只读位，保留，其值为0。

D6～D4——FILTER_CNT过滤器采样计数位，可读写。该位域表示连续采样数(如表8-1所列)，这些采样在比较器过滤输出新状态之前必须达到一致。

表8-1 DAC采用次数配置

FILTER_CNT	连续采样次数	FILTER_CNT	连续采样次数
000	禁止	100	4
001	1	101	5
010	2	110	6
011	3	111	7

D3～D2——PMC正极输入多路控制位，可读写。该位域决定哪个输入作为比较器正极输入，对应关系如表8-2所列。

D1～D0——MMC负极输入多路控制位，可读写。该区域决定哪个输入做为比较器负极输入，对应关系如表8-3所列。

表8-2 比较器正极输入配置

PMC	正极输入
00	P0
01	P1
10	P2
11	P3

表8-3 比较器负极输入配置

MMC	负极输入
00	M0
01	M1
10	M2
11	M3

2. 控制寄存器1(CMP x _CR1)

HSCMP模块的控制寄存器1(CMPA～C _CR1)的地址分别为F1B1h、F1C1h和F1D1h，其定义如下：

<table>
<tr><td>数据位</td><td>15</td><td>14</td><td>13</td><td>12</td><td>11</td><td>10</td><td>9</td><td>8</td><td>7</td><td>6</td><td>5</td><td>4</td><td>3</td><td>2</td><td>1</td><td>0</td></tr>
<tr><td>读操作</td><td colspan="8">0</td><td rowspan="2">SE</td><td rowspan="2">WE</td><td>0</td><td rowspan="2">PMODE</td><td rowspan="2">INV</td><td rowspan="2">COS</td><td rowspan="2">OPE</td><td rowspan="2">EN</td></tr>
<tr><td>写操作</td><td colspan="8"></td><td></td></tr>
<tr><td>复位</td><td>0</td><td>0</td><td>0</td><td>0</td><td>0</td><td>0</td><td>0</td><td>0</td><td>0</td><td>0</td><td>0</td><td>0</td><td>0</td><td>0</td><td>0</td><td>0</td></tr>
</table>

D15～D8——只读位，保留，其值为0。

D7——SE采样使能位，可读写。不能同时置位CMP x _CR1[SE]和[WE]。SE=0，未选择采样模式；SE=1，选择采样模式。

D6——WE窗口使能位，可读写。WE=0，未开启窗口模式；WE=1，开启窗口模式。

D5——只读位，保留，其值为 0。

D4——PMODE 能耗模式选择位，可读写。PMODE＝0，节能模式；PMODE＝1，高速比较模式。

D3——INV 比较器逆向位，可读写。通过该位可以选择比较器极性。当 CMP x _CR1[OPE] ＝ 0 时，它也可以驱动 COUT 输出。INV＝0，比较器的正常输出；INV＝1，比较器的逆向输出。

D2——COS 比较器输出选择位，可读写。COS ＝ 0，CMPO 接 COUT；COS ＝ 1，CMPO 接 COUTA。

D1——OPE 比较器输出引脚使能位。该位用于使比较器输出接外部引脚 CMPO。OPE ＝ 0，禁止比较器输出；OPE ＝ 1，使能比较器输出。

D0——EN 比较器模块使能位，可读写。EN ＝ 0，禁止比较器；EN ＝ 1，使能比较器。

3. 过滤周期寄存器(CMP x _FPR)

HSCMP 模块的过滤周期寄存器(CMPA～C _FPR)的地址分别为 F1B2h、F1C2h 和 F1D2h，其定义如下：

数据位	15	14	13	12	11	10	9	8	7	6	5	4	3	2	1	0
读操作	0								FILT_PER							
写操作																
复位	0	0	0	0	0	0	0	0	0	0	0	0	0	0	0	0

D15～D8——只读位，保留，其值为 0。

D7～D0——FILT_PER 过滤采样周期位，可读写。当 CMP x _CR1[SE] ＝ 0 时，该位域在比较器输出过滤的外围时钟周期内指定采样周期。FILT_PER＝0，禁止过滤。当 CMP x _CR1[SE] ＝ 1 时，设置该位域无影响；此时，由外部采样信号决定采样周期。

4. 状态控制寄存器(CMP x _SCR)

HSCMP 模块的状态控制寄存器(CMPA～C _SCR)的地址分别为 F1B3h、F1C3h 和 F1D3h，其定义如下：

数据位	15	14	13	12	11	10	9	8	7	6	5	4	3	2	1	0
读操作	0								HYST_SEL		SMELB	IER	IEF	CFR	CFF	COUT
写操作																
复位	0	0	0	0	0	0	0	0	0	1	0	0	0	0	0	0

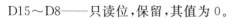

D15～D8——只读位，保留，其值为 0。

D7～D6——HYST_SEL 磁滞选择位，可读写。该位域用于选择比较器的磁滞数量，其值范围：[0, 3]。复位后，其值为 1。

D5——SMELB 停止模式下边沿/电平中断控制位，可读写。停止模式下，该位决定 CFR 和 CFF 位是边沿触发还是电平触发。SMELB = 0，停止模式下，CFR/CFF 为电平触发。当 COUT 为高时，CFR 置位；当 COUT 为低时，CFF 置位。SMELB =1，停止模式下，CFR/CFF 为边沿触发。当 COUT 出现上升沿时，CFR 置位；当 COUT 出现下降沿时，CFF 置位。

D4——IER 比较中断使能位，可读写，上升沿触发。该位使能来自 ACM 的 CFR 中断。当该位置位时，CFR 置位后中断产生。IER = 0，禁止中断；IER = 1，允许中断。

D3——IEF 比较中断使能位，可读写，下降沿触发。该位使能来自 ACM 的 CFF 中断。当该位置位时，CFF 置位后中断产生。IEF = 0，禁止中断；IEF =1，允许中断。

D2——CFR 比较上升沿标志位，可读写。正常模式下，在 COUT 的上升沿时，CFR 置位。当向该位写入 1 时，该位被清零。CFR = 0，未检测到 COMP 上升沿；CFR = 1，检测到 COUT 上升沿。

D1——CFF 比较下降沿标志位，可读写。正常模式下，在 COUT 的下降沿时，CFR 置位。当向该位写入 1 时，该位被清零。CFF = 0，未检测到 COUT 下降沿；CFF = 1，检测到 COUT 下降沿。

D0——COUT 比较输出位，只读。读取该位时，返回比较输出的当前值。当禁止比较模块(CMP x _CR1[EN] = 0)时，该位复位 0 值。对该位的写入无效。

8.8　DAC 与 HSCMP 模块结合编程方法与实例

本节为 12 位 DAC 模块与 HSCMP 模块的结合实例，目的是使读者初步掌握 DAC 模块与 HSCMP 模块的基本编程方法和两模块的结合使用。

8.8.1　HSCMP 模块基本编程方法

1. HSCMP 初始化

初始化 HSCMP 时，先选择 3 个 HSCMP 模块中的一个，按照设计的模式和功能对相应寄存器进行设置并选择相应的输入引脚。本实例选择为：连续，无过滤模式、反向禁止、中断禁止。由于 HSCMP 模块的延迟问题，所以在启动该模块后要延迟 25 μs，以达到稳定的输出。在模块初始化之前要先使能该模块时钟和输入输出引脚时钟。HSCMP 初始化的具体步骤如下：

① 设置外设时钟使能寄存器 1(SIM_PCE1),使能 CMPA 比较时钟;

② 设置外设时钟使能寄存器 0(SIM_PCE0),使能 CMPA 对应的 GPIOA 和 GPIOC 口时钟;

③ 设置 GPIO 外设使能寄存器(GPIOx_PER),使能相应的 GPIOA /GPIOC 口外设功能;

④ 设置 GPIO 外设选择寄存器 0(SIM_GPS0),使能相应的 GPIOC 口的比较输出功能;

⑤ 设置 HSCMP 控制寄存器 1(CMPx_CR1),配置 HSCMP 工作连续,无过滤模式、反向禁止、中断禁止等;

⑥ 设置 HSCMP 控制寄存器 0(CMPx_CR0),配置 HSCMP 有无过滤、极性等;

⑦ 设置 HSCMP 过滤周期寄存器(CMPx_FPR),配置采样周期;

⑧ 设置 HSCMP 状态控制寄存器(CMPA～C _SCR),配置磁滞数、触发方式及禁止中断等;

⑨ 置 HSCMP 控制寄存器 1 的 CMPx_CR1[EN]位,使能 HSCMP。

2. HSCMP 模拟量比较

HSCMP 模块有两路模拟量输入:一路正相输入端;一路反相输入端。当正相输入端大于反相输入端时,HSCMP 输出(ACO)就大;当正相输入端小于反相输入端时,HSCMP 输出(ACO)就小。通过向 CMP x _CR1[INV]位写入 1,可以使输出信号反相。

8.8.2 实例:HSCMP 构件设计与测试

1. 构件设计

DAC 模块具有初始化、数据寄存器的增加与减少等操作;HSCMP 模块具有初始化、获取比较结果等操作。按照构件的思想,可将它们封装成独立的功能函数。DAC 构件和 HSCMP 构件分别包括头文件(DAC. h 和 HSCMP. h)和程序文件(DAC. c 和 HSCMP. c)。构件头文件中主要包括相关宏定义、各功能函数原型说明等内容。构件程序文件的内容是给出各功能函数的实现过程。

MC56F8257 内部 DAC 转换模块的程序见第 8.4.2 小节。本节给出了 HSCMP 转换模块的程序,包含初始化函数和获取 HSCMP 结果函数。

下面以 MC56F8257 的 DAC 和 HSCMP 转换程序为例,给出相应的程序代码。

(1) HSCMP 构件头文件(HSCMP. h)

```
//-----------------------------------------------------------------------*
// 文件名:HSCMP.h                                                        *
// 说  明:HSCMP 转换头文件                                                *
//-----------------------------------------------------------------------*
#ifndef HSCMP_H
```

```
#define HSCMP_H
  //1  头文件
  #include "MC56F8257.h"      //映像寄存器地址头文件
  #include "Type.h"           //类型别名定义
  //2  功能接口(函数声明)
//-------------------------------------------------------------------------*
//函数名:HSCMPInit                                                         *
//功  能:HSCMP 初始化,连续模式(2A),选择 HSCMPA                            *
//参  数:无                                                                *
//返  回:无                                                                *
//说  明:无                                                                *
//-------------------------------------------------------------------------*
  void HSCMPInit(void);
//-------------------------------------------------------------------------*
//函数名:HSCMPOut                                                          *
//功  能:取 HSCMP 的比较结果                                               *
//参  数:无                                                                *
//返  回:HSCMP 的转换结果                                                  *
//说  明:无                                                                *
//-------------------------------------------------------------------------*
  uint8 HSCMPOut(void);
#endif
```

(2) HSCMP 构件程序文件(HSCMP.c)

```
//-------------------------------------------------------------------------*
// 文件名:HSCMP.c                                                          *
// 说  明:HSCMP 构件函数源文件                                             *
//-------------------------------------------------------------------------*
//头文件
#include "HSCMP.h"
//-------------------------------------------------------------------------*
//函数名:HSCMPInit                                                         *
//功  能:HSCMP 初始化,连续模式(2A/2B),选择 HSCMPA                        *
//参  数:无                                                                *
//返  回:无                                                                *
//说  明:无                                                                *
//-------------------------------------------------------------------------*
void HSCMPInit(void)
{
  //1  使能引脚,和时钟
  SIM_PCE1 |= 0x2000;      //CMPA = 1,使能模块时钟
  SIM_PCE0 |= 0x50 ;       //GPIOA = 1,GPIOC = 1 ,使能 A/C 口时钟
  GPIO_A_PEREN |= 0x03;    //GPIOA1/GPIOA0 外设功能使能
  GPIO_C_PEREN |= 0x08;    //使能 GPIOC3 口的外设功能
  SIM_GPS0 |= 0x40;        //GPIOC3 口选择的外设功能为 CMPA_O
  //2 HSCMP 寄存器设置
  CMPA_CR1 = 0x12;         //连续模式,反向禁止,输出使能,模块禁止
  CMPA_CR0 = 0x08;         //无过滤,选择 P2,M0
  CMPA_FPR = 0x00;         //采样周期设置 0
```

```
    CMPA_SCR = 0x46;          // 磁滞数为 1,停止模式下中断为电平触发,中断禁止
    CMPA_CR1 |= 0x0001;      //比较器使能(上电)
    //3 延迟 25 us,使输出稳定
    asm
    {
      adda #2, SP             //16.67  ns
      move.l A10, X:(SP)     //33.33  ns
      move.w #0x02E6, A      //33.33  ns
      do A, label0           //133.33 ns
      nop                     //16.67  ns
      label0:
      move.l X:(SP), A       //33.33  ns
      suba #2, SP             //16.67  ns
    }
  }
//-------------------------------------------------------------------*
//函数名:HSCMPOut                                                    *
//功  能:取 HSCMP 的比较结果                                          *
//参  数:无                                                          *
//返  回:HSCMP 的比较结果                                             *
//说  明:无                                                          *
//-------------------------------------------------------------------*
  uint8 HSCMPOut(void)
  {
    uint8 OUT;                          //存放转换结果值
    OUT = 0x0001 & CMPA_SCR;           //取转换结果
    return OUT;
  }
```

2. 测试实例

按照构件的程序设计思想,在主程序的实现过程中,需调用 DAC 构件、HSCMP 构件、CrossBar 构件、QSCI 构件以及 Light 构件的相关功能函数。具体代码如下:

```
//-------------------------------------------------------------------*
//工 程 名:DAC_HSCMP                                                  *
//硬件连接:(1)GPIOE 口的 7 引脚接指示灯                                *
//          (2)GPIOA0,GPIOA1 接两路模拟输入,                          *
//          (3)示波器接 GPIOC5                                        *
//程序描述:(1) HSCMP 输出接入 DAC 的同步输入端,                       *
//          (2)DAC 在 HSCMP 输出同步作用下,更新数据,进行 D/A 转换输出  *
//说    明:比较器为 HSCMPA,DAC 使用的数据格式为右对齐,12 位数据        *
//目    的:初步掌握 HSCMP 于 D/A 结合转换的基本知识,并掌握交叉开关的设置方法 *
//-------------------------------------------------------------------*
#include "Includes.h"
void main(void)
{
    //1 主程序使用的变量定义
    uint8 Flag = 0;
    uint32 RunCount = 0;
```

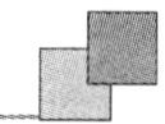

```
    //2  关总中断
    DisableInterrupt();                                    //禁止总中断
    //3  芯片初始化
    DSCinit();
    //4  模块初始化
    Light_Init(Light_Run_PORT,Light_Run,Light_OFF); //指示灯初始化
    QSCIInit(0,SYSTEM_CLOCK,9600);                        //串行口初始化
    HSCMPInit();                                           //HSCMP 初始化
    DACInit();                                             //D/A 转换初始化
    //5  设置交叉开关(高速比较器 A 输出接 DAC 的同步输入端)
    CrossBarCtr(CMPA_OUT,DAC_SYNC_IN);
    //6  开放中断
    EnableQSCIReInt(0);                                  //开放 SCI 接收中断
    EnableInterrupt();                                   //开放总中断
    //7  主循环
    while (1)
    {
        //1  主循环计数到一定的值,使小灯的亮、暗状态切换
        RunCount++;
        if (RunCount>=1000)
        {
          //程序指示灯亮暗状态切换
         Light_Change(Light_Run_PORT,Light_Run);
          RunCount=0;                                   //循环变量清 0
        }
        //2 DAC 输出控制
        if(Flag == 0)
        {
          Flag = DAC_IncStep(4);                       //输出加 4
          Delay(100);                                  //输出稳定一段时间
        }
        else if(Flag == 1)
        {
          Flag = DAC_DecStep(4);                       //输出减 4
          Delay(100);                                  //输出稳定一段时间
        }
    }
}
```

第9章

Flash存储器在线编程

Flash存储器具有电可擦除、无需后备电源来保护数据、可在线编程、存储密度高、低功耗、成本较低等特点，这使得Flash存储器在嵌入式系统中的使用量迅速增长。

Flash存储器编程方法有写入器模式和在线编程模式两种。写入器模式是指通过编程工具(写入器)擦写Flash，主要目的是将程序代码写入到DSC芯片中。在线编程模式是指DSC内部程序在运行过程中对Flash的某个区域进行擦除与写入，主要目的是保存有关数据，希望掉电后不丢失。本章以MC56F8257为例阐述DSC Flash存储器的在线编程方法。编写Flash擦除与写入子程序需要较严格的规范，是比较细致的工作。建议读者仔细分析本章的示例程序，并参照例程进行编程实践。掌握了MC56F8257芯片的Flash编程方法后，可以把此方法应用于整个MC56F82x芯片系列的Flash编程。Flash在线编程对初学者有一定难度，希望仔细研读本章给出的Flash在线编程C语言实例，初步掌握Flash在线编程方法。

本章主要内容有：①给出Flash存储器概述；②讨论MC56F8257 Flash存储器编程方法及其在线编程C语言实例；③讨论MC56F8257 Flash存储器的保护特性和安全性。

9.1 概 述

理想的存储器应具备存取速度快、数据不易失、存储密度高(单位体积存储容量大)、价格低等特点，但一般的存储器只具有这些特点中的一部分。近几年，Flash存储器技术趋于成熟，它结合了OTP存储器的成本优势和EEPROM的可再编程性能，是目前比较理想的存储器。Flash存储器具有电可擦除、无需后备电源来保护数据、可在线编程、存储密度高、低功耗、成本较低等特点。这些特点使得Flash存储器在嵌入式系统中获得了广泛的应用。从软件角度来看，Flash和EEPROM技术十分

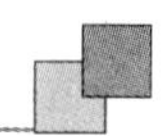

相似，主要的差别是 Flash 存储器一次会擦除一个扇区，而不是像 EEPROM 存储器那样逐个字节地擦除，典型的扇区大小是 128 B～16 KB。尽管如此，Flash 存储器的总体性价比还是比 EEPROM 更高，并且迅速取代了很多 ROM 器件。

嵌入式系统中使用 Flash 存储器有两种形式：一种是嵌入式微控制器内部集成 Flash，另一种是 MCU 片外扩展 Flash。

目前，许多 MCU 内部都集成了 Flash 存储器。得益于 Flash 存储器技术已经相当成熟，Freescale 公司在 MC56F825x 系列 DSC 内集成了 Flash 存储器。该系列内部的 Flash 存储器不但可用编程器对其编程，也可以由内部程序在线编程（写入），给嵌入式系统设计与编程提供了方便。存储器是 DSC 的重要组成部分，存储器技术的发展对 DSC 的发展起到了极大的推动作用。Freescale 公司新推出的 DSC 系列采用了新的闪存技术，其擦写速度更快、性能更稳定。

本节首先简要介绍 Freescale 的 MC56F825x 系列 DSC 内的 Flash 存储器的主要特点，然后对 MC56F8257 的 Flash 存储器在两种编程模式下的基本情况作简要介绍。

1. Flash 存储器的基本特点

Flash 存储器是一种高密度、不挥发的高性能读写存储器，兼有功耗低、可靠性高等优点。与传统的固态存储器相比，Flash 存储器的主要特点如下：

① 固有不挥发性：这一特点与磁性存储器相似，Flash 存储器不需要后备电源来保持数据，所以，它具有与磁性存储器一样无需电能保持数据的优点。

② 易更新性：Flash 存储器具有电可擦除的特点。相对于 EPROM（电可编程只读存储器）的紫外线擦除方式，Flash 存储器的电擦除功能为开发者节省了大量时间，也为最终用户更新存储器内容提供了方便条件。

③ 成本低、密度高、可靠性好：与 EEPROM（电可擦除可编程只读存储器）相比较，Flash 存储器的成本更低、密度更高、可靠性更好。

2. MC56F8257 Flash 存储器的特点

存储器（HFM）容量为 64 KB（32K 字），其功能结构图如图 9－1 所示。DSP56800E 核通过系统总线对 Flash 进行读写操作，其时钟通过主频分频得到；外设通过 IP 总线及 IP 总线接口对 Flash 进行访问。MC56F8257 的 Flash 具有如下特点：

① 访问速度可达 60 MHz（字访问），支持 DSP56800E 对其进行字节和字读操作。

② 具有自动写入、擦除操作及 2 KB 的快速页擦除能力。

③ 可产生指令完成、指令缓冲区空和访问出错中断。

④ 阻止未经授权读取 Flash，及避免意外擦写可编程的扇区等安全保护特点。

⑤ 通过内置的数字签名计算模块，检验代码完整性。

⑥ 具有离线和在线编程的能力。

3. MC56F8257 Flash 存储阵列

MC56F8257 Flash 存储器阵列包括 9 个字的 Flash 配置区和 32 759 字的编程区，位于存储器的地址空间为[0x0000，0x7FFF]，如图 9-2 所示。Flash 配置域包含的信息决定了阵列的写入/擦除保护、Flash 安全机制和后门钥匙。这种保护避免了 Flash 不必要的写入和擦除。表 9-1 为 Flash 的配置域。配置域中的高 4 个字为后门钥匙，可由用户编写。Flash 擦除/写入保护字(PROT_VALUE)在系统复位时加载到 Flash 保护寄存器。复位时，安全字(SECH_VALUE 和 SECL_VALUE)加载到安全寄存器的高位(HFM_SECH)和低位(HFM_SECL)。存储单元 0x7FF8 (SECH_VALUE)包括的用户编程信息用以使能/禁止后门存取；向存储单元 00x7FF7 (SECL_VALUE)的 1 和 0 位分别写入“1”和“0”，启动设置保护，写入其他值将不会启动保护功能。

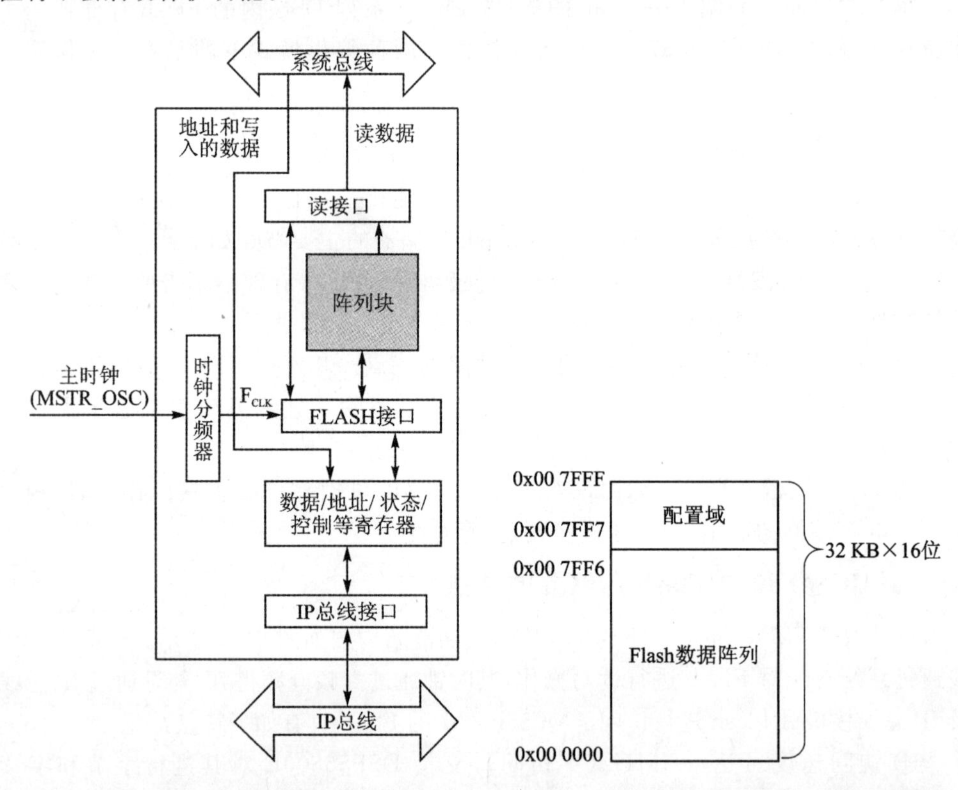

图 9-1 MC56F8257 的 HFM 模块功能结构图　　图 9-2 MC56F8257 的 Flash 存储阵列组织图

4. MC56F8257 Flash 中断

MC56F8257 Flash 存储模块包括访问错误中断、编程命令完成中断及缓冲区空请求中断，其中断矢量号分别为 54、55 和 56，优先级可编程配置为 0～2；通过设置配置寄存器 HFM_CR 中的中断使能位 AEIE、CCIE 和 CBEIE 开放相应中断，然后当

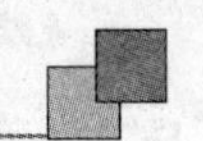

表9-1 Flash配置域

地 址	长 度/字节	描 述	字名字
0x7FFF	2	后门比较钥匙3	BACK_KEY_3_VALUE
0x7FFE	2	后门比较钥匙2	BACK_KEY_2_VALUE
0x7FFD	2	后门比较钥匙1	BACK_KEY_1_VALUE
0x7FFC	2	后门比较钥匙0	BACK_KEY_0_VALUE
0x7FFB	2	未使用	未使用
0x7FFA	2	保护字(见HFM保护寄存器)	PROT_VALUE
0x7FF9	2	未使用	未使用
0x7FF8	2	安全字高位(见HFM保护寄存器高位)	SECH_VALUE
0x7FF7	2	安全字低位(见HFM保护寄存器低位)	SECL_VALUE

用户状态寄存器HFM_USTAT中的标志位ACCERR、CCIF和CBEIF置位时，Flash模块分别产生访问错误中断、编程命令完成中断及缓冲区空请求中断请求，通过中断控制器送到DSP56800E内核，具体如图9-3所示。另外，当没有开放这些中断时，也可以通过软件查询ACCERR、CCIF和CBEIF标志位判断中断是否产生。

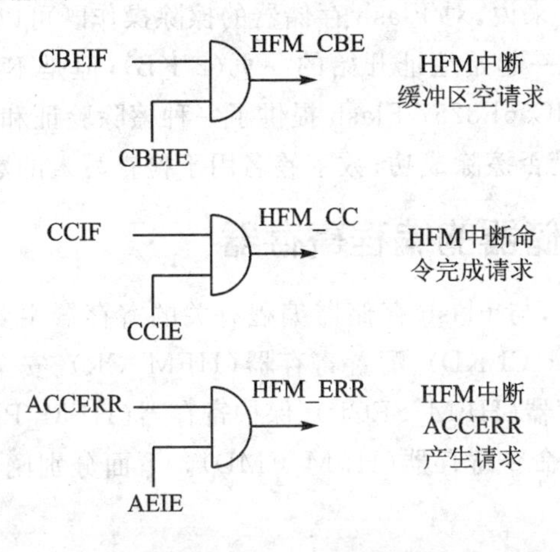

图9-3 Flash中断

9.2 MC56F8257 Flash存储器编程方法

Flash存储器一般作为程序存储器来使用，不能在运行时随时擦除或写入。由于物理结构方面的原因，对Flash存储器的写操作，不能像对待一般RAM那样方便。在许多嵌入式产品开发中，需要在掉电情况下仍能保存数据的存储器，用来保存一些参数或重要数据，目前一般使用EEPROM来实现。DSC系列的Flash存储器

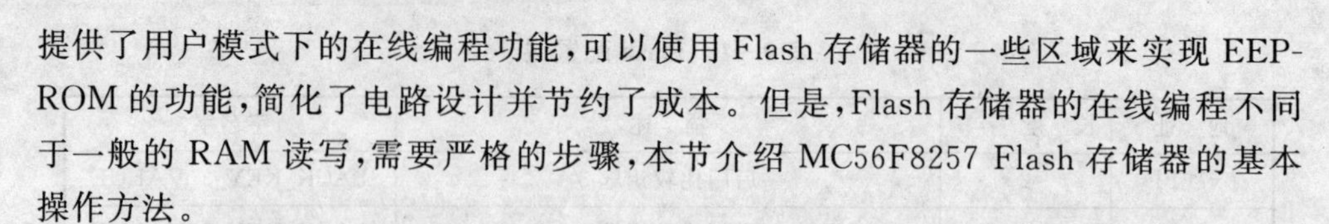

提供了用户模式下的在线编程功能，可以使用 Flash 存储器的一些区域来实现 EEPROM 的功能，简化了电路设计并节约了成本。但是，Flash 存储器的在线编程不同于一般的 RAM 读写，需要严格的步骤，本节介绍 MC56F8257 Flash 存储器的基本操作方法。

9.2.1 Flash 存储器编程的基本概念

Flash 存储器是一种快速的电可擦除、电可编程(写入)的存储器。但是受其物理结构的限制，对 Flash 存储器的擦除及写入一般需要高于电源的电压，MC56F825x 系列的片内 Flash 存储器的编程电压是由内部电荷泵提供的，使其能够在单一电源供电情况下进行擦除与写入。对 Flash 编程的基本操作分为擦除(erase)和写入(program)。擦除操作的含义是将存储单元的内容全部变成二进制 1；写入操作的含义是将存储单元的内容部分二进制 1 变为 0。

MC56F8257 内部 Flash 存储器在片内是以扇区(sector)和页(Page)为单位组织的。每个扇区的大小为 4 KB，每页的大小为 2 KB。MC56F8257 内部 Flash 地址空间为 $0000～$7FFF，共分为 16 扇区，每个扇区分两页，且页地址固定；如第一扇区第 0 页的地址为 $0800，第一扇区第 1 页的地址为 $0C00。

对于 MC56F8257 来说，对 Flash 存储器的擦除操作既可以通过整体擦除操作来完成，也可以仅擦除某一起始地址开始的一页(2 KB)，但是不能仅擦除某一字节或小于 2 KB 的内容。MC56F8257 Flash 提供了一种擦除验证和数据签名功能。擦除验证就是检查 Flash 是否擦除成功；数字签名用于检查写入的数据是否发生错误。

9.2.2 Flash 存储器的编程寄存器

在 MC56F8257 中，与 Flash 存储器编程有关的寄存器主要有 7 个，它们分别是时钟分频寄存器(HFM_CLKD)、配置寄存器(HFM_CR)、安全高位寄存器(HFM_SECH)、安全低位寄存器(HFM_SECL)、保护寄存器(HFM_PROT)、用户状态寄存器(HFM_USTAT)和命令寄存器(HFM_CMD)。下面分别阐述这些寄存器的功能和用法。

1. Flash 时钟分频寄存器(HFM_CLKD)

Flash 时钟分频寄存器(HFM_CLKD)的地址为 F400h，其定义如下：

数据位	15	14	13	12	11	10	9	8	7	6	5	4	3	2	1	0
读操作	0								DIVLD	PRDIV8	DIV[5∶0]					
写操作																
复位	0	0	0	0	0	0	0	0	0	0	0	0	0	0	0	0

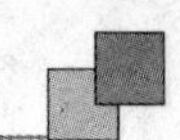

D15～D8——只读位，保留，其值为0。

D7——DIVLD时钟分频载入位，只读。DIVLD=0，寄存器未被写过；DIVLD=1，自上一次复位以来，寄存器已经被写过。

D6——PRDIV8使能8分频位，可读写。PRDIV8＝0，对主时钟不分频；PRDIV8＝1，对主时钟8分频。

D5～D0——DIV[5：0]分频因子位，可读写。该位域作用于主时钟(MSTR_OSC)分频产生F_{CLK}。

2. Flash配置寄存器(HFM_CR)

Flash配置寄存器(HFM_CR)的地址为F401h，其定义如下：

<table>
<tr><td>数据位</td><td>15</td><td>14</td><td>13</td><td>12</td><td>11</td><td>10</td><td>9</td><td>8</td><td>7</td><td>6</td><td>5</td><td>4</td><td>3</td><td>2</td><td>1</td><td>0</td></tr>
<tr><td>读操作</td><td colspan="5">0</td><td rowspan="2">LOCK</td><td>0</td><td rowspan="2">AEIE</td><td rowspan="2">CBEIE</td><td rowspan="2">CCIE</td><td rowspan="2">KEYACC</td><td colspan="3">0</td><td rowspan="2">LBTS</td><td rowspan="2">BTS</td></tr>
<tr><td>写操作</td><td colspan="5"></td><td></td><td colspan="3"></td></tr>
<tr><td>复位</td><td>0</td><td>0</td><td>0</td><td>0</td><td>0</td><td>0</td><td>0</td><td>0</td><td>0</td><td>0</td><td>0</td><td>0</td><td>0</td><td>0</td><td>0</td><td>0</td></tr>
</table>

D15～D11——只读位，保留，其值为0。

D10——LOCK写锁定控制位，可读写，只能被设置一次，一旦被置位，只能通过复位清除。具有禁止向保护寄存器写入的功能，因此为Flash阵列提供了附加的安全特性。LOCK ＝ 0，HFM_PROT寄存器可写；LOCK ＝ 1，HFM_PROT寄存器锁定，不能写。

D9——只读位，保留，其值为0。

D8——AEIE访问出错中断使能位，可读写。当HFM_USTAT[ACCERR]置位时，该位使能中断。AEIE ＝ 0，禁止访问出错中断；AEIE ＝ 1，当HFM_USTAT[ACCERR]置位时，产生访问出错中断请求。

D7——CBEIE命令缓冲区空中断使能位，可读写。当Flash中的命令缓冲区空时，该位使能中断。CBEIE ＝ 0，禁止命令缓冲区空中断；CBEIE ＝1，当HFM_USTAT[CBEIF]置位时，产生命令缓冲区空中断请求。

D6——CCIE命令完成中断使能位，可读写。当Flash中的所有命令执行完毕，该位使能中断。CCIE ＝ 0，禁止命令完成中断；CCIE ＝1，当HFM_USTAT[CCIF]置位时，产生命令完成中断请求。

D5——KEYACC安全密钥写使能位，可读写。当HFM_SECH[KEYEN]置位时，该位可写且只能写一次。KEYACC ＝ 0，向Flash写被解释为写入或擦除时序开始；KEYACC ＝ 1，向Flash阵列写被解释为打开后门密钥。

D4～D2——只读位，保留，其值为0。

D1——LBTS BTS锁存控制位，可读写。只能被设置一次，一旦被置位，只能通过复位清除。通过设置该位，为Flash阵列提供了附加的安全特性。LBTS ＝ 0，

BTS 位可写入;LBTS = 1,BTS 位写入锁存。

D0——BTS 分支到自身特征使能位,可读写。分支到自身特点允许 Flash 擦除/写入代码从 Flash 执行。启动指令“Loop: BRA Loop”,其操作码 0xA97F 在数据总线读取是有效的。当擦除或写入指令结束时,用户数据立即发送到读数据总线。BTS = 0,写入/擦除期间访问 Flash,将返回无效数据,同时 HFM_USTAT[ACCERR]位不置位;BTS = 1,写入/擦除期间读取 Flash 将返回无效数据,因为数据总线上用 0xA97F 代替了实际的 Flash 值。

3. Flash 安全高位寄存器(HFM_SECH)

Flash 安全寄存器高位(HFM_SECH)的地址为 F403h,其定义如下:

数据位	15	14	13	12	11	10	9	8	7	6	5	4	3	2	1	0
读操作	KEYEN	SECSTAT	0													
写操作																
复位	0	0	0	0	0	0	0	0	0	0	0	0	0	0	0	0

D15——KEYEN 后门密钥机制使能位,只读。KEYEN = 0,禁止 Flash 后门;KEYEN = 1,允许 Flash 后门。

D14——SECSTAT Flash 安全状态位,只读。SECSTAT = 0,Flash 未处于安全状态;SECSTAT = 1,Flash 处于安全状态。

D13~D0——只读位,保留,其值为 0。

4. Flash 安全低位寄存器(HFM_SECL)

Flash 安全寄存器低位(HFM_SECL)的地址为 F404h,其定义如下:

数据位	15	14	13	12	11	10	9	8	7	6	5	4	3	2	1	0
读操作	0														SEC	
写操作																
复位	0	0	0	0	0	0	0	0	0	0	0	0	0	0	0	0

D15~D2——只读位,保留,其值为 0。

D1~D0——SEC 存储器安全位,只读。复位时,从配置域加载 SEC 值决定了复位时 Flash 的安全状态,具体如表 9-2 所列。

5. Flash 保护寄存器(HFM_PROT)

Flash 保护寄存器(HFM_ PROT)的地址为 F410h,其定义如下:

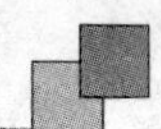

数据位	15	14	13	12	11	10	9	8	7	6	5	4	3	2	1	0
读操作	PROTECT[15：0]															
写操作																
复位	0	0	0	0	0	0	0	0	0	0	0	0	0	0	0	0

D15～D2——PROTECT HFM 保护域，可读写。通过设置该位域可以设置保护 HFM 阵列扇区以免于被擦除和写入。HFM_PROT 寄存器控制保护 16 个阵列扇区，具体如图 9-4 所示。

表 9-2　Flash 安全状态分配表

D1～D0	Flash 安全状态	复位时 SECSTAT 状态
00	不安全	0
01	不安全	0
10	安全	1
11	不安全	0

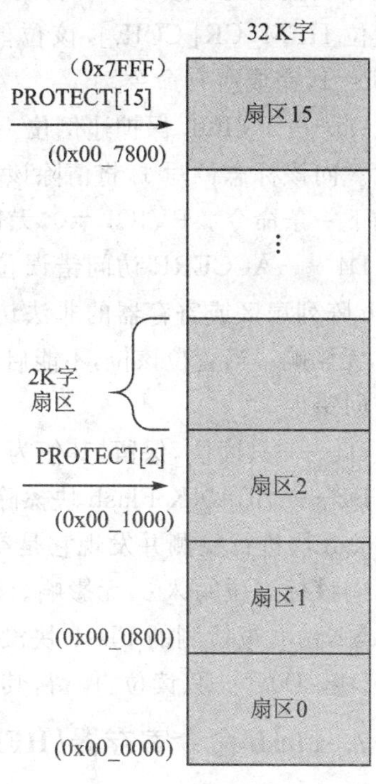

图 9-4　阵列扇区保护对应表

6. Flash 用户状态寄存器(HFM_USTAT)

Flash 用户状态寄存器(HFM_ USTAT)的地址为 F413h，其定义如下：

数据位	15	14	13	12	11	10	9	8	7	6	5	4	3	2	1	0
读操作	0								CBEIF	CCIF	PVIOL	ACCERR	0	BLANK	0	
写操作									wlc		wlc	wlc		wlc		
复位	0	0	0	0	0	0	0	0	1	1	0	0	0	0	0	0

注意：w1c 表示只能写 1。

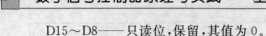

D15～D8——只读位,保留,其值为 0。

D7——CBEIF 命令缓冲区空中断标志位。该标志位表明地址、数据和命令缓冲区是空的,允许开始一个新的命令队列。向该标志位写 1,将清除该位。向该标志位写 0 不起作用但可中止命令队列。若置位 HFM_CR[CBEIE]位,该位可产生中断。当该位清零时,HFM_CMD 和 HFM_DATA 寄存器不可写。CBEIF＝0,命令缓冲区满;CBEIF＝1,命令缓冲区准备好接收新命令。

D6——CCIF 命令完成中断标志位,只读。该标志位表明没有挂起的命令。开始执行或执行完一条命令可自动使该标志位清零或置位。向该标志位写入,无影响。若置位 HFM_CR[CCIE],该位能产生命令完成中断。CCIF＝0,正在处理命令;CCIF＝1,完成所有命令。

D5——PVIOL 保护违例位。该标志位表明试图向被保护的 Flash 扇区写入或擦除。向该标志位写 1,将清除该位。向该标志位写入 0,无影响。当置位该位,不能启动下一条命令。PVIOL＝0,无违例;PVIOL＝1,有保护违例。

D4——ACCERR 访问错误位。该标志位表明错误的写入或擦除时序导致对 Flash 阵列扇区或寄存器的非法访问。向该标志位写 1,将清除该位。向该标志位写入 0,无影响。当置位该位,不能启动下一条命令。ACCERR＝0,无错误;ACCERR＝1,有访问错误。

D3——只读位,保留,其值为 0。

D2——BLANK Flash 块擦除验证位。该标志位表明擦除验证命令(RDARY1)对 Flash 块进行检测并发现它是空白的。向该标志位写 1 或启动新指令,将清除该位。向该标志位写入 0,无影响。若置位 HFM_CR[CCIF]位及执行 RDARY1 命令,BLANK＝0,被检测的 Flash 块没有被擦除;BLANK＝1,被检测的 Flash 块已擦除。

D1～D0——只读位,保留,其值为 0。

7. Flash 命令寄存器(HFM_CMD)

Flash 用户状态寄存器(HFM_ CMD)的地址为 F414h,其定义如下:

数据位	15	14	13	12	11	10	9	8	7	6	5	4	3	2	1	0
读操作	0									CMD						
写操作																
复位	0	0	0	0	0	0	0	0	0	0	0	0	0	0	0	0

D15～D7——只读位,保留,其值为 0。

D6～D0——CMD 命令位,可读写。表 9－3 为用户模式下的有效命令。写入其他指令将置位 HFM_USTAT [ACCERR]位。

表 9-3 Flash用户模式下的有效命令

CMD		含义	描述	队列地址/数据用法
机器码	名称			
0x05	RDARY1	擦除检验	检验Flash阵列是否被擦除。如果阵列被擦除,那么在指令完成时用户寄存器的HFM_USTAT[BLANK]位置1	地址须为阵列中的任何地址;数据忽略
0x06	RDARYM	计算数据签名	Flash阵列中,计算用户定义的签名字。指令完成时,计算签名结果保存在数据寄存器中。通过计算新签名与之前的签名相比,用户可以检验写入Flash的完整度	阵列写入地址为开始地址,数据为要完成的字数
0x20	PGM	写入	写入16位字。当扇区保护位未置位时,才能写入	地址和数据为要写入的地址和值
0x40	PGERS	页擦除	擦除Flash阵列内某页(扇区)。当选择页的PROTECT位未置位时,才能进行页擦除	地址是要擦除页里的任何地址;数据忽略
0x41	MASERS	整体擦除	整体擦除Flash存储器。当PROTECT位都未置位时,才能进行整体擦除	地址是阵列中的任何地址;数据忽略
0x66	RDARYMI	计算IFR块签名	对Flash阵列中Flash信息行(IFR)计算签名。指令完成时,计算签名结果保存在数据寄存器HFM_DATA中	地址是阵列中的任何地址;数据忽略

9.2.3 Flash存储器的编程步骤

1. 设置Flash写入/擦除时钟(F_{CLK})

对Flash写入或擦除都需要合理的时钟F_{CLK}。F_{CLK}通过时钟分频寄存器HFM_CLKD中的预分频器及分频因子对主时钟MSTR_OSC(典型8 MHz)分频获得,通常在150~200 kHz之间。写入和擦除指令的执行时间会随着F_{CLK}变化而成比例的变化。系统总线的时钟频率低于1 MHz时,不支持Flash写入和擦除操作。

F_{CLK}的计算方法如下:PRDIV8 = 0时,F_{CLK}=MSTR_OSC / (DIV[5:0] + 1);PRDIV8 = 1时,F_{CLK}=MSTR_OSC / 8 / (DIV[5:0] + 1);其中PRDIV8和DIV[5:0]为时钟分频寄存器HFM_CLKD中的位域。

如果时钟分频寄存器被写入,自动置位HFM_CLKD[DIVLD]位。如果时钟分频寄存器HFM_CLKD未被写入,那么在Flash写过程中,对Flash指令的加载将不执行且置位HFM_USTAT [ACCERR]位。

2. Flash命令的执行步骤

首先,查询用户状态寄存器HFM_USTAT[CBEIF]标志位,确保地址、数据和指令缓冲区是空的，为指令的执行做准备。如果该位置位，指令开始执行。为了成功写入或擦除 Flash，需要严格按照下列指令写入序列。这些步骤之间不允许向 Flash 写入。

① 用程序存储器写入指令，向 Flash 存储器中希望写入区域地址中写入期望的值。

② 向指令寄存器 HFM_CMD 中写入指令的机器码，HFM_CMD 是一个缓存寄存器。

③ 启动指令，通过向 HFM_USTAT[CBEIF]标志位写 1 清除该位。清除该标志位后，通过硬件清除 HFM_USTAT[CCIF]标志位，表明指令已成功启动。然后，再次置位 HFM_USTAT[CBEIF]，表明地址数据和指令缓冲区已经为新指令的写入准备好了。

当 HFM_USTAT[CCIF]置位，表明指令操作已完成，具体流程图如图 9-5 所示。但错误的操作将会引起 HFM_USTAT[ACCERR]位置位。

通过查询 HFM_USTAT[ACCERR]和[PVIOL]标志位，发现写入或擦除序列中的错误。错误的指令写入序列将被中止并且置位这些相应的标志位。如果这些标志位置位，在开始另一个指令写入序列前，必须清除这些标志位。

3. Flash 用户模式下非法操作

在指令写入过程中，如果出现了任何下面的非法操作，HFM_USTAT[ACCERR]标志位置位。这些操作会使指令序列立即中止。通过 CPU 编程存储器写入指令写入 Flash 阵列可能出现这些非法操作，但通过寄存器设置访问不会出现。

① 在 HFM_CLKD 初始化前，向 Flash 阵列地址空间写入；

② HFM_USTAT[CBEIF]未置位时，向 Flash 阵列地址空间写入；

③ 向 Flash 阵列地址空间写入第二个字；

④ 向命令寄存器 HFM_CMD 写入一个非法命令；

⑤ 向 Flash 阵列地址空间写入一个字后，向除命令寄存器 HFM_CMD 外的其他任何 Flash 寄存器写入；

⑥ 在执行原来的写入命令前，向命令寄存器 HFM_CMD 写入第二个指令；

⑦ 向指令寄存器 HFM_CMD 写入后，向除用户状态寄存器 HFM_USTAT(清除 CBEIF 位)外的其他任意 Flash 寄存器写入；

⑧ 指令正在执行时，Flash 存储模块进入停止模式或等待模式，则指令被中止；

⑨ 向 Flash 地址中写入字后或者向命令寄存器 HFM_CMD 写入命令后且命令开始执行前，向 HFM_USTAT[CBEIF]位写 0 以中止命令序列；

⑩ 在执行数据签名命令时，向 Flash 阵列写入。

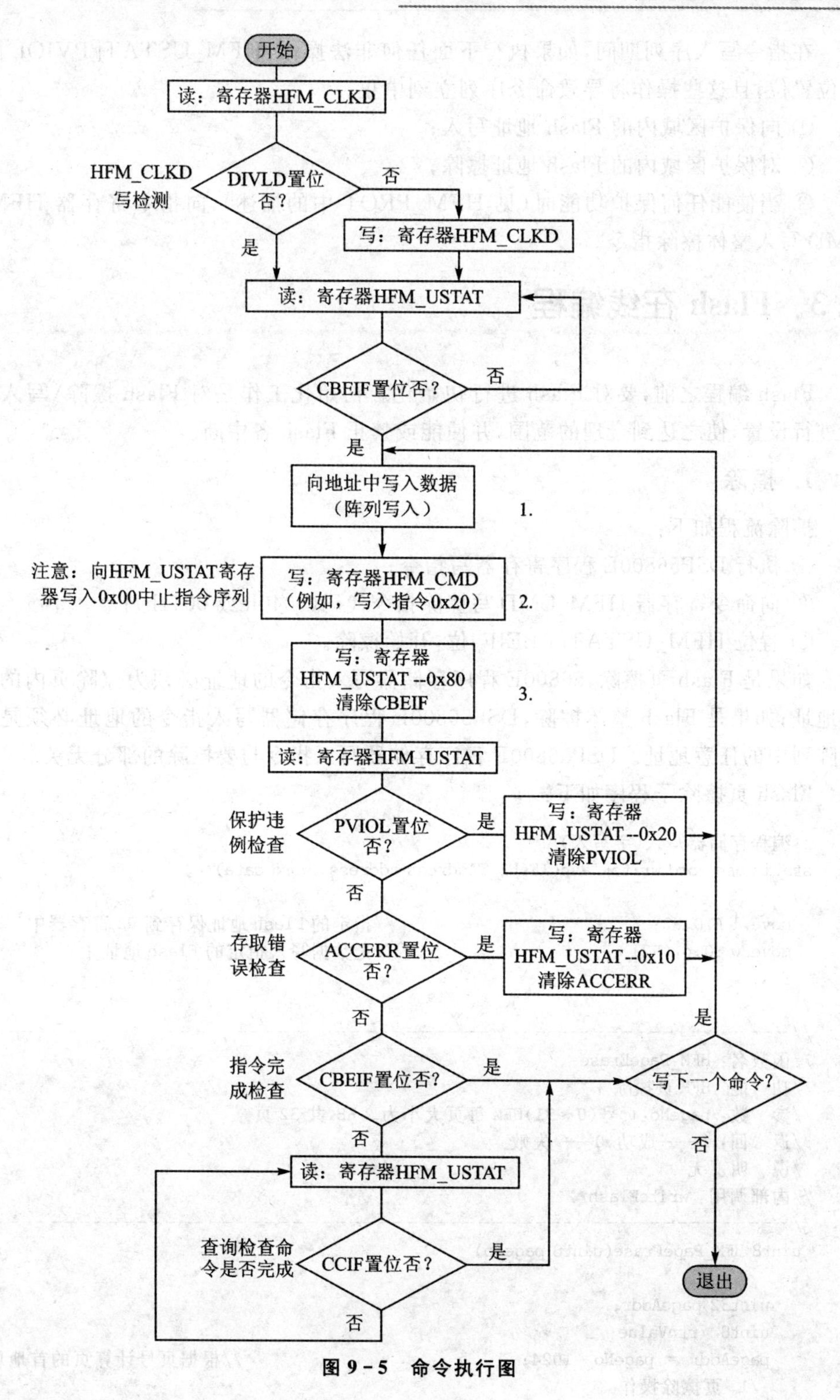
开始
读：寄存器HFM_CLKD
HFM_CLKD
写检测
DIVLD置位否？
否
是
写：寄存器HFM_CLKD
读：寄存器HFM_USTAT
CBEIF置位否？
否
是
向地址中写入数据
（阵列写入）
1.
注意：向HFM_USTAT寄存器写入0x00中止指令序列
写：寄存器HFM_CMD
（例如，写入指令0x20）
2.
写：寄存器
HFM_USTAT--0x80
清除CBEIF
3.
读：寄存器HFM_USTAT
保护违例检查
PVIOL置位否？
是
写：寄存器
HFM_USTAT--0x20
清除PVIOL
否
存取错误检查
ACCERR置位否？
是
写：寄存器
HFM_USTAT--0x10
清除ACCERR
否
是
指令完成检查
CBEIF置位否？
是
写下一个命令？
否
否
读：寄存器HFM_USTAT
查询检查命令是否完成
CCIF置位否？
是
退出
否

图 9－5　命令执行图

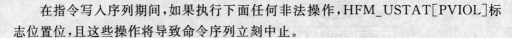

在指令写入序列期间，如果执行下面任何非法操作，HFM_USTAT[PVIOL]标志位置位，且这些操作将导致命令序列立刻中止。

① 向保护区域内的 Flash 地址写入；

② 对保护区域内的 Flash 地址擦除；

③ 当使能任何保护功能时(见 HFM_PROT 中的描述)，向指令寄存器 HFM_CMD 写入整体擦除指令。

9.3 Flash 在线编程

Flash 编程之前，要对 Flash 进行初始化。初始化工作是对 Flash 擦除\写入时钟进行设置，使之达到合理的范围，并使能或禁止 Flash 各中断。

1. 擦除

擦除流程如下：

① 执行 DSP56800E 程序寄存器写指令；

② 向命令寄存器 HFM_CMD 写擦除指令代码(0040h 或 0041h)；

③ 置位 HFM_USTAT[CBEIF]位，开始擦除。

如果是 Flash 页擦除，56800E 程序存储器写入指令的地址必须为擦除页内的任意地址；如果是 Flash 整体擦除，DSP56800E 程序存储器写入指令的地址必须是数据阵列中的任意地址。DSP56800E 程序存储器写入指令与要擦除的部分无关。

Flash 页擦除子程序如下：

```
//编程存储器写入(字写入)
static asm word writeFlash(IFsh1_TAddress address, word data)
{
  move.l A10,R2;                         //指定的 Flash 地址保存到 R2 寄存器中
  move.w Y0,p:(R2)+;                     //把数据写入指定的 Flash 地址中
  rts;
}
//------------------------------------------------------------------------*
//函数名：HFM_PageErase                                                      *
//功  能：HFM 页擦除                                                          *
//参  数：pageNo:页号(0～31)HFM 每页大小为 2 KB,共 32 页                      *
//返  回：1——成功,0——失败                                                   *
//说  明：无                                                                  *
//内部调用：writeFlash                                                        *
//------------------------------------------------------------------------*
 uint8 HFM_PageErase(uint8 pageNo)
{
    uint32 pageAddr;
    uint8  rtnValue;
    pageAddr = pageNo * 1024;                          //根据页号计算页的首地址
    //1 页擦除操作
```

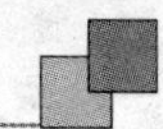

```
    while((FM_USTAT & FM_USTAT_CBEIF_MASK) != 0x80);  //检查指令缓冲区是否为空
    writeFlash(pageAddr,0xFF12 );
    FM_CMD = 0x40;                                    //写入页擦除指令
    FM_USTAT   = FM_USTAT_CBEIF_MASK ;               //CBEIF 标志位清零运行指令
    while((FM_USTAT&FM_USTAT_CCIF_MASK ) != 0x40);   //等待指令完成
        //如果 PVIOL 位,ACCERR 位均为 0,表明擦除成功
    if((FM_USTAT & FM_USTAT_PVIOL_MASK & FM_USTAT_ACCERR_MASK) == 0x00)
    {
        rtnValue = 1;                                 //擦除成功返回 1
    }
    else
    {
        rtnValue = 0;                                 //擦除失败返回 0
    }
    return rtnValue;
}
```

2. 写入

通常 Flash 写入,写入值被写入 Flash 程序存储器阵列内。被写数据必须跟随在写指令写入指令存储器 HFM_CMD 后。在 DSP56800E 程序存储器中写入指令的地址和数据指定了要写入的地址和数据。具体写入过程如下:

① 执行程序存储器写指令;

② 向命令寄存器 HFM_CMD 写入指令代码(0020h);

③ 置位 HFM_USTAT[CBEIF]位,开始写入。

Flash 命令寄存器、地址和数据缓冲区有两层先入先出 FIFO。当先前的指令正在执行时,一个新的指令及其必要的数据和地址被存储在缓冲区。这种方法可应用于除 RDARYM 和 RDARYMI 外的所有指令。只要缓冲区空(HFM_USTAT[CBEIF]=0),一个新的指令才可进入缓冲区;否则开始新的命令将会产生错误。这个特点提高了 HFM 状态机接收指令的速率,减少了指令处理的时间,增大了擦除/写入周期。其具体写入子程序如下:

```
//---------------------------------------------------------------*
//函数名: HFM_WordWrite                                          *
//功  能: HFM 字写入                                             *
//参  数:      buff: 源数据缓冲区地址                            *
//           pageNo: 要写入的 Flash 的页号                       *
//       startSAddr: 要写入的 Flash 页内地址                     *
//              len: 写入字数                                    *
//返  回: 1——成功,0——失败                                        *
//说  明: 无                                                     *
//内部调用: writeFlash                                           *
//---------------------------------------------------------------*
uint8 HFM_WordWrite(uint16 * buff,uint8 pageNo,uint16 startAddr,uint16 len)
{
    uint16 i;
```

```
    uint16 Flashaddr;
    uint8  rtnValue;
    //1.计算写入地址
    Flashaddr = pageNo * 1024 + startAddr;
    //2.逐个字节写入数据
    for(i = 0; i<len; i++)
    {
        while(FM_USTAT & FM_USTAT_CCIF_MASK == 0);    //等待指令缓冲区为空
        writeFlash(Flashaddr++, buff[i]);             //执行编程存储器写指令
        FM_CMD = 0x20;                                //写入字写入指令
        FM_USTAT |= FM_USTAT_CBEIF_MASK ;             //CBEIF标志位清零运行写指令
        while(FM_USTAT&FM_USTAT_CCIF_MASK == 0);      //等待指令完成
        //QSCISend1(0,buff[i]);
        if((*((vuint16 *)Flashaddr)) == buff[0])
        {
        rtnValue = 1;                                 //写入成功返回1
        }
        else
        {
            rtnValue = 0;                             //写入失败返回0
            return rtnValue;                          //写入失败则返回
        }
        Flashaddr++;
    }
    return rtnValue;
}
```

3. 读取

```
//编程存储器读(字读取)
static asm word readFlash(IFsh1_TAddress address)
{
  move.l A10,R2;                       //指定的Flash地址保存到R2寄存器中
  move.w p:(r2)+,y0;                   //指定的Flash地址中的内容保存到Y0寄存器中
  rts;
}
//-----------------------------------------------------------------------*
//函数名: HFM_read                                                        *
//功  能: HFM读操作,字读取                                                *
//参  数: HFMaddr:要读取的Flash地址                                       *
//返  回: Flash地址中的内容                                               *
//说  明: 无                                                              *
//内部调用: redeFlash                                                     *
//-----------------------------------------------------------------------*
uint16 HFM_read(uint16 HFMaddr)
{
    uint16 ReadHFM;
readFlash(HFMaddr);                              //读取Flash地址中的内容
asm(move.w y0,x:(0x00000700));                   //取Flash地址中的内容
ReadHFM = (*((vuint16 *)0x00000700));            //送入指定的RAM中
```

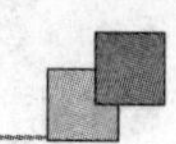

```
return ReadHFM;                                    //返回读取结果
}
```

4. 擦除和写入编程要点说明

使用 Flash 在线编程技术可以省去外接 EEPROM,不仅简化了电路设计,也提高了系统稳定性。将 Flash 的执行程序编译后存放到 Flash 中,当需要使用时则将这段代码复制到 RAM 中,同时需要修改一下执行指令,正是由于这个特殊的过程,根据实际编程调试与项目开发过程中积累的经验,给出以下注意点,供读者参考。

① RAM 空间的大小有限,在存放擦除/写入程序机器码和使用内存时不要忘记计算。

② 一次擦除后未被写入过的区域可以再次调用写入子程序进行写入;但写入过的区域,未经擦除不能重写。

③ 由于擦除是每次擦除一页(2 KB),所以数据应合理安排,避免误擦。

④ 页首地址的定义须遵照保护寄存器 HFM_PROT 定义的规则。

⑤ 对 HFM_PROT 设置的保护块进行在线编程,是无效的。

9.4 Flash 存储器的保护特性和安全性

9.4.1 Flash 存储器的保护特性

Flash 是非易失性存储器,所以编程人员一般会将一些重要参数或数据存于 Flash。为了防止对这些重要数据区的误擦写,MC56F8257 芯片提供了对 Flash 的保护机制。如果一个 Flash 区域被保护,不能对这块区域进行任何擦写。

与 MC56F8257 芯片 Flash 存储器保护特性相关的寄存器是 Flash 保护寄存器(HFM_PROT),其各位的定义和编程方法可参见第 9.2.2 小节的具体说明。通过对该寄存器的设置,实现对 Flash 存储区进行块保护。

9.4.2 Flash 存储器的安全性

1. Flash 安全模式

Flash 安全特性提供了一种对 Flash 内代码的保护方式,以禁止未授权的外部访问。Flash 的安全状态由安全高位寄存器的 HFM_SECH[SECSTAT]位状态决定。该位的复位值由 Flash 配置域中的安全字决定。因此,通过编程适当配置该域,可使 Flash 模块在复位或上电时进入安全模式。

Flash 的安全特性避免了未授权通过 JTAG/EOnCE 端口的外部访问。设置 Flash 安全后,其他用户不能查看或修改存储在 Flash 中的软件代码。

在线模式下,禁止 Flash 安全特性方法有:后门访问方式、擦除验证检查方式和通过 JTAG 接口整体擦除 Flash 方式这 3 种方式。只有第一种方式既能改变安全特性又能保护 Flash 存储器的内容不改变。

2. Flash 安全设置

将安全代码 10b 编程写入 Flash 中的 0x00_7FF7 地址中以设置保护。非易失安全设置确保了复位后仍是安全的。

3. 后门访问

后门访问方式是禁止 Flash 安全特性并不擦除 Flash 内容的唯一方法。如果使用该方式,则必须置位安全高位寄存器的 HFM_SECH[KEYEN]位,以使能后门钥匙访问。具体步骤如下:

① 置位配置寄存器 HFM_CR[KEYACC]位;

② 向 Flash 存储器配置域后门钥匙地址(0x7FFC~0x7FFF)写入正确的 4 个字(64 位)的后门比较钥匙。这 4 个字写入与其他操作分开。

③ 清除 HFM_CR[KEYACC]位。

如果这 4 个写入字与 Flash 配置域中的相应内容匹配,解除安全特性直至下一次复位。当下一次复位时,Flash 再次进入安全特性。这种解除 Flash 安全特性方法的方式对在保护寄存器 HFN_PROT 中确定的擦除/写入保护是不起作用的。

9.4.3 实例:Flash 安全构件设计与测试

1. 设置 MCU 为保密状态

```
//-----------------------------------------------------------------*
//函数名：HFM_Secure                                                *
//功  能：HFM 加密，同时设置加密密码(后门机制)                       *
//参    数：key[4]:4 个字节密钥                                     *
//返  回：0 = 成功                                                  *
//        1 = 擦除失败                                              *
//        2 = 写入失败                                              *
//        3 = 无法修改                                              *
//        4 = 后门机制未使能                                        *
//说  明：只有芯片复位后，设置才生效                                 *
//内部调用：HFM_PageErase，HFM_WordWrite                            *
//-----------------------------------------------------------------*
uint8 HFM_Secure(uint16 key[4])
{
uint8  i;
uint8   eraflag, wriflag;
uint16 KEYEN[1];
uint16 SEC[1];
uint8   rtnValue = 0;
KEYEN[0]  = FM_SECHI_KEYEN_MASK;
SEC[0]    = FM_SECLO_SEC1_MASK;
```

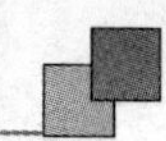

```
//1 设置后门机制
if((FM_SECHI & FM_SECHI_SECSTAT_MASK) == 0x0400)       //Flash 处于安全状态
{
rtnValue = 4;                                          //Flash 处于安全状态
goto HFM_Secure_Exit;
}
else                 //Flash 未处于安全状态,下次复位时,安全机制使能
{
//1.检查 Flash 配置域是否已设置保护
if((FM_PROT & FM_PROT_PROTECT15_MASK) == 0x8000)       //配置域已设置块保护
{
   rtnValue = 3;                                       //配置域已设置保护,无法修改
   goto HFM_Secure_Exit;
 }
 //2.擦除并设置配置域
 else
 { //2.1  擦除配置域
   eraflag = HFM_PageErase(31);                        //擦除 HFM 配置域内的内容
   if (eraflag == 0)
   {
rtnValue = 1;                                          //擦除失败
goto HFM_Secure_Exit;
   }
   //2.2  设置配置域
   HFM_WordWrite((uint16 * )&SEC[0],31,1015,1);        //使能 HFM 安全机制
   HFM_WordWrite((uint16 * )&KEYEN[0],31,1016,1);      //使能后门钥匙机制
wriflag = HFM_WordWrite((uint16 * )&key[0],31,1020,4); //写入密码
if(wriflag == 0)
{
      rtnValue = 2;                                    //写入失败
      goto  HFM_Secure_Exit;
   }
      rtnValue = 0                                     //后门机制设置成功
      goto HFM_Secure_Exit;
 }
}
 HFM_Secure_Exit:                                      //函数出口
    return rtnValue;
}
```

2. 解除 MCU 保密状态

```
//-------------------------------------------------------------*
//函 数 名:HFM_KEY_Match                                        *
//功    能:后门密钥匹配                                          *
//参    数:key[4]:4 个字节密钥                                  *
//返    回:0 = 成功                                            *
//          1 = 后门机制未使能                                   *
//          2 = 密钥错误                                        *
//内部调用:HFM_WordWrite                                        *
```

```
//说  明  :密钥匹配后,安全性解除,下次复位后,重新加密                    *
//-----------------------------------------------------------------*
uint8 HFM_KEY_Match(uint16 key[4])
{
    uint16 i;
    uint8  wriflag;
    uint8  rtnValue = 0;
    uint16 KEYEN[1];
    KEYEN[0] = FM_SECHI_KEYEN_MASK;
    //检查后门钥匙机制是否使能
    if((FM_SECHI & FM_SECHI_KEYEN_MASK) ==  0x8000)   //后门钥匙机制使能
    {
        FM_CNFG | = FM_CNFG_KEYACC_MASK;                //安全密钥使能位置 1
        wriflag = HFM_WordWrite((uint16 * )&key[0],31,1020,4);     //输入安全密钥
        if(wriflag == 0)
        {
            rtnValue = 2;                              //写入失败,相当于钥匙不匹配
            goto HFM_KEY_Match_Exit;
        }
        else
        {
            FM_CNFG &= ~FM_CNFG_KEYACC_MASK;           //安全密钥使能位置 0
            rtnValue = 0;                              //成功输入密钥
            goto HFM_KEY_Match_Exit;
        }
    }
else                                                   //未使能后门机制
{
rtnValue = 1;                                          //后门机制未使能无法输入密码
goto HFM_KEY_Match_Exit;
}
HFM_KEY_Match_Exit:
  return rtnValue ;
}
```

第10章

队列式串行外设接口QSPI

队列式串行外设接口(QSPI)是Freescale公司推出的一种同步串行通信接口,用于DSC/MCU和外围扩展芯片之间的串行连接,现已发展成为一种工业标准。目前,各半导体公司推出了大量的带有QSPI接口的芯片,如RAM、EEPROM、FlashROM、A/D转换器、D/A转换器、LED/LCD驱动、I/O接口、实时时钟等,为外围扩展提供了灵活而廉价的选择。

本章主要内容有:①从一般角度讨论QSPI工作原理;②讨论MC56F8257 QSPI模块的编程方法,给出QSPI的编程构件;③利用两片MC56F8257,实现QSPI模块间的通信,给出QSPI的应用实例。

10.1 QSPI的基本工作原理

队列式串行外设接口(Queued Serial Peripheral Interface,QSPI)是Freescale公司推出的一种同步串行通信接口,用于微处理器和外围扩展芯片之间的串行连接,现已发展成为一种国际标准。目前,各半导体公司推出了大量带有QSPI接口的芯片,如RAM、EEPROM、A/D转换器、D/A转换器、LED/LCD显示驱动器、I/O接口芯片、实时时钟、UART收发器等,为外围扩展提供了灵活而廉价的选择。QSPI一般使用4条线:串行时钟线SPSCK、主机输入/从机输出数据线MISO、主机输出/从机输入数据线MOSI和从机选择线$\overline{SS}$。

QSPI系统是典型的"主机-从机"(Master-Slave)系统,通常由一个主机和一个或多个从机构成。主机负责启动与从机的同步通信,完成数据的交换。提供QSPI串行时钟的QSPI设备称为QSPI主机或主设备(Master),其他设备则称为QSPI从机或从设备(Slave)。在微处理器扩展外设结构中,仍使用主机-从机(Master-Slave)概念,此时微处理器必须工作于主机方式,外设工作于从机方式。

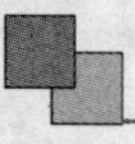

10.1.1 QSPI 特点

1. QSPI 功能结构

QSPI 支持 DSC 与外设或 DSC 与 DSC 之间的全双工同步串行通信。DSC 可查询 QSPI 的状态标志位或以中断方式判断 QSPI 状态。MC56F8257 中的 QSPI 模块具有全双工同步串行通信、可编程的数据长度(2～16 位)及传输数据次序(从 MSB 或 LSB 开始)、可编程的时钟极性和相位、主/从机工作模式及两个独立中断等特点。主机 QSPI 的时钟有 14 种选择方式,且最大可达总线频率的 1/2;从机 QSPI 的时钟最大可达总线频率的 1/4。MC56F8257 QSPI 模块具有单主机多从机功能,以及数据传输错误中断处理能力,具体功能结构图如图 10－1 所示。

2. QSPI 引脚

(1) 主入从出引脚 MISO

MISO(Master In/Slave Out)是主机输入从机输出引脚。全双工模式下,主机 QSPI 的 MISO 引脚与从机 SPI 的 MISO 引脚相连。主机 QSPI 从 MISO 引脚串行接收数据并通过 MOSI 引脚同步发送数据。

当 QSPI 设置为从机模式时,通过 MISO 引脚输出数据。清状态控制寄存器 QSPI0_SCTRL[SPMSTR]位,$\overline{SS}$引脚接低电平,将设置 QSPI 为从机模式。当$\overline{SS}$引脚接高电平时,MISO 引脚处于高阻状态,可以组建多从机系统。

(2) 主出从入引脚 MOSI

MOSI(Master Out/Slave In)是主机输出从机输入引脚。全双工模式下,主机 MOSI 引脚与从机 MOSI 引脚相连。主机 QSPI 通过 MOSI 引脚发送数据,同时通过 MISO 引脚接收数据。

(3) 串行时钟引脚 SPSCK

QSPI 串行时钟通过主机内部总线时钟分频获得,从主机 SPSCK(QSPI Serial Clock)引脚输出到从机 SPSCK 引脚,用于同步主机与从机之间的数据传输。全双工运行模式下,主从 QSPI 之间的数据交换是在 QSPI 串行时钟信号下,一位一位进行的(一个时钟周期交换一位)。

(4) 从机选择引脚$\overline{SS}$

对于主机而言,其引脚$\overline{SS}$(Slave Select)通常接高电平。对于从机而言,引脚$\overline{SS}$功能随 QSPI 状态的不同而不同,但引脚$\overline{SS}$通常配置为输入引脚。$\overline{SS}$引脚状态随 QSPI 时钟相位 CPHA 状态的不同而不同,具体见第 10.1.2 小节。

3. QSPI 的中断

MC56F8257 QSPI 模块包括 SPI 发送器空中断和 SPI 接收器满中断,其中断矢量号分别为 35 和 36,优先级可编程配置为 0～2。如果使能 QSPI 模块(QSPI0_SC-

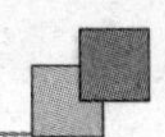

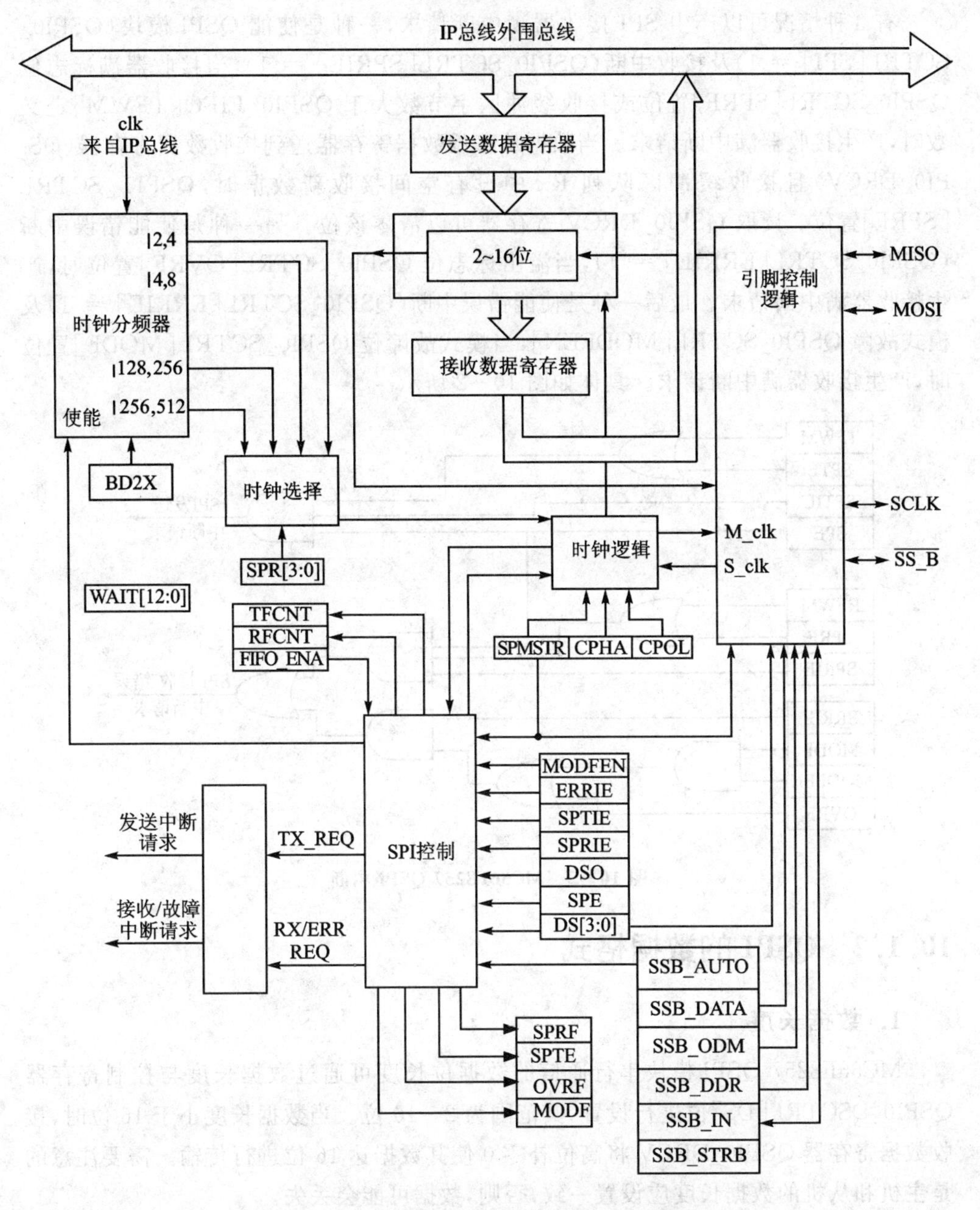

图 10-1　MC56F8257 QSPI 模块功能结构图

TRL[SPI] = 1)及发送中断(QSPI0_SCTRL[SPTIE] = 1),当发送器空标志位 QSPI0_SCTRL[SPTE]置位或发送缓冲区字节数少于 QSPI0_FIFO[TFWM]定义数时,产生发送器空中断请求,具体如图 10-2 所示。当数据从发送数据寄存器(QSPI0_DXMIT)送到移位数据寄存器且发送缓冲区队列 Tx 中没有新数据时,QSPI0_SCTRL[SPTE]置位。对 QSPI0_DXMIT 寄存器的写入可以清零该位。

有 3 种情况可以产生 SPI 接收器满中断请求，一种是使能 QSPI 模块（QSPI0_SCTRL[SPI] = 1）及接收中断（QSPI0_SCTRL[SPRIE] = 1），当接收器满标志位 QSPI0_SCTRL[SPRF]置位或接收缓冲区字节数大于 QSPI0_FIFO[TFWM]定义数时，产生接收器满中断请求。当数据从移位数据寄存器送到接收数据寄存器（QSPI0_DRCV）且接收缓冲区队列 Rx 中没有空间接收新数据时，QSPI0_SCTRL[SPRF]置位。读取 QSPI0_DRCV 寄存器可以清零该位。另一种是使能错误中断（QSPI0_SCTRL[ERRIE] = 1），当溢出标志位 QSPI0_SCTRL[OVRF]置位时，产生接收器满中断请求。最后一种是使能错误中断（QSPI0_SCTRL[ERRIE] = 1）及模式故障 QSPI0_SCTRL[MODFEN]，当模式故障位 QSPI0_SCTRL[MODF]置位时，产生接收器满中断请求。具体如图 10-2 所示。

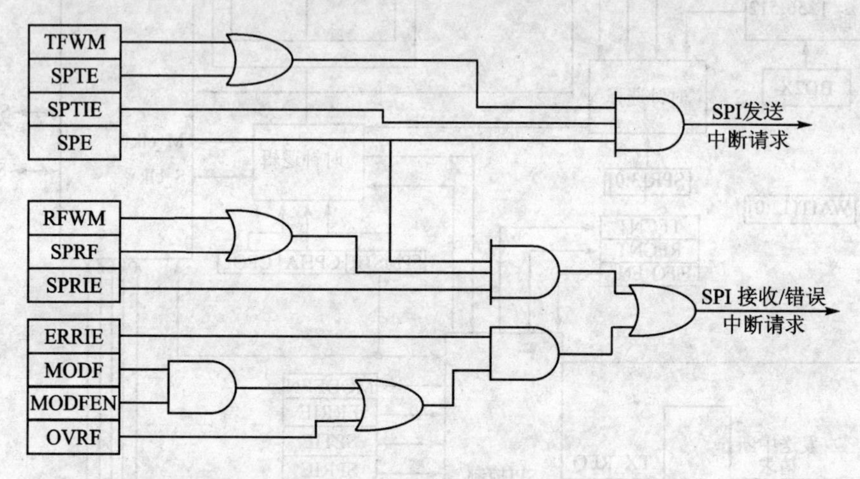

图 10-2　MC56F8257 QSPI 中断

10.1.2　QSPI 的数据格式

1. 数据长度

MC56F8257 QSPI 模块串行通信的数据位长度可通过数据长度与控制寄存器 QSPI0_DSCTRL[DS]位进行设置，其范围为 2～16 位。当数据长度小于 16 位时，接收数据寄存器 QSPI0_DRCV 将高位补零 0 使其数据达 16 位进行传输。需要注意的是主机和从机的数据长度应设置一致，否则，数据可能会丢失。

2. 数据移位顺序

MC56F8257 QSPI 模块不仅可设置传输数据长度，也可设置数据位传输次序。通过状态控制寄存器 QSPI0_SCTRL[DSO]位设定率先发送和接收的是最高位 MSB 还是最低位 LSB。无论率先发送和接收哪一位，数据应该写入数据发送寄存器 QSPI0_DXMIT 或从数据接收寄存器 QSPI0_DRCV 读取。

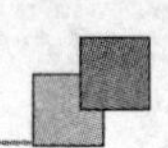

3. 时钟相位和极性

通过设置状态控制寄存器 QSPI0_SCTRL 时钟相位(CPHA)和极性位(CPOL),可以组成 4 种串行通信时钟。时钟极性(CPOL)决定上升沿还是下降沿传输数据,但不影响数据发送格式。两种时钟相位(CPHA)决定了两种不同的数据发送格式。因此,主机和从机的时钟相位和极性须一致。需要注意的是设置 QSPI0_SCTRL[CPOL]位和[CPHA]位前,应清 QSPI0_SCTRL[SPE]位,禁止 QSPI。

(1) QSPI0_SCTRL[CPHA]=0 时,QSPI 数据传输格式

图 10-3 显示 QSPI0_SCTRL[CPHA]=0 时,QSPI 数据传输格式,数据长度为 16 位且 MSB 率先发送。CPOL=0 时,MISO 引脚上的数据在第一个 SCLK 沿跳变之前已经上线了,而为了保证正确传输,MOSI 引脚的 MSB 位必须与 SCLK 的第一个边沿同步,在 QSPI 传输过程中,首先将数据上线,然后在同步时钟信号的上升沿,QSPI 的接收方捕捉位信号,在时钟信号的一个周期结束时(下降沿),下一位数据信号上线,再重复上述过程,直到 16 位信号传输结束。QSPI0_SCTRL[CPOL]=1 时的数据线和时钟线的时序,与 QSPI0_SCTRL[CPOL]=0 唯一不同之处只是在同步时钟信号的下降沿捕捉位信号,上升沿下一位数据上线。

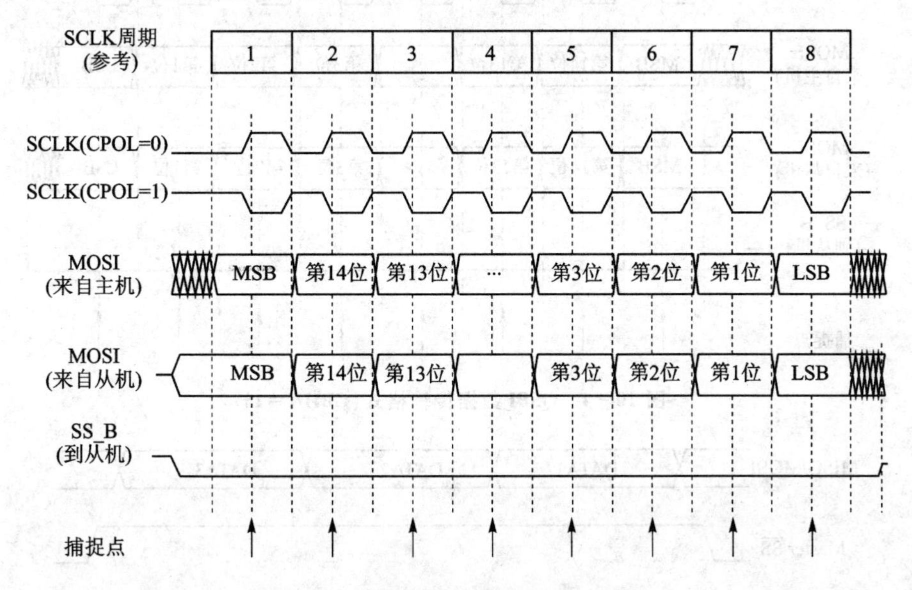

图 10-3 QSPI 数据传输格式(CPHA=0)

(2) QSPI0_SCTRL[CPHA]=1 时,QSPI 数据传输格式

图 10-4 显示 QSPI0_SCTRL[CPHA]=1 时,QSPI 数据传输格式,数据长度为 16 位且 MSB 率先发送。QSPI0_SCTRL[CPOL]=0 时,MISO 引脚和 MOSI 引脚上数据的 MSB 位必须与 SCLK 的第一个边沿同步,在 QSPI 传输过程中,在同步时钟信号周期开始时(上升沿)数据上线,然后在同步时钟信号的下降沿时,QSPI 的接

收方捕捉位信号，在时钟信号的一个周期结束时（上升沿），下一位数据信号上线，再重复上述过程，直到 16 位信号传输结束。QSPI0_SCTRL[CPOL]=1 时的数据线和时钟线的时序，与 QSPI0_SCTRL[CPOL]=0 唯一不同之处只是在同步时钟信号的上升沿时捕捉位信号，下降沿时下一位数据上线。

4. 引脚$\overline{\text{SS}}$状态与时序

在 QSPI 从机模式下，$\overline{\text{SS}}$是可选择的输入引脚，用以选择一个 QSPI 从模块。只有当$\overline{\text{SS}}$引脚为低电平时，从机 QSPI 才能驱动 MISO 输出。当 QSPI0_SCTRL[CPHA]=0 时，$\overline{\text{SS}}$的下降沿表明一次传输开始。每一个字数据发送完，另一字数据发送开始时，$\overline{\text{SS}}$都要在高低之间进行切换，如图 10-5 所示。当 QSPI0_SCTRL[CPHA]=1 时，发送过程中$\overline{\text{SS}}$引脚总是保持为低电平。

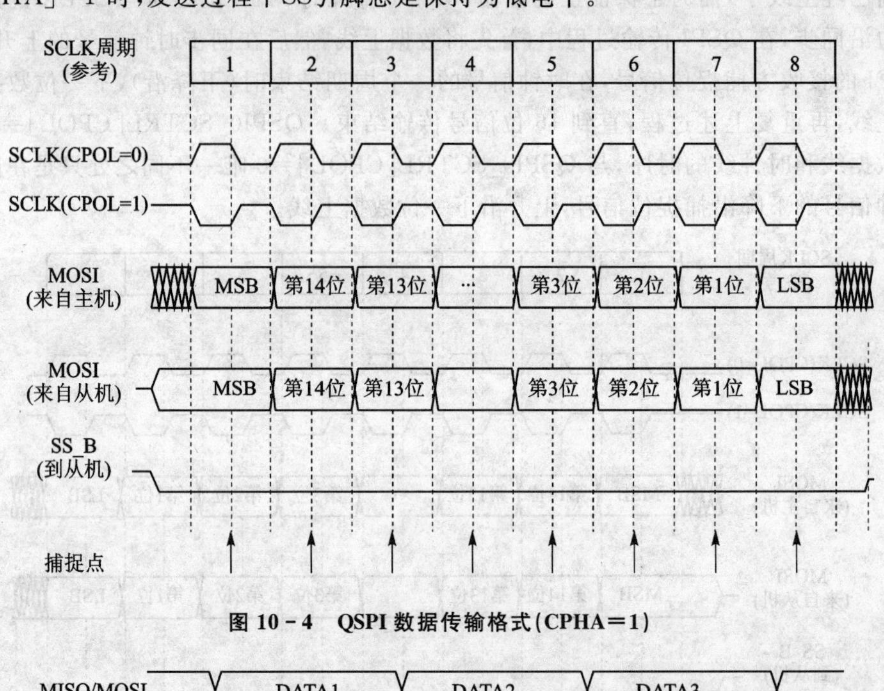

图 10-4　QSPI 数据传输格式(CPHA=1)

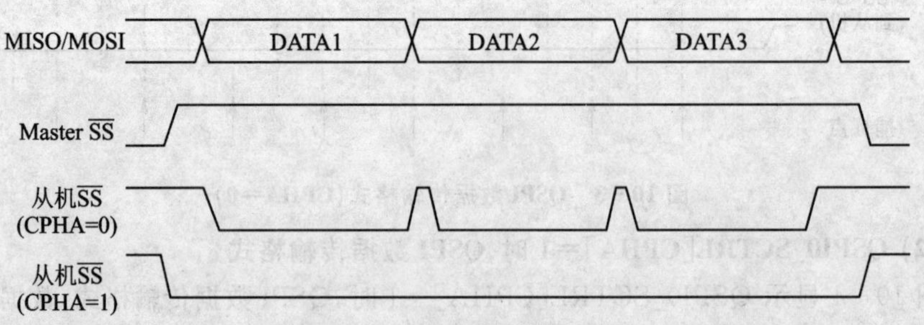

图 10-5　CPHA/$\overline{\text{SS}}$时序

在 QSPI 主机模式下，当 QSPI0_SCTRL[CPHA]=0 或 1 时，$\overline{\text{SS}}$引脚为高电平，

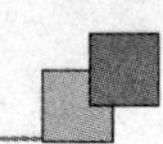

QSPI 正常工作。主机对从机$\overline{SS}$引脚的设置和对数据发送寄存器 QSPI0_DXMIT 的写入，启动一次传输。传输结束后主机使$\overline{SS}$引脚回到高阻态。然而，当 QSPI0_SCTRL[MODFEN]=1 时，主机$\overline{SS}$引脚必须保持高阻态，否则置位 QSPI0_SCTRL[MODF]标志位，产生模式错误。如果 QSPI0_SCTRL[MODFEN]=0，那么$\overline{SS}$引脚的状态被忽略。如果 QSPI0_DSCTRL[SSB_STRB]=1，主机$\overline{SS}$引脚产生一个字选通信号送从机，如图 10-6 和图 10-7 所示。如果 QSPI0_SCTRL[CPHA]=1 且 QSPI0_DSCTRL[SSB_AUTO]=1，主机$\overline{SS}$引脚产生一个先下降沿然后上升沿信号送从机，如图 10-8 所示。

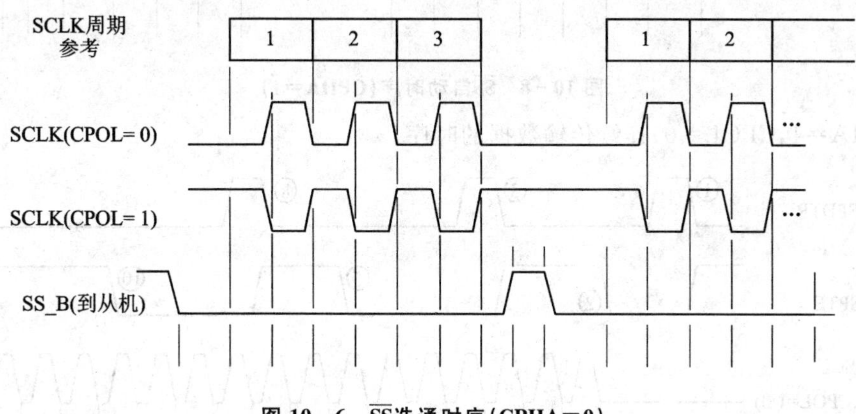

图 10-6 $\overline{SS}$选通时序(CPHA=0)

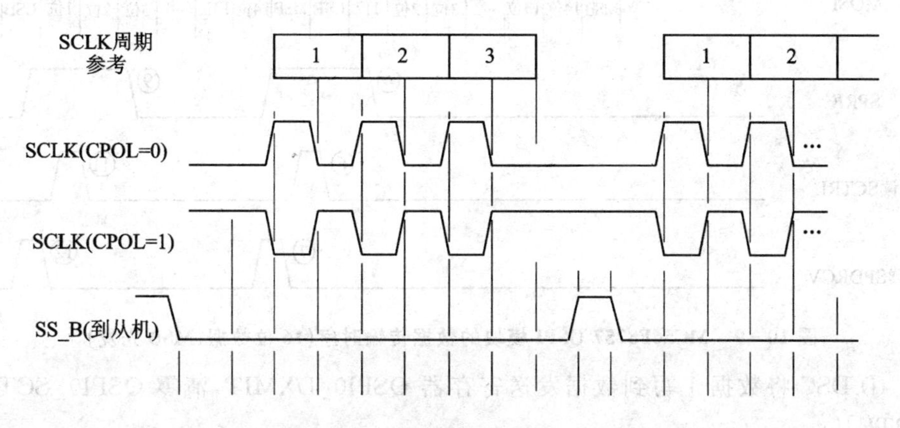

图 10-7 $\overline{SS}$选通时序(CPHA=1)

10.1.3 QSPI 模块的数据传输时序

QSPI 与 SPI 的主要区别在于前者带有多字节的先入先出缓冲区 FIFO，因此 QSPI 支持多字节连续传输，避免了 SPI 传输数据时需要时间间隔。通过查询 QSPI0_SCTRL[SPTE]位状态，判断发送数据缓冲区是否准备好接收新数据；只有该位置 1 时，才能将数据写入数据发送寄存器 QSPI0_DXMIT。图 10-9 描述了 QSPI

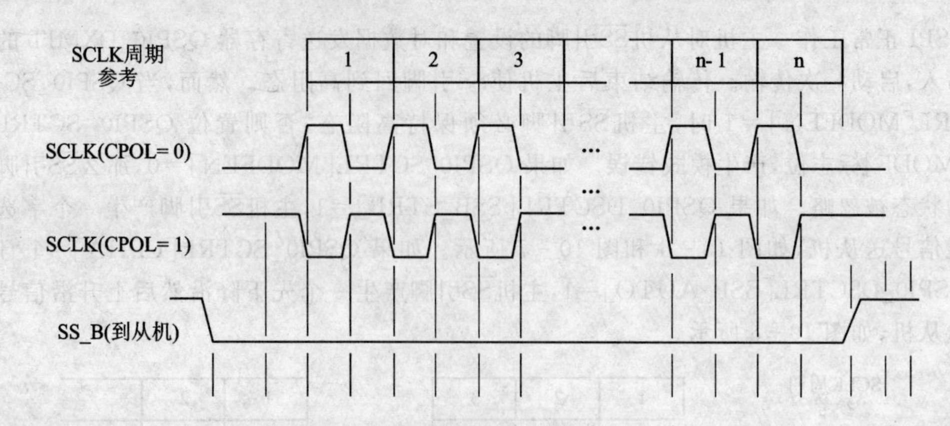

图 10-8 $\overline{SS}$自动时序(CPHA=1)

(CPHA=1,CPOL=0)连续传输数据的时序。

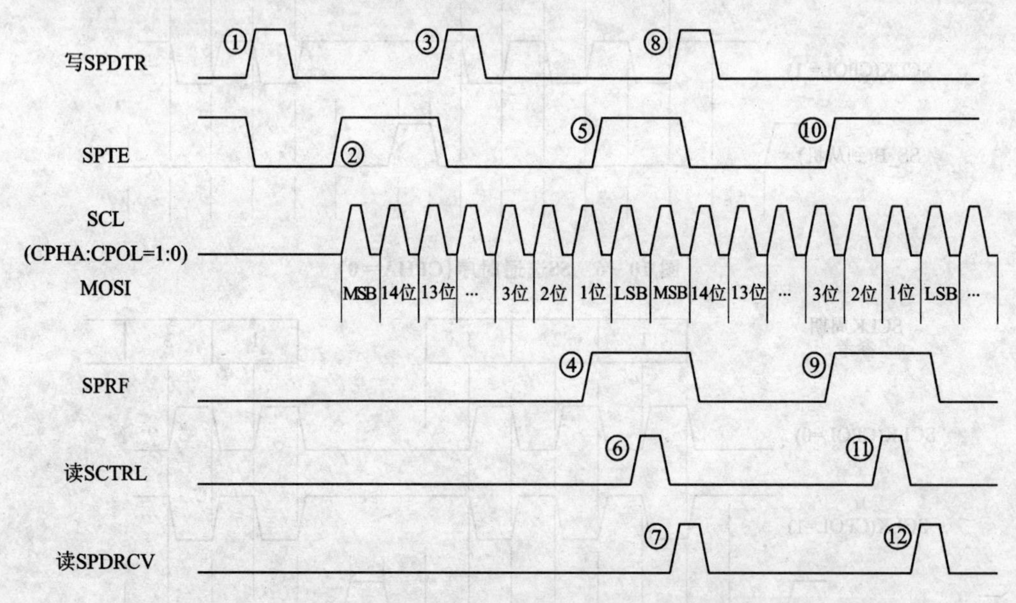

图 10-9 MC56F8257 QSPI 模块的数据传输时序(16 位数据,MSB 先发)

① DSC 将数据 1 写到数据发送寄存器 QSPI0_DXMIT,清零 QSPI0_SCTRL[SPTE]位。

② 数据 1 从 QSPI0_DXMIT 进入移位寄存器,置位 QSPI0_SCTRL[SPTE]位。

③ DSC 写数据 2 到 QSPI0_DXMIT,数据 2 进行排队并清零 QSPI0_SCTRL[SPTE]位。

④ 来自于移位寄存器的第 1 个字送入数据接收寄存器 QSPI0_DRCV,置位 QSPI0_SCTRL[SPTE]位。

⑤ 数据 2 从 QSPI0_DXMIT 进入移位寄存器,置位 QSPI0_SCTRL[SPTE]位。

⑥ DSC 读 QSPI0_SCTRL,获得 QSPI0_SCTRL[SPRF]置位。

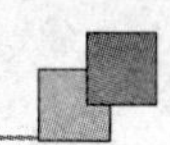

⑦ DSC读QSPI0_DRCV,清零QSPI0_SCTRL[SPRF]位。

⑧ DSC写数据3到QSPI0_DXMIT,数据3进行排队并清零QSPI0_SCTRL[SPTE]位。

⑨ 来自于移位寄存器的第2个字送入数据接收寄存器,置位QSPI0_SCTRL[SPTE]位。

⑩ 数据3从QSPI0_DXMIT进入移位寄存器,置位QSPI0_SCTRL[SPTE]位。

⑪ DSC读QSPI0_SCTRL,置位QSPI0_SCTRL[SPRF]位。

⑫ DSC读QSPI0_DRCV,清零QSPI0_SCTRL[SPRF]位。

10.1.4 QSPI模块的传输错误

QSPI模块在主/从机传输过程可能出现溢出错误和模式错误。如果上次传输过程中,接收数据寄存器中的数据未被读取,又捕捉到新数据传输开始位,则溢出标志位QSPI0_SCTRL[OVRF]置位,出现溢出错误。如果发生溢出,在QSPI0_SCTRL[OVRF]清零之前,新数据不会被移入QSPI0_DRCV寄存器且不会置位QSPI0_SCTRL[SPRF]。如果允许溢出中断,则产生SPI接收器满中断请求,具体见第10.1.1小节。通过读取状态控制寄存器QSPI0_SCTRL及接收数据寄存器QSPI0_DRCV,清溢出标志位QSPI0_SCTRL[OVRF]。

当$\overline{\text{SS}}$引脚电压与QSPI0_SCTRL[SPMSTR]位所选择的QSPI模式不符时,模式错误标志位QSPI0_SCTRL[MODF]置位,出现模式错误。模式错误包括主机模式错误和从机模式错误。出现主机模式错误情况是在数据传输期间,QSPI主机$\overline{\text{SS}}$引脚变低电平。对于从机来说,QSPI主机$\overline{\text{SS}}$引脚变高电平。当模式错误允许位QSPI0_SCTRL[MODFEN]置位及QSPI0_SCTRL[MODF]位置位时,可能出现SPI接收器满中断请求(如果允许模式错误中断),具体见第10.1.1小节;清零QSPI0_SCTRL[SPE]位,禁止QSPI;置位QSPI0_SCTRL[SPTE]位;QSPI状态计数器清零。对于主机,当$\overline{\text{SS}}$引脚为高电平时,QSPI0_SCTRL[MODF]标志位清零。对于从机,当$\overline{\text{SS}}$引脚为低电平时,清零该位。

10.2 QSPI模块编程基础

10.2.1 QSPI工作模式

MC56F8257 QSPI模块有3种工作模式,即主机模式、从机模式和单主机多从机模式。

在单主机单从机系统中,QSPI模块可以配置为主机模式也可以配置为从机模式,具体连接图如图10-10所示。图10-10中的移位寄存器为16位,所以每一工作过程相互传送16位数据。工作从主机CPU发出启动传输信号开始,此时将传送

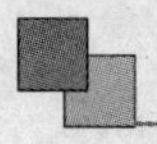

的数据装入16位移位寄存器，同时产生16个时钟信号从SPSCK引脚依次送出。在SPSCK时钟信号控制下，主机中16位移位寄存器中的数据依次从MOSI引脚送出，到从机的MOSI引脚后，紧接着又送入到从机中16位移位寄存器；在此过程中，从机的数据也可通过MISO引脚传送到主机中。所以，将这个过程称之为全双工主-从连接(Full - Duplex Master - Slave Connections)。

1. 主机模式

当状态控制寄存器 QSPI0_SCTRL[SPMSTR]位置位时，QSPI模块工作于主机模式。主机QSPI模块初始化发送，主要通过状态控制寄存器 QSPI0_SCTRL 和数据长度与控制寄存器 QSPI0_DSCTRL 中的[SPR]、[SPR3]和[DS]位设置数据传输的波特率，通过SPSCK引脚控制从机的移位寄存器接收速度。

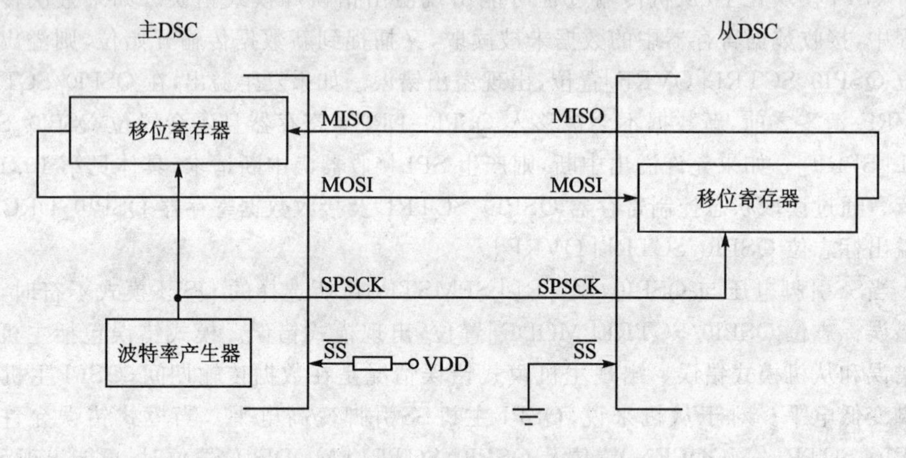

图 10-10　单主机单从机连接图

使能 QSPI(QSPI0_SCTRL[SPE]＝1)，将数据写入数据发送器寄存器 QSPI0_DXMIT 启动 QSPI 主机模块，开始传输数据。如果移位寄存器为空，则这个数据立即被移入移位寄存器，同时 QSPI 发送器空标志位 QSPI0_SCTRL[SPIE]置位。这时在串行时钟(SPCLK)控制下，数据通过主出从入引脚(MOSI)发送出去。

当数据从主机 MOSI 输出时，外部数据也可通过主机 MISO 引脚进入主机。当接收器满标志位 QSPI0_SCTRL[SPRF]置位时，发送结束；同时，从机数据也被发送到数据接收寄存器 QSPI0_DRCV 中。通过读取 QSPI0_DRCV 寄存器，清零 QSPI0_SCTRL[SPRF]位。向数据发送寄存器 QSPI0_DXMIT 写入时，清零 QSPI0_SCTRL[SPIE]位。

2. 从机模式

当状态控制寄存器 QSPI0_SCTRL[SPMSTR]位清零时，QSPI模块工作于从机模式。从机模式下，SPSCK引脚与主机SPSCK时钟引脚相连。在数据传输之前，从机QSPI模块的$\overline{SS}$引脚为低电平。从机QSPI的时钟(SPCLK)由主机时钟确定，其

最大频率可达到总线时钟频率的 1/2。因此，从机 QSPI 时钟（SPCLK）不需通过自己的 QSPI0_SCTRL[SPR 位]确定。

从机 QSPI 模块中，在主机 QSPI 模块的串行时钟 SPCLK 控制下，当所有数据都进入从机 QSPI 的移位寄存器时，数据将保存在数据接收寄存器 QSPI0_DRCV 中且 QSPI0_SCTRL[SPRF]置位。为了防止溢出的情况发生，必须在新数据进入移位寄存器之前，读取 QSPI0_DRCV 寄存器。

3. 单主机多从机模式

当数据长度与控制寄存器 QSPI0_DSCTRL[WOM]位置位，系统设置为单主机多从机系统，具体连接如图 10-11 所示。在这个系统中，主机 QSPI 模块时钟（SP-CLK）控制数据的传送速度和流向，在主机的控制下，从机也可从主机读取数据或向主机发送数据。

10.2.2 QSPI 模块寄存器

在 MC56F8257 中，与 QSPI 模块编程有关的寄存器主要有 5 个，它们分别是状态控制寄存器（QSPI0_SCTRL）、数据长度与控制寄存器（QSPI0_DSCTRL）、数据接收寄存器（QSPI0_DRCV）、数据发送寄存器（QSPI0_DXMIT）和 FIFO 控制寄存器（QSPI0_FIFO）。在改变这些寄存器前，需将 SIM 模块中 SIM_PCE1[QSPI0]位置位。下面分别阐述这些寄存器的功能和用法。

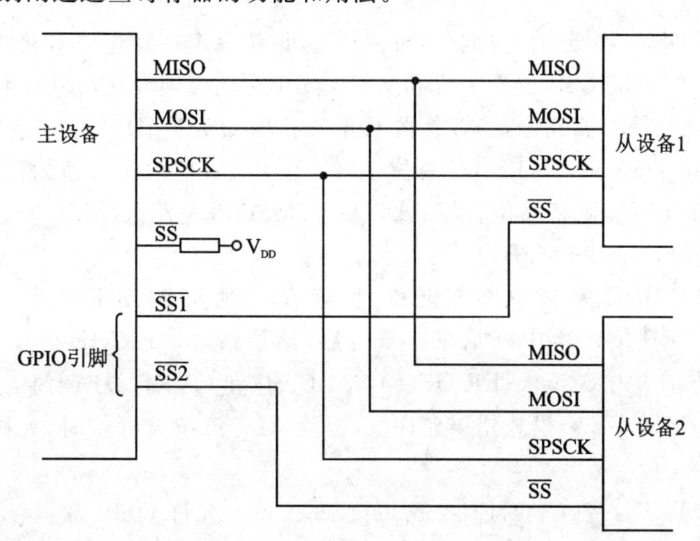

图 10-11 单主机多从机连接图

1. QSPI 状态控制寄存器（QSPI0_SCTRL）

QSPI 状态控制寄存器（QSPI0_SCTRL）的地址为 F200h，其定义如下：

数据位	15	14	13	12	11	10	9	8	7	6	5	4	3	2	1	0
读操作	SPR			DSO	ERRIE	MODFEN	SPRIE	SPMSTR	CPOL	CPHA	SPE	SPTIE	SPRF	OVRF	MODF	SPTE
写操作	SPR			DSO	ERRIE	MODFEN	SPRIE	SPMSTR	CPOL	CPHA	SPE	SPTIE				
复位	0	1	1	0	0	0	0	1	0	1	0	0	0	0	0	1

D15～D13——SPR,波特率选择位,可读/写。在主机模式中,这些位域决定 4 个波特率中的一个。从机模式下,SPR1(D14)、SPR0(D13)无效。复位时,SPR[2:0]为 011B。SPI 的波特率计算公式如下:波特率 = clk/BD,其中,clk 为外设总线时钟;BD 为波特率分频因子,分配如表 10-1 所列。

表 10-1 波特率分频因子 BD 分配表

SPR		BD
SPR1(D14)	SPR0(D13)	
00		2
01		4
10		8
11		16

D12——DSO,数据移位方向位,可读/写。该位决定在发送或者接收数据时,第一位是 MSB 位还是 LSB 位。主机和从机 QSPI 模块必须发送/接收相同长度的数据包。不管该位是否被置位,当读接收数据寄存器 QSPI0_DRCV 或者写数据发送寄存器 QSPI0_DXMIT 时,LSB 位总位于第 0 位,MSB 位位于合适的位置上。如果数据长度小于 16 位,则将高位补零。DSO=0,MSB 最先发送(MSB→LSB);DSO=1,LSB 最先发送(LSB→MSB)。

D11——ERRIE,错误中断使能位,可读/写。如果 MODFEN=1,该位允许 MODF 和 OVRF 位产生中断请求。复位后,该位清零。ERRIE=0,MODF 位和 OVRF 位不能产生中断请求;ERRIE=1,MODF 位和 OVRF 位产生中断请求。

D10——MODFEN,模式错误允许位,可读/写。该位被置位时,允许 MODF 标志位置位。

D9——SPRIE,接收中断使能位,可读/写。该位允许 QSPI 数据接收寄存器满标志位 SPRF 或者接收 FIFO 产生的中断请求。SPRIE=0,不允许 SPRF 位发出中断请求;SPRIE=1,允许 SPRF 位发出中断请求。

D8——SPMSTR,主机选择位,可读/写。该位决定 QSPI 工作于主机模式还是从机模式。SPMSTR=0,从机模式;SPMSTR=1,主机模式。

D7——CPOL,时钟极性位,可读/写。该位决定传输过程中 SPSCK 引脚的逻辑

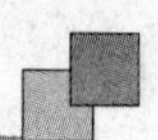

状态。两QSPI模块之间传输数据必须有相同的CPOL值。CPOL=0,时钟SPCLK上升沿传输;CPOL=1,时钟SPCLK下降沿传输。

D6——CPHA,时钟相位,可读/写。该位决定时钟SPCLK与SPI数据之间的时序关系。两QSPI模块之间传输数据必须有相同的CPHA值。当CPHA=0时,从机QSPI模块的$\overline{SS}$引脚在数据字间被置为高电平。在DMA模式下,不使用CPHA=0格式。

D5——SPE,QSPI使能位,可读/写。该位使能QSPI模块。清该位将引起QSPI部分复位。当改变该位状态时,只须改变该位;若改写其他位时,使用独立写入语句。SPE=0,禁止SPI模块;SPE=1,允许SPI模块。

D4——SPTIE,发送中断使能位,可读/写。该位允许QSPI发送数据寄存器空标志位SPTF或者发送FIFO产生的中断请求。SPTIE=0,禁止SPTE位发出中断请求;SPTIE=1,允许SPTE位发出中断请求。

D3——SPRF,数据接收寄存器满标志位,只读位。在每次数据从移位寄存器到数据接收寄存器或在接收缓冲区FIFO没有空间接收新数据时,该位被置位。读取数据接收寄存器QSPI0_DRCV自动清零该位。SPRF=0,数据接收寄存器或FIFO不满(如果使用FIFO,则QSPI0_FIFO[RFCNT]位域决定FIFO有效字数);SPRF=1,数据接收寄存器或FIFO已满。

D2——OVER,溢出标志位,只读位。OVER=0,无溢出;OVER=1,溢出。

D1——MODF,模式错误标志位,只读位。可清零标志位,在从机QSPI中,当$\overline{SS}$引脚在传输过程中变高且MODFEN位置位时,该位被置位。在主机QSPI中,当$\overline{SS}$引脚在任何时候为低电平且MODFEN位被置位时,该位被置位。MODF=0,$\overline{SS}$引脚处于合适电平;MODF=1,$\overline{SS}$引脚处于不合适电平。

D0——SPTE,数据发送寄存器空标志位,只读位。在每次数据从数据接收寄存器到移位寄存器或在发送缓冲区FIFO没有有效数据时,该位被置位。如果SPTIE位置位,则SPTE位能产生中断请求。向数据发送寄存器QSPI0_DXMIT写入数据时,自动清零该位。SPTE=0,数据发送寄存器或FIFO不为空(如果使用FIFO,则QSPI0_FIFO[TFCNT]位域决定FIFO有效字数);SPTE=1,数据发送寄存器或FIFO为空。

2. QSPI数据长度与控制寄存器(QSPI0_DSCTRL)

QSPI数据长度与控制寄存器(QSPI0_DSCTRL)的地址为F201h,其定义如下:

数据位	15	14	13	12	11	10	9	8	7	6	5	4	3	2	1	0
读操作	WOM	0	0	BD2X	SSB_IN	SSB_DATA	SSB_ODM	SSB_AUTO	SSB_DDR	SSB_STRB	SSB_OVER	SPR3	DS			
写操作																
复位	0	0	0	0	0	1	0	0	0	0	0	0	1	1	1	1

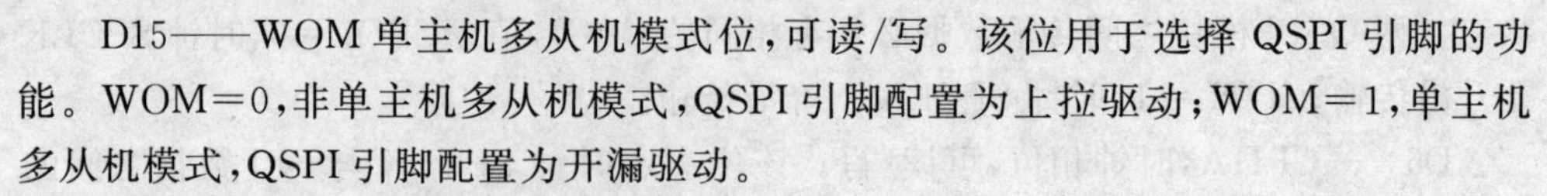

D15——WOM 单主机多从机模式位，可读/写。该位用于选择 QSPI 引脚的功能。WOM＝0，非单主机多从机模式，QSPI 引脚配置为上拉驱动；WOM＝1，单主机多从机模式，QSPI 引脚配置为开漏驱动。

D14——只读位，保留，其值为 0。

D13——只读位，保留，其值为 0。

D12——BD2X 波特因子乘数位，可读/写。BD2X＝0，波特率因子乘以 1；BD2X＝1，波特率因子乘以 2。

D11——SSB_IN $\overline{SS}$引脚状态位，只读位。该位表明了 QSPI 工作模式中，$\overline{SS}$引脚当前状态。

D10——SSB_DATA $\overline{SS}$引脚电平位，可读/写。该位决定$\overline{SS}$引脚电平高低。当 SSB_AUTO＝1 或 SSB_STRB＝1 时，该位无效。SSB_DATA＝0，若 SSB_DDR＝1，则$\overline{SS}$引脚为低电平；SSB_DATA＝1，若 SSB_DDR＝1，则$\overline{SS}$引脚为高电平。

D9——SSB_ODM $\overline{SS}$引脚开漏输出模式位，可读/写。主机模式下，该位允许$\overline{SS}$引脚开漏输出。SSB_ODM ＝0，$\overline{SS}$引脚被配置为高/低电平驱动，用于单主机系统中；SSB_ODM ＝1，$\overline{SS}$引脚被配置为开漏输出（低电平），用于多主机系统中。

D8——SSB_AUTO $\overline{SS}$引脚自动模式位，可读/写。在主机模式下，该位使能硬件自动控制$\overline{SS}$引脚电平。SSB_AUTO＝0，$\overline{SS}$引脚输出由软件控制产生，通过设置数据长度与控制寄存器 QSPI0_DSCTRL 相应位或 GPIO 寄存器中的相应位（向上兼容）；SSB_AUTO＝1，$\overline{SS}$引脚由 QSPI 自动控制产生输出初始的下降沿和最终的上升沿。$\overline{SS}$引脚的空闲状态为高电平。若 QSPI0_SCTRL[MODFEN]＝1，不使用此设置。

D7——SSB_DDR $\overline{SS}$引脚数据方向寄存器，可读/写。在主机模式中，该位控制$\overline{SS}$引脚是输入还是输出。SSB_DDR＝0，$\overline{SS}$配置为输入引脚，应用于从机模式或主机模式（QSPI0_SCTRL[MODFEN]＝1）；SSB_DDR＝1，$\overline{SS}$配置为输出引脚，应用于主机模式（QSPI0_SCTRL[MODFEN]＝0）。

D6——SSB_STRB $\overline{SS}$引脚选通模式，可读/写。主机模式下，该位使能$\overline{SS}$引脚在传输字与字之间自动输出脉冲。此位可单独使用或与 SSB_AUTO 位一起使用以产生需要的$\overline{SS}$引脚信号。传输字与字之间的脉冲信号与 CPHA 的设置无关。SSB_STRB＝0，传输字与字之间$\overline{SS}$引脚无脉冲信号；SSB_STRB＝1，在传输字与字之间$\overline{SS}$引脚输出正脉冲信号。若 QSPI0_SCTRL[MODFEN]＝1，不使用此设置。

D5——SSB_OVER $\overline{SS}$引脚重载寄存器位，可读/写。该位将来自 I/O 引脚或 QSPI0_SCTRL[SPMSTR]位状态，重载$\overline{SS}$引脚输入信号。这种功能允许 QSPI 工作于从机模式（CPHA＝1）时，保证$\overline{SS}$引脚不被设置为 GPIO 引脚拉低。不应用于多从机系统中。SSB_OVER＝0，$\overline{SS}$引脚内部模块输入与 GPIO 引脚相连；SSB_OVER＝1，$\overline{SS}$引脚内部模块输入等同于 QSPI0_SCTRL[SPMSTR]位。

D4——SPR3 波特率选择位，可读/写。波特率设置如表 10－2 所列。

表 10-2 QSPI 主机波特率配置表

SPR[2:0]	波特率分频因子(BD)			
	SPR3=0		SPR3=1	
	BD2X=0	BD2X=1	BD2X=0	BD2X=1
000	2	4	512	1024
001	4	8	1024	2048
010	8	16	2048	4096
011	16	32	4096	8192
100	32	64	8192	16384
101	64	128	16384	16384
110	128	256	16384	16384
111	256	512	16384	16384

D3～D0——DS 数据长度位,可读/写,具体含义如表 10-3 所列。

表 10-3 QSPI 传输数据位数配置表

DS	数据位数(B)	DS	数据位数(B)
0000	禁止	1000	9
0001	2	1001	10
0010	3	1010	11
0011	4	1011	12
0100	5	1100	13
0101	6	1101	14
0110	7	1110	15
0111	8	1111	16

3. QSPI 数据接收寄存器(QSPI0_DRCV)

QSPI 数据接收寄存器(QSPI0_DRCV)的地址为 F202h,其定义如下:

数据位	15	14	13	12	11	10	9	8	7	6	5	4	3	2	1	0
读操作	R15	R14	R13	R12	R11	R10	R9	R8	R7	R6	R5	R4	R3	R2	R1	R0
写操作																
复位	0	0	0	0	0	0	0	0	0	0	0	0	0	0	0	0

D15～D0——R15～R0 接收数据位,只读,依次对应接收数据位的 0～15 位,具体位数由 QSPI0_DSCTRL[DS]位确定。

4. QSPI 数据发送寄存器(QSPI0_DXMIT)

QSPI 数据发送寄存器(QSPI0_DXMIT)的地址为 F203h,其定义如下:

数据位	15	14	13	12	11	10	9	8	7	6	5	4	3	2	1	0
读操作																
写操作	T15	T14	T13	T12	T11	T10	T9	T8	T7	T6	T5	T4	T3	T2	T1	T0
复位	0	0	0	0	0	0	0	0	0	0	0	0	0	0	0	0

D15~D0——T15~T0 发送数据位,只写,依次对应发送数据位的 0~15 位。该寄存器只在当 QSPI 使能情况(QSPI0_SCTRL[SPE]=1)下,才能被写入。QSPI 模块从机模式下,如果没新数据写入该寄存器,则该寄存器保留最后一次写入数据,并送至移位寄存器发送,这种情况应将 0 写入该寄存器。

5. SPI FIFO 控制寄存器(QSPI0_FIFO)

QSPI FIFO 控制寄存器(QSPI0_FIFO)的地址为 F204h,其定义如下:

<table>
<tr><td>数据位</td><td>15</td><td>14</td><td>13</td><td>12</td><td>11</td><td>10</td><td>9</td><td>8</td><td>7</td><td>6</td><td>5</td><td>4</td><td>3</td><td>2</td><td>1</td><td>0</td></tr>
<tr><td>读操作</td><td>0</td><td colspan="3">TFCNT</td><td>0</td><td colspan="3">RFCNT</td><td>0</td><td colspan="2" rowspan="2">TFWM</td><td>0</td><td colspan="2" rowspan="2">RFWM</td><td>0</td><td rowspan="2">FIFO_ENA</td></tr>
<tr><td>写操作</td><td></td><td colspan="3"></td><td></td><td colspan="3"></td><td></td><td></td><td></td></tr>
<tr><td>复位</td><td>0</td><td>0</td><td>0</td><td>0</td><td>0</td><td>0</td><td>0</td><td>0</td><td>0</td><td>0</td><td>0</td><td>0</td><td>0</td><td>0</td><td>0</td><td>0</td></tr>
</table>

D15——只读位,保留,其值为 0。

D14~D12——TFCNT Tx FIFO 待发送字数位,只读。该位域显示发送缓冲区 Tx FIFO 中还有多少字数据没发送。向 QSPI0_DXMIT 寄存器写入,该位域递增;当有字数据传输出,TFCNT 递减。当该域表明发送缓冲区 Tx FIFO 已满时,向 QSPI0_DXMIT 寄存器写入新数据将被忽略;当 FIFO_ENA=0 时,该域表明发送缓冲区 Tx FIFO 空。QSPI 主机模式下,数据传输开始后即使禁止 QSPI(QSPI0_SCTRL[SPE]=0),发送仍持续,直至发送缓冲区 Tx FIFO 空为止。具体分配如表 10-4 所列。

D11——只读位,保留,其值为 0。

D10~D8——RFCNT Rx FIFO 已接收字数位,只读。该位域显示接收缓冲区 Rx FIFO 中已接收多少字数据。接收数据,该位域递增;从 QSPI0_DRCV 寄存器读取数据,该位域递减。当 FIFO_ENA=0 时,该域表明接收缓冲区 Rx FIFO 空。具体分配如表 10-5 所列。

D7——只读位,保留,其值为 0。

D6~D5——TFWM 产生中断条件,发送缓冲区 Tx FIFO 待发送字数位,可读/写。该位域决定产生中断前发送缓冲区 Tx FIFO 有多少待发送字数。具体分配如表 10-6 所列。增加该位域值将增加发送中断请求次数,因为 Tx FIFO 区中没有发

送字数增加。当FIFO_ENA=0时,该位域忽略。向QSPI0_DXMIT寄存器写新数据或减少该域值,可清除由该域产生的中断。

表10-4 发送缓冲区Tx FIFO状态标志表

TFCNT	待发送字数
000	空(可中断)
001	1
010	2
011	3
100	满

表10-5 接收缓冲区Rx FIFO状态标志表

RFCNT	已接收字数
000	空
001	1
010	2
011	3
100	满(可中断)

D4——只读位,保留,其值为0。

D3~D2——RFWM产生中断条件,接收缓冲区Rx FIFO已接收字数位,可读/写。该位域决定产生中断前接收缓冲区Rx FIFO有多少字空间可用。具体分配如表10-7所列。减少该位域值将增加发送中断请求次数,因为Rx FIFO区中已接收字数增加。当FIFO_ENA=0时,该位域忽略。读取QSPI0_DRCV寄存器或增加该域值,可清除由该域产生的中断。

表10-6 产生中断条件——发送缓冲区Tx FIFO待发送字数

TFWM	待发送字数
00	1
01	2
10	3
11	满

表10-7 产生中断条件——接收缓冲区Rx FIFO已接收字数

RFWM	已接收字数
00	1
01	2
10	3
11	满

D1——只读位,保留,其值为0。

D0——FIFO_ENA FIFO使能位,可读/写。该位使能发送/接收FIFO模式。FIFO_ENA =0,禁用FIFO,复位状态,与传统的SPI兼容。FIFO_ENA =1,使能FIFO。无论是否使能QSPI模块,FIFO仍保留其状态。

10.2.3 QSPI模块初始化

在进行QSPI编程时,首先在程序初始化部分必须进行QSPI初始化。QSPI的初始化,主要是对QSPI状态控制寄存器QSPI0_SCTRL进行写入,以便定义其工作方式、时钟相位及极性、是否允许QSPI、中断请求等。同时,还要对QSPI数据长度与控制寄存器QSPI0_DSCTRL的控制位部分写入,如设定QSPI0_SCTRL寄存器中的SPR位确定QSPI的波特率,以及FIFO控制寄存器QSPI0_FIFO设定是否启动FIFO功能等,具体步骤如下:

① 通过外设时钟使能寄存器 1 SIM_PCE1[QSPI0]，使能 QSPI0 时钟；

② 设置外设时钟使能寄存器 0 SIM_PCE0[GPIOC]，使能引脚时钟。这里 QSPI 模块 4 个引脚与普通 GPIOC7～GPIOC10 口复用；

③ 通过 GPIO 外设使能寄存器 GPIOC_PER，使能与 QSPI 模块 4 个引脚对应的 GPIOC7～GPIOC10 引脚的外设功能；

④ 设置 GPIO 外设选择寄存器 1 的第 2、4、5 位及 GPIO 外设选择寄存器 0 的第 14 位，使能 GPIOC7～GPIOC10 引脚为 QSPI 功能；

⑤ 通过 QSPI 状态控制寄存器 QSPI0_SCTRL 进行写入，以便定义其工作方式、时钟相位及极性、是否允许 QSPI、中断请求等；

⑥ 设定 FIFO 控制寄存器 QSPI0_FIFO，启动 FIFO 功能等（可选）；

⑦ 通过 QSPI 数据长度与控制寄存器 QSPI0_DSCTRL 的控制位部分写入，如 QSPI0_SCTRL 寄存器中的 SPR 位确定 QSPI 的波特率，及设置$\overline{\text{SS}}$引脚功能；

⑧ 置位 QSPI 状态控制寄存器 QSPI0_SCTRL[SPE]位，启动 QSPI。

10.3 QSPI 模块编程实例

本节给出两片 MC56F8257 进行 QSPI 通信。采样单主机单从机模式，连接如图 10-10 所示。波特率选择为 0.468 75 MHz。通过主机 QSPI 发送数据，在从机上收到此数据，并通过串口 SCI 在 PC 上显示。

10.3.1 QSPI 主/从机构件共用函数

QSPI 主/从机构件共用函数有发送 1 个字节函数 QSPISend1()、发送 *N* 个字节函数 QSPISendN()、接收 1 个字节函数 QSPIRe1 ()和接收 N 个字节函数 QSPIReN()。

1. 通过 QSPI 发送 1 个数据

```
//-------------------------------------------------------------------*
//函数名：QSPISend1                                                   *
//功  能：串行发送 1 个字节                                           *
//参  数：data:要发送的字节                                           *
//返  回：无                                                          *
//说  明：无                                                          *
//-------------------------------------------------------------------*
uint8 QSPISend1(uint16 data)
{
    uint16 i;
    while((QSPI0_SCTRL & QSPI0_SCTRL_SPTE_MASK) == 0);       //等待发送队列空
    QSPI0_DXMIT = data;
    //等一段时间
    for(i = 0;i<0xFFF0;i ++ )
    {
```

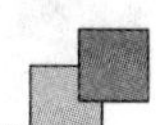

```
        if((QSPI0_SCTRL & QSPI0_SCTRL_SPTE_MASK)! = 0)
        {
            return 1;
        }
    }
    return 0;
}
```

2. 通过 QSPI 发送 N 个数据

```
//------------------------------------------------------------*
//函数名：QSPISendN                                             *
//功　能：串行发送 N 个字节                                     *
//参　数： n：       发送的字节数                               *
//         ch[]： 待发送的数据                                  *
//返　回：无                                                   *
//说　明：调用了 QSPISend1 函数                                 *
//------------------------------------------------------------*
void QSPISendN(uint8 n, uint16 ch[])
{
    uint8 i;
    for (i = 0; i < n; i++)
    {
        QSPISend1(ch[i]);
    }
}
```

3. 通过 QSPI 接收 1 个数据

```
//------------------------------------------------------------*
//函数名：QSPIRe1                                               *
//功　能：从串口接收 1 个字节的数据                             *
//参　数：无                                                   *
//返　回：接收到的数(若接收失败,返回 0xff)                      *
//         *p:接收成功标志的指针(0 表示成功,1 表示不成功)       *
//说　明：参数*p带回接收标志，*p = 0,收到数据；*p = 1,未收到数据 *
//------------------------------------------------------------*
uint16 QSPIRe1(uint8 *p)
{
    uint8 k;
    uint16  i;
    for (k = 0; k < 0xfbbb; k++)                        //有时间限制
    if((QSPI0_SCTRL &= QSPI0_SCTRL_SPE_MASK) != 0)  //判断接收缓冲区是否满
    {
        i = QSPI0_DRCV;
        *p = 0x00;
        break;
    }
    if (k >= 0xfbbb)                                    //接受失败
```

```
    {
        i = 0xff;
        *p = 0x01;
    }
    return i;
}
```

4. 通过 QSPI 接收 N 个数据

```
//-----------------------------------------------------------------*
//函数名：QSCIReN                                                   *
//功  能：从串口接收 N 个字节的数据                                   *
//参  数： n:      接收的字节数                                       *
//         ch[]:  存放接收数据的数组                                  *
//返  回：接收标志 = 0,接收成功；= 1,接收失败                         *
//说  明：调用了 QSPIRe1 函数                                         *
//-----------------------------------------------------------------*
uint8 QSPIReN(uint8 n, uint16 ch[])
{
    uint8 m;
    uint8 fp;           //接收标志
    m = 0;
    while (m < n)
    {
        ch[m] = QSPIRe1(&fp);
        if (fp == 1)
        {
            return 1;  //接收失败
        }
        m++;
    }
    return 0;           //接收成功
}
```

10.3.2 实例:QSPI 主机构件设计与测试

1. QSPI 通信头文件:QSPI.h

```
//-----------------------------------------------------------------*
// 文件名：QSPI.h                                                   *
// 说  明：QSPI 构件头文件                                          *
//-----------------------------------------------------------------*
   #ifndef QSPI_H                 //防止重复定义
   #define QSPI_H
  //1 头文件
   #include "MC56F8257.h"         //映像寄存器地址头文件
   #include "Type.h"              //类型别名定义
   //2 宏定义
```

```
//2.1  寄存器相关宏定义
 #define QSPI0_SCTRL                           (*((vuint16 *)0x0000F200))
 #define QSPI0_DSCTRL                          (*((vuint16 *)0x0000F201))
 #define QSPI0_FIFO                            (*((vuint16 *)0x0000F204))
 #define QSPI0_DELAY                           (*((vuint16 *)0x0000F205))
 #define QSPI0_DRCV                            (*((vuint16 *)0x0000F202))
 #define QSPI0_DXMIT                           (*((vuint16 *)0x0000F203))
//3 外用 QSPI 通信函数声明
//------------------------------------------------------------*
//函数名：QSPIInit                                            *
//功  能：初始化 QSCIx 模块，x 代表 0、1                        *
//参  数：无                                                  *
//返  回：无                                                  *
//说  明：QSCINo = 0 表示使用 QSCI0 模块，依此类推               *
//------------------------------------------------------------*
void QSPIInit();
//------------------------------------------------------------*
//函数名：QSPISend1                                           *
//功  能：串行发送 1 个字节                                     *
//参  数：ch[]：  发送的字节                                    *
//返  回：无                                                  *
//说  明：QSCINo = 1 表示使用 QSCI1 模块，依此类推               *
//------------------------------------------------------------*
uint8 QSPISend1(uint16 data);
//------------------------------------------------------------*
//函数名：QSPISendN                                           *
//功  能：串行发送 N 个字节                                     *
//参  数：n：     发送的字节数                                  *
//        ch[]：  待发送的数据                                  *
//返  回：无                                                  *
//说  明：调用了 QSPISend1 函数                                 *
//------------------------------------------------------------*
void QSPISendN(uint8 n, uint16 ch[]);
//------------------------------------------------------------*
//函数名：QSPIRe1                                             *
//功  能：从串口接收 1 个字节的数据                              *
//参  数：无                                                  *
//返  回：接收到的数(若接收失败，返回 0xff)                       *
//         *p：接收成功标志的指针(0 表示成功，1 表示不成功          *
//说  明：参数 *p 带回接收标志，*p = 0，收到数据；*p = 1，未收到数据 *
//------------------------------------------------------------*
uint16 QSPIRe1(uint8 *p);
//------------------------------------------------------------*
//函数名：QSPIReN                                             *
//功  能：从串口接收 N 个字节的数据                              *
//参  数：n：     要接收的字节数                                *
//        ch[]：  存放接收数据的数组                             *
//返  回：接收标志 = 0，接收成功；= 1，接收失败                    *
//说  明：调用了 QSPIRe1 函数                                   *
//------------------------------------------------------------*
```

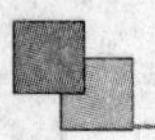


```
    uint8 QSPIReN(uint8 n, uint16 ch[]);
#endif
```

2. QSPI 初始化函数 QSPI_init

SPI 波特率时钟 $= f_{BUSCLK}$/SPPR(预分频系数),其中 f_{BUSCLK} 为内部总线频率。设 f_{BUSCLK} =60 MHz,SPI 寄存器中的 SPR3、SPR2、SPR1 和 SPR0 位控制波特率发生器,并决定移位寄存器的发送速度。通过设置 SPR3、SPR2、SPR1 和 SPR0 位就可以设置 SPI 通信波特率了。例如在下面的程序段代码中,将 SPI 的波特率设置为0.468 75 MHz。

```
//----------------------------------------------------------------------*
//文件名：QSPI.c                                                         *
//说   明：QSPI 构件源文件                                                *
//----------------------------------------------------------------------*
//头文件
#include "QSPI.h"         //该头文件包含 QSCI 相关寄存器及标志位宏定义
//----------------------------------------------------------------------*
//函数名：QSCIInit                                                       *
//功   能：初始化 QSPI 模块                                               *
//参   数：无                                                             *
//返   回：无                                                             *
//说   明：无                                                             *
//----------------------------------------------------------------------*
void QSPIInit()
{
    //1.使能 QSPI0 时钟
    SIM_PCE1| = SIM_PCE1_QSPI0_MASK;
    //2.使能引脚时钟
    SIM_PCE0| = SIM_PCE0_GPIOC_MASK;
    //3.设置引脚为外设功能
    GPIO_C_PEREN| = (GPIO_C_PEREN_PE10_MASK|GPIO_C_PEREN_PE9_MASK|
GPIO_C_PEREN_PE8_MASK|GPIO_C_PEREN_PE7_MASK);
    //4.设置引脚为 QSPI 功能
    SIM_GPS1& = ~(SIM_GPS1_C8_MASK|SIM_GPS1_C9_MASK|SIM_GPS1_C10_MASK);
    SIM_GPS0& = ~(SIM_GPS0_C7_MASK);
    //5.设置 SPI 状态和控制寄存器,禁止 SPI 模块,SPE = 0
    QSPI0_SCTRL &=  ~(1<<5);
    //SPI  数据长度和控制寄存器
    //SPI  数据长度和控制寄存器
    QSPI0_DSCTRL = 0b0000010000000111;
    //              | ||||||||||______DS
    //              | |||||||||_______SPR3 SPI 波特率选择
    //              | ||||||||________SSB_OVER SS_BO 重载寄存器
    //              | |||||||_________SSB_STRB SS_B 数据方向寄存器
    //              | ||||||__________SSB_AUTO SS_B 自动模式
    //              | |||||___________SSB_ODM SS_B 开漏模式
    //              | ||||____________SSB_DATA SS_B 数据位
    //              | |||_____________SSB_IN SS_B 输入位
```

```
    //              |||_____________BD2X  波特因子乘数
    //              | |______________保留
    //              |________________WOM  线或模式
    QSPI0_DELAY = 0x0000;
    QSPI0_FIFO = 0x000C;
    QSPI0_SCTRL = 0b1010010101000000;
    //                ||||||||||||||___SPTE SPI 发送器空位
    //                |||||||||||||____MODF  模式错位
    //                ||||||||||||_____OVRF  溢出
    //                |||||||||||______SPRF SPI 接收满位
    //                ||||||||||_______SPTIE  发送中断使能
    //                |||||||||_________SPE SPI 使能位
    //                ||||||||__________CPHA  时钟相位位
    //                |||||||___________CPOL  时钟级性位
    //                ||||||____________SPMSTR SPI 主机选择位
    //                |||||_____________SPRIE SPI 接收中断允许位
    //                ||||______________MODFEN  模式错允许位
    //                |||_______________ERRIE  错误中断使能位
    //                ||_________________DSO  数据移位方向位
    //                |___________________SPR SPI 波特率选择位
    //允许 SPI0 模块
    QSPI0_SCTRL | = 1<<5;
}
```

3. QSPI 主函数 main

```
//-------------------------------------------------------------*
// 工 程 名：QSPIMaster                                          *
// 硬件连接：①主 DSC 的 MOSI 与从机的 MOSI 相连                    *
//           ②主 DSC 的 MISO 与从机的 MISO 相连                    *
//           ③主 DSC 的 SCLK 与从机的 SCLK 相连                    *
//           ④主机 CS 引脚通过 1K 电阻接到 3.3 V,从机 CS 引脚接地     *
// 程序描述：使用两个 DSC 进行通信,MCU 复位后,首先主机向从机发送数据,同时显 *
//           示所发送数据;从机接收数据并显示                          *
// 目    的：初步掌握利用查询方式进行串行通信的基本知识                *
// 说    明：波特率为 0.468 75 MHz,使用 QSPI0 口                     *
//-------------------------------------------------------------*
//头文件
#include "Includes.h"
//主函数
void main(void)
{
    //1  主程序使用的变量定义
    uint32 runcount                                  //运行计数器
    uint16  Data = 'B';
      //2  关中断
    DisableInterrupt();                              //禁止总中断
    //3  芯片初始化
    DSCinit();
    //4  模块初始化
```

```
    Light_Init(Light_Run_PORT,Light_Run,Light_OFF);  //指示灯初始化
    QSCIInit(0,SYSTEM_CLOCK,9600);                    //串行口初始化
    QSPIInit();                                       //串行外设初始化
    //5 开中断
     EnInt(0);                                        //开优先级 0 中断
    EnableInterrupt();
    //6 发送数据
    QSCISend1(0,'A');                                //SCI 传送数据
    //主循环
    //主循环
    while(1)
    {
      //1 主循环计数到一定的值,使小灯的亮、暗状态切换
        runcount++;
        if(runcount>=600000)
        {
            Light_Change(Light_Run_PORT,Light_Run);    //指示灯的亮、暗状态切换
            runcount=0;
          while(QSPISend1(Data)==0);                   //SPI 传送数据
            QSCISend1(0,Data);     //SCI 传送数据
        }
    }
}
```

10.3.3 实例:QSPI 从机构件设计与测试

1. QSPI 通信头文件:QSPI.h

```
//---------------------------------------------------------------------*
// 文件名: QSPI.h                                                      *
// 说  明: QSPI 构件头文件                                             *
//---------------------------------------------------------------------*
#ifndef QSPI_H                     //防止重复定义
#define QSPI_H
//1 头文件
#include "MC56F8257.h"            //映像寄存器地址头文件
#include "Type.h"                 //类型别名定义
//2 宏定义
//寄存器相关宏定义
#define QSPI0_SCTRL                   (*((vuint16 *)0x0000F200))
#define QSPI0_DSCTRL                  (*((vuint16 *)0x0000F201))
#define QSPI0_FIFO                    (*((vuint16 *)0x0000F204))
#define QSPI0_DELAY                   (*((vuint16 *)0x0000F205))
#define QSPI0_DRCV                    (*((vuint16 *)0x0000F202))
#define QSPI0_DXMIT                   (*((vuint16 *)0x0000F203))
//3 外用 QSPI 通信函数声明
//---------------------------------------------------------------------*
//函数名: QSCIInit                                                     *
//功  能: 初始化 QSCIx 模块,x 代表 0、1                                *
```

```
//参   数：无                                                          *
//返   回：无                                                          *
//说   明：QSCINo = 0 表示使用 QSCI0 模块,依此类推                     *
//---------------------------------------------------------------------*
void QSPIInit();
//---------------------------------------------------------------------*
//函数名：QSPISend1                                                    *
//功   能：串行发送 1 个字节                                           *
//参   数：ch:     要发送的字节                                        *
//返   回：无                                                          *
//说   明：QSCINo = 1 表示使用 QSCI1 模块,依此类推                     *
//---------------------------------------------------------------------*
void QSPISend1(uint16  data);
//---------------------------------------------------------------------*
//函数名：QSPISendN                                                    *
//功   能：串行发送 N 个字节                                           *
//参   数：n:      发送的字节数                                        *
//         ch[]:  待发送的数据                                         *
//返   回：无                                                          *
//说   明：调用了 QSPISend1 函数                                       *
//---------------------------------------------------------------------*
void QSPISendN(uint8 n, uint16  ch[]);
//---------------------------------------------------------------------*
//函数名：QSPIRe1                                                      *
//功   能：从串口接收 1 个字节的数据                                   *
//参   数：无                                                          *
//返   回：接收到的数(若接收失败,返回 0xff)                            *
//         *p:接收成功标志的指针(0 表示成功,1 表示不成功)              *
//说   明：参数 *p 带回接收标志，*p = 0,收到数据；*p = 1,未收到数据    *
//---------------------------------------------------------------------*
uint8 QSPIRe1(uint8  *p);
//---------------------------------------------------------------------*
//函数名：QSPIReN                                                      *
//功   能：从串口接收 N 个字节的数据                                   *
//参   数：n:      要接收的字节数                                      *
//         ch[]:  存放接收数据的数组                                   *
//返   回：接收标志 = 0,接收成功；= 1,接收失败                         *
//说   明：调用了 QSPIRe1 函数                                         *
//---------------------------------------------------------------------*
uint8 QSPIReN(uint8 n, uint16  ch[]);
#endif
```

2. QSPI 初始化函数 QSPI_init

```
//---------------------------------------------------------------------*
//文件名：QSPI.c                                                       *
//说   明：QSPI 构件源文件                                             *
//---------------------------------------------------------------------*
//头文件
#include "QSPI.h"        //该头文件包含 QSCI 相关寄存器及标志位宏定义
```

```
//-----------------------------------------------------------------------*
//函数名：QSCIInit                                                        *
//功  能：初始化 QSPI 模块                                                 *
//参  数：无                                                              *
//返  回：无                                                              *
//说  明：无                                                              *
//-----------------------------------------------------------------------*
void QSPIInit()
{
    //1.使能 QSPI0 时钟
    SIM_PCE1|= SIM_PCE1_QSPI0_MASK;
    //2.使能引脚时钟
    SIM_PCE0|= SIM_PCE0_GPIOC_MASK;
   //3.设置引脚为外设功能
    GPIO_C_PEREN|= (GPIO_C_PEREN_PE10_MASK|GPIO_C_PEREN_PE9_MASK|GPIO_C_PEREN_PE8
_MASK|GPIO_C_PEREN_PE7_MASK);
    //4.设置引脚为 SPI 功能
    SIM_GPS1&= ~(SIM_GPS1_C8_MASK|SIM_GPS1_C9_MASK|SIM_GPS1_C10_MASK);
    SIM_GPS0&= ~(SIM_GPS0_C7_MASK);
    //5.设置 SPI 状态和控制寄存器,禁止 SPI 模块
    QSPI0_SCTRL &=  ~(1<<5);
    //SPI 数据长度和控制寄存器
    QSPI0_DSCTRL = 0b0000000000001111;
    //             | ||||||||||______DS
    //             | |||||||||_______SPR3 SPI 波特率选择
    //             | ||||||||________SSB_OVER SS_BO 重载寄存器
    //             | |||||||_________SSB_STRB SS_B 数据方向寄存器
    //             | ||||||__________SSB_AUTO SS_B 自动模式
    //             | |||||___________SSB_ODM SS_B 开漏模式
    //             | ||||____________SSB_DATA SS_B 数据位
    //             | |||_____________SSB_IN SS_B 输入位
    //             | ||______________BD2X  波特因子乘数
    //             | |_______________保留
    //             |_________________WOM  线或模式
    QSPI0_DELAY = 0x0000;
    QSPI0_FIFO = 0x000C;
    QSPI0_SCTRL = 0b0000010001000000;
    //              ||||||||||||||___SPTE SPI 发送器空位
    //              |||||||||||||____MODF  模式错位
    //              ||||||||||||_____OVRF  溢出
    //              |||||||||||______SPRF SPI 接收满位
    //              ||||||||||_______SPTIE  发送中断使能
    //              |||||||||________SPE SPI 使能位
    //              ||||||||_________CPHA  时钟相位
    //              |||||||__________CPOL  时钟级性位
    //              ||||||___________SPMSTR SPI 主机选择位
    //              |||||____________SPRIE SPI 接收中断允许位
    //              ||||_____________MODFEN  模式错允许位
    //              |||______________ERRIE  错误中断使能位
    //              ||_______________DSO  数据移位方向位
```

```
    //                |________________SPR SPI 波特率选择位
    //允许 SPI0 模块
    QSPI0_SCTRL | = 1<<5;
}
```

3. QSPI 主函数 main

```
//-----------------------------------------------------------------*
// 工 程 名：QSPIMaster                                            *
// 硬件连接：①主 DSC 的 MOSI 与从机的 MOSI 相连                     *
//           ②主 DSC 的 MISO 与从机的 MISO 相连                     *
//           ③主 DSC 的 SCLK 与从机的 SCLK 相连                     *
//           ④主机 CS 引脚通过 1K 电阻接到 3.3 V,从机 CS 引脚接地   *
// 程序描述：使用两个 DSC 进行通信,MCU 复位后,首先主机向从机发送数据,同时显 *
//           示所发送数据;从机接收数据并显示                         *
// 目    的：初步掌握利用查询方式进行 QSPI 串行通信的基本知识        *
// 说    明：波特率为 0.468 75 MHz,使用 QSPI0 口                     *
//-----------------------------------------------------------------*

//头文件
#include "Includes.h"
//主函数
void main(void)
{
    //1 主程序使用的变量定义
    uint16  i = 'C';                                    //存放接收到的数据
    uint8   k;
    uint32 j = 0;
      //2 关中断
    DisableInterrupt();                                 //禁止总中断
    //3 芯片初始化
    DSCinit();
    //4 模块初始化
    Light_Init(Light_Run_PORT,Light_Run,Light_OFF);    //指示灯初始化
    QSCIInit(0,SYSTEM_CLOCK,9600);                      //串行口初始化
    QSPIInit();                                         //串行口初始化
    //5 开中断
    EnInt(0);                                           //开优先级 0 中断
    EnableInterrupt();
    //6 发送数据
    QSCISendString(0,"hello world!");
//主循环
while(1)
{
    j++;
        if(j>= 300000)
        {
            Light_Change(Light_Run_PORT,Light_Run);    //指示灯的亮、暗状态切换
```

```
            j = 0;
            i = QSPIRe1(&k);                          //SPI 接收数据
            if(k == 0)
            {
               QSCISend1(0,i);                        //SPI 传送数据
               k = 1;
            }
         }
      }
   }
```

第11章

I2C 模块

I2C 是多主设备两线双向串行总线接口，是不同芯片间传输数据的简单、有效且常用的通信方式之一。本章主要内容有：①简要阐述 I2C 总线；②给出 MC56F8257 的 I2C 模块编程结构及 I2C 构件设计；③给出应用实例。

11.1 概 述

I2C(Inter - Integrated Circuit)总线，主要用于同一电路板内各集成电路模块(Inter - Integrated, IC)之间的连接。不同文献可能使用不同的缩写方式，除了使用 I2C，还有 IIC 和 I^2C，本书统一使用 I2C。I2C 采用双向两线制串行数据传输方式，支持所有 IC 制造工艺，简化 IC 间的通信连接。I2C 是 Philips 公司于 20 世纪 80 年代初提出，其后 Philips 和其他厂商提供了种类丰富的 I2C 兼容芯片。目前 I2C 总线标准已经成为国际标准。

1. I2C 总线特点

硬件结构上，I2C 采用数据和时钟两根线来完成数据的传输及外围器件的扩展，数据和时钟都是开漏的，通过一个上拉电阻接到正电源，因此在不需要的时候仍保持高电平。任何具有 I2C 总线接口的外围器件，不论其功能差别有多大，都具有相同的电气接口，因此都可以挂接在 I2C 总线上，甚至可在 I2C 总线工作状态下撤除或挂上，使其连接方式变得十分简单。对各器件的寻址是软寻址方式，因此节点上没有片选线，器件地址完全取决于器件类型与单元结构，简化了 I2C 系统的硬件连接。另外 I2C 总线能在总线竞争过程中进行总线控制权的仲裁和时钟同步，不会造成数据丢失，因此 I2C 总线连接的多机系统是一个多主机系统。

I2C 总线的主要特点如下：

① 硬件上，两线制的 I2C 串行总线使得各 IC 只需最简单的连接，而且总线接口

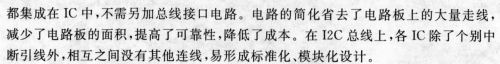

都集成在 IC 中,不需另加总线接口电路。电路的简化省去了电路板上的大量走线,减少了电路板的面积,提高了可靠性,降低了成本。在 I2C 总线上,各 IC 除了个别中断引线外,相互之间没有其他连线,易形成标准化、模块化设计。

② I2C 总线支持多主控(multi-mastering),如果两个或多主机同时初始化数据传输,可以通过冲突检测和仲裁防止数据被破坏。任何能够进行发送和接收的设备都可以成为主机。一个主机能够控制信号的传输和时钟频率。当然在任何时间点上只能有一个主机。

③ 串行的 8 位双向数据传输位速率在标准模式下可达 100 kbps,快速模式下可达 400 kbps,高速模式下可达 3.4 Mbps。

④ 连接到相同总线的 IC 数量受到总线最大电容(400 pF)的限制。如果在总线中加上 I2C 总线远程驱动器(例如:82B715),可以把 I2C 总线电容限制扩展十倍,传输距离可增加到 15 m。

2. I2C 总线标准的发展历史

1992 年 Philips 首次发布 I2C 总线规范 Version 1.0,并取得专利。

1998 年 Philips 发布 I2C 总线规范 Version 2.0,至此标准模式和快速模式的 I2C 总线已经获得了广泛应用,标准模式传输速率为 100 kbps,快速模式传输速率为 400 kbps。同时,I2C 总线也由 7 位寻址发展到 10 位寻址,满足了更大寻址空间的需求。

随着数据传输速率和应用功能的迅速增加,2001 年 Philips 又发布了 I2C 总线规范 Version 2.1,完善和扩展了 I2C 总线的功能,并提出了传输速率可达 3.4 Mbps 的高速模式,这使得 I2C 总线能够支持现有及将来的高速串行传输,如 EEPROM 和 Flash 存储器等。

目前,I2C 总线已经被大多数的芯片厂家所采用,较为著名的有 ST Microelectronics、Texas Instruments、Xicor、Intel、Maxim、Atmel、Analog Devices 和 Infineon Technologies 等,I2C 总线标准已经属于国际标准。I2C 总线始终和先进技术保持同步,但仍然保持向下兼容。随着技术的进一步成熟,I2C 总线将会有更广泛的应用。

3. I2C 总线的相关术语

本章在介绍 I2C 总线传输过程中涉及到以下术语:

① 主机(主控器):在 I2C 总线中,提供时钟信号,对总线时序进行控制的器件。主机负责总线上各个设备信息的传输控制,检测并协调数据的发送和接收。主机对整个数据传输具有绝对的控制权,其他设备只对主机发送的控制信息作出响应。如果在 I2C 系统中只有一个 DSC,那么通常由 DSC 担任主机。

② 从机(被控器):在 I2C 系统中,除主机外的其他设备均为从机。主机通过从机地址访问从机,对应的从机作出响应,与主机通信。从机之间无法通信,任何数据传输都必须通过主机进行。

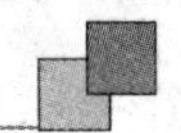

③ 地址:每个 I2C 器件都有自己的地址,以供自身在从机模式下使用。在标准的 I2C 中,从机地址被定义为 7 位(扩展 I2C 允许 10 位地址)。地址 0000000 一般用于发出通用呼叫或总线广播。

④ 发送器:发送数据到总线的器件。

⑤ 接收器:从总线接收数据的器件。

⑥ SDA(Serial DAta):串行数据线。

⑦ SCL(Serial CLock):串行时钟线。

4. I2C 总线的典型电路

图 11-1 给出一个 DSC 作为主机,通过 I2C 总线带 3 个从机的单主机 I2C 总线系统。这是最常用、最典型的 I2C 总线连接方式。

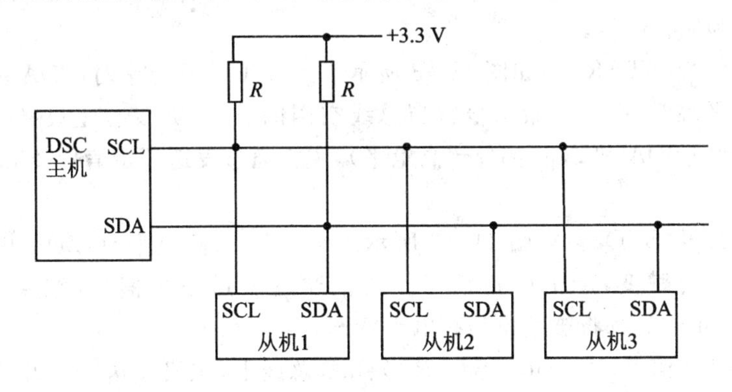

图 11-1 I2C 总线的典型连接图

物理结构上,I2C 系统由一条串行数据线 SDA 和一条串行时钟线 SCL 组成。主机按一定的通信协议向从机寻址和进行信息传输。数据传输时,主机初始化一次数据传输,主机使数据在 SDA 线上传输的同时还通过 SCL 线传输时钟。信息传输的对象和方向以及信息传输的开始和终止均由主机决定。

每个器件都有一个唯一的地址,而且可以是单接收的器件(例如:LCD 驱动器)或者可以接收也可以发送的器件(例如:存储器)。发送器或接收器可以在主模式或从模式下操作,这取决于芯片是否必须启动数据的传输还是仅仅被寻址。

11.2 I2C 总线的工作原理

I2C 总线以串行方式传输数据,从数据字节的最高位开始传送,每个数据位在 SCL 上都有一个时钟脉冲相对应。在一个时钟周期内,当时钟线高电平时,数据线上必须保持稳定的逻辑电平状态,高电平为数据 1,低电平为数据 0。当时钟信号为低电平时,允许数据线上的电平状态变化,如图 11-2 所示。

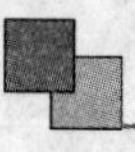

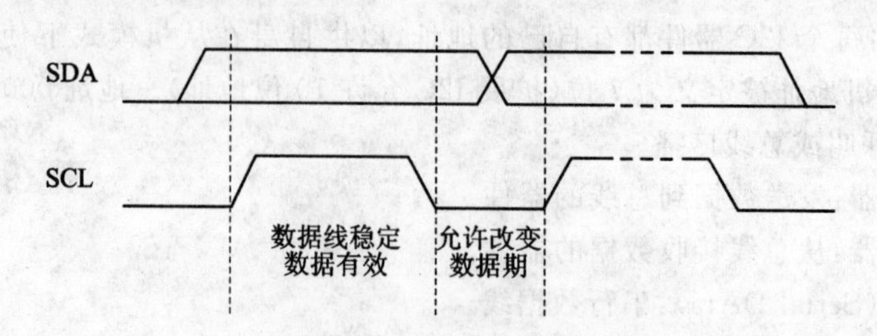

图 11-2 I2C 总线上数据的有效性

11.2.1 I2C 总线上的信号

I2C 总线在传输数据过程中共有 4 种类型信号，分别是开始信号、停止信号、重新开始信号和应答信号。

- 开始信号(START)：如图 11-3 所示。当 SCL 为高电平时，SDA 由高电平向低电平跳变，产生开始信号。当总线空闲的时候(如没有主设备在使用 I2C 总线，即 SDA 和 SCL 都处于高电平)，主机通过发送开始信号(START)建立通信。
- 停止信号(STOP)：如图 11-3 所示。当 SCL 为高电平时，SDA 由低电平向高电平的跳变，产生停止信号。主机通过发送停止信号，结束数据通信。SDA 和 SCL 都将被复位为高电平状态。
- 重新开始信号(Repeated START)：I2C 总线上，主机发送一个开始信号启动一次通信后，在首次发送停止信号之前，主机通过发送重新开始信号，可以转换与当前从机的通信模式，或是切换到与另一个从机通信。如图 11-3 所示，当 SCL 为高电平时，SDA 由高电平向低电平跳变，产生重新开始信号，它的本质就是一个开始信号。

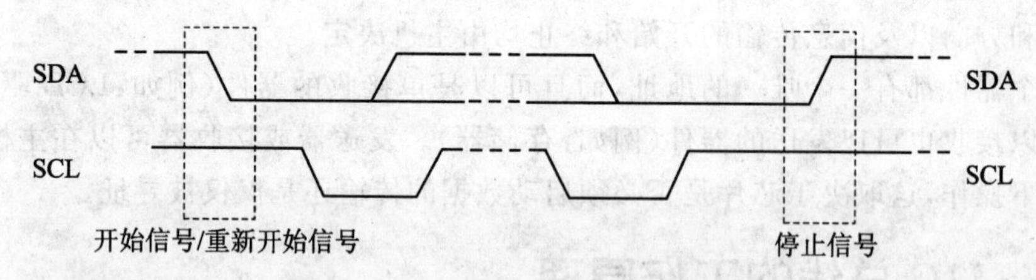

图 11-3 开始、重新开始和停止信号

- 应答信号(A)：接收数据的 IC 在接收到 8 位数据后，向发送数据的 IC 发出的特定的低电平脉冲。每一个数据字节后面都要跟一位应答信号，表示已收到数据。应答信号在第 9 个时钟周期出现，这时发送器必须在这一时钟位上释放数据线，接收设备拉低 SDA 电平来产生应答信号，或保持 SDA 的高电平来产生非应答信号，如图 11-4 所示。所以一个完整的字节数据传输需要 9 个时钟脉冲。如果从机作为接收方向主机发送非应答信号，这样主机方就认

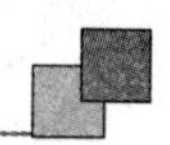

为此次数据传输失败；如果是主机作为接收方，在从机发送器发送完一个字节数据后，发送了非应答信号，从机就认为数据传输结束，并释放 SDA 线。不论是以上哪种情况都会终止数据传输，这时主机或产生停止信号释放总线，或产生重新开始信号，开始一次新的通信。

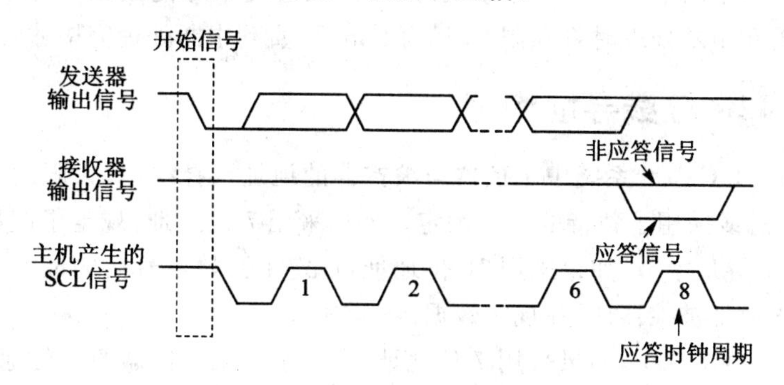

图 11－4　I2C 总线的应答信号

开始、重新开始和停止信号都由主控制器产生，应答信号由接收器产生，总线上带有 I2C 总线接口的器件很容易检测到这些信号。但是对于不具备这些硬件接口的 IC 来说，为了能准确地检测到这些信号，必须保证在 I2C 总线的一个时钟周期内对数据线至少进行两次采样。

11.2.2　I2C 总线上的数据传输格式

一般情况下，一个标准的 I2C 通信由 4 部分组成：开始信号、从机地址传输、数据传输和结束信号。

主机发送一个开始信号，启动一次 I2C 通信；在主机对从机寻址后，再在 I2C 总线上传输数据。I2C 总线上传送的每一个字节均为 8 位，首先发送的数据位为最高位，每传送一个字节后都必须跟随一个应答位，每次通信的数据字节数是没有限制的；在全部数据传送结束后，主机发送停止信号，结束通信。

如图 11－5 所示，时钟线 SCL 为低电平时，数据传送将停止进行。这种情况可

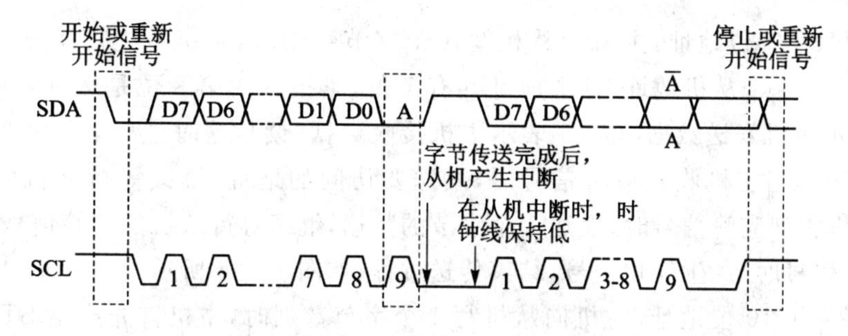

图 11－5　I2C 总线的数据传输格式

以用于当接收器接收到一个字节数据后要进行一些其他工作而无法立即接收下个数据时，迫使 I2C 总线进入等待状态，直到接收器准备好接收新数据，接收器再释放时钟线 SCL 使数据传送得以继续正常进行。例如，当接收器接收完主控制器的一个字节数据后，产生中断信号并进行中断处理，中断处理完毕才能接收下一个字节数据，这时，接收器在中断处理时将强制 SCL 为低电平，直到中断处理完毕才释放 SCL。

11.2.3 I2C 总线寻址约定

为了消除 I2C 总线系统中主控器与被控器的地址选择线，最大限度地简化总线连接线，I2C 总线采用了独特的寻址约定。如果采用 7 位地址，规定了起始信号后的第一个字节为寻址字节；如果采用 10 位地址，规定了开始信号后的前两个字节为寻址字节；用来寻址被控器件，并规定数据传送方向。

在 I2C 总线系统中，如果采用 7 位地址，寻址字节由被控器的 7 位地址位（D7～D1 位）和一位方向位（D0 位）组成；如果采用 10 位地址，寻址字节的第一个字节为 11110D10D9（11110 为固定代码，D10D9 为被控器的高 2 位地址位）和一位方向位（D0 位）组成，第二字节为被控器的 8 位地址位（D8～D1 位）。方向位为 0 时，表示主控器将数据写入被控器，为 1 时表示主控器从被控器读取数据。主控器发送起始信号后，立即发送寻址字节，这时总线上的所有器件都将寻址字节中的地址与自己器件地址比较。如果两者相同，则该器件认为被主控器寻址，并发送应答信号，被控器根据数据方向位（$R/\overline{W}$）确定自身是作为发送器还是接收器。

DSC 类型的外围器件作为被控器时，其 7 位从地址在 I2C 总线地址寄存器中设定。非 IC 类型的外围器件地址完全由器件类型与引脚电平给定。I2C 总线系统中，没有两个从机的地址是相同的。主控器不应该传输一个和它本身的从地址相同的地址。

11.2.4 主机向从机读/写 1 个字节数据的过程

1. 主机向从机写 1 个字节数据的过程

如果采用 7 位地址，主机向从机写 1 个字节数据时，主机首先产生 START 信号，然后发送一个从机地址，这个地址共有 7 位，紧接着的第 8 位是数据方向位（$R/\overline{W}$），0 表示主机发送数据（写），1 表示主机接收数据（读），这时主机等待从机的应答信号（ACK），当主机收到应答信号时，发送要访问的地址，继续等待从机的应答信号；当主机收到应答信号时，发送 1 个字节的数据，继续等待从机的应答信号；当主机收到响应信号时，产生停止信号，结束传送过程；如图 11－6 所示。

如果采用 10 位地址，主机向从机写 1 个字节数据时，主机首先产生 START 信号，然后发送从机地址（11110XX）的首字节，这个地址有效位为 2 位 XX（D10D9），紧接着的第 8 位是数据方向位（$R/\overline{W}$），0 表示主机发送数据（写），1 表示主机接收数据

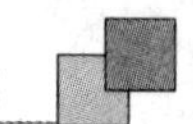

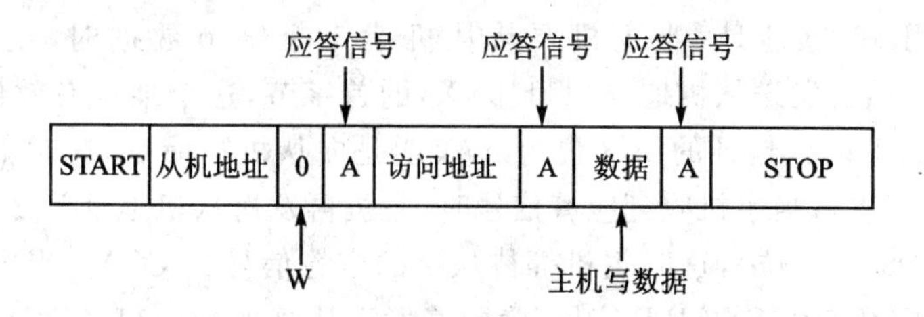

图 11-6　主机向从机写数据(7 位地址)

(读),这时主机等待从机的应答信号(ACK)。当主机收到应答信号时,主机再发送从机地址第 2 字节,这个地址共有 8 位(D8～D1 位),这时候主机等待从机的应答信号(ACK)。当主机收到应答信号时,发送要访问的地址,继续等待从机的应答信号;当主机收到应答信号时,发送 1 个字节的数据,继续等待从机的应答信号;当主机收到应答信号时,产生停止信号,结束传送过程;如图 11-7 所示。

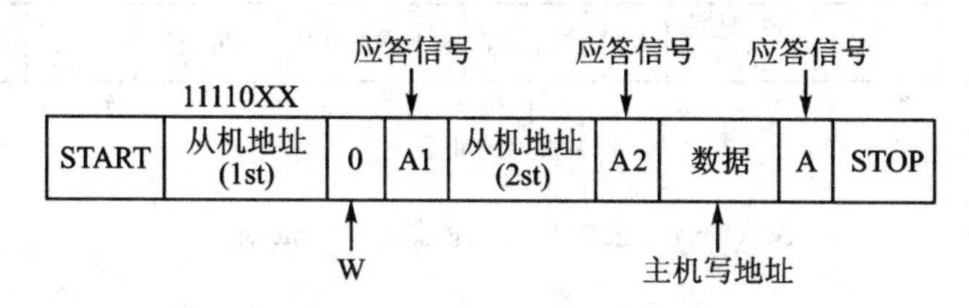

图 11-7　主机向从机写数据(10 位地址)

2. 主机从从机读 1 个字节数据的过程

如果采用 7 位地址,当主机从从机读 1 个字节数据时,主机首先产生 START 信号,然后发送一个从机地址,注意此时该地址的第 8 位为 0,表明是向从机写命令,这时主机等待从机的应答信号(ACK),当主机收到应答信号时,发送要访问的地址,继续等待从机的应答信号;当主机收到应答信号后,主机要改变通信模式(主机将由发送变为接收,从机将由接收变为发送),所以主机发送重新开始信号,然后发送一个从机地址,注意此时该地址的第 8 位为 1,表明将主机设置成接收模式开始读取数据,这时主机等待从机的应答信号,当主机收到应答信号时,就可以接收 1 个字节的数据,当接收完成后,主机发送非应答信号,表示不再接收数据,主机进而产生停止信号,结束传送过程,如图 11-8 所示。

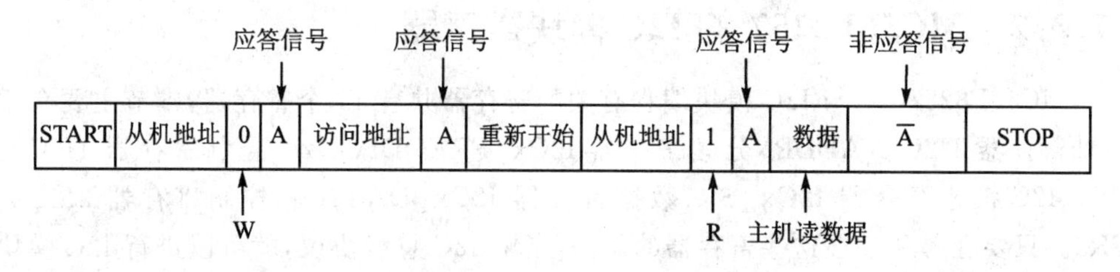

图 11-8　主机从从机读数据(7 位地址)

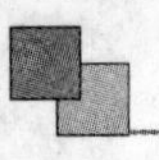

如果采用 10 位地址，当主机要从从机读 1 个字节数据时，主机首先产生 START 信号，然后发送从机地址(11110XX)的首字节，这个地址有效位为 2 位 XX(D10D9)，注意此时该地址的第 8 位为 0，表明是向从机写命令，这时主机等待从机的应答信号(ACK)；当主机收到应答信号时，主机再发送从机地址第 2 字节，这个地址共有 8 位(D8～D1 位)，这时主机等待从机的应答信号(ACK)。当主机收到应答信号时，主机重新产生 START 信号，紧跟着发送从机地址(11110XX)的首字节，这个地址有效位为 2 位 XX(D10D9)，注意此时该地址的第 8 位为 1，表明将主机设置成接收模式开始读取数据，这时主机等待从机的应答信号，当主机收到应答信号时，就可以接收 1 个字节的数据，当接收完成后，主机发送非应答信号，表示不再接收数据，主机进而产生停止信号，结束传送过程，如图 11－9 所示。

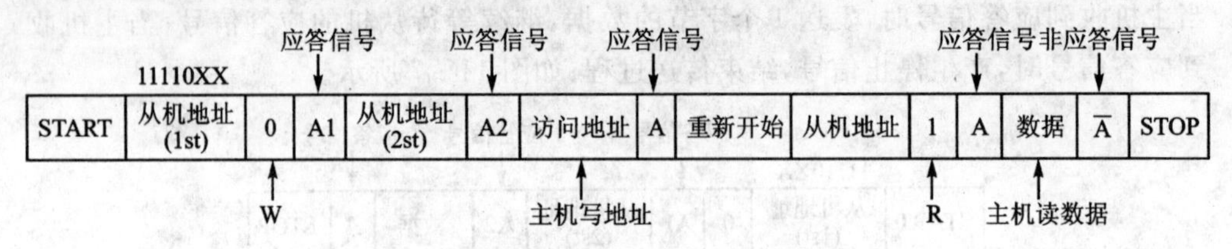

图 11－9　主机从从机读数据(10 位地址)

11.3　I2C 模块的编程基础

11.3.1　MC56F8257 的 I2C 模块

MC56F8257 内部集成了 2 个功能完全相同的 I2C 模块 I2C0 和 I2C1，I2C 总线以物理方式连接 2 条激活线和 1 条地线。激活线(称为 SDA 和 SCL)是双向的，SDA 是串行数据线，SCL 是串行时钟线。为了不影响 I2C 的灵活性，所有连接到这 2 条信号线的设备必须是漏极开路或集成电路开路输出，这些输出需带有外接上拉电阻，具体电路如图 11－1 所示。MC56F8257 的 I2C 模块具有兼容 I2C 总线标准、64 种不同串行时钟频率(可编程)、10 位地址扩展、开始和停止信号产生和检测、总线仲裁及支持系统管理总线(SMBus)标准等特点，具体功能方框图如图 11－10 所示。

11.3.2　MC56F8257 的 I2C 模块寄存器

MC56F8257 中，与 I2C 模块编程有关的寄存器共有 11 个寄存器，本节主要介绍地址寄存器 1I2Cx_ADDR、分频寄存器 I2Cx_FREQDIV、I2C 控制寄存器 1I2Cx_CR1、I2C 状态寄存器 I2Cx_SR、数据寄存器 I2Cx_DATA 和控制寄存器 2I2Cx_CR2。只要理解和掌握这些寄存器的用法，了解 I2C 总线协议，就可以进行 I2C 模块的编程。另外 5 个寄存器与系统管理总线 SMBus 编程有关，详细见手册。

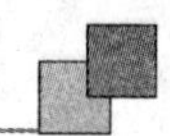

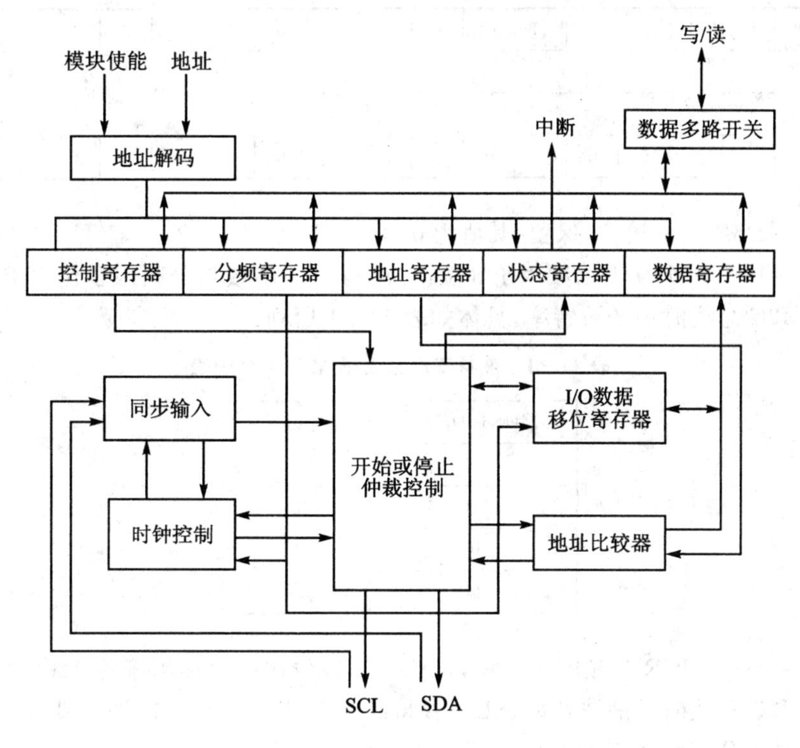

图11-10 I2C功能方框图

1. I2C地址寄存器1(I2Cx_ADDR)

I2C地址寄存器1(I2C0_ADDR、I2C1_ADDR)的地址分别为F210h和F220h，其定义如下：

数据位	15	14	13	12	11	10	9	8	7	6	5	4	3	2	1	0
读操作	0								AD[7:1]							0
写操作																
复位	0	0	0	0	0	0	0	0	0	0	0	0	0	0	0	0

D15～D8——只读位，保留，其值为0。

D7～D1——AD7～AD1地址位，可读写。当I2C模块作为从机时，该位域为其地址(7位地址)。当采用10地址时，该域为地址的低7位。

D0——只读位，保留，其值为0。

2. I2C分频寄存器(I2Cx_FREQDIV)

I2C分频寄存器(I2C0_ FREQDIV、I2C1_ FREQDIV)的地址分别为F211h和F221h，其定义如下：

数据位	15	14	13	12	11	10	9	8	7	6	5	4	3	2	1	0
读操作	0								MULT		ICR					
写操作																
复位	0	0	0	0	0	0	0	0	0	0	0	0	0	0	0	0

D15～D8——只读位，保留，其值为 0。

D7～D6——MULT 增频因子 a 位，可读写。该位域与分频因子位 ICR 配合使用，产生 I2C 总线时钟的波特率，具体如表 11－1 所列。

表 11－1　波特率增频因子 MULT 分配表

MULT(D7D6)	增频因子 a
00	1
01	2
10	4
11	保留

D5～D0——ICR 分频因子 b 位，可读写。该位域与增频因子位 MULT 配合使用，产生 I2C 总线时钟的波特率、SDA 保持时间、SCL 开始保持时间，其波特率如下式所示，具体分配表如表 11－2 所列。

I2C 波特率 ＝ 总线频率(Hz)/(a × b)　　(11－1)

SDA 保持时间是从 SCL 线上时钟的下降沿开始到 SDA 线上数据稳定这段时间，具体计算如下式所示：

SDA 保持时间 ＝ 总线周期(s) × a × SDA 保持值　　(11－2)

当 SCL 高电平(开始的条件下)时，SCL 开始信号保持时间从 SDA(I2C 数据)的下降沿开始延时到 SCL(I2C 时钟)的下降沿，具体计算如下式所示：

SCL 开始信号保持时间＝总线周期(s)× a ×SCL 开始信号保持值　(11－3)

当 SCL 高电平(停止的条件下)时，SCL 停止信号保持时间从 SCL(I2C 时钟)的上升沿开始延时到 SDA(I2C 数据)的上升沿，具体计算如下式所示：

SCL 停止信号保持时间＝总线周期(s)× a× SCL 停止信号保持值　(11－4)

表 11－2　I2C 波特率及保持时间分配表

ICR(十六进制)	SCL 分频因子 a	SD 保持值	SCL 保持(开始)值	SCL 保持(停止)值	ICR(十六进制)	SCL 分频因子 a	SDA 保持值(时钟)	SCL 保持(开始)值	SCL 保持(停止)值
00	20	7	6	11	20	160	17	78	81
01	22	7	7	12	21	192	17	94	97

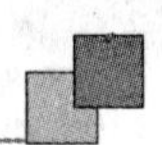

续表 11-2

ICR（十六进制）	SCL 分频因子 a	SD 保持值	SCL 保持（开始）值	SCL 保持（停止）值	ICR（十六进制）	SCL 分频因子 a	SDA 保持值（时钟）	SCL 保持（开始）值	SCL 保持（停止）值
02	24	8	8	13	22	224	33	110	113
03	26	8	9	14	23	256	33	126	129
04	28	9	10	15	24	288	49	142	145
05	30	9	11	16	25	320	49	158	161
06	34	10	13	18	26	384	65	190	193
07	40	10	16	21	27	480	65	238	241
08	28	7	10	15	28	320	33	158	161
09	32	7	12	17	29	384	33	190	193
0A	36	9	14	19	2A	448	65	222	225
0B	40	9	16	21	2B	512	65	254	257
0C	44	11	18	23	2C	576	97	286	289
0D	48	11	20	25	2D	640	97	318	321
0E	56	13	24	29	2E	768	129	382	385
0F	68	13	30	35	2F	960	129	478	481
10	48	9	18	25	30	40	65	318	321
11	56	9	22	29	31	768	65	382	385
12	64	13	26	33	32	896	129	446	449
13	72	13	30	37	33	1024	129	510	513
14	80	17	34	41	34	1152	193	574	577
15	88	17	38	45	35	1280	193	638	641
16	104	21	46	53	36	1536	257	766	769
17	128	21	58	65	37	1920	257	958	961
18	80	9	38	41	38	1280	129	638	641
19	96	9	46	48	39	1536	129	766	769
1A	112	17	54	57	3A	1792	257	894	897
1B	128	17	62	65	3B	2048	257	1022	1025
1C	144	25	70	73	3C	2304	385	1150	1153
1D	160	25	78	81	3D	2560	385	1278	1281
1E	192	33	94	97	3E	3072	513	1534	1537
1F	240	33	118	121	3F	3840	513	1918	1921

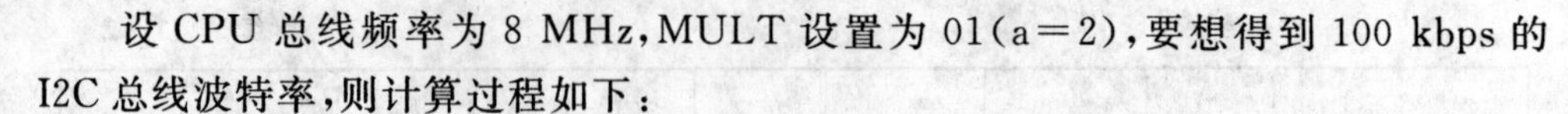

设 CPU 总线频率为 8 MHz，MULT 设置为 01(a=2)，要想得到 100 kbps 的 I2C 总线波特率，则计算过程如下：

① 根据公式(11-1)，将已知相应值带入得：

$$100000=8000000/(2\times b)$$

$$b=40$$

② 根据 SCL 分频因子 b 的值，在表 11-2 中查找相应的 ICR 值和 SDA 保持值，可以看到，当 b=40 时，ICR=＄07 或＄0B，相应的 SDA 保持值=10 或 9。

③ 根据公式(11-2)，算得：

ICR=＄07，SDA 保持值=10 时，SDA 保持时间 $=1/8000000\times2\times10=2.5\ \mu s$

ICR=＄0B，SDA 保持值=9 时，SDA 保持时间 $=1/8000000\times2\times9=2.25\ \mu s$

④ 较长的 SDA 保持时间，会降低通信速率，同时也增加了稳定性，并且能延长设备间的通信距离。编程时应以通信的可靠性为原则，选择合适的 SDA 保持时间来确定 ICR 值。如程序中选用 SDA 保持值=9，就能得到可靠的通信，那么将 ICR 设定为＄0B 即可；如果当 SDA 保持值=9 时通信不稳，就选择另一个为 10 的值进行实验，若通信仍不稳定，在保持 I2C 总线频率不变的前提下，可通过改变 MULT 位来调整 SDA 保持时间。

3. I2C 控制寄存器 1(I2Cx_CR1)

I2C 控制寄存器 1(I2C0_ CR1、I2C1_ CR1)的地址分别为 F212h 和 F222h，其定义如下：

数据位	15	14	13	12	11	10	9	8	7	6	5	4	3	2	1	0
读操作	0								IICEN	IICIE	MST	TX	TXAK		WUEN	0
写操作									IICEN	IICIE	MST	TX	TXAK	RSTA	WUEN	
复位	0	0	0	0	0	0	0	0	0	0	0	0	0	0	0	0

D15～D8——只读位，保留，其值为 0。

D7——IICEN，I2C 使能位，可读写。允许 I2C 模块工作。IICEN=0，禁止 I2C 模块；IICEN=1，允许 I2C 模块。

D6——IICIE，I2C 模块中断使能位，可读写。允许 I2C 中断请求。IICIE=0，禁止 I2C 模块中断；IICIE=1，允许 I2C 模块中断。

D5——MST，主机模式选择位，可读写。当该位从 0 变为 1 时，在总线上会产生一个开始信号 START 并且选择主机模式。当 MST 位从 1 改变为 0 时，将产生一个停止信号 STOP，主机模式变为从机模式。MST=0，从机模式；MST=1，主机模式。

D4——TX，发送模式选择位，可读写。该位选择主机和从机的传输方向。主机模式下，该位必须根据传输要求来设置。因此，传输地址时，该位常被置位。如果寻

址从机时，则根据状态寄存器 I2Cx_SR [SRW]位状态软件设置该位。TX=0，接收；TX=1，发送。

D3——TXAK，传输应答使能位，可读写。无论是主机还是从机接收，在应答周期内，该位表明 SDA 值已收到。TXAK=0，在当前接收字节或接收下一个字节时，应答信号已发送到总线上；TXAK=1，在当前接收字节或接收下一个字节时，没有应答信号发送到总线上。

D2——RSTA，重新开始位，只写。主机模式下，置位该位将产生一个重新开始信号。读该位，其值总为 0。在不适当时候，尝试重新开始，则丧失仲裁能力。

D1——WUEN，唤醒使能位，可读写。当从机地址匹配时，I2C 模块能够将内核从停止状态唤醒。WUEN=0，正常操作。停止模式下，地址匹配时，没有中断产生；WUEN=1，停止模式下，能唤醒内核。

D0——只读位，保留，其值为 0。

4. I2C 状态寄存器(I2Cx_SR)

I2C 状态寄存器(I2C0_ SR、I2C1_ SR)的地址分别为 F213h 和 F223h，其定义如下：

<table>
<tr><td>数据位</td><td>15</td><td>14</td><td>13</td><td>12</td><td>11</td><td>10</td><td>9</td><td>8</td><td>7</td><td>6</td><td>5</td><td>4</td><td>3</td><td>2</td><td>1</td><td>0</td></tr>
<tr><td>读操作</td><td colspan="8">0</td><td>TCF</td><td rowspan="2">IAAS</td><td>BUSY</td><td rowspan="2">ARBL</td><td>0</td><td>SRW</td><td rowspan="2">IICIF</td><td>RXAK</td></tr>
<tr><td>写操作</td><td colspan="8"></td><td></td><td></td><td></td><td></td><td></td></tr>
<tr><td>复位</td><td>0</td><td>0</td><td>0</td><td>0</td><td>0</td><td>0</td><td>0</td><td>0</td><td>1</td><td>0</td><td>0</td><td>0</td><td>0</td><td>0</td><td>0</td><td>0</td></tr>
</table>

D15～D8——只读位，保留，其值为 0。

D7——TCF，发送完成标志位，只读。一个字节传送完毕后，置位该位并发送应答位。接收模式下读 I2C 数据寄存器 I2Cx_DATA，或发送模式下写 I2Cx_DATA，都可以清除该位。TCF=0，发送正在进行；TCF=1，发送已经完成。

D6——IAAS，寻址从机位，可读写。该位在发送 ACK 前被置位。CPU 检查 SRW 位，相应设置 Tx/Rx 模式。当写 I2C 控制寄存器 1I2Cx_CR1 时，清零该位。IAAS=0，未寻址从机；IAAS=1，寻址从机。

D5——BUSY，总线忙标志位，只读。无论 I2C 模块作为主机还是从机，该位都用来标志 I2C 总线上的状态。当检测到开始信号 START，置位该位。当检测到停止信号 STOP，清零该位。BUSY=0，总线空闲；BUSY=1，总线忙。

D4——ARBL，仲裁丢失位，可读写。当仲裁丢失时，该位被硬件置位。通过软件向该位写 1 来清除该位。ARBL=0，总线正常工作；ARBL=1，仲裁丢失。

D3——只读位，保留，其值为 0。

D2——SRW，从机读写标志位，只读。当 I2C 模块寻址从机时，该位表示主机发送的寻址地址第 8 位即主机读/写控制位的值。SRW=0，从机为接收模式，主机向从机写数据；SRW=1，从机为发送模式，主机从从机读数据。

D1——IICIF,I2C 中断标志位,可读写。当中断发生时,置位该位。在中断服务程序中,通过软件向该位写 1 清零该位。IICIF＝0,未发生中断;IICIF＝1,中断挂起。

D0——RXAK,接收应答标志位,只读。RXAK＝0,表示在 I2C 总线上传送完一个字节后,接收到了应答信号;RXAK＝1,表示没有检测到应答信号。

5. I2C 数据寄存器(I2Cx_DATA)

I2C 数据寄存器(I2C0_ DATA、I2C1_ DATA)的地址分别为 F214h 和 F224h,其定义如下:

数据位	15	14	13	12	11	10	9	8	7	6	5	4	3	2	1	0
读操作	0								DATA							
写操作																
复位	0	0	0	0	0	0	0	0	0	0	0	0	0	0	0	0

D15～D8——只读位,保留,其值为 0。

D7～D0——DATA,数据位,可读写。主机模式下,当数据写入这些域时,启动数据发送,最高位被首先发送出去;当读这些域时,启动下一个字节数据的接收。从机模式下,当主机寻址到从机时,其发送和接收过程同主机模式。

I2Cx_CR1[TX]位必须正确地反映主机和从机所要求的传输方向,以便开始传输。例如,I2C 模块已经配置成主机发送,这时又渴望主机接收,那么读这些域不会启动接收。当 I2C 模块已经配置成主机接收或从机接收模式时,读这些域将返回最后一个接收的字节。

6. I2C 控制寄存器 2(I2Cx_CR2)

I2C 控制寄存器 2(I2C0_ CR2、I2C1_ CR2)的地址分别为 F215h 和 F225h,其定义如下:

数据位	15	14	13	12	11	10	9	8	7	6	5	4	3	2	1	0
读操作	0								GCAEN	ADEXT	0	0	0	AD[10：8]		
写操作																
复位	0	0	0	0	0	0	0	0	0	0	0	0	0	0	0	0

D15～D8——只读位,保留,其值为 0。

D7——GCAEN,广播地址使能位,可读写。使能广播地址。GCAEN＝0,禁止广播地址;GCAEN＝1,使能广播地址。

D6——ADEXT,地址扩展位,可读写。控制从机地址位数。ADEXT＝0,7 位地址;ADEXT＝1,10 位地址。

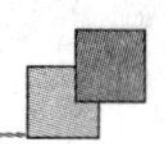

D5～D3——只读位，保留，其值为 0。

D2～D0——AD[10：8]，从机地址位，可读写。从机 10 位地址方案时，该位域为从机高 3 位地址。该位域仅仅在 ADEXT 位置位时才有效。

11.3.3　MC56F8257 的 I2C 模块中断

MC56F8257 包括两个 I2C 模块 I2C0 和 I2C1，每个模块对应一个 I2C 中断，其中断矢量号分别为 38 和 37，优先级可编程配置为 0～2。如果使能 I2C 模块中断(I2Cx_CR1[IICIE] = 1)，且表 11-3 中任何事件发生，则 I2C 模块中断标志位 I2Cx_SR[IICIF]置位，产生 I2C 中断。在中断服务程序中，通过软件向 I2Cx_SR[IICIF]位写 1 清零该位。

表 11-3　I2C 模块中断情况表

中断源	状　态	标　志	局部使能
发送 1 字节完成	TCF	IICIF	IICIE
接收到匹配的寻址	IAAS	IICIF	IICIE
仲裁丢失	ARBL	IICIF	IICIE
从停止状态唤醒中断	IAAS	IICIF	IICIE 且 WVEN

发送 1 个字节中，当 8 位数据发送完成时，在时钟 SCL 的第 9 个时钟的下降沿，将发送完成标志位 I2Cx_SR[TCF]置位，这表明一个字节和应答发送完成。如果置位 I2C 模块中断使能位 I2Cx_CR1[IICIE]，I2C 模块发出中断请求。

当主机寻址与可编程从机地址(I2C 地址寄存器 I2Cx_ADDR)匹配，或 I2Cx_CR2[GCAEN]位置位且接收到一个广播地址时，状态寄存器中 I2Cx_SR[IAAS]位置位。如果置位 I2C 模块中断使能位 I2Cx_CR1[IICIE]，I2C 模块发出中断请求。

I2C 总线是一个允许多个主机连接的多主机总线。如果两个或者更多的主机试图在同一时间控制总线，则需要仲裁机制决定哪个主机获得总线控制权(相对优先权)。I2C 总线中，如果一个主机在仲裁过程中失去总线控制权，则其状态寄存器 I2Cx_SR[ARBL]位置位，表明丢失总线控制权。这时如果置位 I2C 模块中断使能位 I2Cx_CR1[IICIE]，I2C 模块发出中断请求。在中断服务程序中，通过软件向 I2Cx_SR[ARBL]位写 1 清零该位。

在低功率模式(等待或停止)中，从机仍然能够接收和进行地址匹配。如果中断没有被屏蔽，寻址或者广播地址能使 CPU 从低功耗/停止模式中退出，将发送完成标志位 I2Cx_SR[TCF]置位或状态寄存器中 I2Cx_SR[IAAS]位置位，I2C 模块发出中断请求。

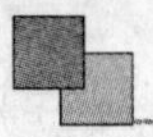

11.3.4 MC56F8257 的 I2C 模块初始化

1. 设置波特率

I2C 总线主从机间通信，首先要保证双方时钟一致，即主从机波特率相同。波特率是通过设定 I2C 分频寄存器 I2Cx_FREQDIV（分频因子）对系统总线频率分频获得。编程时，应根据与 MC56F8257 通信的从机设备的 I2C 总线频率范围，确定具体的波特率，设置分频寄存器 I2Cx_FREQDIV。一般 I2C 总线频率不超过 100 kbps，可以通过减少 I2C 总线上的负载，提高 I2C 总线频率，使其最大波特率达到 CPU 总线频率的 1/20。

2. 从机 I2C 模块初始化

初始化从机 I2C 模块主要有以下 5 个步骤：

① 对控制寄存器 2 I2Cx_CR2 写入，使能或禁止广播寻址，并设置 10 位或 7 位寻址模式；

② 对地址寄存器 I2Cx_ADDR 写入，设定从机地址；

③ 对控制寄存器 1 I2Cx_CR1 写入，使能 I2C 模块（I2Cx_CR1[IICEN]＝1）及其中断（I2Cx_CR1[IICIE]＝1）；

④ 初始化 RAM 变量，准备数据传输；

⑤ 初始化 RAM 的变量，按照图 11－11 进行数据处理。

3. 主机 I2C 模块初始化

初始化主机 I2C 模块主要有以下 7 个步骤：

① 设定 I2C 分频寄存器 I2Cx_FREQDIV，即设定 I2C 模块波特率；波特率计算方法见第 11.3.2 小节；

② 对控制寄存器 1 I2Cx_CR1 写入，使能 I2C 模块（I2Cx_CR1[IICEN]＝1）及其中断（I2Cx_CR1[IICIE]＝1）；

③ 初始化 RAM 变量，准备数据传输；

④ 初始化 RAM 的变量，按照图 11－11 进行数据处理；

⑤ 对控制寄存器 1 I2Cx_CR1 写入，使能发送（I2Cx_CR1[TX] ＝ 1）；

⑥ 对控制寄存器 1 I2Cx_CR1 写入，设置主机模式（I2Cx_CR1[MST] ＝ 1）；

⑦ 将 8 位数据写入数据寄存器 I2Cx_DATA，这 8 位数据的高 7 位为从机地址，最低位 LSB 状态决定是主机发送还是接收。

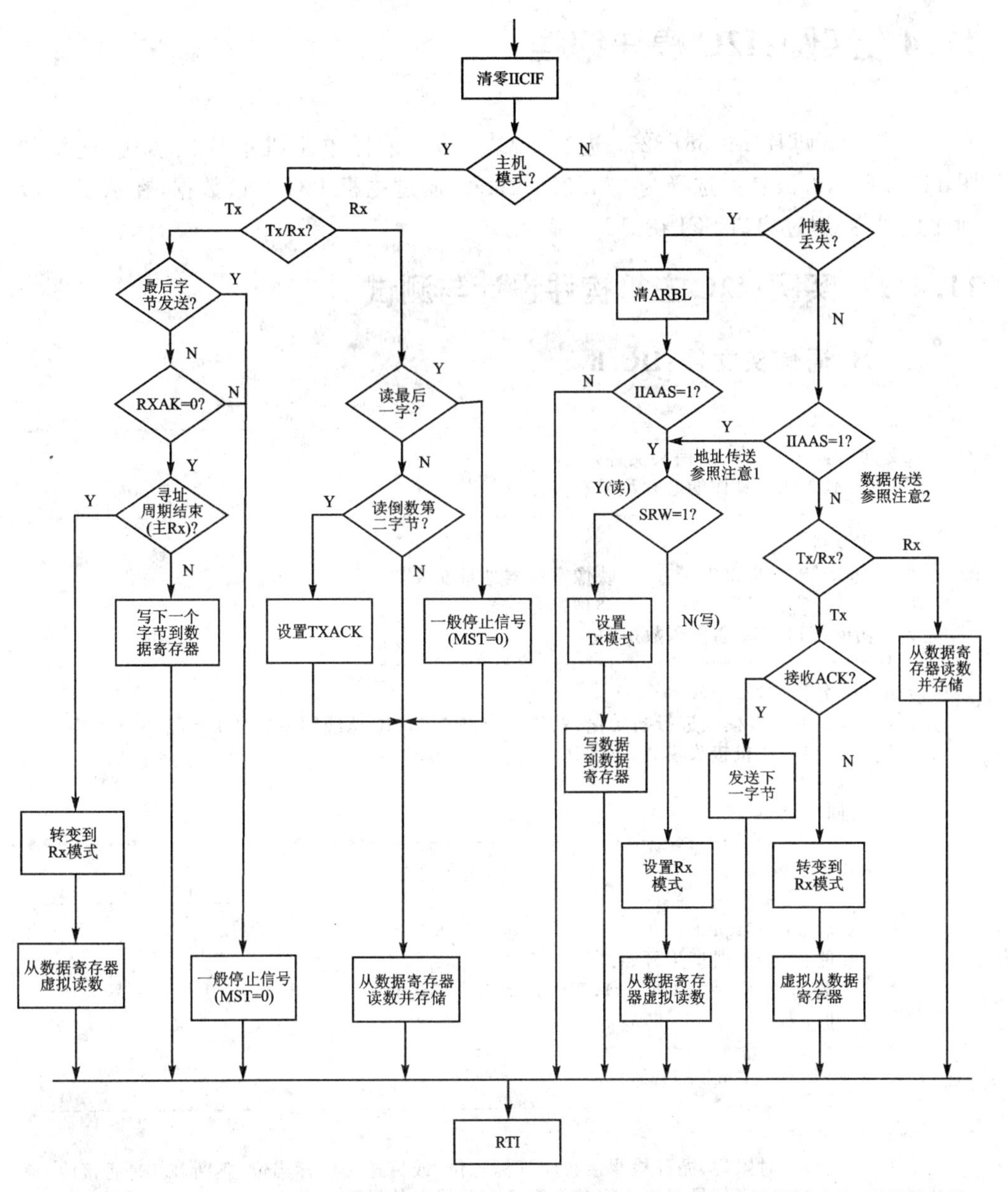

① 如果广播寻址，检查以确定接收的地址是否是广播地址(0x00)。如果接收地址是广播地址，则用软件处理该广播。

② 当采用 10 位地址寻址从机时，在扩展地址的首字节之后，从机不断查询以免中断丢失，数据寄存器的内容忽略且被当作无效数据。

图 11－11　I2C 中断服务程序

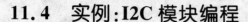

11.4 实例:I2C 模块编程

本节给出两片 MC56F8257 进行 I2C 通信。采样单主机单从机模式,连接如图 11-1所示。波特率选择为 234.375 kHz。通过主机 I2C 发送数据,在从机上收到此数据,并通过串口 SCI 在 PC 上显示。

11.4.1 实例:I2C 主机构件设计与测试

1. I2C 通信头文件:IIC.h

```
//-----------------------------------------------------------------*
//文件名:IIC.h(IIC通信头文件)                                        *
//说明:本文件与具体的芯片型号有关                                       *
//-----------------------------------------------------------------*
//1 头文件
#include "MC56F8257.h"    //映像寄存器地址头文件
#include "Type.h"         //类型别名定义
//2 功能接口(IIC通信函数声明)
//-----------------------------------------------------------------*
//函 数 名:IICinit                                                   *
//功    能:对 IIC 模块进行初始化,默认为允许 IIC,IIC 总线频率:250 kHz,禁止 IIC 中  *
//          断,从机接收模式,不发送应答信号                                   *
//参    数:无                                                         *
//返    回:无                                                         *
//-----------------------------------------------------------------*
void IICinit(void);
//-----------------------------------------------------------------*
//函 数 名:SendSignal                                                *
//功    能:根据需要产生开始或停止信号                                       *
//参    数:Signal = 'S'(Start),产生开始信号;Signal = 'O'(Over),产生停止信号   *
//返    回:无                                                         *
//-----------------------------------------------------------------*
void SendSignal(uint8 Signal);
//-----------------------------------------------------------------*
//函 数 名:Wait                                                      *
//功    能:在时限内,循环检测接收应答标志位,或传送完成标志位,判断 MCU 是否接收   *
//          到应答信号或一个字节是否已在总线上传送完毕                          *
//参    数:x = 'A'(Ack),等待应答;x = 'T'(Transmission),等待一个字节数据传输   *
//          完成                                                        *
//返    回:0,收到应答信号或一个字节传送完毕;1,未收到应答信号或一个字节没传    *
//          送完                                                        *
//-----------------------------------------------------------------*
uint8 Wait(uint8 x);
//-----------------------------------------------------------------*
//函 数 名:IICread1                                                  *
//功    能:从从机读 1 个字节数据                                          *
```

```
//参    数:                                                          *
//          (1) DeviceAddr:设备地址                                   *
//          (2) Data:带回收到的一个字节数据                             *
//返    回:0,成功读一个字节;1,读一个字节失败                           *
//内部调用:SendSignal,Wait                                            *
//--------------------------------------------------------------------*
uint8 IICread1(uint16 DeviceAddr, uint16 *Data);
//--------------------------------------------------------------------*
//函 数 名:IICwrite1                                                   *
//功    能:向从机写 1 个字节数据                                        *
//参    数:                                                          *
//          (1) DeviceAddr:设备地址                                   *
//          (2) Data:要发给从机的 1 个字节数据                          *
//返     回:0,成功写一个字节; 1,写一个字节失败                          *
//内部调用:SendSignal,Wait                                            *
//--------------------------------------------------------------------*
uint8 IICwrite1(uint16 DeviceAddr, uint16 Data);
//--------------------------------------------------------------------*
//函 数 名:IICreadN                                                    *
//功    能:从从机读 N 个字节数据                                        *
//参    数:                                                          *
//          (1) DeviceAddr:设备地址                                   *
//          (2) Data[]:读出数据的缓冲区                                *
//          (3) N:从从机读的字节个数                                   *
//返    回:0,成功读 N 个字节;1,读 N 个字节失败                         *
//内部调用:IICread1                                                   *
//--------------------------------------------------------------------*
uint8 IICreadN(uint16 DeviceAddr, uint16 Data[], uint16 N);
//--------------------------------------------------------------------*
//函 数 名:IICwriteN                                                   *
//功    能:向从机写 N 个字节数据                                        *
//参    数:                                                          *
//          (1) DeviceAddr:设备地址                                   *
//          (2) Data[]:要写入的数据                                    *
//          (3) N:写入数据个数                                         *
//返    回:0,成功写 N 个字节;1,写 N 个字节失败                         *
//内部调用:IICwrite1                                                  *
//--------------------------------------------------------------------*
uint8 IICwriteN(uint16 DeviceAddr, uint16 Data[], uint16 N);
#endif
```

2. I2C 通信文件:IIC.c

```
//--------------------------------------------------------------------*
//文件名:IIC.c(IIC 总线通信)                                          *
//硬件连接:                                                           *
//     MCU 的 IIC 接口与从机的 IIC 接口相连,56F8257 的 IIC1 模块的引脚 SDA1 和 SCL1  *
// 分别与 PTC14 和 PTC15 引脚复用,这两个引脚应分别与从机的 IIC 模块的 SDA 和   *
// SCL 相连                                                            *
//说明:本文件与具体的芯片型号有关                                       *
```

```
//--------------------------------------------------------------------*
//头文件
#include "IIC.h"
//--------------------------------------------------------------------*
//函 数 名:IICinit                                                     *
//功    能:对 IIC 模块进行初始化,默认为允许 IIC,IIC 总线频率:234.375 kHz,  *
//        禁止 IIC 中断,从机接收模式,发送应答信号                       *
//参    数:无                                                          *
//返    回:无                                                          *
//--------------------------------------------------------------------*
void IICinit(void)
{
    //1  引脚时钟与模块时钟的是能
    SIM_PCE1 |= SIM_PCE1_IIC1_MASK;    //使能 I2C1 模块时钟
    SIM_PCE0 |= SIM_PCE0_GPIOF_MASK;   //使能 C 口时钟
    //使能 F2\F3 的外设功能
    GPIO_F_PEREN |= GPIO_F_PEREN_PE2_MASK | GPIO_F_PEREN_PE3_MASK;
    //2 I2C 寄存器设置
    I2C1_FREQDIV = 0b0000000001010111;//IIC 总线频率:234.375 kHz,SDA 保持时间:0.7 μs
                                 //||||||||___ICR
                                 //||_________MULT,2 分频
    I2C1_ADDR = 0xB0;          //D7 - D0 位是 MCU 作为从机时的地址,最低位不使用
    I2C1_CR1 = 0b0000000010000000;  //设置控制寄存器
    //                          |||||_____发送应答信号
    //                          ||||______接收模式
    //                          |||_______从机模式
    //                          ||________IIC 中断禁止
    //                          |_________使能 IIC
}
//--------------------------------------------------------------------*
//函 数 名:SendSignal                                                  *
//功    能:根据需要产生开始或停止信号                                   *
//参    数:Signal = 'S'(Start),产生开始信号;Signal = 'O'(Over),产生停止信号 *
//返    回:无                                                          *
//--------------------------------------------------------------------*
void SendSignal(uint8 Signal)
{
   if (Signal == 'S')
        I2C1_CR1 |= I2C1_CR1_MST_MASK;  //主机模式选择位 MST 由 0 变为 1,可以产生
                                        //开始信号
    else if (Signal == 'O')
        I2C1_CR1 &= ~I2C1_CR1_MST_MASK;
 }
//--------------------------------------------------------------------*
//函 数 名:Wait                                                        *
//功    能:在时限内,循环检测接收应答标志位,或传送完成标志位,判断 MCU 是否接收 *
//        到应答信号或一个字节是否已在总线上传送完毕                    *
//参    数:x = 'A'(Ack),等待应答;x = 'T'(Transmission),等待一个字节数据传输 *
//        完成                                                         *
//返    回:0,收到应答信号或一个字节传送完毕;1,未收到应答信号或一个字节没传 *
```

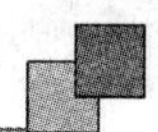

```
//          送完                                                  *
//--------------------------------------------------------------*
uint8 Wait(uint8 x)
{
    uint32 ErrTime, i;
    ErrTime = 500000;     //定义查询超时时限
    for (i = 0;i < ErrTime;i ++ )
    {
        if (x == 'A')            //等待应答信号
        {
            if ((I2C1_SR & I2C1_SR_RXAK_MASK) == 0)
                return 0;        //传送完一个字节后,收到了从机的应答信号
        }
        else if (x == 'T')       //等待传送完成一个字节信号
        {
            if ((I2C1_SR & I2C1_SR_IICIF_MASK) != 0)
            {
                I2C1_SR |= I2C1_SR_IICIF_MASK;     //清 IICIF 标志位
                return 0;            //成功发送完一个字节
            }
        }
    }
    if (i >= ErrTime)
        return 1;       //超时,没有收到应答信号或发送完一个字节
}
//--------------------------------------------------------------*
//函 数 名:IICread1                                             *
//功    能:从从机读 1 个字节数据                                  *
//参    数:                                                     *
//          (1) DeviceAddr:设备地址                              *
//          (2) Data:带回收到的一个字节数据                        *
//返    回:0,成功读一个字节;1,读一个字节失败                       *
//内部调用:SendSignal,Wait                                       *
//--------------------------------------------------------------*
uint8 IICread1(uint16 DeviceAddr,  uint16 * Data)
{
    I2C1_CR1 |= I2C1_CR1_TX_MASK;     //TX = 1,MCU 设置为发送模式
    SendSignal('S');                  //发送开始信号
    I2C1_DATA = DeviceAddr & 0x00fe;   //发送设备地址,并通知从机接收数据
    if (Wait('T'))                    //等待一个字节数据传送完成
        return 1;                      //没有传送成功,读一个字节失败
    if (Wait('A'))                    //等待从机应答信号
        return 1;                      //没有等到应答信号,读一个字节失败
    I2C1_CR1 |= I2C1_CR1_RSTA_MASK;  //主机模式下,RSTA 位置 1,产生重复开始信号
    I2C1_DATA = DeviceAddr | 0x0001;   //通知从机改为发送数据
    if (Wait('T'))                    //等待一个字节数据传送完成
        return 1;                      //没有传送成功,读一个字节失败
    if (Wait('A'))                    //等待从机应答信号
        return 1;                      //没有等到应答信号,读一个字节失败
    I2C1_CR1 &= 0xef;                  //TX = 0,MCU 设置为接收模式
```

```
    *Data = I2C1_DATA;                    //读出 IIC1D,准备接收数据
    if (Wait('T'))                        //等待一个字节数据传送完成
        return 1;                         //没有传送成功,读一个字节失败
    SendSignal('O');                      //发送停止信号
    *Data = I2C1_DATA;                    //读出接收到的一个数据
    return 0;                             //正确接收到一个字节数据
}
//-----------------------------------------------------------------*
//函 数 名:IICwrite1                                                *
//功    能:向从机写 1 个字节数据                                     *
//参    数:                                                        *
//         (1) DeviceAddr:设备地址                                   *
//         (2) Data:要发给从机的 1 个字节数据                         *
//返    回:0,成功写一个字节;1,写一个字节失败                         *
//内部调用:SendSignal,Wait                                           *
//-----------------------------------------------------------------*
uint8 IICwrite1(uint16 DeviceAddr, uint16 Data)
{
    I2C1_CR1 |= I2C1_CR1_TX_MASK;    //TX = 1,MCU 设置为发送模式
    SendSignal('S');                 //发送开始信号
    I2C1_DATA = DeviceAddr & 0x00FE; //发送设备地址,并通知从机接收数据
    if (Wait('T'))                   //等待一个字节数据传送完成
        return 1;                    //没有传送成功,写一个字节失败
    if (Wait('A'))                   //等待从机应答信号
        return 1;                    //没有等到应答信号,写一个字节失败
    I2C1_DATA = Data;                //写数据
    if (Wait('T'))                   //等待一个字节数据传送完成
        return 1;                    //没有传送成功,写一个字节失败
    if (Wait('A'))                   //等待从机应答信号
        return 1;                    //没有等到应答信号,写一个字节失败
    SendSignal('O');                 //发送停止信号
    return 0;
}
//-----------------------------------------------------------------*
//函 数 名:IICreadN                                                 *
//功    能:从从机读 N 个字节数据                                     *
//参    数:                                                        *
//         (1) DeviceAddr:设备地址                                   *
//         (2) Data:读出数据的缓冲区                                 *
//         (3) N:从从机读的字节个数                                  *
//返    回:0,成功读 N 个字节;1,读 N 个字节失败                       *
//内部调用:IICread1                                                 *
//-----------------------------------------------------------------*
uint8 IICreadN(uint16 DeviceAddr, uint16 Data[], uint16 N)
{
    uint8 i, j;
    for (i = 0;i < N;i++)
    {
        for(j = 0;j < 15;j++);    //最小延时(发送的每个字节之间要有时间间隔)
        if (IICread1(DeviceAddr, &Data[i]))
```

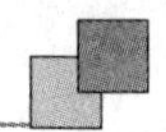

```
            return 1;               //其中一个字节没有接收到,返回失败标志 1
    }
    if (i >= N)
        return 0;                   //成功接收 N 个数据,返回成功标志 0
}
//-----------------------------------------------------------------------*
//函 数 名:IICwriteN                                                      *
//功    能:向从机写 N 个字节数据                                           *
//参    数:                                                              *
//         (1) DeviceAddr:设备地址                                        *
//         (2) Data:要写入的数据                                          *
//         (3) N:写入数据个数                                             *
//返    回:为 0,成功写 N 个字节;为 1,写 N 个字节失败                       *
//内部调用:IICwrite1                                                      *
//-----------------------------------------------------------------------*
uint8 IICwriteN(uint16 DeviceAddr, uint16 Data[], uint16 N)
{
    uint8 i, j;
    for (i = 0;i < N;i++)
    {
        for(j = 0;j < 15;j++);      //最小延时(发送的每个字节之间要有时间间隔)
        if (IICwrite1(DeviceAddr, Data[i]))
            return 1;               //其中一个字节没有发送出去,返回失败标志 1
    }
    if (i >= N)
        return 0;           //成功发送 N 个数据,返回成功标志 0
}
```

3. I2C 主函数 main.c

```
//-----------------------------------------------------------------------*
// 工 程 名: IIC_master                                                   *
// 硬件连接: (1)PTE 口 7 脚接指示灯                                        *
//           (2)目标板上的串口 0 接 PC 机串口                              *
//           (3)连接飞思卡尔实验箱内 IIC1                                  *
//           (4)两个 MCU 通过 IIC 通信,实现主发从收功能                    *
// 程序描述: IIC 主机向 IIC 从机发送数据,IIC 主机通过串口发送给 PC 机显示出来, *
//           当 IIC 从机接收到数据时,通过串口发送给 PC 机显示所收到数据      *
// 目    的: 初步掌握 IIC 串行通信的基本知识                               *
// 说    明: 波特率为 234.375,使用 IIC0 口                                 *
//-----------------------------------------------------------------------*
//头文件
#include "Includes.h"

//主函数
void main(void)
{
    //1 主程序使用的变量定义
    uint32 runcount;                //运行计数
    uint16 Data = 0x0035;           //存放 IIC 发送数据
```

```
    //2 关中断
    DisableInterrupt();                          //禁止总中断
    //3 芯片初始化
    DSCinit();
    //4 模块初始化
    Light_Init(Light_Run_PORT,Light_Run,Light_OFF); //指示灯初始化
    QSCIInit(0,SYSTEM_CLOCK,9600);               //串行口初始化
    IICinit();                     //IIC通信初始化(IIC波特率 = 234.375 kHz)
    //5 主循环
    while(1)
    {
        //1 主循环计数到一定的值,使小灯的亮、暗状态切换
        runcount++;
        if(runcount>=500000)
        {
            Light_Change(Light_Run_PORT,Light_Run);//指示灯的亮、暗状态切换
            runcount=0;
           //2 主循环执行的任务
           while(IICwrite1(0x00F2,Data));     //向从机地址0x72写入数据
           QSCISend1(0,Data);                  //串口显示所发数据
        }
    }
}
```

11.4.2 实例:I2C 从机构件设计与测试

1. I2C 通信头文件:IIC.h

```
//-----------------------------------------------------------------------*
//文件名:IIC.h(IIC通信头文件)                                           *
//说明:本文件与具体的芯片型号有关                                        *
//-----------------------------------------------------------------------*
//1 头文件
#include "MC56F8257.h"   //映像寄存器地址头文件
#include "Type.h"        //类型别名定义
//2.2 中断宏定义
#define EnableIICInt() I2C0_CR1 |= I2C0_CR1_IICIE_MASK       //开放IIC接收中断
#define DisableIICInt() I2C0_CR1 &= ~I2C0_CR1_IICIE_MASK     //禁止IIC接收中断
//3 功能接口(IIC通信函数声明)
//-----------------------------------------------------------------------*
//函 数 名:IICinit                                                       *
//功    能:对IIC模块进行初始化,默认为允许IIC,IIC总线频率:250 kHz,禁止IIC中 *
//          断,从机接收模式,不发送应答信号                                *
//参    数:无                                                            *
//返    回:无                                                            *
//-----------------------------------------------------------------------*
void IICinit(void);
//-----------------------------------------------------------------------*
//函 数 名:Wait                                                          *
```

```
//功      能:在时限内,循环检测接收应答标志位,或传送完成标志位,判断 MCU 是否接收  *
//           到应答信号或一个字节是否已在总线上传送完毕                            *
//参      数:x = 'A'(Ack),等待应答;x = 'T'(Transmission),等待一个字节数据传输  *
//           完成                                                                *
//返      回:0,收到应答信号或一个字节传送完毕;1,未收到应答信号或一个字节没传    *
//           送完                                                                *
//-----------------------------------------------------------------------------*
uint8 Wait(uint8 x);
//-----------------------------------------------------------------------------*
//函 数 名:IICread1                                                            *
//功      能:从从机读 1 个字节数据                                             *
//参      数:                                                                  *
//          (1) DeviceAddr:设备地址                                            *
//          (2) Data:带回收到的一个字节数据                                    *
//返      回:0,成功读一个字节;1,读一个字节失败                               *
//内部调用:Wait                                                                *
//-----------------------------------------------------------------------------*
uint8 IICread1(uint16 DeviceAddr, uint16 * Data);
//-----------------------------------------------------------------------------*
//函 数 名:IICreadN                                                            *
//功      能:从从机读 N 个字节数据                                             *
//参      数:                                                                  *
//          (1) DeviceAddr:设备地址                                            *
//          (2) Data:读出数据的缓冲区                                          *
//          (3) N:从从机读的字节个数                                           *
//返      回:0,成功读 N 个字节;1,读 N 个字节失败                             *
//内部调用:IICread1                                                            *
//-----------------------------------------------------------------------------*
uint8 IICreadN(uint16 DeviceAddr, uint16 Data[], uint16 N);
#endif
```

2. I2C 通信文件:IIC.c

```
//-----------------------------------------------------------------------------*
//文件名:IIC.c(IIC 总线通信)                                                   *
//硬件连接:                                                                    *
//    MCU 的 IIC 接口与从机的 IIC 接口相连,56F8257 的 IIC1 模块的引脚 SDA1 和 SCL1 *
//    分别与 PTC14 和 PTC15 引脚复用,这两个引脚应分别与从机的 IIC 模块的 SDA 和  *
//    SCL 相连                                                                 *
//说明:本文件与具体的芯片型号有关                                              *
//-----------------------------------------------------------------------------*
//头文件
#include "IIC.h"
//-----------------------------------------------------------------------------*
//函 数 名:IICinit                                                             *
//功      能:对 IIC 模块进行初始化,默认为允许 IIC,IIC 总线频率:234.375 kHz,   *
//           使能 IIC 中断,从机接收模式,发送应答信号                          *
//参      数:无                                                                *
//返      回:无                                                                *
//-----------------------------------------------------------------------------*
```

```
void IICinit(void)
{
    //1 引脚时钟与模块时钟的是能
    SIM_PCE1 |= SIM_PCE1_IIC1_MASK;    //使能 I2C1 模块时钟
    SIM_PCE0 |= SIM_PCE0_GPIOF_MASK;   //使能 C 口时钟
     //使能 F2\F3 的外设功能
    GPIO_F_PEREN |= GPIO_F_PEREN_PE2_MASK | GPIO_F_PEREN_PE3_MASK;
     //2 I2C 寄存器设置
    I2C1_FREQDIV = 0b0000000001010111;//IIC 总线频率:234.375 kHz,SDA 保持时间:0.7 μs
                                //||||||||___ICR
                                //||_________MULT,2 分频

    I2C1_ADDR = 0x00F2;        //D7～D0 位是 MCU 作为从机时的地址,最低位不使用
    I2C1_CR1 = 0b0000000010000000;
    //                     |||||_____发送应答信号
    //                     ||||______接收模式
    //                     |||_______从机模式
    //                     ||________IIC 中断禁止
    //                     |_________使能 IIC

}
//-----------------------------------------------------------------------*
//函 数 名:Wait                                                          *
//功    能:在时限内,循环检测接收应答标志位,或传送完成标志位,判断 MCU 是否接收 *
//         到应答信号或一个字节是否已在总线上传送完毕                      *
//参    数:x = 'A'(Ack),等待应答;x = 'T'(Transmission),等待一个字节数据传输 *
//         完成                                                          *
//返    回:0,收到应答信号或一个字节传送完毕;1,未收到应答信号或一个字节没传  *
//         送完                                                          *
//-----------------------------------------------------------------------*
uint8 Wait(uint8 x)
{
    uint32 ErrTime, i;
    ErrTime = 500000;              //定义查询超时时限 650 00
    for (i = 0;i < ErrTime;i++)
    {
        if (x == 'A')              //等待应答信号
        {
            if ((I2C1_SR & I2C1_SR_RXAK_MASK) == 0)
                return 0;          //传送完一个字节后,收到了从机的应答信号
        }
        else if (x == 'T')         //等待传送完成一个字节信号
        {
            if ((I2C1_SR & I2C1_SR_IICIF_MASK) != 0)
            {
                I2C1_SR |= I2C1_SR_IICIF_MASK;     //清 IICIF 标志位
                return 0;          //成功发送完一个字节
            }
        }
    }
```

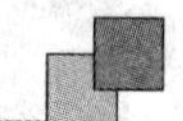

```
    if (i >= ErrTime)
        return 1;                   //超时,没有收到应答信号或发送完一个字节
}
//--------------------------------------------------------------------*
//函 数 名:IICread1                                                    *
//功    能:从从机读 1 个字节数据                                        *
//参    数:                                                            *
//        (1) DeviceAddr:设备地址                                       *
//        (2) Data:带回收到的一个字节数据                                *
//返    回:0,成功读一个字节;1,读一个字节失败                            *
//内部调用:Wait                                                        *
//--------------------------------------------------------------------*
uint8 IICread1(uint16 DeviceAddr, uint16 * Data)
{
  uint16 k;
  if((I2C1_SR & I2C1_SR_IAAS_MASK) == 1)        //地址匹配标志
   {
        if((I2C1_SR & I2C1_SR_SRW_MASK) == 0 )  //从机读写标志位
         {
            I2C1_CR1 &= ~I2C1_CR1_TX_MASK;//接收模式 I2C0_CR1_TX = 0;
         }
   }
       k = I2C1_DATA;                           //清除寄存器
         if(Wait('T'))                          //等待传输
          {
           return 1;
          }
          k = I2C1_DATA;                            //读数据
          if((k != DeviceAddr)&(k != 0))
          {
              * Data = k;
             return 0;
          }
          else
          {
              return 1;
          }
  }

//--------------------------------------------------------------------*
//函 数 名:IICreadN                                                    *
//功    能:从从机读 N 个字节数据                                        *
//参    数:                                                            *
//        (1) DeviceAddr:设备地址                                       *
//        (2) Data[]:读出数据的缓冲区                                   *
//        (3) N:从从机读的字节个数                                      *
//返    回:0,成功读 N 个字节;1,读 N 个字节失败                          *
//内部调用:IICread1                                                    *
//--------------------------------------------------------------------*
uint8 IICreadN(uint16 DeviceAddr, uint16 Data[], uint16 N)
```

```
{
    uint8 i, j;
    for (i = 0;i < N;i++)
    {
        for(j = 0;j < 15;j++);      //最小延时(发送的每个字节之间要有时间间隔)
        if (IICread1(DeviceAddr, &Data[i]))
            return 1;               //其中一个字节没有接收到,返回失败标志 1
    }
    if (i >= N)
        return 0;                   //成功接收 N 个数据,返回成功标志 0
}
```

3. I2C 主函数 main.c

```
//-------------------------------------------------------------------*
// 工 程 名:IIC_slave                                                *
// 硬件连接:(1)PTE 口 7 脚接指示灯                                    *
//          (2)目标板上的串口 0 接 PC 机串口                           *
//          (3)连接飞思卡尔实验箱内 IIC1                               *
//          (4)两个 MCU 通过 IIC 通信,实现主发从收功能                  *
// 程序描述:IIC 主机向 IIC 从机发送数据,IIC 主机通过串口发送给 PC 机显示出来,  *
//          当 IIC 从机接收到数据时,通过串口发送给 PC 机显示所收到数据    *
// 目    的:初步掌握 IIC 串行通信的基本知识                             *
// 说    明:波特率为 234.375,使用 IIC0 口                              *
//-------------------------------------------------------------------*
//头文件
#include "Includes.h"
//全局变量声明
uint16 I[4] = {0};                              // 接收数据
//主函数
void main(void)
{
    //1 主程序使用的变量定义
    uint32 runcount;                            //运行计数器
    //2 关中断
    DisableInterrupt();                         //禁止总中断
    //3 芯片初始化
    DSCinit();
    //4 模块初始化
    Light_Init(Light_Run_PORT,Light_Run,Light_OFF); //指示灯初始化
    QSCIInit(0,SYSTEM_CLOCK,9600);              //串行口初始化
    IICinit();                          //IIC0 通信初始化(IIC 波特率 = 234.375 kHz)
    //5 开中断
    EnableInterrupt();                          //开总中断
    QSCISend1(0,1);
    //6 主循环
    while(1)
    {
      //1 主循环计数到一定的值,使小灯的亮、暗状态切换
        runcount++;
```

```
        if(runcount> = 500000)
        {
Light_Change(Light_Run_PORT,Light_Run);  //指示灯的亮、暗状态切换
            runcount = 0;
            while(IICread1(0x00F2, &I[0]));          //读数据
            QSCISend1(0,I[0]);                        //显示所收到数据
        }
    }
}
```

11.5　MC56F8257 的 I2C 模块的进一步讨论

11.5.1　仲裁程序

I2C 总线是多主机总线，允许多个主机（主设备）连接到该总线上。如果两个或者两个以上主设备试图在同一时刻控制总线，则时钟同步程序使用在每个主设备中集成的硬件定时器来确定总线时钟。因为 SCL 线上实现了线与，故在 SCL 线上由高到低的跳变将影响所有连接到总线上的设备。设备开始对低电平计数，一旦一个设备的时钟为低电平，它将保持 SCL 线处于低电平状态，直到时钟变为高电平状态。但是，如果另一设备的时钟仍然为低电平，则该设备由低变高的变化不能改变 SCL 线的状态。因此，总线 SCL 电平的低电平状态由最长低电平周期的设备保持。具有较短低电平周期的设备在这段时间进入高阻等待状态，如图 11－12 所示。当所有相关设备计数超过它们的低电平周期时，SCL 总线被释放，并进入高电平状态。此时，设备时钟和 SCL 线是同步的，设备开始对高电平周期计数。第一个完成高电平周期计数的设备将 SCL 线再次拉低。时钟信号低电平时间与主机中最长的低电平时间相等，时钟信号高电平时间与主机中最短高电平时间相等。

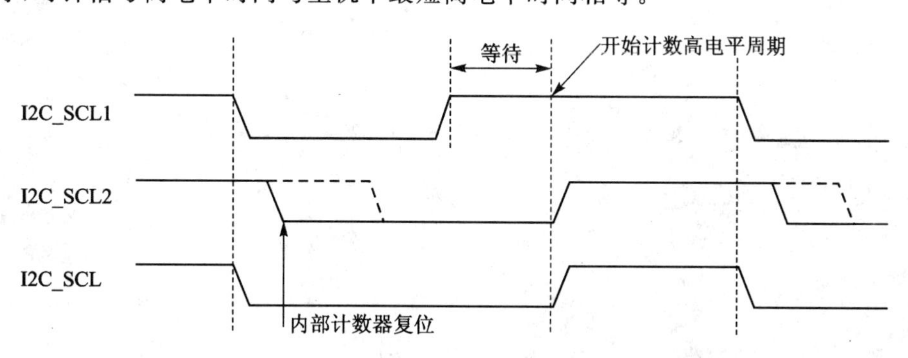

图 11－12　时钟同步

数据仲裁程序决定竞争的主设备的优先级。当另一个主设备发送逻辑 0，而这个总线主设备发送 1 时，该主设备将仲裁失败。仲裁失败的主设备立即转换为从设

备接收模式，并停止驱动 SDA 输出，如图 11－13 所示。在这种情况下，由主设备到从设备的转变，不产生 STOP 信号。

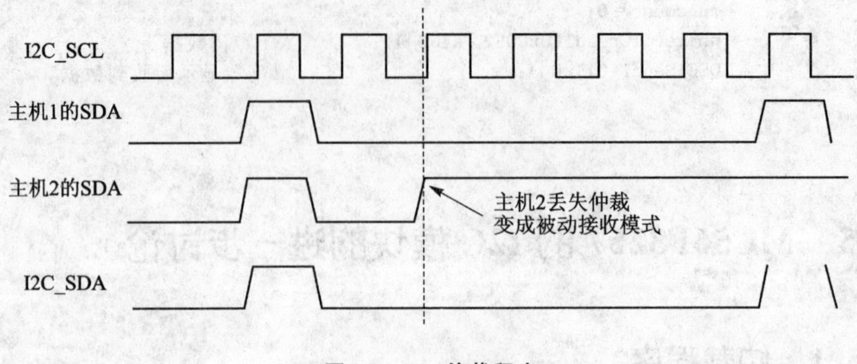

图 11－13　仲裁程序

11.5.2　实现数据传输同步交换

时钟同步机制可用作数据传输的同步交换。在一个字节传输完成后，从设备能够保持 SCL 低电平状态。在这种情况下，时钟机制暂停总线时钟，并且强制主设备时钟进入等待状态，直到从设备释放 SCL。从设备可能会降低数据传输率。在主设备驱动 SCL 到低电平后，从设备能够将 SCL 的低电平状态保持一个需要的周期，然后释放它。如果从设备 SCL 低电平周期比主设备的低电平周期长，则 SCL 总线信号低电平周期将被拉长。

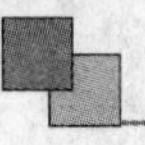

第12章

CAN总线

CAN 总线是一种应用广泛的串行通信协议之一，主要应用于对数据完整性有严格需求的汽车电子和工业控制领域。本章主要内容有：①概要给出 CAN 总线的通用知识；②给出 MC56F8257 的 MSCAN 模块的编程要点，并给出编程实例。

12.1 CAN 总线通用知识

控制器局域网(Controller Area Network，CAN)，最早出现于 20 世纪 80 年代末，是德国 Bosch 公司为简化汽车电子中信号传输方式并减少日益增加的信号线而提出的。CAN 总线是一个单一的网络总线，所有的外围器件可以挂接在该总线上。1991 年 9 月 Bosch 公司制定并发布了 CAN 技术规范 Version 2.0。该技术规范包括 A 和 B 两部分，A 部分给出了在 CAN 技术规范 Version 1.2 中定义的 CAN 报文格式，而 B 部分给出了标准的和扩展的两种报文格式。为促进 CAN 技术的发展，1992 在欧洲成立了 CiA(CAN in Automation)。在 CiA 的努力推广下，CAN 技术在汽车电子、电梯控制、安全监控、医疗仪器、船舶运输等方面均得到了广泛的应用，目前已经成为国际上应用最广泛的现场总线之一。

在 CAN 技术未得到广泛应用之前，在测控领域的通信方式选择中，大多设计者采用 RS-485 作为通信总线。但 RS-485 存在明显的缺点：一主多从，无冗余；数据通信为命令响应，传输率低；错误处理能力弱。CAN 总线技术可以克服这些缺点。CAN 网络上的任何一个节点均可作为主节点主动地与其他节点交换数据；CAN 网络节点的信息帧可以分出优先级，这对于有实时性要求的控制提供了方便；CAN 的物理层及数据链路层使用独特的设计技术，使其在抗干扰以及错误检测等方面的性能大大提高。CAN 的上述特点使其成为诸多工业测控领域中首选的现场总线。

12.1.1 CAN 硬件系统的典型电路

CAN 控制器只是协议控制器，不能提供物理层驱动，所以在实际使用时每一个 CAN 节点物理上要通过一个收发器与 CAN 总线相连。每个 CAN 模块有发送 CAN_{TX}和接收 CAN_{RX}两个引脚。CAN_{TX}发送串行数据到 CAN 总线收发器，同时 CAN_{RX}从 CAN 总线收发器接收串行数据。常用的 CAN 收发器有 Philips 公司的 PCA82C250、TI 公司的 SN65HVD230 等。

1. 简明的 CAN 硬件连接方法

简明的 CAN 硬件连接方法如图 12-1 所示，把所有的 CAN_{TX}引脚经过快速二极管(如 1N4148 等)连接至数据线(以免输出引脚短路)，CAN_{RX}输入引脚直接连接到这条数据线，数据线由一个上拉电阻拉至＋3.3 V，以产生所需要的"1"电平。注意该电路中各节点的地是接在一起的，这个电路最大线长限制在 1 m 左右，主要用于在电磁干扰较弱环境下的近距离通信。

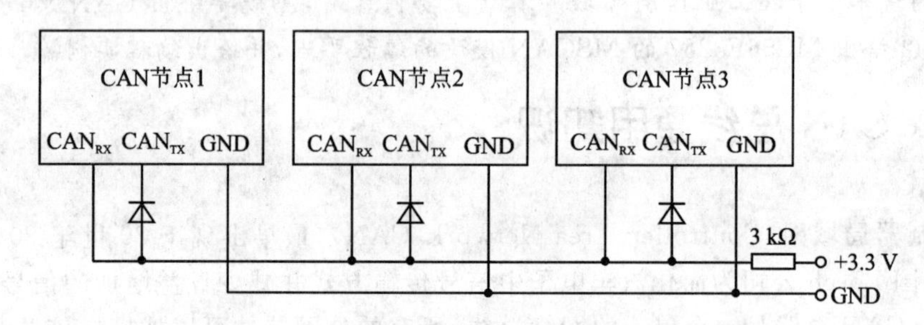

图 12-1　无需 CAN 收发器芯片的电路连接

进行 CAN 通信节点调试时，可以利用这个简单且易于实现的电路。另外，可以利用该电路理解 CAN 总线的通信机制。

2. 常用的 CAN 硬件系统的组成

常用 CAN 硬件系统的组成如图 12-2 所示。

注意：CAN 通信节点上一般需要添加 120 Ω 终端电阻。每个 CAN 总线只需要两个终端电阻，分别在主干线的两个端点，支线上的节点不必添加。

3. 带隔离的典型 CAN 硬件系统电路

Philips 公司的 CAN 总线收发器 PCA82C250 能对 CAN 总线提供差动发送能力并对 CAN 控制器提供差动接收能力。在实际应用过程中，为了提高系统的抗干扰能力，CAN 控制器引脚 CAN_{TX}、CAN_{RX}和收发器 PCA82C250 并不是直接相连的，而是通过由高速光耦合器 6N137 构成的隔离电路后再与 PCA82C250 相连，这样可以很好地实现总线上各节点的电气隔离。一个带隔离的典型 CAN 硬件系统电路如图 12-3 所示。

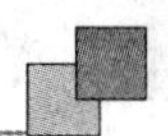

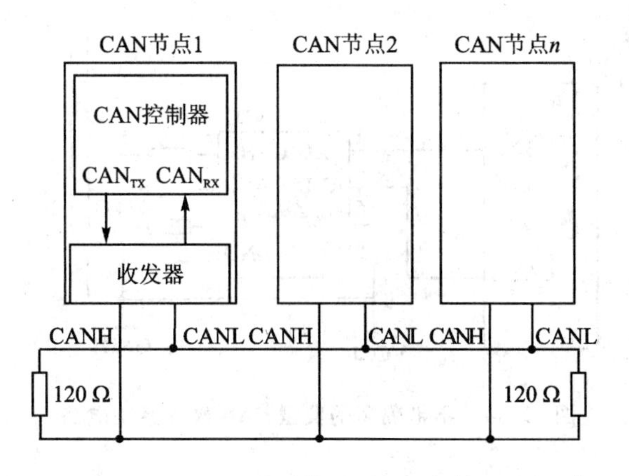

图 12-2 常用的 CAN 硬件系统组成

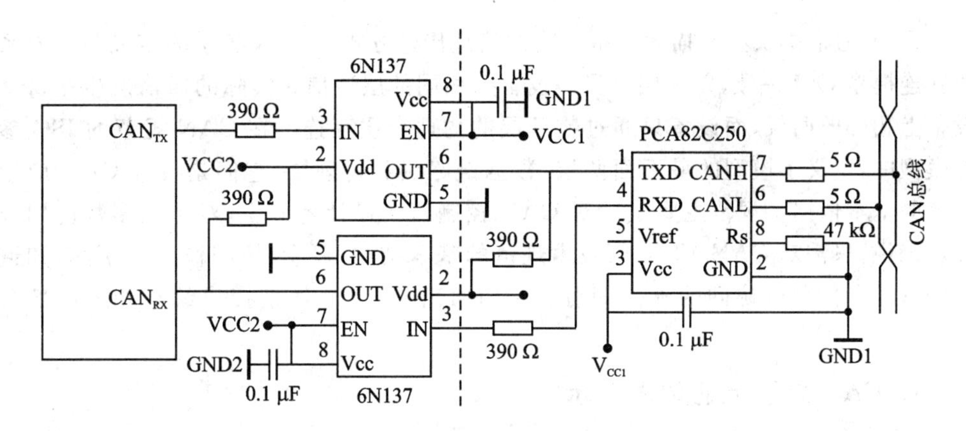

图 12-3 带隔离的典型 CAN 硬件系统电路

该电路连接需要特别注意以下几个问题：

① 6N137 部分的电路所采用的两个电源 VCC1 和 VCC2 须完全隔离，否则，光耦达不到完全隔离的效果。可以采用带多个+5 V 输出的开关电源模块实现。

② PCA82C250 的 CANH 和 CANL 引脚通过一个 5 Ω 的限流电阻与 CAN 总线相连，保护 PCA82C250 免受过流的冲击。PCA82C250 的电源管脚旁应有一个 0.1 μF的去耦电容。Rs 引脚为斜率电阻输入引脚，用于选择 PCA82C250 的工作模式(高速/待机)，该脚上接有一个下拉电阻，电阻的大小可根据总线速率适当的调整，其值一般在 16～140 kΩ 之间，图 12-3 中选用 47 kΩ。关于电路相连的更多细节请参见 6N137 手册以及 PCA82C250 手册。

4. 不带隔离的典型 CAN 硬件系统电路

在电磁干扰较弱的环境下，隔离电路可以省略，这样 CAN 控制器可直接与 CAN 收发器相连，如图 12-4 所示。

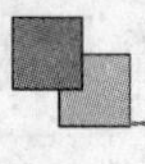

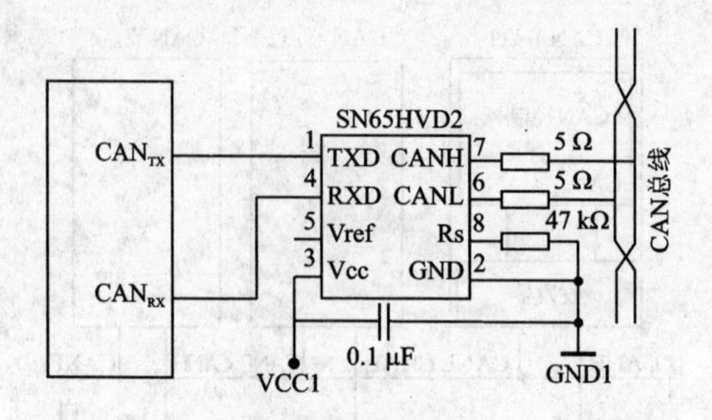

图 12-4 不带隔离的典型 CAN 硬件系统电路

12.1.2 CAN 总线的有关基本概念

CAN 通信协议主要描述设备之间的信息传递方式。CAN 各层的定义与开放系统互连模型 OSI 一致,每一层与另一设备上相同的层通信。实际的通信发生在每一设备上相邻的两层,而设备只通过物理层的物理介质互连。在 CAN 规范的 ISO 参考模型中,定义了模型的最下面两层:数据链路层和物理层,它们是设计 CAN 应用系统的基本依据。规范主要是针对 CAN 控制器的设计者而言,对于大多数应用开发者来说,只需对 CAN V2.0 版技术规范的基本结构、概念、规则作一般了解,知道一些基本参数和可访问的硬件即可。下面给出与 CAN 通信接口编程相关的部分术语。

1. CAN 总线上的数据表示

CAN 总线由单一通道(Single Channel)组成,借助数据同步实现信息传输。CAN 技术规范中没有规定物理通道的具体实现方法,物理层可以是单线(加地线)、两条差分线、光纤等。实际上大多数使用双绞线,利用差分方法进行信号表达,它是一种半双工通信方式。

CAN 总线上用显性(dominant)和隐性(recessive)分别表示逻辑 0 和逻辑 1。若不同控制器同时向总线发送逻辑 0 和逻辑 1 时,总线上出现逻辑 0(相当于逻辑与的关系)。物理上,CAN 总线大多使用二线制作为物理传输介质,使用差分电压表达逻辑 0 和逻辑 1。设两条信号线分别被称为 CAN_H 和 CAN_L,如图 12-5 所示。在隐性状态(即逻辑 1)时,CAN_H 和 CAN_L 被固定在平均电压 2.5 V 左右,电压差(V_{diff}=VCAN_H－VCAN_L)近似于 0。在显性状态(即逻辑 0)时,CAN_H 比 CAN_L 高,此时通常 CAN_H=3.5V,CAN_L=1.5V,电压差(V_{diff}=VCAN_H－VCAN_L)在 2 V 左右。在总线空闲或隐性位期间,发送隐性位。

2. 报文、信息路由、位速率和位填充

报文(message):是指在总线上传输的固定格式的信息,其长度是有限制的。当

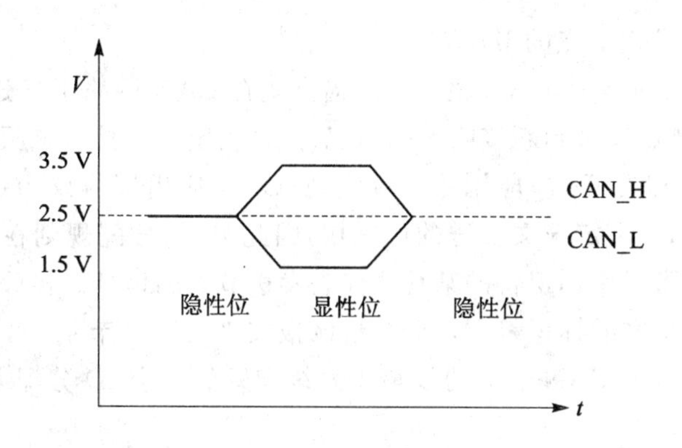

图 12-5 总线数据表示

总线空闲时,总线上任何节点都可以发送新报文。报文被封装成帧(Frame)的形式在总线上传送,具体定义见第12.1.3小节。

- 信息路由(Information Routing):在CAN系统中,CAN不对通信节点分配地址,报文的寻址内容由报文的标识符ID指定。总线上所有节点可以通过报文过滤的方法来判断是否接收报文。
- 位速率(Bit Rate):是指CAN总线的传输速率。在给定的CAN系统中,位速率是固定唯一的。CAN总线上任意两个节点之间的最大传输距离与位速率有关,表12-1列出了距离与位速率的对应关系。其中,最大距离是指在不使用中继器的情况下两个节点之间的距离。

表 12-1 CAN总线上任意两节点最大距离及位速率对应表

位速率/kbps	1 000	500	250	125	100	50	20	10	5
最大距离/m	40	130	270	530	620	1 300	3 300	6 700	10 000

- 位填充(Bit Stuffing):是为防止突发错误而设定的功能。当同样的电平持续5次时则添加一位的反型数据,即连续出现5个“0”时,需要添加一个“1”。连续出现5个“1”时,需要添加一个“0”。

3. 多主机、标识符、优先权和仲裁

- 多主机(Multimaster):CAN总线是一个多主机系统。总线空闲时,总线上任何节点都可以向总线上传送报文,但只有最高优先权报文的节点可获得总线访问权。CAN通信链路是一条可连接多节点的总线。理论上,总线上节点数目是无限制的,实际上,节点数受限于延迟时间和总线的电气负载能力。例如,当使用Philips P82C250作为CAN收发器时,同一网络中一般最多允许挂接110个节点。
- 标识符ID:CAN节点的唯一标识。在实际应用时,应该给CAN总线上的每个节点按照一定规则分别配备唯一的ID。每个节点发送数据时,发送的报文

帧中含有发送节点的 ID 信息。

在 CAN 通信网络中,CAN 报文以广播方式在 CAN 网络上发送,所有节点都可以接收到报文,节点通过判断接收到的标识符 ID 决定是否接收该报文。报文标识符 ID 的分配规则一般在 CAN 应用层协议实现(CAN 应用层协议为:CANopen 协议、DeviceNet 等)。ID 决定报文发送的优先权,因此 ID 的分配规则在实际应用中必须给予重视。一般可以用标识符的某几位代表发送节点的地址。接收到报文的节点可以通过解析接收报文的标识符 ID,来判断该报文来自哪个节点,属于何种类型的报文等。表 12-2 给出 CANopen 协议最小系统配置的一个 ID 分配方案,供实际应用时参考。

表 12-2 ID 分配表

D10	D9	D8	D7	D6	D5	D4	D3	D2	D1	D0
功能代码				节点地址						

该分配方案是一个面向设备的标识符分配方案,该方案通过 4 位的功能代码区分 16 种不同类型的报文,有 7 位节点地址,可表达 128 个节点。但要注意到 CAN 协议中,要求 ID 的高 7 位不能同时为 1。报文标识符 ID 的分配方法应遵循以下原则:在同一系统中,必须保证节点地址唯一,这样每个报文的 ID 也就唯一了。

- 优先权(Priorities):在总线访问期间,报文的标识符 ID 定义了一个静态的报文优先权。在 CAN 总线上发送的每一个报文都具有唯一的一个 11 位或 29 位的标识符 ID。在总线仲裁时,显性位(逻辑 0)的优先权高于隐性位(逻辑 1),从而标识符越小,该报文拥有越高的优先权,因此一个拥有全 0 标识符的报文具有总线上的最高级优先权。当有两个节点同时进行发送时,必须通过"无损的逐位仲裁"(当总线上出现报文冲突时,仲裁机制逐位判断标识符,实现高优先权的报文能够不受任何损坏地优先发送。)方法使得有最高优先权的报文优先发送。
- 仲裁(Arbitration):总线空闲时,总线上任何节点都可以开始发送报文,若同时有两个或两个以上节点开始发送,总线访问冲突运用逐位仲裁规则,借助于标识符 ID 解决。仲裁期间,每一个发送器都对发送位电平与总线上检测到的电平进行比较,若相同,则该节点继续发送。当发送的是"1"而监视到的是"0",则该节点失去仲裁,退出发送状态。举例说明,若某一时刻有两个 CAN 节点 A、B 同时向总线发送报文,A 发送报文的 ID 为 0b00010000000,B 发送报文的 ID 为 0b01110000000。节点 A、B 的 ID 的第 10 位都为"0",而 CAN 总线是逻辑与的,因此总线状态为"0",此时两个节点检测到总线位和它们发送位相同,因此两个节点都认为是发送成功,都继续发送下一位。发送第 9 位时,A 发送一个"0",而 B 发送一个"1",此时总线状态为"0"。此时

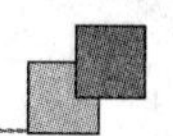

A检测到总线状态“0”与其发送位相同，因此A认为它发送成功，并开始发送下一位。但此时B检测到总线状态“0”与其发送位不同，它会退出发送状态并转为监听状态，直到A发送完毕，总线再次空闲时，它才试图重发报文。

4. 远程数据请求和应答

远程数据请求（Remote Data Request）：当总线上某节点需要请求另一节点发送数据时，这种情况，在CAN总线协议术语中叫远程数据请求。需要远程数据请求时，可通过发送远程帧实现，有关帧内容见第12.1.3小节。

- 应答（Acknowledgment）：所有接收器对接收到的报文进行一致性（Consistency）检查。对于一致的报文，接收器给予应答；对于不一致的报文，接收器做出标志。

5. 故障界定、错误标定和恢复时间

- 故障界定（Fault Confinement）：CAN节点能够把永久故障和短暂的干扰区别开来，故障节点会被关闭。
- 错误标定和恢复时间（Error Signaling and Recovery Time）：任何检测到错误的节点会标志出已被损坏的报文。此报文会失效并自动重传。若不再出现错误，则从检测出错误到下一报文传送开始为止，恢复时间最多为31位的时间。

6. CAN的分层结构

CAN遵从ISO/OSI标准模型。按照该模型，CAN结构划分为两层：物理层和数据链路层。在CAN技术规范2.0B版本中，数据链路层中的逻辑链路控制子层和介质访问控制子层分别对应于2.0A版本中的“对象层”和“传输层”。

- 物理层（The Physical Layer）：CAN规范没有定义具体的物理层，允许用户根据具体需要定制物理层。物理层给出实际信号的传输方法，作用是在不同节点之间根据所有的电气属性进行位信息的实际传输。当然，在同一网络内，物理层对于所有的节点必须是相同的。

数据链路层又分为逻辑链路控制子层和介质访问控制子层：

- 逻辑链路控制子层（Logic Link Control，LLC）：负责报文滤波、过载通知和恢复管理。
- 介质访问控制子层（Media Access Control，MAC）：MAC是CAN协议的核心。它把接收到的报文提供给LLC，以及接收来自LLC的报文。MAC负责位定时及同步、报文分帧、仲裁、应答、错误标定、故障界定等。

12.1.3 帧结构

CAN总线协议中有数据帧、远程帧、错误帧和过载帧4种报文帧（Message

Frame)。数据帧和远程帧,与用户编程相关;错误帧和过载帧由 CAN 控制器硬件处理,与用户编程无关。

1. 数据帧

CAN 节点间的通信中,将数据从一个节点发送器传输到另一个节点的接收器,必须发送数据帧。数据帧由 7 个不同的位场[①]组成:帧起始(Start Of Frame symbol, SOF)、仲裁场、控制场、数据场、CRC 场、应答场和帧结束(End Of Frame,EOF)。数据帧组成如图 12-6 所示。

- 帧起始 SOF:标志数据帧和远程帧的起始,仅由一个单独的"0"位组成。只有在总线空闲时,才允许节点开始发送报文。只要有一个节点发送帧起始 SOF,其他节点检测到该信号,与之同步。
- 仲裁场:CAN2.0B 中定义标准帧与扩展帧两种帧格式。标准帧的标识符 ID 为 11 位,扩展帧的标识符 ID 为 29 位(11 位标准 ID+18 位扩展 ID)。

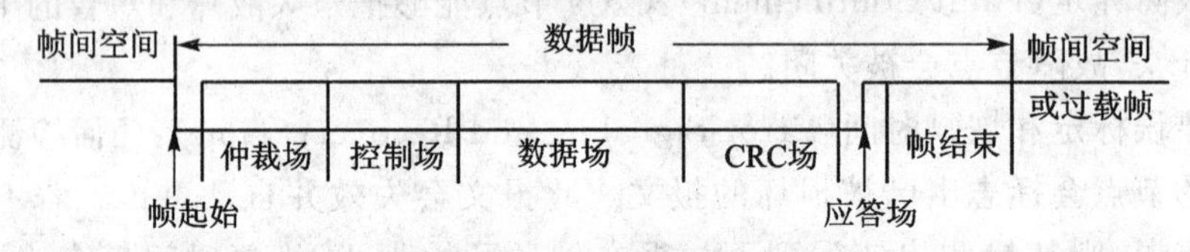

图 12-6 数据帧组成

标准帧的仲裁场由 11 位标准 ID 和 1 位远程发送请求位(Remote Transmission Request,RTR)组成(如图 12-7 所示)。在数据帧中 RTR=0,在远程帧中 RTR=1。实际发送顺序是从 ID10 到 ID0。标准 ID 的高 7 位(ID10~ID4)不能全是 1(读者思考:为什么高 7 位不能全为 1?)。

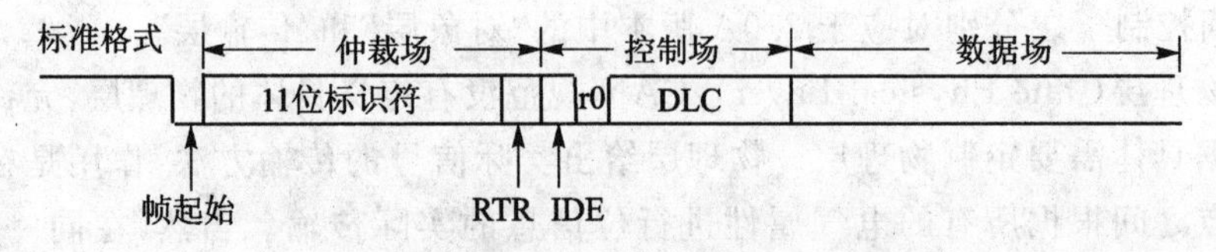

图 12-7 数据帧标准格式中的仲裁场结构

扩展帧的仲裁场由 11 位标准 ID、1 位远程发送请求替代位(Substitute Remote Request,SRR)、1 位标识符扩展位(ID Extended bit,IDE)、18 位扩展 ID 和 1 位远程发送请求位 RTR 组成,如图 12-8 所示。在标准格式中 IDE=0,而扩展格式中 IDE=1。扩展帧中 SRR 位的实际位置是标准帧中 RTR 位的位置。当标准帧与扩展帧发生冲突且扩展帧的基本 ID 同标准帧的标识符一样时,标准帧优先于扩展帧。

- 6 位控制场:标准帧中控制场包括数据长度代码 DLC、IDE 位(为 0)和保留位 r0。扩展帧的控制场包括数据长度代码 DLC、两个必须为 0 的保留位 r1 和 r0。

① 这里用"场",有的中文翻译用"域",也有使用"字段",均对应英文 Field

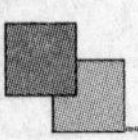

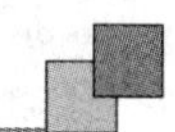

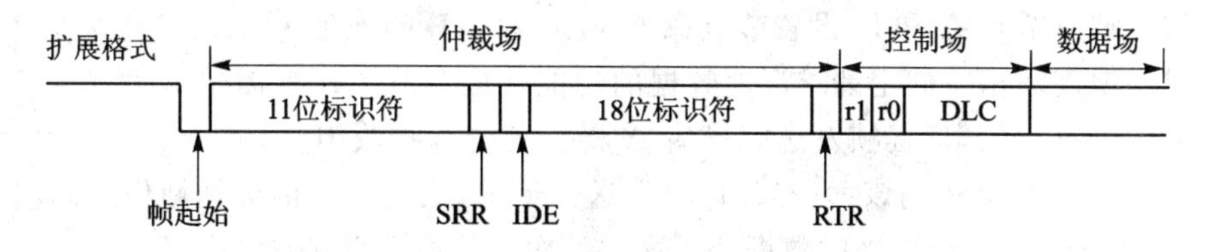

图 12-8　数据帧扩展格式中的仲裁场结构

- 4 位数据长度代码 DLC：表明了数据场中字节数，DLC＝0000～1000（即十进制的 0～8，0000 代表空）表示数据场中字节数。若设置 DLC 大于 8，无效。
- 数据场：数据场为实际要发送的数据，字节数由 DLC 决定。在发送一个字节时，先发高位 MSB，最后发低位 LSB。

数据场之后跟随 16 位 CRC 场（15 位 CRC 校验位、1 位固定为"1"的 CRC 的界定符）、2 位应答 ACK 场（1 位应答间隙 ACK Slot、1 位应答界定符 ACK Delimiter）和帧结束 EOF（7 个"1"位）。在应答 ACK 场里，发送节点发送两个"1"位。当接收器正确地接收到有效的报文时，接收器就会在应答间隙期间向发送器发送一个"0"位以示应答。

2. 远程帧

远程帧跟数据帧非常相似，不同之处在于二者的远程发送请求位 RTR 不同。数据帧的 RTR 位为"0"，远程帧的 RTR 位为"1"。需要特别注意的一点是远程帧没有数据场。总线上节点发送远程帧目的在于请求发送具有同一标识符的数据帧。作为数据接收的节点，可以借助于发送远程帧启动其资源节点传送数据。远程帧也有标准格式和扩展格式，而且都由 6 个不同的位场组成：帧起始、仲裁场、控制场、CRC 场、应答场和帧结束。远程帧的组成如图 12-9 所示。

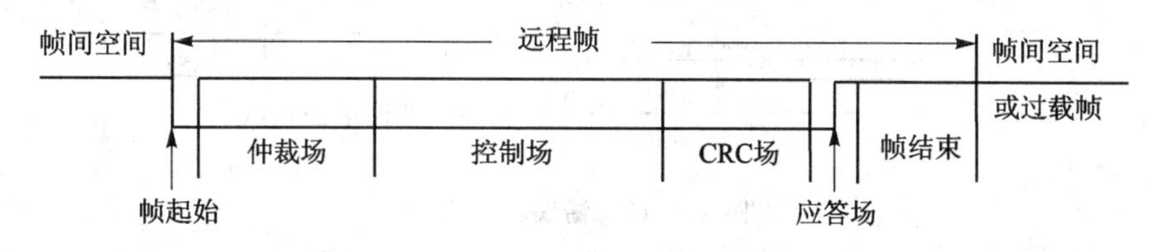

图 12-9　远程帧的组成

为方便描述，下面自定义一种简单的标准 ID 分配方案，如表 12-3 所列，来阐述远程帧的使用方法。在实际应用过程中，用户可自行制定 ID 分配方案，或按照某种 CAN 高层协议来分配 ID。

表 12-3　自定义 ID 分配表

D10	D9	D8	D7	D6	D5	D4	D3	D2	D1	D0
功能代码			源节点地址				目的节点地址			

假设现有节点 A 和 B,设置节点 A 的地址为 0,B 的地址为 1,A 节点需向 B 节点请求一温度数据。假定请求温度数据的功能代码为 0。则 A 需向 B 发送一个 ID 为 0x001 的远程帧,远程帧发送完毕后 A 将自动变为接收 ID 为 0x001 的数据帧的接收节点。当 B 检测到该远程帧时,将发送一个 ID 为 0x001 的数据帧作为回应,此时 A 将接收到 B 节点发来的数据帧。这样一次远程请求交互就完成了。

远程帧不是必须的,例如应用层协议 DeviceNet 中未用远程帧,但并未影响 DeviceNet 在可靠运行、通信效率方面的性能。

3. 错误帧

错误帧由 CAN 控制器的硬件进行处理,与用户编程无关。下面简要介绍发送错误帧的工作机制。

CAN 节点通过发送引脚发送报文时,接收引脚也在同步接收报文,当发送报文的 ACK 场为"1"时,接收到的应答间隙(ACK Slot)一定要是"0"才代表发送成功。在 CAN 总线网络中只要有一个节点正确接收到了报文,并将发送节点的应答间隙写为"0",则发送节点就认为发送数据成功。在报文的应答过程中,若某一节点检测到错误,则它会立刻发送错误帧,一般是发送连续的 6 个 0 或 1,由 CAN 的位填充原理可知,当有 5 个连续的 0 或 1 出现时,为了传送中的同步,必须插入一个反型位作为填充。因此如果连续出现 6 个或 6 个以上的 0 或 1,则此次传送错误,报文将被丢弃。此时当发送节点收到这个错误帧后,便知道发送出错,并试图重发报文。任何节点检测到总线错误都会发送错误帧。

错误帧由两个不同的场组成。第一个场是由不同节点提供的错误标志(FLAG)的叠加;第二个场是错误界定符。错误帧的组成如图 12-10 所示。

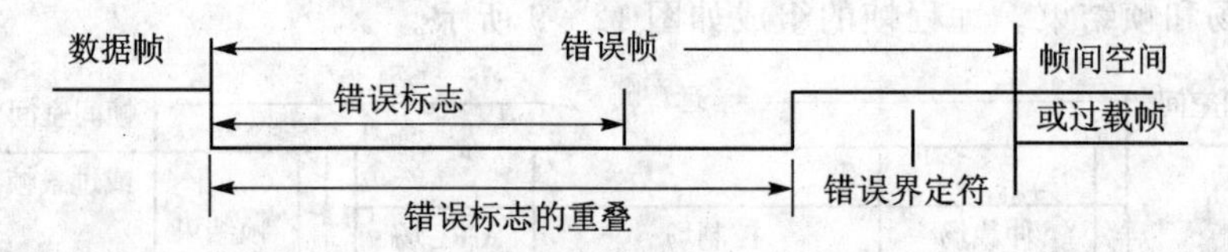

图 12-10 错误帧组成

错误标志有两种形式:主动错误(Error Active)[①]标志和被动错误(Error Passive)[②]标志。主动错误标志由 6 个连续的 0 位组成,而被动错误标志由 6 个连续的 1 位组成。

检测到错误条件的"主动错误"的节点通过发送主动错误标志指示错误。错误标志的形式破坏了从帧起始到 CRC 界定符的位填充的规则,或者破坏了 ACK 场或帧结束的固定形式。所有其他的节点由此检测到错误条件并与此同时开始发送错误标

① Error Active:也称为"错误激活"。

② Error Passive:也称为"错误认可"。

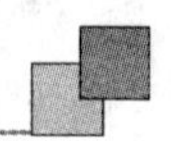

志。因此，6个连续“0”的序列导致一个结果，这个结果就是把个别节点发送的不同的错误标志叠加在一起。这个序列的总长度最小为6位，最大为12位。

检测到错误条件的“错误被动”的节点试图通过发送被动错误标志指示错误。“被动错误”的节点等待6个相同极性的连续位（这6个位处于被动错误标志的开始）。当这6个相同的位被检测到时，被动错误标志的发送就完成了。

错误界定符包括8个“1”。错误标志发送以后，每一节点都发送“1”并一直监视总线直到检测出一个“1”为止，然后就开始发送其余7个“1”。

为了能正确地终止错误帧，“被动错误”的节点要求总线至少有3个位时间的总线空闲（如果“被动错误”的接收器有局部错误的话）。因此，总线的载荷不会达到100%。

4. 过载帧

过载帧由CAN控制器的硬件进行处理，与用户编程无关。下面简要介绍发送过载帧的工作机制。

过载帧用于在先行和后续数据帧（或远程帧）之间提供一附加的延时。过载帧包括两个位场：过载标志和过载界定符。过载帧的组成如图12-11所示。

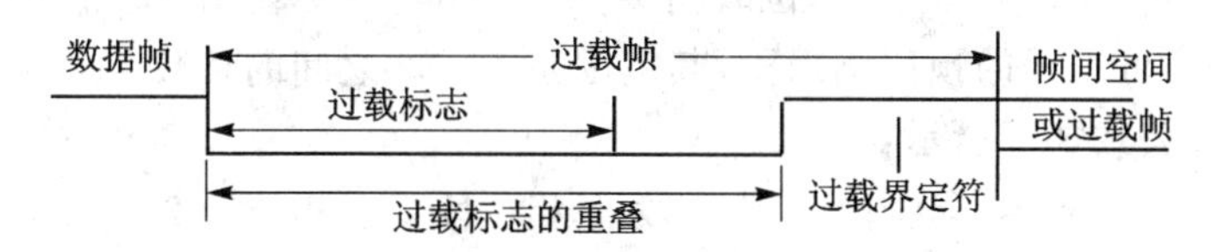

图12-11 过载帧的组成

有3种过载的情况会引发过载帧的传送：

① 接收器的内部情况（该接收器对于下一数据帧或远程帧需要有一延时）。

② 在间歇的第一和第二字节检测到一个“0”位。

③ 如果CAN节点在错误界定符或过载界定符的第8位（最后一位）采样到一个0位，节点会发送一个过载帧（不是错误帧）。

根据过载情况①而引发的过载帧只允许起始于所期望的间隙的第一位时间，而根据情况②和情况③引发的过载帧应起始于所检测到“0”位之后的位。通常，为了延时下一个数据帧或远程帧，两种过载帧均可产生。

过载标志由6个0位组成。由于过载标志的格式破坏了间隙域的固定格式，因此，所有其他的节点都检测到过载条件，并与此同时发出过载标志。如果在间隙的第3位期间检测到0位，则这个位将被解释为帧的起始。

过载界定符包括8个1位，过载标志被传送后，节点就一直监视总线，直到检测到一个从0位到1位的跳变为止。这时，总线上的每个节点完成了各自过程标志的发送，并开始发送其余7个1位。

12.1.4 位时间

同步段(SYNC_SEG):连接在总线上的多个 CAN 节点通过同步段实现时序调整,实现同步接收和发送。由电平“1”到“0”的跳变或由电平“0”到“1”的跳变最好出现在该段中。

传播段(PROG_SEG):传播段用于补偿网络内的物理延时时间。它是总线上输入比较器延时和输出驱动器延时总和的 2 倍。

相位段 1～2(PHASE_SEG1～2):相位段用于补偿边沿阶段的误差。这两个段可以通过重新同步加长或缩短。

采样点(Sample Point):采样点是读总线电平并解释各位值的一个时间点。采样点位于相位段 1 之后。

信息处理时间(Information Processing Time):信息处理时间是以一个采样点作为起始的时间段。采样点用于计算后续位的电平。

最小时间份额(Time Quanta,Tq):最小时间份额是取自振荡器周期的固定时间单元,也称为串行时钟 Sclock 周期。位时间与最小时间份额 Tq 的关系如下式所示:

$$\text{位时间} = m \times Tq \qquad (12-1)$$

其中,m 为可编程的预比例因子,其范围是 1～32 之间的整数。

m 的计算公式如下所示:

$$m = \text{同步段} + \text{传播段} + \text{相位段}1 + \text{相位段}2 \qquad (12-2)$$

通常,同步段为 1 个 Tq,传播段可设置成 1、2、3…8 个 Tq,相位段 1 可设置成 1、2、3…8 个 Tq,相位段 2 为相位段 1 和信息处理时间之间的最大值,信息处理时间少于或等于 2 个 Tq。一位时间总的 Tq 值可以设置在 8～25 的范围。

在确定一个 CAN 总线的通信速率时,主要根据上述参数确定。

12.2 MSCAN 模块

MSCAN 模块是一种 CAN 协议的通信单元。MC56F8257 的 MSCAN 模块功能结构如图 12-12 所示,支持 CAN2.0B 协议中标准帧信息格式和扩展帧信息格式,不仅拥有 MSCAN 模块先前版本的传统特征,更拥有 CAN2.0B 协议本身新的特性。

12.2.1 MSCAN 的特性

MSCAN 的基本特性如下:

① 完全支持 CAN 协议 2.0A/B 版:标准或扩展数据帧、远程帧、0～8 字节的数据长度、可编程控制的波特率、数据传输速率可达 1 Mbps;

② 5 个带 FIFO 的接收缓冲器;

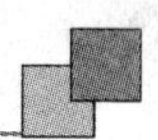

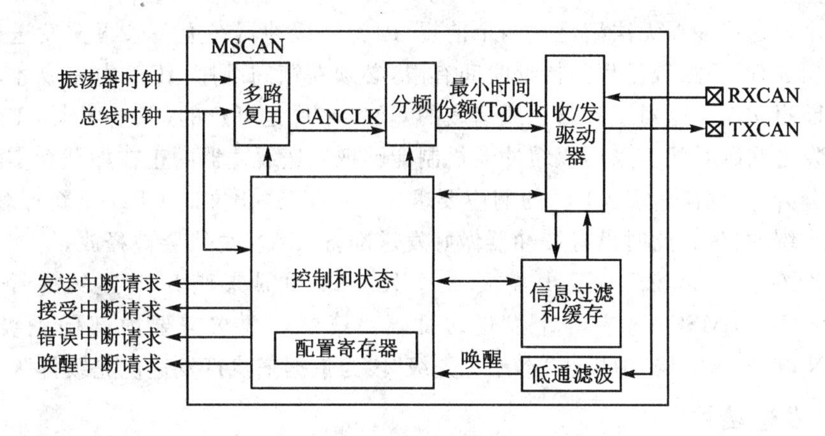

图 12－12　MSCAN 模块框图

③ 3 个带局部优先级的发送缓冲器；

④ 灵活的掩码标识符滤波器，可配置为 2 个 32 位、4 个 16 位或 8 个 8 位过滤掩码；

⑤ 集成低通滤波器的可编程唤醒功能；

⑥ 支持自测操作的可编程闭环模式；

⑦ 用于 CAN 总线监控的可编程监听模式；

⑧ 可编程总线脱离恢复功能；

⑨ 独立的信号和中断功能适用于所有 CAN 接收器和发送器错误状态(警报、被动错误、掉线)；

⑩ 可编程 MSCAN 时钟源，选择总线时钟或振荡器时钟；

⑪ 内部计时器为接收和发送的报文提供时间戳；

⑫ 3 种低功耗模式：休眠、掉电和 MSCAN 使能；

⑬ 配置寄存器的全局初始化。

12.2.2　报文存储结构

MSCAN 的报文缓冲区组织结构如图 12－13 所示。MSCAN 模块使用了 5 个接收缓冲区和 3 个发送缓冲区。

1. 报文发送基础

CAN 通信的建立基于两个基本前提：

前提一：任何 CAN 节点都能够发送出经过排序的报文流，而不需要在两条报文间释放 CAN 总线。这些节点在发送上一条报文后立即仲裁 CAN 总线，只有当仲裁丢失时才释放 CAN 总线。

前提二：若有多条报文准备发送，则需要安排 CAN 节点内部的报文发送队列，拥有较高优先级报文优先发出。

单个发送缓冲器无法满足这两个前提，因为该缓冲器在上一条报文发送后必须立即重新加载，而加载流程的持续时间有限，必须在帧间顺序(IFS)内完成才能够发送不中断报文流。这对于有限总线速度的 CAN 来说是可行的，但它要求 CPU 有非常短的发送间歇时间。采用双缓冲器机制能够把发送缓冲器的正在加载和实际发送的报文分开，从而降低了 CPU 的响应要求。CAN 发送报文时 CPU 重新加载 CAN 的另一个缓冲器，若此时没有缓冲器做好发送准备，CAN 总线会被释放。

无论在什么情况下，至少需要 3 个发送缓冲器来满足上述第一个要求。MC56F8257 的 MSCAN 有 3 个发送缓冲器。第二个要求需要内部优先级排序，MSCAN 以“发送结构”中描述“本地优先级”段为依据来执行发送优先级排队。

2. 发送结构

MSCAN 三缓冲发送机制允许提前建立多条报文，从而优化了实时性能。这 3 个缓冲器的安排如图 12-13(b)所示。这 3 个发送缓冲器都具有与接收缓冲器基本相同的 13 字节数据结构，还包含本地优先级字节(PRIO)，最后的两个字节用于报文的时间标签。

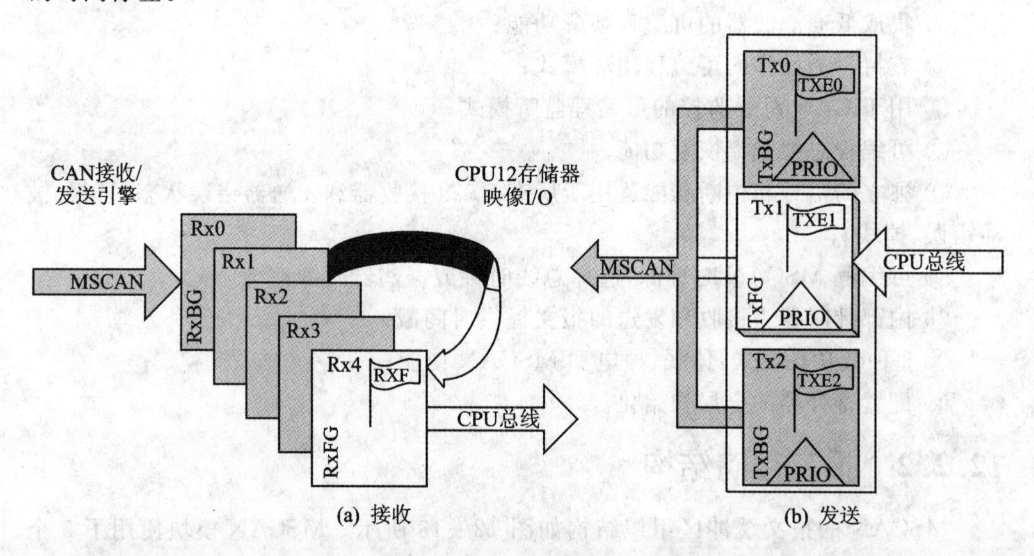

图 12-13 MSCAN 报文缓冲区组织图

若要发送报文，首先，CPU 要找到可用的发送缓冲器，这需要查看发送器缓冲器空标志位(CAN_TFLG[TXE])来确定。若发送缓冲器可用，CPU 将写空闲缓冲器信息到 CAN_TBSEL 寄存器，为该缓冲器设置一个指针，使不同的缓冲器通过地址重定向通过 CAN_TXFG 地址空间访问。与 CAN_TBSEL 寄存器有关的操作简化了发送缓冲器选择。此外，这种机制使编程处理更为简单，发送流程只需访问一个地址，节省了地址空间。CPU 将标识符、控制位和数据内容等帧信息保存到找到的空闲发送缓冲器后，通过清 0 相应的 CAN_TFLG[TXE]标志位，通知 CAN 模块发送

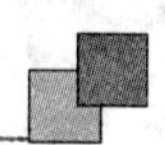

准备就绪。

然后,MSCAN安排报文发送,当发送完成后自动将相应的CAN_TFLG[TXE]标志位置1。若设置了CAN_TFLG[TXE]位,可触发发送中断,使中断处理程序重新加载缓冲器。当获得CAN总线仲裁时,若此时有多个缓冲器等待发送,MSCAN则使用3个缓冲器的本地优先级的设置来确定优先顺序。每个发送缓冲帧都有一个字节本地优先级字段(PRIO)。当报文建立时,处理程序会配置该字段。本地优先级反应了从该节点发送的有关报文之间的优先级顺序。PRIO字段中具有较小二进制值的缓冲帧占较高优先级。每当MSCAN为CAN总线进行仲裁或出现发送错误时,都会引发内部调度程序。

当处理程序安排了高优先级报文时,可能会中止3个发送缓冲器的某一个低优先级报文。由于正发送的报文不能中止,因此用户必须通过设置相应的中止请求位(CAN_TARQ[ABTRQ])请求中止。MSCAN将通过以下方式处理该请求:

① 在CAN_TAAK寄存器中设置相应的中止确认标志位(ABTAK)。

② 设置相关的CAN_TFLG[TXEx]标志来释放缓冲器。

③ 产生发送中断。发送中断处理程序能够根据ABTAK标志位的配置确定是报文中止(ABTAK = 1)还是已发送(ABTAK = 0)。

3. 接收结构

收到的报文被保存在5级输入FIFO中。5个报文缓冲器被交替映射到单个存储器区域,如图12-13(a)所示。后台接收缓冲器(RxBG)只与MSCAN联系,前台接收缓冲器可以通过CPU寻址。这种机制简化了处理程序,接收程序段只需访问一个地址。在进行接收时,所有接收缓冲器都由15个字节的空间来保存CAN控制位、标识符(标准或扩展)、数据等内容。接收器已满标志位(RXF)显示前台接收缓冲器的状态。当缓冲器包含带有匹配标识符的正确接收报文时,该标志位置位。

接收时,每条报文将被检查是否允许通过过滤器,然后被写入到有效RxBG。成功接收到有效报文后,MSCAN将RxBG的内容转移到接收器FIFO,将CAN_RFLG[RXF]标志位置1,并向CPU发出一个接收中断。用户的接收处理程序将从RxFG读取收到的报文,然后复位CAN_RFLG[RXF]标志位,确认中断、释放前台缓冲器。一般情况下,紧跟CAN帧的IFS字段后的的新报文将被接收到下一个可用RxBG中。若MSCAN在RxBG中接收到无效报文(错误标识符、发送错误等),缓冲器的实际内容将被下一条报文覆盖,之前的无效内容不会转移到FIFO。

当MSCAN模块正在发送报文时,MSCAN把自己发送的报文接收到后台接收缓冲器RxBG,但不会将此帧转移到接收器FIFO,生成接收中断或在CAN总线上响应其自己的报文。这一规则以外的报文存在于闭环模式中,此时MSCAN会完全按照其他所有报文一样的方式处理报文。当仲裁丢失时,MSCAN也会接收自己发送的报文,此时MSCAN必须做好成为接收器的准备。

当 FIFO 中的所有接收报文缓冲器装满了带正确标记的报文，并从 CAN 总线中正确接收到另外一条报文时，就可能会出现溢出。最后接收到的一条报文将被丢弃，并生成带有溢出标志的错误中断。若接收器 FIFO 已满，MSCAN 仍能发送报文，那么所有接收到的报文都会被丢弃，直到 FIFO 中的接收缓冲器再次可用，才可以接收新的有效报文。

12.2.3 标识符验收过滤

MSCAN 标识符验收寄存器（CAN_IDARx）用于标准帧标识符（ID[10：0]）或扩展帧标识符（ID[28：0]）的接收。当总线上有报文到达时，MSCAN 会将该报文的标识符与标识符验收寄存器中的内容进行比较，对应位值相同的位直接验收通过，若值不同，则与标识符掩码寄存器（CAN_IDMRx）对应位定义值有关，定义值为 1 则报文验收通过，定义值为 0 则不通过。

当标识符验收通过，MSCAN 置接收缓冲区满标志位（CAN_RFLG[RXF]＝1），并在标识符验收控制寄存器（CAN_IDAC）中利用命中标志位（IDHIT[2：0]）来指示是使用哪个标识符验收器进行验收。这种方式简化了编程工作量，不需依靠编程识别接收器的中断源。当多个命中产生，较低位的命中享有较高优先权。

在接收报文时，需要对哪些位进行验收比较，与当前的过滤器工作方式有关。MSCAN 有 4 种过滤器工作方式，下面进行简要介绍。

1. 双标识符验收过滤器工作方式

两个标识符验收过滤器，每个验收过滤器 32 位。每个过滤器被用于：扩展帧，29 位标识符、RTR、IDE 和 SRR；标准帧，11 位标识符、RTR 和 IDE。

如图 12－14 所示，第一个 32 位的过滤器段（CAN_IDAR0～3，CAN_IDMR0～3）对应过滤器 0 命中；第二个 32 位的过滤器段（CAN_IDAR4～7，CAN_IDMR4～7）对应过滤器 1 命中。

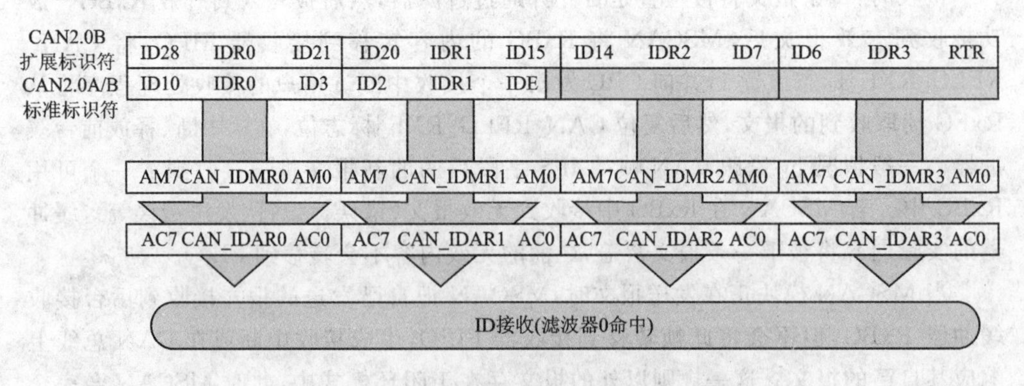

图 12－14　32 位可屏蔽标识符验收过滤器

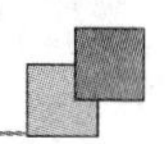

2. 4个标识符验收过滤器工作方式

4个标识符验收过滤器，每个标识符过滤器16位。每个过滤器被用于：扩展帧，标识符的高14位、SRR和IDE；标准帧，11位标识符、RTR和IDE。

图12-15显示第一个32位的过滤器段(CAN_IDAR0～3,CAN_IDMR0～3)对应过滤器0和过滤器1命中；第二个32位的过滤器段(CAN_IDAR4～7,CAN_IDMR4～7)对应过滤器2和过滤器3命中。

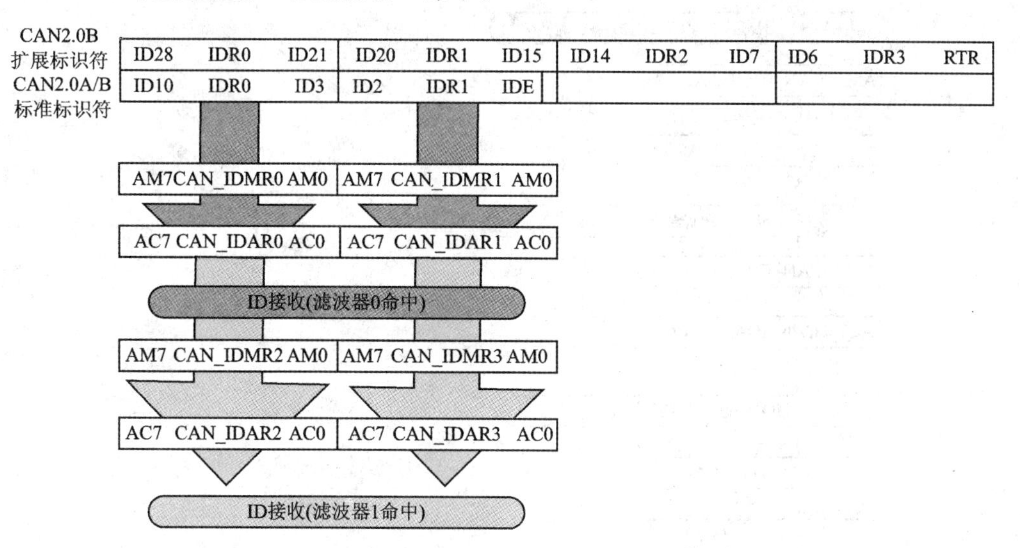

图12-15 16位可屏蔽标识符验收过滤器

3. 8个标识符验收过滤器工作方式

8个标识符验收过滤器，每个标识符过滤器8位。每个滤波器被用于：扩展帧，标识符的高8位；标准帧，标识符的高8位。

该方式采用8个独立的滤波器，可对标准帧或扩展帧的高8位标识符进行滤波比较，如图12-16所示。第一个32位的过滤器段(CAN_IDAR0～3,CAN_IDMR0～3)产生过滤器0～3命中；第二个32位的过滤器段(CAN_IDAR4～7,CAN_IDMR4～7)产生过滤器4～7命中。

4. 关闭过滤器工作方式

在这种模式下，报文不会被放入到接收前台缓冲区RxFG,CAN_RFLG[RXF]接收标志也不会被置位。

12.2.4 时钟系统

图12-17给出了MSCAN时钟发生电路的结构。

CAN_CTL1寄存器中的时钟源位(CLKSRC)决定内部CANCLK连接到晶体

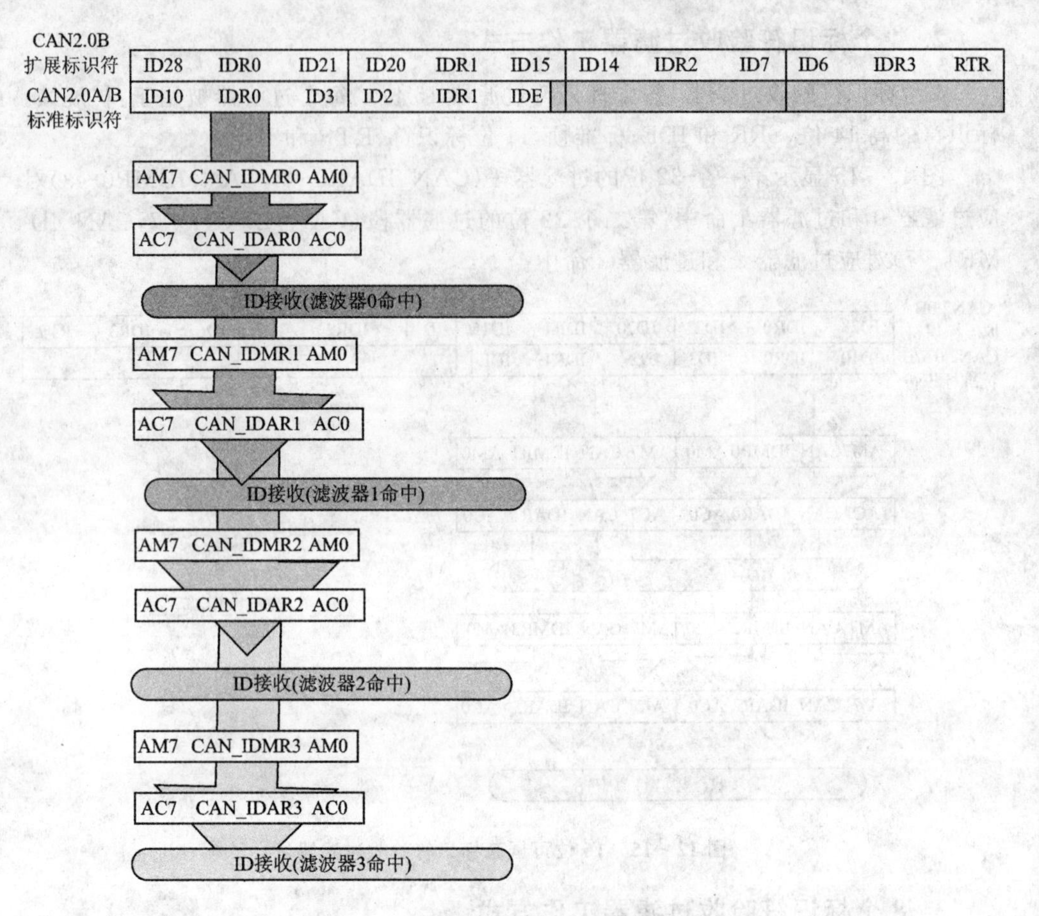

图 12-16 8位可屏蔽标识符验收过滤器

振荡器(振荡器时钟)输出还是连接到总线时钟。MSCAN 时钟须选择能满足 CAN 协议的振荡器精度要求(高达 0.4%)的时钟源。此外,对于高 CAN 总线速率(1 Mbps)来说,要保证 45%～55%的时钟占空比。如果总线时钟从 PLL 中生成,可能存在抖动,建议选择振荡器时钟而不要选择总线时钟,特别是以较快的 CAN 总线速率工作时。PLL 锁可能太宽,不能确保所需的时钟精度。对于那些没有片上时钟合成模块(OCCS)的微控制器,CANCLK 的驱动则来自于晶体振荡器(振荡时钟)。

可编程预分频器从 CANCLK 生成最小时间份额(T_q)时钟。最小时间份额是 MSCAN 所处理时间的基本单位,其频率见下式:

$$f_{\mathrm{Tq}} = f_{\mathrm{CANCLK}} / (\text{预分频器值}) \tag{12-3}$$

位时间再分成 3 段,如 Bosch CAN 规范所述,如图 12-18 所示,相应位速率见下式:

$$V_{\mathrm{bit}} = f_{T_q} / (T_q\ \text{数目}) \tag{12-4}$$

同步段:该段有一个长度固定的 T_q,信号边沿预计出现在本段。

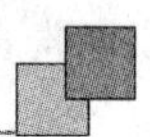

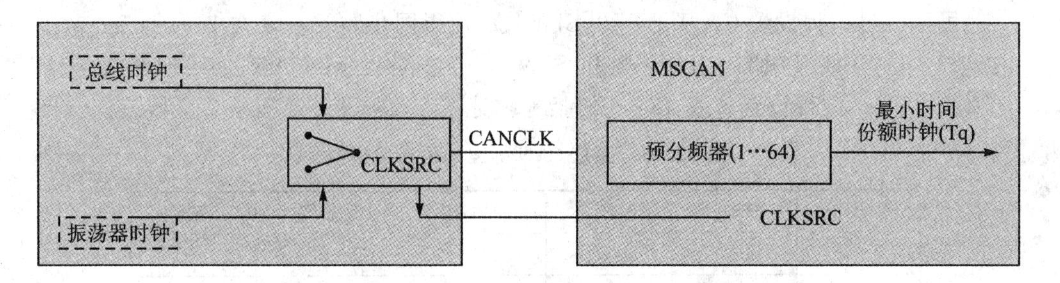

图 12-17　MSCAN 时钟发生结构图

时段1：本段包括CAN标准的PROP_SEG和PHASE_SEG1。可以通过编程设置CAN_BTR1[TSEG1]位，使之包含4～16个T_q。

时段2：本段表示CAN标准的PHASE_SEG2。可以通过编程设置CAN_BTR1[TSEG2]位，使之具有2～8个T_q。

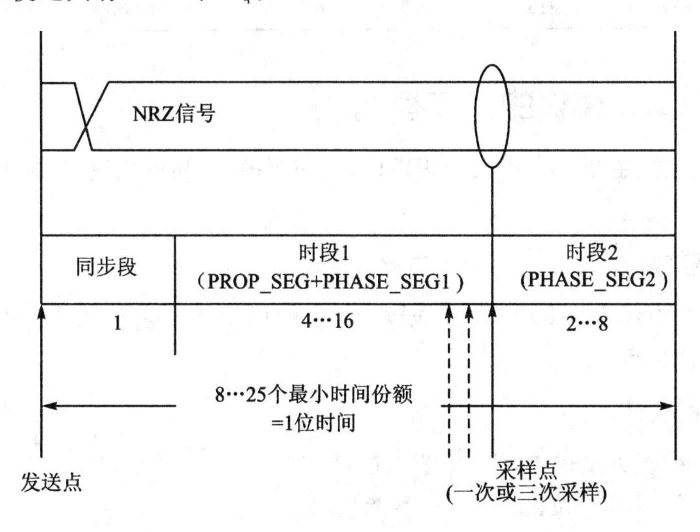

图 12-18　位时间内的段

图12-18中一些名称的具体含义如表12-4所列。

表 12-4　时段句法

名　称	描　述
同步段(SYNC_SEG)	系统希望该时段内在CAN总线上出现电平转换
发送点	正处于发送模式的节点在该点上向CAN总线传输一个新值
采样点	正处于接收模式的节点在该点采样CAN总线。如果选择了每位采样3次模式，那么该点标记第3采样点的位置

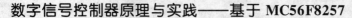

可以通过编程设置 CAN_BTR0[SJW]位，使得同步跳转宽度在 1～4 个 Tq 范围内。SYNC_SEG、TSEG1、TSEG2 和 SJW 位通过编程 MSCAN 总线时钟寄存器(CAN_BTRx)进行设置。表 12-5 概括地描述了 CAN 段设置和相关位域值。

表 12-5　遵从 CAN 标准的位时段设置

时段 1	TSEG1	时段 2	TSEG2	同步跳转宽度	SJW
5…10	4…9	2	1	1…2	0…1
4…11	3…10	3	2	1…3	0…2
5…12	4…11	4	3	1…4	0…3
6…13	5…12	5	4	1…4	0…3
7…10	6…13	6	5	1…4	0…3
8…15	7…10	7	6	1…4	0…3
9…16	8…15	8	7	1…4	0…3

12.2.5　CAN 模块的工作模式

CAN 模块的主要工作模式有正常模式、侦听模式、初始化模式、休眠模式和断电模式。

1. 正常模式

正常模式中，CAN 模块收发数据帧、远程帧以及错误帧时，CAN 协议的所有功能全部是允许状态。

2. 侦听模式

CAN 总线侦听模式中，CAN 节点能够接收有效数据帧和远程帧，但它只发送 CAN 总线上的“隐性”位。此外，它不能启动发送。若 MAC 层需要发送“显性”位(ACK 位、超载标志或有效错误标志)，该位只能在内部传输，这样 MAC 层就监控“显性”位，此时 CAN 总线在外部仍保持隐性状态。

3. 初始化模式

初始化模式中，正在进行的任何发送或接收行为都会立即中止，与 CAN 总线的同步丢失。为了防止 CAN 总线系统出现严重的后果，MSCAN 立即驱动 TXCAN 引脚进入隐性状态。因此，进入初始化模式时，用户应使 MSCAN 不在运行状态，其操作步骤是：在设置 CAN_CTL0 寄存器中 INITRQ 位前，将 MSCAN 置入休眠模式(CAN_CTL0[SLPRQ]= 1，CAN_CTL1[SLPAK] = 1)。否则，中止正在发送的报文可能导致错误，并影响到其他 CAN 总线节点。

初始化模式中，MSCAN 被停止。但接口寄存器仍然可以访问。这种模式用来将复位 CAN_CTL0、CAN_RFLG、CAN_RIER、CAN_TFLG、CAN_TIER、CAN_

TARQ、CAN_TAAK和CAN_TBSEL寄存器。此外，MSCAN还使能配置CAN_BTR0、CAN_BTR1时钟寄存器以及CAN_IDAC、CAN_IDAR和CAN_IDMR报文过滤器。

由于MSCAN内的独立时钟源，CAN_CTL0[INITRQ]必须通过采用特殊握手机制进行时钟同步。若CAN总线上没有正在传输的报文，此时，最小延迟将是两个额外的总线时钟和3个额外的CAN时钟。当MSCAN的所有部件都处于初始化模式时，CAN_CTL1[INITAK]标志置位。应用程序必须将CAN_CTL1[INITAK]作为握手标志，以便请求(CAN_CTL0[INITRQ])进入初始化模式。

注意：在使能初始化模式(CAN_CTL0[INITRQ] = 1和CAN_CTL1[INITAK] = 1)前，CPU不能清除CAN_CTL0[INITRQ]位。

4. 休眠模式

通过置位CAN_CTL0[SLPRQ]位，CPU请求MSCAN进入休眠模式。MSCAN进入休眠模式的时间取决于固定的同步时延及其当前状态：若有一个或多个报文缓冲器等待发送(CAN_TFLG[TXE]=0)，则MSCAN将继续发送，直到所有发送报文缓冲器空(CAN_TFLG[TXE]=1，成功发送或中止)，再进入休眠模式；若MSCAN正在接收，则继续接收，并且一旦CAN总线空闲，立即进入休眠模式；若MSCAN既不发送也不接收，则立即进入休眠模式。

注意：程序必须避免建立发送(通过清除一个或多个CAN_TFLG[TXE]标志位)后立即请求休眠模式(通过设置CAN_CTL0[SLPRQ]位)。MSCAN是启动发送还是直接进入休眠模式取决于实际操作顺序。

若激活休眠模式，则需要将CAN_CTL0[SLPRQ]和CAN_CTL1[SLPAK]置位。程序必须把CAN_CTL1[SLPAK]位作为请求(SLPRQ)的握手标志位，以进入休眠模式。当处于休眠模式(CAN_CTL0[SLPRQ]=1，CAN_CTL1[SLPAK]=1)时，MSCAN停止其内部时钟，但CPU访问寄存器的时钟继续运行。

若MSCAN处于总线脱离状态，由于时钟停止，它将停止监控总线上出现128次11个连续隐性位。TXCAN引脚保持隐性状态。若CAN_RFLG[RXF]=1，可以读取报文且可以对其清0。当处于休眠模式时，不会出现新报文被转移到接收器FIFO(RxFG)的当前缓冲器的情况。访问发送缓冲器和清CAN_TFLG[TXE]标志位是允许的。当处于休眠模式时，不会出现报文中止的情况。

若CAN_CLT0[WUPE]位尚未置位，MSCAN将屏蔽它在CAN上检测到的任何信号，RXCAN引脚在内部设置为隐性状态，MSCAN将被锁在休眠模式。CAN_CLT0[WUPE]位必须在进入休眠模式前配置。

只有当出现以下情形时，MSCAN才能够退出休眠模式(唤醒)：出现CAN总线有效和CAN_CLT0[WUPE]=1；CAN_CTL0[SLPRQ]位清0。

注意：在使能休眠模式(CAN_CTL0[SLPRQ]=1，CAN_CTL1[SLPAK]=1)

前，CPU 不能清 CAN_CTL0[SLPRQ]位。唤醒之后，MSCAN 等待 11 个连续隐性位与 CAN 总线同步。因此，如果 MSCAN 被 CAN 帧唤醒，就不会收到该帧。

若在进入休眠模式前已经收到报文，接收报文缓冲器(RxFG 和 RxBG)将存储该报文。所有挂起操作在唤醒后执行，复制 RxBG 至 RxFG，报文中止和报文发送。若在退出休眠模式后 MSCAN 仍处于总线脱离状态，它将继续计数出现 128 次 11 个连续隐性位。

5. MSCAN 断电模式

当 CPU 处于停止模式或 CPU 处于等待模式且置位 CAN_CTL0[CSWAI]位时，MSCAN 处于断电模式。当进入断电模式时，MSCAN 立即停止正在进行的所有发送和接收，这样可能违反 CAN 协议。为了防止 CAN 总线系统出现违反上述规则而产生严重后果，MSCAN 立即驱动 TXCAN 管脚进入隐性状态。在断电模式中，MSCAN 模块所有时钟停止，且不能访问 MSCAN 模块寄存器。

注意：进入断电模式时，用户应使 MSCAN 不在运行状态，其操作步骤是：如果 CAN_CTL0[CSWAI] = 1，在执行停止指令 STOP 或等待指令 WAIT 前，MSCAN 置入休眠模式(CAN_CTL0[SLPRQ]=1，CAN_CTL1[SLPAK]=1)。否则，中止正在发送的报文可能导致错误情况，并影响到其他 CAN 总线节点。

12.2.6 CAN 模块的中断

MSCAN 支持 4 个中断矢量(如表 12-6 所列)，任意一个矢量都可以单独屏蔽。

表 12-6 中断矢量

中断源	优先级设定位	触发标志位	使能位
唤醒中断	INTC_IPR2[3：2]	CAN_RFLG[WUPIF]	CAN_RIER [WUPIE]
错误中断	INTC_IPR2[1：0]	CAN_RFLG[CSCIF, OVRIF]	CAN_RIER[CSCIE, OVRIE]
接收中断	INTC_IPR1[15：14]	CAN_RFLG[RXF]	CAN_RIER[RXFIE]
发送中断	INTC_IPR1[13：12]	CAN_TFLG[TXE]	CAN_TIER [TXEIE])

1. 发送中断

3 个发送缓冲器中至少有一个可用，并且将写入报文发送。报文缓冲器空标志位 CAN_TFLG[TXE]置位。

2. 接收中断

报文成功接收，并转移到接收器 FIFO 的前端缓冲器(RxFG)。收到 EOF 信号后，立即生成该中断，CAN_RFLG[RXF]标志位被置 1。若接收器 FIFO 中有多条报文，一旦下一条报文转移到前端缓冲器，就立即置位 CAN_RFLG[RXF]标志位。

3. 唤醒中断

若MSCAN处于内部休眠模式期间，CAN总线上有信号，产生唤醒中断。前提条件是必须使能唤醒。

4. 错误中断

若出现了接收器FIFO溢出、错误、警报或总线脱离情况，产生错误中断，具体如下：

① 溢出，出现接收器FIFO的溢出情况。

② CAN状态变化，MSCAN的CAN总线状态反映实际情况。只要错误计数器进入特殊范围(例如，Tx/Rx警报、Tx/Rx错误、总线脱离)，MSCAN就标识错误情况。产生错误情况的状态变化由CAN_RFLG[TSTAT]和CAN_RFLG[RSTAT]标志位表示。

5. 中断响应

中断与MSCAN接收器标志寄存器CAN_RFLG或发送器标志寄存器CAN_TFLG中的一个或多个状态标志直接相关。CAN_RFLG和CAN_TFLG中的标志位必须在中断处理程序中复位。标志位写1将清该标志位。若中断条件仍然存在，标志不能被清除。只要设置了相应标志位中的一个，中断就产生。

注意：必须确保CPU只清除引起当前中断的标志位，因此，不能用位操作指令(BFSET)清除中断标志。这种指令可能造成意外清除进入当前中断服务程序后设置的中断标志位。

12.3 MSCAN模块的编程寄存器

1. MSCAN模块内存映射

MSCAN占用64字节的内存空间，内部所有寄存器及其地址分布如图12-19所示和表12-7所示。寄存器地址由基址和偏移量组成，基址在MC56F8257中定义，而偏移量在MSCAN模块内部定义。

表12-7　各功能模块寄存器地址分配表

地　址	功能模块	访问权限
$_00、$_01	MSCAN控制寄存器0、1(CAN_CTL0、CAN_CTL1)	读/写①
$_02、$_03	MSCAN总线时钟寄存器0、1(CAN_BTR0、CAN_BTR1)	读/写
$_04	MSCAN接收标志寄存器(CAN_RFLG)	读/写①
$_05	MSCAN接收中断使能寄存器(CAN_RIER)	读/写
$_06	MSCAN发送标志寄存器(CAN_TFLG)	读/写①

续表 12-7

地　址	功能模块	访问权限
$_07	MSCAN 发送中断使能寄存器(CAN_TIER)	读/写①
$_08	MSCAN 发送消息忽略控制请求(CAN_TARQ)	读/写①
$_09	MSCAN 发送消息忽略控制应答(CAN_TAAK)	读
$_0A	MSCAN 发送缓冲器选择(CAN_TBSEL)	读/写①
$_0B	MSCAN 标识符验收控制寄存器(CAN_IDAC)	读/写①
$_0C	保留	
$_0D	CAN_MISC	读/写①
$_0E	MSCAN 接收错误计数寄存器(CAN_RXERR)	读
$_0F	MSCAN 发送错误计数寄存器(CAN_TXERR)	读
$_10～$_13	MSCAN 标识符验收码寄存器 0～3(CAN_IDAR0～3)	读/写
$_14～$_17	MSCAN 标识符屏蔽寄存器 0～3(CAN_IDMR0～3)	读/写
$_18～$_1B	MSCAN 标识符验收码寄存器 4～7(CAN_IDAR4～7)	读/写
$_1C～$_1F	MSCAN 标识符屏蔽寄存器 4～7(CAN_IDMR4～7)	读/写
$_20～$_2F	接收前台缓冲区(CAN_RXFG)	读②
$_30～$_3F	发送前台缓冲区(CAN_TXFG)	读②/写

注意：① 写访问限制参照寄存器的详细描述；② CAN_RXFG 和 CAN_TXFG 的保留位和不使用位读时为“x”。

地址偏移量

$_00 $_0B	控制寄存器 12个字节
$_0C	保留
$_0D	CAN_MISC
$_0E $_0F	错误计数器 2个字节
$_10 $_1F	标识符过滤器 16个字节
$_20 $_2F	接收缓冲区 16个字节(窗口机制)
$_30 $_3F	发送缓冲区 16个字节(窗口机制)

图 12-19　MSCAN 寄存器组织图

2. 控制寄存器

MC56F8257 中，与 MSCAN 模块编程有关的寄存器共有 63 个寄存器。本节详细描述 MSCAN 模块中的部分寄存器和寄存器位。每个描述都包括带有相关图形编号的标准寄存器示意图。寄存器位和字段功能的详细说明在寄存器图后面，按位

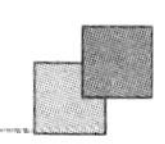

顺序。该模块中所有寄存器的所有位在寄存器读取过程中都与内部时钟完全同步。

(1) MSCAN控制寄存器0(CAN_CTL0)

CAN_CTL0寄存器提供了如下文所述的MSCAN模块的各种位控制。

数据位	15	14	13	12	11	10	9	8	7	6	5	4	3	2	1	0
读操作	0								RXFRM	RXACT	CSWAI	SYNCH	TIME	WUPE	SLPRQ	INITRQ
写操作																
复位	0	0	0	0	0	0	0	0	0	0	0	0	0	0	0	1

D15～D8——只读位，保留，其值为0。

D7——RXFRM接收帧标志位。该位是只读和只清除位。当接收器正确收到有效报文(独立于滤波器配置)时，该位置位。置位后，该位一直保持不变，直到通过软件或复位将其清除。通过写入1清除该位。写0则无效。该位在闭环模式中无效。RXFRM=0，自上次清除该标志位以来未收到有效报文；RXFRM=1，自上次清除该标志位以来收到有效报文。

D6——RXACT接收器活跃状态位。该位表示MSCAN正在接收报文。该位由接收器前端控制。该位在闭环模式中无效。RXACT=0，MSCAN正在发送或空闲；RXACT=1，MSCAN正在接收报文(包括仲裁丢失时)。

D5——CSWAI CAN等待模式中的停止位。置该位，等待模式中可通过禁止MSCAN模块与CPU总线接口的所有时钟来降低功耗。CSWAI=0，等待模式中CAN模块不受影响；CSWAI=1，等待模式中，CAN模块停止时钟。

D4——SYNCH同步状态位。该位显示MSCAN是否与CAN总线同步，是否能够参与通信过程。该位由MSCAN置位和清除。SYNCH=0，MSCAN与CAN总线不同步。SYNCH=1，MSCAN与CAN总线同步。

D3——TIME计时器使能位。该位激活一个内置16位自由运行计时器。若使能计时器，则在每个发送/接收缓冲区内的消息上打上16位时间戳。一旦消息被CAN总线接收，时间戳将写在相应缓冲区。禁止时，内部计时器复位(所有位都设置为0)。该位在初始化模式中保持低。TIME=0，禁止内部MSCAN计时器。TIME=1，使能内部MSCAN计时器。

D2——WUPE唤醒使能位。该位允许MSCAN模块检测到CAN总线通信时从休眠模式中重启。为了让所选功能发挥作用，该位在进入休眠模式前必须进行配置。WUPE=0，唤醒禁止，MSCAN忽略CAN总线通信；WUPE=1，唤醒使能，MSCAN能够重启。

D1——SLPRQ休眠模式请求位。该位可以使MSCAN进入休眠模式，这是一个内部省电模式。当CAN总线空闲时，也就是说该模块不接收任何报文且所有发送缓冲器为空，休眠模式请求被受理。通过设置CAN_CTL1[SLPAK]=1，表示该

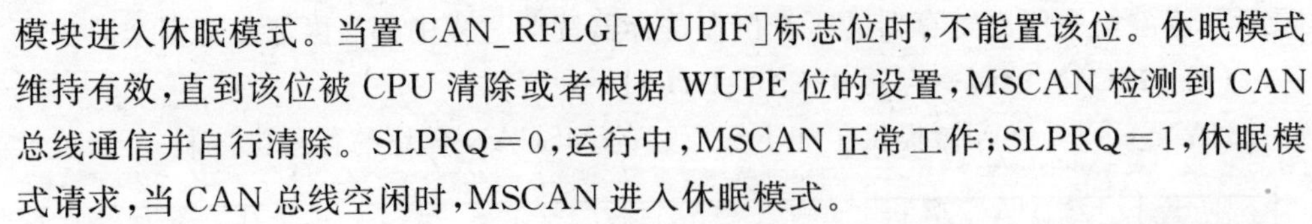

模块进入休眠模式。当置 CAN_RFLG[WUPIF]标志位时，不能置该位。休眠模式维持有效，直到该位被 CPU 清除或者根据 WUPE 位的设置，MSCAN 检测到 CAN 总线通信并自行清除。SLPRQ＝0，运行中，MSCAN 正常工作；SLPRQ＝1，休眠模式请求，当 CAN 总线空闲时，MSCAN 进入休眠模式。

D0——INITRQ 初始化模式请求位。当 CPU 置该位时，MSCAN 切换至初始化模式。任何正在进行的发送或接收都将被中止，与 CAN 总线的同步也丢失。通过设置 CAN_CTL1[INITAK]＝1，表示该模块进入初始化模式。以下寄存器进入其硬复位状态并恢复它们的默认值：CAN_CTL0、CAN_RFLG、CAN_RIER、CAN_TFLG、CAN_TIER、CAN_TARQ、CAN_TAAK 和 CAN_TBSEL。MSSCAN 处于初始化模式(CAN_CTL0[INITRQ] ＝ 1 和 CAN_CTL1[INITAK] ＝ 1)时，寄存器 CAN_CTL1、CAN_BTR0、CAN_BTR1、CAN_IDAC、CAN_IDAR07 和 CAN_IDMR0－7 只能通过 CPU 写入。错误计数器的值不受初始化模式的影响。当该位通过 CPU 清除时，MSCAN 重启，然后，试图与 CAN 总线同步。如果 MSCAN 未处于总线脱离状态，它在 CAN 总线上出现 11 个连续隐性位后同步。如果 MSCAN 处于总线脱离状态，它将继续等待 11 个连续隐性位重复出现 128 次。只有当退出初始化模式后，才可以在 CAN_CTL0、CAN_RFLG、CAN_RIER、CAN_TFLG 或 CAN_TIER 中写入其他位，这时 CAN_CTL0[INITRQ] ＝ 0 及 CAN_CTL1[INITAK]＝0。INITRQ＝0，MSCAN 正常运行；INITRQ＝1，MSCAN 处于初始化模式。

(2) MSCAN 控制寄存器 1(CAN_CTL1)

CAN_CTL1 寄存器如下文所述提供了 MSCAN 模块的各种控制位和握手状态报文。

数据位	15	14	13	12	11	10	9	8	7	6	5	4	3	2	1	0
读操作	0								CANE	CLKSRC	LOOPB	LISTEN	BORM	WUPM	SLPAK	INITAK
写操作																
复位	0	0	0	0	0	0	0	0	0	0	0	1	0	0	0	1

D15～D8——只读位，保留，其值为 0。

D7——CANE CAN 使能位。CANE＝0，禁止 MSCAN 模块；CANE＝1，使能 MSCAN 模块。

D6——CLKSRC MSCAN 时钟源选择位。该位定义 MSCAN 模块的时钟源(仅适用于具有时钟发生模块的系统)。CLKSRC＝0，MSCAN 时钟源是振荡器；CLKSRC＝1，MSCAN 时钟源是总线时钟。

D5——LOOPB 闭环自测模式选择位。当置该位时，MSCAN 执行可用于内部闭环的自测操作。发送器的输出位从内部流回到接收器。RXCAN 引脚输入将被忽略，且 TXCAN 引脚输出进入隐性状态(逻辑 1)。在发送时，MSCAN 表现的和正常

运行时一样，将自己发送的报文看作是接收远程节点发送的一样。在这种状态里，MSCAN将忽略ACK间隙发送的位，确保正确接收自己的报文。发送和接收中断都会发生。LOOPB=0，禁止闭环自测；LOOPB=1，使能闭环自测。

D4——LISTEN侦听模式位。该位将MSCAN配置为CAN总线监控器。当该位置位时，接收所有ID匹配的有效CAN报文，但不发出确认或错误帧。此外，错误计数器停止计数。侦听模式支持需要"热插拨"或"吞吐量分析"的应用。当侦听模式处于有效状态时，MSCAN不能发送任何报文。LISTEN=0，正常运行；LISTEN=1，使能侦听模式。

D3——BORM总线脱离恢复模式位。该位配置MSCAN的总线脱离恢复模式。BORM=0，总线自动脱离恢复(参见Bosch CAN2.0A/B协议规范)；BORM=1，根据用户请求总线脱离恢复。

D2——WUPM唤醒模式位。如果CAN_CTL0[WUPE]=1，该位定义了是否应用集成低通滤波器来防止MSCAN出现假唤醒。WUPM=0，MSCAN被CAN总线上的任意显性信号唤醒；WUPM=1，MSCAN只有在CAN总线上的显性脉冲长度为TWAKEUP时才唤醒。

D1——SLPAK休眠模式确认位。该位指示MSCAN模块是否已经进入休眠模式。它用作SLPRQ休眠模式请求的握手标志。当CAN_CTL0[SLPRQ]=1及SLPAK=1时，休眠模式是有效的。当CAN_CTL0[WUPE]置位，且MSCAN处于休眠模式时，检测到CAN总线有信号，MSCAN将清除该位。SLPAK=0，MSCAN正常运行；SLPAK=1，MSCAN已经进入休眠模式。

D0——INITAK初始化模式确认位。该位显示MSCAN模块是否处于初始化模式。它用作INITRQ初始化模式请求的握手标志。当CAN_CTL0[INITRQ]=1且INITAK=1时，初始化模式使能。当MSCAN处于初始化模式时，寄存器CAN_CTL1、CAN_BTR0、CAN_BTR1、CAN_IDAC、CAN_IDAR0～CAN_IDAR7和CAN_IDMR0～CAN_IDMR7只能通过CPU写入。INITAK=0，MSCAN正常运行；INITAK=1，MSCAN处于初始化模式。

(3) MSCAN总线时钟寄存器0(CAN_BTR0)

CAN_BTR0寄存器配置MSCAN模块的各种CAN总线定时参数。

数据位	15	14	13	12	11	10	9	8	7	6	5	4	3	2	1	0
读操作	0								SJW		BRP					
写操作																
复位	0	0	0	0	0	0	0	0	0	0	0	0	0	0	0	0

D15～D8——只读位，保留，其值为0。

D7～D6——SJW同步跳转宽度位。同步跳转宽度定义了实现CAN总线上的

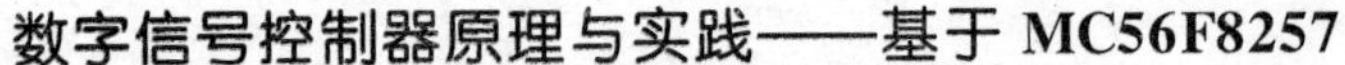

数据传输重新同步，一个位可以缩短或延长的 T_q 最大值，参见表12-8。

表 12-8　同步跳转宽度

SJW (D7D6)	同步跳转宽度 T_q 数目
00	1
01	2
10	3
11	4

D5～D0——BRP 波特率预分频位。该位确定用来构建位计时的 T_q 时钟，如表12-9所列。

表 12-9　波特率预分频因子

BRP5	BRP4	BRP3	BRP2	BRP1	BRP0	预分频器值(P)
0	0	0	0	0	0	1
0	0	0	0	0	1	2
0	0	0	0	1	0	3
0	0	0	0	1	1	4
⋮	⋮	⋮	⋮	⋮	⋮	⋮
1	1	1	1	1	1	64

(4) MSCAN 总线时钟寄存器 1(CAN_BTR1)

CAN_BTR1 寄存器配置 MSCAN 模块的各种 CAN 总线定时参数。

数据位	15	14	13	12	11	10	9	8	7	6	5	4	3	2	1	0
读操作	0								SAMP	TSEG2			TSEG1			
写操作																
复位	0	0	0	0	0	0	0	0	0	0	0	0	0	0	0	0

D15～D8——只读位，保留，其值为0。

D7——SAMP 采样位。该位确定每个位时间的 CAN 总线采样次数。SAMP=0，得到的位值等于采样点位置的单个位值。SAMP=1，得到的位值是在3次采样中使用多数规则来决定的。要实现高比特速率，建议每个位时间只采样一次。

D6～D4——TSEG2 时间段2位。位时间内的时间段固定每个位时间的时钟周期数和采样点的位置。时间段2(TSEG2)值可以如表12-10所列进行编程。

D3～D0——TSEG1 时间段1位。位时间内的时间段固定每个位时间的时钟周期数和采样点的位置。时间段1(TSEG1)值可以如表12-11所列进行编程。

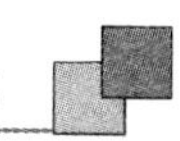

表 12-10 时间段 2 TSEG2

TSEG2 (D6D5D4)	同步跳转宽度 Tq 数目
000	1(无效)
001	2
010	3
011	4
100	5
101	6
110	7
111	8

表 12-11 时间段 1 TSEG1

TSEG1 (D3D2D1D0)	同步跳转宽度 Tq 数目
0000	1(无效)
0001	2(无效)
0010	3(无效)
0011	4
0100	5
0101	6
0110	7
0111	8
1000	9
1001	10
1010	11
1011	12
1100	13
1101	14
1110	15
1111	16

位时间由振荡器频率、波特率预分频器和每位的 T_q 数量确定，见下式：

$$T_{bit} = ((\text{预分频器值}) \div f_{CANCLK}) \times (1 + \text{时间段 } 1 + \text{时间段 } 2) \quad (12-5)$$

(5) MSCAN 接收器标志寄存器(CAN_RFLG)

每个标志位只有在相应位设置不再有效的情况下，才能通过软件清除(将 1 写入相应位)。除了 RSTAT 和 TSTAT 标志位是只读的；其余位可读写，写入 1 表示清除标志位，写入 0 表示无效。

数据位	15	14	13	12	11	10	9	8	7	6	5	4	3	2	1	0
读操作	0								WUPIF	CSCIF	RSTAT		TSTAT		OVRIF	RXF
写操作																
复位	0	0	0	0	0	0	0	0	0	0	0	0	0	0	0	0

D15～D8——只读位，保留，其值为 0。

D7——WUPIF 唤醒中断标志位。如果 MSCAN 处于休眠模式时，MSCAN 检测到 CAN 总线有信号且 CANT_CTL0[WUPE]=1，那么将置该标志位。如果未被屏蔽，当置该标志位时有一个唤醒中断产生。WUPIF=0，MSCAN 处于休眠模式时，MSCAN 未检测 CAN 总线有信号，无唤醒请求；WUPIF=1，MSCAN 检测到

CAN 总线上有信号并请求唤醒。

D6——CSCIF CAN 状态变化中断标志位。当 MSCAN 由于发送错误计数器(TEC)和接收错误计数器(REC)的实际值而更改其当前 CAN 总线状态时，置该标志位。CSCIF=0，自上次中断以来 CAN 总线状态未发生变化；CSCIF=1，MSCAN 更改了当前 CAN 总线状态。

D5～D4——RSTAT 接收器状态位。错误计数器的值控制着 MSCAN 的实际 CAN 总线状态。只要状态变化中断标志位(CSCIF)置位，这些位显示与接收器有关的 CAN 总线状态，具体如表 12-12 所列。

表 12-12　RSTAT 状态与 CAN 总线状态关系

RSTAT (D5D4)	CAN 总线状态
00	RxOK：接收错误计数器[0，96]
01	RxWRN：接收错误计数器(96，127]
10	RxERR：接收错误计数器(127，255]
11	Bus－Off：接收错误计数器(255，∞)

D3～D2——TSTAT 发送器状态位。错误计数器的值控制着 MSCAN 的实际 CAN 总线状态。只要状态变化中断标志(CSCIF)置位，这些位显示与发送器有关的 CAN 总线状态，具体如表 12-13 所列。

表 12-13　TSTAT 状态与 CAN 总线状态关系

TSTAT (D3D2)	CAN 总线状态
00	TxOK：发送错误计数器[0,96]
01	TxWRN：发送错误计数器(96,127]
10	TxERR：发送错误计数器(127,255]
11	Bus－Off：发送错误计数器(255,∞)

D1——OVRIF 溢出中断标志位。当出现数据溢出时，置该标志位。如果没有被屏蔽，当该标志位置位时有一个错误中断产生。OVRIF=0，无数据溢出；OVRIF=1，检测到数据溢出。

D0——RXF 接收缓冲器已满标志位。当新报文被转移到接收器 FIFO 中时，该位由 MSCAN 进行置位。该标志位表示移位缓冲器是否接收了正确的报文(匹配标识符、匹配循环冗余代码(CRC)和未检测到其他错误)。在 CPU 从接收器 FIFO 中的 RxFG 缓冲器读取该报文后，该标志位必须清除，以释放缓冲器。已置位该标志位禁止下一个 FIFO 条目转移到 RxFG 缓冲器。如果未被屏蔽，当该标志位置位时

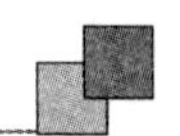

有一个接收中断产生。RXF＝0，RxFG中没有新报文；RXF＝1，接收器FIFO非空，RxFG中有报文。

(6) MSCAN接收器中断使能寄存器(CAN_RIER)

该寄存器包含用于CAN_RFLG寄存器中描述的中断标志的中断使能位。

数据位	15	14	13	12	11	10	9	8	7	6	5	4	3	2	1	0
读操作	0								WUPIE	CSCIE	RSTATE		TSTATE		OVRIE	RXFIE
写操作																
复位	0	0	0	0	0	0	0	0	0	0	0	0	0	0	0	0

D15～D8——只读位，保留，其值为0。

D7——WUPIE唤醒中断使能位。WUPIE＝0，唤醒事件不引起唤醒中断请求；WUPIE＝1，唤醒事件引起唤醒中断请求。

D6——CSCIECAN状态变化中断使能位。CSCIE＝0，CAN状态变化事件不引起错误中断请求；CSCIE＝1，CAN状态变化事件引起错误中断请求。

D5～D4——RSTATE接收器状态变化使能位。这些位域控制接收器状态变化而引起唤醒中断(CAN_RFLG[CSCIF]位)的电平状态。独立于所选电平状态，这些位域标志显示实际接收器的状态，且这些位域只有在没有唤醒中断(CAN_RFLG[CSCIF]位)产生时才会更新，具体如表12-14所列。

表12-14　RSTATE状态与唤醒中断CAN_RFLG[CSCIF]位)关系

RSTATE (D5D4)	产生唤醒中断条件
00	不产生唤醒中断
01	仅当接收器进入或离开Bus-Off状态时
10	仅当接收器进入或离开RxErr或Bus-Off状态时
11	无

D3～D2——TSTATE发送器状态变化使能位。这些位域控制接收器状态变化而引起唤醒中断(CAN_RFLG[CSCIF]位)的电平状态。独立于所选电平状态，这些位域标志继续显示实际接收器的状态，这些位域只有在没有唤醒中断(CAN_RFLG[CSCIF]位)产生时才会更新，具体如表12-15所列。

表12-15　TSTATE状态与唤醒中断CAN_RFLG[CSCIF]位)关系

TSTATE (D3D2)	产生唤醒中断条件
00	不产生唤醒中断

续表 12-15

TSTATE (D3D2)	产生唤醒中断条件
01	仅当发送器进入或离开 Bus-Off 状态时
10	仅当发送器进入或离开 RxErr 或 Bus-Off 状态时
11	无

D1——OVRIE 溢出中断使能位。OVRIE=0，溢出事件不引起错误中断请求；OVRIE=1，溢出事件引起错误中断请求。

D0——RXFIE 接收器已满中断使能位。RXFIE=0，接收缓冲器满事件不引起接收器中断请求；RXFIE=1，接收缓冲器满事件(成功报文接收)引起接收器中断请求。

(7) MSCAN 发送器标志寄存器(CAN_TFLG)

每个发送缓冲区空标志在 CAN_TIER 寄存器中都有相关的中断使能位。

数据位	15	14	13	12	11	10	9	8	7	6	5	4	3	2	1	0
读操作														TXE		
写操作																
复位	0	0	0	0	0	0	0	0	0	0	0	0	0	1	1	1

D15～D3——只读位，保留，其值为 0。

D2～D0——TXE 发送器缓冲区空标志位。该标志位表示相关发送报文缓冲区是否为空。在发送缓冲区中准备好报文发送前，CPU 必须清除该标志位。报文发送成功后，MSCAN 置该标志位。当发送请求被成功中止时，MSCAN 也置该标志位。如果未被屏蔽，当置该标志位时，会产生发送中断。当侦听模式处于有效状态时，该标志位不能清除，且 MSCAN 不能开始发送。当相应的 TXE[2∶0]位被清除(TXE[2∶0]=0)且缓冲器用于发送时，对发送缓冲器的读写操作会被阻止。TXE=0，相关报文缓冲区已满(加载了准备发送的报文)；TXE=1，相关报文缓冲区空(未预定)。

(8) MSCAN 发送器中断使能寄存器(CAN_TIER)

该寄存器包含发送缓冲器空中断标志的中断使能位。

数据位	15	14	13	12	11	10	9	8	7	6	5	4	3	2	1	0
读操作														TXEIE		
写操作																
复位	0	0	0	0	0	0	0	0	0	0	0	0	0	0	0	0

D15～D3——只读位，保留，其值为 0。

D2～D0——TXEIE 发送器空中断使能位。TXEIE=0，发送缓冲区空不产生中断请求；TXEIE=1，发送缓冲区空产生中断请求。

(9) MSCAN 发送缓冲区选择寄存器(CAN_TBSEL)

该寄存器允许选择实际发送报文缓冲区。所选择的缓冲区是 CAN_TXFG 寄存器允许访问空间。

数据位	15	14	13	12	11	10	9	8	7	6	5	4	3	2	1	0
读操作														TX		
写操作																
复位	0	0	0	0	0	0	0	0	0	0	0	0	0	0	0	0

D15～D3——只读位，保留，其值为 0。

D2～D0——TX 发送缓冲区选择位。该位域将各自的发送缓冲区放置到 CAN_TXFG 寄存器空间里(例如 TX1 =1、TX0 =1 选择发送缓冲器 TX2；TX1 =1、TX0 =0 选择发送缓冲器 TX1)。如果相应 CAN_TFLG[TXE]位被清除及缓冲区用于传输，读写所选发送缓冲区将会被阻止。TX=0，相关报文缓冲区没被选择；TX = 1，选择了相关报文缓冲区。若没有选择发送报文缓冲区，则禁止访问 CAN_TXFG 寄存器。

例 12－1 如何获得下一个有效的发送缓冲区。

假设 Tx 缓冲区 TX1 和 TX2 是有效的，则从 CAN_TFLG 寄存器读到的值是 0b0000_0110。将这个值写回到 CAN_TBSEL 中时，位 1 的位置上已经将低编号设置成 1，所以在 CAN_TXFG 中已经选择了 Tx 缓冲区的 TX1。因为只有最低编号位的位置被置 1，所以将从 CAN_TBSEL 寄存器中读回 0b0000_0010。上述代码如下：

LDAA CAN_TFLG；读到的值是 0b0000_0110。

STAA CAN_TBSEL；写入的值是 0b0000_0110。

LDAA CAN_TBSEL；读到的值是 0b0000_0010。

注意：如要获得下一个有效的发送缓冲区，应通过软件读取 CAN_TFLG 寄存器的值并将其写入到 CAN_TBSEL 寄存器中。

(10) MSCAN 标识符验收控制寄存器(CAN_IDAC)

该寄存器用来进行标识符验收控制。

数据位	15	14	13	12	11	10	9	8	7	6	5	4	3	2	1	0
读操作	0										IDAM		0	IDHIT		
写操作																
复位	0	0	0	0	0	0	0	0	0	0	0	0	0	0	0	0

D15～D6——只读位，保留，其值为 0。

D5～D4——IDAM 标识符验收模式位。CPU 设置这些标志位来定义标识符验收滤波器，具体规定如表 12－16 所列。在滤波器关闭模式中，不接收任何消息以至于前端缓冲区不会被加载。

D3——只读位，保留，其值为 0。

D2～D0——IDHIT 标识符验收命中指示位。MSCAN 设置这些标志位来指示标识符验收命中，具体规定如表 12－17 所列。IDHIT 指示符始终与在前台缓冲区(RxFG)中的报文相关。当报文移到接收器 FIFO 的前台缓冲区中时，将更新该指示符。

表 12－16　标识符验收模式设置

IDAM (D5D4)	标识符验收模式
00	2 个 32 位验收过滤器
01	4 个 16 位验收过滤器
10	8 个 8 位验收过滤器
11	过滤器关闭

表 12－17　标识符验收命中指示

IDHIT (D2D1D0)	识符验收命中
000	过滤器 0 命中
001	过滤器 1 命中
010	过滤器 2 命中
011	过滤器 3 命中
100	过滤器 4 命中
101	过滤器 5 命中
110	过滤器 6 命中
111	过滤器 7 命中

(11) MSCAN 标识符验收寄存器(CAN_IDAR0～7)

接收时，每个报文被写入到后台接收缓冲区。若报文通过了标识符验收和标识符掩码寄存器的验收，CPU 只被告知读取报文；否则会被下一次报文覆盖。8 个 MSCAN 标识符验收寄存器被分成两段：CAN_IDAR0～3 和 CAN_IDAR4～7。在扩展标识符中，所有这 4 个验收和屏蔽寄存器都会使用。在标准标识符中，只有前两个(CAN_IDAR0/1、CAN_IDMR0/1)被使用。

数据位	15	14	13	12	11	10	9	8	7	6	5	4	3	2	1	0
读操作	0								AC							
写操作																
复位	0	0	0	0	0	0	0	0	0	0	0	0	0	0	0	0

D15～D8——只读位，保留，其值为 0。

D7～D0——AC 验收码位。AC[7：0]包括了用户定义的位串，接收报文缓冲区的相关标识符寄存器(IDRn)位将与这个位串比较。比较结果将被相应的标识符屏

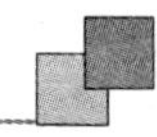

蔽寄存器屏蔽。

(12) MSCAN 标识符掩码寄存器(CAN_IDMR0～7)

该寄存器指定标识符验收寄存器的相应位与验收滤波器是否相关。为了在32位滤波模式中接收正确的标识符，需要编程该掩码寄存器CAN_IDMR1和CAN_IDMR5的最后3位(AM[2：0])为无关位。为了在16位滤波模式中接收正确的标识符，需要编程该掩码寄存器CAN_IDMR1、CAN_IDMR3、CAN_IDMR5和CAN_IDMR7的最后3位(AM[2：0])为无关位。

数据位	15	14	13	12	11	10	9	8	7	6	5	4	3	2	1	0
读操作	0								AM							
写操作																
复位	0	0	0	0	0	0	0	0	0	0	0	0	0	0	0	0

D15～D8——只读位，保留，其值为0。

D7～D0——AM验收掩码位。若该寄存器的某一位被清除，则表明在标识符验收寄存器中的相应位必须和它的标识符位一样，才进行匹配检测。如果所有的位都匹配，接收这个报文。若某位被置位，则表示在标识符验收寄存器中的相应位不会影响报文是否被接收。AM=0，匹配验收寄存器和标识符相应位；AM=1，忽略验收寄存器相应位。

3. 报文存储机制

为了简化编程接口，接收和发送报文缓冲区采用统一的结构。如表12-18所列，每个缓冲区拥有16个字节，其中包括13个字节的数据结构。发送报文缓冲区有一个优先级寄存器(TBPR)，而接收报文缓冲区没有。最后的两个字节存储了一个特殊的16位的时间戳，只能由MSCAN模块进行写操作，CPU只能读取其中的内容。

表12-18　报文缓冲区结构

地　址	寄存器名称
$_x0～$_x3	标识符寄存器0～3
$_x4～$_xB	数据段寄存器0～7
$_xC	数据长度寄存器
$_xD	发送缓冲区优先级寄存器
$_xE	时间戳寄存器(高字节)
$_xF	时间戳寄存器(低字节)

表12-19描述了适应扩展帧标识符的发送、接收缓冲区中的13个字节的数据结构。发送缓冲区任何时刻都可以读取，但只有在发送标志位(CAN_TFLG[TXE])

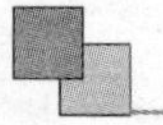

置位且相应的发送缓冲区被选中(通过 CAN_TBSEL 寄存器设置来确定)时才可以写入。接收缓冲区不能写,但在 CAN_RFLG[RXF]标志位置位时可以读取。表 12-20 描述了适应标准帧的 IDR 寄存器部分。

表 12-19　发送、接收缓冲区扩展标识符

寄存器名	读/写	D7	D6	D5	D4	D3	D2	D1	D0
IDR0	RW	ID28	ID27	ID26	ID25	ID24	ID23	ID22	ID21
IDR1	RW	ID20	ID19	ID18	SRR(=1)	IDE(=1)	ID17	ID16	ID15
IDR2	RW	ID14	ID13	ID12	ID11	ID10	ID9	ID8	ID7
IDR3	RW	ID6	ID5	ID4	ID3	ID2	ID1	ID0	RTR
DSR0	RW	DB7	DB6	DB5	DB4	DB3	DB2	DB1	DB0
DSR1	RW	DB7	DB6	DB5	DB4	DB3	DB2	DB1	DB0
DSR2	RW	DB7	DB6	DB5	DB4	DB3	DB2	DB1	DB0
DSR3	RW	DB7	DB6	DB5	DB4	DB3	DB2	DB1	DB0
DSR4	RW	DB7	DB6	DB5	DB4	DB3	DB2	DB1	DB0
DSR5	RW	DB7	DB6	DB5	DB4	DB3	DB2	DB1	DB0
DSR6	RW	DB7	DB6	DB5	DB4	DB3	DB2	DB1	DB0
DSR7	RW	DB7	DB6	DB5	DB4	DB3	DB2	DB1	DB0
DLR	RW					DLC3	DLC2	DLC1	DLC0

注意:灰色底纹=未使用,读出为 'x'

表 12-20　标准帧标识符的映射

寄存器名	读/写	D7	D6	D5	D4	D3	D2	D1	D0
IDR0	RW	ID10	ID9	ID8	ID7	ID6	ID5	ID4	ID3
IDR1	RW	ID2	ID1	ID0	RTR	IDE (=0)			
IDR2	RW								
IDR3	RW								

注意:灰色底纹=未使用,读出为 'x'

(1) 接收和发送缓冲区扩展标识符寄存器 0(CAN_nXFG_IDR0(扩展))

扩展帧格式的标识符由 32 位组成,即 ID28～ID0、SRR、IDE 和 RTR。

数据位	15	14	13	12	11	10	9	8	7	6	5	4	3	2	1	0
读操作	0								ID[28:21]							
写操作																
复位	0	0	0	0	0	0	0	0	0	0	0	0	0	0	0	0

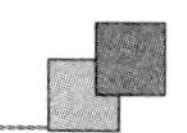

D15～D8——只读位，保留，其值为 0。

ID7～ID0——ID[28：21]，扩展帧标识符位，扩展帧标识符包含 29 位(ID28～ID0)，ID28 是最高位，在发送过程中最先发送。数值小的标识符拥有更高的优先级。

(2) 接收和发送缓冲区标准标识符寄存器 0(CAN_nXFG_IDR0(标准))

标准帧格式的标识符由 13 位组成，即 ID10～ID0、IDE 和 RTR。

<table>
<tr><td>数据位</td><td>15</td><td>14</td><td>13</td><td>12</td><td>11</td><td>10</td><td>9</td><td>8</td><td>7</td><td>6</td><td>5</td><td>4</td><td>3</td><td>2</td><td>1</td><td>0</td></tr>
<tr><td>读操作</td><td colspan="8">0</td><td colspan="8" rowspan="2">ID[10：3]</td></tr>
<tr><td>写操作</td><td colspan="8"></td></tr>
<tr><td>复位</td><td>0</td><td>0</td><td>0</td><td>0</td><td>0</td><td>0</td><td>0</td><td>0</td><td>0</td><td>0</td><td>0</td><td>0</td><td>0</td><td>0</td><td>0</td><td>0</td></tr>
</table>

D15～D8——只读位，保留，其值为 0。

ID7～ID0——ID[10：3]，标准帧标识符位，标准帧标识符包含 11 位(ID10～ID0)，ID10 是最高位，在发送过程中最先发送。数值小的标识符拥有更高的优先级。

(3) 接收和发送缓冲区扩展标识符寄存器 1(CAN_nXFG_IDR1(扩展))

<table>
<tr><td>数据位</td><td>15</td><td>14</td><td>13</td><td>12</td><td>11</td><td>10</td><td>9</td><td>8</td><td>7</td><td>6</td><td>5</td><td>4</td><td>3</td><td>2</td><td>1</td><td>0</td></tr>
<tr><td>读操作</td><td colspan="8">0</td><td colspan="3" rowspan="2">ID[20：18]</td><td rowspan="2">SRR(=1)</td><td rowspan="2">IDE(=1)</td><td colspan="3" rowspan="2">ID[17：15]</td></tr>
<tr><td>写操作</td><td colspan="8"></td></tr>
<tr><td>复位</td><td>0</td><td>0</td><td>0</td><td>0</td><td>0</td><td>0</td><td>0</td><td>0</td><td>0</td><td>0</td><td>0</td><td>0</td><td>0</td><td>0</td><td>0</td><td>0</td></tr>
</table>

D15～D8——只读位，保留，其值为 0。

D7～D5——ID[20：18]，扩展帧标识符位。

D4——SRR 替代远程请求位，只在扩展帧中使用。

D3——IDE 识别符扩展位，该标志指示是标准模式还是扩展模式。IDE=1，扩展帧模式(29 位)；IDE=0，标准帧模式(11 位)。

D2～D0——ID[17：15]，扩展帧标识符位。

(4) 接收和发送缓冲区标准标识符寄存器 1(CAN_nXFG_IDR1(标准))

<table>
<tr><td>数据位</td><td>15</td><td>14</td><td>13</td><td>12</td><td>11</td><td>10</td><td>9</td><td>8</td><td>7</td><td>6</td><td>5</td><td>4</td><td>3</td><td>2</td><td>1</td><td>0</td></tr>
<tr><td>读操作</td><td colspan="8">0</td><td colspan="3" rowspan="2">ID[2：0]</td><td rowspan="2">RTR</td><td rowspan="2">IDE(=0)</td><td colspan="3">0</td></tr>
<tr><td>写操作</td><td colspan="8"></td><td colspan="3"></td></tr>
<tr><td>复位</td><td>0</td><td>0</td><td>0</td><td>0</td><td>0</td><td>0</td><td>0</td><td>0</td><td>0</td><td>0</td><td>0</td><td>0</td><td>0</td><td>0</td><td>0</td><td>0</td></tr>
</table>

D15～D8——只读位，保留，其值为 0。

D7～D5——ID[2：0]，标准帧标识符位。

D4——RTR 远程发送请求位，该标志指示是数据帧还是远程帧。RTR=1，远程帧；RTR=0，数据帧。

D3——IDE 识别符扩展位，该标志指示是标准模式还是扩展模式。IDE＝1，扩展帧模式(29 位)；IDE＝0，标准帧模式(11 位)。

D2～D0——只读位，保留，其值为 0。

(5) 接收和发送缓冲区扩展标识符寄存器 2(CAN_nXFG_IDR2(扩展))

数据位	15	14	13	12	11	10	9	8	7	6	5	4	3	2	1	0
读操作	0								ID[14∶7]							
写操作																
复位	0	0	0	0	0	0	0	0	0	0	0	0	0	0	0	0

D15～D8——只读位，保留，其值为 0。

D7～D0——ID[14∶7]，扩展帧标识符位。

(6) 接收和发送缓冲区扩展标识符寄存器 3(CAN_nXFG_IDR3(扩展))

数据位	15	14	13	12	11	10	9	8	7	6	5	4	3	2	1	0
读操作	0								ID[6∶0]							RTR
写操作																
复位	0	0	0	0	0	0	0	0	0	0	0	0	0	0	0	0

D15～D8——只读位，保留，其值为 0。

D7～D1——ID[6∶0]，扩展帧标识符位。

D0——RTR 远程发送请求位，该标志指示是数据帧还是远程帧。RTR＝1，远程帧；RTR＝0，数据帧。

注意：扩展帧格式的标识符由全部的 32 位组成。包括：ID28～ID0、SRR、IDE 和 RTR。标准帧格式的标识符由 13 位组成：ID10～ID0、RTR 和 IDE。

(7) 发送缓冲区数据段寄存器 0～7(CAN_TXFG_DSR0～7)

该 8 个寄存器包含实际发送的数据。发送的数据长度由 CAN_TXFG_DLR 寄存器定义。

数据位	15	14	13	12	11	10	9	8	7	6	5	4	3	2	1	0
读操作	0								DB							
写操作																
复位	0	0	0	0	0	0	0	0	0	0	0	0	0	0	0	0

D15～D8——只读位，保留，其值为 0。

D7～D0——DB 数据位 0～7。

(8) 接收缓冲区数据段寄存器 0～7(CAN_RXFG_DSR0～7)

该 8 个寄存器中包含实际接收的数据。接收的数据长度由 CAN_RXFG_DLR

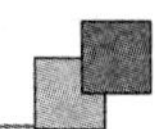

寄存器定义。

数据位	15	14	13	12	11	10	9	8	7	6	5	4	3	2	1	0
读操作	0								DB							
写操作																
复位	0	0	0	0	0	0	0	0	0	0	0	0	0	0	0	0

D15～D8——只读位，保留，其值为 0。

D7～D0——DB 数据位 0～7。

(9) 发送缓冲区数据长度寄存器(CAN_TXFG_DLR)

该寄存器规定 CAN 总线数据帧中的数据长度。

数据位	15	14	13	12	11	10	9	8	7	6	5	4	3	2	1	0
读操作	0								DLC							
写操作																
复位	0	0	0	0	0	0	0	0	0	0	0	0	0	0	0	0

D15～D4——只读位，保留，其值为 0。

D3～D0——DLC 数据长度位。数据长度代码记录了一个数据帧在传输过程中的字节数，具体分配如表 12－21 所列。

表 12－21 数据长度位分配表

DLC (D3～D0)	数据长度字节数	DLC (D3～D0)	数据长度字节数
0000	0	0101	5
0001	1	0110	6
0010	2	0111	7
0011	3	1000	8
0100	4		

(10) 接收缓冲区数据长度寄存器(CAN_RXFG_DLR)

该寄存器规定 CAN 总线数据帧中的数据长度。

数据位	15	14	13	12	11	10	9	8	7	6	5	4	3	2	1	0
读操作	0												DLC			
写操作																
复位	0	0	0	0	0	0	0	0	0	0	0	0	0	0	0	0

D15～D4——只读位，保留，其值为 0。

D3～D0——DLC 数据长度位。数据长度代码记录了一个数据帧在传输过程中的字节数，具体分配如表 12－21 所列。

(11) 发送缓冲区优先级寄存器(CAN_TXFG_TBPR)

该寄存器定义了相应发送缓冲区的局部优先级。相应的缓冲区可以根据 CAN_TBSEL 寄存器进行选择。

数据位	15	14	13	12	11	10	9	8	7	6	5	4	3	2	1	0
读操作	0								PRIO							
写操作																
复位	0	0	0	0	0	0	0	0	0	0	0	0	0	0	0	0

D15～D8——只读位，保留，其值为 0。

D7～D0——PRIO 优先级选择位。较小的二进制数值具有较高的优先级。

(12) 发送缓冲区时间戳寄存器——高字节(CAN_TXFG_TSRH)

若使能计时器，则在每个发送/接收缓冲区内的消息上打上 16 位时间戳。一旦消息被 CAN 总线接收，时间戳就将写在相应缓冲器中。在一个传输过程中，CPU 只在相应的发送缓冲区被清空后才能读取时间戳。时间戳来自 CAN 的一个内部运行的时钟，计时器溢出不能通过 MSCAN 表示。在初始化过程中，计时器复位，所有位清零。

只要置 CAN_TFLG[TXE]标志位和选择相应的发送缓冲区，该寄存器可以在任何时候被读取。不能对该寄存器进行写操作。

数据位	15	14	13	12	11	10	9	8	7	6	5	4	3	2	1	0
读操作	0								TSR[15：8]							
写操作																
复位	0	0	0	0	0	0	0	0	0	0	0	0	0	0	0	0

D15～D8——只读位，保留，其值为 0。

D7～D0——TSR[15：8]，时间戳数据的 8～15 位。

(13) 发送缓冲区时间戳寄存器——低字节(CAN_TXFG_TSRL)

只要置 CAN_ TFLG[TXE]标志位和选择相应的发送缓冲区，该寄存器可以在任何时候被读取。不能对该寄存器进行写操作。

数据位	15	14	13	12	11	10	9	8	7	6	5	4	3	2	1	0
读操作	0								TSR[7：0]							
写操作																
复位	0	0	0	0	0	0	0	0	0	0	0	0	0	0	0	0

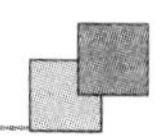

D15～D8——只读位，保留，其值为0。

D7～D0——TSR[7：0]，时间戳数据的0～7位。

接收缓冲区时间戳寄存器——高字节（CAN_RXFG_TSRH）和低字节（CAN_RXFG_TSRL）功能及配置，分别与发送缓冲区时间戳寄存器——高字节（CAN_TXFG_TSRH）和低字节（CAN_TXFG_TSRL）类似。

12.4　实例：MSCAN模块的双机通信

12.4.1　测试模型

CAN双机测试工程分两个主要部分，发送方Sender和接收方Receiver。Sender定期在CAN总线上发送广播帧；Receiver接收到总线上的广播帧后经过解析，将接收到的帧信息通过串口发送到PC机，在PC机上运行的串口调试工具软件的显示界面中显示总线上帧的信息。

12.4.2　编程要点

1. 初始化函数（CANInit()）

初始化函数中需要完成的内容如下：

① 使能CAN模块；

② 进入休眠模式；

③ 进入CAN模块初始化模式；

④ 置CAN模块过滤器与本地标识符ID；

⑤ 配置CAN总线时钟频率及时钟源；

⑥ 配置CAN模块工作方式（侦听，回环等）；

⑦ 配置CAN模块中断；

⑧ 退出CAN模块初始化模式；

⑨ 等待CAN总线通信时钟同步。

2. CAN发送帧函数（CANSendFrame()）

此函数实现通过CAN总线发送帧的功能，主要内容包括：

① 判断CAN总线上的同步状态，确保通信时总线是同步的。

② 查找并选中CAN模块中空闲的发送缓冲区。

③ 配置帧数据（标识符ID，数据段，数据长度，发送优先级）。

④ 清CAN_TFLG[TXE]标志位，通知CAN模块发送帧。

3. CAN接收帧函数（CANReceiveFrame()）

此函数实现从接收缓冲区中读取帧的功能，主要内容包括：

① 检测接收状态标志位 CAN_RFLG[RXF],若无信息则退出。

② 判断帧类型(标准帧/扩展帧,数据帧/远程帧),以进行相应的处理。

③ 处理标准数据帧,读取帧中数据段的内容。

④ 清 CAN_RFLG[RXF]标志位,释放使用过的接收缓冲区。

4. 封装帧结构函数(CANFillFrame())

在编写和使用 CAN 模块处理帧时,用到的多是封装成帧数据结构类型 CANFrame 的变量。通过将帧信息(标识符 ID,数据段,数据长度,发送优先级等)封装到帧结构,便于控制操作,并且便于简单明了地理解程序,也体现了面向对象的思想。

12.4.3 CAN 模块底层构件设计

1. CAN 模块构件公共程序

CAN 模块主/从机构件共用函数有通信初始化函数 CANInit()、发送 1 个报文函数 CANSendMsg ()、和接收 1 个报文函数 CANGetMsg ()。

```
//-----------------------------------------------------------------*
//函数名: CANInit                                                  *
//功  能: 初始化 CAN 模块                                          *
//参  数: 无                                                       *
//返  回: 无                                                       *
//说  明:                                                          *
//        (1)CAN 时钟源使用芯片总线时钟,设置 CAN 通信频率为 800 kHz  *
//        (2)关闭滤波器,接收 CAN 总线上所有的报文                    *
//-----------------------------------------------------------------*
void CANInit()
{
    char sj,p;
    char t_seg1, t_seg2;
    //使能 CAN 时钟
    SIM_PCE1 |= SIM_PCE1_MSCAN_MASK;
    //使能
    GPIO_C_PEREN |= (GPIO_C_PEREN_PE11_MASK|GPIO_C_PEREN_PE12_MASK);
    //使能引脚外设功能为 MSCAN
    SIM_GPS1 &= ~(SIM_GPS1_C11_MASK|SIM_GPS1_C12_MASK);
    //判断 CAN 模块是否启动
    if((MSCAN_CTRL1 & MSCAN_CTRL1_CANE_MASK) == 0)
    {
        //系统初始化
        MSCAN_CTRL1 |= MSCAN_CTRL1_CANE_MASK;  //系统初始化后 CAN 模块默认进入
                                              //初始化状态
    }
    else
    {
        //CAN 模块已经运行
        MSCAN_CTRL0 |= MSCAN_CTRL0_SLPRQ_MASK;
```

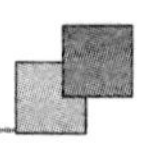

```
        while((MSCAN_CTRL1 & MSCAN_CTRL1_SLPAK_MASK) == 0);  //将 CAN 模块置入睡眠模式
        MSCAN_CTRL0 |= MSCAN_CTRL0_INITRQ_MASK;
        while((MSCAN_CTRL1 & MSCAN_CTRL1_INITAK_MASK) == 0);  //将 CAN 模块置入
                                                               //初始化模式
    }
    MSCAN_IDAC &= ~(MSCAN_IDAC_IDAM1_MASK|MSCAN_IDAC_IDAM0_MASK
    |MSCAN_IDAC_IDHIT2_MASK|MSCAN_IDAC_IDHIT1_MASK|MSCAN_IDAC_IDHIT0_MASK);
    //关闭滤波器
    MSCAN_IDMR0 = 0xFF;
    MSCAN_IDMR1 = 0xFF;
    MSCAN_IDMR2 = 0xFF;
    MSCAN_IDMR3 = 0xFF;
    MSCAN_IDMR4 = 0xFF;
    MSCAN_IDMR5 = 0xFF;
    MSCAN_IDMR6 = 0xFF;
    MSCAN_IDMR7 = 0xFF;
    //设置同步及波特率预分频数
    sj = (SJW - 1)<<6;
    p = (BRP - 1);
    MSCAN_BTR0 = (sj|p);
    //时段 1 和时段 2 的 tq 个数
    t_seg1 = (TSEG1 - 1);
    t_seg2 = (TSEG2 - 1)<<4;
    MSCAN_BTR1 = (t_seg1 | t_seg2);
    //位时间长度(通信频率倒数) = SYSTEM_CLOCK/BRP/(1 + TSEG1 + TSEG2)
    MSCAN_CTRL1& = (~MSCAN_CTRL1_CLKSRC_MASK);  //采用外部晶振时钟
    //配置工作模式
    MSCAN_CTRL1& = (~MSCAN_CTRL1_LISTEN_MASK);  //侦听模式禁止
    //设置中断方式
    MSCAN_TIER = 0x00;                          //禁止发送中断
    MSCAN_RIER = 0x00;                          //禁止接收中断
    // 返回一般模式运行
    MSCAN_CTRL0 = 0x00;
    // 等待回到一般运行模式
    while((MSCAN_CTRL1 & MSCAN_CTRL1_INITAK_MASK) == 1);
    // 等待总线时钟同步
    while((MSCAN_CTRL0 & MSCAN_CTRL0_SYNCH_MASK) == 0);
}
//-----------------------------------------------------------------*
//函数名: CANSendMsg                                                *
//功  能: 通过 CAN 模块发送一个报文                                  *
//参  数: * sendMsgBuf  待发送的报文指针                             *
//返  回: 指示是否成功发送                                           *
//说  明: 在发数据前,要定义和初始化一个报文变量,类型为 CANMsg          *
//-----------------------------------------------------------------*
uint8 CANSendMsg(const CANMsg * sendMsgBuf)
{
    uint8 txEmptyBuf;           // 空闲发送缓冲区掩码
    uint8 i;
    uint32 idTemp;
```

```
// 检查数据长度
if(sendMsgBuf->dataLen > 8)
{
    return 0;
}
// 检查总线时钟
if((MSCAN_CTRL0 & MSCAN_CTRL0_SYNCH_MASK) == 0)
{
    return 0;
}
txEmptyBuf = 0;
do
{
    // 寻找空闲的缓冲器
    MSCAN_TBSEL = MSCAN_TFLG;
    txEmptyBuf = MSCAN_TBSEL;
}
while(! txEmptyBuf);
// 写入标识符
if(0 == sendMsgBuf->IDE)
{
    //标准 ID 格式
    MSCAN_IDAR0 = (uint8)(sendMsgBuf->sendID>>3);
    MSCAN_IDAR1 = (uint8)(sendMsgBuf->sendID<<5);
    MSCAN_TB_IDR1 |= sendMsgBuf->RTR<<4;
    MSCAN_TB_IDR1 &= ~(MSCAN_TB_IDR1_ID3_MASK);
}
else
{
    return 0;                    // 扩展格式 ID
}
// 判断是否为数据帧
if(0 == sendMsgBuf->RTR)
{
    // 写入数据帧
    for(i = 0; i < sendMsgBuf->dataLen; i++)
    {
        *((&MSCAN_TB_DSR0) + i) = sendMsgBuf->data[i];
    }
    // 写入数据长度
    MSCAN_TB_DLR = sendMsgBuf->dataLen;
}
else
{
    MSCAN_TB_DLR = 0;            // 远程帧
}
// 写入优先级
MSCAN_TB_TBPR = sendMsgBuf->priority;
// 清 TXx 标志,缓冲器准备发送
MSCAN_TFLG = txEmptyBuf;         // 相关位写 1 清零
```

```
    return 1;
}
//-----------------------------------------------------------*
//函数名：CANGetMsg                                          *
//功  能：接收一个 CAN 模块报文                              *
//参  数：* reMsgBuf  接收报文缓冲区首指针                   *
//返  回：指示是否成功接收                                   *
//说  明：接收之前先定义一个接收缓冲区,类型为 CANMsg         *
//-----------------------------------------------------------*
uint8 CANGetMsg(CANMsg * reMsgBuf)
{
    uint8 i;
    uint32 idTemp;
    // 检测接收标志
    if((MSCAN_RFLG & MSCAN_RFLG_RXF_MASK) == 0)
    return 0;
    // 检测 CAN 协议报文模式(一般/扩展) 标识符,读出标识符
    if(0 == (MSCAN_IDAR1&0x08))
    {
        // 收到标准 ID 格式
        reMsgBuf->sendID = (uint32)(MSCAN_IDAR0<<3) | (uint32)(MSCAN_IDAR1>>5);
        reMsgBuf->RTR = (MSCAN_IDAR1>>5)&0x01;
        reMsgBuf->IDE = 0;
    }
    else
    {
         return 0;                              // 收到扩展格式 ID
    }
    //判断是否为数据帧
    if(0 == reMsgBuf->RTR)
    {
        // 读取数据帧长度
        reMsgBuf->dataLen = MSCAN_RB_DLR;
        // 读取数据
        for(i = 0; i < reMsgBuf->dataLen&&i<8; i++)
        reMsgBuf->data[i] = *((&MSCAN_RB_DSR0) + i);
    }
    else
    {
        reMsgBuf->dataLen = 0;                  // 远程帧
    }
    // 清 RXF 标志位(缓冲器准备接收)
    MSCAN_RFLG = 0x01;                          // 相关位写 1 清零
    return 1;
}
```

2. CAN 发送模块头文件 MSCAN.h

```
//-----------------------------------------------------------*
//文件名： MSCAN.h (CAN 通信头文件)                          *
```

```
//-------------------------------------------------------------------*
#ifndef _CAN_H_              //防止重复定义
#define _CAM_H_
//1. 头文件
#include "MC56F8257.h"       //MC56F8257 MCU 映像寄存器名定义
#include "Type.h"            //类型别名定义
    //2.1  中断宏定义
    #define EnableCANReInt()  (MSCAN_RIER |= MSCAN_RIER_RXFIE_MASK)  //开放 CAN
                                                                      //接收中断
    #define DisableCANReInt() (MSCAN_RIER &= ~(MSCAN_RIER_RXFIE_MASK)) //关闭 CAN
                                                                      //接收中断
    //2.2  参数宏定义
    #define   SJW     3     // 同步跳转宽度 (value between 1 and 4 Tq)
    //位时间长度(通信频率倒数)计算公式:SYSTEM_CLOCK/BRP/(1+TSEG1+TSEG2)
    #define   BRP     2     // 波特率预分频器 (Value between 1 and 64)
    #define   TSEG1   6     // 位时间时间段 1 (value between 1 and 16 Tq)
    #define   TSEG2   3     // 位时间时间段 2 (value between 1 and 8 Tq)
    //3 数据报文结构体类型定义
    typedef struct CanMsg
    {
        uint32 sendID;  //msg 发送方 ID
        uint8 IDE;      //是否为扩展 ID 格式
        uint8 RTR;      //是否为远程帧
        uint8 data[8];  //帧数据
        uint8 dataLen;  //帧数据长度
        uint8 priority; //发送优先级
    }CANMsg;
    //4 CAN 模块通信接口
    //---------------------------------------------------------------*
    //函数名: CANInit                                                *
    //功  能: 初始化 CAN 模块                                         *
    //参  数: 无                                                      *
    //返  回: 无                                                      *
    //说  明:                                                         *
    //        (1)CAN 时钟源使用芯片总线时钟,设置 CAN 通信频率为 800 kHz  *
    //        (2)关闭滤波器,接收 CAN 总线上所有的报文                  *
    //---------------------------------------------------------------*
    void CANInit();
    //---------------------------------------------------------------*
    //函数名: CANSendMsg                                              *
    //功  能: 通过 CAN 模块发送一个报文                                *
    //参  数: * sendMsgBuf  待发送的报文指针                           *
    //返  回: 指示是否成功发送                                         *
    //说  明: 在发数据前,要定义和初始化一个报文变量,类型为 CANMsg        *
    //---------------------------------------------------------------*
    uint8 CANSendMsg(const CANMsg * sendMsgBuf);
    //---------------------------------------------------------------*
    //函数名: CANGetMsg                                               *
    //功  能: 接收一个 CAN 模块报文                                    *
    //参  数: * reMsgBuf  接收报文缓冲区首指针                         *
```

```
    //返   回：指示是否成功接收                                          *
    //说   明：接收之前先定义一个接收缓冲区，类型为 CANMsg                  *
    //-----------------------------------------------------------------*
    uint8 CANGetMsg(CANMsg * reMsgBuf);
#endif
```

3. CAN发送模块主函数 main.c

```
//-----------------------------------------------------------------------*
// 工 程 名：CANSend                                                     *
// 硬件连接：连接串口 1,用于向 PC 发送接收数据,显示是否成功发送             *
// 程序描述：定时 2 s 左右向 CAN 总线发送报文,报文信息类型在 CANMsg 结构体中定义 *
// 目    的：初步掌握 CAN 通信的基本知识                                   *
// 说    明：使用 SCI1 通信速率为 9 600                                    *
//           发送失败时,串口显示 sendErr；发送成功时,串口显示 sendSuccess    *
//-----------------------------------------------------------------------*
#include "Includes.h"
//在此添加全局变量定义
CANMsg g_msgGet;
void main(void)
{
    //1 主程序使用的变量定义
    uint8 count50ms = 0;                        //运行计数器
    CANMsg msgSend =                            //CAN 测试报文
    {
        1,0,0,"TestMsge",8,0
    };
    uint8 ch0[] = "sendErr";
    uint8 ch1[] = "sendSuccess";
    //2 关总中断
     DisableInterrupt();                        //禁止总中断
    //3 芯片初始化
    DSCinit();
    //4 模块初始化
    QSCIInit(0,SYSTEM_CLOCK,9600);              //串行口初始化
    CANInit();                                  //CAN 模块初始化
    //5 开放中断
    EnableQSCIReInt(0);                         //开放 SCI 接收中断
    EnInt(0);                                   //设置优先级
    EnableInterrupt();                          //开总中断
    //6 通过串口向 PC 机发送字符串测试程序
    QSCISendString(0,"Hello! World!");          //发送"Hello! World!"
    //主循环
    while (1)
    {
        Delay(1);
        count50ms ++ ;                          //50 ms
        if(count50ms == 40)                     //2 s to here
        {
            if(CANSendMsg(&msgSend) == 0)       //判断 CAN 是否成功发送
```

```
          {
              QSCISendN(0,8,ch0);          //发送失败时,通过串口显示 sendErr
          }
          else
          {
              QSCISendN(0,11,ch1);      //发送成功时,通过串口显示 sendSuccess
          }
          count50ms = 0;        //reset count50 ms
      }
   }
}
```

4. CAN 接收模块主函数 main.c

```
//-------------------------------------------------------------------*
// 工 程 名：CANReceive                                                *
// 硬件连接：连接串口 1,用于向 PC 发送接收到的 CAN 数据                    *
// 程序描述：CAN 模块中断方式接收 CAN 总线中的数据,并将数据通过串口发送给 PC   *
// 目    的：初步掌握 CAN 通信的基本知识                                   *
// 说    明：使用 SCI1 通信速率为 9 600,串口显示 CAN 接收到的数据            *
//-------------------------------------------------------------------*
#include "Includes.h"
//在此添加全局变量定义
CANMsg g_msgGet;
void main(void)
{
    //1 主程序使用的变量定义
    uint8 count50ms = 0;                           //运行计数器
    CANMsg msgSend =                               //CAN 测试报文
    {
        1,0,0,"TestMsge",8,0
     };
    uint8 ch[] = "receiveErr";                    //发送失败的标识字符串
    //2 关总中断
     DisableInterrupt();                          //禁止总中断
    //3 芯片初始化
    DSCinit();
    //4 模块初始化
    QSCIInit(0,SYSTEM_CLOCK,9600);               //串行口初始化
    CANInit();                                   //CAN 模块初始化
    //5 开放中断
    EnableQSCIReInt(0);                          //开放 SCI 接收中断
    EnInt(0);                                    //设置优先级
    EnableInterrupt();                           //开总中断
    //6 通过串口向 PC 机发送字符串测试程序
    QSCISendString(0,"Hello! World!");          //发送"Hello! World!"
    //主循环
    while (1)
    {
        Delay(1);
```

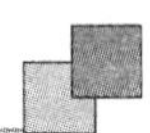

```
        count50ms ++ ;              //50 ms
        if(count50ms == 40)         //2 s to here
        {
            if(CANGetMsg(&g_msgGet) == 1)        //判断 CAN 是否成功接收到数据
            {
                //接收成功时,将接收的数据通过串口发送给 PC 机
                QSCISendN(0,g_msgGet.dataLen,g_msgGet.data);
            }
            else
            {
                QSCISendN(0,10,ch);              //接收失败时,发送 receiveErr
            }
            count50ms = 0;                       //reset count50 ms
        }
    }
}
```

12.4.4　测试操作要点

测试时要注意正确地连接跳线：

① 保证每个节点上芯片的 CANTx 和 CANRx 收发器芯片的对应引脚相连。

② 将两个通信节点从收发器引出的 CANH 和 CANL 分别对接，在 CANH 与 CANL 线路之间并联两个 120 Ω 的电阻，形成环路，如图 12－2 所示。

③ 确保两个通信节点的总线共地共电源，即将两个节点的 GND 和 VCC 连接在一起。

④ 将 Receiver 端通过串口连接到 PC 机，在 PC 机端启动串口调试工具软件。

⑤ 分别将 Sender 和 Receiver 的程序写入两个节点的 MC56F8257 后，先启动 Receiver，再启动 Sender。

若上述操作无误，将会从串口调试软件输出界面中看到总线上发送的广播帧信息。

在此测试工程的基础上可以实现多节点通信和自定义通信协议的通信。

12.5　实例：MSCAN 模块的自环通信

12.5.1　测试模型

当 MSCAN 模块发送时，MSCAN 接收自己发送的报文到接收后台缓冲区（RxBG）中。在自环模式下，MSCAN 会将该报文当成是从总线上接收的。这样，利用自环模式就可以在不增加硬件的条件下模拟发送和接收报文。

12.5.2 编程要点及设计代码

1. 对模块代码文件的修改

进行自环通信测试，只需在双机通信的模块代码的基础之上，在模块的初始化函数中激活自环模式即可。从修改后的初始化函数代码(如 CAN.c)中可以发现，与之前的测试工程代码相比，只添加了一句激活自环模式的代码，即

```
MSCAN_CTRL1 |= MSCAN_CTRL1_LOOPB_MASK;  //启动自环测试模式
```

2. 自环通信测试主程序 main.c

```
//---------------------------------------------------------------------*
// 工 程 名：CAN_self                                                   *
// 硬件连接：连接串口 1,用于向 PC 发送接收到的 CAN 数据                   *
// 程序描述：CAN 模块工作在自环测试模式,接收采用查询方式                  *
// 目    的：初步掌握 CAN 通信的基本知识                                  *
// 说    明：使用 SCI1 通信速率为 9 600                                   *
//---------------------------------------------------------------------*
#include "Includes.h"
//在此添加全局变量定义
CANMsg g_msgGet;
void main(void)
{
    //1  主程序使用的变量定义
    uint8 count50ms = 0;                            //运行计数器
    CANMsg msgSend =                                //CAN 测试报文
    {
        1,0,0,"TestMsge",8,0
    };
    uint8 ch[8] = "sendErr";
    //2  关总中断
    DisableInterrupt();                             //禁止总中断
    //3  芯片初始化
    DSCinit();
    //4  模块初始化
    QSCIInit(0,SYSTEM_CLOCK,9600);                  //串行口初始化
    CANInit();                                      //CAN 模块初始化
    //5  开放中断
    EnableQSCIReInt(0);                             //开放 SCI 接收中断
    EnInt(0);                                       //设置优先级
    EnableInterrupt();                              //开总中断
    //6  通过串口向 PC 机发送字符串测试程序
    QSCISendString(0, "Hello! World!");            //发送"Hello! World!"
    //主循环
    while (1)
    {
        Delay(1);
```

```
        count50ms++;                          //50 ms
        //查询接收 CAN 数据
        if(CANSendMsg(&msgSend) == 1)        //CAN 发送数据成功
        {
            CANGetMsg(&g_msgGet);            //CAN 接收数据
            QSCISendN(0,g_msgGet.dataLen,g_msgGet.data);//将接收的数据通过串口
                                                         //发送给 PC 机
        }
        if(count50ms == 40)
        {
            //2 s to here
            if(CANSendMsg(&msgSend) == 0)  //CAN 发送数据失败时,向 PC 机发送 sendErr
            {
                QSCISendN(0,8,ch);
            }
            //reset count50ms
            count50ms = 0;
        }
    }
}
```

第13章 其他功能模块

在学习了MC56F82系列DSC的大部分功能模块及其基本应用方法的基础上，本章把前面在初学过程中跳过的部分予以补充和完善，使读者对MC56F82x系列DSC有较为全面的认识，以便在实际应用中融会贯通。主要内容包括MC56F8257的内部时钟系统、SIM、交叉开关、看门狗COP、CRC校验器及其工作模式等功能或模块。这些模块在初学时可以略过，但在实际应用中，这些模块的作用也非常重要，只有深入地了解这些模块的用法，才能更好地完成实际应用系统的开发。MC56F82x系列其他DSC也有类似模块，使用方法基本一致，读者若使用MC56F82x系列中的其他型号DSC，可参考本章的内容，结合具体DSC的技术手册，完成相应的编程。

13.1 片内时钟合成模块

13.1.1 概　述

片内时钟合成(OCCS)模块为系统集成模块(SIM)提供了2倍的系统时钟频率。OCCS模块可以选择内部晶振(ROSC)、外部晶振(COCS)或外部有源时钟作为时钟源。正常模式下，内部晶振(ROSC)提供8 MHz的时钟信号；低功耗模式下能提供400 kHz的时钟信号。外部晶振(COCS)，使用频率范围为4～16 MHz外部晶振，通过XTAL和EXTAL输入。外部有源时钟通过CLKIN输入。OCCS模块通过内部锁相环电路(PLL)，产生高达60 MHz的系统时钟，具体结构框图如图13-1所示。

OCCS模块具有如下特点：

① 支持4～16 MHz的晶振和谐振器；

② 在低功耗模式下，自动增益控制(AGC)可在两种频率范围内优化能量消耗；

③ 在两种频率范围内的高增益选择；

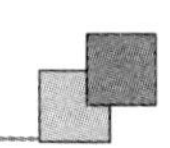

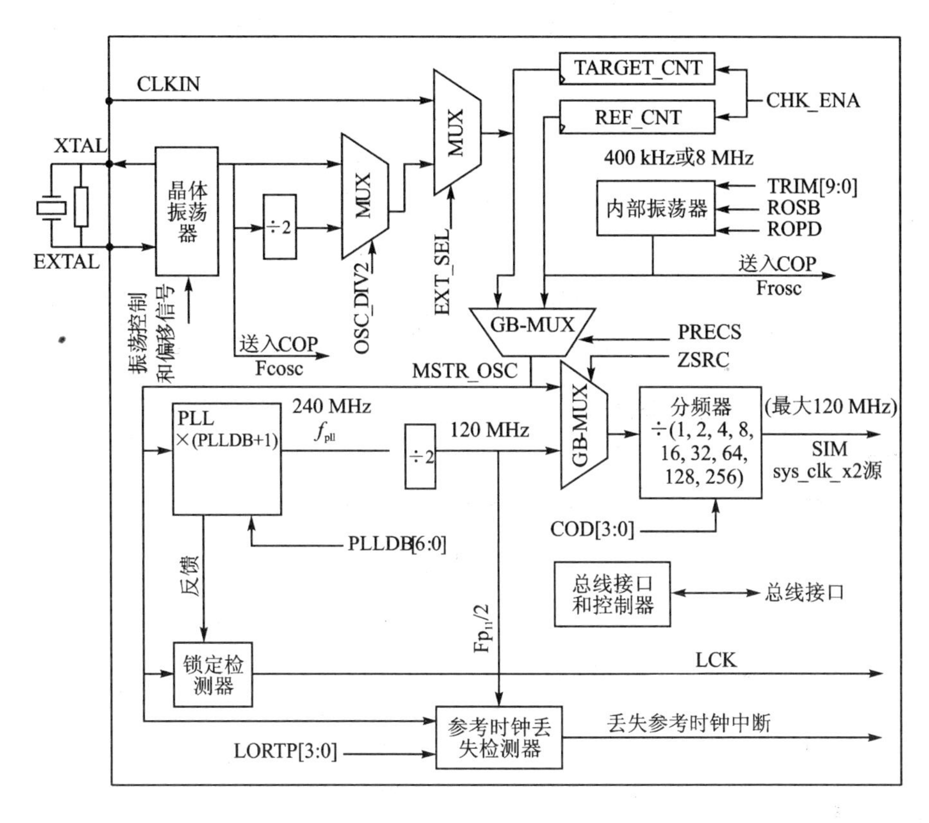

图13-1　带晶体振荡器的OCCS框图

④ 通过电压及频率的过滤保证时钟频率和稳定性；

⑤ 提供2倍的主时钟频率和2倍的高速外围时钟信号；

⑥ 可将内部晶振转为400 kHz等待模式；

⑦ 可关闭内部晶振、外部振荡器和内部PLL。

OCCS模块中断只要PLL失锁或丢失时钟中断，中断矢量号为15，优先级为1～3。如果PLL状态寄存器LOLI[1：0]或者LOCI位置1，并且OCCS_CTRL寄存器中相应的中断使能位置1，则产生PLL失锁或丢失时钟中断。

13.1.2　锁相环技术

在电子设备、仪器仪表中常常需要有稳定度高、精度高的频率源，而锁相技术就是实现相位自动控制的一门技术，利用它可以得到频带范围宽、波道多、稳定度高、精度高的频率源。所谓频率合成技术，就是利用一个或几个具有高稳定度和高精度的频率源（一般由晶体振荡器产生），通过对它们进行加减（混频）、乘（倍频）、除（分频）运算，产生大量的具有相同频率稳定度和频率精度的频率信号。锁相环频率合成技术在通信、雷达、导航、宇航、遥控遥测、电子技术测量等领域都有广泛的应用。

为了得到稳定度高、精度高的频率源，通常采用频率合成技术。频率合成技术主要有两种：直接频率合成技术和间接频率合成技术。直接频率合成技术是将一个或几个晶体振荡器产生的频率信号通过谐波发生器产生一系列频率信号，然后对这些频率信号进行倍频、分频和混频，最后得到大量的频率信号。优点是：频率稳定度高，频率转换时间短（可达微秒量级），能做到很小的频率间隔。缺点是：系统中要用到大量的混频器、滤波器等，从而导致体积大，成本高，安装调试复杂，故只用于频率精度要求很高的场合。间接频率合成技术是利用锁相技术产生大量的具有高稳定度和高精度的频率源。由于间接频率合成器的关键部件是锁相环，故通常称为锁相环频率合成器。锁相环频率合成器的主要部件都易于集成，一般只加一个分频器和一个一阶低通滤波器，故其具有体积小、重量轻、成本低、安装和调试简单等优点。锁相环频率合成器在性能上逐渐接近直接频率合成器，所以它在电子技术中得到了广泛的应用。

1. 锁相环频率合成器的基本原理

锁相环电路是一个负反馈环路。图 13-2 给出了一种 PLL 频率合成器的框图。它由基准频率源、鉴相器、低通滤波器、压控振荡器等部分组成。

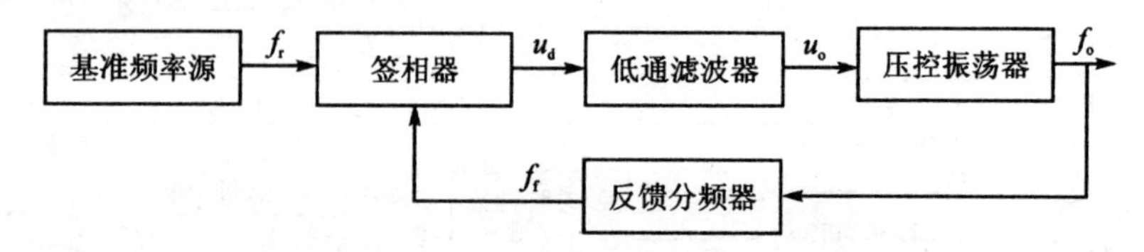

图 13-2　锁相环频率合成器的原理框图

- 基准频率源：基准频率源提供一个稳定频率源，其频率为 f_r，一般用精度很高的石英晶体振荡器产生，是锁相环的输入信号。
- 签相器：签相器是一个误差检测元件。它将基准频率源的输出信号 f_r 的相位与压控振荡器输出信号 f_o 的相位相比较，产生一个电压输出信号 u_d，其大小取决于两个输入信号的相位差。
- 低通滤波器：低通滤波器的输入信号是签相器的输出电压信号 u_d，经过低通滤波器后，u_d 的高频分量被滤除，输出控制电压 u_o 去控制压控振荡器。
- 压控振荡器（VCO）：压控振荡器的输出信号频率 f_o 与它的输入控制电压 u_o 成一定比例，而分频器将锁相环的输出信号 f_o 反馈给签相器，形成一个负反馈，从而使输入信号和输出信号之间的相位差保持恒定。
- 反馈分频器：分频器为环路提供一种反馈机制，当分频系数 $N=1$ 时，锁相环系统的输出信号频率 f_o 等于输入信号频率 f_r：

$$f_o = f_r \tag{13-1}$$

信号锁定后有：

$$f_o = f_f = f_r \tag{13-2}$$

当分频器的分频系数 $N>1$，有：

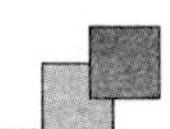

$$f_o = N \cdot f_f \text{ 即 } f_f = f_o / N \tag{13-3}$$

环路锁定后有：

$$f_f = f_r \tag{13-4}$$

$$f_o = N \cdot f_f = N \cdot f_r \tag{13-5}$$

若改变 N，则 $f_f \neq f_r$，环路失锁，这时环路就进行频率捕捉和相位捕捉。经过一段时间后，环路重新进入锁定状态，频率合成器完成一个频率转换过程，此时频率合成器输出为一个新的稳定频率。

当环路处于稳定状态时，输出和输入之间存在一定量的相位误差。对于输入信号频率和输出信号频率而言，二者是成比例的，这时环路处于锁定状态，这是锁相环电路的一个特点。用这种方法可以得到非常精确的频率控制。而其他的频率控制方法，在稳态时总是存在一定的频率误差。

2. MC56F8257 的 PLL 频率锁定检测器模块

PLL 频率锁定检测器模块对压控振荡器（VCO）输出时钟进行监控，并且根据频率精确度设置 OCCS 状态寄存器（STAT）的 LCK[0：1]位。通过设置 PLL 控制寄存器（CTRL）的 LCKON 位和 PLLPD 位可以使能锁定检测器。一旦被使能，该检测器立即启动两个计数器，并且周期性地比较这两个计数器的值。这两个计数器的输入时钟分别为 FEEDBACK（PLL 输出时钟，由 VCO 输出时钟经过 PLL 倍频得到，倍频因子通过 OCCS_DIVBY[PLLDB]位设定）和 MSTR_OSC（PLL 输入时钟）。这个比较一般是在 16、32 和 64 个周期后进行。如果在 32 个周期之后，这两个时钟匹配，则 LCK0 位置 1；如果在 64 个周期之后，这两个时钟依然匹配，则 LCK1 置 1。LCK1 置 1 以后，两个计数器清零，重新开始计数。当 LCK1 位为 0 时，LCK0 位可能为 1。当发生时钟不匹配、重置 LCKON 和 PLLPD 位或芯片复位时，LCK[0：1]位清零。

13.1.3　时钟合成模块的编程寄存器

在 MC56F8257 中，与 OCCS 模块编程有关的寄存器主要有 5 个，它们分别是 PLL 控制寄存器（OCCS_CTRL）、PLL 分频寄存器（OCCS_DIVBY）、PLL 状态寄存器（OCCS_STAT）、晶振控制寄存器（OCCS_OSCTL）和保护寄存器（OCCS_PROT）。下面分别阐述这些寄存器的功能和用法。

1. OCCS PLL 控制寄存器（OCCS_CTRL）

OCCS PLL 控制寄存器（OCCS_CTRL）的地址为 F120h，其定义如下：

数据位	15	14	13	12	11	10	9	8	7	6	5	4	3	2	1	0
读操作	PLLIE1		PLLIE0		LOCIE	0			LCKON	0		PLLPD	0	PRECS	ZSRC	
写操作																
复位	0	0	0	0	0	0	0	0	0	0	0	1	0	0	0	1

D15～D14——PLLIE1 PLL 中断使能位 1，可读写。当 OCCS 状态寄存器(OCCS_STAT)的 PLL 锁定状态位(LCK1)变化时，该位域决定是否产生中断。该位阈值定义如表 13-1 所列。

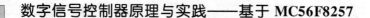

D13～D12——PLLIE0 PLL 中断使能位 0，可读写。当 OCCS 状态寄存器(OCCS_STAT)的 PLL 锁定状态位(LCK0)变化时，该位域决定是否产生中断。该位阈值定义如表 13-2 所列。

表 13-1　PLL 中断使能位 1 分配表

PLLIE1 (D15D14)	中断
00	禁止
01	LCK1 上升沿使能
10	LCK1 下升沿使能
11	LCK1 边沿使能

表 13-2　PLL 中断使能位 0 分配表

PLLIE0 (D13D12)	中断
00	禁止
01	LCK0 上升沿使能
10	LCK0 下升沿使能
11	LCK0 边沿使能

D11——LOCIE 参考时钟丢失中断使能位，可读写。参考时钟丢失单元监控片上时钟单元，当发生参考时钟丢失时，该位用来设定是否产生中断。LOCIE＝0，禁止参考时钟丢失中断；LOCIE＝1，使能参考时钟丢失中断。

D10～D8——只读位，保留，其值为 0。

D7——LCKON 锁定检测器使能位，可读写。LCKON＝0，禁止锁定检测器；LCKON＝1，使能锁定检测器。

D6～D5——只读位，保留，其值为 0。

D4——PLLPD PLL 启动位，可读写。通过设置该位可以打开或关闭 PLL 电路。该位设置之后需要等待 4 个总线时钟周期才能生效。为了防止内核参考时钟丢失，当 PLL 电路关闭时，系统自动将 ZSRC 位域设置为 01b，即将系统时钟源设置为 MSTR_OSC。PLLPD＝0，启动 PLL 电路；PLLPD＝1，关闭 PLL 电路。

D3——只读位，保留，其值为 0。

D2——PRECS 时钟模块的时钟源选择位，可读写。该位用于设定内部或外部时钟源。PRECS＝0，选择内部时钟源(默认)；PRECS＝1，选择外部参考时钟。注意：当 GPIO 或者 SIM 使能外部参考时钟时，该位置 1 才有意义。

D1～D0——ZSRC 系统时钟源选择位，可读写。该位域用于决定 SIM 模块的系统时钟源，系统时钟源经过分频之后产生 Flash 时钟和总线时钟。该位阈值定义如表 13-3 所列。

表 13-3　系统时钟源选择位分配表

ZSRC (D1D0)	时钟源
00	保留
01	MSTR_OSC
10	PLL 输出
11	保留

2. OCCS PLL 分频寄存器(OCCS_DIVBY)

写 OCCS PLL 分频寄存器(OCCS_ DIVBY)会引起参考时钟丢失检测器复位，地址为 F121h,其定义如下：

数据位	15	14	13	12	11	10	9	8	7	6	5	4	3	2	1	0
读操作	LORTP				COD				0	PLLDB						
写操作																
复位	0	0	1	0	0	0	0	0	0	0	0	1	1	1	0	1

D15～D12——LORTP 参考时钟丢失跳变点,可读写。该位域控制着产生参考时钟丢失中断信号所需要的计时周期。计时周期=((LORTP ＋ 1)× 10)×参考时钟周期 /(PLL 倍频数/ 2),其中 PLL 倍频数通过 PLLDB 位设置。

D11～D8——COD 时钟输出分频位(又叫后分频位),可读写。PLL 输出时钟可以经过 4 位分频器进行分频,以降低时钟频率。分频因子的计算公式为:后分频因子$=2^{COD}$。分频器的输入是 DSP 内核的可选时钟源,该时钟源由 OCCS_CTRL[ZS-RC]位设定。该位阈值定义如表 13-4 所列。

表 13-4　时钟输出分频位分配表

COD (D11D10D9D8)	分频因子	COD (D11D10D9D8)	分频因子
0000	1	0101	32
0001	2	0110	64
0010	4	0111	128
0011	8	1×××	256
0100	16		

D7——只读位,保留,其值为 0。

D6～D0——PLLDB PLL 倍频位,可读写。在某种程度上,PLL 的输出时钟频率由该位域设定,其公式为: PLL 的输出频率＝输入频率×(PLLDB[6：0]＋1)。例如,如果输入频率是 8 MHz,PLLDB 设置为 29(默认值),则 PLL 的输出频率＝8×(29＋1)＝240 MHz。这就产生了一个 120 MHz 的 sys_clk_2x 时钟,如果后分频因子为 1,那么 sys_clk_2x 经过二分频(SIM)后产生一个 60 MHz 的系统时钟。

注意:在改变倍频因子前,必须将内核时钟设置为 MSTR_ OSC 时钟,同时必须限制 PLLDB 位以保证 PLL 的输出频率不超过 240 MHz。

3. OCCS PLL 状态寄存器(OCCS_STAT)

OCCS PLL 状态寄存器(OCCS_ STAT)的地址为 F122h,其定义如下：

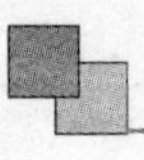

数据位	15	14	13	12	11	10	9	8	7	6	5	4	3	2	1	0
读操作	LOLI1	LOLI0	LOCI	0						LCK1	LCK0	PLLPDN	0		ZSRCS	
写操作																
复位	0	0	0	0	0	0	0	0	0	0	0	1	0	0	0	1

D15——LOLI1 PLL 失锁中断 1,可读写。该位表示锁定检测器 LCK1 单元的状态。通过向该位写 1 可以将该位清零。如果 OCCS_CTRL[PLLIE1]位置 0,则该位不可能置 1(由硬件电路保证)。LOLI1=0,PLL 处于锁定状态;LOLI1=1,PLL 处于失锁状态。

D14——LOLI0 PLL 失锁中断 0,可读写。该位表示锁定检测器 LCK0 单元的状态。通过向该位写 1 可以将该位清零。如果 OCCS_CTRL[PLLIE0]位置 0,则该位不可能置 1(由硬件电路保证)。LOLI0=0,PLL 处于锁定状态;LOLI0=1,PLL 处于失锁状态。

D13——LOCI 参考时钟丢失中断位,可读写。LOCI 表示参考时钟检测单元的状态。通过向该位写 1 可以将该位清零。LOCI=0,时钟正常;LOCI=1,时钟丢失。

D12～D7——只读位,保留,其值为 0。

D6——LCK1 失锁状态位 1,只读。LCK1=0,PLL 处于失锁状态;LCK1=1,PLL 处于频率精度较高的锁定状态。

D5——LCK0,失锁状态位 0,只读。LCK0=0,PLL 处于失锁状态;LCK1=1,PLL 处于频率精度较低的锁定状态。

D4——PLLPDN,PLL 掉电状态位,只读。该位表示设定 OCCS_CTRL[PLLPD]位后延时 4 个总线周期的 PLL 状态。PLLPDN=0,PLL 处于非掉电状态;PLLPDN=1,PLL 处于掉电状态。

D3～D2——只读位,保留,其值为 0。

D1～D0——ZSRCS 系统时钟源位,只读。该位表示当前的 sys_clk_x2 时钟源。该位阈值定义如表 13-5 所列。

表 13-5 系统时钟源位分配表

ZSRCS (D1D0)	时钟源
00	正在进行时钟源切换
01	MSTR_OSC
10	PLL 分频输出
11	正在进行时钟源切换

4. OCCS 晶振控制寄存器(OCCS_OSCTL)

OCCS 晶振控制寄存器(OCCS_ OSCTL)控制内部晶振和外部晶振,其地址为 F124h,其定义如下:

数据位	15	14	13	12	11	10	9	8	7	6	5	4	3	2	1	0
读操作 写操作	ROPD	ROSB	COHL	CLK_MODE	OSC_DIV2	EXT_SEL	TRIM									
复位	0	0	0	1	0	1	1	0	0	0	0	0	0	0	0	0

D15——ROPD 内部晶振掉电位，可读写。该位用来关闭内部晶振。使用外部参考时钟时可以关闭内部晶振。为了避免内核时钟或者 PLL 时钟丢失，只有通过 OCCS_CTRL[PRECS]位将时钟源切换到外部时钟源以后，该位才可以置 1。ROPD=0，使能内部晶振；ROPD=1，关闭内部晶振。

D14——ROSB 内部晶振等待位，可读写。该位用来设置内部晶振的频率和功耗。复位时，内部晶振处于高频率高功耗状态。ROSB=0，内部晶振处于正常模式，内部晶振输出频率为 8 MHz；ROSB=1，内部晶振处于等待模式，此时内部晶振的输出频率降低到 400 kHz(±50%)，在该模式下应该禁用 PLL 时钟，改用 MSTR_OSC 时钟。

D13——COHL 外部晶振功耗选择位，可读写。该位用来设置外部晶振的功耗。复位时，外部晶振处于高功耗状态。COHL=0，设定外部晶振处于高功耗模式(默认)；COHL=1，设定外部晶振处于低功耗模式。当使用低于 8 MHz 的外部晶振时，必须设置为低功耗模式。

D12——CLK_MODE 外部晶振禁止位，可读写。为了降低功耗，可以通过该位关闭外部晶振。CLK_MODE=0，使能外部晶振；CLK_MODE=1，禁用外部晶振。

D11——OSC_DIV2 外部晶振二分频位，可读写。该位用来设定外部晶振的频率范围。为了避免系统时钟不稳，改变该位之前需将时钟源切换至内部时钟 ROSC (OCCS_CTRL[PRECS]=0)。OSC_DIV2=0，外部时钟输出不分频；OSC_DIV2=1，将外部时钟输出二分频。

D10——EXT_SEL 外部时钟源选择位，可读写。该位用来选择外部时钟输入方式。为了避免系统时钟不稳，改变该位之前需将时钟源切换至内部时钟 ROSC(OCCS_CTRL[PRECS]=0)。EXT_SEL=0，XTAL 作为外部时钟输入引脚；EXT_SEL=1，CLKIN 作为外部时钟输入引脚。

D9～D0——TRIM 内部晶振频率微调位，可读写。这些位可以改变内部晶振电容的大小。通过测试内部时钟频率，相应地增加或者减少内部晶振电容大小，可以使内部时钟精度提高 40%。复位时这些位的值为 200 h，此时处于可调节范围的中心。

5. OCCS 保护寄存器(OCCS_PROT)

该寄存器提供了当代码跑飞时保护 OCCS 模块寄存器的功能。通过设定保护寄存器，用户可在电源管理和 OCCS 操作配置保护功能取得平衡。利用该寄存器对 OCCS 模块寄存器进行保护设定时，每个设定参数为 2 位，其含义为右边位设定 OC-

CS 模块寄存器是否需要写保护；左边位设定 OCCS 模块寄存器的值是否锁定。写保护时，寄存器值只能在芯片复位时才能重新设定；而不进行写保护时，可以在任何时候设定新值。

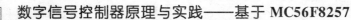

OCCS 保护寄存器(OCCS_ PROT)的地址为 F127h，其定义如下：

数据位	15	14	13	12	11	10	9	8	7	6	5	4	3	2	1	0
读操作	0										FRQEP		OSCEP		PLLEP	
写操作																
复位	0	0	0	0	0	0	0	0	0	0	0	0	0	0	0	0

D15～D6——只读位，保留，其值为 0。

D5～D4——FRQEP 频率使能写保护位，可读写。该位设定 OCCS_DIVBY[COD]和 OCCS_CTRL[ZSRC]位的写保护功能。该位阈值定义如表 13-6 所列。

表 13-6　频率使能写保护位分配表

FRQEP 或 OSCEP 或 PLLEP (D3D2)或(D5D4)或(D1D0)	含　义
00	关闭保护(默认)
01	开启保护
10	关闭保护并锁定直至复位
11	开启保护并锁定直至复位

D3～D2——OSCEP 晶振使能写保护设定位，可读写。该位设定 OCCS_OSCTL 寄存器和 OCCS_CTRL[PRECS]位的写保护功能。该位阈值定义如表 13-6 所列。

D1～D0——PLLEP PLL 使能写保护设定位，可读写。该位设定 OCCS_STAT[PLLPDN]、OCCS_CTRL[LOCIE]和 OCCS_LORTP[LOPRT]位的写保护功能。该位阈值定义如表 13-6 所列。

13.1.4　时钟模块初始化编程方法与实例

1. 初始化参数计算方法

MC56F8257 上电复位后，应先执行初始化程序，之后 MC56F8257 能够正确运行配置所需的环境参数。系统初始化一般需要设置 MCU 内部总线的工作频率。

MC56F8257 的 OCCS 模块提供了不同的时钟源。如果不使用外部时钟源，则 OCCS_CTRL[PRECS]＝0；否则 OCCS_CTRL[PRECS]＝1。OCCS 提供了两种外部时钟源：外部晶振和其他外部时钟源，通过 OCCS_OSCTL[EXT_SEL]位可以设定使用的外部时钟源。

通过 OCCS_CTRL[ZSRC]位可以设定是否使用 PLL 电路。如果不使用 PLL，

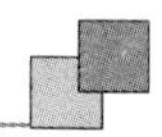

则系统时钟源经过分频形成内核时钟；如果使用PLL，则系统时钟源经过PLL倍频后得到f_{pll}，f_{pll}经过分频形成内核时钟。

反馈信号FEEDBACK是PLL的输出信号，该信号与PLL的输入信号一起送入锁定检测器，进行频率精确度比较。

2. 初始化计算实例

MC56F8257系统初始化时，假设使用频率为8 MHz内部晶振f_{rosc}，欲设置系统时钟为60 MHz，则sys_clk_x2为120 MHz。计算公式如下：

$$f_{rosc} \times (PLLDB + 1)/2/2^{COD} = f_{sys\_clk\_x2}$$

当PLLDB＝29，COD＝0时，若满足条件，即PLLDB[6：0]＝011101，COD[3：0]＝0000。

3. 初始化编程步骤及实例

根据时钟来源不同，MC56F8257系统初始化分为基于内部晶振（ROSC）的初始化、基于外部晶振（COCS）和基于外部有源时钟的初始化。另外，时钟是否采用锁相环PLL倍频，初始化又细分为带PLL的初始化和不带PLL（又称直接）初始化。这里以基于内部晶振（ROSC）的带PLL初始化和基于外部晶振（COCS）的带PLL初始化为例来说明MC56F8257系统初始化过程。

基于内部晶振（ROSC）的带PLL初始化步骤如下：

① 调整内部晶振频率，使其达到合适的时钟频率；

② 禁用外部晶振；

③ 为CPU选择内部时钟源；

④ 使能时钟检测器，设定SIM模块的时钟源为MSTR_OSC；

⑤ 设定PLL倍频因子；

⑥ 等待时钟锁定以后，将SIM模块的时钟源切换至PLL输出时钟。

基于内部晶振（ROSC）的带PLL初始化例程如下（这里选择内部晶振（ROSC）频率为8 MHz，PLL输出60 MHz主频）：

```
//----------------------------------------------------------------*
//函数名：DSCinit                                                    *
//功  能：MC56F8257 初始化                                            *
//参  数：无                                                          *
//返  回：无                                                          *
//说  明：采用内部 8 MHz 晶振，PLL 输出 60 MHz 主频                    *
//----------------------------------------------------------------*
void  DSCinit(void)                                  //芯片初始化
{
    uint16 tmp;
    //读取 Flash 中的出厂设置的振荡器的相关信息
    OCCS_OSCTL& = ～0x03FF;
    tmp = FM_OPT0& 0x03FF;
```

```
    OCCS_OSCTL| = tmp;
    OCCS_OSCTL| = OCCS_OSCTL_CLK_MODE_MASK;   //选择内部振荡器模式
    OCCS_CTRL& = ~OCCS_CTRL_PRECS_MASK;         //为 CPU 选择内部时钟源
//使能时钟锁定检测器,为 SIM 选择时钟源:振荡器
    OCCS_CTRL = OCCS_CTRL_LCKON_MASK | OCCS_CTRL_ZSRC0_MASK;
    OCCS_DIVBY = 0x201D;                                  //PLL 时钟预分频,60 MHz
    OCCS_OSCTL& = ~OCCS_CTRL_PLLPD_MASK;       //使能 PLL
    while(!(OCCS_STAT&OCCS_STAT_LCK0_MASK)){}  //等待时钟锁定
    //为 SIM 选择时钟源:PLL
    OCCS_CTRL = OCCS_CTRL_LCKON_MASK | OCCS_CTRL_ZSRC1_MASK;
    COP_CTRL = 0;                                         //禁止看门狗
}
```

基于外部晶振(COCS)的带 PLL 初始化步骤如下:

① 使能外部晶振;

② 设置晶振为高能耗模式;

③ 设定外部时钟从 XTAL 引脚输入;

④ 选择外部参考时钟;

⑤ 禁止内部晶振;

⑥ 使能时钟检测器,设定 SIM 模块的时钟源为 MSTR_OSC;

⑦ 设定 PLL 倍频因子;

⑧ 使能 PLL;

⑨ 等待时钟锁定以后,将 SIM 模块的时钟源切换至 PLL 输出时钟。

基于外部晶振(COCS)的带 PLL 初始化例程如下(这里选择外部晶振(COCS)频率为 8 MHz,PLL 输出 60 MHz 主频):

```
//-------------------------------------------------------------------*
//函数名: DSCinit                                                    *
//功  能: MC56F8257 初始化                                           *
//参  数: 无                                                         *
//返  回: 无                                                         *
//说  明: 采用外部 8 MHz 晶振,PLL 输出 60 MHz 主频                   *
//-------------------------------------------------------------------*
void  DSCinit(void)                                     //芯片初始化
{
    OCCS_OSCTL& = ~OCCS_OSCTL_CLK_MODE_MASK;           //选择外部振荡器模式
    OCCS_OSCTL& = ~OCCS_OSCTL_COHL_MASK;               //设置晶振为高能耗模式
    //设定外部时钟从 XTAL 引脚输入
    OCCS_OSCTL& = ~ OCCS_OSCTL_EXT_SEL_MASK;
    OCCS_CTRL| = OCCS_CTRL_PRECS_MASK;                 //为 CPU 选择外部时钟源
    OCCS_OSCTL| = OCCS_OSCTL_ROPD_MASK;                //禁止内部晶振
    //使能时钟锁定检测器,为 SIM 选择时钟源:振荡器
    OCCS_CTRL | = OCCS_CTRL_LCKON_MASK;
    OCCS_CTRL | = OCCS_CTRL_ZSRC0_MASK;
    OCCS_DIVBY = 0x201D;                               //PLL 时钟预分频,60 MHz
    OCCS_OSCTL& = ~OCCS_CTRL_PLLPD_MASK;               //使能 PLL
```

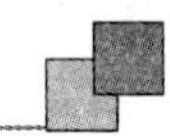

```
    while(! (OCCS_STAT&OCCS_STAT_LCK0_MASK)){}          //等待时钟锁定
    //为 SIM 选择时钟源:PLL
    OCCS_CTRL | = OCCS_CTRL_LCKON_MASK;
    OCCS_CTRL | = OCCS_CTRL_ZSRC1_MASK;
    COP_CTRL = 0;                                        //禁止看门狗
}
```

13.2 SIM 模块

13.2.1 概　述

SIM 模块使用来自 OCCS 模块的主时钟，产生外设和系统时钟。来自 OCCS 模块的 mstr_2x 时钟为 2 倍的系统和外设总线频率，即最高可达 120 MHz。通过将 mstr_2x 时钟 2 分频，结合合适的电源模式和时钟门控产生高达 60 MHz 的外设和系统时钟。定时器(TMR)模块和 SCI 模块的外设时钟频率可以为两倍的系统时钟频率，即最高可达到 120 MHz。

OCCS 模块设定了 SIM 模块主时钟的频率。可以选择外部时钟源(CLKIN)、外部晶振或内部晶振作为主时钟源(mstr_osc)。外部时钟最高可达 120 MHz，可以直接用来作为 mstr_2x 时钟提供给 SIM 模块使用，因此高速外设时钟(即两倍的系统时钟)的占空比反映了外部时钟的占空比。外部晶振的工作频率为 8～16 MHz；内部晶振的工作频率为 8 MHz(最高频率)或者 400 kHz(待机模式下的频率)。8 MHz 或者 16 MHz 的 mstr_osc 可以通过 PLL 模块倍频到 240 MHz，然后经过分频器产生不同的时钟频率。可以使用 PLL 输出或者 mstr_osc 经过 SIM 模块产生主时钟。

通过与 OCCS 模块结合使用，SIM 模块提供选择不同的电源模式、时钟使能(通过寄存器 SIM_PCEx、SIM_SDx、SIM_CLKOUT[CLKDIS]位和 SIM_CTRL[ONCEEBL]位)、控制时钟频率(通过 SIM_PCR[TMRn_CR]和[SCIn_CR]位)等功能，这些功能给时钟和功耗管理带来了更多的灵活性。SIM 模块的外设时钟使能寄存器 SIM_PCEx 可以禁用不需要的外设时钟；时钟频率寄存器(SIM_PCR)控制 TMR 和 QSCI 的高速时钟的选择。MC56F8257 的 SIM 模块主要有以下功能：

① 复位次序；

② 控制和分配系统和外设时钟；

③ 配置 MC56F8257 的停止/等待模式；

④ 控制系统状态；

⑤ 配置寄存器(包含片内 JTAG ID 的寄存器)；

⑥ 可编程配置外设与 GPIO 连接关系；

⑦ 可配置 TMR 及 QSCI 模块时钟为系统时钟的 2 倍；

⑧ 控制大量处于空闲模式模块的使能及其写保护功能；

⑨ 允许外设在停止模式下工作，以至能产生中断，将 MC56F8257 从停止模式唤醒到运行模式；

⑩ 软件复位；

⑪ I/O 短地址定位控制；

⑫ 外设保护控制，避免程序代码跑飞，起完全保护作用；

⑬ 控制输出到 CLKO 引脚的内部时钟源；

⑭ 设定相关寄存器，控制系统上电复位后引脚功能、时钟使能等；

⑮ 停止模式下，外设时钟控制使能。

13.2.2 SIM 模块的编程寄存器

在 MC56F8257 中，与 SIM 模块编程有关的寄存器主要有 8 个，它们分别是控制寄存器(SIM_CTRL)、复位状态寄存器(SIM_RSTAT)、电源控制寄存器(SIM_PWR)、时钟输出选择寄存器(SIM_CLKOUT)、外设时钟频率寄存器(SIM_PCR)、外设时钟使能寄存器(SIM_PCEx)、保护寄存器(SIM_PROT)和 GPIO 外设选择寄存器(SIM_GPSx))。下面分别阐述这些寄存器的功能和用法。

1. 控制寄存器(SIM_CTRL)

SIM 控制寄存器(SIM_CTRL)的地址为 F0E0h，其定义如下：

数据位	15	14	13	12	11	10	9	8	7	6	5	4	3	2	1	0
读操作	0										OnceEbl	SWRst	STOP_disable		WAIT_disable	
写操作																
复位	0	0	0	0	0	0	0	0	0	0	0	0	0	0	0	0

D15～D6——只读位，保留，其值为 0。

D5——OnceEbl，OnCE 时钟使能位，可读写。OnceEbl＝0，当内核测试端口(TAP)使能时，DCS 内核的 OnCE 时钟才使能；OnceEbl＝1，DCS 内核的 OnCE 时钟始终使能。

D4——SWRst，软件复位位，可读写。向该位写 1 使 MC56F8257 产生一次复位。

D3～D2——STOP_disable STOP 模式禁用位，可读写。如果禁用 STOP 指令，部分模块无法进入低功耗模式。该位阈值定义如下：

➢ 00：执行 STOP 指令会导致系统进入停止模式；

➢ 01：执行 STOP 指令无法使系统进入停止模式；

➢ 10：执行 STOP 指令会导致系统进入停止模式，同时对该位域写保护，即该位域设定值在下次复位之前不能改变；

➢ 11：执行 STOP 指令无法使系统进入停止模式，同时对该位域写保护。

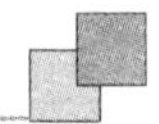

D1～D0——WAIT_disable WAIT 模式禁用位，可读写。该位阈值定义如下：

- 00：执行 WAIT 指令会导致系统进入等待模式；
- 01：执行 WAIT 指令无法使系统进入等待模式；
- 10：执行 WAIT 指令会导致系统进入等待模式，同时对该位域写保护；
- 11：执行 WAIT 指令无法使系统进入等待模式，同时对该位域写保护。

2. 复位状态寄存器(SIM_RSTAT)

复位状态寄存器(SIM_RSTAT)为只读寄存器。SIM_RSTAT 在任何系统复位以后都将更新。通过查询该寄存器，可推断 MC56F8257 复位的起因。该寄存器还能决定是否使用中断向量表中的 COP(又称看门狗)复位向量和常规复位向量。该寄存器每次只能显示一个复位源，如果同时发生多种复位，则显示优先级最高的复位源。复位源按优先级从高到低依次为：POR、EXTR、COP_LOR、COP_CPU 和 SWR。上电复位时 POR 位总是置1；上电之后如果发生外部复位，则 POR 位清零，EXTR 位置1。

SIM 复位状态寄存器(SIM_RSTAT)的地址为 F0E1h，其定义如下：

数据位	15	14	13	12	11	10	9	8	7	6	5	4	3	2	1	0
读操作	0									SWR	COP_CPU	COP_LOR	EXTR	POR	0	
写操作																
复位	0	0	0	0	0	0	0	0	0	0	0	0	0	1	0	0

D15～D7——只读位，保留，其值为0。

D6——SWR，软件复位标志位。SWR=1，表示产生了软件复位(通过向 SIM_CTRL[SWRst]位写1)。如果产生 COP 复位、外部复位或者 POR 复位，则不可能产生软件复位。

D5——COP_CPU，COP CPU 定时器溢出复位标志位。COP_CPU=1，表示 COP 模块产生 CPU 定时器溢出复位。按照优先级，如果产生 COP 参考时钟丢失复位、外部复位或者上电复位，则不可能产生 COP CPU 定时器溢出复位。在执行代码的过程中，如果 COP_CPU=1，则使用中断向量表中的 COP 复位向量；否则，使用常规复位向量。

D4——COP_LOR，COP 参考时钟丢失复位标志位。COP_LOR=1，表示 COP 模块产生参考时钟丢失复位。按照优先级，如果产生外部复位或者上电复位，则不可能产生参考时钟丢失复位。在执行代码的过程中，如果产生 COP_LOR=1，则使用中断向量表中的 COP 复位向量；否则，使用常规复位向量。

D3——EXTR，外部复位标志位。EXTR=1，表示产生了外部复位。按照优先级，在没有上电复位时，外部复位引脚置位才会引起该位置1。

D2——POR，上电复位标志位。上电时，该位置1。

D1～D0——只读位,保留,其值为 0。

3. 电源控制寄存器(SIM_PWR)

SIM 电源控制寄存器(SIM_PWR)的地址为 F0E8h,其定义如下:

数据位	15	14	13	12	11	10	9	8	7	6	5	4	3	2	1	0
读操作	0														LRSTDBY	
写操作																
复位	0	0	0	0	0	0	0	0	0	0	0	0	0	0	0	0

D15～D2——只读位,保留,其值为 0。

D1～D0——LRSTDBY,主稳压器待机模式控制位,可读写。待机模式可以降低设备的功耗,但是给允许的工作频率带来了限制。该位域可写保护,其定义如下:

- 00:稳压器工作在正常模式(默认);
- 01:稳压器工作在待机模式;
- 10:稳压器工作在正常模式,该位域写保护,直至下次复位;
- 11:稳压器工作在待机模式,该位域写保护,直至下次复位。

4. 时钟输出选择寄存器(SIM_CLKOUT)

SIM 时钟输出选择寄存器(SIM_ CLKOUT)的地址为 F0EAh,其定义如下:

数据位	15	14	13	12	11	10	9	8	7	6	5	4	3	2	1	0
读操作	0									保留	CLKDIS	0			CLKOSEL	
写操作																
复位	0	0	0	0	0	0	0	0	0	0	1	0	0	0	0	0

D15～D7——只读位,保留,其值为 0。

D6——保留位。正常操作时,总是向该位写 0。

D5——CLKDIS,CLKOUT 禁用位,可读写。CLKDIS＝0,CLKOUT 输出使能,其输出信号由 CLKOSEL 位决定;CLKDIS=1,CLKOUT 输出为 0。

D4～D2——只读位,保留,其值为 0。正常操作时,总是向该位写 0。

D1～D0——CLKOSEL,时钟输出 CLKOUT 选择位,可读写。按表 13-7 选择 CLKOUT 引脚的时钟信号。当 CLKOUT 引脚输出信号频率超过其 I/O 单元频率时,则输出信号是未知的。改变 CLKDIS 位和 CLKOSEL 位设置时,CLKOUT 引脚的输出可能出现意想不到结果。CLKOU 引脚输出信号由 CLKDIS 位和 CLKOSEL 位决定,同时也要对寄存器 SIM_GPSn 和 GPIO_X_PER 相关位进行设置。

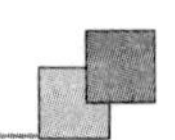

表 13－7　由 CLKOSEL 位选择 CLKOUT 引脚输出的时钟信号

CLKOSEL (D1D0)	时钟源	信号名	说　明
00	系统时钟	iclk_sys_cont	上电复位 POR 后，系统频率
01	外设时钟	iclk_per _cont	非复位状态下，外设频率
10	高速外设时钟	iclk_per_cont_2x	非复位状态下，2 倍系统频率
11	主时钟	mstr_osc	未经 PLL 之前，主时钟源

5．外设时钟频率寄存器(SIM_PCR)

在默认情况下，所有的外设都工作在系统时钟频率下，系统频率最高可达 60 MHz。某些外设可以在两倍系统频率(最高可达 120 MHz)下工作。SIM_PCR 寄存器用来使能高速外设时钟。高速外设时钟为 OCCS 模块的 mstr_2x 时钟。

通过 SIM 或 OCCS 模块重新配置外设时钟时，外设不能工作在使能或者运行模式，因此只有在外设禁用时，才能改变 SIM_PCR 寄存器的相应位。

外设工作在高速模式时，其 I/O 速率受到系统时钟频率的制约，因为处理器工作在系统时钟频率下。对于只有一个工作在高速模式时钟输入的外设，高速 I/O 速率同 CPU 速率。对于有两个时钟的外设(I/O 时钟和运行时钟)，I/O 时钟工作于正常外设时钟速率，运行时钟工作在高速模式。

SIM 外设时钟频率寄存器(SIM_PCR)的地址为 F0EBh，其定义如下：

数据位	15	14	13	12	11	10	9	8	7	6	5	4	3	2	1	0
读操作	TMRA_CR	TMRB_CR	SCI0_CR	SCI1_CR	0											
写操作																
复位	0	0	0	0	0	0	0	0	0	0	0	0	0	0	0	0

D15——TMRA_CR，定时器 A 的时钟频率选择位，可读写。该位设定定时器 A 模块的时钟频率。改变该位前需先禁用定时器 A。TMRA_CR＝0，定时器时钟频率等于内核时钟频率，最高可达 60 MHz；TMRA_CR＝1，定时器时钟频率等于内核时钟频率的两倍。

D14——TMRB_CR，定时器 B 的时钟频率选择位，可读写。改变该位前需先禁用定时器 B。

D13——SCI0_CR SCI0，时钟频率选择位，可读写。该位设定 SCI0 模块的时钟频率。改变该位前需先禁用 SCI0 模块。SCI0_CR＝0，SCI0 的时钟频率等于内核时钟频率，最高可达 60 MHz(默认)。SCI0_CR＝1，SCI0_CR 的时钟频率等于内核时钟频率的两倍。

D12——SCI1_CR，SCI1 时钟频率选择位，可读写。该位设定 SCI1 模块的时钟频率。改变该位前需先禁用 SCI1 模块。SCI1_CR=0,SCI1 的时钟频率等于内核时钟频率,最高可达 60 MHz(默认)。SCI1_CR=1,SCI1 的时钟频率等于内核时钟频率的两倍。

D11~D0——只读位,保留,其值为 0。

6. 外设时钟使能寄存器(SIM_PCEx,x=0、1、2)

SIM 外设时钟使能寄存器 0(SIM_PCE0)的地址为 F0ECh,其定义如下:

数据位	15	14	13	12	11	10	9	8	7	6	5	4	3	2	1	0
读操作	TA0	TA1	TA2	TA3	TB0	TB1	TB2	TB3	ADC	GPIOA	GPIOB	GPIOC	GPIOD	GPIOE	GPIOF	0
写操作																
复位	0	0	0	0	0	0	0	0	0	0	0	0	0	0	0	0

D15——TA0,TMRA0 IPBus 时钟使能位,可读写。TA0=0,禁止 TMRA0 IPBus 时钟;TA0=1,使能 TMRA0 IPBus 时钟。

D14——TA1,TMRA1 IPBus 时钟使能位,可读写。TA1=0,禁止 TMRA1 IPBus 时钟;TA1=1,使能 TMRA1 IPBus 时钟。

D13——TA2,TMRA2 IPBus 时钟使能位,可读写。TA2=0,禁止 TMRA2 IPBus 时钟;TA2=1,使能 TMRA2 IPBus 时钟。

D12——TA3,TMRA3 IPBus 时钟使能位,可读写。TA3=0,禁止 TMRA3 IPBus 时钟;TA3=1,使能 TMRA3 IPBus 时钟。

D11——TB0,TMRB0 IPBus 时钟使能位,可读写。TB0=0,禁止 TMRB0 IPBus 时钟;TB0=1,使能 TMRB0 IPBus 时钟。

D10——TB1,TMRB1 IPBus 时钟使能位,可读写。TB1=0,禁止 TMRB1 IPBus 时钟;TB1=1,使能 TMRB1 IPBus 时钟。

D9——TB2,TMRB2 IPBus 时钟使能位,可读写。TB2=0,禁止 TMRB2 IPBus 时钟;TB2=1,使能 TMRB2 IPBus 时钟。

D8——TB3,TMRB3 IPBus 时钟使能位,可读写。TB3=0,禁止 TMRB3 IPBus 时钟;TB3=1,使能 TMRB3 IPBus 时钟。

D7——ADC,ADC IPBus 时钟使能位,可读写。ADC =0,禁止 ADC IPBus 时钟;ADC =1,使能 ADC IPBus 时钟。

D6——GPIOA,GPIOA IPBus 时钟使能位,可读写。GPIOA =0,禁止 GPIOA IPBus 时钟;GPIOA =1,使能 GPIOA IPBus 时钟。

D5——GPIOB,GPIOB IPBus 时钟使能位,可读写。GPIOB =0,禁止 GPIOB IPBus 时钟;GPIOB =1,使能 GPIOB IPBus 时钟。

D4——GPIOC,GPIOC IPBus 时钟使能位,可读写。GPIOC =0,禁止 GPIOC IPBus 时钟;GPIOC =1,使能 GPIOC IPBus 时钟。

D3——GPIOD,GPIOD IPBus 时钟使能位,可读写。GPIOD =0,禁止 GPIOD IPBus 时钟;GPIOD =1,使能 GPIOD IPBus 时钟。

D2——GPIOE,GPIOE IPBus 时钟使能位,可读写。GPIOE =0,禁止 GPIOE IPBus 时钟;GPIOE =1,使能 GPIOE IPBus 时钟。

D1——GPIOF,GPIOF IPBus 时钟使能位,可读写。GPIOF =0,禁止 GPIOF IPBus 时钟;GPIOF =1,使能 GPIOF IPBus 时钟。

D0——只读位,保留,其值为 0。

SIM 外设时钟使能寄存器 1(SIM_PCE1)的地址为 F0EDh,其定义如下:

数据位	15	14	13	12	11	10	9	8	7	6	5	4	3	2	1	0
读操作	0	DAC	CMPA	CMPB	CMPC	SCI0	SCI1	QSPI0	IIC0	IIC1	CRC	REFA	REFB	REFC	HFM	MSCAN
写操作																
复位	0	0	0	0	0	0	0	0	0	0	0	0	0	0	1	0

D15——只读位,保留,其值为 0。

D14——DAC,DAC IPBus 时钟使能位,可读写。DAC =0,禁止 DAC IPBus 时钟;DAC =1,使能 DAC IPBus 时钟。

D13——CMPA,CMPA IPBus 时钟使能位,可读写。CMPA =0,禁止 CMPA IPBus 时钟;CMPA =1,使能 CMPA IPBus 时钟。

D12——CMPB,CMPB IPBus 时钟使能位,可读写。CMPB =0,禁止 CMPB IPBus 时钟;CMPB =1,使能 CMPB IPBus 时钟。

D11——CMPC,CMPC IPBus 时钟使能位,可读写。CMPC =0,禁止 CMPC IPBus 时钟;CMPC =1,使能 CMPC IPBus 时钟。

D10——SCI0,SCI0 IPBus 时钟使能位,可读写。SCI0=0,禁止 SCI0 IPBus 时钟;SCI0=1,使能 SCI0 IPBus 时钟。

D9——SCI1,SCI1 IPBus 时钟使能位,可读写。SCI1=0,禁止 SCI1 IPBus 时钟;SCI1=1,使能 SCI1 IPBus 时钟。

D8——QSPI0,QSPI0 IPBus 时钟使能位,可读写。QSPI0=0,禁止 QSPI0 IPBus 时钟;QSPI0=1,使能 QSPI0 IPBus 时钟。

D7——IIC0,IIC0 IPBus 时钟使能位,可读写。IIC0=0,禁止 IIC0 IPBus 时钟;IIC0 =1,使能 IIC0 IPBus 时钟。

D6——IIC1,IIC1 IPBus 时钟使能位,可读写。IIC1 =0,禁止 IIC1 IPBus 时钟;IIC1 =1,使能 IIC1 IPBus 时钟。

D5——CRC,CRC IPBus 时钟使能位,可读写。CRC =0,禁止 CRC IPBus 时钟;CRC =1,使能 CRC IPBus 时钟。

D4——REFA REFA IPBus 时钟使能位,可读写。REFA =0,禁止 REFA IP-

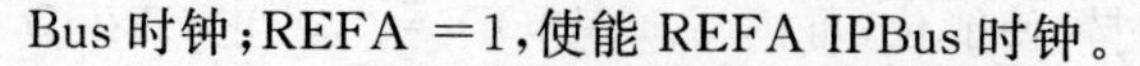

Bus 时钟；REFA =1，使能 REFA IPBus 时钟。

D3——REFB，REFB IPBus 时钟使能位，可读写。REFB =0，禁止 REFB IPBus 时钟；REFB =1，使能 REFB IPBus 时钟。

D2——REFC，REFC IPBus 时钟使能位，可读写。REFC =0，禁止 REFC IPBus 时钟；REFC =1，使能 REFC IPBus 时钟。

D1——HFM，HFM IPBus 时钟使能位，可读写。HFM =0，禁止 HFM IPBus 时钟；HFM =1，使能 HFM IPBus 时钟。系统复位后，该位初值为 1，目的是满足 Flash 一些特殊功能，如复位后 Flash 恢复功能等。

D0——MSCAN，MSCAN IPBus 时钟使能位，可读写。MSCAN =0，禁止 MSCAN IPBus 时钟；MSCAN =1，使能 MSCAN IPBus 时钟。

SIM 外设时钟使能寄存器 2(SIM_PCE2)地址为 F0EEh，其定义如下：

数据位	15	14	13	12	11	10	9	8	7	6	5	4	3	2	1	0
读操作	0												PWMCH0	PWMCH1	PWMCH2	PWMCH3
写操作																
复位	0	0	0	0	0	0	0	0	0	0	0	0	0	0	0	0

D15～D4——只读位，保留，其值为 0。

D3——PWMCH0，PWM 通道 0 IPBus 时钟使能位，可读写。PWMCH0 =0，禁止 PWM 通道 0 IPBus 时钟；PWMCH0 =1，使能 PWM 通道 0 IPBus 时钟。

D2——PWMCH1，PWM 通道 1 IPBus 时钟使能位，可读写。PWMCH1 =0，禁止 PWM 通道 1 IPBus 时钟；PWMCH1 =1，使能 PWM 通道 1 IPBus 时钟。

D1——PWMCH2，PWM 通道 2 IPBus 时钟使能位，可读写。PWMCH2 =0，禁止 PWM 通道 2 IPBus 时钟；PWMCH2 =1，使能 PWM 通道 2 IPBus 时钟。

D0——PWMCH3，PWM 通道 3 IPBus 时钟使能位，可读写。PWMCH3 =0，禁止 PWM 通道 3 IPBus 时钟；PWMCH3=1，使能 PWM 通道 3 IPBus 时钟。

7. 保护寄存器(SIM_PROT)

为了防止代码跑飞或者看门狗复位的情况下系统对一些关键寄存器非法修改，保护寄存器 SIM_PROT 提供了对一些重要寄存器进行写保护的功能。GPIO 和内部外设选择保护位(GIPSP)可以设定对 SIM、XBAR 和 GPIO 模块进行写保护，这些模块主要控制内部外设信号的复用以及 I/O 单元的配置。外设时钟使能保护位(PCEP)设定对 SIM 模块中控制外设时钟的寄存器进行写保护。某些外设自身提供额外的保护机制。

GIPSP 位设定对 SIM 模块和 XBAR 模块的寄存器进行写保护。SIM 模块的寄存器如控制 GPIO 外设信号的复用的 GPIO 外设选择寄存器 SIM_GPSx；XBAR 模块的寄存器如设定外设输入的交叉开关控制寄存器 XB_XBCx[CODEx]位。除了这

些，GIPSP 位还可以设定对 GPIO 模块的某些寄存器写保护，例如，设定 I/O 引脚为外设模式或者 GPIO 模式的外设使能寄存器（GPIO_X_PER）、设定 I/O 引脚推挽模式的 GPIO 推挽模式寄存器（GPIO_X_PPMODE）和设定 I/O 引脚驱动能力的 GPIO 驱动强度控制寄存器（GPIO_X_DRIVE）。

PCEP 位设定对 SIM 模块的外设时钟使能寄存器（SIM_PCEx）、停止模式禁用寄存器（SIM_SDx）以及外设时钟速率寄存器（SIM_PCR）的写保护。

MC56F8257 的写保护具有一定的灵活性，可以对写保护设定位进行设定是否写保护。每个写保护设定位由两位组成，右边一位设定写保护，左边一位设定其值是否锁定。如果不对锁定控制位进行设定，则可以在必要时修改写保护设定位的值；反之，如果对锁定控制位进行设定写保护，则只能在设备复位时修改写保护控制位的值。

SIM 保护寄存器（SIM_ PROT）地址为 F0F4h，其定义如下：

<table>
<tr><td>数据位</td><td>15</td><td>14</td><td>13</td><td>12</td><td>11</td><td>10</td><td>9</td><td>8</td><td>7</td><td>6</td><td>5</td><td>4</td><td>3</td><td>2</td><td>1</td><td>0</td></tr>
<tr><td>读操作</td><td colspan="12">0</td><td colspan="2" rowspan="2">PCEP</td><td colspan="2" rowspan="2">GIPSP</td></tr>
<tr><td>写操作</td><td colspan="12"></td></tr>
<tr><td>复位</td><td>0</td><td>0</td><td>0</td><td>0</td><td>0</td><td>0</td><td>0</td><td>0</td><td>0</td><td>0</td><td>0</td><td>0</td><td>0</td><td>0</td><td>0</td><td>0</td></tr>
</table>

D15～D4——只读位，保留，其值为 0。

D3～D2——PCEP，外设时钟使能保护位，可读写。设定对 SIM 模块的 PCEx、SDx 和 PCR 寄存器的所有字段写保护。

D1～D0——GIPSP，GPIO 和内部外设选择保护位，可读写。设定对 SIM 模块的 GPSx 寄存器、XBAR 模块的寄存器、GPIO_X_PER、GPIO_X_PPMODE、GPIO_X_DRIVE 寄存器进行写保护。该位阈值定义如表 13-8 所列。

8. GPIO 外设选择寄存器（SIM_GPSx，x=0、1、2、3）

仅有外设功能的 GPIO 不需要设定 GPIO 外设选择寄存器 SIM_GPSx，因为当 GPIO 外设使能寄存器 GPIO_PER 的相应位置 1 时，使能该外设功能；反之，GPIO 不止有外设功能，还有其他功能，需要设定外设选择寄存器 SIM_GPSx。SIM_GPSx 寄存器有 4 个，具体含义如下：

(1) GPIO 外设选择寄存器 0（SIM_GPS0）

GPIO 外设选择寄存器 0（SIM_GPS0）的地址为 F0F5h，其定义如下：

<table>
<tr><td>数据位</td><td>15</td><td>14</td><td>13</td><td>12</td><td>11</td><td>10</td><td>9</td><td>8</td><td>7</td><td>6</td><td>5</td><td>4</td><td>3</td><td>2</td><td>1</td><td>0</td></tr>
<tr><td>读操作</td><td>0</td><td rowspan="2">C7</td><td colspan="2" rowspan="2">C6</td><td>0</td><td rowspan="2">C5</td><td>0</td><td rowspan="2">C4</td><td colspan="2" rowspan="2">C3</td><td colspan="2" rowspan="2">C2</td><td colspan="3">0</td><td rowspan="2">C0</td></tr>
<tr><td>写操作</td><td></td><td></td><td></td><td colspan="3"></td></tr>
<tr><td>复位</td><td>0</td><td>0</td><td>0</td><td>0</td><td>0</td><td>0</td><td>0</td><td>0</td><td>0</td><td>0</td><td>0</td><td>0</td><td>0</td><td>0</td><td>0</td><td>0</td></tr>
</table>

D15——只读位,保留,其值为 0。

D14——C7GPIO C7 引脚配置位,可读写,具体含义如表 13-9 所列。

表 13-8 SIM 模块保护设定位分配表

GIPSP (D1D0)	保护状态
00	关闭(默认)
01	开启
10	关闭并锁定至复位
11	开启并锁定至复位

表 13-9 C7 引脚配置位分配表

C7 (D14)	功 能	外 设	方 向
0	SS0_B	SPI0	IO
1	TXD0	SCI0	IO

D13~D12——C6 GPIO C6 引脚配置位,可读写,具体含义如表 13-10 所列。

D11——只读位,保留,其值为 0。

D10——C5 GPIO C5 引脚配置位,可读写,具体含义如表 13-11 所列。

表 13-10 C6 引脚配置位分配表

C6 (D13 D12)	功 能	外 设	方 向
00	TA2	TMRA	I/O
01	XB_IN3	XBAR	IN
10	CMPREF	HSCMP A/B/C	AN_IN
11	保留		

表 13-11 C5 引脚配置位分配表

C5 (D10)	功 能	外 设	方 向
0	DACO	DACO	AN_OUT
1	XB_IN7	XBAR	IN

D9——只读位,保留,其值为 0。

D8——C4 GPIO C4 引脚配置位,可读写,具体含义如表 13-12 所列。

D7~D6——C3 GPIO C3 引脚配置位,可读写,具体含义如表 13-13 所列。

D5~D4——C2 GPIO C2 引脚配置位,可读写,具体含义如表 13-14 所列。

D3~D1——只读位,保留,其值为 0。

D0——C0 GPIO C0 引脚配置位,可读写,具体含义如表 13-15 所列。

表 13-12 C4 引脚配置位分配表

C4 (D8)	功 能	外 设	方 向
0	TA1	TMRA	I/O
1	CMPB_O	HSCMP_B	OUT

表 13-13 C3 引脚配置位分配表

C3 (D7 D6)	功 能	外 设	方 向
00	TA0	TMRA	I/O
01	CMPA_O	HSCMP_A	O
10	RXD0	SCI0	IN
11	保留		

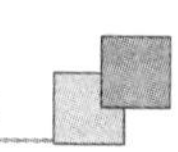

表 13－14　C2 引脚配置位分配表

C2 (D5 D4)	功　能	外　设	方　向
00	TXD0	SCI0	I/O
01	TB0	TMRB	O
10	XB_IN2	XBAR	IN
11	CLKO	SIM	OUT

表 13－15　C0 引脚配置位分配表

C0 (D0)	功　能	外　设	方　向
0	XTAL	OSC	AN_IO
1	CLKIN	OCCS	IN

(2) GPIO 外设选择寄存器 1(SIM_GPS1)

GPIO 外设选择寄存器 1(SIM_GPS1)的地址为 F0F6h,其定义如下:

数据位	15	14	13	12	11	10	9	8	7	6	5	4	3	2	1	0
读操作	0	C15	0	C14	0	C13	C12		C11		C10		0	C9	0	C8
写操作		C15		C14		C13	C12		C11		C10			C9		C8
复位	0	0	0	0	0	0	0	0	0	0	0	0	0	0	0	0

D15——只读位,保留,其值为 0。

D14——C15 GPIO C15 引脚配置位,可读写,具体含义如表 13－16 所列。

D13——只读位,保留,其值为 0。

D12——C14 GPIO C14 引脚配置位,可读写,具体含义如表 13－17 所列。

表 13－16　C15 引脚配置位分配表

C15 (D14)	功　能	外　设	方　向
0	SCL0	IIC0	OD_IO
1	XB_OUT1	XBAR	OUT

表 13－17　C14 引脚配置位分配表

C14 (D12)	功　能	外　设	方　向
0	SDA0	IIC0	OD_IO
1	XB_OUT0	XBAR	OUT

D11——只读位,保留,其值为 0。

D10——C13 GPIO C13 引脚配置位,可读写,具体含义如表 13－18 所列。

D9～D8——C12 GPIO C12 引脚配置位,可读写,具体含义如表 13－19 所列。

表 13－18　C13 引脚配置位分配表

C13 (D10)	功　能	外　设	方　向
0	TA3	TMRA	I/O
1	XB_IN6	XBAR	IN

表 13－19　C12 引脚配置位分配表

C12 (D9 D8)	功　能	外　设	方　向
00	RX0	MSCAN0	IN
01	SDA1	IIC1	OD_IO
10	RXD1	SCI1	IN
11	保留		

D7～D6——C11 GPIO C11 引脚配置位，可读写，具体含义如表 13－20 所列。

D5～D4——C10 GPIO C10 引脚配置位，可读写，具体含义如表 13－21 所列。

D3——只读位，保留，其值为 0。

D2——C9 GPIO C9 引脚配置位，可读写，具体含义如表 13－22 所列。

表 13－20　C11 引脚配置位分配表

C11 (D7 D6)	功 能	外 设	方 向
00	TX0	MSCAN0	OD_OUT
01	SCL1	IIC1	OD_IO
10	TXD1	SCI1	I/O
11	保留		

表 13－21　C10 引脚配置位分配表

C10 (D5 D4)	功 能	外 设	方 向
00	MOSI0	SPI0	I/O
01	XB_IN5	XBAR	IN
10	MISO0	SPI0	I/O
11	保留		

D1——只读位，保留，其值为 0。

D0——C8 GPIO C8 引脚配置位，可读写，具体含义如表 13－23 所列。

表 13－22　C9 引脚配置位分配表

C9 (D2)	功 能	外 设	方 向
0	SCLK0	SPI0	I/O
1	XB_IN4	XBAR	IN

表 13－23　C8 引脚配置位分配表

C8 (D0)	功 能	外 设	方 向
0	MISO0	SPI0	I/O
1	RXD0	SCI0	IN

(3) GPIO 外设选择寄存器 2(SIM_GPS2)

GPIO 外设选择寄存器 2(SIM_GPS2)的地址为 F0F7h，其定义如下：

数据位	15	14	13	12	11	10	9	8	7	6	5	4	3	2	1	0
读操作	0			F6	0	F5	0	F4	0	F3	0	F2	0	F1	0	
写操作																
复位	0	0	0	0	0	0	0	0	0	0	0	0	0	0	0	0

D15～D13——只读位，保留，其值为 0。

D12——F6 GPIO F6 引脚配置位，可读写，具体含义如表 13－24 所列。

D11——只读位，保留，其值为 0。

D10——F5 GPIO F5 引脚配置位，可读写，具体含义如表 13－25 所列。

D9——只读位，保留，其值为 0。

D8——F4 GPIO F4 引脚配置位，可读写，具体含义如表 13－26 所列。

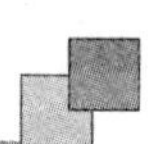

表 13－24　F6 引脚配置位分配表

F6 (D12)	功　能	外　设	方　向
0	TB2	TMRB	I/O
1	PWMX3	PWM	I/O

表 13－25　F5 引脚配置位分配表

F5 (D10)	功　能	外　设	方　向
0	RXD1	SCI1	IN
1	XB_OUT5	XBAR	OUT

D7——只读位，保留，其值为 0。

D6——F3 为 GPIO F3 引脚配置位，可读写，具体含义如表 13－27 所列。

表 13－26　F4 引脚配置位分配表

F4 (D8)	功　能	外　设	方　向
0	XB_OUT4	XBAR	OUT
1	TXD1	SCI1	I/O

表 13－27　F3 引脚配置位分配表

F3 (D6)	功　能	外　设	方　向
0	SDA1	IIC1	OD_IO
1	XB_OUT3	XBAR	OUT

D5——只读位，保留，其值为 0。

D4——F2 GPIO F2 引脚配置位，可读写，具体含义如表 13－28 所列。

D3——只读位，保留，其值为 0。

D2——F1 GPIO F1 引脚配置位，可读写，具体含义如表 13－29 所列。

表 13－28　F2 引脚配置位分配表

F2 (D4)	功　能	外　设	方　向
0	SCL1	IIC1	OD_OUT
1	XB_OUT2	XBAR	OUT

表 13－29　F1 引脚配置位分配表

F1 (D2)	功　能	外　设	方　向
0	CLKOUT	SIM	OUT
1	XB_IN7	XBAR	IN

D1～D0——只读位，保留，其值为 0。

(4) GPIO 外设选择寄存器 3(SIM_GPS3)

GPIO 外设选择寄存器 3(SIM_GPS3)的地址为 F0F8h，其定义如下：

数据位	15	14	13	12	11	10	9	8	7	6	5	4	3	2	1	0
读操作	TMRB3	TMRB2	TMRB1	TMRB0	0	E7	0	E6	0	E5	0	E4	0	F8	0	A0
写操作	TMRB3	TMRB2	TMRB1	TMRB0		E7		E6		E5		E4		F8		A0
复位	0	0	0	0	0	0	0	0	0	0	0	0	0	0	0	0

D15——TMRB3 TMRB3 的输入选择位，可读写，具体含义如表 13－30 所列。

D14——TMRB2 TMRB2 的输入选择位，可读写，具体含义如表 13－31 所列。

表 13-30 TMRB3 的输入选择位分配表

TMRB3 (D15)	功 能	外 设	方 向
0	GPIOF7	GPIOF	IN
1	XB_OUT29	XBAR	IN

表 13-31 TMRB2 的输入选择位分配表

TMRB2 (D14)	功 能	外 设	方 向
0	GPIOF6	GPIOF	IN
1	XB_OUT28	XBAR	IN

D13——TMRB1 TMRB1 的输入选择位,可读写,具体含义如表 13-32 所列。

D12——TMRB0 TMRB0 的输入选择位,可读写,具体含义如表 13-33 所列。

表 13-32 TMRB1 的输入选择位分配表

TMRB1 (D13)	功 能	外 设	方 向
0	GPIOF8	GPIOF	IN
1	XB_OUT27	XBAR	IN

表 13-33 TMRB0 的输入选择位分配表

TMRB0 (D12)	功 能	外 设	方 向
0	GPIOC2	GPIOC	IN
1	XB_OUT26	XBAR	IN

D11——只读位,保留,其值为 0。

D10——E7 GPIO E7 引脚配置位,可读写,具体含义如表 13-34 所列。

D9——只读位,保留,其值为 0。

D8——E6 GPIO E6 引脚配置位,可读写,具体含义如表 13-35 所列。

表 13-34 GPIO E7 引脚配置位分配表

E7 (D10)	功 能	外 设	方 向
0	PWMA3	PWM	I/O
1	XB_IN5	XBAR	IN

表 13-35 GPIO E6 引脚配置位分配表

E6 (D8)	功 能	外 设	方 向
0	PWMB3	PWM	I/O
1	XB_IN4	XBAR	IN

D7——只读位,保留,其值为 0。

D6——E5 GPIO E5 引脚配置位,可读写,具体含义如表 13-36 所列。

D5——只读位,保留,其值为 0。

D4——E4 GPIO E4 引脚配置位,可读写,具体含义如表 13-37 所列。

表 13-36 GPIO E5 引脚配置位分配表

E5 (D6)	功 能	外 设	方 向
0	PWMA2	PWM	I/O
1	XB_IN3	XBAR	IN

表 13-37 GPIO E4 引脚配置位分配表

E4 (D4)	功 能	外 设	方 向
0	PWMB2	PWM	I/O
1	XB_IN2	XBAR	IN

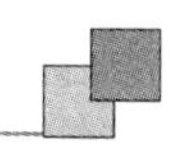

D3——只读位,保留,其值为 0。

D2——F8 GPIO F8 引脚配置位,可读写,具体含义如表 13-38 所列。

D1——只读位,保留,其值为 0。

D0——A0 GPIO A0 引脚配置位,可读写,具体含义如表 13-39 所列。

表 13-38　GPIO F8 引脚配置位分配表

F8 (D2)	功　能	外　设	方　向
0	RXD0	SCI0	IN
1	TB1	TMRB	I/O

表 13-39　GPIO A0 引脚配置位分配表

A0 (D0)	功　能	外　设	方　向
0	ANA0/CMPA_P2	ADC/CMPA	AN_IN
1	CMPC_O	CMPC	OUT

13.3　交叉开关模块

1. 特点

交叉开关(XBAR)模块是具有 30 路输出和 22 路输入的数字多路选择器。30 路输出选择器共用 22 路输入,但是每路选择器都有自己独立的选择电路。交叉控制寄存器 XB_XBCn 控制每路输出选择器的选择电路,具体如图 13-3 所示。XBAR 模块通过阵列交换矩阵使得任意输入(来源主要是外部 GPIO 和某些内部模块的输出)都可以连接到任意输出(来源主要是外部 GPIO 和某些内部模块的输入)。通过这种方式用户可以配置内部模块与内部模块、GPIO 与内部模块之间的数据路径。

XBAR 模块将增强型 PWM、ADC、定时器和比较器组合使用,使得 PWM 脉冲发生器和 ADC 采样同步。同时,某些交叉开关的输入和输出连接至 GPIO 引脚。例如,将 PWM 模块与交叉开关模块连接,并将 XB_INn 设置为 PWM 故障保护输入,这样增强 GPIO 的灵活性,减少了 PCB 板设计的复杂性。

XBAR 模块具有以下特点:

① 具有连接片上外设内部模块的功能,包括 ADC、DAC、比较器、定时器、PWM 模块和 GPIO 引脚等;

② 输入与输出之间不需同步延时;

③ 具有独立选择功能的 30 个输出选择器,它们共用 22 个输入;

④ 寄存器写保护输入信号;

2. XBAR 模块寄存器

XBAR 模块共有 15 个交叉控制寄存器,每个交叉控制寄存器控制两个输出 XBAR_OUTn,D0～D4 位控制偶数输出 XBAR_OUT2n,D8～D12 位控制奇数输出 XBAR_OUT2n+1。另外,可以通过 SIM_PROT 寄存器对这 15 个交叉控制寄存器

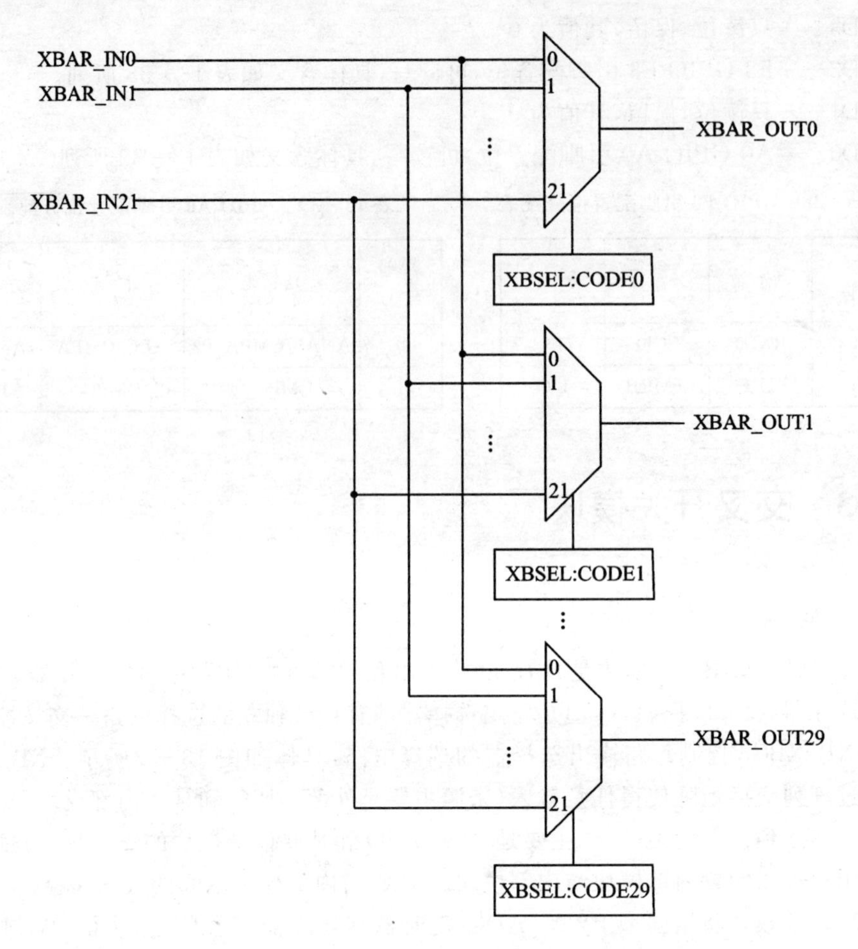

图 13-3 XBAR 模块图

设置写保护。

交叉控制寄存器(XB_XBCn,n = 0～14)的地址分别为 F100h～F00Eh,其定义如下:

数据位	15	14	13	12	11	10	9	8	7	6	5	4	3	2	1	0
读操作	0			CODE[2n+1]					0			CODE[2n]				
写操作																
复位	0	0	0	0	0	0	0	0	0	0	0	0	0	0	0	0

D15～D13——只读位,保留,其值为 0。

D12～D8——CODE[2n+1],奇数输出 XBAR_OUT[2n+1]选择输入位。用于选择输入(XBAR_INx)与输出 XBAR_OUT[2n+1]连接,具体如表 13-40 所列。

D7～D5——只读位,保留,其值为 0。

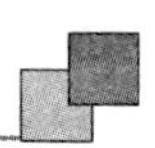

D4～D0——CODE[2n]，奇数输出 XBAR_OUT[2n]选择输入位。用于选择输入(XBAR_INx)与输出 XBAR_OUT[2n]连接，具体如表 13－40 所列。

表 13－40　输入(XBAR_INx)与输出 XBAR_OUT[2n]/[2n+1]对应关系(n ＝ 9)

CODE[2n+1] D12～D8	XBAR_INx	XBAR_OUT[2n+1]	CODE[2n] D4～D0	XBAR_INx	XBAR_OUT[2n]
00000	XBAR_IN0	XBAR_OUT[19]	00000	XBAR_IN0	XBAR_OUT[18]
00001	XBAR_IN1	XBAR_OUT[19]	00001	XBAR_IN1	XBAR_OUT[18]
00010	XBAR_IN2	XBAR_OUT[19]	00010	XBAR_IN2	XBAR_OUT[18]
00011	XBAR_IN3	XBAR_OUT[19]	00011	XBAR_IN3	XBAR_OUT[18]
00100	XBAR_IN4	XBAR_OUT[19]	00100	XBAR_IN4	XBAR_OUT[18]
00101	XBAR_IN5	XBAR_OUT[19]	00101	XBAR_IN5	XBAR_OUT[18]
00110	XBAR_IN6	XBAR_OUT[19]	00110	XBAR_IN6	XBAR_OUT[18]
00111	XBAR_IN7	XBAR_OUT[19]	00111	XBAR_IN7	XBAR_OUT[18]
01000	XBAR_IN8	XBAR_OUT[19]	01000	XBAR_IN8	XBAR_OUT[18]
01001	XBAR_IN9	XBAR_OUT[19]	01001	XBAR_IN9	XBAR_OUT[18]
01010	XBAR_IN10	XBAR_OUT[19]	01010	XBAR_IN10	XBAR_OUT[18]
01011	XBAR_IN11	XBAR_OUT[19]	01011	XBAR_IN11	XBAR_OUT[18]
01100	XBAR_IN12	XBAR_OUT[19]	01100	XBAR_IN12	XBAR_OUT[18]
01101	XBAR_IN13	XBAR_OUT[19]	01101	XBAR_IN13	XBAR_OUT[18]
01110	XBAR_IN14	XBAR_OUT[19]	01110	XBAR_IN14	XBAR_OUT[18]
01111	XBAR_IN15	XBAR_OUT[19]	01111	XBAR_IN15	XBAR_OUT[18]
10000	XBAR_IN16	XBAR_OUT[19]	10000	XBAR_IN16	XBAR_OUT[18]
10001	XBAR_IN17	XBAR_OUT[19]	10001	XBAR_IN17	XBAR_OUT[18]
10010	XBAR_IN18	XBAR_OUT[19]	10010	XBAR_IN18	XBAR_OUT[18]
10011	XBAR_IN19	XBAR_OUT[19]	10011	XBAR_IN19	XBAR_OUT[18]
10100	XBAR_IN20	XBAR_OUT[19]	10100	XBAR_IN20	XBAR_OUT[18]
10101	XBAR_IN21	XBAR_OUT[19]	10101	XBAR_IN21	XBAR_OUT[18]

表 13－40 是以 n＝9 为例，如果 n＝0～14，则只修改 XBAR_OUT[2n]和 XBAR_OUT[2n+1]列即可。

3. XBAR 模块输入/输出

XBAR 模块输入/输出信号的分配分别如表 13－41 和表 13－42 所列，具体连接如图 13－4 所示。

表 13-41　XBAR 模块输入信号分配表

输入引脚	CODE	输入来源	功　能
XBAR_IN0	00h	逻辑 0	Vss
XBAR_IN1	01h	逻辑 1	Vdd
XBAR_IN2	02h	XB_IN2	I/O 输入
XBAR_IN3	03h	XB_IN3	I/O 输入
XBAR_IN4	04h	XB_IN4	I/O 输入
XBAR_IN5	05h	XB_IN5	I/O 输入
XBAR_IN6	06h	XB_IN6	I/O 输入
XBAR_IN7	07h	XB_IN7	I/O 输入
XBAR_IN8	08h	未用	
XBAR_IN9	09h	CMPA_OUT	比较器 A 输出
XBAR_IN10	0Ah	CMPB_OUT	比较器 B 输出
XBAR_IN11	0Bh	CMPC_OUT	比较器 C 输出
XBAR_IN12	0Ch	TB0	定时器 B0 输出
XBAR_IN13	0Dh	TB1	定时器 B1 输出
XBAR_IN14	0Eh	TB2	定时器 B2 输出
XBAR_IN15	0Fh	TB3	定时器 B3 输出
XBAR_IN16	10h	PWM0_TRIG_COMB	PWM_OUT_TRIG0[0]或 PWM_OUT_TRIG1[0]
XBAR_IN17	11h	PWM1_TRIG_COMB	PWM_OUT_TRIG0[1]或 PWM_OUT_TRIG1[1]
XBAR_IN18	12h	PWM2_TRIG_COMB	PWM_OUT_TRIG0[2]或 PWM_OUT_TRIG1[2]
XBAR_IN19	13h	PWM012_TRIG_COMB	PWM0_TRIG_COMB 或 PWM1_TRIG_COMB 或 PWM2_TRIG_COMB
XBAR_IN20	14h	PWM3_TRIG0	PWM3_OUT_TRIG[0]
XBAR_IN21	15h	PWM3_TRIG1	PWM3_OUT_TRIG[1]

表 13-42　XBAR 模块输出信号分配表

输出引脚	输出目的	功　能
XBAR_OUT0	XB_OUT0	I/O 输出
XBAR_OUT1	XB_OUT1	I/O 输出

续表 13-42

输出引脚	输出目的	功　能
XBAR_OUT2	XB_OUT2	I/O 输出
XBAR_OUT3	XB_OUT3	I/O 输出
XBAR_OUT4	XB_OUT4	I/O 输出
XBAR_OUT5	XB_OUT5	I/O 输出
XBAR_OUT6	ADCA	ADCA 触发器
XBAR_OUT7	ADCB	ADCB 触发器
XBAR_OUT8	DAC	12 位 DAC SYNC_IN
XBAR_OUT9	CMPA	比较器 A 窗口/采样
XBAR_OUT10	CMPB	比较器 B 窗口/采样
XBAR_OUT11	CMPC	比较器 A 窗口/采样
XBAR_OUT12	PWM0 EXTA	eFlexPWM 子模块 0 的交替控制信号
XBAR_OUT13	PWM1 EXTA	eFlexPWM 子模块 1 的交替控制信号
XBAR_OUT14	PWM2 EXTA	eFlexPWM 子模块 2 的交替控制信号
XBAR_OUT15	PWM3 EXTA	eFlexPWM 子模块 3 的交替控制信号
XBAR_OUT16	PWM0 EXT_SYNC	eFlexPWM 子模块 0 的外部同步信号
XBAR_OUT17	PWM1 EXT_SYNC	eFlexPWM 子模块 1 的外部同步信号
XBAR_OUT18	PWM2 EXT_SYNC	eFlexPWM 子模块 2 的外部同步信号
XBAR_OUT19	PWM3 EXT_SYNC	eFlexPWM 子模块 3 的外部同步信号
XBAR_OUT20	PWM EXT_CLK	eFlexPWM 模块的外部时钟信号
XBAR_OUT21	PWM FAULT0	eFlexPWM 模块的 FAULT0
XBAR_OUT22	PWM FAULT1	eFlexPWM 模块的 FAULT1
XBAR_OUT23	PWM FAULT2	eFlexPWM 模块的 FAULT2
XBAR_OUT24	PWM FAULT3	eFlexPWM 模块的 FAULT3
XBAR_OUT25	PWM FORCE	eFlexPWM 外部输出强制信号
XBAR_OUT26	TB0	当 SIM_GPS3[12]置 1 时定时器 B0 的输入
XBAR_OUT27	TB1	当 SIM_GPS3[13]置 1 时定时器 B1 的输入
XBAR_OUT28	TB2	当 SIM_GPS3[14]置 1 时定时器 B2 的输入
XBAR_OUT29	TB3	当 SIM_GPS3[15]置 1 时定时器 B3 的输入

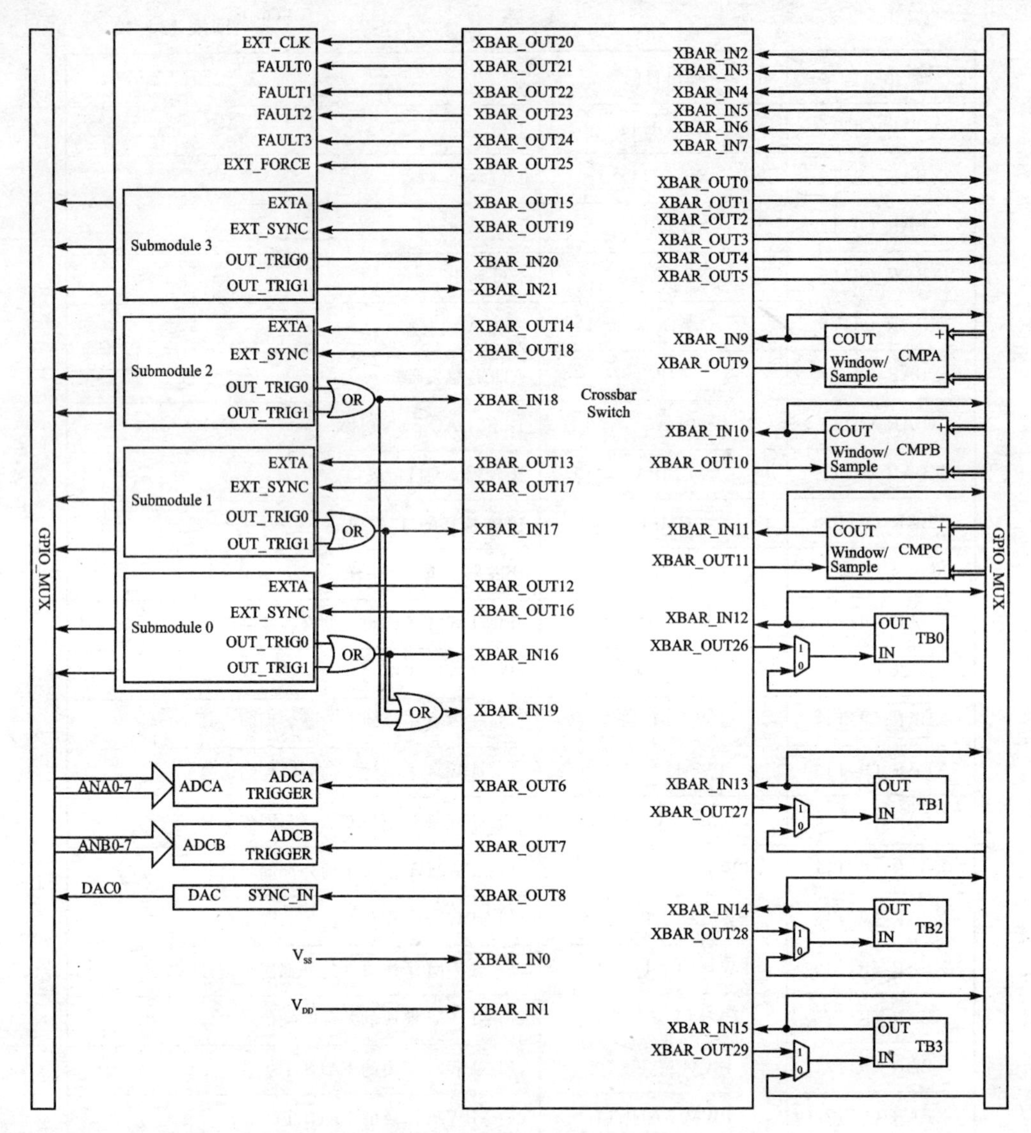

图 13-4　XBAR 模块连接图

13.4　计算机运行监护模块 COP

1. 特　点

在代码跑飞的情况下，计算机运行监护模块(COP)帮助系统恢复到安全状态。COP 是一个自由运行的递减计数器(计数初值一次有效)。一旦启用 COP，当计数值达到 0 时，将会生成一个复位信号。软件必须周期性地执行 COP 维护程序，重载计

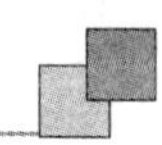

数器，防止系统复位。

COP 模块功能结构如图 13－5 所示，其特点如下：

① 可编程预分频功能；

② 可编程定时输出周期，输出周期等于(COP 预分频因子×(TIMEOUT ＋1))个时钟周期，其中，TIMEOUT 值在 0x0000～0xFFFF 之间；

③ 能在 DSC 正常、等待和停止工作模式下工作；

④ 当 DSC 工作于调试模式时，COP 模块禁止。

⑤ COP 模块中的计数器时钟来源于 4 MHz 或 400 kHz 的驰援振荡器(ROSC)、4～16 MHz 的陶瓷振荡器(COSC)和高达 60 MHz 的系统总线时钟(IP 总线时钟)3 种时钟；

⑥ PLL 检测到参考时钟丢失后，它能使 DSC 产生 128 周期宽度的复位信号。

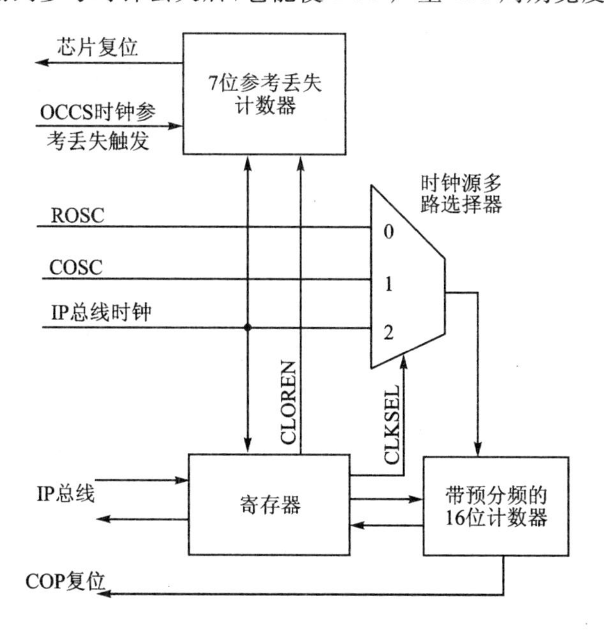

图 13－5　COP 模块功能结构图

2. COP 模块寄存器

MC56F8257 中，与 COP 模块编程有关的寄存器有控制寄存器 COP_CTRL、延时寄存器 COP_TOUT 和计数寄存器 COP_CNTR 3 个寄存器，只要理解和掌握这些寄存器的用法，了解 COP 模块，就可以进行 COP 模块的编程。

(1) COP 控制寄存器(COP_CTRL)

COP 控制寄存器 COP_CTRL 的地址为 F110h，其定义如下：

数据位	15	14	13	12	11	10	9	8	7	6	5	4	3	2	1	0
读操作	0						PSS		0	CLKSEL		CLOREN	CSEN	CWEN	CEN	CWP
写操作																
复位	0	0	0	0	0	0	1	1	0	0	0	0	0	0	1	0

D15～D10——只读位，保留，其值为 0。

D9～D8——PSS，预分频因子选择位，可读写。通过该位域可以对时钟源进行 1、16、256 或 1 024 分频，具体分频因子分配如表 13－43 所列。对于低频时钟源，该位域可设定为低分频。为了获得理想的定时时间，需要设定该位域及延时寄存器 COP_TOUT。需要注意的是只有 CWP 位为 0 时才能改变该位域的值。

D7——只读位，保留，其值为 0。

D6～D5——CLKSEL，时钟源选择位，可读写。通过该位域选择 COP 计数器的时钟源，具体如表 13－44 所列。某些对安全性要求较高的应用程序，需要不同于系统时钟的时钟源作为看门狗计数器的时钟源。需要注意的是只有 CWP 位及 CEN 位都为 0 时才能改变该位域的值。

表 13－43　COP 模块分频因子分配表

PSS (D9D8)	分频因子
00	1
01	16
10	256
11	1024

表 13－44　COP 模块时钟源选择表

CLKSEL (D6D5)	时钟源
00	ROSC(默认)
01	COSC
10	IP 总线时钟
11	保留

D4——CLOREN，COP 参考时钟丢失计数使能位，可读写。该位使能 COP 参考时钟丢失计数器。需要注意的是只有 CWP 位为 0 时才能改变该位域的值。CLOREN＝0，禁用 COP 参考时钟丢失计数器(默认)；CLOREN＝1，使能 COP 参考时钟丢失计数器操作。

D3——CSEN，COP 停止模式使能位，可读写。MC56F8257 工作于停止模式，该位决定 COP 计数器的工作状态。需要注意的是只有 CWP 位为 0 时才能改变该位域的值。CSEN＝0，停止模式下禁用 COP 计数器(默认)；CSEN＝1，停止模式下使能 COP 计数器。

D2——CWEN，COP 等待模式使能位，可读写。MC56F8257 工作于等待模式，该位决定 COP 计数器的工作状态。需要注意的是只有 CWP 位为 0 时才能改变该位域的值。CWEN＝0，等待模式下禁用 COP 计数器(默认)；CWEN＝1，等待模式下使能 COP 计数器。

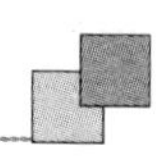

D1——CEN,COP 使能位,可读写。该位使能 COP 计数器。在调试模式下,读取该位时总是为 0。需要注意的是只有 CWP 位为 0 时才能改变该位域的值。CEN=0,禁用 COP 计数器;CEN=1,使能 COP 计数器(默认)。

D0——CWP,COP 写保护寄存器,可读写。该位用来设定 COP 控制寄存器 COP_CTRL 和 COP 延时寄存器 COP_TOUT 写保护功能。如果置位该位,只能通过复位才能清除该位。CWP=0,COP_CTRL 和 COP_TOUT 寄存器可读可写(未写保护,默认);CWP=1,COP_CTRL 和 COP_TOUT 寄存器只读(写保护)。

(2) COP 延时寄存器(COP_TOUT)

COP 延时寄存器 COP_TOUT 的地址为 F111h,其定义如下:

数据位	15	14	13	12	11	10	9	8	7	6	5	4	3	2	1	0
读操作	TIMEOUT															
写操作																
复位	1	1	1	1	1	1	1	1	1	1	1	1	1	1	1	1

D15～D0——TIMEOUT,COP 延时周期,可读写。这些位域决定 COP 计数器的延时周期。需要注意的是只有 CWP 位为 0 时才能改变该位域的值。

设置延时周期时应考虑以下情况:

① 在使能 COP 模块前,对位域 TIMEOUT 进行写入。当 COP 模块处于工作状态时,改变位域 TIMEOUT 值将导致不确定的延时周期,应避免这种情况发生。

② 当 COP 模块处于工作状态时,如果要改变位域 TIMEOUT 值,则首先禁用 COP 模块,然后修改 TIMEOUT 值,最后再重启 COP。这样保证新的 TIMEOUT 值装载到计数器中;或者 CPU 首先修改 TIMEOUT 值,再向 COP_CNTR 寄存器有序写入合适的值,保证修改后的 TIMEOUT 值装载到计数器中。

(3) COP 计数寄存器(COP_CNTR)

COP 计数寄存器 COP_CNTR 的地址为 F112h,其定义如下:

数据位	15	14	13	12	11	10	9	8	7	6	5	4	3	2	1	0
读操作	COUNT_SERVICE															
写操作																
复位	1	1	1	1	1	1	1	1	1	1	1	1	1	1	1	1

D15～D0——COUNT_SERVICE,COP 计数/监控位,可读写。COP 计数时,读取该位域值,这些值为 COP 计数器的当前值。COP 计数器从设定的 COP_TOUT [TIMEOUT]值递减计数,递减至 0 时产生中断。COP 监控时,写该位域表示重置计数器。当使能 COP 模块,COP 需要定期喂狗,以防止产生不必要的复位。喂狗过程:在延时周期结束之前,先向 COP_CNTR 寄存器写 0x5555,然后再写 0xAAAA;

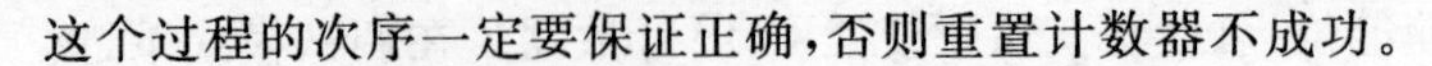

这个过程的次序一定要保证正确，否则重置计数器不成功。

3. COP 模块工作模式

COP 模块可以在 CPU 的工作模式、停止模式和等待模式工作。在调试模式，COP 模块不能工作。

当启用 COP 模块时，从时钟源(COSC，ROSC 或 IP 总线时钟)分频获得时钟的上升沿使计数器减一。如果计数值达到 0x0000，那么 COP 模块复位。为了保证 MC56F8257 CPU 的工作正常，需在计数值减至 0x0000 之前执行一个监控程序(喂狗)，即先向 COP_CNTR 寄存器写 0x5555，然后再写 0xAAAA。

如果置位 COP_CTRL[CEN]，当 MC56F8257 复位后，允许 COP 模块；这时，COP_TOUT 寄存器自动设为最大值 $FFFF、分频因子自动设置为 0x3FF(COP_CTRL[PSS]=11)，通过输出周期公式(COP 预分频因子×(TIMEOUT + 1))计数，此时计数器载入的计时输出周期最大。

如果置位 COP_CTRL[CEN]和 COP_CTRL[CWEN]，当 MC56F8257 进入等待模式或停止模式后，COP 模块计数器继续递减计数。当计数器达到 0 时，将产生一个 COP 复位以唤醒 MC56F8257 CPU。如果清零 COP_CTRL[CEN]位或 COP_CTRL[CWEN]位，当 MC56F8257 进入等待模式后，COP 模块计数器停止计数，但可通过 COP_TOUT 寄存器重载计数器。

13.5 循环冗余校验发生器 CRC

1. 特点

循环冗余校验发生器(CRC)模块用 16 位的 CRC-CCITT 多项式($x^{16}+x^{12}+x^5+1$)为数据进行进行检测，产生 16 位 CRC 校验码，目的是检验数据是否有错误。CRC 校验为 MC56F8257 芯片内部可访问的存储空间(Flash 和 RAM)中的 8 位数据提供校验。MC56F8257 内部集成 CRC 模块功能结构图如图 13-6 所示，其具有如下特点：

① 通过硬件 CRC 发生器产生 16 位 CRC 校验码；

② CRC16-CCITT 多项式为 $x^{16}+x^{12}+x^5+1$；

③ 能检测数据中的单位、双位、奇数位及多位错误；

④ 可编程设置初始种子值(由 CRC16-CCITT 多项式决定)；

⑤ 高速 CRC 计算处理能力；

⑥ 能够处理 MSB 格式和 LSB 格式数据。如果是 LSB 格式数据，需要换位寄存器对其进行转换。

2. CRC 模块寄存器

MC56F8257 中，与 CRC 模块编程有关的寄存器有高位寄存器 CRC_CRCH、低

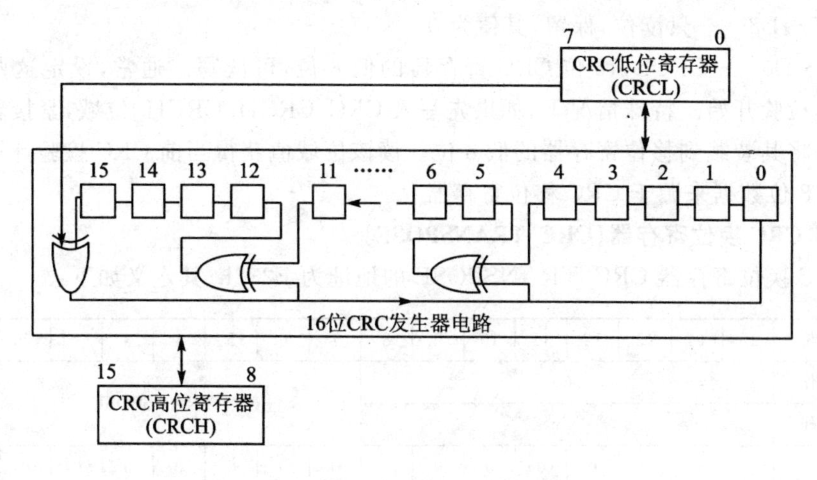

图 13-6 CRC 模块功能结构图

位寄存器 CRC_CRCL 和换位寄存器 CRC_TRANSPOSE 3 个寄存器，只要理解和掌握这些寄存器的用法，了解 CRC 模块，就可以进行 CRC 模块的编程。

(1) CRC 高位寄存器(CRC_CRCH)

CRC 高位寄存器 CRC_CRCH 的地址为 F230h，其定义如下：

数据位	15	14	13	12	11	10	9	8	7	6	5	4	3	2	1	0
读操作	0								CRCH							
写操作																
复位	0	0	0	0	0	0	0	0	0	0	0	0	0	0	0	0

D15～D8——只读位，保留，其值为 0。

D7～D0——CRCH，16 位 CRC 寄存器的高 8 位，可读写。设定这些域将 16 位初始种子值的高 8 位装载到 CRC 发生器中的移位寄存器的高 8 位。这时，CRC 发生器期望 16 位初始种子值的低 8 位写入低位寄存器 CRC_CRCL，并将其装载到移位寄存器的低 8 位。当 16 位初始种子值写入到 CRCH：CRCL 并装载到 CRC 发生器，紧接着另一个数据写入低位寄存器 CRC_CRCL，移位寄存器开始移位。读该位域值获得当前 CRC 检验计算的高 8 位，这 8 位数据来源于 CRC 移位寄存器。

(2) CRC 低位寄存器(CRC_CRCL)

CRC 低位寄存器 CRC_CRCL 的地址为 F231h，其定义如下：

数据位	15	14	13	12	11	10	9	8	7	6	5	4	3	2	1	0
读操作	0								CRCL							
写操作																
复位	0	0	0	0	0	0	0	0	0	0	0	0	0	0	0	0

D15～D8——只读位，保留，其值为 0。

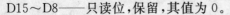

D7～D0——CRCL，16 位 CRC 寄存器的低 8 位，可读写。通常，设定这些域将使 CRC 检验开始。特殊情况下，如果先写入 CRC_CRCH[CRCH]位域，紧接着写入该位域，将其装载到移位寄存器的低 8 位。读该位域值获得当前 CRC 检验计算的低 8 位，这 8 位数据来源于 CRC 移位寄存器。

(3) CRC 换位寄存器(CRC_TRANSPOSE)

CRC 换位寄存器 CRC_TRANSPOSE 的地址为 F232h，其定义如下：

数据位	15	14	13	12	11	10	9	8	7	6	5	4	3	2	1	0
读操作	0								TRANSPOSE							
写操作																
复位	0	0	0	0	0	0	0	0	0	0	0	0	0	0	0	0

D15～D8——只读位，保留，其值为 0。

D7～D0——TRANSPOSE，换位数据位，可读写。设置这些域可实现 LSB 数据格式向 MSB 数据格式变换，反之亦然。换位字节数应首先写入到该位域，随后从该位域读取将返回最后写入数据的转换值(D7→D0，D6→D1 等)。

3. CRC 模块工作原理

CRC 模块可以在 CPU 的工作模式和等待模式工作，但在停止模式，该模块不能工作。

当使能 CRC，向 CRC_CRCH 寄存器的写入会触发种子值的高 8 位，这 8 位数直接进入 CRC 发生器转移寄存器的高 8 位；紧接着 CRC 发生器期望向 CRC_CRCL 写入以完成 16 位种子值。CRC_CRCL 寄存器一旦被写入，它的值就直接进入转移寄存器的低 8 位，完成 16 位种子值的设定。这 16 位种子值(CRCH：CRCL)可以是 CRC16－CCITT 多项式 0x1021，或 ITU－T V.41 建议的 0x0000，或 ITU－T V.30 建议的 0xFFFF，也可以用户自己定义。

接着，用于 CRC 检验的第 1 个字节数据应被写入 CRC_CRCL。这将触发 CRC 模块开始 CRC 的检查。在 CRC 发生器中，CRC_CRCL 数据(从 MSB 开始)将移位到移位寄存器中。经过 1 个总线周期后，这个字节数据全部移位到 CRC 发生器；这时，可直接读取 CRCH：CRCL 获得移位结果或移位寄存器当前值。然后，下一个字节可以写入 CRC_CRCL 寄存器，紧接着移位，进行 CRC 校验计算，最后读取 CRCH：CRCL 获得第 2 次校验结果。以此类推，当最后 1 个字节写入 CRC_CRCL 并完成移位校验，读取 CRCH：CRCL 获得整个数据的 CRC 校验结果。

如果开始新的 CRC 计算，需要重新设置种子值，及向 CRC_CRCH 和 CRC_CRCL 寄存器写入，则新 CRC 校验开始。

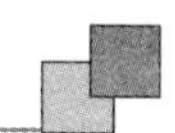

4. CRC 模块初始化

初始化 CRC 模块及 RC16－CCITT 校验分 MSB 格式和 LSB 格式，具体步骤如下：

(1) MSB 格式的初始化

① 设置 SIM 外设时钟寄存器 1SIM_PCE1[CRC]位为 1，使能 CRC 时钟；

② 向高位寄存器 CRC_CRCH 写入初始种子值的高 8 位；

③ 向低位寄存器 CRC_CRCL 写入初始种子值的低 8 位；

④ 向低位寄存器 CRC_CRCL 写入准备 CRC 校验首字节，CRC 发生器开始 CRC 校验；

⑤ 如果需要，第④步后的下一个总线周期，读取 CRCH：CRCL 获得首字节的 CRC 校验结果；

⑥ 重复④和⑤步直到所有数据检验完成。

(2) LSB 格式的初始化

① 设置 SIM 外设时钟寄存器 1SIM_PCE1[CRC]位为 1，使能 CRC 时钟；

② 向高位寄存器 CRC_CRCH 写入初始种子值的高 8 位；

③ 向低位寄存器 CRC_CRCL 写入初始种子值的低 8 位；

④ 向换位寄存器 CRC_TRANSPOSE 写入准备 CRC 校验首字节；

⑤ 读取换位寄存器 CRC_TRANSPOSE，获得首字节的换位值；

⑥ 向低位寄存器 CRC_CRCL 写入准备 CRC 校验首字节的换位值，CRC 发生器开始 CRC 校验；

⑦ 如果需要，第④步后的下一个总线周期，读取 CRCH：CRCL 获得首字节换位值的 CRC 校验结果；

⑧ 重复④和⑦步直到所有数据换位检验完成。

⑨ 将 CRCH 写入换位寄存器 CRC_TRANSPOSE；

⑩ 读取换位寄存器 CRC_TRANSPOSE 到 CRCH 中；

⑪ 将 CRCL 写入换位寄存器 CRC_TRANSPOSE；

⑫ 读取换位寄存器 CRC_TRANSPOSE 到 CRCL 中；

⑬ 读取 CRCH：CRCL 获得整个数据的 CRC 校验结果。

13.6　MC56F8257 的工作模式

一般的嵌入式开发中，对功耗的要求并不严格。但在电池供电的嵌入式产品中，对于系统的整体功耗有较高的要求。低功耗与芯片的软件编程、外围器件选择、电路设计等方面密切相关。针对低功耗要求，MC56F8257 除了能工作于运行模式（又称 RUN 模式）和调试模式（又称 DEBUG 模式）外，还能工作于等待模式（又称 WAIT

模式)和停止模式(又称 STOP 模式)。等待模式和停止模式相对于运行模式来说,降低了系统功耗。

运行模式下,MC56F8257 的系统时钟(内核及存储器时钟)和外设时钟使能,以及内部所有模块能正常工作。DEBUG 模式下,MC56F8257 时钟情况类似于运行模式,主要用于程序调试。

等待模式下,MC56F8257 的系统时钟(内核及存储器时钟)使能,但禁止外设时钟。如果执行 WAIT 指令,MC56F8257 进入等待模式。要使 WAIT 指令可以执行,必须首先设置 SIM 控制寄存器(SIM_CTRL)中 WAIT 允许位(WAIT_disable = 00),允许 WAIT 指令,否则,即使程序中写了 WAIT,它也不执行。另外,满足下列条件之一,可唤醒 MC56F8257 从等待模式进入运行模式。

① 任意中断产生;

② 通过 MC56F8257 内部集成的 JTAG 接口,执行调试模式入口指令;

③ 任意条件(如 POR、外部、软件、COP 复位等)下产生的复位;

停止模式下,OCCS 模块的主时钟产生器仍能正常工作,但 SIM 模块禁止系统和外设时钟。如果执行 STOP 指令,MC56F8257 进入停止模式。要使 STOP 指令可以执行,必须首先设置 SIM 控制寄存器(SIM_CTRL)中 STOP 允许位(STOP_disable=00),允许 STOP 指令,否则,即使程序中写了 STOP,它也不执行。另外,满足下列条件之一,可唤醒 MC56F8257 从停止模式进入运行模式。

① 设定 STOP 使能寄存器(SIM_SDx),使某外设在停止模式仍能工作。通过该外设,产生中断;

② 产生低电压中断;

③ 通过 MC56F8257 内部集成的 JTAG 接口,执行调试模式入口指令;

④ 任意条件(如 POR、外部、软件、COP 复位等)下产生的复位;

MC56F8257 进入停止或等待模式不影响时钟模块(OCCS)的配置,只影响来自于 OCCS 主时钟的系统和外设时钟。如果需要的话,OCCS 可配置优先进入停止或等待模式以降低主频率,达到降低功耗的作用。

第14章 MC56F8257在滤波器设计中的应用

通过前面MC56F82x系列DSC的功能模块及其基本应用方法的学习,读者对MC56F82x系列DSC有了较为全面的认识。本章将MC56F8257应用于滤波器设计中,目的是通过这个例子,让读者初步了解如何使用MC56F82x系列DSC,以便在实际应用中融会贯通。本章内容有:①简要阐述滤波器;②分析FIR滤波器的特点,给出基于MC56F8257的FIR滤波器设计实例;③分析IIR滤波器的特点,给出基于MC56F8257的IIR滤波器设计实例;④分析自适应滤波器的特点,给出基于MC56F8257的自适应滤波器设计实例。

14.1 滤波器

在实际工程中,采集到的数据或者信号经常含有噪声。为了消除或减弱噪声,提取有用的信息,需要对其滤波。实现滤波功能的系统,称为滤波器。按处理信号的不同,滤波器可分为模拟滤波器和数字滤波器两大类。模拟滤波器是用来处理模拟信号或连续时间信号的。数字滤波器是用来处理离散的数字信号,它是以数字计算的方法或用数字器件来实现对数字信号的处理;或者说,是按照某些预先编制的程序,利用计算机,将一组输入的数字序列转换为另一组输出的数字序列,从而改变信号的性质,达到滤波的目的。与模拟滤波器相比,数字滤波器具有稳定性好、精度高和灵活等优点。随着计算机的普及,数字滤波器的应用将越来越广泛。

设输入信号$x(n)$中的有用成分和希望除去的成分各自占有不同的频带,当$x(n)$通过一个滤波器$h(n)$后可将欲去除的成分有效去除。对于滤波器,其时域的输入和输出关系如下式所示:

$$y(n)=x(n)\cdot h(n) \tag{14-1}$$

若$x(n)$和$y(n)$的傅里叶变换存在,则输入、输出的频域关系如下式所示。

$$Y(e^{j\omega}) = X(e^{j\omega})H(e^{j\omega}) \tag{14-2}$$

若 $x(n)$的幅频特性$|X(e^{j\omega})|$如图 14-1(a)所示,理想滤波器的幅频特性$|H(e^{j\omega})|$如图 14-1(b)所示,根据公式(14-2),则输出信号 $y(n)$的幅频特性$|Y(e^{j\omega})|$如图 14-1(c)所示。

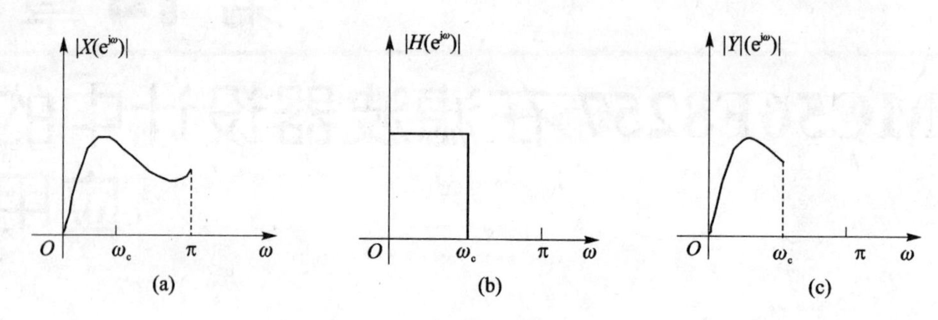

图 14-1　FIR 滤波器结构图

这样,$x(n)$通过滤波器 $h(n)$后,其输出 $y(n)$中不再含有$|\omega|>\omega_c$ 的频率成分,而"不失真"地保留$|\omega|<\omega_c$ 的成分。因此,设计出不同形状的$|H(e^{j\omega})|$,可以得到不同的滤波结果。

若滤波器的输入、输出都是离散时间信号,那么,该滤波器的冲激响应也必然是离散的,即单位采样响应 $h(n)$后,称这样的滤波器为数字滤波器。当用硬件实现时,所需的元件是延迟器、乘法器和加法器;当在 DSC 上用软件实现时,它就是一段线性卷积程序。对于数字滤波器而言,从实现方法上可分为 FIR 滤波器、IIR 滤波器和自适应滤波器。

14.2　FIR 滤波器中的应用

14.2.1　FIR 滤波器

1. FIR 滤波器结构

设输入信号为 $x(n)$,滤波器的冲激响应为 $h(n)(n=0,1,2,\cdots,N-1)$,则 FIR 滤波器的输出见下式:

$$y(n) = \sum_{k=0}^{N-1} h(k)x(n-k) \tag{14-3}$$

可见,FIR 滤波算法是一种乘法累加运算。其结构图如图 14-2 所示。

在程序中采用循环寻址的方法来实现这种乘法累加运算。在存储器中,建立一个数据缓冲区 value_buf,其长度为 N,如图 14-3 所示。

使用 count 指针(即数组的下标)将新采样进来的数据从低地址到高地址循环放入缓冲区内。在每次计算 $y(n)$时,将 count 赋给指针 p,p 从高地址向低地址循环移

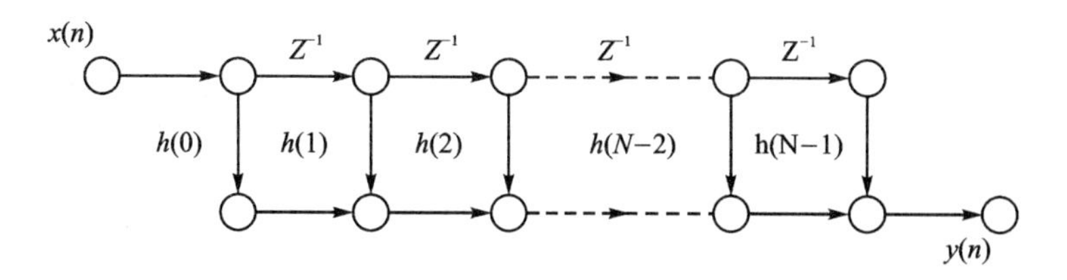

图 14-2　FIR 滤波器结构图

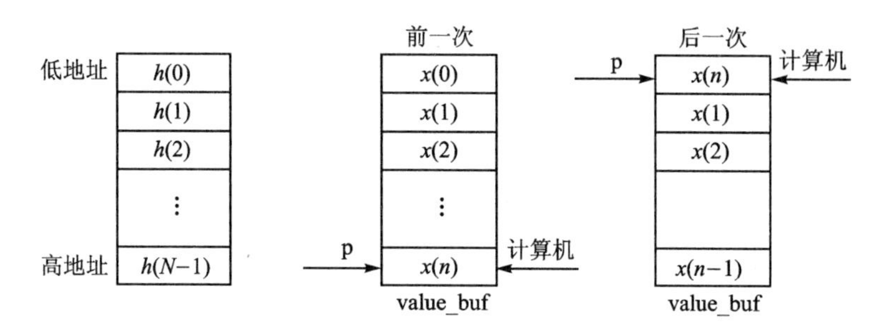

图 14-3　数据缓冲结构图

动，取出缓冲区的值依次与 h 数组进行乘法累加运算。这样 count 始终指向最新采样时刻的值，实现 FIR 滤波器的差分方程计算。

2. FIR 滤波器的冲激响应

设计一个 FIR 滤波器，实际上是要求出它的冲击响应系数 $h(n)$，而理想滤波器的单位脉冲响应 $h_d(n)$ 是无限长的序列，这在 DSC 中是无法实现的，因此需要对 $h_d(n)$ 进行截断，这可以用一个有限长度的窗函数序列 $\omega(n)$ 与之相乘，如下式所示：

$$h(n)=h_d(n)\omega(n) \tag{14-4}$$

采用不同的窗函数，其对滤波器的特性产生的响应也不同，常用的窗函数如下所示：

① 矩形窗

$$\omega(n)=\begin{cases}1,0\leqslant n\leqslant N-1\\0,其他\end{cases} \tag{14-5}$$

② 巴特利特(Bartlett)窗(三角窗)

$$\omega(n)=1-\left|1-\frac{2n}{N-1}\right|,0\leqslant n\leqslant N-1 \tag{14-6}$$

③ 汉宁(Hanning)窗

$$\omega(n)=\frac{1}{2}\left[1-\cos\left(\frac{2\pi n}{N-1}\right)\right],0\leqslant n\leqslant N-1 \tag{14-7}$$

④ 哈明(Hamming)窗

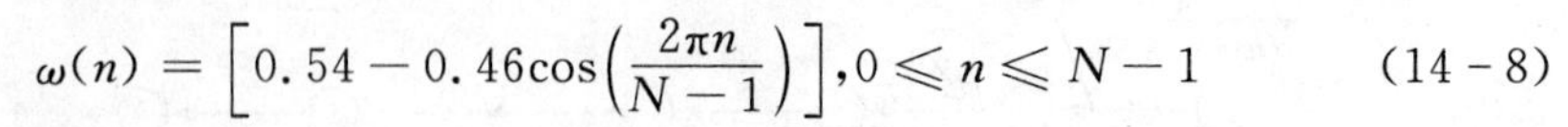

$$\omega(n)=\left[0.54-0.46\cos\left(\frac{2\pi n}{N-1}\right)\right],0\leqslant n\leqslant N-1 \tag{14-8}$$

⑤ 布莱克曼(Blackman)窗

$$\omega(n)=\left[0.42-0.5\cos\left(\frac{2\pi n}{N-1}\right)+0.08\cos\left(\frac{4\pi n}{N-1}\right)\right],0\leqslant n\leqslant N-1 \tag{14-9}$$

滤波器的冲击响应序列如下：

(1) 低通滤波器

低通滤波器的频率响应如图 14-4 所示，其表达式如公式(14-10)所示，其中，α 为时延，ω_c 为截止频率。

$$H_d(e^{j\omega})=\begin{cases}e^{-j\omega\alpha}, & |\omega|\leqslant\omega_c\\ 0, & \omega_c\leqslant|\omega|\leqslant\pi\end{cases} \tag{14-10}$$

其冲击响应如下式所示：

$$h_d(n)=\frac{1}{2\pi}\int_{-\pi}^{\pi}H_d(e^{j\omega})e^{j\omega n}\,d\omega=\frac{1}{2\pi}\int_{-\omega_c}^{\omega_c}e^{-j\omega\alpha}e^{j\omega n}\,d\omega=\frac{\sin(\omega_c(n-\alpha))}{\pi(n-\alpha)},\quad n\in[0,N-1] \tag{14-11}$$

(2) 高通滤波器

高通滤波器的频谱相当于全通滤波器的频谱(全通滤波器中的 $\omega_c=\pi$)减去低通滤波器的频谱。所以，其冲击响应如下式所示：

$$h_d(n)=\frac{\sin[\pi(n-a)]}{\pi(n-a)}-\frac{\sin[\omega_c(n-a)]}{\pi(n-a)},n\in[0,N-1] \tag{14-12}$$

(3) 带通滤波器

带通滤波器的频谱相当于高通滤波器的频谱($\omega_c=\omega_L$)减去低通滤波器的频谱($\omega_c=\omega_H$)。

$$h_d(n)=\frac{\sin[\omega_L(n-\alpha)]}{\pi(n-\alpha)}-\frac{\sin[\omega_H(n-\alpha)]}{\pi(n-\alpha)},\quad n\in[0,N-1] \tag{14-13}$$

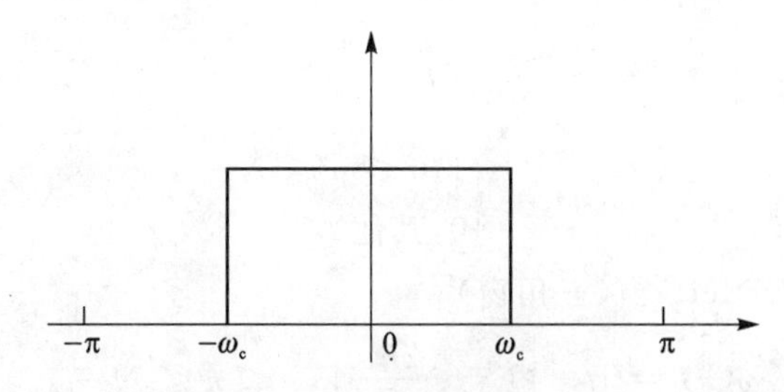

图 14-4　低通滤波器的幅频特性

14.2.2　实例：FIR 构件设计与测试

输入为 20 Hz、80 Hz 和 200 Hz 的正弦信号的叠加，低通滤波器的截止频率为

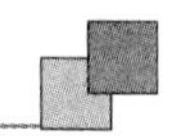

50 Hz,高通滤波器的截止频率为 150 Hz,带通滤波器截止频率在二者之间。选取不同的滤波器和窗函数类型进行 FIR 滤波后通过串口观察其滤波效果。其流程图如图 14－5 所示。

1. FIR 构件头文件:FIR_Filter.h

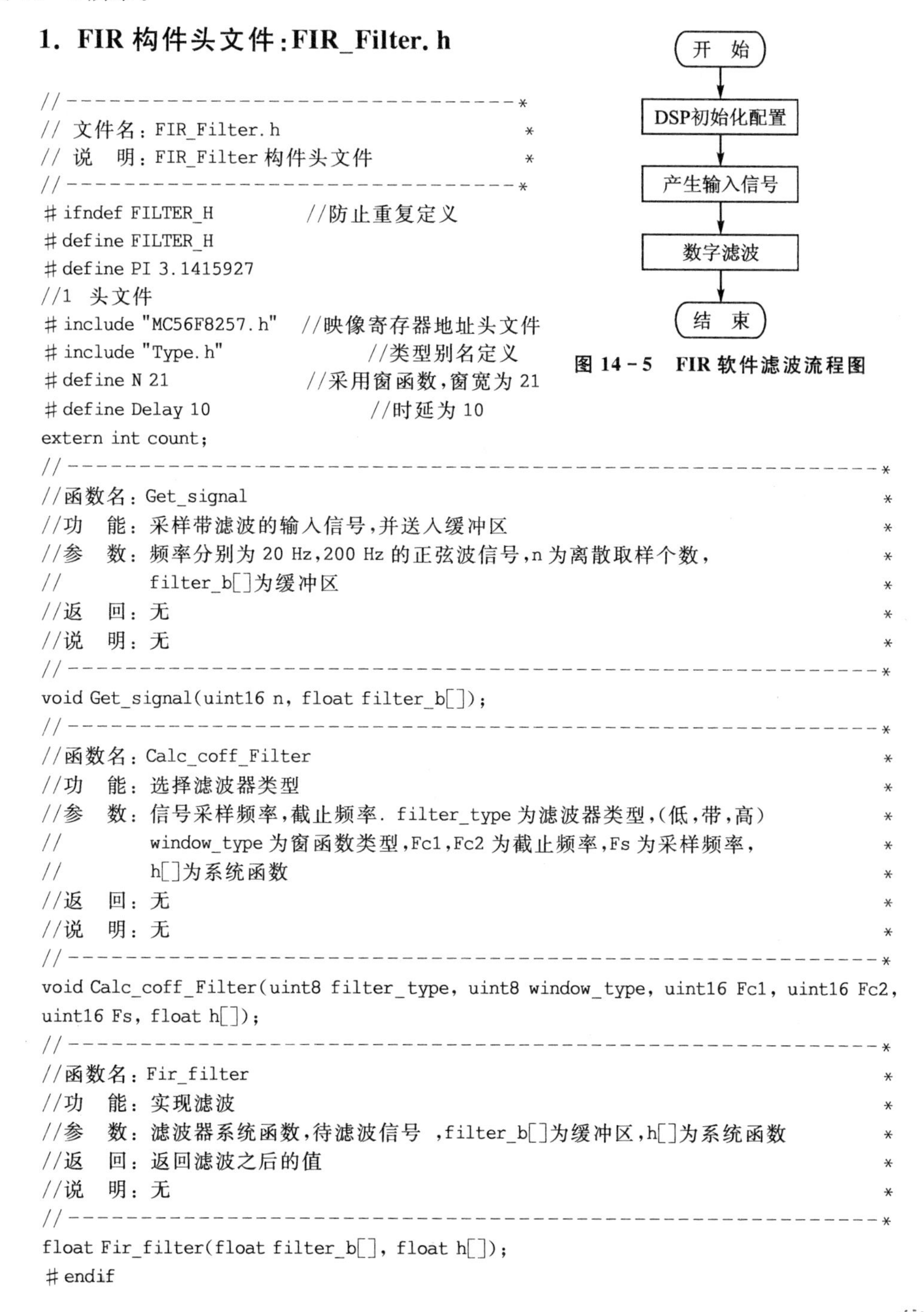

```
//-----------------------------------*
// 文件名：FIR_Filter.h                *
// 说  明：FIR_Filter 构件头文件        *
//-----------------------------------*
#ifndef FILTER_H          //防止重复定义
#define FILTER_H
#define PI 3.1415927
//1  头文件
#include "MC56F8257.h"   //映像寄存器地址头文件
#include "Type.h"               //类型别名定义
#define N 21              //采用窗函数,窗宽为 21
#define Delay 10                //时延为 10
extern int count;
//-------------------------------------------------------*
//函数名：Get_signal                                       *
//功  能：采样带滤波的输入信号,并送入缓冲区                  *
//参  数：频率分别为 20 Hz,200 Hz 的正弦波信号,n 为离散取样个数,  *
//       filter_b[]为缓冲区                               *
//返  回：无                                              *
//说  明：无                                              *
//-------------------------------------------------------*
void Get_signal(uint16 n, float filter_b[]);
//-------------------------------------------------------*
//函数名：Calc_coff_Filter                                 *
//功  能：选择滤波器类型                                    *
//参  数：信号采样频率,截止频率. filter_type 为滤波器类型,(低,带,高)  *
//       window_type 为窗函数类型,Fc1,Fc2 为截止频率,Fs 为采样频率,  *
//       h[]为系统函数                                     *
//返  回：无                                              *
//说  明：无                                              *
//-------------------------------------------------------*
void Calc_coff_Filter(uint8 filter_type, uint8 window_type, uint16 Fc1, uint16 Fc2,
uint16 Fs, float h[]);
//-------------------------------------------------------*
//函数名：Fir_filter                                       *
//功  能：实现滤波                                         *
//参  数：滤波器系统函数,待滤波信号 ,filter_b[]为缓冲区,h[]为系统函数  *
//返  回：返回滤波之后的值                                  *
//说  明：无                                              *
//-------------------------------------------------------*
float Fir_filter(float filter_b[], float h[]);
#endif
```


图 14－5　FIR 软件滤波流程图

2. FIR 构件文件:FIR_Filter.c

```
//--------------------------------------------------------------------*
//文件名：FIR_Filter.c                                                 *
//说  明：FIR_Filter 构件源文件                                          *
//--------------------------------------------------------------------*
//头文件
#include "FIR_Filter.h"         //该头文件包含 QSCI 相关寄存器及标志位宏定义
#include "math.h"
//--------------------------------------------------------------------*
//函数名：Get_signal                                                   *
//功  能：采样带滤波的输入信号,并送入缓冲区                                *
//参  数：频率分别为 20 Hz,200 Hz 的正弦波信号,n 为离散取样个数,             *
//        filter_b[]为缓冲区                                           *
//返  回：无                                                           *
//说  明：无                                                           *
//--------------------------------------------------------------------*
void Get_signal(uint16 n, float filter_b[])
{
       filter_b[count++] = 100 * sin(2.0 * PI * n/500 * 20) + 500 * sin(2.0 * PI * n/
                           500 * 200);
}
//--------------------------------------------------------------------*
//函数名：Calc_coff_Filter                                             *
//功  能：选择滤波器类型                                                 *
//参  数：信号采样频率,截止频率. filter_type 为滤波器类型,(低,带,高)        *
//        window_type 为窗函数类型,Fc1,Fc2 为截止频率,Fs 为采样频率,         *
//        h[]为系统函数                                                 *
//返  回：无                                                           *
//说  明：无                                                           *
//--------------------------------------------------------------------*
void Calc_coff_Filter(uint8 filter_type, uint8 window_type, uint16 Fc1, uint16 Fc2,
uint16 Fs, float h[])
{
  uint8 i;
  float w[N],hd[N];
  float Wc1,Wc2;
  Wc1 = 2.0 * PI * Fc1/Fs;                    //计算对应数据滤波器的截止频率
  Wc2 = 2.0 * PI * Fc2/Fs;
  switch(window_type)                         //选择窗函数
  {
    case 1:
    {
          for(i = 0;i<N;i++)                  //矩形窗
          w[i] = 1;
      break;
    }
    case 2:
    {
```

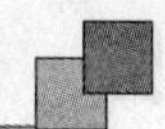

```
            for(i = 0;i<N;i++)
            w[i] = 1 - fabs(1 - 2 * i/(float)(N-1));        //三角形窗
        break;
    }
    case 3:
    {
            for(i = 0;i<N;i++)
            w[i] = 0.5 - 0.5 * cos(2 * PI * i/(float)(N-1)); //汉宁窗
        break;
    }
    case 4:
    {
            for(i = 0;i<N;i++)
            w[i] = 0.54 - 0.46 * cos(2 * PI * i/(float)(N-1)); //海明窗
        break;
    }
    case 5:
    {
            for(i = 0;i<N;i++)
            w[i] = 0.42 - 0.5 * cos(2 * PI * i/(float)(N-1)) + 0.08 * cos(4 * PI * i/
            (float)(N-1));        //布莱克曼窗
        break;
    }
}
  switch(filter_type)                                    //选择滤波器类型
{
   case 1:                                               //计算低通滤波器系数
    {
       for(i = 0;i<N;i++)
       {
         if(i == Delay)
            hd[i] = Wc1/PI;
         else
                  hd[i] = sin(Wc1 * (i - Delay))/(PI * (i - Delay));
        h[i] = hd[i] * w[i];
        }
       break;
    }
   case 2:                                               //计算高通滤波器系数
    {
       for(i = 0;i<N;i++)
         {
            if(i == Delay)
               hd[i] = 1 - Wc2/PI;
            else
               hd[i] = (sin(PI * (i - Delay)) - sin(Wc2 * (i - Delay)))/(PI * (i = Delay));
               h[i] = hd[i] * w[i];
         }
       break;
    }
```

```
        case 3:                                          //计算带通滤波器系数
        {
            for(i = 0;i<N;i++)
            {
                if(i == Delay)
                    hd[i] = Wc2/PI - Wc1/PI;
                else
                    hd[i] = (sin(Wc2 * (i - Delay)) - sin(Wc1 * (i - Delay)))/(PI * (i - Delay));
                h[i] = hd[i] * w[i];
            }
            break;
        }
    }
}
//--------------------------------------------------------------------------------*
//函数名:Fir_filter                                                                *
//功  能:实现滤波                                                                   *
//参  数:滤波器系统函数,待滤波信号 ,filter_b[]为缓冲区,h[]为系统函数                     *
//返  回:返回滤波之后的值                                                             *
//说  明:无                                                                        *
//--------------------------------------------------------------------------------*
float Fir_filter(float filter_b[], float h[])
{
    uint8 j = 0;
    float sum = 0.0;
    uint8 p = count;
    while(j! = N)
    {
        sum + = h[j++] * filter_b[p--];
        if(p == -1)                                     //从高地址移到低地址
          p = N-1;
    }
    return sum;
}
```

3. FIR 主函数 main. c

```
//--------------------------------------------------------------------------------*
// 工 程 名:FIR_Filter                                                             *
// 硬件连接:目标板上的串口 0 接 PC 机串口                                              *
// 程序描述:  输入一组原始离散信号,对信号进行自适应滤波,输出滤波值,用串                      *
//            口显示                                                               *
// 目     的:利用 MC56F8257 芯片,实现 FIR 数字滤波                                    *
// 说     明:                                                                     *
//--------------------------------------------------------------------------------*
//头文件
#include "Includes.h"
//全局变量声明
float filter_b[N] = {0}; //缓冲区
float h[N]; //滤波器冲激响应
```

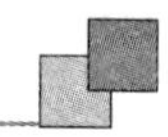

```
float x[500];
float y[500];  //存放滤波结果,数组大小和采样频率大小一样
int count = 0;
//主函数
void main(void)
{
    //1  主程序使用的变量定义
       uint32 RunCount = 0;
       uint16 i = 0,n = 0;
       uint8 filter_type = 1;   //在此处可修改滤波器类型:1 为低通,2 为高通,3 为带通
       uint8 window_type = 1;   //在此处可修改窗函数:1 为矩形窗,2 为三角形窗,
                                // 3 为汉宁窗,4 为海明窗,5 为布莱克曼窗
       uint16 Fs = 500;         //信号采样频率
       uint16 Fc1 = 50;         //截止频率
       uint16 Fc2 = 150;
       //2  关总中断
       DisableInterrupt();      //禁止总中断
       //3  芯片初始化
       DSCinit();
       //4  模块初始化
       Light_Init(Light_Run_PORT,Light_Run,Light_OFF); //指示灯初始化
       QSCIInit(0,SYSTEM_CLOCK,9600);                   //串行口初始化
       //选择滤波器类型和窗函数
       Calc_coff_Filter(filter_type, window_type, Fc1, Fc2, Fs, h);
       //5  开放中断
       EnableInterrupt();                               //开放总中断
       while(n<Fs)
       {
          Get_signal(n,filter_b,x);                     //采集原始信号
          if(count == N)
          {
              for(i = 0;i<count;i++ )                   //显示原始信号
              {
               QSCISend1(0,(uint8)filter_b[i]);
              }
              count = 0;
          }
           //QSCISend1(0,0xff); //为了显示后便于观察,原始信号与滤波信号分割
          y[n] = Fir_filter(filter_b,h);                //滤波
          n++ ;
          if(n == Fs)
          {
              for(i = 0;i<Fs;i++ )                      //显示滤波信号
              {
               QSCISend1(0,(uint8)y[i]);
              }
          }
       }
}
```

14.3 IIR 滤波器中的应用

14.3.1 IIR 滤波器

设输入信号为 $u(n)$，滤波器的输出信号为 $x(n)(n=0,1,2,\cdots,N-1)$，则 IIR 滤波器输出如下式所示：

$$x(n)=[b_0u(n)+b_1u(n-1)+\cdots+b_mu(n-m)-a_1x(n-1)-a_kx(n-k)]/a_0 \tag{14-14}$$

其中，$b_0,\cdots,b_m,a_0,\cdots,a_k$ 为滤波器系数；m 和 k 为滤波器的阶数。

可以用极、零点表示 IIR 滤波器的传递函数，如下式所示：

$$H(z)=\frac{\sum_{k=0}^{M}b_kz^{-k}}{1+\sum_{k=1}^{N}a_kz^{-k}}=A\frac{\prod_{k=1}^{M}(1-c_kz^{-1})}{\prod_{k=1}^{N}(1-d_kz^{-1})} \tag{14-15}$$

一般满足 $M\leqslant N$，这类系统称为 N 阶系统，当 $M>N$ 时，$H(z)$ 可看成是一个 N 阶 IIR 子系统与一个 $(M-N)$ 阶的 FIR 子系统的级联。以下讨论都假定 $M\leqslant N$。

IIR 数字滤波器的设计步骤如下：

① 按照实际任务要求，确定滤波器的性能指标；

② 转换为模拟低通滤波器的技术指标；

③ 设计模拟低通滤波器 $H_a(s)$；

④ 按一定的规则将 $H_a(s)$ 转换成 $H(z)$。

从数字滤波器的设计步骤看出，可利用模拟滤波器来设计数字滤波器，就是从已知的模拟滤波器传递函数 $H_a(s)$ 设计数字滤波器的系统函数 $H(z)$。因此，归根结底是一个由 S 平面映射到 Z 平面的变换，这个变换通常是复变函数的映射变换，这个映射变换必须满足以下两条基本要求：

① $H(z)$ 的频率响应要能模仿 $H_a(s)$ 的频率响应，也即 S 平面虚轴 $\mathrm{j}\Omega$ 必须映射到 Z 平面的单位圆 $\mathrm{e}^{\mathrm{j}\omega}$ 上。

② 因果稳定的 $H_a(s)$ 应能映射成因果稳定的 $H(z)$，也即 S 平面的左半平面 $\mathrm{Re}[s]<0$ 必须映射到 Z 平面单位圆的内部 $|z|<1$。

下面介绍常用模拟低通滤波器的特性，然后利用双线性变换法实现模拟滤波器设计到 IIR 数字滤波器的转换。

常用的模拟原型滤波器有巴特沃思(Butterworth)滤波器、切比雪夫(Chebyshev)滤波器、椭圆(Ellipse)滤波器、贝塞尔(Bessel)滤波器等。本节以巴特沃思滤波器为例，说明模拟滤波器的设计。

各种理想模拟滤波器的幅频特性如图 14-6 所示。

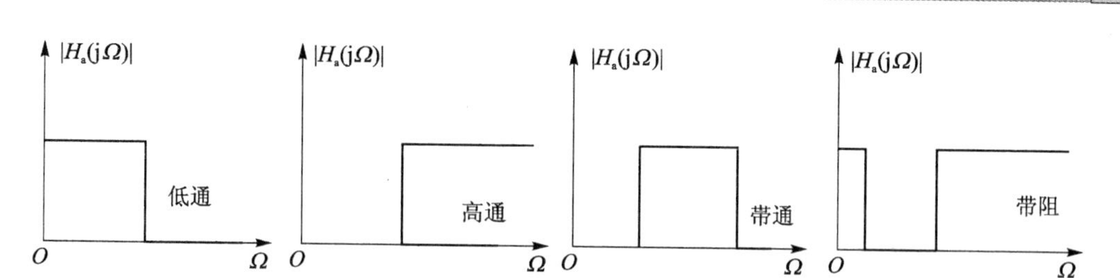

图 14-6　理想模拟滤波器的幅频特性

模拟滤波器幅度响应常用幅度平方函数$|H_a(j\Omega)|^2$来表示，即

$$|H_a(j\Omega)|^2 = H_a(j\Omega)H_a^*(j\Omega) \tag{14-16}$$

滤波器冲激响应 $h_a(t)$是实函数，因而 $H_a(j\Omega)$满足

$$H_a^*(j\Omega) = H_a(-j\Omega) \tag{14-17}$$

所以

$$|H_a(j\Omega)|^2 = H_a(j\Omega)H_a(-j\Omega) = H_a(s)H_a(-s)|_{s=j\Omega} \tag{14-18}$$

$H_a(s)$是模拟滤波器的系统函数，它是 s 的有理函数；$H_a(j\Omega)$是滤波器的频率响应特性；$|H_a(j\Omega)|$是滤波器的幅度特性。

现在的问题变成：已知通带与阻带的 A_P、A_S、Ω_S、Ω_P，由其得到该时的$|H_a(j\Omega)|^2$值，来求得 $H_a(s)$。

设 $H_a(s)$有一个极点(或零点)位于 $s=s_0$处，由于冲激响应 $h_a(t)$为实函数，则极点(或零点)必以共轭对形式出现，因而 $s=s_0^*$ 处也一定有一极点(或零点)，所以与之对应 $H_a(-s)$在 $s=-s_0$ 和$-s_0^*$ 处必有极点(或零点)，$H_a(s)H_a(-s)$在虚轴上的零点(或极点)(对临界稳定情况，才会出现虚轴的极点)一定是二阶的。$H_a(s)H_a(-s)$的极点、零点分布是成象限对称的，如图 14-7 所示。

任何实际可实现的滤波器都是稳定的，因此，其系统函数 $H_a(s)$的极点一定落在 s 的左半平面，所以左半平面的极点一定属于 $H_a(s)$，则右半平面的极点必属于 $H_a(-s)$。零点的分布则无此限制，只和滤波器的相位特征有关。按照 $H_a(j\Omega)$与 $H_a(s)$的低频特性或高频特性的对比确定出增益常数。由求出的 $H_a(s)$的零点、极点及增益常数，则可完全确定系统函数 $H_a(s)$。

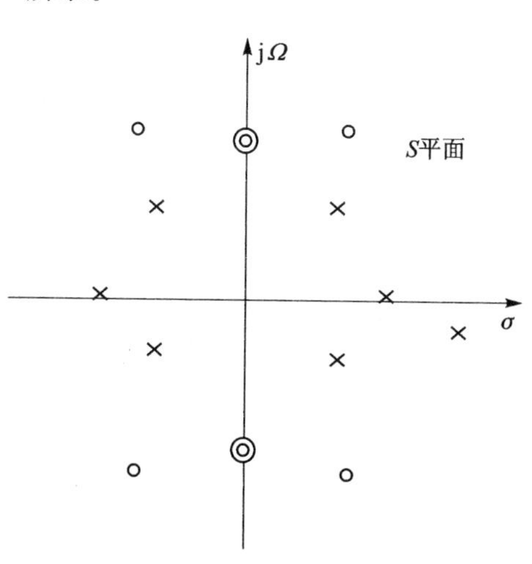

图 14-7　$H_a(s)$零点/极点分布

巴特沃思逼近又称最平幅度逼近。其低通滤波器幅度平方函数定义为：

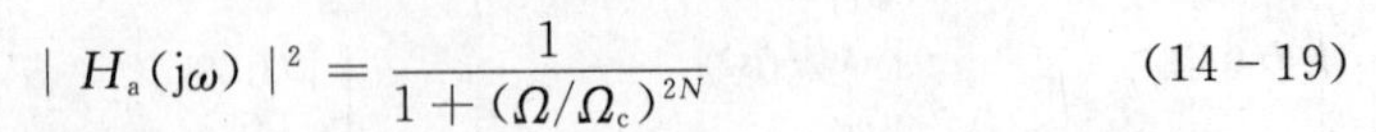

$$|H_a(j\omega)|^2 = \frac{1}{1+(\Omega/\Omega_c)^{2N}} \tag{14-19}$$

其中，N 为正整数，代表滤波器的阶数。当 $\Omega=0$ 时，$|H_a(j0)|=1$；当 $\Omega=\Omega_c$ 时，$|H_a(j\Omega_c)|=\sqrt{1/2}=0.707$，$20\lg|H_a(j0)/H_a(j\Omega_c)|=3$ dB，Ω_c 为 3 dB 截止频率。当 $\Omega=\Omega_c$ 时，不管 N 为多少，所有的特性曲线都通过 -3 dB 点。

巴特沃思低通滤波器在通带内有最大平坦的幅度特性，即 N 阶巴特沃思低通滤波器在 $\Omega=0$ 处幅度平方函数 $|H_a(j\Omega)|^2$ 的前 $(2N-1)$ 阶导数为零，因而它又称为最平幅度特性滤波器。随着 Ω 由 0 增大，$|H_a(j\Omega)|^2$ 单调减小，N 越大，通带内特性越平坦，过渡带越窄。当 $\Omega=\Omega_s$，即频率为阻带截止频率时，衰减为 $A_s=-20\lg|H_a(j\Omega_s)|$，$A_s$ 为阻带最小衰减。对确定的 A_s，N 越大，Ω_s 距 Ω_c 越近，即过渡带越窄。其幅度特性如图 14-8 所示。

在公式(14-19)中，代入 $\Omega=s/j$，可得

$$H_a(s)H_a(-s) = \frac{1}{1+\left(\frac{s}{j\Omega_c}\right)^{2N}} \tag{14-20}$$

巴特沃思滤波器的零点全部在 $s=\infty$ 处，在有限 S 平面内只有极点，因而属于所谓“全极点型”滤波器。$H_a(s)H_a(-s)$ 的极点为：

$$s_k = (-1)^{\frac{1}{2N}}(j\Omega_c) = \Omega_c e^{j\left[\frac{1}{2}+\frac{2k-1}{N}\right]\pi} \qquad k=1,2,\cdots,2N \tag{14-21}$$

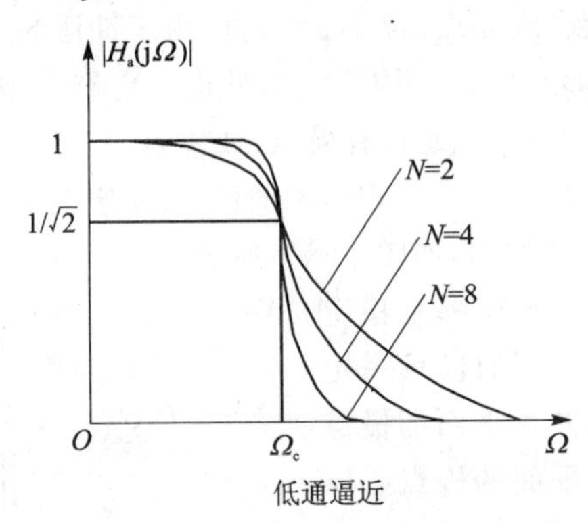

图 14-8　巴特沃思低通滤波器的幅度特性

$H_a(s)H_a(-s)$ 的 $2N$ 个极点等间隔分布在半径为 Ω_c 的巴特沃思圆上，极点间的角度间隔为 π/Nrad，如图 14-9 所示。

从图 14-9 可以看出，N 为奇数时，实轴上有极点；N 为偶数时，实轴上没有极点。但极点决不会落在虚轴上，这样滤波器才能是稳定的。为形成稳定的滤波器，$H_a(s)H_a(-s)$ 的 $2N$ 个极点中只取 S 左半平面的 N 个极点为 $H_a(s)$ 的极点，而右半平面的 N 个极点构成 $H_a(-s)$ 的极点。$H_a(s)$ 的表达式为：

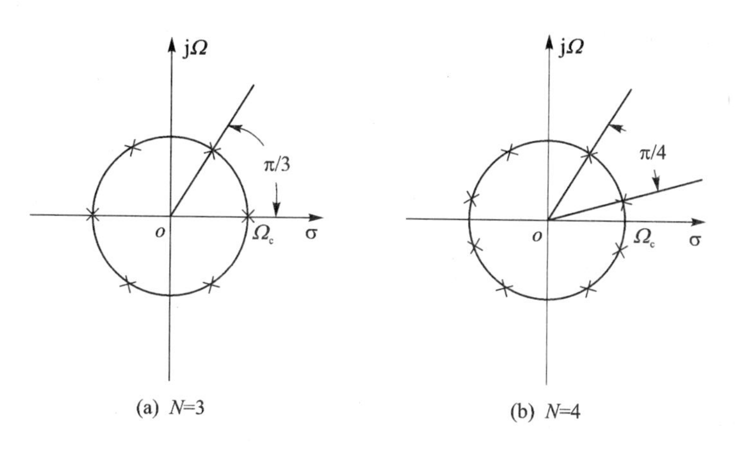

图 14-9　$N=3$ 和 $N=4$ 时 $H_a(s)H_a(-s)$ 的极点分布

$$H_a(s)=\frac{\Omega_c^N}{\prod_{k=1}^{N}(s-s_k)} \tag{14-22}$$

其中，分子系数为 Ω_c^N，由 $H_a(s)$ 的低频特性决定，(代入 $H_a(0)=1$，可求得分子系数为 Ω_c^N)，而 s_k 为

$$s_k=\Omega_c e^{j\left[\frac{1}{2}+\frac{2k-1}{2N}\right]} \qquad k=1,2,\cdots,N \tag{14-23}$$

模拟低通滤波器的设计指标由参数 Ω_p，A_p，Ω_s 和 A_s 给出，对于巴特沃思滤波器情况下，设计的实质就是为了求得由这些参数所决定的滤波器阶次 N 和设计通带截止频率 Ω_c。要求如下：

① 在 $\Omega=\Omega_p$，$-10\lg|H_a(j\Omega)|^2=A_p$，或 $A_p=-10\lg\left[\frac{1}{1+(\Omega_p/\Omega_c)^{2N}}\right]$

② 在 $\Omega=\Omega_s$，$-10\lg|H_a(j\Omega)|^2=A_s$，或 $A_s=-10\lg\left[\frac{1}{1+(\Omega_s/\Omega_c)^{2N}}\right]$

由公式(14-20)和公式(14-21)解出 N 和 Ω_c，有

$$N=\frac{\lg[(10^{A_p/10}-1)/(10^{A_s/10}-1)]}{2\lg(\Omega_p/\Omega_s)} \tag{14-24}$$

一般来说，上面求出的 N 不会是一个整数，要求 N 是一个整数且满足指标要求，就必须对其取整，如下式所示：

$$N=\left\lceil\frac{\lg[(10^{A_p/10}-1)/(10^{A_s/10}-1)]}{2\lg(\Omega_p/\Omega_s)}\right\rceil \tag{14-25}$$

其中，运算符 $\lceil x\rceil$ 的意思是“选大于等于 x 的最小整数”，例如 $\lceil 4.5\rceil=5$。因为，实际上 N 选的都比要求的大，因此技术指标上在 Ω_p 或在 Ω_s 上都能满足或超过一些。为了在 Ω_p 精确地满足指标要求，则有：

$$\Omega_c=\frac{\Omega_p}{\sqrt[2N]{10^{A_p/10}-1}} \tag{14-26}$$

或者在Ω_s精确地满足指标要求，则有：

$$\Omega_c = \frac{\Omega_s}{\sqrt[2N]{10^{A_s/10}-1}} \tag{14-27}$$

令 $H_{aN}(s')$代表归一化系统的系统函数，$H_a(s)$代表截止频率为Ω_c的低通系统的传递函数，那么归一化系统函数中的变量 s'用 s/Ω_c代替后，就得到所需滤波器的系统函数 $H_a(s)$，即：

$$s \to \frac{s}{\Omega_c}$$

$$H_a(s) = H_{aN}\left[\frac{s}{\Omega_c}\right] \tag{14-28}$$

可以采用非线性频率压缩方法，将整个频率轴上的频率范围压缩到$-\pi/T\sim\pi/T$之间，再用$z=e^{sT}$转换到 Z 平面上，即：先将整个 S 平面压缩映射到 S_1平面的$-\pi/T\sim\pi/T$一条横带里；再通过标准变换关系 $z=e^{s_1T}$转将此横带变换到整个 Z 平面上去。这样在 S 平面与 Z 平面间建立了一一对应的单值关系，消除了多值变换性，也就消除了频谱混叠现象。

采用非线性压缩方法过于复杂，不利于 DSC 处理。在这里采用双线性变换法，代替非线性压缩方法。双线性变换法基本思想是：将 S 平面的整个虚轴 $j\Omega$ 压缩到 S_1平面 $j\Omega_1$ 轴上的$-\pi/T\sim\pi/T$段上，可以通过下式的正切变换实现。

$$\Omega = \frac{2}{T}\tan\left(\frac{\Omega_1 T}{2}\right) \tag{14-29}$$

其中，T 为采样间隔。

当 Ω_1 由$-\pi/T$经过 0 变化到π/T时，Ω 由$-\infty$经过 0 变化到$+\infty$，也即映射了整个 $j\Omega$ 轴。将公式(14-29)改写成：

$$j\Omega = \frac{2}{T}\cdot\frac{e^{j\Omega_1 T/2}-e^{-j\Omega_1 T/2}}{e^{j\Omega_1 T/2}+e^{-j\Omega_1 T/2}} \tag{14-30}$$

将此关系解析延拓到整个 S 平面和 S_1平面，令 $j\Omega=s$，$j\Omega_1=s_1$，则得：

$$s = \frac{2}{T}\cdot\frac{e^{s_1 T/2}-e^{-s_1 T/2}}{e^{s_1 T/2}+e^{-s_1 T/2}} = \frac{2}{T}\cdot\frac{1-e^{-s_1 T}}{1+e^{-s_1 T}} \tag{14-31}$$

再将 S_1平面通过 $z=e^{s_1}T$ 标准变换关系映射到 Z 平面，从而得到 S 平面和 Z 平面的单值映射关系：

$$\begin{cases} s = \dfrac{2}{T}\cdot\dfrac{1-z^{-1}}{1+z^{-1}} \\ z = \dfrac{1+\dfrac{T}{2}s}{1-\dfrac{T}{2}s} = \dfrac{\dfrac{2}{T}+s}{\dfrac{2}{T}-s} \end{cases} \tag{14-32}$$

S 平面与 Z 平面之间的单值映射关系，这种变换都是两个线性函数之比，因此称为双线性变换。

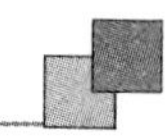

从上面可以看出，进行双线性变换满足映射变换的两点要求：首先把 $z=e^{j\omega}$ 代入变换式可得：

$$s=\frac{2}{T}\cdot\frac{1-e^{-j\omega}}{1+e^{-j\omega}}=j\frac{2}{T}\tan\left(\frac{\omega}{2}\right)=j\Omega \tag{14-33}$$

即 S 平面的虚轴映射到 Z 平面的单位圆中。其次，将 $s=\sigma+j\Omega$ 代入变换式，得

$$z=\frac{\frac{2}{T}+\sigma+j\Omega}{\frac{2}{T}\sigma-j\Omega} \tag{14-34}$$

因此，得出如下结论：

$$|z|=\frac{\sqrt{\left(\frac{2}{T}+\sigma\right)^2+\Omega^2}}{\sqrt{\left(\frac{2}{T}-\sigma\right)^2+\Omega^2}} \tag{14-35}$$

由此看出，当 $\sigma<0$ 时，$|z|<1$；当 $\sigma>0$ 时，$|z|>1$。也就是说，S 平面的左半平面映射到 Z 平面的单位圆内，S 平面的右半平面映射到 Z 平面的单位圆外，S 平面的虚轴映射到 Z 平面的单位圆上。

因此，稳定的模拟滤波器经双线性变换后所得的数字滤波器也一定是稳定的。

在双线性变换法中，s 到 z 之间的变换是简单的代数关系，所以可以直接将变换式代入到模拟系统传递函数，得到数字滤波器的系统函数，即：

$$H(z)=H_a(s)_{|s=\frac{2}{T}\cdot\frac{1-z^{-1}}{1+z^{-1}}}=H_a\left(\frac{2}{T}\cdot\frac{1-z^{-1}}{1+z^{-1}}\right) \tag{14-36}$$

频率响应也可用直接代换的方法得到，如下：

$$H(e^{j\omega})=H_a(j\Omega)_{|\Omega=\frac{2}{T}\tan\left(\frac{\omega}{2}\right)}=H_a\left(j\frac{2}{T}\tan\left(\frac{\omega}{2}\right)\right) \tag{14-37}$$

设模拟系统函数的表达式为：

$$H_a(s)=\frac{\sum_{K=0}^{n}A_k s^k}{\sum_{k=0}^{N}B_k s^k}=\frac{A_0+A_1 s+A_2 s^2+\cdots+A_N s^N}{B_0+B_1 s+B_2 s^2+\cdots+B_N s^N} \tag{14-38}$$

利用公式(14-36)得：

$$H(z)=\frac{\sum_{k=0}^{N}a_k z^{-k}}{\sum_{k=0}^{N}b_k z^{-k}}=\frac{a_0+a_1 z^{-1}+a_2 z^{-2}+\cdots+a_N z^{-N}}{b_0+b_1 z^{-1}+b_2 z^{-2}+\cdots+b_N z^{-N}} \tag{14-39}$$

14.3.2　实例：IIR 构件设计与测试

输入为 20 Hz 和 200 Hz 的正弦信号的叠加，通过 IIR 滤波器滤除 200 Hz 的正弦信号，通过串口观察其滤波效果。

1. IIR 构件头文件：IIR_Filter.h

```
//-----------------------------------------------------------------------*
// 文件名： IIR_Filter.h                                                 *
```

```
// 说  明: IIR_Filter构件头文件                                              *
//-----------------------------------------------------------------------*
#ifndef FILTER_H                    //防止重复定义
#define FILTER_H
//1 头文件
#include "MC56F8257.h"              //映像寄存器地址头文件
#include "Type.h"                   //类型别名定义
#include "math.h"
#include <stdio.h>
#include <string.h>
#define  pi ((double)3.1415926)
struct COMPLEX                     //复数
{
    double Real_part;
    double Imag_Part;
};
//-----------------------------------------------------------------------*
//函数名: Ceil                                                            *
//功  能: 对计算之后的数值,向上取整                                         *
//参  数: input 为计算取模数                                               *
//返  回: 整型数                                                          *
//-----------------------------------------------------------------------*
int Ceil(double input);
//-----------------------------------------------------------------------*
//函数名: Complex_Multiple                                                *
//功  能: 实现复数的乘法                                                   *
//参  数: 复数名,复数的实部和虚部                                          *
//返  回: 1                                                              *
//-----------------------------------------------------------------------*
int Complex_Multiple(struct COMPLEX a, struct COMPLEX b, double * Res_Real, double *
Res_Imag);
//-----------------------------------------------------------------------*
//函数名: Complex_Division                                                *
//功  能: 实现复数的除法                                                   *
//参  数: 复数名,复数的实部和虚部                                          *
//返  回: 1                                                              *
//-----------------------------------------------------------------------*
int Complex_Division(struct COMPLEX a, struct COMPLEX b, double * Res_Real,double *
Res_Imag);
//-----------------------------------------------------------------------*
//函数名: Complex_Abs                                                     *
//功  能: 实现复数的取模                                                   *
//参  数: 复数名,复数的实部和虚部                                          *
//返  回: 双整型复数的模                                                   *
//-----------------------------------------------------------------------*
double Complex_Abs(struct COMPLEX a);
//-----------------------------------------------------------------------*
//函数名: Get_signal                                                      *
//功  能: 采样带滤波的输入信号,并送入缓冲区                                  *
//参  数: 频率分别为 20 Hz,200 Hz 的正弦波信号,n 为离散取样个数,               *
```

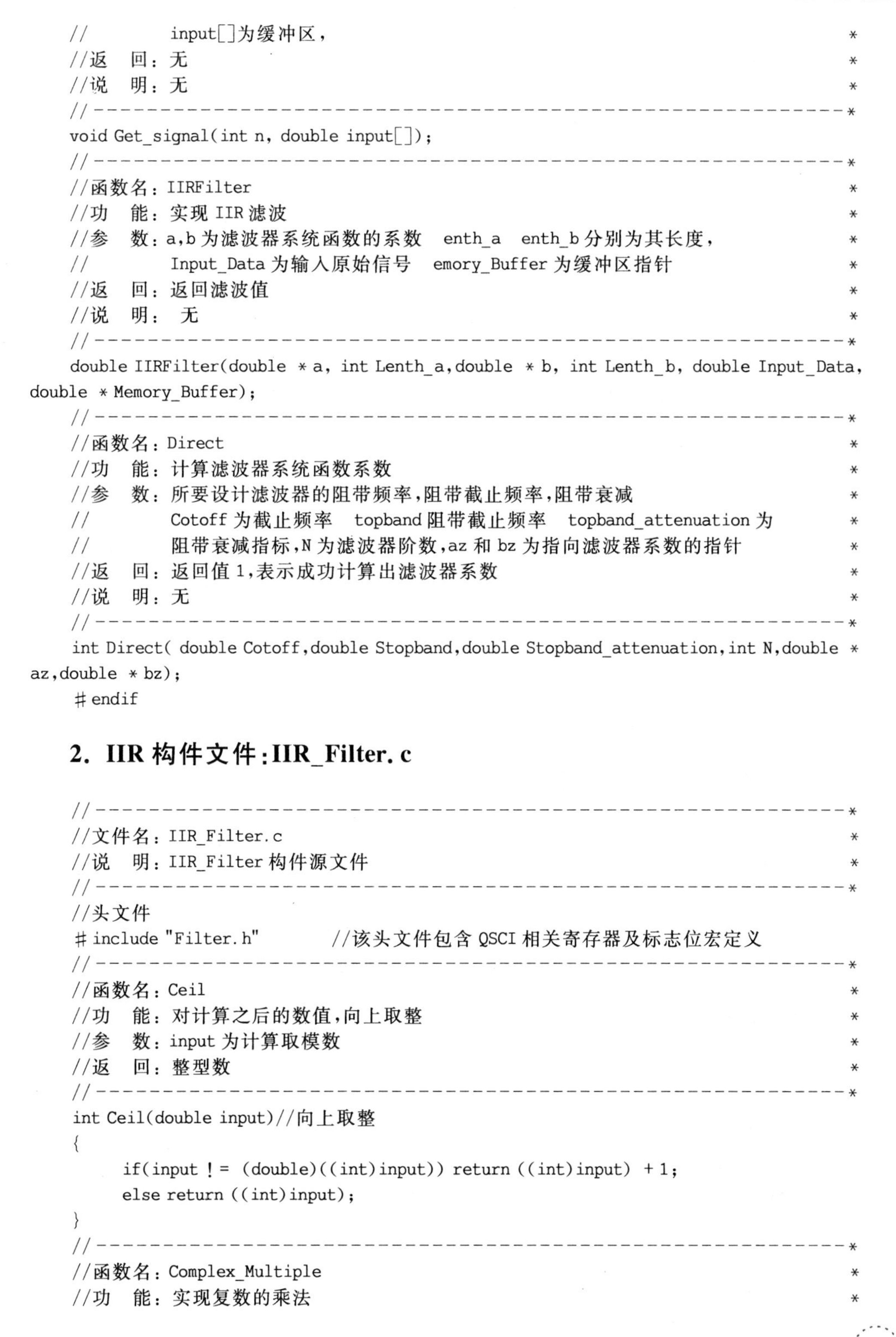

```
//          input[]为缓冲区,                                              *
//返   回:无                                                              *
//说   明:无                                                              *
//------------------------------------------------------------------------*
void Get_signal(int n, double input[]);
//------------------------------------------------------------------------*
//函数名:IIRFilter                                                        *
//功   能:实现 IIR 滤波                                                   *
//参   数:a,b 为滤波器系统函数的系数   enth_a   enth_b 分别为其长度,      *
//          Input_Data 为输入原始信号   emory_Buffer 为缓冲区指针          *
//返   回:返回滤波值                                                      *
//说   明: 无                                                             *
//------------------------------------------------------------------------*
double IIRFilter(double * a, int Lenth_a,double * b, int Lenth_b, double Input_Data,
double * Memory_Buffer);
//------------------------------------------------------------------------*
//函数名:Direct                                                           *
//功   能:计算滤波器系统函数系数                                          *
//参   数:所要设计滤波器的阻带频率,阻带截止频率,阻带衰减                 *
//          Cotoff 为截止频率   topband 阻带截止频率   topband_attenuation 为 *
//          阻带衰减指标,N 为滤波器阶数,az 和 bz 为指向滤波器系数的指针    *
//返   回:返回值 1,表示成功计算出滤波器系数                               *
//说   明:无                                                              *
//------------------------------------------------------------------------*
int Direct( double Cotoff,double Stopband,double Stopband_attenuation,int N,double *
az,double * bz);
#endif
```

2. IIR 构件文件:IIR_Filter.c

```
//------------------------------------------------------------------------*
//文件名:IIR_Filter.c                                                     *
//说   明:IIR_Filter 构件源文件                                           *
//------------------------------------------------------------------------*
//头文件
#include "Filter.h"        //该头文件包含 QSCI 相关寄存器及标志位宏定义
//------------------------------------------------------------------------*
//函数名:Ceil                                                             *
//功   能:对计算之后的数值,向上取整                                      *
//参   数:input 为计算取模数                                              *
//返   回:整型数                                                          *
//------------------------------------------------------------------------*
int Ceil(double input)//向上取整
{
    if(input != (double)((int)input)) return ((int)input) + 1;
    else return ((int)input);
}
//------------------------------------------------------------------------*
//函数名:Complex_Multiple                                                 *
//功   能:实现复数的乘法                                                  *
```

```
//参  数：复数名，复数的实部和虚部                                         *
//返  回：1                                                               *
//-----------------------------------------------------------------------*
int Complex_Multiple(struct COMPLEX a,struct COMPLEX b,double * Res_Real,double * Res
_Imag)
{
    * (Res_Real) =   (a.Real_part) * (b.Real_part) - (a.Imag_Part) * (b.Imag_
                      Part);
    * (Res_Imag) =  (a.Imag_Part) * (b.Real_part) + (a.Real_part) * (b.Imag_Part);
   return (int)1;
}
//-----------------------------------------------------------------------*
//函数名：Complex_Division                                                *
//功  能：实现复数的除法                                                   *
//参  数：复数名，复数的实部和虚部                                         *
//返  回：1                                                               *
//-----------------------------------------------------------------------*
int Complex_Division(struct COMPLEX a,struct COMPLEX b, double * Res_Real,double * Res
_Imag)
{
  * (Res_Real) = ((a.Real_part) * (b.Real_part) + (a.Imag_Part) * (b.Imag_Part))/
((b.Real_part) * (b.Real_part) + (b.Imag_Part) * (b.Imag_Part));
  * (Res_Imag) = ((a.Real_part) * (b.Imag_Part) - (a.Imag_Part) * (b.Real_part))/
((b.Real_part) * (b.Real_part) + (b.Imag_Part) * (b.Imag_Part));
   return (int)1;
}
//-----------------------------------------------------------------------*
//函数名：Complex_Abs                                                     *
//功  能：实现复数的取模                                                   *
//参  数：复数名，复数的实部和虚部                                         *
//返  回：双整型复数的模                                                   *
//-----------------------------------------------------------------------*
double Complex_Abs(struct COMPLEX a)//复数的模
{
    return (double)(sqrt((a.Real_part) * (a.Real_part) + (a.Imag_Part) * (a.Imag_
Part)));
}
//-----------------------------------------------------------------------*
//函数名：Get_signal                                                      *
//功  能：采样带滤波的输入信号，并送入缓冲区                                 *
//参  数：频率分别为 20 Hz,200 Hz 的正弦波信号，n 为离散取样个数，           *
//        input[]为缓冲区                                                  *
//返  回：无                                                               *
//说  明：无                                                               *
//-----------------------------------------------------------------------*
void Get_signal(int n, double input[])//获取输入信号
{
   int i;
   for(i = 0;i<n;i++)
   {
```

```
        input[i] = (double)(100 * sin(2.0 * pi * i/500 * 20) + 500 * sin(2.0 * pi * i/500
                   * 200));
    }
}
//--------------------------------------------------------------------------*
//函数名：IIRFilter                                                          *
//功  能：实现 IIR 滤波                                                      *
//参  数：a,b 为滤波器系统函数的系数  enth_a  enth_b 分别为其长度，          *
//        Input_Data 为输入原始信号  emory_Buffer 为缓冲区指针               *
//返  回：返回滤波值                                                        *
//说  明： 无                                                               *
//--------------------------------------------------------------------------*
double IIRFilter  (double * a, int Lenth_a, double * b, int Lenth_b, double Input_Da-
ta, double * Memory_Buffer)
{
    int Count;
    double Output_Data = 0;
    int Memory_Lenth = 0;
    if(Lenth_a >= Lenth_b)
      Memory_Lenth = Lenth_a;
    else
      Memory_Lenth = Lenth_b;
    Output_Data += (* a) * Input_Data;  //a(0) * x(n)
    for(Count = 1; Count < Lenth_a ;Count ++ )
    {
        Output_Data -= (* (a + Count)) * ( * (Memory_Buffer + (Memory_Lenth - 1)
                       - Count));
    }
    * (Memory_Buffer + Memory_Lenth - 1) = Output_Data;//保存数据
    Output_Data = 0;
    for(Count = 0; Count < Lenth_b ;Count ++ )
    {
        Output_Data += (* (b + Count)) * ( * (Memory_Buffer + (Memory_Lenth - 1)
                       - Count));
    }
    for(Count = 0 ; Count < Memory_Lenth - 1 ; Count ++ )//移动数据
    {
        * (Memory_Buffer + Count) = * (Memory_Buffer + Count + 1);
    }
    * (Memory_Buffer + Memory_Lenth - 1) = 0;
    return (double)Output_Data;
}
//--------------------------------------------------------------------------*
//函数名：Direct                                                            *
//功  能：计算滤波器系统函数系数                                            *
//参  数：所要设计滤波器的阻带频率，阻带截止频率，阻带衰减                  *
//        Cotoff 为截止频率，topband 为阻带截止频率，topband_attenuation 为  *
//        阻带衰减指标，N 为滤波器阶数，az 和 bz 为指向滤波器系数的指针      *
//返  回：返回值 1，表示成功计算出滤波器系数                                *
//说  明：无                                                                *
```

```
//-------------------------------------------------------------------*
int Direct( double Cotoff,double Stopband,double Stopband_attenuation,int N,double *
az,double * bz)
{
    struct COMPLEX poles[20],poles_1,poles_2;
    struct COMPLEX Res[21],Res_Save[21];
    struct COMPLEX zero;
    double dk = 0;
    int k = 0;
    int count = 0,count_1 = 0;
    double K_z = 0.0;
    if((N % 2) == 0)
        dk = 0.5;
    else
        dk = 0;
    for(k = 0;k <= ((2 * N) - 1) ; k++)
    {
      poles_1.Real_part = (0.5) * Cotoff * cos((k + dk) * (pi/N));
      poles_1.Imag_Part = (0.5) * Cotoff * sin((k + dk) * (pi/N));
      poles_2.Real_part = 1 - poles_1.Real_part ;
      poles_2.Imag_Part =    - poles_1.Imag_Part;
      poles_1.Real_part = poles_1.Real_part + 1;
      poles_1.Real_part = poles_1.Real_part;
      Complex_Division(poles_1,poles_2,&poles[count].Real_part,&poles[count].Imag_
Part);
      if(Complex_Abs(poles[count])<1)
      {
        poles[count].Real_part = -poles[count].Real_part;
        poles[count].Imag_Part = -poles[count].Imag_Part;
        count++ ;
        if (count == N) break;
      }
    }
      Res[0].Real_part = poles[0].Real_part;
      Res[0].Imag_Part = poles[0].Imag_Part;
      Res[1].Real_part = 1;
      Res[1].Imag_Part = 0;
      for(count_1 = 0;count_1 < N-1;count_1++)
      {
         for(count = 0;count <= count_1 + 2;count++)
         {
              if(0 == count)
               {
                 Complex_Multiple(Res[count], poles[count_1 + 1],
&(Res_Save[count].Real_part),&(Res_Save[count].Imag_Part));
               }
              else if((count_1 + 2) == count)
              {
                Res_Save[count].Real_part  += Res[count - 1].Real_part;
                Res_Save[count].Imag_Part += Res[count - 1].Imag_Part;
```

```
                }
                else
                {
                    Complex_Multiple(Res[count], poles[count_1 + 1],
&(Res_Save[count].Real_part),&(Res_Save[count].Imag_Part));
                    Res_Save[count].Real_part   + = Res[count - 1].Real_part;
                    Res_Save[count].Imag_Part + = Res[count - 1].Imag_Part;
                }
            }
            for(count = 0;count <= N;count ++ )
            {
                    Res[count].Real_part = Res_Save[count].Real_part;
                    Res[count].Imag_Part = Res_Save[count].Imag_Part;
                    * (az + N - count) = Res[count].Real_part;
            }
        }
        for(count = 0;count <= N;count ++ )
        {
            K_z + = * (az + count);
        }
        K_z = (K_z/pow ((double)2,N));
        //printf("K =   % lf \n" , K_z);
        for(count = 0;count <= N;count ++ )
        {
            Res[count].Real_part = 0;
            Res[count].Imag_Part = 0;
            Res_Save[count].Real_part = 0;
            Res_Save[count].Imag_Part = 0;
        }
        zero.Real_part   =   1;
        zero.Imag_Part =   0;
        Res[0].Real_part = 1;
        Res[0].Imag_Part = 0;
        Res[1].Real_part = 1;
        Res[1].Imag_Part = 0;
        for(count_1 = 0;count_1 < N - 1;count_1 ++ )
        {
            for(count = 0;count <= count_1 + 2;count ++ )
            {
                if(0 == count)
                {
                    Complex_Multiple(Res[count], zero,
&(Res_Save[count].Real_part),&(Res_Save[count].Imag_Part));
                }
                else if((count_1 + 2) == count)
                {
                    Res_Save[count].Real_part   + = Res[count - 1].Real_part;
                    Res_Save[count].Imag_Part + = Res[count - 1].Imag_Part;
                }
                else
```

```
                {
Complex_Multiple(Res[count],zero,&(Res_Save[count].Real_part),
&(Res_Save[count].Imag_Part));
                    Res_Save[count].Real_part   + = Res[count - 1].Real_part;
                    Res_Save[count].Imag_Part + = Res[count - 1].Imag_Part;
                }
            }
            for(count = 0;count <= N;count++)
            {
                Res[count].Real_part = Res_Save[count].Real_part;
                Res[count].Imag_Part = Res_Save[count].Imag_Part;
                *(bz + N - count) = Res[count].Real_part;
            }
        }
        for(count = 0;count <= N;count++)
        {
            *(bz + N - count) = *(bz + N - count) * K_z;
        }
        return (int)1;
}
```

3. IIR 主函数 main.c

```
//-----------------------------------------------------------------*
// 工 程 名:IIR_Filter                                               *
// 硬件连接:目标板上的串口 0 接 PC 机串口                              *
// 程序描述: 输入一组原始离散信号,对信号进行 IIR 滤波,输出滤波值,用串   *
//           口显示                                                    *
// 目    的:利用 MC56F8257 芯片,实现 IIR 数字滤波                       *
// 说    明:                                                          *
//-----------------------------------------------------------------*
#include "Includes.h"
struct DESIGN_SPECIFICATION
{
    double Cotoff;                                          //截止频率
    double Stopband;                                        //阻带截止频率
    double Stopband_attenuation;                            //阻带衰减指标
}IIR_Filter = {(double)(pi/4),(double)((pi * 3)/4),30};
int main(void)
{
     int count;
     int N;
     uint16 i;
     uint8 Display[200] = {0};
     double az[21] , bz[21], Buffer[21];
     double * Memory_Buffer;
     double Input[200] = {0.0};
     double Output[200] = {0.0};
     Memory_Buffer = &Buffer[0];
     // 关总中断
```

```
    DisableInterrupt();                                        //禁止总中断
    // 芯片初始化
    DSCinit();
    // 模块初始化
    Light_Init(Light_Run_PORT,Light_Run,Light_OFF);          //指示灯初始化
    QSCIInit(0,SYSTEM_CLOCK,9600);                            //串行口初始化
    // 开放中断
    EnableInterrupt();                                         //开放总中断
    Light_Change(Light_Run_PORT,Light_Run);
    IIR_Filter.Cotoff  =  2 * tan((IIR_Filter.Cotoff)/2);       //[red/sec]
    IIR_Filter.Stopband  =  2 * tan((IIR_Filter.Stopband)/2);   //[red/sec]
    N = Ceil(0.5 * (log10(pow(10, IIR_Filter.Stopband_attenuation/10) -
1)/log10(IIR_Filter.Stopband/IIR_Filter.Cotoff)));//计算阶数
    Direct(IIR_Filter.Cotoff,IIR_Filter.Stopband,
IIR_Filter.Stopband_attenuation,N,az,bz);             //计算系数
    Get_signal(200,&Input[0]);                                 //输入信号
    //显示输入信号
    for(i = 0;i<200;i++)
     {
        Display[i] = (uint8)Input[i];
     }
    QSCISendN(0, 200, Display);
    //滤波实现
    for(i = 0;i<200;i++)
     {
        Output[i] = IIRFilter(az, (N+1), bz, (N+1), Input[i], Memory_Buffer);
     }
    //显示滤波信号
    for(i = 0;i<200;i++)
     {
        Display[i] = (uint8)Output[i];
     }
    QSCISendN(0, 200, Display);
}
```

14.4 自适应滤波器中的应用

14.4.1 自适应滤波器

自适应陷波滤波器可以将正弦波与宽带噪声分离开来，并提取正弦波，此时，可以形成自适应谱线增强器。当正弦波信号是噪声或干扰时，也可以抑制这个频率分量，此时，称为自适应陷波滤波器。自适应谱线增强器如图 14－10 所示。

被测信号为 $x(n)=s(n)+c(n)=\sum A_i\sin(n+\omega_i+\theta_i)v(n)$，其中 A_i、ω_i 和 θ_i 分别是第 i 个正弦波信号的幅值、频率和初始相位，$v(n)$为加性的宽带噪声。现通过自适应陷波滤波器，抑制掉正弦波信号，产生 $v(n)$的最优估计 $\hat{v}(n)$，然后与观测信号相减，产生正弦波信号的估计 $\hat{s}(n)=S(n)+C(n)-\hat{v}(n)$。如果陷波器是理想的，则 $\hat{v}(n)=v(n)$，从而使得 $\hat{s}(n)=s(n)$。

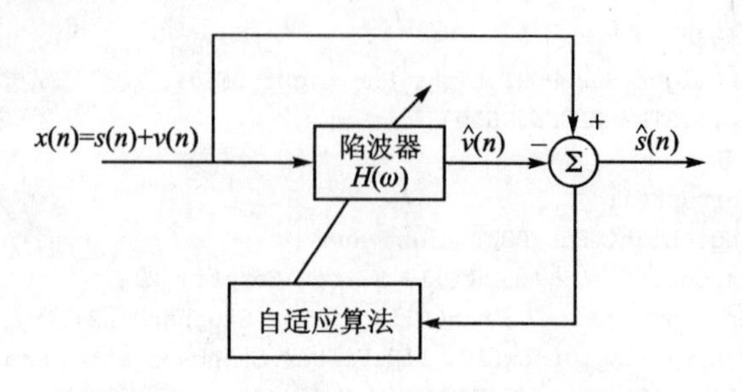

图 14-10 陷波形自适应谱线增强器

自适应谱线增强器使用的是零极点约束的直接型 IIR 陷波器。零极点约束是指陷波器的零极点满足如下条件：对于每对零极点，零点在单位圆上，并且位于陷波频率处；极点则在单位圆内，且与零点同一角度，并尽可能地靠近零点，极点与圆点的距离为 ρ。由此可得陷波器的传递函数为：

$$H^{(z)^{-1}} = \prod_{k=1}^{n} \frac{1-\alpha_k z^{-1}+z^{-2}}{1+\rho_k\alpha_k z^{-1}+\rho_k^2 z^{-2}} \tag{14-40}$$

公式(14-40)中，权系数 $\alpha_k=-2\cos\omega_k$，ω_k 为陷波频率；n 为陷井数。对于科氏流量计的输出信号来说，由于每路信号只有一个期望的正弦波信号，所以 $n=1$，因此，式(14-40)可以被简化为：

$$H(z^{-1}) = \frac{1+\alpha z^{-1}+z^{-2}}{1+\rho\alpha z^{-1}+\rho^2 z^{-2}} \tag{14-41}$$

假设信号为 $y(n)=A\sin(\omega_0 n+\phi)+e(n)$，当 $\alpha=-2\cos\omega_0$ 时，

$$(1+\alpha z^{-1}+z^{-2})e(n) = (1+\alpha z^{-1}+z^{-2})y(n) \tag{14-42}$$

成立，其中 z^{-1} 为单位延迟因子，即 $y(n)z^{-1}=y(n-1)$。式(14-32)表明当陷波等于频率等于信号频率且 $\rho=1$ 时，陷波器的输出中只有白噪声 $e(n)$，正弦信号完全被滤掉，此时的陷波器相当于 $y(n)$ 的一个白化滤波器；而对于 $0<\rho<1$，陷波器的输出为

$$\hat{e}(n) = \frac{1+\alpha z^{-1}+z^{-2}}{1+\rho\alpha z^{-1}+\rho^2 z^{-2}}y(n) \tag{14-43}$$

由此可见，当 $\rho\to1$ 时，$\hat{e}(n)\to e(n)$。通常信号的频率是未知的，因此需要首先对 α 进行估计。由陷波器的原理可知，陷波器的输出误差为 $\varepsilon(n)=e(n)-\hat{e}(n)$，根据递推预测误差理论，取代价函数

$$F(\alpha) = \frac{1}{N}\sum_{n=1}^{N}\frac{1}{2}\varepsilon^2(n,\alpha) \tag{14-44}$$

则 α 的估计 $\hat{\alpha}$ 可表示为

$$\hat{\alpha} = \arg_\alpha \min F(\alpha) \tag{14-45}$$

式(14－45)的意思是 $\hat{\alpha}$ 的取值应使 $F(\alpha)$ 最小。

由于去偏置参数 ρ 的值趋近于 1,所以 $\varepsilon^2(n) \approx \hat{e}^2(n)$,由此 $\hat{\alpha}$ 可由下式递推计:

$$\hat{\alpha}(n+1) = \hat{\alpha}(n) - P(n)\psi(n)\hat{e}(n) \tag{14-46}$$

式(14－46)中,$\psi(n)$ 和 $P(n)$ 分别为梯度参数和协方差参数。

$$\psi(n) = \frac{\partial \hat{e}(n)}{\partial \alpha} = \frac{y(n-1) - \rho\hat{e}(n-1)}{1 + \rho\alpha z^{-1} + \rho^2 z^{-2}} \tag{14-47}$$

$$P(n) = [1-\lambda(n)]R(n)^{-1} = [1-\lambda(n)]\left[\frac{\partial^2 F(\alpha)}{\partial \alpha^2}\right]^{-1} \tag{14-48}$$

$P(n)$ 可由下式递推计算:

$$P(n) = \frac{P(n-1)}{\lambda(n) + \psi^2(n)P(n-1)} \tag{14-49}$$

$\lambda(n)$ 为遗忘因子

$$\lambda(n) = \lambda_0\lambda(n-1) - (1-\lambda_0)\lambda_\infty \tag{14-50}$$

在以上讨论中,一直假设 ρ 为定值。但在实际算法中,由于 ρ 决定每个陷井的带宽,在输入信号的先验知识未知的情况下,如果 ρ 非常趋近于 1,即极点靠近零点,则陷井可能因为过窄而无法落在信号频率处,也就无法感知信号的存在。因此,在陷波过程的开始阶段,ρ 应取得稍小一点,使算法收敛到期望的传递函数上,然后再增大 ρ。为此将 ρ 改写为 $\rho(n)$。

$$\rho(n) = \rho_0\rho(n-1) - (1-\rho_0)\rho_\infty \tag{14-51}$$

其中,ρ_0 为 ρ 的初始值;ρ_∞ 决定 ρ 的最终取值。

自适应算法的整个迭代过程如下:

$$\left.\begin{aligned}
\lambda(n) &= \lambda_0\lambda(n-1) + (1-\lambda_0)\lambda_\infty \\
\rho(n) &= \rho_0\rho(n-1) + (1-\rho_0)\rho_\infty \\
\phi(n) &= -y(n-1) + \rho(n)\hat{e}_i(n-1) \\
\psi(n) &= -y_f(n-1) + \rho(n)\hat{e}_f(n-1) \\
\hat{e}(n) &= y(n) + y(n-2) - \rho^2(n)\hat{e}_i(n-2) - \phi(n)\hat{\alpha}(n-1) \\
P(n) &= P(n-1)/[\lambda(n) + \psi^2(n)P(n-1)] \\
\hat{\alpha}(n) &= \hat{\alpha}(n-1) + P(n)\psi(n)\hat{e}(n) \\
\hat{e}_i(n) &= y(n) + y(n-2) - \rho^2(n)\hat{e}_i(n-2) - \phi(n)\hat{\alpha}(n) \\
\hat{e}_f(n) &= \hat{e}_i(n) - \rho^2(n)\hat{e}_f(n-2) - \rho(n)\hat{e}_f(n-1)\hat{\alpha}(n) \\
y_f(n) &= y(n) - \rho^2(n)y_f(n-2) - \rho(n)y_f(n-1)\hat{\alpha}(n)
\end{aligned}\right\} \tag{14-52}$$

其中,$\hat{e}_i$ 是在新的 $\hat{\alpha}$ 求出后对 $\hat{e}$ 的重新计算值;$\hat{e}_f$ 和 $\hat{y}_f$ 是用于计算 ϕ 和 ψ 的中间变量。

信号频率 ω 的估计由权系数 α 的估计 $\hat{\alpha}$ 得到,计算公式如下:

$$\hat{\omega}(n) = \arccos[-\hat{\alpha}(n)/2] \tag{14-53}$$

将 $y(n)$ 减去 $\hat{e}(n)$ 就可以得到滤除了噪声的增强信号。

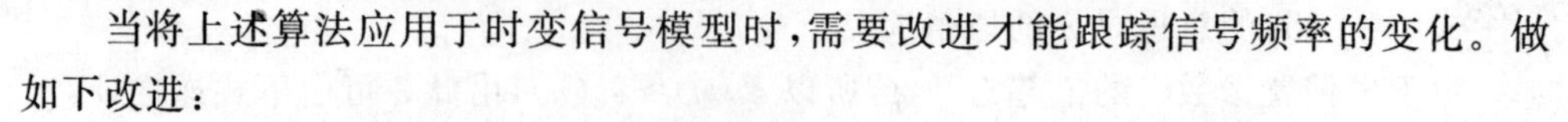

当将上述算法应用于时变信号模型时，需要改进才能跟踪信号频率的变化。做如下改进：

减小 ρ 和 λ。如前所述，$\rho(n)$ 决定陷波器的陷井带宽，在频率时变的情况下，$\rho(n)$ 如果过于靠近 1，将使得陷波器在收敛后无法感应到频率的变化，从而丧失了跟踪的能力，因此需要适当地调小 ρ；遗忘因子 $\lambda=1$ 意味着在 $T=(1-\lambda)$ 个采样点内，信号频率可近似认为是常量。但是，在频率时变的情况下，该条件已不再满足，所以，，λ 必须小于 1。减小 ρ 和 λ 可以使陷波器具有跟踪频率变化的能力，但是，却降低了陷波器的滤除噪声的能力。因此，ρ 和 λ 取值应综合考虑这两方面的因素，通过调整 ρ_∞ 和 λ_∞ 使 ρ 和 λ 满足要求。实验中，选取为 $\lambda_0=0.9$，$\lambda_0=0.95$，$\rho_0=0.8$，$\rho_\infty=0.98$。

14.4.2 实例：自适应滤波器构件设计与测试

输入为 20 Hz 的正弦信号和随机白噪声的叠加，通过自适应滤波器滤除白噪声，通过串口观察其滤波效果。

1. 自适应滤波器构件头文件：ANF_Filter.h

```
// 文件名： ANF_Filter.h                                              *
// 说  明： ANF_Filter 构件头文件                                      *
//------------------------------------------------------------------*
#ifndef FILTER_H                        //防止重复定义
#define FILTER_H
//1 头文件
#include "MC56F8257.h"                  //映像寄存器地址头文件
#include "Type.h"                       //类型别名定义
#include "math.h"
#include <stdio.h>
#include "stdlib.h"
#include <string.h>
#define  pi ((double)3.1415926)
//------------------------------------------------------------------*
//函数名：Get_signal                                                  *
//功  能：采样带滤波的输入信号，并送入缓冲区                            *
//参  数：一个正弦信号和一个随机信号 rand() ，n 为离散取样个数           *
//返  回： 无                                                          *
//说  明： 无                                                          *
//------------------------------------------------------------------*
void Get_signal(uint16 n, float x[]);
//------------------------------------------------------------------*
//函数名：initial_anf                                                 *
//功  能：初始化函数，计算陷波滤波器的第一和第二输出数据                 *
//参  数：left_ch[]原始信号                                            *
//返  回： 无                                                          *
//说  明： 无                                                          *
//------------------------------------------------------------------*
void initial_anf(float left_ch[]);
```

```
//----------------------------------------------------------------------*
//函数名：anf                                                            *
//功  能：滤波器函数,陷波器的迭代计算.当不满足精度要求时,进行迭代计算         *
//参  数：n 为离散信号个数，left_ch[]为原始数据,outdata[]存放滤波信号         *
//返  回：满足精度返回 1;否则返回 0                                        *
//说  明： 无                                                            *
//----------------------------------------------------------------------*
float anf(int n, float left_ch[] ,float outdata[]);
#endif
```

2. 自适应滤波器构件文件:ANF_Filter.c

```
//----------------------------------------------------------------------*
//文件名：ANF_Filter.c                                                   *
//说  明：ANF_Filter 构件源文件                                           *
//----------------------------------------------------------------------*
//头文件
#include " ANF_Filter.h"
float omegaSmoothedLCH[50] = {0};
float omegaEstimateLCH1[50] = {0};
float filteredSignalLCH[50] = {0};
float omegaLeltCHsum = 0.0;
float signalLCH[52] = {0};
float alphaLCH[52] = {0};
float lambdaInit,lambdaInfi,rhoInit,rhoInfi,p0CH;
float last_lambda,lambda,last_rho,rho;
float last_phiLCH,phiLCH,last_psiLCH,psiLCH;
float last_eLCH,eLCH,last_pLCH,pLCH;
float last_eiLCH1,last_eiLCH,eiLCH;
float last_efLCH1,last_efLCH,efLCH,last_yfLCH1,last_yfLCH,yfLCH;
float lambdarho,last_rhoLCH,rhoLCH,last_lambdaLCH,lambdaLCH;
float last_phirhoLCH,phirhoLCH,last_prhoLCH,prhoLCH,last_psirhoLCH,psirhoLCH;
struct para
{
    float pre_data1;
    float pre_data2;
    int   signal_pointer;
}anfpara;
//----------------------------------------------------------------------*
//函数名：Get_signal                                                     *
//功  能：采样带滤波的输入信号,并送入缓冲区                                  *
//参  数：一个正弦信号和一个随机信号 rand() ,n 为离散取样个数                  *
//返  回： 无                                                            *
//说  明： 无                                                            *
//----------------------------------------------------------------------*
void Get_signal(uint16 n, float x[])
{
    uint8 i = 0;
    for(i = 0;i<n;i++)
    {
```

```
        x[i] = 100 * sin(2.0 * pi * i/100) + rand();
    }
}
//----------------------------------------------------------------------*
//函数名：initial_anf                                                    *
//功  能：初始化函数,计算陷波滤波器的第一和第二输出数据                      *
//参  数：left_ch[]原始信号                                               *
//返  回： 无                                                            *
//说  明： 无                                                            *
//----------------------------------------------------------------------*
void initial_anf(float left_ch[])//初始化程序
{
    int i;
    anfpara.signal_pointer = 2;
    signalLCH[0] = left_ch[0];
    signalLCH[1] = left_ch[1];
    for(i = 50;i>0;i - - )
    {
       omegaEstimateLCH1[i] = 0;
    }
    omegaLeltCHsum = 0.0;
    //第一数据
    lambdaInit = (float)0.9;
    lambdaInfi = (float)0.95;
    rhoInit = (float)0.8;
    rhoInfi = (float)0.98;
    p0CH = 100;
    last_lambda = (float)0.9;
    last_rho = (float)0.8;
    last_phiLCH = 0;
    last_psiLCH = 0;
    last_eLCH = 0;
    last_pLCH = p0CH/last_lambda;
    alphaLCH[0] = 0;
    last_eiLCH = 0;
    last_efLCH = last_eiLCH;
    last_yfLCH = 0;
    //第二个数据
    lambda = lambdaInit * last_lambda + (1 - lambdaInit) * lambdaInfi;
    rho = rhoInit * last_rho + (1 - rhoInit) * rhoInfi;
    phiLCH = rho * last_eiLCH;
    psiLCH = rho * last_efLCH - last_yfLCH;
    eLCH = 0;
    pLCH = last_pLCH / (lambda + psiLCH * last_pLCH);
    alphaLCH[1] = alphaLCH[0] + pLCH * psiLCH * eLCH;
    eiLCH = signalLCH[1] - phiLCH * alphaLCH[1];
    efLCH = eiLCH - rho * last_efLCH * alphaLCH[1];
    yfLCH = signalLCH[1] - rho * last_yfLCH * alphaLCH[1];
    anfpara.pre_data1 = (1 - lambdaInit) * lambdaInfi;
    anfpara.pre_data2 = (1 - rhoInit) * rhoInfi;
```

```
}
//------------------------------------------------------------*
//函数名：anf                                                  *
//功  能：滤波器函数,陷波器的迭代计算.当不满足精度要求时,进行迭代计算 *
//参  数：n 为离散信号个数,left_ch[]为原始数据,outdata[]存放滤波信号 *
//返  回：满足精度返回 1;否则返回 0                               *
//说  明：无                                                    *
//------------------------------------------------------------*
float anf(int n, float left_ch[] ,float outdata[])//自适应陷波滤波
{
    int i,j = 0,m = 0;
    double temp_alpha;
    float temp_rho2;
    float temp1L, temp1R;
    float temp1, temp2, temp3;
    initial_anf(left_ch);//计算初始两个数据
    while((eiLCH - efLCH)>0.001)//精度判断
    {
        if(anfpara.signal_pointer > 51)
        {
           signalLCH[0] = signalLCH[50];
           signalLCH[1] = signalLCH[51];
           alphaLCH[0] = alphaLCH[50];
           alphaLCH[1] = alphaLCH[51];
           anfpara.signal_pointer = 2;
        }
        signalLCH[anfpara.signal_pointer] = left_ch[j];
        last_lambda = lambda;
        last_rho = rho;
        last_phiLCH = phiLCH;
        last_psiLCH = psiLCH;
        last_eLCH = eLCH;
        last_pLCH = pLCH;
        last_eiLCH1 = last_eiLCH;
        last_eiLCH = eiLCH;
        last_efLCH1 = last_efLCH;
        last_efLCH = efLCH;
        last_yfLCH1 = last_yfLCH;
        last_yfLCH = yfLCH;
        lambda = lambdaInit * last_lambda + anfpara.pre_data1;
        rho = rhoInit * last_rho + anfpara.pre_data2;
        temp_rho2 = rho * rho;
        phiLCH = rho * last_eiLCH - signalLCH[anfpara.signal_pointer - 1];
        psiLCH = rho * last_efLCH - last_yfLCH;
        temp1L = signalLCH[anfpara. signal_pointer] + signalLCH[anfpara. signal_
                 pointer - 2] - (temp_rho2 * last_eiLCH1);
        eLCH = temp1L - phiLCH * alphaLCH[anfpara.signal_pointer - 1];
        pLCH = last_pLCH / (lambda + (psiLCH * psiLCH * last_pLCH));
        alphaLCH[anfpara.signal_pointer] = alphaLCH[anfpara.signal_pointer - 1] +
                                           pLCH * psiLCH * eLCH;//7
```

```
        eiLCH = temp1L - phiLCH * alphaLCH[anfpara.signal_pointer - 1];//8
        efLCH = eiLCH - (temp_rho2 * last_efLCH1) - rho * last_efLCH * alphaLCH
                [anfpara.signal_pointer];//9
        yfLCH = signalLCH[anfpara.signal_pointer] - (temp_rho2 * last_yfLCH1) -
                (rho * last_yfLCH * alphaLCH[anfpara.signal_pointer]);//10
        temp1 = signalLCH[anfpara.signal_pointer] - eiLCH;
//temp1 用于发送,同时也是滤波值
        filteredSignalLCH[anfpara.signal_pointer - 2] = temp1;
        //计算频率
        temp_alpha = alphaLCH[anfpara.signal_pointer];
        if(temp_alpha < -2)
          temp_alpha = -2;
        else if(temp_alpha > 2)
          temp_alpha = 2;
        temp2 = (float)acos(-temp_alpha/2);//left channel
        //保存频率值
        omegaEstimateLCH1[anfpara.signal_pointer - 2] = temp2;
        //频率平滑
        omegaLeltCHsum += temp2;
        i = anfpara.signal_pointer - 12;//平均 10 点
        if(i < 0)
          i += 50;
        omegaLeltCHsum -= omegaEstimateLCH1[i];
        omegaSmoothedLCH[anfpara.signal_pointer - 2] = temp2;
        outdata[j] = signalLCH[j] - eiLCH;
        anfpara.signal_pointer++;
        outdata[j] = filteredSignalLCH[anfpara.signal_pointer - 2];
        j++;
        if(j>n)//循环计算次数超过了输入数据的个数
          return 0;
    }
    //满足精度,陷波器系数计算完成,滤波输出 = 原始信号 - 最新陷波器输出
    //for(m = j;m<n;m++)
    while(j<n)
    {
        outdata[j] = left_ch[j] - eiLCH;
        j++;
        if(j>=n)
           return 1;
    }
}
```

3. 自适应滤波器主函数 main.c

```
//-------------------------------------------------------------------*
// 工 程 名: ANF_Filter                                               *
// 硬件连接:目标板上的串口 0 接 PC 机串口                              *
// 程序描述:输入一组原始离散信号,对信号进行自适应滤波,输出滤波值,用串口显示 *
// 目    的:利用 MC56F8257 芯片,实现自适应数字滤波                     *
// 1  说    明:                                                       *
```

```
//------------------------------------------------------------------------*
#include "Includes.h"
float x[100] = {0};
float Outdata[100] = {0.0};
int main(void)
{
        uint8 i = 0,j = 2;
    //2 关总中断
    DisableInterrupt();                                    //禁止总中断
    //3 芯片初始化
    DSCinit();
    //4 模块初始化
    Light_Init(Light_Run_PORT,Light_Run,Light_OFF);    //指示灯初始化
    QSCIInit(0,SYSTEM_CLOCK,9600);                      //串行口初始化
    //5 开放中断
    EnableInterrupt();                                  //开放总中断
    Get_signal(100, x);                                 //获得原始信号
    j = anf(100, x , Outdata);                         //陷波器计算
    if(j == 1)                                           //返回值为 1,成功滤波
    {
       for(i = 0;i<100;i++ )                              //显示原始信号
       {
          QSCISend1(0,(uint8)x[i]);
       }
       for(i = 0;i<100;i++ )                              //显示滤波信号
       {
          QSCISend1(0,(uint8)Outdata[i]);
       }
    }
    if(j == 0)                                          //返回值为 0,滤波失败
    {
       QSCISendString(0, "error");
    }
}
```

附录 A

MC56F825X 系列的中断向量表

外 设	矢量号	优先级	矢量基地址	功 能
Core			0x00	复位重装[1]（预留位）
Core			0x02	COP 复位重装（预留位）
Core	2	3	0x04	非法指令
Core	3	3	0x06	SW 中断 3
Core	4	3	0x08	HW 堆栈溢出
Core	5	3	0x0A	未对齐的长字节访问
Core	6	1～3	0x0C	EOnCE 步进计数器
Core	7	1～3	0x0E	EOnCE 断点单元
Core	8	1～3	0x10	EOnCE 跟踪缓冲
Core	9	1～3	0x12	EOnCE 发送寄存器空
Core	10	1～3	0x14	EOnCE 接收寄存器满
Core	11	2	0x16	SW 中断 2
Core	12	1	0x18	SW 中断 1
Core	13	0	0x1A	SW 中断 0
PS	14	1～3	0x1C	低电压中断
OCCS	15	1～3	0x1E	锁相环锁相丢失且丢失时钟
TMRB3	16	0～2	0x20	定时器 B 通道 3 中断
TMRB2	17	0～2	0x22	定时器 B 通道 2 中断
TMRB1	18	0～2	0x24	定时器 B 通道 1 中断
TMRB0	19	0～2	0x26	定时器 B 通道 0 中断
ADCB_CC	20	0～2	0x28	ADCB 转换完成中断
ADCA_CC	21	0～2	0x2A	ADCA 转换完成中断

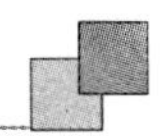

续表

外　设	矢量号	优先级	矢量基地址	功　能
ADC_Err	22	0～2	0x2C	ADC 过零、低限和高限中断
CAN	23	0～2	0x2E	CAN 发送中断
CAN	24	0～2	0x30	CAN 接收中断
CAN	25	0～2	0x32	CAN 出错中断
CAN	26	0～2	0x34	CAN 唤醒中断
QSCI1	27	0～2	0x36	QSCI1 接收溢出或出错
QSCI1	28	0～2	0x38	QSCI1 接收寄存器满
QSCI1	29	0～2	0x3A	QSCI1 发送寄存器空闲
QSCI1	30	0～2	0x3C	QSCI1 发送寄存器空
QSCI0	31	0～2	0x3E	QSCI0 接收溢出或出错
QSCI0	32	0～2	0x40	QSCI0 接收寄存器满
QSCI0	33	0～2	0x42	QSCI0 发送寄存器空闲
QSCI0	34	0～2	0x44	QSCI0 发送寄存器空
QSPI	35	0～2	0x46	SPI 发送寄存器空
QSPI	36	0～2	0x48	SPI 接收寄存器满
I2C1	37	0～2	0x4A	I2C1 中断
I2C0	38	0～2	0x4C	I2C0 中断
TMRA3	39	0～2	0x4E	定时器 A 通道 3 中断
TMRA2	40	0～2	0x50	定时器 A 通道 2 中断
TMRA1	41	0～2	0x52	定时器 A 通道 1 中断
TMRA0	42	0～2	0x54	定时器 A 通道 0 中断
eFlexPWM	43	0～2	0x56	PWM 故障
eFlexPWM	44	0～2	0x58	PWM 重载错误
eFlexPWM	45	0～2	0x5A	PWM 模块 3 重载
eFlexPWM	46	0～2	0x5C	PWM 模块 3 输入捕捉
eFlexPWM	47	0～2	0x5E	PWM 模块 3 比较
eFlexPWM	48	0～2	0x60	PWM 模块 2 重载
eFlexPWM	49	0～2	0x62	PWM 模块 2 比较
eFlexPWM	50	0～2	0x64	PWM 模块 1 重载
eFlexPWM	51	0～2	0x66	PWM 模块 1 比较
eFlexPWM	52	0～2	0x68	PWM 模块 0 重载
eFlexPWM	53	0～2	0x6A	PWM 模块 0 比较
FM	54	0～2	0x6C	Flash 访问错误

续表

外 设	矢量号	优先级	矢量基地址	功 能
FM	55	0～2	0x6E	Flash 编程指令完成
FM	56	0～2	0x70	Flash 缓冲区空请求
CMPC	57	0～2	0x72	比较器 C 上升/下降沿标志
CMPB	58	0～2	0x74	比较器 B 上升/下降沿标志
CMPA	59	0～2	0x76	比较器 A 上升/下降沿标志
GPIOF	60	0～2	0x78	GPIOF 中断
GPIOE	61	0～2	0x7A	GPIOE 中断
GPIOD	62	0～2	0x7C	GPIOD 中断
GPIOC	63	0～2	0x7E	GPIOC 中断
GPIOB	64	0～2	0x80	GPIOB 中断
GPIOA	65	0～2	0x82	GPIOA 中断
SWILP	66	－1	0x84	SW 中断低优先

注 1:如果向量基地址寄存器(INTC_VBA)设置为复位值,则该向量表最前两位地址覆盖芯片的复位地址,原因是复位地址与向量表的基地址匹配。

附录 B

本书配套教学硬件开发系统

图 B-1　MC56F8257 硬件评估板

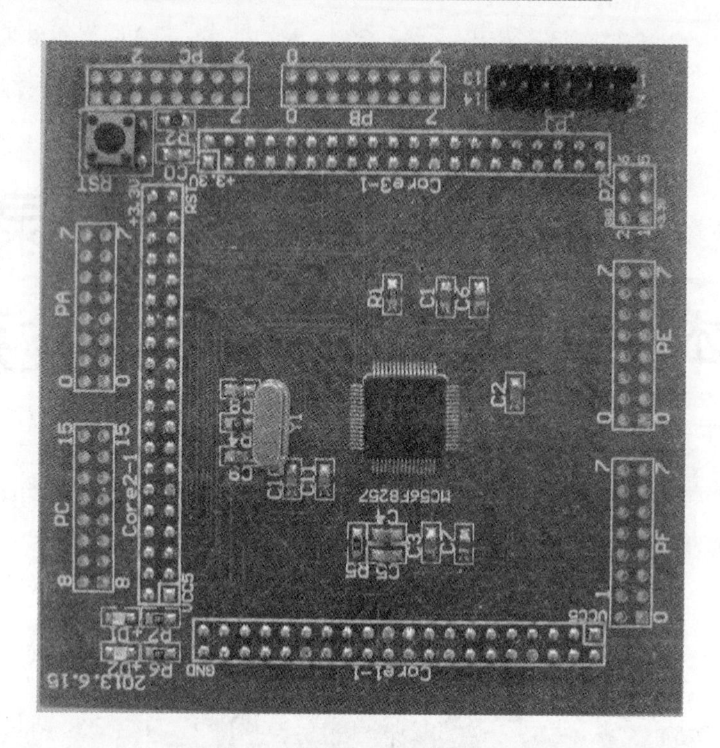

图 B－2　MC56F8257 硬件核心板

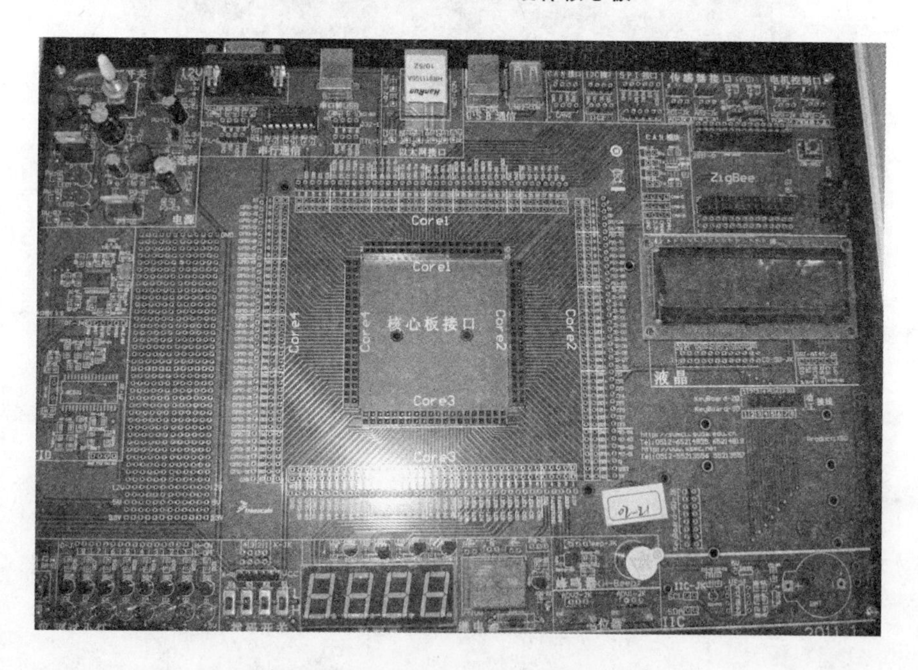

图 B－3　MC56F8257 硬件开发系统平台

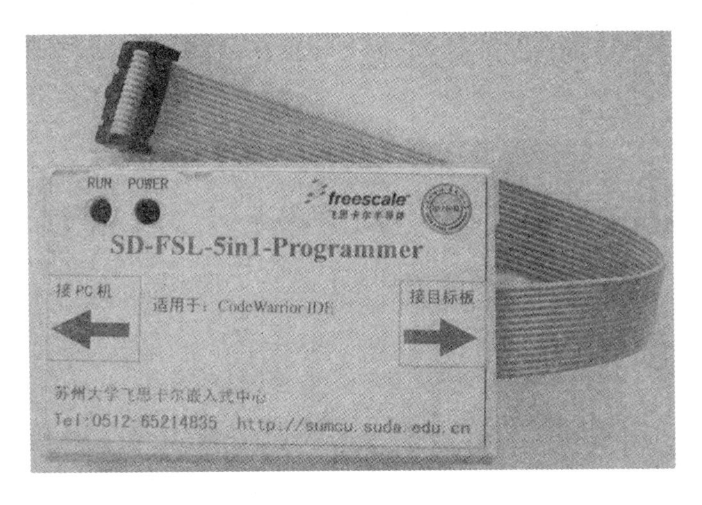

图 B-4　MC56F8257 写入器

附录 C

本书配套教学资料目录结构

```
⊟ FSL-DSC-CD(V0.1)
    DSC-BOOK-PPT
  ⊟ DSC-Component
      adc
      can
      dac
      filter
      flash
      gpio
      hscmp
      iic
      incap
      outcompare
      pwm
      sci
      spi
      time
    DSC-Document
  ⊟ DSC-Program
    ⊞ ch03-Light
    ⊟ ch04-QSCI
      ⊞ QSCIIntRe
      ⊞ QSCISrchRe
    ⊟ ch05-Timer
      ⊞ tmrInCapture
      ⊞ tmrOutCompare
      ⊞ tmrTimerOver-Count
    ⊟ ch06-PWM
      ⊞ Deadtime PWM
      ⊞ Edge-aligned PWM
    ⊟ ch07-ADC
      ⊞ ADC_Once_Sin_Seq
    ⊟ ch08-DAC
      ⊞ DAC_Auto
      ⊞ DAC_HSCMP
    ⊟ ch09-HFM
      ⊞ HFM
    ⊟ ch10-QSPI
      ⊞ SPI_Master
      ⊞ SPI_Salve
    ⊟ ch11-IIC
      ⊞ IICmaster
      ⊞ IICslave
    ⊟ ch12-CAN
      ⊞ CANReceive
      ⊞ CANSelf
      ⊞ CANSend
    ⊟ ch14-Filter
      ⊞ adaptive1
      ⊞ FIR
      ⊞ IIR
  ⊞ DSC-Tools
  Hardware
```

参考文献

[1] Freescale. MC56F825x/4x Reference Manual Rev. 2(简称 MC56F825x 参考手册). 2010.

[2] Freescale. MC56F825x/4x Data Sheet Rev. 2(简称 MC56F825x 数据手册). 2010.

[3] Freescale. CodeWarrior Development Studio for Microcontrollers V10. x Digital Signal Controller Assembler Manual(简称 CW - DSC 汇编参考手册). 2013.

[4] Freescale. CodeWarrior Build Tools Reference for 56800/E Digital Signal Controllers(简称 CW - DSC 编译参考手册). 2013.

[5] Freescale. DSP56800E and DSP56800EX Reference Manual Rev. 3(简称 DSP56800E 参考手册). 2011.

[6] Colin Walls. 嵌入式软件概论[M]. 沈建华,译. 北京:北京航空航天大学出版社, 2007.

[7] Jack Ganssle. 嵌入式系统设计的艺术(英文版)[M]. 2 版. 北京:人民邮电出版社,2009.

[8] 徐科军,陶维青,汪海宁,等. DSP 及其电气与自动化工程应用[M]. 北京:北京航空航天大学出版社,2010.

[9] 冬雷. DSP 原理及电机控制系统应用[M]. 北京:北京航空航天大学出版社, 2007.

[10] 刘和平,郑群英,严利平,等. 数字信号控制器原理及应用——MC56F8346[M]. 北京:科学出版社,2011.

[11] 王宜怀,吴瑾,蒋银珍. 嵌入式系统原理与实践——ARM Cortex - M4 Kinetis 微控制器[M]. 北京:电子工业出版社,2012.

[12] 王宜怀,郭芸,朱仕浪. 嵌入式技术基础与实践[M]. 3 版. 北京:清华大学出版社,2013.

[13] 王宜怀,张书奎,王林. 嵌入式技术基础与实践[M]. 2 版. 北京:清华大学出版社,2011.

[14] 林志贵. 微型计算机原理及接口技术[M]. 北京:机械工业出版社,2010.

[15] 王宜怀,陈建明,蒋银珍. 基于 32 位 ColdFire 构建嵌入式系统[M]. 北京:电子工业出版社,2009.

[16] 王宜怀,刘晓升. 嵌入式系统——使用 HCS12 微控制器的设计与应用[M]. 北京:北京航空航天大学出版社,2008.

[17] 王宜怀,刘晓升. 嵌入式技术基础与实践[M]. 北京:清华大学出版社,2007.

参考文献

[1] Freescale [illegible] Reference Manual [illegible] MC9S08GB60 [illegible]
[illegible] 2010 [illegible]

[2] [illegible] MC9S08 [illegible]

[3] [illegible] Development [illegible]

[illegible] Manual [illegible]

[illegible]